Arbeits- und Übungsbuch Allgemeine Betriebswirtschaftslehre

von
Prof. Dr. Hans Jung
Hochschule Lausitz

4., korrigierte und aktualisierte Auflage

Oldenbourg Verlag München

Bibliografische Information der Deutschen Nationalbibliothek

Die Deutsche Nationalbibliothek verzeichnet diese Publikation in der Deutschen Nationalbibliografie; detaillierte bibliografische Daten sind im Internet über http://dnb.d-nb.de abrufbar.

© 2012 Oldenbourg Wissenschaftsverlag GmbH
Rosenheimer Straße 145, D-81671 München
Telefon: (089) 45051-0
www.oldenbourg-verlag.de

Das Werk einschließlich aller Abbildungen ist urheberrechtlich geschützt. Jede Verwertung außerhalb der Grenzen des Urheberrechtsgesetzes ist ohne Zustimmung des Verlages unzulässig und strafbar. Das gilt insbesondere für Vervielfältigungen, Übersetzungen, Mikroverfilmungen und die Einspeicherung und Bearbeitung in elektronischen Systemen.

Lektorat: Dr. Stefan Giesen
Herstellung: Constanze Müller
Titelbild: thinkstockphotos.de
Einbandgestaltung: hauser lacour
Gesamtherstellung: Grafik & Druck GmbH, München

ISBN   978-3-486-71640-5
eISBN   978-3-486-71671-9

Vorwort

Das vorliegende Arbeits- und Übungsbuch zur Allgemeinen Betriebswirtschaftslehre soll dem interessierten Leser die Möglichkeit geben, anhand von praktischen Beispielen, ausgewählten Fällen und Übungen die erlangten theoretischen Kenntnisse zu festigen und zu vertiefen. Hierzu erfolgt eine enge Verzahnung der einzelnen Kapitel mit meinem Buch Allgemeine Betriebswirtschaftslehre.

Das Arbeits- und Übungsbuch ist, ebenso wie das Buch Allgemeine Betriebswirtschaftslehre, an Studenten an Universitäten und Fachhochschulen gerichtet, aber auch an die vielen Praktiker, die sich intensiv mit betriebswirtschaftlichen Themenkomplexen auseinandersetzen müssen. Bei der Auswahl der Fragen habe ich mich an den mir in Hochschulen und in Unternehmen gestellten Fragen und Problemstellungen orientiert. Neben den klassischen Inhalten der Betriebswirtschaftslehre werden dabei auch aktuelle Trends und Entwicklungen berücksichtigt.

Um einen möglichst hohen Lernerfolg zu erzielen, sind jeweils zu den einzelnen Themenkomplexen Lösungsskizzen bzw. Lösungsvorschläge angegeben. Dadurch ist das vorliegende Buch auch besonders zum Selbststudium sowie als Repetitorium zur Vorbereitung auf Prüfungen und Klausuren geeignet. Für spezielle Fragestellungen sei auf die weiterführende Literatur des Buches Allgemeine Betriebswirtschaftslehre verwiesen.

Bei der Erstellung des Arbeits- und Übungsbuches wurde ich von zahlreichen Kollegen und Mitarbeitern mit wertvollen Hinweisen und Materialien unterstützt. Für viele kritische Anregungen bei der inhaltlichen Gestaltung des Buches und für die kritische Durchsicht des Manuskriptes danke ich Herrn Dipl.-Ing. Dipl. Wirt.-Ing. Klaus Kamps. Meinem Mitarbeiter, Herrn Dipl.-Kaufm. Christian Rückert, danke ich für die konstruktive Mitarbeit bei der Formulierung der Fragen und der zu entwickelnden Lösungen.

Für die Gestaltung der Grafiken und redaktionelle Abwicklung danke ich Herrn cand. Dipl.-Informatiker Kai-Uwe Irrgang. Dem Lektor des Verlages, Herrn Dipl.-Volkswirt Weigert, bin ich für die verständnisvolle Zusammenarbeit sehr verbunden.

Hans Jung

Vorwort zur 2. Auflage

Nachdem die erste Auflage des Arbeits- und Übungsbuches in sehr kurzer Zeit vergriffen war, habe ich mich entschlossen, die erfolgreiche Konzeption des Buches beizubehalten. Bei der Überarbeitung der einzelnen Aufgaben und Übungen wurden wiederum neuere Entwicklungen der Betriebswirtschaftslehre berücksichtigt und aktualisiert. Außerdem erfolgte die Umstellung der DM-Angaben in Euro. Bei der Überarbeitung der einzelnen Textteile habe ich auf eine enge Verzahnung mit der aktuellen Auflage der Allgemeinen Betriebswirtschaftslehre geachtet.

Bei diesen Arbeiten unterstützte mich insbesondere mein Mitarbeiter Herr Dipl. Wirtschaftsingenieur Christian Schulze. Außerdem möchte ich allen Kollegen, Studenten und Praktikern danken, die wiederum mit zahlreichen Ideen zur Weiterentwicklung des Buches beigetragen haben. Dem Lektor des Verlages, Herrn Dipl.-Volkswirt Weigert bin ich für die sehr angenehme und vertrauensvolle Zusammenarbeit dankbar.

Hans Jung

Vorwort zur 3. Auflage

Nachdem auch die 2. Auflage des Arbeits- und Übungsbuches vergriffen ist, habe ich mich entschlossen, die erfolgreiche Konzeption des Buches fortzuführen. Bei der Überarbeitung der einzelnen Kapitel wurden neue Entwicklungen und Trends in der Betriebswirtschaftslehre berücksichtigt bzw. diverse Aufgaben und Übungen aktualisiert.

Bei diesen Arbeiten unterstützten mich meine Mitarbeiter Normen Franzke und Carsten Wieder. Außerdem möchte ich allen Kollegen, Studenten und Praktikern danken, die mit zahlreichen Ideen zur Weiterentwicklung des Arbeits- und Übungsbuches beigetragen haben. Dem Lektor des Verlages, Herrn Dr. Schechler und seinen Team danke ich für die bewerte und gute Zusammenarbeit.

Hans Jung

Vorwort zur 4. Auflage

Da auch die 3. Auflage sehr schnell vergriffen war, habe ich in mich in der 4. Auflage auf einige Korrekturen beschränkt sowie einzelne Beispiele aktualisiert, um das bewerte Konzept beizubehalten. Außerdem wurden wesentliche gesellschaftliche und arbeitsrechtliche Entwicklungen berücksichtigt. Die Beispiele und Multiple Choice Aufgaben sind so gestaltet, dass sie optimal zur Prüfungsvorbereitung eingesetzt werden können.

Bei diesen Arbeiten unterstützte mich mein Mitarbeiter Herr Robert Müller (M.A.) Außerdem möchte ich allen Fachkollegen, Studenten und Praktikern danken, die mit diversen Ideen zur Weiterentwicklung des Arbeitsbuches beigetragen haben. Dem Lektor des Verlages, Herrn Dr. Giesen danke ich für die sehr angenehme und vertrauensvolle Zusammenarbeit.

Hans Jung

Inhaltsverzeichnis

Vorwort V

Kapitel A: Grundlagen der Betriebswirtschaftslehre

Aufgaben 1
- Wirtschaftssysteme und Träger der Wirtschaft 1
- Die Betriebswirtschaftslehre als Wissenschaft 2
- Betriebswirtschaftliche Zielkonzeptionen 2
- Methoden und Modelle der Betriebswirtschaftslehre 4
- Theoretische Ansatzpunkte der Betriebswirtschaftslehre 5

Testfragen 7

Antworten zu den Aufgaben 14
- Wirtschaftssysteme und Träger der Wirtschaft 14
- Die Betriebswirtschaftslehre als Wissenschaft 17
- Betriebswirtschaftliche Zielkonzeptionen 18
- Methoden und Modelle der Betriebswirtschaftslehre 23
- Theoretische Ansatzpunkte der Betriebswirtschaftslehre 26

Lösungen zu den Testfragen 28

Kapitel B: Konstitutive Entscheidungen des Betriebes

Aufgaben 31
- Überblick über die konstitutiven Entscheidungen des Betriebes ... 31
- Die betriebliche Standortwahl 31
- Der rechtliche Aufbau der Betriebe 33
- Der Zusammenschluss von Unternehmen 37

Testfragen 41

Antworten zu den Aufgaben 50
- Überblick über die konstitutiven Entscheidungen des Betriebes ... 50
- Die betriebliche Standortwahl 50
- Der rechtliche Aufbau der Betriebe 56
- Der Zusammenschluss von Unternehmen 66

Lösungen zu den Testfragen 76

Kapitel C: Unternehmensführung und Organisation

Aufgaben 79
   – Unternehmensführung 79
   – Organisation 88
   – Trends in der Unternehmensführung und Organisation 93

Testfragen 95

Antworten zu den Aufgaben 107
   – Unternehmensführung 107
   – Organisation 129
   – Trends in der Unternehmensführung und Organisation 139

Lösungen zu den Testfragen 146

Kapitel D: Materialwirtschaft

Aufgaben 149
   – Grundlagen 149
   – Das beschaffungspolitische Instrumentarium 150
   – Beschaffungspolitik 152
   – Materialdisposition 154
   – Logistische Fragen 157
   – Ausblick auf die künftige Entwicklung der Materialwirtschaft 158

Testfragen 159

Antworten zu den Aufgaben 167
   – Grundlagen 167
   – Das beschaffungspolitische Instrumentarium 169
   – Beschaffungspolitik 179
   – Materialdisposition 185
   – Logistische Fragen 195
   – Ausblick auf die zukünftige Entwicklung der Materialwirtschaft 199

Lösungen zu den Testfragen 200

Kapitel E: Produktionswirtschaft

Aufgaben 203
   – Grundlagen 203
   – Produktions- und Kostentheorie 203
   – Produktionsplanung 210
   – Prozessgestaltung 212
   – Integrative Planung und Steuerung des Produktionsablaufs 215
   – Produktion als Wettbewerbsfaktor 216

Testfragen 217

Antworten zu den Aufgaben **225**
 – Grundlagen 225
 – Produktions- und Kostentheorie 227
 – Produktionsplanung 238
 – Prozessgestaltung 244
 – Integrative Planung und Steuerung des Produktionsablaufs 250
 – Produktion als Wettbewerbsfaktor 255

Lösungen zu den Testfragen **258**

Kapitel F: Absatz und Marketing

Aufgaben **261**
 – Grundlagen des Marketing und der Marketingplanung 261
 – Informationsgewinnung im Marketing 262
 – Das absatzpolitische Instrumentarium 265
 – Die Integration der Marketing-Instrumente zum Marketing-Mix 273
 – Ausblick und künftige Entwicklung des Marketing 274

Testfragen **275**

Antworten zu den Aufgaben **283**
 – Grundlagen des Marketing und der Marketingplanung 283
 – Informationsgewinnung im Marketing 288
 – Das absatzpolitische Instrumentarium 297
 – Die Integration der Marketing-Instrumente zum Marketing-Mix 319
 – Ausblick und künftige Entwicklung des Marketing 323

Lösungen zu den Testfragen **323**

Anhang: Trends und Entwicklungen im Marketing (Glossar) **324**

Kapitel G: Kapitalwirtschaft

Aufgaben **327**
 – Kapitalbedarf 327
 – Kapitalbeschaffung 329
 – Vermögens- und Kapitalstrukturgestaltung 334
 – Kapitalverwendung 334

Testfragen **345**

Antworten zu den Aufgaben **352**
 – Kapitalbedarf 352
 – Kapitalbeschaffung 354
 – Vermögens- und Kapitalstrukturgestaltung 369
 – Kapitalverwendung 370

Lösungen zu den Testfragen **386**

Anhang 1: Schlüsselbegriffe zur Börse **387**

Anhang 2: Sprüche und Weisheiten über die Börse und das Geld **390**

Kapitel H. Personalwirtschaft

Aufgaben **393**
 – Grundlagen der Personalwirtschaft 393
 – Personelle Leistungsbereitstellung 394
 – Leistungserhalt und -förderung 400
 – Informationssysteme der Personalwirtschaft 404
 – Zukunftsperspektiven des Personalmanagements 405

Testfragen **406**

Antworten zu den Aufgaben **418**
 – Grundlagen der Personalwirtschaft 418
 – Personelle Leistungsbereitstellung 421
 – Leistungserhalt und -förderung 441
 – Informationssysteme der Personalwirtschaft 452
 – Zukunftsperspektiven des Personalmanagements 454

Lösungen zu den Testfragen **458**

Kapitel I: Rechnungswesen und Controlling

Aufgaben **461**
 – Einführung in das Rechnungswesen und Controlling 461
 – Bilanzierung und Jahresabschluss 462
 – Kosten- und Leistungsrechnung 472
 – Controlling 480

Testfragen **482**

Antworten zu den Aufgaben **495**
 – Einführung in das Rechnungswesen und Controlling 495
 – Bilanzierung und Jahresabschluss 496
 – Kosten- und Leistungsrechnung 519
 – Controlling 535

Lösungen zu den Testfragen **544**

Sachwortregister **545**

Kapitel A

Grundlagen der Betriebswirtschaftslehre

Aufgaben

Wirtschaftssysteme und Träger der Wirtschaft

Aufgabe 1

„Bedürfnisse sind der Motor der Wirtschaft." Nehmen Sie hierzu kritisch Stellung!

Aufgabe 2

Nennen Sie einige wichtige Einteilungskriterien für Bedürfnisse!

Aufgabe 3

Was versteht man in der Betriebswirtschaftslehre unter dem Begriff „Güter"? Entwickeln Sie eine Übersicht, in der folgende Begriffe enthalten sind:
Rechte, Materielle Güter, Freie Güter, Verbrauchsgüter, Investitionsgüter, Immaterielle Güter, Gebrauchsgüter, Dienstleistungen, Wirtschaftsgüter, Güter, Konsumgüter!

Aufgabe 4

Wie lautet das formale Wirtschaftlichkeitsprinzip (ökonomisches Prinzip)?

Aufgabe 5

Grenzen Sie die Begriffe „Betrieb" und „Unternehmung" voneinander ab!

Aufgabe 6

a) Was versteht man in der Betriebswirtschaftslehre unter Produktionsfaktoren?
b) Wie gliedern sich die betrieblichen Produktionsfaktoren?

Aufgabe 7

In der Volkswirtschaftslehre erfolgt eine andere Einteilung der Produktionsfaktoren. Nennen Sie diese und unterscheiden Sie diese von der betriebswirtschaftlichen Einteilung!

Aufgabe 8

Welche Bestimmungsgrößen eines Betriebes sind vom Wirtschaftssystem unabhängig und welche sind Merkmal des marktwirtschaftlichen Wirtschaftssystems?

Aufgabe 9

Was versteht man unter dem erwerbswirtschaftlichen Prinzip?

Aufgabe 10

Bei der Vielzahl der existierenden Unternehmen ist es sinnvoll, Betriebe zu typologisieren. Nennen Sie einige wichtige Einteilungskriterien!

Die Betriebswirtschaftslehre als Wissenschaft

Aufgabe 11

a) Was versteht man unter einer Wissenschaft?

b) Welches Einteilungskriterium für die Wissenschaften hat sich als sinnvoll erwiesen?

Aufgabe 12

Entwickeln Sie eine Systematik der Wissenschaften! Wo würden Sie die Wirtschaftswissenschaften einordnen?

Aufgabe 13

Beschreiben Sie die Aufgabe wirtschaftswissenschaftlicher Disziplinen!

Aufgabe 14

a) Worauf ist das Erkenntnisobjekt der Betriebswirtschaftslehre ausgerichtet?

b) Was ist die Aufgabenstellung der Betriebswirtschaftslehre?

Aufgabe 15

Welches sind die Merkmale der praktisch-normativen Richtung der Betriebswirtschaftslehre und worin liegt der Unterschied zur normativ-wertenden Betriebswirtschaftslehre?

Aufgabe 16

Skizzieren Sie Gliederungsmöglichkeiten der Betriebswirtschaftslehre!

Aufgabe 17

Wie lautet die Grundfrage der Volkswirtschaftslehre nach W. Eucken?

Aufgabe 18

Welche zentralen volkswirtschaftlichen Problemstellungen werden als „Magisches Viereck" bezeichnet?

Betriebswirtschaftliche Zielkonzeptionen

Aufgabe 19

a) Definieren Sie die Begriffe „Produktivität" und „Wirtschaftlichkeit" und erläutern Sie diese an einem Beispiel!

b) Was versteht man unter einer Teilproduktivität? Nennen Sie Beispiele!

Aufgabe 20

Zur Herstellung von 4 Kleidern werden 8 m^2 Stoff benötigt. Der Einkaufspreis pro m^2 Stoff beträgt 5,00 EUR, der Verkaufspreis je Kleid liegt bei 20,00 EUR.

a) Ermitteln Sie die Produktivität und die Wirtschaftlichkeit für die Herstellung der Kleider!
b) Zeigen Sie die Auswirkungen einer Produktivitätssteigerung um 25 % am Beispiel des Minimal- und des Maximalprinzips!
c) Welche Möglichkeiten bestehen, die Wirtschaftlichkeit um 25 % zu erhöhen?
d) Kann bei einer Steigerung der Produktivität um 10 % dennoch die Wirtschaftlichkeit um 10 % zurückgehen?

Aufgabe 21

a) In der betriebswirtschaftlichen Literatur werden öfter die Begriffe „Effizienz" und „Effektivität" benutzt. Worin bestehen die Unterschiede?
b) Nennen Sie einige wichtige Maßgrößen bzw. Kennzahlen zur Bestimmung der Unternehmens-, Bereichs-, Gruppen- und Individualeffizienz!

Aufgabe 22

a) Wovon hängt es ab, ob ein Betrieb wirtschaftlich arbeitet?
b) Skizzieren Sie, wie man den Erfolg eines Betriebes ermitteln kann!

Aufgabe 23

a) Was verstehen Sie unter Rentabilität und worin liegt der Unterschied zur Wirtschaftlichkeit?
b) Formulieren Sie einige wichtige Rentabilitätskennziffern für Kapital und Umsatz!

Aufgabe 24

Von einer Unternehmung sind folgende Daten bekannt: Eigenkapital 2,4 Mio. EUR, Fremdkapital 4,7 Mio. EUR, Umsatzerlöse (Erträge) 4 Mio. EUR, Aufwendungen (ohne Zinsen) 3.371.000 EUR, Zinsen für Fremdkapital 7 %.

Ermitteln Sie für das Unternehmen:
a) die Eigenkapitalrentabilität,
b) die Gesamtkapitalrentabilität und
c) die Umsatzrentabilität!

Aufgabe 25

a) Was ist unter einem Zielsystem in einer Unternehmung zu verstehen?
b) Welchen Zielgehalt unterscheidet man bei Unternehmungszielen?

Aufgabe 26

a) In welchen Beziehungen können Zielelemente zueinander stehen?
b) Wie werden Zielkonflikte durch Zielintegration gelöst?

Aufgabe 27

Welche Voraussetzungen gelten für eine eindeutige Ableitung des Gewinnmaximums als äußerste formale Ausprägung des erwerbswirtschaftlichen Prinzips beruhend auf der Annahme vollkommener Märkte?

Aufgabe 28

Weshalb ist die Gewinnmaximierung im realen Wirtschaftsgeschehen nicht realisierbar?

Aufgabe 29

Welcher maximierte Rentabilitätsbegriff ist gemäß Hax dazu geeignet, aus dem zu Erwerbszwecken eingesetzten Kapital ein größtmögliches Einkommen zu erzielen?

Aufgabe 30

Welche Maximal- und Minimalziele sind bei der begrenzten Gewinnerzielung unter außerökonomischen Nebenbedingungen denkbar?

Methoden und Modelle der Betriebswirtschaftslehre

Aufgabe 31

a) Nach welchen Methoden lässt sich die Wissenschaftstheorie gliedern?
b) Benennen Sie die Funktionen einer Theorie!

Aufgabe 32

Erläutern Sie den Unterschied zwischen logischer und faktischer Wahrheit!

Aufgabe 33

Worin besteht der Unterschied zwischen der deduktiven und der induktiven Vorgehensweise?

Aufgabe 34

Weshalb ist die in der Naturwissenschaft übliche Modellbildung durch die induktive Methode in der Betriebswirtschaftslehre nur begrenzt anwendbar?

Aufgabe 35

Was versteht man unter einem betriebswirtschaftlichen Modell und welche Anforderungen sollten an ein Modell gestellt sein?

Aufgabe 36

Welchem Zweck dienen Beschreibungsmodelle?

Aufgabe 37

Aus welchen Gleichungen besteht ein Erklärungsmodell, welches sich einer mathematischen Ausdrucksweise bedient?

Aufgabe 38

Zeigen Sie Merkmale wohlstrukturierter Entscheidungsprobleme auf! Welche Art von Entscheidungsmodellen kommt zur Anwendung?

Aufgabe 39

Nennen Sie die Komponenten, die bei einem mathematischen Entscheidungsmodell Voraussetzung für die Bestimmung der optimalen Handlungsalternative sind!

Aufgabe 40

Welche Verfahren für die Bildung mathematischer Entscheidungsmodelle sind Ihnen bekannt und unter welcher Bezeichnung werden sie zusammengefasst?

Aufgabe 41

a) Zeigen Sie Situationen auf, in denen offene Entscheidungsmodelle zur Anwendung kommen!

b) Was versteht man in diesem Zusammenhang unter heuristischen Methoden?

Aufgabe 42

Beschreiben Sie die Merkmale deterministischer Modelle!

Aufgabe 43

Worin besteht der Unterschied zwischen statischen und dynamischen Modellen?

Aufgabe 44

Simulationsmodelle gewinnen bei der Entscheidungsfindung immer mehr an Bedeutung. Welche Aufgaben haben solche Modelle?

Aufgabe 45

Denksportaufgabe zur Problemumformulierung:

Sie sind der Veranstalter eines großen internationalen Tennisturniers, zu dem sich insgesamt 137 Tennisgrößen angesagt haben. Das Turnier verläuft nach dem K.O.- System, d.h. wer verloren hat, scheidet aus. Ermitteln Sie nun, wie viele Spiele durchgeführt werden müssen (es spielen jeweils nur 2 Partner, d.h. kein Doppel)! Wegen der ungeraden Teilnehmerzahl kommt ein Spieler mit Freilos weiter. Sie haben 3 Minuten Zeit.

Theoretische Ansatzpunkte der Betriebswirtschaftslehre

Aufgabe 46

Welche wissenschaftstheoretische Auffassung vertrat Schmalenbach bezüglich der Betriebswirtschaftslehre und weshalb konnte er sich in der damaligen Zeit damit durchsetzen?

Aufgabe 47

Der faktortheoretische Ansatz nach Gutenberg gilt als erstes geschlossenes System der Betriebswirtschaftslehre.

a) Was ist der Ausgangspunkt der Theorie Gutenbergs?

b) Führen Sie kritische Einwände gegen das Konzept Gutenbergs an!

Aufgabe 48

Womit befasst sich der entscheidungstheoretische Ansatz der Betriebswirtschaftslehre nach Heinen?

Aufgabe 49

Ein weiterer wichtiger Entwicklungsschritt der Betriebswirtschaftslehre ist der systemorientierte Ansatz nach Ulrich. Auf welcher Hypothese beruht der systemorientierte Ansatz?

Aufgabe 50

Was ist der Kerngedanke des institutionenökonomischen Ansatzes?

Aufgabe 51

Was besagt die Wertschöpfungskette nach Porter?

Aufgabe 52

Ergänzen Sie die Tabelle, indem Sie für die einzelnen Wissenschaftsprogramme einen Hauptvertreter nennen und die Leitidee des Ansatzes formulieren!

Wissenschaftsprogramme		
Theoretischer Ansatz	**Hauptvertreter**	**Leitidee**
Faktortheoretischer Ansatz		
Entscheidungstheoretischer Ansatz		
Systemtheoretischer Ansatz		
Evolutionstheoretischer Ansatz		
Verhaltensorientierter Ansatz		

Testfragen

Testfrage 1

Welchem Oberbegriff (Einteilungskriterium) lassen sich Existenzbedürfnisse zuordnen?

(a) Bewusstheit (c) Dringlichkeit (e) Individualität
(b) Art der Befriedigung (d) Anerkennung (f) Latente Bedürfnisse

Testfrage 2

Welche der folgenden Güter sind immaterieller Art?

(a) Dienstleistungen (c) Abfallprodukte (e) Arbeitsleistungen
(b) Konsumgüter (d) Informationen (f) Investitionsgüter

Testfrage 3

Was besagt das ökonomische Prinzip (Wirtschaftlichkeitsprinzip)?
(a) Mit geringstmöglichem Mitteleinsatz soll ein vorgegebenes Ziel erreicht werden.
(b) Der größtmögliche Ertrag soll mit geringstem Mitteleinsatz erwirtschaftet werden.
(c) Die Produktion soll stets mit den geringsten Kosten erfolgen.
(d) Es soll stets der maximale Erlös erzielt werden.
(e) Mit einem bestimmten Geldaufwand soll ein maximaler Erlös erzielt werden.

Testfrage 4

Welche Aussagen über Betriebe sind richtig?
(a) Betriebe im marktwirtschaftlichen Wirtschaftssystem werden auch als Unternehmung bezeichnet.
(b) Jede Unternehmung ist ein Betrieb.
(c) Bei der Unternehmung handelt es sich um einen juristischen Begriff, wogegen der Betrieb der geografische Ort der Leistungserstellung ist.
(d) Betriebe sind soziotechnische Systeme.
(e) Unter einem Betrieb versteht man eine planvoll organisierte Wirtschaftseinheit, in der Sachgüter produziert und / oder Dienstleistungen bereitgestellt werden.

Testfrage 5

Nach Gutenberg werden die betrieblichen Produktionsfaktoren in folgende Hauptfaktoren gegliedert:

(a) Kreative Faktoren (d) Derivative Faktoren
(b) Konstruktive Faktoren (e) Dispositive Faktoren
(c) Elementarfaktoren

Testfrage 6

Welche der folgenden Faktoren werden als Elementarfaktoren bezeichnet?

- (a) Grund und Boden
- (b) Ausführende Arbeit
- (c) Betriebsmittel
- (d) Werkstoffe
- (e) Kapital
- (f) Dispositiver Faktor
- (g) Roh- und Hilfsstoffe

Testfrage 7

Welche der folgenden Begriffe sind Bestandteil des dispositiven Faktors?

- (a) Leitung
- (b) Planung
- (c) Projektierung
- (d) Überwachung
- (e) Organisation
- (f) Beschaffung

Testfrage 8

Welche der folgenden Faktoren des dispositiven Faktors sind originäre Faktoren?

- (a) Betriebsorganisation
- (b) Betriebsmittel
- (c) Menschliche Arbeitsleistung
- (d) Planung
- (e) Geschäfts- und Betriebsleitung

Testfrage 9

Um welches Wirtschaftssystem handelt es sich, wenn ein Betrieb seine Planung anhand von Marktdaten selbst bestimmen kann?

- (a) Kapitalistisches Wirtschaftssystem
- (b) Kommunistische Planwirtschaft
- (c) Zentrale Verwaltungswirtschaft
- (d) Staatlich gelenkte Wirtschaft
- (e) Marktwirtschaft
- (f) Sozialistisches Wirtschaftssystem

Testfrage 10

Soziale Marktwirtschaft bedeutet:

- (a) Verstärkter Ausbau des Sozialversicherungssystems
- (b) Angebot und Nachfrage bestimmen allein den Preis
- (c) Freie Marktwirtschaft mit staatlicher Regulierungsmöglichkeit
- (d) Wirtschaftssystem in sozialistischen Staaten
- (e) Grundbesitz und Produktionsmittel gehören grundsätzlich dem Staat
- (f) Uneingeschränkte Marktwirtschaft

Testfrage 11

Was versteht man unter dem Bruttonationaleinkommen?

(a) Die Summe der erzeugten Güter und Dienstleistungen einer Volkswirtschaft in einer Periode

(b) Die Summe der Sozialleistungen einer Volkswirtschaft

(c) Die Gesamtheit der volkswirtschaftlichen Produktionsfaktoren

(d) Den Lebensstandard der Bevölkerung einer Volkswirtschaft

(e) Den Gesamtaufwand der Sozialversicherungsträger

Testfrage 12

Systembezogene Bestimmungsgrößen eines Betriebes sind:

(a) Das Autonomieprinzip

(b) Das Prinzip der Wirtschaftlichkeit

(c) Das Prinzip des finanziellen Gleichgewichts

(d) Das Prinzip der plandeterminierten Leistungserstellung

(e) Das erwerbswirtschaftliche Prinzip

(f) Das Prinzip der monetären Unabhängigkeit

Testfrage 13

Welche der folgenden Prinzipien sind systemindifferente Faktoren eines Betriebes?

(a) Das System der Produktionsfaktoren

(b) Das Prinzip der Wirtschaftlichkeit

(c) Das Prinzip des Privateigentums an den Produktionsmitteln

(d) Das Autonomieprinzip

(e) Das Prinzip der Planerfüllung

Testfrage 14

In welchem Wirtschaftszweig ist der Beschäftigungsanteil in Deutschland am größten?

(a) Bergbau, Energie- und Wasserversorgung

(b) Verarbeitendes Gewerbe

(c) Einzelhandel

(d) Baugewerbe

(e) Handelsvermittlung

(f) Kreditinstitute/ Versicherungen

Testfrage 15

Welchen Wissenschaftsgruppen (Oberbegriff) kann die Betriebswirtschaftslehre zugeordnet werden?

(a) Idealwissenschaften   (c) Kulturwissenschaften   (e) Wirtschaftswissenschaften

(b) Realwissenschaften   (d) Naturwissenschaften   (f) Sozialwissenschaften

Testfrage 16

Welche Wirtschaftseinheiten sind Gegenstand der Betriebswirtschaftslehre?
- (a) Produktionswirtschaften
- (b) Öffentliche Haushalte
- (c) Private Haushalte
- (d) Geschäftsbanken
- (e) Agrargenossenschaften

Testfrage 17

Bei welchen der folgenden Aussagen handelt es sich um primäre Werturteile?
- (a) Die Steuerbelastung der Unternehmen muss gesenkt werden.
- (b) Das Produktionsverfahren A ist wirtschaftlicher als das Produktionsverfahren B.
- (c) Unternehmerische Entscheidungen dürfen nur durch Eigentümer bzw. Gesellschafter getroffen werden.
- (d) Bei linearen Kostenverläufen wird das Maximum an der Kapazitätsgrenze erreicht.
- (e) Nur eine Leistungsentlohnung ist ein gerechtes Vergütungssystem.

Testfrage 18

Bei sekundären Werturteilen handelt es sich um:
- (a) Aussagen, die durch wissenschaftliche Methoden in ihrer Wahrheit gesichert werden können.
- (b) Aussagen, die sich auf soziales oder ethisches Verhalten beziehen.
- (c) Aussagen, die den eingesetzten Mitteln einen ethischen Wert zuschreiben.
- (d) Aussagen, deren Inhalt zweitrangig ist.
- (e) Aussagen, die sich auf eine nachrangige Eintragung im Grundbuch beziehen.
- (f) in ihrem Wert gesicherte normative Aussagen.

Testfrage 19

Welche der folgenden Elemente sind Bestandteil der institutionellen Gliederung der Betriebswirtschaftslehre?
- (a) Allgemeine Betriebswirtschaftslehre
- (b) Industriebetriebslehre
- (c) Spezielle Betriebswirtschaftslehre
- (d) Betriebswirtschaftliche Verfahrenstechnik
- (e) Betriebsführung
- (f) Personalwirtschaft

Testfrage 20

Wie lauten die zentralen volkswirtschaftlichen Problemstellungen?
- (a) Vollbeschäftigung
- (b) Demoskopische Untersuchungen
- (c) Preisstabilität
- (d) Angemessenes Wirtschaftswachstum
- (e) Außenwirtschaftliches Gleichgewicht
- (f) Große Geldmenge

Testfrage 21

Die Gestaltungsfunktion betriebswirtschaftlicher Funktionen besteht darin:

(a) Instrumente zu entwickeln, die der Verwirklichung vorgegebener betrieblicher Ziele dienen.

(b) die Beschreibung der realen Wirtschaftstätigkeit zu gestalten.

(c) sich mit dem Einsatz von betrieblichen Instrumenten zur Optimierung der Zielerreichung zu befassen.

(d) Handlungsanleitungen zur Ausschöpfung betrieblicher Rationalisierungspotenziale unter der Prämisse sozialer Gerechtigkeit zu entwerfen.

Testfrage 22

Wie ist die Produktivität definiert?

(a) Verhältnis Gewinn zu Eigenkapital

(b) Verhältnis Gewinn zu Umsatz

(c) Verhältnis Umsatz zu Gewinn

(d) Verhältnis Soll-Kosten zu Ist-Kosten

(e) Verhältnis Ausbringungsmenge zu Einsatzmenge

Testfrage 23

Welche der folgenden Begriffe beschreiben die Beziehung zwischen Zielelementen?

(a) Zielindifferenz   (c) Zielkoexistenz   (e) Zielkomplementarität

(b) Zielantinomie   (d) Zielkonkurrenz   (f) Zielautokratie

Testfrage 24

Welche Behauptungen bezüglich der Zielbildung treffen zu?

(a) Bei Zielantinomie sind die Ziele inkompatibel.

(b) Zielkomplementarität bedeutet die gleichzeitige, komplette Erfüllung eines anderen Zielelementes.

(c) Bei Zielindifferenz hat die Erfüllung eines Zielelementes keinen Einfluss auf die gleichzeitige Erfüllung eines anderen Zielelementes.

(d) Die zunehmende Erfüllung des einen Zieles führt bei Zielkonkurrenz zur wachsenden Nichterfüllung des anderen Zieles.

Testfrage 25

Welche der folgenden Behauptungen ist richtig?

(a) Wirtschaftlichkeitsprinzip und Gewinnmaximierungsprinzip sind nicht voneinander abhängig.

(b) Das Wirtschaftlichkeitsprinzip ist die Voraussetzung des Gewinnmaximierungsprinzips.

(c) Voraussetzung des Wirtschaftlichkeitsprinzips ist die Gewinnmaximierung.

(d) Produktivität ist die Voraussetzung der Wirtschaftlichkeit.

(e) Rentabilität ist die Voraussetzung für Wirtschaftlichkeit.

Testfrage 26

Was ist ein allgemein anerkanntes Auswahlprinzip für Entscheidungen in der Betriebswirtschaftslehre?

   (a) Umsatzmaximierung   (d) Kostenminimierung

   (b) Langfristige Gewinnmaximierung   (e) Sozialer Frieden

   (c) Gemeinwirtschaftliche Wirtschaftlichkeit

Testfrage 27

Welche der folgenden Kriterien sind keine Voraussetzungen für eine Ableitung des Gewinnmaximums?

   (a) Nutzenmaximierung der Konsumenten

   (b) Kostenmaximierung der Haushalte

   (c) Gewinnmaximierung der Produzenten

   (d) Markttransparenz

   (e) Kartellbildung

Testfrage 28

Welche der folgenden Begriffe gehören zu den wesentlichen Funktionen einer Theorie?

   (a) Hypothese   (c) Substitution   (e) Überprüfung

   (b) Beschreibung   (d) Erklärung   (f) Empirische Verifikation

Testfrage 29

Im Zusammenhang mit der deduktiven Methode der Betriebswirtschaftslehre gilt:

   (a) Es wird vom Allgemeinen in logischer Form auf das Besondere geschlossen.

   (b) Es wird vom Besonderen in logischer Form auf das Allgemeine geschlossen.

   (c) Aufgrund von Annahmen werden Schlussfolgerungen auf logischem Wege abgeleitet.

   (d) Die aktive Gestaltung der Beobachtungen erlaubt eine Überprüfung von Hypothesen und Beweissätzen.

   (e) Es bestehen keine methodischen Regeln, daher wird sie meist zur Gewinnung von Erkennungszielen angewendet.

Testfrage 30

Welche der folgenden betriebswirtschaftlichen Modelle lassen sich nach der Art ihrer voraussichtlichen Ergebnisstruktur einteilen?

   (a) Beschreibungsmodelle   (c) Deterministische Modelle   (e) Statische Modelle

   (b) Entscheidungsmodelle   (d) Simulationsmodelle

Testfrage 31

Welche der folgenden Modelle zählen zur Gruppe der Entscheidungsmodelle?

   (a) Minimalkostenkombination   (d) Äquivalenzziffernkalkulation

   (b) Investitionsrechenmodelle   (e) Buchführung

   (c) Bedürfnispyramide nach Maslow

Testfrage 32

Wer hat in der Betriebswirtschaftslehre die Produktivitätsbeziehung zwischen Faktoreinsatz und Faktorertrag erstmalig in den Mittelpunkt der betriebswirtschaftlichen Forschung gestellt?

(a) Konrad Mellerowicz
(b) Fritz Schmidt
(c) Erich Gutenberg
(d) Eugen Schmalenbach
(e) Alfred E. Neumann
(f) Abraham Maslow

Testfrage 33

Der faktortheoretische Ansatz nach Erich Gutenberg besagt:

(a) In den Mittelpunkt der Überlegungen sind die Entscheidungen wirtschaftender Individuen in einer Einzelwirtschaft zu stellen.
(b) Ziel ist eine logische Analyse des menschlichen Verhaltens.
(c) Das Prinzip der Gewinnmaximierung gilt als oberstes Zielkriterium.
(d) Die Aufgabe besteht in der Entwicklung von Gestaltungsmodellen für zukünftige Wirklichkeiten.
(e) Die funktionale Produktivitätsbeziehung zwischen Faktoreinsatz und -ertrag ist der zentrale Ausgangspunkt.

Testfrage 34

Welche wesentlichen Elemente sind für die betriebswirtschaftlichen Entscheidungstatbestände nach Heinen relevant?

(a) Die theoretisch-abstrakte Ausrichtung
(b) Die zeitliche Wirkung
(c) Die praktische Relevanz
(d) Der begriffliche Inhalt
(e) Die Zuordnung auf entsprechende Entscheidungsinstanzen innerhalb der Organisation

Testfrage 35

Wer gilt als Hauptvertreter des verhaltensorientierten Ansatzes der Betriebswirtschaftslehre?

(a) Ralf Dahrendorf
(b) Reinhard Pfriem
(c) Günter Schanz

Testfrage 36

Welche der folgenden Aussagen treffen auf die neue Institutionenökonomie zu?

(a) Sie besteht aus 5 Grundrichtungen.
(b) Der Principal-Agent-Ansatz versucht eine reibungslose Vertragserfüllung zu erfüllen.
(c) Der Transaktionsansatz betrachtet Kosten, die bei der Übertragung vom Property-Rights-Ansatz entstehen.
(d) Die neue Institutionenökonomie sieht das Verfügungsrecht im Betrachtungsmittelpunkt.
(e) Sie nähert sich der Mikroökonomie der Betriebswirtschaft an.

Antworten zu den Aufgaben

Wirtschaftssysteme und Träger der Wirtschaft

Aufgabe 1

Die Ursache des Wirtschaftens sind **Bedürfnisse**, die befriedigt werden wollen. Alle Tätigkeiten der Menschen haben ihren Ursprung in Bedürfnissen. Kann ein Verlangen nicht sofort erfüllt werden (beispielsweise aus Geldmangel), arbeitet der Mensch zielstrebig auf eine baldige Bedürfnisbefriedigung hin. Bedürfnisse und Wünsche motivieren das menschliche Handeln (somit auch das der Wirtschaft) und geben ihm eine Richtung. Sie werden bemerkt und beurteilt, um sie systematisch mit geeigneten Gütern und Dienstleistungen zu befriedigen. Deshalb kann man diese Bedürfnisse und Wünsche auch als Motor unseres Wirtschaftens bezeichnen.

Aufgabe 2

Bedürfnisse können z.B. eingeteilt werden nach **Dringlichkeit** (Existenz- und Luxusbedürfnisse), **Bewusstheit** (offene und latente Bedürfnisse) und nach **Art der Befriedigung** (Individual- und Kollektivbedürfnisse).

Aufgabe 3

Güter sind zur Bedürfnisbefriedigung dienende Gegenstände, Tätigkeiten und Rechte. Eine Unterteilung lässt sich grafisch wie folgt darstellen:

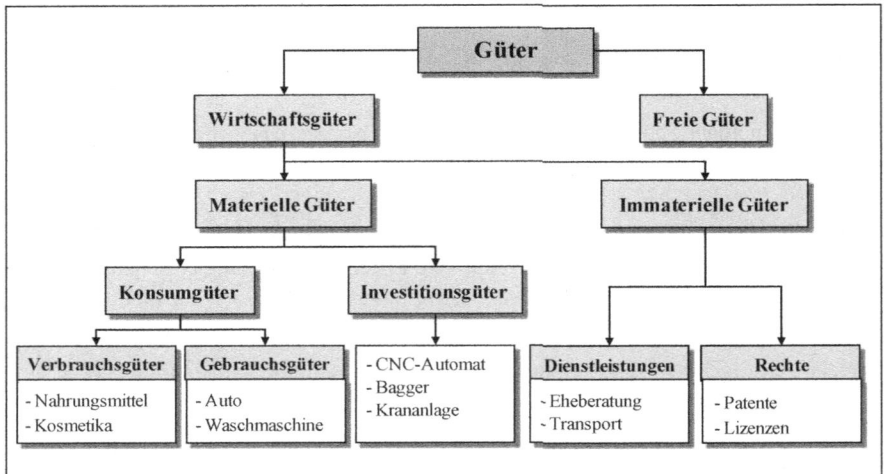

Aufgabe 4

Die **mengenmäßige** Wirtschaftlichkeit fordert, dass bei geringst möglichem Einsatz an Produktionsfaktoren ein vorgegebener Güterertrag zu erwirtschaften ist (Minimalprinzip) oder dass bei einem gegebenen Aufwand an Produktionsfaktoren der größtmögliche Güterertrag zu erzielen ist (Maximalprinzip).

Die **wertmäßige** Definition der Wirtschaftlichkeit besagt, dass ein bestimmter Erlösbetrag bei minimalem Geldeinsatz zu erwirtschaften ist (Sparprinzip) oder aber, dass mit einem gegebenen Geldaufwand ein maximaler Erlös zu erzielen ist (Budgetprinzip).

> Das Wirtschaftlichkeitsprinzip bildet die Richtschnur wirtschaftlichen Handelns.

Aufgabe 5

Ein **Betrieb** ist eine planvoll organisierte Wirtschaftseinheit, in der Sachgüter und Dienstleistungen erstellt und abgesetzt werden. Bestimmungsfaktoren des Betriebes sind: Kombination der Produktionsfaktoren, Wirtschaftlichkeitsprinzip und finanzielles Gleichgewicht.

Die Betriebe in einem **marktwirtschaftlichen Wirtschaftssystem** werden als **Unternehmungen** bezeichnet.

Aufgabe 6

a) Unter **Produktionsfaktoren** versteht man alle Güter und Leistungen, die in den Produktions- bzw. Kombinationsprozess eingehen und zur Hervorbringung anderer Güter und Leistungen dienen.

b) Nach Gutenberg lassen sich in der Betriebswirtschaftslehre die Produktionsfaktoren unterteilen in elementare und dispositive Faktoren:

	Elementare Produktionsfaktoren
Arbeit	• **Objektbezogene (ausführende, vollziehende) Tätigkeit**, z.B. Drehen eines Rohlings, Eingabe von Daten in den Computer
Betriebsmittel	• **Alle Einrichtungen und Anlagen**, z.B. Grundstücke, Gebäude, Werkzeuge, Maschinen, Fuhrpark, Lagereinrichtungen
Werkstoffe	• **Rohstoffe** als Grundbestandteil fertiger Erzeugnisse, z.B. Kurbelwellen, Rohre • **Hilfsstoffe** als Nebenbestandteil der Erzeugnisse, z.B. Schrauben, Nägel, Leim • **Betriebsstoffe**, die nicht Bestandteile der Erzeugnisse werden, aber trotzdem verbraucht werden, z.B. Kühlmittel, Strom
	Dispositive Produktionsfaktoren
Geschäfts- und Betriebsleitung	• Führung des Unternehmens • Steuerung der Leistungserstellung • Organisation der Produktionsvorgänge
Planung und Organisation	• gedankliche Vorwegnahme des zukünftigen wirtschaftlichen Handelns basierend auf Unternehmenszielen • dauerhafte Ordnung bzw. Strukturregelung und Organisation des Unternehmens
Kontrolle	• Überwachung der betrieblichen Ablaufprozesse • Vergleich der angestrebten mit den tatsächlich realisierten Ergebnissen (Soll-Ist-Vergleich)

Aufgabe 7

Man unterscheidet im Gegensatz zur Betriebswirtschaftslehre in der **Volkswirtschaftslehre** die Produktionsfaktoren **Arbeit, Boden und Kapital**. Die Unterschiede sind auf die unterschiedlichen Zielsetzungen und die damit verbundenen unterschiedlichen Fragestellungen beider Wissenschaften zurückzuführen. Es ergeben sich jedoch auch typische gemeinsame Fragestellungen beider Teildisziplinen. Dies gilt insbesondere für die Produktions- und Kostentheorie sowie die Investitionsrechnung.

Wissenschaft	Produktionsfaktoren			
Betriebswirtschaftslehre	Dispositive Arbeit	Elementarfaktoren		
		Ausführende Arbeit	Betriebsmittel	Werkstoffe
Volkswirtschaftslehre		Arbeit	Boden	Kapital

Als weitere Produktionsfaktoren werden in der Betriebswirtschaftslehre zunehmend auch **Informationen / Software** (als Bestandteil des Produktionsprozesses, aber auch als Endprodukt) und **Ökologie** (im Sinne von unzerstörter Natur) genannt.

Aufgabe 8

Zu den **systemindifferenten** Bestimmungsgrößen gehören die Produktionsfaktoren Arbeitsleistung, Betriebsmittel und Werkstoffe. Die Kombination dieser produktiven Faktoren erfolgt nach dem formalen Wirtschaftlichkeitsprinzip. Eine weitere systemindifferente Bestimmungsgröße ist die Aufrechterhaltung des finanziellen Gleichgewichts.

Zu den **systembezogenen** Bestimmungsgrößen der Marktwirtschaft gehören das Autonomieprinzip, das erwerbswirtschaftliche Prinzip und das Prinzip des Privateigentums.

Aufgabe 9

Unter dem **erwerbswirtschaftlichen Prinzip** versteht man das Streben einer Unternehmung nach Gewinnmaximierung. Es ist ein vom Wirtschaftssystem abhängiger Bestimmungsfaktor. Öffentliche Betriebe und Verwaltungen streben meistens nicht Gewinnmaximierung, sondern Kostenminimierung an.

Aufgabe 10

Wichtige **Gliederungskriterien** für Betriebe (sog. Betriebstypologie) sind:
– Art der Wirtschaftszweige (z.B. Industrie-, Bankbetrieb)
– Betriebsgröße (z.B. Klein-, Mittel-, Großbetrieb)
– vorherrschender Produktionsfaktor (z.B. anlage-, material-, lohnintensive Betriebe)
– Art der erstellten Leistung (z.B. Sach-, Dienstleistungsbetrieb)
– Rechtsform (z.B. Personen-, Kapitalgesellschaften)
– Produktionssektor (z.B. chemische Industrie, Fahrzeugbau)

Die Betriebswirtschaftslehre als Wissenschaft

Aufgabe 11

a) **Wissenschaft** ist eine Anzahl von systematisch geordneten Erkenntnissen, die sich auf ein und dasselbe Betrachtungsobjekt beziehen. Die Wahrheit dieser Erkenntnisse ist durch Untersuchungen, Begründungen und Beweise gesichert. Wissenschaft ist gekennzeichnet durch die Suche nach wahren Antworten (Objektivität).

b) Ein brauchbares Einteilungskriterium zur Unterscheidung von Wissenschaften ist das Erkenntnisobjekt. Unter Erkenntnisobjekt versteht man den näher betrachteten Teilaspekt des gewählten Erfahrungsobjekts.

Aufgabe 12

Die Wissenschaften werden in Idealwissenschaften und Realwissenschaften unterteilt. Den Zweig der Realwissenschaften unterteilt man weiter in Natur- und Kulturwissenschaften. Die Wirtschaftswissenschaften werden den **Kulturwissenschaften** zugeordnet.

Aufgabe 13

Die Aufgabe der wirtschaftswissenschaftlichen Disziplinen besteht in der Erfassung und Erklärung des gesellschaftlichen Teilbereiches Wirtschaft, d.h. des auf die Unterhaltsfürsorge gerichteten Komplexes von Handlungen, Verhaltensweisen und Institutionen.

Aufgabe 14

a) Das **Erkenntnisobjekt** der Betriebswirtschaftslehre (der betrachtete Teilaspekt des Erfahrungsobjektes Betrieb) ist auf die wirtschaftliche Seite des Betriebes ausgerichtet und beinhaltet somit die ökonomischen Grundlagen und Vorgänge in Betrieben.

b) Die Aufgabe der Betriebswirtschaftslehre besteht in der Darstellung und Erklärung der wirtschaftlichen Zustände und Vorgänge in den Betrieben und der Entwicklung von Modellen und Instrumenten als Basis zur Gestaltung und Steuerung der betrieblichen Abläufe.

Aufgabe 15

Die **praktisch-normative** Richtung der Betriebswirtschaftslehre lehnt die Abgabe von echten Werturteilen ab und untersucht, wie in Betrieben gehandelt wird und nicht, wie vom Standpunkt eines bestimmten Wertsystems aus gehandelt werden sollte. Daher dürfen diese Erkenntnisse nicht ohne weiteres auf einen konkreten Betrieb der Realität angewendet werden.

> Das sogenannte Wertfreiheitspostulat von Max Weber besagt, dass sich ein Wissenschaftler der Abgabe von Werturteilen zu enthalten und sich nur mit objektiven Tatsachen auseinander zu setzen habe.

Die **normativ-wertende** Betriebswirtschaftslehre kritisiert das von bestimmten Wirtschaftssystemen aus betrachtete, durch die bestehende Wirtschaftsordnung bedingte Handeln der Betriebe und die entstandenen Wirtschaftsstrukturen und versucht, auf ihre Änderungen hinzuwirken, während die praktisch-normative Betriebswirtschaftslehre keine derartigen Wertungen abgeben will.

Aufgabe 16

Bei der Einteilung der Betriebswirtschaftslehre wird häufig unterschieden in institutionelle und funktionelle Gliederung.

– Der **institutionellen Gliederung** werden die Allgemeine Betriebswirtschaftslehre, spezielle Betriebswirtschaftslehren und die betriebswirtschaftliche Verfahrenstechnik zugeordnet.

– Elemente der **funktionellen Gliederung** sind Unternehmensführung und Organisation, Materialwirtschaft, Produktion, Absatz, Finanzierung und Investition, Personalwirtschaft, Rechnungswesen.

Aufgabe 17

Der Nationalökonom Walter Eucken hat folgende Grundfrage gestellt:

> Wie erfolgt die Lenkung des arbeitsteiligen Prozesses, von dem die Versorgung der Menschen mit Gütern, also die Existenz jedes Einzelnen abhängt?

Aufgabe 18

Als **magisches Viereck** werden die Problemstellungen Vollbeschäftigung, Preisstabilität, angemessenes Wirtschaftswachstum und außenwirtschaftliches Gleichgewicht bezeichnet.

Betriebswirtschaftliche Zielkonzeptionen

Aufgabe 19

a) **Produktivität**, auch als die mengenmäßige Wirtschaftlichkeit bezeichnet, beschreibt das Verhältnis zwischen der Ausbringungs- und der Faktoreinsatzmenge.

$$(\text{Gesamt}) \text{ Produktivität} = \frac{\text{Ausbringungsmenge}}{\sum \text{Einsatzmenge aller Produktionsfaktoren}}$$

$$(\text{Teil}) \text{ Produktivität} = \frac{\text{Ausbringungsmenge}}{\text{Einsatzmenge eines Produktionsfaktors}}$$

Unter **Wirtschaftlichkeit** versteht man die wertmäßige Wirtschaftlichkeit. Sie beschreibt das mit Preisen bewertete Verhältnis zwischen Output und Input.

$$(\text{Gesamt}) \text{ Wirtschaftlichkeit} = \frac{\text{Ausbringungsmenge} \cdot \text{Verkaufspreis}}{\sum \text{Der mit Kaufpreisen bewerteten Einsatzmengen aller Produktionsfaktoren}}$$

$$(\text{Teil}) \text{ Wirtschaftlichkeit} = \frac{\text{Ausbringungsmenge} \cdot \text{Verkaufspreis}}{\text{Einsatzmenge eines Produktionsfaktors bewertet mit dessen Kaufpreis}}$$

b) Beispiele für **Teilproduktivitäten** sind:

Arbeitsproduktivität	$= \dfrac{\text{Erzeugte Menge}}{\text{Arbeitsstunden}}$
Materialproduktivität	$= \dfrac{\text{Erzeugte Menge}}{\text{Materialeinsatz}}$
Betriebsmittelproduktivität	$= \dfrac{\text{Erzeugte Menge}}{\text{Maschinenstunden}}$

Aufgabe 20

a) Ermittlung der Produktivität und der Wirtschaftlichkeit:

Produktivität	$= \dfrac{\text{Output}}{\text{Input}} = \dfrac{4\,\text{Kleider}}{8\,\text{m}^2\,\text{Stoff}} = 0{,}5 \dfrac{\text{Kleider}}{\text{m}^2\,\text{Stoff}}$
Wirtschaftlichkeit	$= \dfrac{\text{Output} \cdot \text{Verkaufspreis}}{\text{Input} \cdot \text{Einkaufspreis}} = \dfrac{4 \cdot 20{,}00}{8 \cdot 5{,}00} = 2$

b) Steigerung der Produktivität um 25 %: $0{,}5 + 0{,}125 = 0{,}625$.

Minimalprinzip	Maximalprinzip
Ausbringungsmenge konstant bei minimalem Einsatz	Faktoreinsatzmenge konstant bei maximalem Erfolg
$\dfrac{4}{x} = 0{,}625$ $x = 6{,}4 \text{ m}^2$	$\dfrac{x}{8} = 0{,}625$ $x = 5 \text{ Kleider}$
Mit nur 6,40 m² Stoff können 4 Kleider hergestellt werden.	Mit 8 m² Stoff können nun 5 Kleider hergestellt werden.

c) Erhöhung der Wirtschaftlichkeit um 25 %: $2 + 0{,}5 = 2{,}5$.

	Minimalprinzip	Maximalprinzip
Mengenänderung (vgl. Produktivität)	$2{,}5 = \dfrac{4 \cdot 20{,}00}{x \cdot 5{,}00}$ $x = 6{,}4 \text{ m}^2$	$2{,}5 = \dfrac{x \cdot 20{,}00}{8 \cdot 5{,}00}$ $x = 5 \text{ Kleider}$

d) Verschlechterung der Wirtschaftlichkeit trotz Steigerung der Produktivität durch eine Preisänderung:

	Minimalprinzip	Maximalprinzip
Produktivitätssteigerung um 10 % $0,5 + 0,05 = 0,55$	$0,55 = \dfrac{4}{x}$ $x = 7,273$	$0,55 = \dfrac{x}{8}$ $x = 4,4$
Verschlechterung der Wirtschaftlichkeit um 10 % $2 - 0,2 = 1,8$	Einkaufspreiserhöhung $1,8 = \dfrac{4 \cdot 20 \text{ EUR}}{7,273 \cdot p_E}$ $p_E = 6,11 \text{ EUR}$	Verkaufspreissenkung $1,8 = \dfrac{4,4 \cdot p_V}{8 \cdot 5 \text{ EUR}}$ $p_V = 16,36 \text{ EUR}$

Aufgabe 21

a) **Effektivität** bedeutet, dass lediglich die grundsätzliche Eignung eines Mittels zur Zielerreichung festgelegt wird. Das heißt, dass auf der Grundlage einer Effektivitätsbetrachtung nicht die geeignetste Alternative ausgewählt werden kann, sondern lediglich ein Alternativenbündel festgelegt wird, welches grundsätzlich geeignete Maßnahmen enthält - Gegenwart und Zukunft verlangen das.

Effizienz stellt eine differenzierte Größe dar. Sie ermöglicht eine zieladäquate Abstufung der effektiven Maßnahmen, indem sie die relativen Zielbeiträge dieser Maßnahmen erfasst. Effizienz bedeutet die Erreichung eines definierten Unternehmensziels mit möglichst geringem Aufwand.

> Oder vereinfacht ausgedrückt:
> - **Effektivität - das Richtige tun**
> - **Effizienz - und dies richtig tun**

b) Effizienzformen und Beispiele für Messgrößen

Effizienzformen	Beispiele für Messgrößen
Unternehmenseffizienz	Gewinn, Umsatz, Kosten, Rentabilität, Produktivität, Wirtschaftlichkeit
Bereichseffizienz	Absatzleistungen, Ausschussquote, bereichsbezogene Kosteneinsparungen, Fluktuation, Fehlzeiten
Gruppeneffizienz	Ausbringungsmenge, von der Gruppe beeinflussbare Kosten, Konflikthäufigkeit
Individualeffizienz	Krankheitstage, Ausbringungseinheiten pro Mitarbeiter in der Fertigung, Fehlerhäufigkeit

Aufgabe 22

a) Ob ein Betrieb wirtschaftlich arbeitet, richtet sich im Wesentlichen danach, ob es gelingt, eine bestimmte betriebliche Leistung mit dem geringst möglichen Einsatz an Mitteln oder mit gegebenen Mitteln die bestmögliche Leistung zu erzielen. Dieses Prinzip der Wirtschaftlichkeit ist also stets ein Auswahlprinzip derart, dass für eine betriebliche Aufgabe stets die günstigste Lösung gefunden werden soll.

b) Den Erfolg des Betriebes ermittelt man durch Subtraktion des bewerteten Einsatzes an Produktionsfaktoren vom wertmäßigen Ertrag. Er wird in der Erfolgsrechnung als Differenz zwischen dem Ertrag und dem Aufwand einer Periode ausgewiesen.

Aufgabe 23

a) Unter **Rentabilität** versteht man das Verhältnis des Erfolges zum Kapital eines Unternehmens. Sie ist ein Maß für die Kapitalverzinsung innerhalb einer Abrechnungsperiode. Während die Wirtschaftlichkeit dazu dient, die Ergiebigkeit einer Leistung oder eines Kostenaufwandes zu messen, also ein Mittel der Betriebsdisposition ist, ist die Rentabilität selbst das Ziel dieser Betriebsdisposition.

b) Wichtige **Rentabilitätskennziffern** sind:

• Eigenkapitalrentabilität	$= \dfrac{\text{Gewinn}}{\text{Eigenkapital}} \cdot 100\%$
• Gesamtkapitalrentabilität	$= \dfrac{\text{Gewinn} + \text{Fremdkapitalzinsen}}{\text{Gesamtkapital}} \cdot 100\%$
• Fremdkapitalrentabilität	$= \dfrac{\text{Fremdkapitalzinsen}}{\text{Fremdkapital}} \cdot 100\%$
• Umsatzrentabilität	$= \dfrac{\text{Gewinn}}{\text{Umsatz}} \cdot 100\%$

Aufgabe 24

Umsatzerlöse = 4 Mio. EUR Sonstige Aufwendungen = 3.371.000 EUR	Eigenkapital = 2,4 Mio. EUR Fremdkapital = 4,7 Mio. EUR Zinssatz = 7 %
Gesamtkapital	= Eigenkapital + Fremdkapital = 2,4 Mio. EUR + 4,7 Mio. EUR = 7,1 Mio. EUR
Fremdkapitalzinsen	= Zinssatz · Fremdkapital = 0,07 · 4,7 Mio. EUR = 329.000 EUR
Gewinn	= Umsatzerlöse – Aufwendungen – Zinsen = 4 Mio. EUR - 3.371.000 EUR - 329.000 EUR = 300.000 EUR

a) Eigenkapitalrentabilität	=	$\dfrac{\text{Gewinn}}{\text{Eigenkapital}} \cdot 100\%$
	=	$\dfrac{0,3 \text{ Mio. EUR}}{2,4 \text{ Mio. EUR}} \cdot 100\%$
	=	$\underline{\underline{12,5\%}}$
b) Gesamtkapitalrentabilität	=	$\dfrac{\text{Gewinn} + \text{Fremdkapitalzinsen}}{\text{Gesamtkapital}} \cdot 100\%$
	=	$\dfrac{300.000 \text{ EUR} + 329.000 \text{ EUR}}{7.100.000 \text{ EUR}} \cdot 100\%$
	=	$\underline{\underline{8,9\%}}$
c) Umsatzrentabilität	=	$\dfrac{\text{Gewinn}}{\text{Umsatzerlöse}} \cdot 100\%$
	=	$\dfrac{0,3 \text{ Mio. EUR}}{4 \text{ Mio. EUR}} \cdot 100\%$
	=	$\underline{\underline{7,5\%}}$

Aufgabe 25

a) Das **Zielsystem** einer Unternehmung kann man als geordnete Gesamtheit von Zielelementen verstehen, zwischen denen Beziehungen bestehen oder hergestellt werden können.

b) Bei den Unternehmungszielen unterscheidet man Ziele mit formalem Zielgehalt und solche mit materiellem Zielgehalt.
- Das sogenannte **Formalziel** gibt an, anhand welcher Kriterien die Entscheidungen in der Unternehmung im Hinblick auf die auszuwählenden Handlungsalternativen anzustreben sind.
- Das **Sachziel** stellt das konkrete Handlungsprogramm der Unternehmung dar.

Aufgabe 26

a) Zwischen Zielen können folgende **Zielbeziehungen** bestehen:

- Zielkomplementarität
- Zielkonkurrenz
- Zielindifferenz

Komplementarität	Konkurrenz	Indifferenz
Z_1 steigend mit Z_2	Z_1 fallend mit Z_2	Z_1 konstant mit Z_2

Besteht eine bestimmte Zielbeziehung nur für einen Bereich, dann spricht man von partieller Zielbeziehung (z.B. partielle Zielkomplementarität). Erstreckt sich die Zielbeziehung über den gesamten Bereich, dann spricht man von totaler Zielbeziehung (totale Zielkomplementarität).

b) Bei der **Zielintegration** bleiben die ursprünglichen Interessenkollisionen bestehen und die beteiligten Parteien gehen durch einen gemeinsamen Suchprozess von neuen Zielvorstellungen aus.

Aufgabe 27

Voraussetzungen für die Ableitung des Gewinnmaximums sind:
- Nutzenmaximierung der Konsumenten
- Gewinnmaximierung der Produzenten
- unendlich große Reaktionsgeschwindigkeit der marktbezogenen und betrieblichen Anpassungsprozesse

Außerdem wird völlige Markttransparenz vorausgesetzt.

Aufgabe 28

Im realen Wirtschaftsgeschehen ist die **Gewinnmaximierung** nicht realisierbar, weil die Annahme vollkommener Märkte fiktiv ist, die unternehmungspolitischen Entscheidungen auf unsicheren Erwartungen beruhen und der Entscheidungsprozess den Charakter eines Kompromisses aufzeigt.

Die Problematik der Bestimmung eines auf Gewinnmaximierung ausgerichteten Unternehmerverhaltens beruht vor allem auf der uneinheitlichen Definition des Gewinnbegriffs. Der Unternehmer als Individuum, der nicht über alle Informationen verfügt, kann erst nachträglich feststellen, ob die Entscheidungen geeignet waren, das Ziel der Gewinnmaximierung zu realisieren.

Aufgabe 29

Durch die Maximierung der **Eigenkapitalrentabilität** lässt sich das größtmögliche Einkommen erzielen.

Aufgabe 30

Als Maximalziele kann man die Erlangung von maximaler Macht oder maximalem Prestige begreifen. Ein Minimalziel wäre die Wahrung der Selbstständigkeit, unter der Norm der Gerechtigkeit, Ehrlichkeit und Fairness.

Methoden und Modelle der Betriebswirtschaftslehre

Aufgabe 31

a) Die **Wissenschaftstheorie** lässt sich in Entdeckungs- und Begründungsmethoden gliedern.

b) Funktionen einer Theorie sind:

- Beschreibung,
- Erklärung,
- Prognose,
- Überprüfung.

Aufgabe 32

Logische Wahrheit lässt sich ohne empirisches Wissen allein mit logischen Mitteln begründen, während bei faktischer Wahrheit logische Mittel nicht ausreichen und zusätzlich die Realität als Kontrollinstanz für die Wahrheit von Aussagen heranzuziehen ist.

Aufgabe 33

Bei der **deduktiven** Vorgehensweise wird vom Allgemeinen auf das Besondere in logischer Form geschlossen, bei der **induktiven** Vorgehensweise ist es umgekehrt. Dort wird von dem Besonderen (Bekannten) auf das Allgemeine (Unbekannte) geschlossen. Letzteres ist daher nur für die Hypothesengewinnung von Bedeutung, denn sie kann keinen logischen Weg aufzeigen, der zu einer Verallgemeinerung berechtigen würde.

Aufgabe 34

In der Betriebswirtschaftslehre ist die **induktive Methode** nur begrenzt anwendbar, da eine experimentelle Isolierung einzelner Ursachen zur Erforschung von Zusammenhängen in den Betrieben nicht möglich und eine Wiederholung der untersuchten Konstellation in der Regel nicht durchführbar ist.

Aufgabe 35

Aufgabe eines **Modells** ist die Abbildung der Realität durch Abstraktion und Aggregation, ohne dass das Resultat stark von der Realität abweicht. Die Abstraktion beschränkt sich auf das Wesentliche des Gesamten, um einen besseren Überblick zu gewinnen. Eine absolute Abbildung von betriebswirtschaftlichen Problemen durch ein Modell ist weder erreichbar noch notwendig, jedoch sollten folgende Anforderungen erfüllt werden:

- **Realitätsnähe**
  Die durch Abstraktion und Aggregation von Beziehungen und Eigenschaften entstehenden Fehlerquellen sollten im Rahmen des Möglichen minimiert werden.
- **Flexibilität**
  in der Struktur, besonders im Abstraktionsgrad und im dynamischen Ablauf, ist sehr wichtig.
- **Operationalität**
  Diese steht meist im Widerspruch zur Realitätsnähe. Hier muss ein Kompromiss gefunden werden.

Aufgabe 36

Beschreibungsmodelle dienen der Abbildung von empirischen Erscheinungen. Sie haben reinen Darstellungscharakter und sind nicht für die Analyse oder Erklärung von Erscheinungen bestimmt (z.B. Buchführung).

Aufgabe 37

Ein **Erklärungsmodell** besteht aus sogenannten Erklärungsgleichungen, die die Handlungsmöglichkeiten und die zu erwartenden Folgen der Handlungsweisen aufzeigen. Innerhalb der Gleichungen unterscheidet man Handlungsvariablen und Erwartungsvariablen (z.B. Höhe der Kosten in Abhängigkeit von der Beschäftigung).

Aufgabe 38

Wohlstrukturierte **Entscheidungsprobleme** sind dadurch gekennzeichnet, dass eine bestimmte Anzahl von Lösungsmöglichkeiten besteht, Informationen über deren Auswirkungen, sowie klar formulierte Ziele und Regeln vorhanden sind, mit deren Hilfe eine eindeutige Präferenzordnung der Alternativen gebildet werden kann.

Bei der Problemlösung kommen geschlossene Entscheidungsmodelle zur Anwendung.

Aufgabe 39

Zur Bestimmung der **optimalen Handlungsalternative** bedarf es im mathematischen Entscheidungsmodell einer Zielfunktion, die eine Beziehung zwischen den Zielvariablen und der angestrebten Zielerreichung darstellt. Zielvariablen sind Prüfgrößen, anhand derer die Auswirkungen der Handlungsmöglichkeiten vorauszubestimmen sind. Bei dem Zielerreichungsgrad unterscheidet man unbegrenzt formulierte und begrenzte Ziele.

Aufgabe 40

Verfahren für die Bildung mathematischer Entscheidungsmodelle werden unter der Bezeichnung **Operations Research** zusammengefasst. Dazu gehört z.B. die lineare und nichtlineare Programmierung, die Netzplantechnik, die dynamische Programmierung und die Simulationsverfahren.

Aufgabe 41

a) Die Handhabung von **schlechtstrukturierten Problemen** hat zur Konzeption verhaltenswissenschaftlich orientierter Entscheidungsmodelle (offene Entscheidungsmodelle) geführt. Dabei wird das Gesamtproblem in übersichtlichere Teilprobleme zerlegt.

b) Bei Modellen der linearen Programmierung kommt es oft zu rechentechnischen Problemen, da sie wegen der Größenordnung nicht mehr überschaubar sind. Solche Probleme sind z. B. die Speichertechnik und die Rechenzeiten des Computers. Es bietet sich daher an, heuristische Lösungsverfahren zu verwenden. Diese haben den Vorteil, brauchbare Lösungen in sehr kurzer Zeit zu produzieren. Der Nachteil ist, dass man die optimale Lösung im Einzelfall verfehlt.

Aufgabe 42

Deterministischen Modellen wird eine eindeutige Ursache-Wirkungs-Beziehung unterstellt, so dass ein Ergebnis mit 100%iger Wahrscheinlichkeit eintritt. Die möglichen Ergebnisse der einzelnen Handlungsalternativen sind von vornherein bekannt.

Aufgabe 43

Bei einem **statischen Modell** bleibt der Zeitablauf unberücksichtigt. Alle Modellvariablen beziehen sich auf denselben Zeitpunkt.

Ein Modell heißt **dynamisch**, wenn mindestens zwei Modellvariablen sich auf unterschiedliche Zeitpunkte beziehen und wenigstens ein Teil der verschiedenen Zeitpunkte mit zugeordneten Variablen funktional miteinander verbunden ist.

Aufgabe 44

Simulationsmodelle haben folgende Aufgaben:

- Ermittlung von Optimalwerten für kontrollierbare Variablen,
- Analyse von Übergangsprozessen,
- Schätzung von Modellparametern oder Modellfunktionen,
- Analyse von mehrwertigen Reaktionsmöglichkeiten.

Aufgabe 45

Man kann hier von der gegebenen Problemsicht ausgehen und zu rechnen beginnen:

    137 Teilnehmer : 2 =   68 Spiele + 1 Freilos

      69 Teilnehmer : 2 =   34 Spiele + 1 Freilos

      35 Teilnehmer : 2 =   17 Spiele + 1 Freilos

      18 Teilnehmer : 2 =   9 Spiele + 0 Freilos

        9 Teilnehmer : 2 =   4 Spiele + 1 Freilos

        5 Teilnehmer : 2 =   2 Spiele + 1 Freilos

        3 Teilnehmer : 2 =   1 Spiel   + 1 Freilos

plus Endspiel = **136 Spiele**

Viel einfacher lässt sich das Problem jedoch durch eine einfache Problemumformulierung lösen: Wie viele Spieler müssen verloren haben, damit einer übrig bleibt? Lösung: 136!!

Theoretische Ansatzpunkte der Betriebswirtschaftslehre

Aufgabe 46

Schmalenbach sieht in der Betriebswirtschaftslehre eine **Kunstlehre**, die Verhaltensregeln aufzeigt. Seine Auffassung setzte sich vor allem wegen der damals praktizierten induktiven Forschung durch, deren Ziel die Gewinnung von Regelmäßigkeiten und Gesetzmäßigkeiten des betrieblichen Wirtschaftens war.

Aufgabe 47

a) Zentraler Ausgangspunkt der Theorie Gutenbergs ist **die funktionale Produktivitätsbeziehung** zwischen Faktoreinsatz und Faktorertrag.

b) Die Kritik an der Gesamtkonzeption beruht auf dem Vorwurf, dass die Unternehmungen, die nach dem erwerbswirtschaftlichen Prinzip fungieren und nach einem langfristigen Gewinnmaximum streben, einen Idealtyp verkörpern und Gutenberg nicht untersucht hat, ob die Voraussetzungen in der Realität gegeben sind. Ferner wird ihm der Vorwurf gemacht, dass er das Prinzip der Wertneutralität aufgegeben hat, weil er seine Forschungen und Ergebnisse auf einen Betriebstyp (orientiert an Industriebetrieben) beschränkt hat, den er für volkswirtschaftlich sinnvoll hielt. Außerdem werden die Verhaltenswissenschaften weitgehend negiert.

Aufgabe 48

Mit der besonderen Berücksichtigung des unternehmerischen Entscheidungsprozesses befasst sich die **entscheidungsorientierte Betriebswirtschaftslehre**, die als solche jedoch kein neues System der Betriebswirtschaftslehre, sondern einen neuen methodischen Ansatz bildet, der dadurch gekennzeichnet ist, dass die Frage nach Entscheidungen gestellt wird, mit denen betriebswirtschaftliche Ziele optimal realisiert werden können.

Aufgabe 49

Die **systemorientierte Betriebswirtschaftslehre** erklärt die Betriebswirtschaftslehre als kybernetisches System. Kybernetische Systeme sind Verhaltenssysteme, die Störungen mit Hilfe von Steuerungs- und Regelungsvorgängen so kompensieren können (Rückkopplungsprinzip), dass sie selbstständig zu einem Gleichgewichtszustand zurückkehren können. Der systemorientierte Ansatz beruht auf der Hypothese, dass mit gleichem formalem Erkenntnisapparat auch neue funktionsfähige soziale Systeme, zu denen die Betriebe gehören, entworfen werden können.

Aufgabe 50

Der institutionenökonomische Ansatz betrachtet die Entstehung von Gütern vor einem rechtlich-wirtschaftlichen Hintergrund. Dabei steht nicht der Besitz an Produktionsfaktoren im Mittelpunkt, sondern das Verfügungsrecht, das durch einen Vertrag auf ein anderes Wirtschaftsobjekt übertragen werden kann. Ausgangspunkt ist die moderne Mikroökonomie.

Aufgabe 51

Die Wertschöpfungskette nach Porter unterscheidet in Primär- und Sekundäraktivitäten. Jedes Gut muss in einer Wertschöpfungskette mehrere Stufen durchlaufen, ehe es zu seinem Ziel, dem Endabnehmer, gelangt. In der Wertschöpfungskette spiegelt sich die Transformation von Inputfaktoren in Outputfaktoren wider. Das kann mit einem Transaktionsprozess verglichen werden.

Aufgabe 52

Wissenschaftsprogramme		
Theoretischer Ansatz	**Hauptvertreter**	**Leitidee**
Faktortheoretischer Ansatz	Erich Gutenberg	Optimale Kombination der Produktionsfaktoren
Entscheidungstheoretischer Ansatz	Edmund Heinen	Optimale Vorbereitung von Entscheidungen
Systemtheoretischer Ansatz	Hans Ulrich	Denken in kybernetischen Systemzusammenhängen
Evolutionstheoretischer Ansatz	Werner Kirsch	Prozessorientierung und Selbstorganisation
Verhaltensorientierter Ansatz	Günter Schanz	Sozialwissenschaftliche Öffnung der BWL

Lösungen zu den Testfragen

1.	c	10.	c	19.	a, c, d	28.	b, d, e, f
2.	a, d, e	11.	a	20.	a, c, d, e	29.	a, c
3.	a, e	12.	a, d, e	21.	a, c	30.	c, d, e
4.	a, b, d, e	13.	a, b	22.	e	31.	a, b
5.	c, e	14.	b	23.	a, b, d, e	32.	c
6.	b, c, d	15.	b, c, e	24.	a, c, d	33.	c, e
7.	a, b, d, e	16.	a, d, e	25.	b	34.	b, d, e
8.	e	17.	a, c, e	26.	b	35.	c
9.	a, e	18.	a	27.	b, d, e	36.	b, d, e

Kapitel B

Konstitutive Entscheidungen des Betriebes

Aufgaben

Überblick über die konstitutiven Entscheidungen des Betriebes

Aufgabe 1
Wie werden konstitutive Entscheidungen definiert und wie sind sie in die betriebliche Entscheidungshierarchie einzuordnen?

Aufgabe 2
In jedem Unternehmen sind wichtige konstitutive Entscheidungen zu treffen. Nennen Sie einige Beispiele!

Die betriebliche Standortwahl

Aufgabe 3
Was versteht man in der Betriebswirtschaftslehre unter dem Begriff des Standortes?

Aufgabe 4
Welche Fragestellungen umfasst die betriebliche Standortwahl und welche werden zu den konstitutiven Entscheidungen gezählt?

Aufgabe 5
Unter welchen Bedingungen stellt sich für ein Unternehmen die Standortfrage?

Aufgabe 6
Welche Formen der Standortwahl gibt es?

Aufgabe 7
a) Wie werden die betrieblichen Standortfaktoren definiert?
b) Welche Standortfaktoren sind besonders für Industriebetriebe wichtig?

Aufgabe 8
a) Erklären Sie die Bedeutung und den Einfluss von Material- und Transportkosten auf den betrieblichen Standort bei Reingewichts- und Gewichtsverlustmaterialien! Nennen Sie Beispiele für Reingewichts- und Gewichtsverlustmaterialien!
b) Was verstehen Sie unter dem Materialindex (Formel angeben)?

Aufgabe 9
Wodurch können einem Unternehmen Kosten durch den Standortfaktor „Arbeitskräfte" entstehen?

Aufgabe 10
Welchen Einfluss hat der Freizeitwert eines Standortes auf die Lohnkosten?

Aufgabe 11

Beschreiben Sie die Bedeutung der Standortfaktoren

a) Verkehrsanbindung und

b) Energieversorgung!

Aufgabe 12

Die Erhaltung einer unzerstörten Natur gewinnt immer mehr Bedeutung. Skizzieren Sie die Probleme, auf die ein Unternehmen bei der Standortsuche bezüglich Umweltschutz und Entsorgung achten muss!

Aufgabe 13

Welche Wirtschaftszweige müssen bei der Standortwahl dem Faktor Absatzorientierung eine besondere Beachtung schenken?

Aufgabe 14

Einzelhandelsbetriebe lassen sich in der Regel auch nach ihrer Konkurrenzabhängigkeit einstufen. Welche Kriterien sind das und wie werden sie beschrieben?

Aufgabe 15

Welche standortbedingten Steuerdifferenzierungen gibt es in der Bundesrepublik Deutschland?

Aufgabe 16

Erläutern Sie die Bedeutung der Gewerbesteuer für die Standortwahl! Gehen Sie dabei auf ihr Wesen und ihre Berechnung ein!

Aufgabe 17

Was sind Subventionen und welche Bedeutung kommt ihnen bei der Standortwahl zu?

Aufgabe 18

Welchen Sinn haben Doppelbesteuerungsabkommen und welche Vorteile ergeben sich für Unternehmen mit internationaler Geschäftstätigkeit?

Aufgabe 19

Setzen Sie sich kritisch mit dem Standort Deutschland auseinander! Wo sehen Sie bei den Standortfaktoren Vor- und Nachteile im internationalen Vergleich?

Aufgabe 20

a) Begründen Sie die wichtigsten Vorteile einer Direktinvestition im Ausland!

b) Nennen Sie Vor- und Nachteile eines industriellen Engagements in Ländern der dritten Welt!

Aufgabe 21

Um mögliche Ergebnisse zu bewerten, erstellen Unternehmen Nutzwertanalysen. Beschreiben Sie die Vorgehensweise!

Aufgabe 22

Kennzeichnen Sie den Nachteil des Punkte-Bewertungsverfahrens!

Aufgabe 23

Ein Industriebetrieb, der seine Produkte mit eigenen LKWs zu den Kunden fährt, sucht den optimalen Standort für ein Zweigwerk, in dem ein neues Produkt hergestellt werden soll. Folgende Mengen sollen transportiert werden:

Kunden	Koordinaten		Mengen
n = 5	x_i (km)	y_i (km)	m_i (t)
A	50	250	140
B	300	200	320
C	250	50	260
D	150	100	80
E	100	150	200

Ermitteln Sie die Koordinaten des optimalen Standorts mit Hilfe des Steiner-Weber-Modells!

Der rechtliche Aufbau der Betriebe

Aufgabe 24

Erklären Sie, was man unter dem Begriff „Rechtsform einer Unternehmung" versteht!

Aufgabe 25

a) Nennen Sie verschiedene Arten der Firma!
b) Skizzieren Sie einige Firmengrundsätze, die bei der Gründung zu beachten sind!
c) Wie groß ist die vorgeschriebene Anzahl der Gründungsmitglieder? Ist ein Gesellschaftervertrag zur Gründung eines Unternehmens erforderlich?
d) Wie kann man die verschiedenen Gründungsarten einteilen?

Aufgabe 26

Nennen Sie alle Ihnen bekannten Merkmale, die bei der Gründung privater Betriebe beachtet werden müssen!

Aufgabe 27

a) Wann stellt sich für ein Unternehmen die Frage nach der Rechtsform?
b) Wodurch kann die Wahl der Rechtsform eingeschränkt werden? Nennen Sie Beispiele für die einzelnen Einschränkungen!

Aufgabe 28

Welche Rechtsformen privater Betriebe gibt es und welchen Hauptgruppen können sie zugeordnet werden?

Aufgabe 29

a) Wie können Personenunternehmen unterteilt werden?

b) Welches sind die wesentlichen Charakteristika von Personengesellschaften?

Aufgabe 30

Warum kann die Eigenkapitalerhöhung bei einer OHG über die Aufnahme neuer Gesellschafter problematisch sein?

Aufgabe 31

a) An einer OHG sind drei Gesellschafter mit folgenden Kapitaleinlagen beteiligt:

A = 150.000 EUR, B = 100.000 EUR, C = 250.000 EUR

Der Gewinn des Jahres beläuft sich auf 200.000 EUR. Welchen Anteil am Gewinn erhält jeder Gesellschafter, wenn der Gesellschaftsvertrag keine Bestimmungen über die Gewinnverteilung enthält?

b) Unter welchen Gesichtspunkten halten Sie diese Gewinnverteilung für angemessen?

Aufgabe 32

An einer OHG sind drei Gesellschafter mit folgender Kapitaleinlage beteiligt:

A = 250.000 EUR, B = 350.000 EUR, C = 100.000 EUR

Der Gewinn des Jahres beläuft sich auf 305.000 EUR. Welchen Anteil am Gewinn erhält jeder Gesellschafter, wenn im Gesellschaftsvertrag eine Eigenkapitalverzinsung von 8 %, eine Risikoprämie je nach Gesamtvermögen (haftendes Vermögen) und ein Unternehmerlohn für die beiden mitarbeitenden Gesellschafter B und C festgelegt wurden?

Gesellschafter	Kapitaleinlage	Privatvermögen	Unternehmerlohn
A	250.000 EUR	250.000 EUR	----
B	350.000 EUR	500.000 EUR	80.000 EUR
C	100.000 EUR	1.000.000 EUR	120.000 EUR

Für die Ermittlung der Risikoprämie gilt: $P_{Risiko} = \dfrac{X \cdot Y_i}{Y_{gesamt}}$

X = Gewinn − (Unternehmerlohn$_{gesamt}$ + Eigenkapitalverzinsung$_{gesamt}$)

Y_i = Kapitaleinlage + Privatvermögen des Gesellschafters

Y_{gesamt} = $\sum$ Kapitaleinlagen + $\sum$ Privatvermögen

Aufgabe 33

Eine KG besteht aus zwei Komplementären (A und B) und drei Kommanditisten (C, D und E). Der Gewinn des Jahres beträgt 780.000 EUR. Welche Gewinnverteilung ergibt sich, wenn im Gesellschaftsvertrag eine Eigenkapitalverzinsung von 10 %, eine Risikoprämie und ein Unternehmerlohn für mitarbeitende Gesellschafter vereinbart wurden?

Gesellschafter	Kapitaleinlage	Privatvermögen	Unternehmerlohn
A	50.000 EUR	250.000 EUR	100.000 EUR
B	250.000 EUR	450.000 EUR	50.000 EUR
C	200.000 EUR	----	----
D	500.000 EUR	----	----
E	300.000 EUR	----	----

Aufgabe 34

Skizzieren Sie die beiden Formen der stillen Gesellschaft und gehen Sie dabei auf steuerliche Tatbestände ein!

Aufgabe 35

Grenzen Sie Geschäftsführung und Vertretung gegeneinander ab!

Aufgabe 36

Wer tritt bei den Gesellschaftsformen KG, KGaA, OHG, Einzelunternehmung und BGB-Gesellschaft als Vollhafter auf?

Aufgabe 37

Nennen Sie wichtige Regeln bzw. Vorschriften, die typisch für Kapitalgesellschaften sind!

Aufgabe 38

Beschreiben Sie die Ähnlichkeiten der Merkmale zwischen einer GmbH und einer AG! Worin bestehen die Unterschiede zwischen einem GmbH-Anteil und einer Aktie?

Aufgabe 39

Was bedeutet die Nachschusspflicht für die Gesellschafter einer GmbH und welche Regelungen bestehen bei:
a) keiner Nachschusspflicht?
b) beschränkter Nachschusspflicht?
c) unbeschränkter Nachschusspflicht?

Aufgabe 40

Was versteht man unter einem Abandonrecht des GmbH-Gesellschafters und wann kommt es zum Zuge?

Aufgabe 41
Vergleichen Sie die steuerliche Belastung der OHG mit der einer GmbH!

Aufgabe 42
Welche Organe hat eine Aktiengesellschaft und welche Funktionen haben sie?

Aufgabe 43
Wie wird der Aufsichtsrat einer Aktiengesellschaft nach dem Drittelbeteiligungsgesetz von 2004 gebildet und wann tritt diese Regelung ein?

Aufgabe 44
Gegeben sind folgende Beispielunternehmen:

Unternehmen A	Unternehmen B	Unternehmen C	Unternehmen D
– Großhandelsunternehmen – OHG, aufgrund ihrer Größe publizitätspflichtig – 9.000 Beschäftigte – Eigenkapital von 32 Mio. EUR – Bilanzsumme von 200 Mio. EUR	– Bergbauunternehmen – GmbH mit einem Grundkapital von 5 Mio. EUR – 1.700 Beschäftigte – Eigenkapital von 6,5 Mio. EUR – Bilanzsumme von 25 Mio. EUR	– Maschinenbauunternehmen – Aktiengesellschaft – Grundkapital von 28 Mio. EUR – 6.500 Beschäftigte – Umsatz 330 Mio. EUR	– Unternehmen der chemischen Industrie – KGaA mit einem Grundkapital von 12,5 Mio. EUR – 950 Beschäftigte – Jahresgewinn von 6,8 Mio. EUR

Welche der Unternehmen unterliegen der Mitbestimmung im Aufsichtsrat und welche Gesetze bilden die Grundlage dafür?

Aufgabe 45
In welchen Gesellschaften gehört ein Arbeitsdirektor zum Vorstand und welche Aufgaben hat er?

Aufgabe 46
Worin besteht der Unterschied zwischen dem Vorstand einer AG und dem einer KGaA?

Aufgabe 47
Eine Aktiengesellschaft verfügt über ein Grundkapital von 1,5 Mio. EUR. Die gesetzlichen Rücklagen belaufen sich auf 15.000 EUR, die anderen Gewinnrücklagen auf 100.000 EUR. Der Jahresüberschuss beträgt 350.000 EUR. Es existiert ein Verlustvortrag in Höhe von 150.000 EUR aus dem Vorjahr. Steuerrechtliche Regelungen sollen nicht berücksichtigt werden.

a) Welche Dividende (in % vom Grundkapital) kann der Vorstand den Aktionären maximal anbieten?

b) Welche Dividende muss der Vorstand den Aktionären mindestens anbieten, wenn in der Satzung keine Regelungen festgesetzt worden sind?

Aufgabe 48

Die Makro AG hat im abgelaufenen Geschäftsjahr einen Gewinn (vor Körperschaftssteuer und Ausschüttung) von 500.000 EUR erwirtschaftet. Die Hauptversammlung beschließt, eine Dividende von 5 EUR je Aktie auf das Grundkapital von 2 Mio. EUR auszuschütten. (Das Grundkapital weist eine Stückelung von 5 EUR je Aktie auf). Wie hoch ist der Ausschüttungsbetrag (A)?

Aufgabe 49

Skizzieren Sie den Aufbau einer KGaA und einer GmbH & Co. KG!

Aufgabe 50

Worin bestehen die Vorteile einer GmbH & Co. KG?

Aufgabe 51

a) Welche Formen der Doppelgesellschaft kennen Sie?
b) Unter welchen Voraussetzungen sind Doppelgesellschaften steuerlich vorteilhaft?

Aufgabe 52

Erläutern Sie das spezielle Wesen einer Genossenschaft und nennen Sie Ihnen bekannte Arten von Genossenschaften!

Aufgabe 53

Wie erfolgt die Gewinnverteilung bei einem Versicherungsverein auf Gegenseitigkeit?

Aufgabe 54

Was ist bezüglich der stillen Reserven bei einem Wechsel der Rechtsform zu beachten?

Aufgabe 55

Eine neuere Form des Unternehmenskaufes ist das „Management-Buy-Out". Welche speziellen Probleme sind mit dieser Veräußerungsform verbunden?

Der Zusammenschluss von Unternehmen

Aufgabe 56

a) Definieren Sie kurz die Begriffe Kooperation und Konzentration!
b) Zeigen Sie Kriterien auf, nach denen sich Unternehmenszusammenschlüsse klassifizieren lassen!

Aufgabe 57

Nennen Sie die wichtigsten Motive für den Zusammenschluss von Unternehmen! Was versteht man in diesem Zusammenhang unter einem Synergieeffekt?

Aufgabe 58

Geben Sie einen systematischen Überblick über Kooperations- und Konzentrationsformen!

Aufgabe 59
Welche Art des Zusammenschlusses kennzeichnen die Begriffe „backward integration" und „forward integration" und welche Bedeutung haben sie?

Aufgabe 60
In der Industrie erfolgen häufig diagonale Zusammenschlüsse. Welche Motive werden damit verfolgt?

Aufgabe 61
Nennen Sie jeweils einen Vorteil und einen Nachteil, den die Konzentration für den Verbraucher bringen kann!

Aufgabe 62
Skizzieren Sie die wichtigsten Arten von Wirtschaftsverbänden und nennen Sie Beispiele!

Aufgabe 63
Worin besteht der Unterschied zwischen einer echten und einer unechten Arbeitsgemeinschaft?

Aufgabe 64
Zu welcher Kooperationsform zählt das Konsortium und welche Varianten der Gestaltung kennen Sie?

Aufgabe 65
Welche Vor- und Nachteile sind bei der Bildung strategischer Allianzen zu beachten?

Aufgabe 66
Viele betriebswirtschaftliche Aktivitäten werden in sogenannten Netzwerken durchgeführt. Was versteht man darunter?

Aufgabe 67
Insbesondere bei internationaler Geschäftstätigkeit spielen „Joint Ventures" eine bedeutende Rolle. Was sind „Joint Ventures" und wodurch unterscheiden sie sich von Gelegenheitsgesellschaften?

Aufgabe 68
Skizzieren Sie am Beispiel der OPEC die besonderen ökonomischen Merkmale eines Preis- bzw. Quotenkartells!

Aufgabe 69
a) Welchen Einfluss hat das Bundeskartellamt bei der Zulassung eines Strukturkrisenkartells?

b) Besteht trotz einer Ablehnung des Kartellamtes die Möglichkeit, eine Genehmigung zu erwirken?

Aufgabe 70
Worin besteht der Unterschied zwischen einer Interessengemeinschaft und einem Kartell?

Aufgabe 71
Welche Bedingung ist laut Aktiengesetz für eine Interessengemeinschaft im engeren Sinn zwingend vorgeschrieben?

Aufgabe 72
Erläutern Sie die Subunternehmerschaft und virtuelle Unternehmen!

Aufgabe 73
Grenzen Sie die kapitalmäßig bedeutsamen Verflechtungen
- Minderheitsbeteiligung,
- Sperrminorität,
- Mehrheitsbeteiligung,
- Dreiviertelmehrheitsbeteiligung und
- Eingliederungsbeteiligung

prozentual zueinander ab!

Aufgabe 74
a) Im Rahmen der verbundenen Unternehmen spricht man von in Mehrbesitz stehenden und mit Mehrheit beteiligten Unternehmen. Was versteht man darunter?

b) Ein Unternehmen A hält alle stimmrechtslosen Vorzugsaktien in Höhe von 20% des gesamten Grundkapitals und 35% in Stammaktien von einem Unternehmen B. Welchen Kapitalanteil und welchen Anteil an Stimmrechten besitzt Unternehmen A von Unternehmen B? Liegt eine Mehrheitsbeteiligung vor?

Aufgabe 75
Beschreiben Sie die Unternehmensbeziehung „abhängiges - herrschendes Unternehmen"!

Aufgabe 76
Was besagt die Konzernvermutung des Aktiengesetzes?

Aufgabe 77
Erläutern Sie nach dem Aktiengesetz:

a) Den Unterschied zwischen einem Unterordnungs- und einem Gleichordnungskonzern.

b) Wodurch unterscheidet sich der faktische Konzern von einem Vertragskonzern?

Aufgabe 78
Was ist eine Holding und welche verbreiteten Ausprägungen lassen sich unterscheiden?

Aufgabe 79

Was sagt die „Organschaft" aus und welche Wirkung hat sie auf die Besteuerung der Konzernunternehmen?

Aufgabe 80

Welche Bedingungen müssen für eine wechselseitige Beteiligung gegeben sein und was ist dabei kritisch zu bemerken?

Aufgabe 81

Erläutern Sie die Begriffe:

a) Beherrschungsvertrag,

b) Gewinnabführungsvertrag!

Aufgabe 82

In welchem Fall muss das Kartellamt Unternehmenskonzentrationen untersagen?

Aufgabe 83

Kennzeichnen Sie die Gefahren einer übermäßigen Beteiligung der Banken an Industrieunternehmen!

Aufgabe 84

Die Unternehmen A, B und C stehen zueinander in einem Beteiligungsverhältnis. Es bestehen folgende Kapitalverflechtungen:

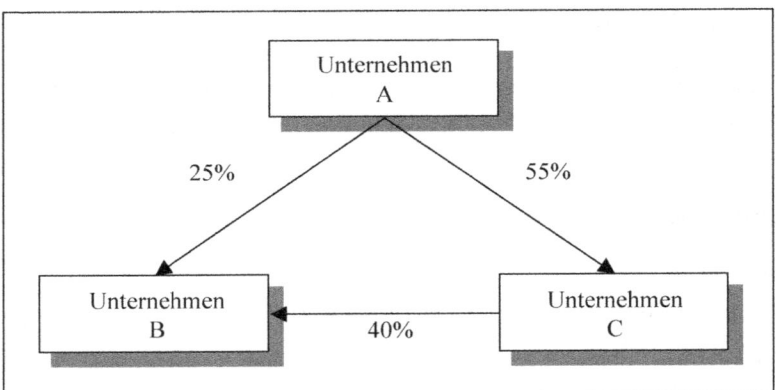

Diskutieren Sie verschiedene Möglichkeiten, in denen es sich zwischen B und C bzw. zwischen A und B um ein verbundenes Unternehmen handelt!

Aufgabe 85

Erklären Sie den Begriff „Fusion"! Welche Arten der Verschmelzung kennen Sie? Diskutieren Sie aktuelle Praxisbeispiele!

Testfragen

Testfrage 1

Welche der folgenden Standortfaktoren sind inputorientiert?

(a) Absatzmöglichkeiten (c) Konkurrenz (e) Verkehrsanbindung

(b) Umweltschutzmaßnahmen (d) Steuern

Testfrage 2

Welche Standortfaktoren sind im Allgemeinen für einen Industriebetrieb sehr wichtig?

(a) Energiekosten (c) Stückkosten (e) Unternehmensbesteuerung

(b) Arbeitszeit (d) Qualifikation der Mitarbeiter (f) Freizeitwert

Testfrage 3

Welche der folgenden Aussagen über Materialien mit einem hohen Gewichtsverlust im Endprodukt sind falsch?

(a) Materialindex $\gg 1$

(b) sie gehen voll in das Endprodukt ein

(c) Materialindex ≈ 1

(d) sie gehen nicht oder nur zum Teil in das Endprodukt ein

(e) zu den Gewichtsverlustmaterialien gehören Kohle und Treibstoff

Testfrage 4

„Konkurrenzsuchende" Einzelhandelsbetriebe vertreiben Waren

(a) wie exklusive Modeartikel in Hauptgeschäftsstraßen

(b) des täglichen Bedarfs

(c) des einmaligen Bedarfs

(d) des aperiodischen Bedarfs

(e) wie z.B. Möbel

(f) wie z.B. Lebensmittel

(g) wie z.B. Waschmittel

Testfrage 5

Durch welche Steuerarten kann die nationale Standortwahl beeinflusst werden?

(a) Umsatzsteuer (c) Gewerbesteuer (e) Kapitalertragsteuer

(b) Grundsteuer (d) Lohnsteuer (f) Körperschaftsteuer

Testfrage 6

Nennen Sie Entscheidungsmodelle zur Standortwahl!

(a) Steiner-Weber-Modell
(b) Punkte-Bewertungsverfahren
(c) Kosten-Nutzen-Analyse
(d) Nutzwertanalyse
(e) statistische Erhebungsmethode

Testfrage 7

In Zusammenhang mit dem Steiner-Weber-Modell gilt:

(a) Es handelt sich um eine räumlich diskrete Standort-Optimierung.
(b) Das Problem der Standortwahl wird nur nach dem Minimum der anfallenden Tonnenkilometer entschieden.
(c) Das Steiner-Weber-Modell verwendet stochastische Verfahren zur Standortoptimierung.
(d) Anwendbar ist das Steiner-Weber-Modell nur auf den Einkauf von Rohstoffen von verschiedenen Lieferanten oder Gewinnungsorten.
(e) Das Steiner-Weber-Modell sucht die kürzesten Wege zu den Zulieferern.

Testfrage 8

Bei der internationalen Standortwahl sind viele Faktoren zu berücksichtigen. Welche Auswahlhilfen treffen zu?

(a) Bei der Markterschließungsstrategie sind Zertifizierungs- und Local-Content-Anforderungen zu beachten.
(b) Für die Markterschließung sind Währungsvorteile auf der Beschaffungsseite wichtig.
(c) Bei der Strategie „Kostenreduktion" werden zusätzlich Subventionen, Steuern und Abgaben als Kostenfaktoren berücksichtigt.
(d) Bei der Technologieerschließung sind die Personalverfügbarkeit und die Fluktuationsrate von Bedeutung.
(e) Bei „Following Costumer" wird auf die Existenz eines Lead-Marktes vor Ort Wert gelegt.

Testfrage 9

Welche der folgenden Rechtsformen zählen zu den Personengesellschaften?

(a) Gesellschaft mit beschränkter Haftung
(b) Gesellschaft bürgerlichen Rechts
(c) Einzelunternehmung
(d) Genossenschaft
(e) Offene Handelsgesellschaft
(f) Aktiengesellschaft
(g) Kommanditgesellschaft auf Aktien

Testfrage 10

Bei welchen Rechtsformen sind alle Gesellschafter leitungsbefugt?

(a) Kommanditgesellschaft
(b) Gesellschaft mit beschränkter Haftung
(c) Offene Handelsgesellschaft
(d) Gesellschaft bürgerlichen Rechts
(e) Aktiengesellschaft
(f) Kommanditgesellschaft auf Aktien

Testfrage 11

Bei welchen Rechtsformen sind mindestens zwei Gründer vorgeschrieben?

(a) Gesellschaft mit beschränkter Haftung
(b) Aktiengesellschaft
(c) Offene Handelsgesellschaft
(d) Genossenschaft
(e) Kommanditgesellschaft auf Aktien

Testfrage 12

Was gilt im Zusammenhang mit Einzelunternehmen als Rechtsform?

(a) Ein Einzelkaufmann haftet für Verbindlichkeiten mit seinem Geschäfts- und Privatvermögen.
(b) Die Firma eines Einzelkaufmanns kann nur bei Vollkaufmannseigenschaft in das Handelsregister eingetragen werden.
(c) Die Rechtsform des Einzelkaufmanns ist in der Gewerbeordnung (GewO) geregelt.
(d) Die Firma eines Einzelkaufmanns kann eine Personen- oder eine Sachfirma sein.
(e) Zur Betriebsgründung eines Einzelkaufmanns ist die notarielle Beurkundung vorgeschrieben.
(f) Ein Einzelkaufmann haftet für Verbindlichkeiten nur mit dem Geschäftsvermögen.

Testfrage 13

Für BGB-Gesellschaften gilt:

(a) Für die BGB-Gesellschaft ist kein Mindestkapital vorgeschrieben.
(b) Die Leitungsbefugnis steht grundsätzlich allen Gesellschaftern offen.
(c) Die Gesellschafter haften für Verbindlichkeiten der Gesellschaft nur mit ihrer Kapitaleinlage.
(d) Die BGB-Gesellschaft wird nicht im Handelsregister eingetragen.
(e) Die Rechtsform der BGB-Gesellschaft ist im Handelsgesetzbuch (HGB) geregelt.

Testfrage 14

Welche Aussagen treffen auf Kommanditgesellschaften zu?

(a) Die Firma muss den Namen mindestens eines Gesellschafters enthalten.
(b) Jeder Gesellschafter hat grundsätzlich die Befugnis zur Geschäftsführung.
(c) Die Komplementäre haften auch mit ihrem Privatvermögen.
(d) Die Rechtsform der KG ist im Handelsgesetzbuch (HGB) geregelt.
(e) Die Gewinnverteilung unterliegt dispositivem Recht.

Testfrage 15

Welche der folgenden Aussagen trifft auf die Rechtsform der OHG zu?
- (a) Es sind mindestens drei Gründungsmitglieder vorgeschrieben.
- (b) Jeder der Gesellschafter haftet unbeschränkt.
- (c) Die OHG muss in das Handelsregister eingetragen werden.
- (d) Für die OHG ist eine Mindesteinlage von 50.000 EUR vorgesehen.
- (e) Die Haftung eines oder mehrerer Gesellschafter kann beschränkt werden.

Testfrage 16

Die typische stille Gesellschaft ist gekennzeichnet durch:
- (a) Beteiligung nur am Gewinn,
- (b) Beteiligung auch an den stillen Reserven,
- (c) nur Bilanzeinsicht,
- (d) keine Leitungsbefugnisse,
- (e) erweiterte Mitbestimmung,
- (f) Mitsprache bei der Personalauswahl.

Testfrage 17

Folgende Aussagen bezüglich der stillen Gesellschaft als Rechtsform treffen nicht zu:
- (a) Als Rechtsgrundlage der stillen Gesellschaft dient das BGB.
- (b) Die Vermögenseinlage eines stillen Gesellschafters wird in das Vermögen des Geschäftsinhabers überführt.
- (c) Das Gesellschaftsverhältnis einer stillen Gesellschaft tritt nach außen hin nicht in Erscheinung.
- (d) Der stille Gesellschafter haftet im Falle eines Konkurses über die Einlage hinaus mit einem vertraglich festgelegten Betrag.
- (e) Die Beteiligung des stillen Gesellschafters an den stillen Reserven ist bei der atypischen stillen Gesellschaft vereinbart.

Testfrage 18

Welche der folgenden Aussagen gelten für Kapitalgesellschaften?
- (a) die Anzahl der Gesellschafter kann hoch sein
- (b) abgestimmt wird nach Kopfzahl
- (c) ein Wechsel der Gesellschafter ist nicht vorgesehen
- (d) vollstreckt werden kann nur bei der Gesellschaft
- (e) abgestimmt wird nach der Höhe der Kapitalanteile

Testfrage 19

Welche der folgenden Aussagen über die GmbH treffen zu?
- (a) ein Aufsichtsrat ist Pflicht
- (b) das Mindestkapital beträgt 25.000 EUR
- (c) das Mindestkapital beträgt 100.000 EUR
- (d) eine Nachschusspflicht kann im Gesellschaftsvertrag vorgesehen werden
- (e) die Stammeinlage beträgt 50 EUR

Testfrage 20

Die typischen Rechtsmerkmale der Aktiengesellschaft sind:
(a) Die Gesellschaft stellt eine eigene Rechtspersönlichkeit dar.
(b) Das Stammkapital beträgt mindestens 50.000 EUR.
(c) Ein Aufsichtsrat ist nach dem Mitbestimmungsgesetz bei mehr als 2.000 Arbeitnehmern zwingend vorgeschrieben.
(d) Die Haftung gegenüber den Gläubigern erfolgt nur mit dem Gesellschaftsvermögen.
(e) Die Gesellschafter sind mit ihren Einlagen auf das in Aktien zerlegte Grundkapital beteiligt.

Testfrage 21

Die Europa AG, als eine weitere Rechtsform, erleichtert die grenzüberschreitenden Aktivitäten der deutschen, europaweit tätigen Unternehmen. Was ist bei der Gründung einer Europa AG zu beachten?
(a) Der Sitz dieser Unternehmung muss in einem Staat der Europäischen Union liegen, in dem sich die Hauptverwaltung befindet.
(b) Für die Gründung ist ein gezeichnetes Kapital von 120.000 € erforderlich.
(c) Wandelt sich eine bereits bestehende Aktiengesellschaft in eine Europa AG um, so ist keine Kapitalrendite notwendig.
(d) Eine bereits bestehende AG kann nur unter der Voraussetzung in eine Europa AG umgewandelt werden, wenn sie seit mindestens zwei Jahren eine Tochtergesellschaft in einem europäischen Mitgliedstaat hat.
(e) Der Firmenname muss den Zusatz „SE" beinhalten, damit die Rechtsform einer Europa AG ersichtlich ist.

Testfrage 22

Durch welche Merkmale ist eine Unternehmergesellschaft (UG) geprägt?
(a) Das Mindeststammkapital beträgt 25.000 €.
(b) Sie bildet den Gegenpol zur englischen Limited.
(c) Sie muss jedes Jahr 25% des Gewinns zurücklegen bis 25.000 € erreicht sind.
(d) Ab einer Rücklage von 25.000 € kann die UG zu einer GmbH firmieren.
(e) Die UG gehört zu den Personengesellschaften.
(f) Das Gründungskapital beträgt 1 €.

Testfrage 23

Entscheiden Sie, welche Antworten zutreffen!
(a) Der Vorstand hat gemäß den Weisungen der Hauptversammlung und des Aufsichtsrats die AG zu führen.
(b) Der Aufsichtsrat hat die Geschäftsführung zu überwachen.
(c) Die Bestellung und eventuelle Abberufung des Vorstands erfolgt durch den Aufsichtsrat.
(d) Der Vorstand hat unter eigener Verantwortung die Gesellschaft zu leiten.
(e) Die Hauptversammlung beschließt über Satzungsänderungen.
(f) Der Betriebsrat hat die Aufgabe, die Interessen der Kleinaktionäre zu vertreten.
(g) Der Aufsichtsrat beschließt über die Entlastung der Mitglieder des Vorstands.

Testfrage 24

Bei welchen Aktien ist der Verkauf problemlos?

(a) Vinkulierte Namensaktien (d) Dividendenvorzugsaktien
(b) Inhaberaktien (e) Junge Aktien
(c) Stammaktien

Testfrage 25

Welche Stimmenanzahl kennzeichnet die Sperrminorität?

(a) 25% (c) 50% (e) 75%
(b) 25% (+ 1 Stimme) (d) 50% (+ 1 Stimme)

Testfrage 26

Die Geschäftsführung einer KGaA erfolgt durch:

(a) Kommanditaktionäre (d) Aufsichtsrat
(b) Hauptversammlung (e) Komplementäre
(c) Vorstand

Testfrage 27

Wesentliche Rechtsmerkmale der KGaA sind:

(a) Es handelt sich um eine Gesellschaft mit eigener Rechtspersönlichkeit.
(b) Mindestens ein persönlich haftender Gesellschafter ist notwendig.
(c) Die Kommanditisten sind an dem in Aktien zerlegten Grundkapital beteiligt.
(d) Die Kommanditisten übernehmen keine persönliche Haftung für Gesellschaftsverbindlichkeiten.
(e) Die Kapitaleinlage ist pro Gesellschafter auf 50.000 EUR limitiert.

Testfrage 28

Welche der folgenden Regelungen treffen auf das Mitbestimmungsgesetz von 1976 zu?

(a) Die Verteilung der Sitze im Aufsichtsrat erfolgt paritätisch.
(b) Die Verteilung der Sitze im Aufsichtsrat erfolgt nach der sogenannten „Drittelparität".
(c) Die Anzahl der Aufsichtsratsmitglieder richtet sich nach der Höhe des Grundkapitals.
(d) Das Gesetz gilt für Unternehmen mit mehr als 2.000 Arbeitnehmern.
(e) Die Anzahl der Aufsichtsratsmitglieder richtet sich nach der Anzahl der Arbeitnehmer.

Testfrage 29

Welche besonderen Vorteile weist die Rechtsform der GmbH & Co. KG auf?

(a) Erleichterung von Nachfolgeproblemen
(b) bei der GmbH ist der Komplementär eine natürliche Person und deren Geschäftsführer leichter ersetzbar
(c) die Risikobeschränkung im Haftungsfall bezieht sich auf die Kommanditeinlage
(d) Möglichkeiten zur Beeinflussung der Gewinnbesteuerung

Testfrage 30

Wie werden Doppelgesellschaften bezeichnet?

(a) Besitzpersonen- und Betriebskapitalgesellschaft

(b) Besitzpersonen- und Vertriebskapitalgesellschaft

(c) Produktionspersonen- und Vertriebskapitalgesellschaft

(d) Produktionspersonen- und Betriebskapitalgesellschaft

Testfrage 31

Welche Rechtsformen privatrechtlicher Art sind für öffentliche Betriebe geeignet?

(a) Offene Handelsgesellschaft

(b) Aktiengesellschaft

(c) Gesellschaft mit beschränkter Haftung

(d) Kommanditgesellschaft

(e) Stille Gesellschaft

(f) Einzelunternehmen

(g) Kommanditgesellschaft auf Aktien

Testfrage 32

In welchen Fällen der Rechtsformänderung müssen die stillen Reserven aufgedeckt werden?

Umwandlung von

(a) Offene Handelsgesellschaft in Kommanditgesellschaft

(b) Einzelunternehmung in Offene Handelsgesellschaft

(c) Gesellschaft mit beschränkter Haftung in Kommanditgesellschaft

(d) Gesellschaft mit beschränkter Haftung in Aktiengesellschaft

(e) Kommanditgesellschaft in Gesellschaft mit beschränkter Haftung

Testfrage 33

Welche der folgenden Aussagen treffen auf eine Kooperation zu?

(a) Bei einer Kooperation bleibt die wirtschaftliche und rechtliche Selbstständigkeit der teilnehmenden Unternehmen erhalten.

(b) Es wird lediglich die wirtschaftliche Entscheidungsfreiheit in den der vertraglichen Zusammenarbeit unterworfenen Bereichen eingeschränkt.

(c) Die wirtschaftliche Selbstständigkeit mindestens eines Teils der teilnehmenden Unternehmen wird aufgehoben.

Testfrage 34

Welche der folgenden Formen von Unternehmenszusammenschlüssen lassen sich den Kooperationsformen zuordnen?

(a) Verbundene Unternehmen

(b) Konzern

(c) Wirtschaftsfachverband

(d) Arbeitsgemeinschaften

(e) Franchising

(f) Konsortien

(g) Fusionen

(h) Virtuelle Unternehmen

Testfrage 35

Welche Effekte sollen durch eine Interessengemeinschaft im weiteren Sinne realisiert werden?

    (a) Steigerung der Rentabilität über eine gemeinsame Durchführung bestimmter Aufgaben

    (b) Steigerung der Rentabilität durch Wettbewerbsbeschränkung

    (c) Kostensenkung durch Aufteilung des Fertigungsprogramms

    (d) Degressionseffekte, Spezialisierung

    (e) Sicherung der Berufsausbildung

    (f) Synergieeffekte beim Führungskräftetraining

Testfrage 36

Welche der folgenden Unternehmensverbindungen sind dauerhaft?

    (a) Interessengemeinschaft   (d) Konsortium

    (b) Konzern   (e) Joint Venture

    (c) Arbeitsgemeinschaft   (f) Gelegenheitsgesellschaft

Testfrage 37

Welches Kartell beinhaltet Absprachen über öffentliche Aufträge?

    (a) Mindestpreis-Kartell   (d) Syndikat

    (b) Einheitspreis-Kartell   (e) Gebietskartell

    (c) Submissionskartell

Testfrage 38

Typische Merkmale virtueller Unternehmen sind?

    (a) Es besteht ein Netzwerk von rechtlich und wirtschaftlich unabhängigen Partnern mit der Ausrichtung auf eine längere Kooperation.

    (b) Die Kooperationspartner beteiligen sich an diesem Netzwerk mit ihren Kompetenzen.

    (c) Für Kunden erscheinen die Leistungen aus einem virtuellen Unternehmen wie von einem einzigen Anbieter.

Testfrage 39

Was versteht man unter einem Joint Venture?

    (a) Die Gründung einer selbstständigen Unternehmung mit einem ausländischen Partner.

    (b) Die Nutzung von Rechten durch eine ausländische Unternehmung gegen Entgelt.

    (c) Eine rechtlich unselbstständige Unternehmung im Ausland.

    (d) Einen Zusammenschluss zwischen zwei inländischen Unternehmen.

Testfrage 40

Welche Aussagen treffen zu?

    (a) Virtuelle Unternehmen zählen zur Gruppe der verbundenen Unternehmen.

    (b) Subunternehmer erbringen, auf der Basis langfristiger Verträge, die Leistungen entsprechend den Vorgaben und den Spezifikationen des Abnehmers.

    (c) Ein Franchisenehmer erhält gegen Entgelt das Recht und die Pflicht, im eigenen Namen und auf eigene Rechnung ein Franchisepaket zu nutzen.

Testfrage 41

Welche Arten von Unternehmenszusammenschlüssen zählen zu den verbundenen Unternehmen?

(a) Konzern

(b) Interessengemeinschaft

(c) Konsortium

(d) Fusion

(e) Kartell

(f) Arbeitsgemeinschaften

(g) Wirtschaftsfachverband

Testfrage 42

Bei welcher Art von Zusammenschlüssen ist eine „einheitliche Leitung" Voraussetzung?

(a) Kartell   (c) BGB-Gesellschaft   (e) Dauergesellschaft

(b) Konzern   (d) Interessengemeinschaft

Testfrage 43

Entscheiden Sie, welche der folgenden Aussagen richtig sind!

(a) Wechselseitig beteiligte Unternehmungen können auch dann einen Konzern bilden, wenn keine der Unternehmungen bei der anderen im Mehrheitsbesitz steht.

(b) Besitzt die A-AG die Mehrheit der Kapitalanteile der B-AG, so bilden die beiden Unternehmen einen Konzern.

(c) Besitzt die A-AG die Mehrheit der Anteile der B-AG, so wird vermutet, dass die A-AG die B-AG beherrscht.

(d) Die Gesellschaften C-AG und D-GmbH können auch dann einen Konzern bilden, wenn sie voneinander keine Anteile besitzen.

(e) Sind Unternehmungen wechselseitig beteiligt und steht eine Unternehmung bei der anderen in Mehrheitsbesitz, so bilden die Unternehmungen immer einen Konzern.

Testfrage 44

Welche Unternehmenszusammenschlüsse haben den Verlust der rechtlichen und wirtschaftlichen Selbstständigkeit aller beteiligten Unternehmen zur Folge?

(a) Konsortium

(b) Konzern

(c) Fusion durch Neubildung

(d) Fusion durch Aufnahme

Testfrage 45

Auf welche Weise kann eine Fusion mehrerer Unternehmen zu einer rechtlichen Einheit erfolgen?

(a) Fusion durch Unternehmensverträge

(b) Fusion durch Aufnahmen

(c) Fusion durch wechselseitige Beteiligung

(d) Fusion durch Neubildung

(e) Fusion durch Mehrheitsbeteiligung

Antworten zu den Aufgaben

Überblick über die konstitutiven Entscheidungen des Betriebes

Aufgabe 1

Konstitutive Entscheidungen legen die Arbeitsweise und einen allgemein gültigen Handlungsrahmen für ein Unternehmen auf lange Sicht fest und haben somit strategischen Charakter. Sie kennzeichnen das rechtliche und räumliche Beziehungsgefüge eines Unternehmens mit seiner Umwelt.

Aufgabe 2

Konstitutive Entscheidungen werden in drei Hauptbereiche aufgeteilt. Dazu gehören:

- Entscheidungen über den Standort,
- Entscheidungen über die Rechtsform,
- Entscheidungen über die Eingliederung in Unternehmensverbindungen.

Auch die Wahl der Organisationsform wird teilweise zu den konstitutiven Entscheidungen gerechnet.

Die betriebliche Standortwahl

Aufgabe 3

Als **Standort** bezeichnet man den geographischen Ort, an dem ein Unternehmen Produktionsfaktoren zur betrieblichen Leistungserstellung ein- bzw. umsetzt.

Aufgabe 4

Die betriebliche **Standortwahl** wird in zwei Problembereiche gegliedert. Dazu gehören die innerbetriebliche und die außerbetriebliche Standortwahl.

Die innerbetriebliche Standortwahl betrifft die Ausrichtung einzelner Gebäude und Anlagen innerhalb eines Betriebskomplexes sowie den Ort einzelner Arbeitsplätze und Einrichtungen innerhalb eines Gebäudes.

Üblicherweise ist mit der Standortentscheidung als konstitutive Entscheidung nur der außerbetriebliche Standort gemeint. Hier wird bestimmt, wo das Unternehmen als Gesamtheit oder wo Teilbereiche als selbstständige Einheiten aufgebaut werden sollen.

Aufgabe 5

Überlegungen zur Standortwahl sind anzustellen, wenn eine Unternehmung gegründet wird oder wenn wirtschaftliche oder rechtliche Erfordernisse eine Standortverlagerung erfordern. Auch bei einer Unternehmenserweiterung stellt sich die Frage nach dem optimalen Standort, wenn eine Unternehmung durch Gründung von Zweigbetrieben oder durch die Übernahme bestehender Betriebe zusätzliche Standorte einnehmen will.

Aufgabe 6

Formen der Standortwahl sind:

- internationale Standortwahl (internationale räumliche Einordnung),
- interlokale Standortwahl (Einfügung in eine bestimmte nationale Region),
- lokale Standortwahl (Einfügung in bestimmte Gemeindeteile innerhalb der Region).

Aufgabe 7

a) **Standortfaktoren** sind Determinanten zur Standortwahl, d.h. es handelt sich um Tatbestände, die für die Wahl eines Standortes unter ökonomischen Gesichtspunkten maßgebend sind.

b) Meist besonders wichtige Faktoren bei der Standortwahl eines Industriebetriebes sind:

- Qualifikation der Mitarbeiter,
- Stückkosten,
- Personalzusatzkosten,
- Arbeitsproduktivität,
- Direktlohn,
- Politische Stabilität,
- Unternehmensbesteuerung.

Weitere wichtige Faktoren sind:

- Infrastruktur,
- Behördliche Vorschriften,
- Arbeitszeit,
- Betriebsnutzungszeit.

Aufgabe 8

a) Unternehmen mit einem hohen Bedarf an **Gewichtsverlustmaterialien** bevorzugen die Nähe von Rohstoffvorkommen, um die Transportkosten zu verringern. Reingewichtsmaterialien hingegen lockern die Bindung des Standortes an den Ort des Rohstoffvorkommens.

- Reingewichtsmaterialien: Aluminium, Gold, Silber.
- Gewichtsverlustmaterialien: Kohle, Treibstoff.

b) Unter dem **Materialindex** versteht man das Verhältnis des Gewichts des Eingangsmaterials zum Gewicht des Eingangsmaterials im Endprodukt.

$$\text{Materialindex} = \frac{\text{Gewicht des Eingangsmaterials}}{\text{Gewicht des Eingangsmaterials im Endprodukt}}$$

Aufgabe 9

Kosten für den Standortfaktor Arbeitskräfte entstehen bei:

- Schulungen, um eine notwendige Qualifikation der Arbeitskräfte zu bewirken,
- übertariflichen Löhnen oder sozialen Sonderleistungen, um einen Arbeitskräftemangel auszugleichen.

Aufgabe 10

Der geringe Freizeitwert eines Standortes muss unter Umständen durch erheblich höhere Gehälter kompensiert werden, damit überhaupt Arbeitskräfte gewonnen werden können. Dies gilt insbesondere für die Gewinnung von Führungskräften. Eine Alternative zur Zahlung erhöhter Lohnkosten ist die Schaffung neuer Freizeitanreize (z.B. durch kulturelle oder sportliche Veranstaltungen) durch das Unternehmen.

Aufgabe 11

a) Für die meisten Unternehmen ist das Vorhandensein eines vielfältigen Verkehrsnetzes (Straßen, Eisenbahn, Wasserstraßen, Flugverkehr) eine wichtige Bedingung im Hinblick auf einen optimalen Standort.

Die Verkehrsorientierung ergibt sich aus dem Streben nach Minimierung der Transportkosten und der Notwendigkeit des Übergangs auf ein anderes Transportmittel.

b) Im Gegensatz zur Verkehrsanbindung hat die Energieorientierung heute weitgehend an Bedeutung verloren, da Wasser und Kohle als Energieträger hinter die standortunabhängige Elektrizitätsversorgung zurückgetreten sind.

Eine Ausnahme bilden energieintensive Unternehmen (z.B. Aluminiumverarbeitung). In diesem Fall ist oft eine Standortwahl im Ausland günstiger, weil dort die Stromkosten aufgrund geringerer Umweltschutzauflagen und Sicherheitsbestimmungen niedriger als im Inland sind.

Aufgabe 12

Folgende Problemfragen treten bei der Standortsuche bezüglich Umweltschutz und Entsorgung auf:
- Ist die Beseitigung von Abfall, Abwasser, Abluft, etc. generell möglich, d.h. stehen geeignete Aufnahmestellen zur Verfügung?
- Bestehen gesetzliche Bestimmungen hinsichtlich der Entsorgung?
- Welchen Aufwand verursacht die Entsorgung (Bestimmungen bzw. Vorschriften und Kosten)?
- Sind diese Vorschriften erfüllbar?

Umweltkriterien haben in den letzten zwei Jahrzehnten stark an Bedeutung gewonnen. In bestimmten Industriezweigen, wie z.B. in der Chemie- und in der Energiewirtschaft, spielt der Standortfaktor Umwelt eine besonders große Rolle.

Aufgabe 13

Die **Absatzorientierung** steht bei jenen Betrieben bezüglich der Standortwahl im Vordergrund, die einen engen Kontakt zu den Abnehmern ihrer Erzeugnisse haben müssen, da ihre Absatzmöglichkeiten relativ begrenzt sind. Dazu gehören Nahrungsmittelbetriebe, Brauereien, das Baugewerbe, etc. Insgesamt verliert jedoch die Absatzorientierung aufgrund moderner Transportsysteme weiter an Bedeutung.

Aufgabe 14

Betriebe lassen sich nach der Konkurrenzabhängigkeit unterscheiden.
1. **Konkurrenzmeidende Betriebe:** Insbesondere bei den Waren des täglichen Bedarfs (z.B. Lebensmittel) kommt es auf die Zahl und Größe bereits vorhandener Unternehmungen an, die Güter anbieten, die den eigenen Betriebsleistungen ökonomisch gleichen oder in einem dicht substitutiven Verhältnis zu ihnen stehen. Weist ein Absatzgebiet bereits eine größere Zahl von Wettbewerbern auf, so muss im Allgemeinen mit geringeren Absatzmengen gerechnet werden.

2. **Zunehmend konkurrenzsuchende Betriebe:** Waren des periodischen Bedarfs (z.B. Kleidung) und des aperiodischen Bedarfs (z.B. Möbel) müssen sich der Konkurrenz stellen, da der Konsument bei der Anschaffung derartiger Waren verstärkt Qualitäts- und Preisvergleiche anstellen will.

Aufgabe 15

Standortbedingte **Steuerdifferenzierungen** sind:
- Unterschiede bedingt durch das Steuersystem: Zu nennen ist hier die Gewerbesteuer als kommunale Steuer. Steuerdifferenzierungen entstehen durch die Anwendung unterschiedlicher Hebesätze in verschiedenen Gemeinden.
- Unterschiede bedingt durch eine dezentrale Finanzverwaltung: Die Finanzverwaltungen der Länder sind bei der Auslegung von Steuergesetzen (Ermessensspielraum seitens des Gesetzgebers) unterschiedlich großzügig.
- Bewusst geschaffene Unterschiede: Es wird eine Steuerpolitik zur Förderung von Gewerbeansiedlung in industriell schwach entwickelten Gebieten ausgeübt (z.B. erhöhte Abschreibungen, Investitionszulagen, Subventionen).

Aufgabe 16

Die **Gewerbesteuer** wird durch die Gemeinden erhoben. Sie ist für diese die wichtigste Einnahmequelle bezüglich des Steuerwesens.

Man spricht bei der Gewerbesteuer von einer Realsteuer, da der Gewerbebetrieb, der den Steuergegenstand darstellt, als eine Sache betrachtet wird.

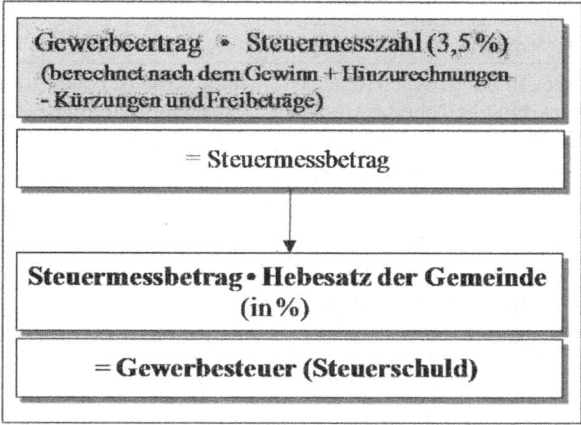

Der Steuermessbetrag ergibt sich aus dem Gewerbeertrag (nach § 7 GewStG) multipliziert mit der Steuermesszahl. Der Steuermessbetrag wird mit dem Hebesatz multipliziert, der in den einzelnen Gemeinden unterschiedlich ist (mind. 200 %). Aufgrund der unterschiedlichen Höhe des Hebesatzes (damit der Gewerbesteuer) zählt die Gewerbesteuer zu den Faktoren, die die Wahl des Standortes beeinflussen. Die steuerliche Belastung durch die Gewerbesteuer liegt volumenmäßig je nach Hebesatz zwischen ca. 10 und 15 %.

Die Hebesätze für die Gewerbesteuer liegen in Deutschland im Bereich zwischen 200 und 480 %, der durchschnittliche Hebesatz beträgt etwa 400 %.

Aufgabe 17

Der Staat hat die politische Zielsetzung, strukturschwache Gebiete (z.B. die neuen Bundesländer) zu stärken. Ein Instrument hierzu ist die Gewährung von Subventionen für die Ansiedlung von Betrieben in diesen Gebieten. **Subventionen** sind Hilfeleistungen der öffentlichen Hand in Form von Finanzierungshilfen und Steuervergünstigungen. Sie stellen für die Betriebe ein Kriterium für die Standortwahl dar, da sie den standortabhängigen Gewinn durch die Subventionen erhöhen. Gäbe es diese Subventionen nicht, kämen u.U. bestimmte Standorte zur Ansiedlung nicht in Betracht, da sie hinsichtlich der Gesamtheit ihrer Standortbedingungen zu unrentabel wären.

Aufgabe 18

Aufgrund eines **Doppelbesteuerungsabkommens (DBA)** zwischen Deutschland und einem anderen Land muss ein in Deutschland ansässiges Unternehmen seine im Ausland entstandenen Einkünfte nur in dem Land, in dem diese entstanden sind, versteuern. Ein DBA ist ein Vertrag zwischen zwei Staaten, in dem sie vereinbaren, wer bei Doppel-besteuerungsfällen in welchem Umfang auf eine Besteuerung verzichtet.

Da Deutschland im internationalen Vergleich ein Land mit relativ hohen Steuersätzen ist, wird das Ausland für deutsche Unternehmen als Standort zunehmend interessanter. Häufig werden Basisgesellschaften in Ländern mit niedrigen Steuersätzen gegründet. Durch die Ausnutzung der Doppelbesteuerungsabkommen versuchen diese Gesellschaften dann ihre Gewinne ins Ausland zu verlagern.

Aufgabe 19

Wirtschaftsstandort Deutschland	
Vorteile	**Nachteile**
– gut ausgeprägtes Bildungswesen (duales Bildungssystem, breit gefächertes Hochschulangebot), tlw. strittig s. PISA-Studie – enge Zusammenarbeit von Banken und Unternehmen – gute Infrastruktur – hohe Industriedichte – stark automatisierte Produktion mit hoher Wertschöpfung	– hohe Arbeitskosten (Lohnnebenkosten, Sozialversicherungsbeiträge) – zunehmende Umweltschutzauflagen – hohe Unternehmensbesteuerung – kurze Maschinenlaufzeiten – kurze und starre wöchentliche Arbeitszeiten – für Produkte mit geringer Wertschöpfung zu teuer

Aufgabe 20

a) Ein wichtiger Faktor für Unternehmen, **Direktinvestitionen** im Ausland zu tätigen, ist zunächst die Kundennähe. Ein im Ausland produzierendes Unternehmen kann schneller und flexibler auf die Wünsche der Kunden reagieren. Die sich öffnenden Märkte können somit direkt vor Ort „erobert" werden. Eine Produktion im Ausland bietet darüber hinaus Schutz vor Importbeschränkungen und Wechselkursschwankungen. Ein weiterer, immer wichtiger werdender Aspekt, der für Direktinvestitionen im Ausland spricht, ist die Tatsache, dass die Lohnkosten im Ausland z.T. erheblich niedriger sind. Dadurch kann besonders in personalintensiven Unternehmen kostengünstiger produziert werden. Außerdem sind die Steuersätze deutlich niedriger.

Für Direktinvestitionen im Ausland sprechen ferner kürzere Genehmigungsverfahren, die schneller vollzogen werden. Zusätzlich sind in vielen Ländern die Umweltauflagen geringer als in Deutschland. Eine große Anzahl mittelständischer Unternehmen sind im zunehmenden Maße „gezwungen", sich ihren Gewerbestandort im Ausland zu suchen, weil sie Zulieferer für Großunternehmen sind, die sich bereits im Ausland befinden.

b) Ein entscheidendes Kriterium für ein **Entwicklungsland** als Industriestandort sind die niedrigen Lohnkosten. Somit sind die Entwicklungsländer als Industriestandort vor allem für solche Unternehmen interessant, deren Produktion sehr personalintensiv ist. Dem Vorteil der niedrigen Lohnkosten stehen aber auch Nachteile gegenüber, wie eine geringe Produktivität, die vor allem auf fehlende Ausbildung und schlechte Arbeitsmotivation zurückzuführen ist. Nachteilig wirkt sich auch die unzureichende Infrastruktur aus, wodurch hohe Transport- und Lagerkosten entstehen können. Ferner müssen Rohstoffe, die im Fertigungsland nicht ausreichend vorhanden sind, importiert werden, wodurch hohe Beschaffungskosten verursacht werden. Nicht zuletzt bilden politische Unruhen (Kriege, Revolutionen, Umstürze, usw.) einen schwer kalkulierbaren Störfaktor.

Aufgabe 21

Bei der **Nutzwertanalyse** werden die relevanten Standortanforderungen nach Zielkriterien in einer Liste zusammengefasst und nach ihrer Bedeutung für das Unternehmen gewichtet. Danach erfolgt eine Bewertung der Standortfaktoren für jeden einzelnen Standort durch Vergabe einer Punktzahl (z.B. von 1 - 10).
Die Multiplikation der Bewertung mit der Gewichtung ergibt eine Punktzahl, die summiert, den Gesamtnutzen des einzelnen Standortes repräsentiert.

Aufgabe 22

Das **Punkte-Bewertungsverfahren** lässt in unverfeinerter Form viel Spielraum für eine subjektive Beurteilung der Standortfaktoren (sowohl bei der Vorauswahl der wichtigen Faktoren als auch bei der Beurteilung der Standortalternativen kann eine subjektive Gewichtung bzw. Bewertung erfolgen) und gibt außerdem keine Auskunft, welche Rentabilität des Projektes für verschiedene Standorte zu erwarten ist.

Aufgabe 23

Steiner-Weber-Modell					
Kunden	**Koordinaten**		**Mengen**		
n = 5	x_i (km)	y_i (km)	m_i (t)	$x_i \cdot m_i$	$y_i \cdot m_i$
A	50	250	140	7.000	35.000
B	300	200	320	96.000	64.000
C	250	50	260	65.000	13.000
D	150	100	80	12.000	8.000
E	100	150	200	20.000	30.000
Σ			1.000	200.000	150.000

Koordinaten des optimalen Standorts:

$$x_{opt.} = \frac{\sum(x_i \cdot m_i)}{\sum m_i} = \frac{200.000 \text{ tkm}}{1.000 \text{ t}} = \underline{\underline{200 \text{ km}}}$$

$$y_{opt.} = \frac{\sum(y_i \cdot m_i)}{\sum m_i} = \frac{150.000 \text{ tkm}}{1.000 \text{ t}} = \underline{\underline{150 \text{ km}}}$$

Graphische Darstellung der Ergebnisse:

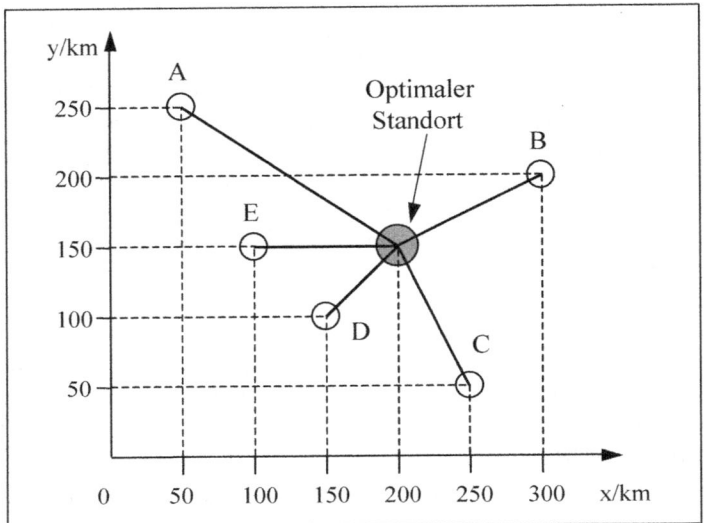

Der rechtliche Aufbau der Betriebe

Aufgabe 24

Die Rechtsform ist der Ausdruck der gesetzlich vorgeschriebenen Form, durch welche die Rechtsbeziehungen der Unternehmung im Innen- und Außenverhältnis geregelt werden.

Aufgabe 25

a) Firmenarten sind:
- Personenfirma mit Personennamen (z.B. „Ludwig & Meier" bei OHG, „T. Walter" als Einzelunternehmen)
- Sachfirma mit einer Sachbezeichnung (z.B. „Deutsche Bank")
- gemischte Firma mit Personen- und Sachelementen, (z.B. „Eduard Müller Gaststätten und Sanitäreinrichtungen")

b) Firmengrundsätze nach §§ 3, 18, 21, 22, 30, 37 HGB sind:
- Wahrheit: Bei der Gründung muss der Firmenkern wahr sein.
- Klarheit: Auf Firmenzusatz beziehend, z.B. „Fenster & Türen".
- Beständigkeit: Die Firma bleibt trotz Wechsel des Inhabers bestehen.
- Ausschließlichkeit: Jede Firma am Ort muss sich von anderen Firmen unterscheiden.

c) Die Gründung der Unternehmen ist je nach Rechtsform individuell geregelt:

Unternehmen	Gründer/Gründung	Gesellschaftervertrag
Einzelunternehmen	ein Gründer (errichtet Unternehmen allein)	nicht erforderlich
Offene Handelsgesellschaft	mindestens zwei Gesellschafter	erforderlich
Kommanditgesellschaft	mindestens ein Komplementär (Vollhafter) und mind. ein Kommanditist (Teilhafter)	erforderlich
Gesellschaft mit beschränkter Haftung	mindestens ein Gründer	erforderlich und notariell beurkundet
Aktiengesellschaft	mindestens ein Gründer	erforderlich und notariell beurkundet
Genossenschaft	mindestens sieben Gründer	erforderlich (Gesellschaftervertrag = Statut)
Stille Gesellschaft	reine Innengesellschaft	Vertrag zwischen Unternehmer und stillem Gesellschafter
Gesellschaft bürgerlichen Rechts	mindestens zwei Gesellschafter	nicht in schriftlicher Form erforderlich

d) Gründungsarten sind:
- **Neugründung:** Errichtung eines völlig neuen Unternehmens
- **Umgründung (Wandlung):** Änderung der Rechtsform bei einem schon existierenden Unternehmen

oder nach der Art der Eigenkapitalaufbringung:
- **Bargründung:** Eigenkapitalaufbringung in Form von Geld. Es bedarf keiner Bewertung, da der nominelle Wert feststeht.
- **Sachgründung:** Eigenkapitalaufbringung in Form von Vermögenswerten (Maschinen, Grundstücke, Wertpapiere). Ist der Wert der Vermögensgegenstände nicht eindeutig, ist dieser durch eine Bewertung festzulegen, um eine Überbewertung zu vermeiden. Bei der AG ist eine Gründungsprüfung durch unabhängige Wirtschaftsprüfer erforderlich.
- **Mischgründung:** Geld und Vermögenswerte werden als Eigenkapital aufgebracht (Barmittel, Patente, Vermögensgegenstände, Grundstücke, etc.)

Aufgabe 26

Wird ein privater Betrieb gegründet, so sind in der Regel folgende **Merkmale** der in Frage kommenden Rechtsformen zu beachten:
- Rechtsgestaltung, insbesondere die Haftung (beschränkt/unbeschränkt)
- Leitungsbefugnisse (Geschäftsführung und Vertretung)

- Finanzierungsmöglichkeiten (Eigen-, Fremdfinanzierung)
- Gewinn- und Verlustbeteiligung
- Flexibilität bei Änderungen der Rechtsform
- Steuerbelastung (Gesellschaft oder Gesellschafter)
- gesetzliche Vorschriften
- Aufwendungen für die Rechtsform
- Kontrollmöglichkeiten
- Nachfolgeregelungen
- Umwandlungsmöglichkeiten
- Möglichkeiten der Mitbestimmung

Aufgabe 27

a) Die Frage, welche Rechtsform für einen Betrieb die wirtschaftlich zweckmäßigste ist, stellt sich nicht nur bei der Gründung eines Betriebes, sondern muss jeweils von neuem überprüft werden, wenn sich wesentliche persönliche, wirtschaftliche, rechtliche oder steuerrechtliche Faktoren ändern, die zuvor bei der Entscheidung für eine bestimmte Rechtsform den Ausschlag gegeben haben.

b) Die Wahl der Rechtsform ist im Allgemeinen frei, wird aber durch einige gesetzliche Vorschriften eingeschränkt, so dass nicht jeder Betrieb beliebig eine Rechtsform wählen kann. Eine Einschränkung kann erfolgen durch:

- Gründungsvorschriften:
  - Mindestanzahl von Gründern (z.B. Genossenschaft)
  - Mindestkapital (z.B. AG, GmbH)
- Betriebszweck:
  - Versicherungen: AG, VVaG
  - Kapitalanlagegesellschaften: AG, GmbH
  - Hypothekenbanken: AG, KGaA
- Eigentumsverhältnisse:
  - Betriebe der öffentlichen Hand: Kapitalgesellschaften

Aufgabe 28

Personenunternehmen	Einzelunternehmung, GbR, OHG, KG, Stille Gesellschaft
Kapitalgesellschaften	Verein, GmbH, AG, UG, SE
Mischformen	GmbH & Co. KG, KGaA, Doppelgesellschaften
Sonstige	Genossenschaft, VVaG, Stiftung

Aufgabe 29

a) Personenunternehmen können unterteilt werden in:
- Einzelunternehmungen
- Personengesellschaften (GbR, OHG, KG, Stille Gesellschaft)

b) Wesentliche Charakteristika von Personenunternehmen sind:
- meist persönliche Mitarbeit der Gesellschafter
- zumindest ein Teil der Gesellschafter haftet unbeschränkt
- Mitgliedschaft ist meist auf die Person zugeschnitten
- zahlen keine Körperschaftssteuer
- haben kein festliegendes Grundkapital
- relativ geringe Fungibilität der Geschäftsanteile
- Besteuerung nach Einkommensteuer
- relativ geringe Aufwendungen für die Rechtsform

Aufgabe 30

Eine Aufnahme neuer Gesellschafter verringert die Geschäftsführungsbefugnisse der vorhandenen Gesellschafter, was aus deren Sicht nicht unbedingt erwünscht ist.

Aufgabe 31

a)

Gesell-schafter	Kapitalanteil in EUR	Gewinnverteilung		
		4% Verzinsung	Rest nach Köpfen	Summe
A	150.000	6.000	60.000	66.000
B	100.000	4.000	60.000	64.000
C	250.000	10.000	60.000	70.000
Σ	500.000	20.000	180.000	200.000

b) Eine derartige Gewinnverteilung ist angemessen, wenn:
- eine Verzinsung von 4 % marktüblich ist,
- alle Gesellschafter das gleiche Risiko tragen und
- alle Gesellschafter im gleichen Umfang mitarbeiten.

Aufgabe 32

Gesell-schafter	Kapitalanteil EUR	Gewinnverteilung			
		Unternehmerlohn	8% Verzinsung	Risikoprämie	Gesamt
A	250.000	----	20.000	10.000	30.000
B	350.000	80.000	28.000	17.000	125.000
C	100.000	120.000	8.000	22.000	150.000
Σ	700.000	200.000	56.000	49.000	305.000

$$P_{Risiko} = \frac{X \cdot Y_i}{Y_{gesamt}}$$

X = Gewinn − (Unternehmerlohn$_{gesamt}$ + Eigenkapitalverzinsung$_{gesamt}$)

= 305.000 EUR − 200.000 EUR − 56.000 EUR

= 49.000 EUR

Y_i = Kapitaleinlage + Privatvermögen des Gesellschafters

Y_{gesamt} = $\sum$ Kapitaleinlagen + $\sum$ Privatvermögen

= 700.000 EUR + 1.750.000 EUR

= 2.450.000 EUR

Aufgabe 33

Gesell-schafter	Kapitalanteil EUR	Gewinnverteilung			
		Unternehmer-lohn	10% Ver-zinsung	Risiko-prämie	Gesamt
A	50.000	100.000	5.000	75.000	180.000
B	250.000	50.000	25.000	175.000	250.000
C	200.000	----	20.000	50.000	70.000
D	500.000	----	50.000	125.000	175.000
E	300.000	----	30.000	75.000	105.000
$\sum$	1.300.000	150.000	130.000	500.000	780.000

Die Risikoprämie wird analog zu Aufgabe 32 berechnet, nur die Bewertung der Kommanditisten erfolgt ohne Privatvermögen (Haftungsbeschränkung auf die Einlage).

Aufgabe 34

Die beiden Formen der stillen Gesellschaft sind:

Typische stille Gesellschaft:	Atypische stille Gesellschaft:
1. Beteiligung nur am Gewinn	1. Beteiligung auch an den stillen Reserven
2. keine Leitungsbefugnisse	2. erweiterte Mitbestimmungsrechte
3. nur Bilanzeinsicht	3. erweiterte Einsichtsrechte

Der typische stille Gesellschafter versteuert seine Gewinnanteile als Einnahmen aus Kapitalvermögen (Kapitalertragsteuer). Die Gewinnanteile des atypischen Gesellschafters fallen unter die Einkünfte aus Gewerbebetrieb und werden von der Einkommensteuer erfasst.

Aufgabe 35

Die **Geschäftsführung** umfasst alle laufenden Maßnahmen, die erforderlich sind, um den Gesellschaftszweck zu fördern und zu verwirklichen.

Die **Vertretung** umfasst alle gerichtlichen und außergerichtlichen Geschäfte und Rechtshandlungen der Gesellschaft. Sie geht damit über den Umfang der Prokura hinaus.

Aufgabe 36

Bei der OHG haften alle Gesellschafter voll, bei der KG und bei der KGaA nur die Komplementäre (Vollhafter), bei der Einzelunternehmung der Inhaber und bei der BGB-Gesellschaft die Gesellschafter.

Aufgabe 37

Typische Regelungen für Kapitalgesellschaften sind:

- Existenz der Gesellschaft:
    - das Unternehmen existiert unbefristet
    - ein Wechsel der Gesellschafter ist vorgesehen
- Persönlicher Kontakt:
    - die Führung erfolgt durch angestellte Geschäftsführer
    - abgestimmt wird nach der Höhe der Kapitalanteile
    - die Anzahl der Gesellschafter kann hoch sein
    - begrenzte Einsichts- und Mitwirkungsrechte
- Haftung:
    - die Gesellschafter haften nur mit einem begrenzten Betrag
    - nur die Gesellschaft kann verklagt werden

Aufgabe 38

Sowohl die GmbH als auch die AG gehören zu den Kapitalgesellschaften. Beide Gesellschaftsformen sind in ihrer Haftung beschränkt, d.h. sie haften nur in Höhe ihrer Einlage. Das Grund-, Stamm- bzw. gezeichnete Kapital ist in mehrere bzw. viele Anteile aufgeteilt. Weiterhin ist die Geschäftsführung in jeweils drei Organe untergliedert, die in ihren Funktionen vergleichbar sind.

Bei der GmbH sind dies die Geschäftsführung, der Aufsichtsrat und die Gesellschafterversammlung. Die Führung der AG besteht aus dem Vorstand, dem Aufsichtsrat und der Hauptversammlung. Die Mindestanzahl der Gründer beträgt sowohl bei der GmbH als auch bei der AG eine Person.

Das Gründungskapital beträgt bei der GmbH mindestens 25.000 EUR, während bei der AG 50.000 EUR erforderlich sind. Weiterhin sind die Anteile an der GmbH stärker personengebunden, denn die Erlangung eines GmbH-Anteils muss notariell beurkundet werden.

Die Anteile einer AG hingegen können über die Börse relativ frei und unkompliziert gehandelt werden. Folgende Unterschiede sind zusammenzufassen:

GmbH-Anteil (Einlage)	Aktie
– Stammeinlage mind. 500 EUR	– Aktie mind. 1 EUR
– teilbar bei höheren Beträgen	– unteilbar
– kein börsenmäßiger Verkauf	– Handel an der Börse
– persönliche Bindung	– keine persönliche Bindung
– notarieller Verkauf	– formloser Verkauf

Aufgabe 39

Die **Nachschusspflicht** ist eine Haftungserweiterung über den Betrag der Einlage hinaus.

a) keine Nachschusspflicht: Haftungsbeschränkung nur auf Einlage

b) beschränkte Nachschusspflicht: festgelegter Höchstbetrag als Forderung über den Betrag der Einlage hinaus

c) unbeschränkte Nachschusspflicht: keine obere Grenze

Aufgabe 40

Das **Abandonrecht** gibt dem GmbH-Gesellschafter die Möglichkeit, sich einer unbegrenzten Nachschusspflicht zu entziehen.

Aufgabe 41

Die OHG unterliegt nicht der Körperschaftsteuer. Die Einkünfte der einzelnen Gesellschafter werden nur von der Einkommensteuer erfasst.

Die GmbH ist eine juristische Person und somit auch ein selbstständiges Steuerobjekt. Daraus ergibt sich für die GmbH eine Körperschaftsteuerpflicht. Die auf den ausgeschütteten Teil des Gewinns gezahlte Körperschaftsteuer mindert allerdings die Einkommensteuerschuld der Anteilseigner. Weiter zu beachten ist die Behandlung sogenannter Nebenleistungen, z.B. Geschäftsführervergütungen (§ 15 EStG) bei den verschiedenen Rechtsformen.

Aufgabe 42

1. **Vorstand:** Der Vorstand führt die Geschäfte der Gesellschaft und vertritt sie gerichtlich und außergerichtlich.

2. **Aufsichtsrat:** Der Aufsichtsrat ist das dem Vorstand übergeordnete Beschluss- und Kontrollorgan. Er bestellt und kontrolliert den Vorstand.

3. **Hauptversammlung:** Die Hauptversammlung ist das oberste Organ einer Aktiengesellschaft. Die Hauptversammlung wählt den Aufsichtsrat und entlastet ihn sowie den Vorstand.

Aufgabe 43

Nach dem Drittelbeteiligungsgesetz von 2004 muss der Aufsichtsrat zu einem Drittel aus Arbeitnehmervertretern bestehen. Ausnahmen sind die sogenannten Tendenzbetriebe, wie karitative Einrichtungen. Die Höchstzahl der Aufsichtsratsmitglieder richtet sich nach der Höhe des Grundkapitals:

Grundkapital über 10,0 Mio. EUR:	**21 Mitglieder**
Grundkapital über 1,5 Mio. EUR:	**15 Mitglieder**
Grundkapital bis 1,5 Mio. EUR:	**9 Mitglieder**

Nach § 95 AktG muss der Aufsichtsrat aus mindestens 3 Mitgliedern bestehen.

Aufgabe 44

Unternehmung A	nicht mitbestimmungspflichtig, da für eine OHG (Personengesellschaft) entsprechende Gesetze nicht gelten
Unternehmung B	mitbestimmungspflichtig nach dem Montan-Mitbestimmungsgesetz von 1951, da es sich um eine stahlproduzierende GmbH (Kapitalgesellschaft) handelt
Unternehmung C	mitbestimmungspflichtig nach dem Mitbestimmungsgesetz von 1976, da es eine Aktiengesellschaft (Kapitalgesellschaft) und kein Unternehmen aus der Stahl- und Bergbaubranche ist
Unternehmung D	mitbestimmungspflichtig nach dem Drittelbeteiligungsgesetz von 2004, da KGaA; die Beschäftigtenanzahl ist jedoch kleiner als 2.000 und es ist kein Unternehmen der Stahl- und Bergbaubranche

Die Größen Eigenkapital, Bilanzsumme, Publizitätspflicht, Umsatz, Gewinn und Grundkapital (nur Bedeutung für die Bestimmung der Kopfzahl im Aufsichtsrat, im Falle des Betriebsverfassungsgesetzes und Montan-Mitbestimmungsgesetzes) sind für die Feststellung, ob und nach welchem Gesetz Mitbestimmung vorliegt, nicht relevant.

Aufgabe 45

Ein **Arbeitsdirektor** muss in den Vorstand berufen werden, wenn eine AG, KGaA, GmbH, Genossenschaft oder ein VVaG unter das Mitbestimmungsgesetz fällt. Der Arbeitsdirektor kann nicht gegen die Stimmen der Arbeitgebervertreter im Aufsichtsrat bestellt werden und ist im Allgemeinen für Sozial- und Personalangelegenheiten zuständig. Die gesetzlichen Grundlagen sind § 33 des Mitbestimmungsgesetzes (MitbestG) von 1976 und § 13 des Montan-Mitbestimmungsgesetzes (MontanMitbestG) von 1951.

Aufgabe 46

Der Vorstand einer AG wird durch den Aufsichtsrat bestellt. Der Vorstand einer KGaA gilt als geborener Vorstand, d.h. er wird von den Komplementären gebildet ohne Mitwirkung der Kommanditaktionäre.

Aufgabe 47

Einer AG oder KGaA müssen 5 % des um einen Verlustvortrag aus dem Vorjahr geminderten Jahresüberschusses den gesetzlichen Rücklagen zugeführt werden, bis die gesetzlichen Rücklagen und die Kapitalrücklagen zusammen 1/10 des Grundkapitals erreichen. Der Vorstand kann über die Hälfte des verbleibenden Betrages verfügen.

Gesetzliche Rücklage:

$$\begin{aligned} G_R &= (\text{Gewinn} - \text{Verlust}) \cdot 0{,}05 \\ &= (350.000 \text{ EUR} - 150.000 \text{ EUR}) \cdot 0{,}05 \\ &= \underline{\underline{10.000 \text{ EUR}}} \end{aligned}$$

Der verbleibende Betrag ist: 190.000 EUR

a) Die maximale Dividende beträgt: $D_{max} = \dfrac{190.000\ EUR}{1.500.000\ EUR} \cdot 100\% = \underline{\underline{12\dfrac{2}{3}\%}}$

b) Schöpft der Vorstand seinen ganzen Spielraum zur Bildung offener Rücklagen aus,

betrage die Dividende: $D_{mim} = \dfrac{1}{2} \cdot \dfrac{190.000\ EUR}{1.500.000\ EUR} \cdot 100\%$

$= \underline{\underline{6\dfrac{1}{3}\%}}$

Aufgabe 48

Ausschüttungsbetrag: $A = \dfrac{2.000.000\ EUR}{50} \cdot 5$

$= \underline{\underline{200.000\ EUR}}$

Aufgabe 49

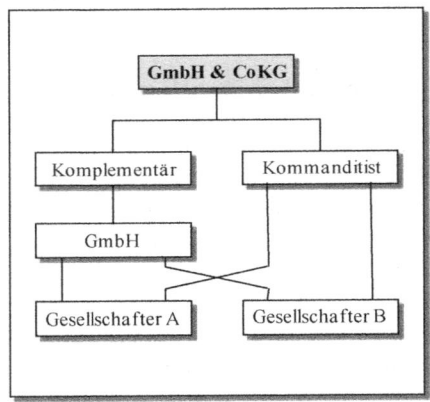 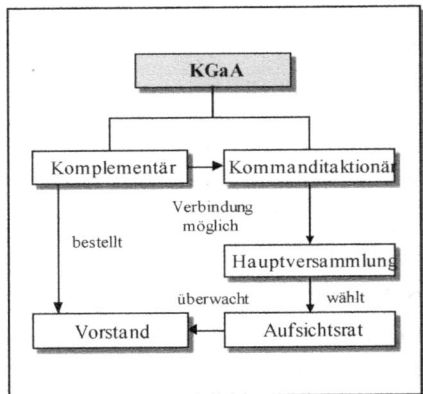

Aufgabe 50

Vorteile einer **GmbH & Co. KG**:

– Risikobeschränkung maximal, wenn die GmbH nur mit dem Mindestkapital haftet

– Erleichterung von Nachfolgeproblemen, Komplementär ist eine juristische Person

– Möglichkeiten der Beeinflussung der Gewinnbesteuerung, Gewinne in die jeweils günstigere Rechtsform verlagern (dies tritt besonders dann ein, wenn der auf die GmbH entfallende Gewinnanteil möglichst gering gehalten wird)

– Personenidentität möglich (Kommanditisten sind zugleich auch GmbH-Gesellschafter)

– Geschäftsführergehälter mindern den steuerpflichtigen Gewinn

Aufgabe 51

a) Formen der **Doppelgesellschaft** sind:
- Besitzpersonen- und Betriebskapitalgesellschaft:
  - Das gesamte Risiko wird auf die Kapitalgesellschaft übertragen.
  - Eine Betriebsgesellschaft kann Rücklagen bilden.
  - Familienmitglieder können in der Betriebsgesellschaft geschäftsführend tätig werden.
  - Die Besitzgesellschaft verpachtet ihre Anlagegegenstände an die Betriebsgesellschaft.
- Produktionspersonen- und Vertriebskapitalgesellschaft:
  - Anlagenverwaltung und Produktion werden von der Personengesellschaft übernommen, wobei die Produkte zu Verrechnungspreisen an die Kapitalgesellschaft verkauft werden.
  - Die Kapitalgesellschaft übernimmt dann die Vertriebsfunktion.

Vorteile	Nachteile und Probleme
- Umgehung neuer Bilanzrichtlinien mit Prüfungspflicht	- Doppelte Aufwendungen für Buchführung und Jahresabschluss
- Rückzug der Familie auf die Vermögensverwaltung	- Sorgfältige Vertragsabstimmung notwendig
- Ertragsmindernde Einbringung des Geschäftsführergehalts	- Anerkennung von Pacht, Mieten, Geschäftsführergehalt durch die Steuerbehörden (verdeckte Gewinnausschüttung)
- Einsatz fachkundiger Fremdmanager	
- Haftungsbeschränkung	

b) Steuerlich ist die Doppelgesellschaft günstiger, wenn z.B. die zurückgehaltenen Gewinne in der Kapitalgesellschaft und die ausgeschütteten Gewinne in der Personengesellschaft entstehen. In diesem Fall entsteht ein steuerlicher Vorteil, durch die bei starker Einkommensteuerprogression niedrigere Körperschaftsteuer.

Aufgabe 52

Die **Genossenschaft** ist eine Gesellschaft mit dem Zweck, den Erwerb oder die Wirtschaft ihrer Mitglieder (Genossen) über einen gemein(-wirt-)schaftlichen Geschäftsbetrieb zu fördern. Arten der Genossenschaften sind:

- Förderungsgenossenschaften,
- Produktivgenossenschaften,
- Kreditgenossenschaften,
- Verkehrsgenossenschaften.

Der Gesellschaftszweck ist nicht Gewinnerzielung, sondern die Selbsthilfe der Genossen durch gegenseitige Förderung.

Aufgabe 53

Die Mitglieder eines **Versicherungsvereins auf Gegenseitigkeit** VVaG haben keinen Anspruch auf eine Dividende. Ein entstandener Gewinn darf nicht verteilt werden, sondern wird für eine Beitragsrückerstattung oder eine Verstärkung der Eigenkapitaldecke verwendet.

Aufgabe 54

Bei einem Wechsel innerhalb einer Rechtsgruppe oder von einer Personengesellschaft in eine Kapitalgesellschaft steht der Unternehmung laut Umwandlungssteuergesetz ein Wahlrecht bei der Beurteilung der stillen Reserven zu (Buch-, Teil- oder Zwischenwert). Bei einem Wechsel von einer Kapitalgesellschaft in eine Personengesellschaft müssen die stillen Reserven aufgedeckt und versteuert werden.

Aufgabe 55

Management-Buy-Out ist eine Form des Unternehmenskaufes, bei der das existierende Management die Mehrheit der Unternehmensanteile übernimmt und somit zum Eigentümer wird. Die Managementanteile sind überwiegend fremdfinanziert, so dass die Verschuldung des Unternehmens steigt. Eine vollständige Übernahme (100 % der Anteile) ist äußerst selten, da es den übernehmenden Managern oft an den für die Kapitalbeschaffung nötigen Eigenmitteln fehlt.

Der Zusammenschluss von Unternehmen

Aufgabe 56

a) Die **Kooperation** ist gekennzeichnet durch eine freiwillige Zusammenarbeit von rechtlich selbstständigen Unternehmen, deren wirtschaftliche Selbständigkeit in den nicht der vertraglichen Zusammenarbeit unterworfenen Bereichen erhalten bleibt. Lediglich die wirtschaftliche Dispositionsfreiheit wird eingeschränkt.

Das Merkmal einer **Konzentration** ist der Verlust der wirtschaftlichen Selbständigkeit mindestens eines der teilnehmenden Unternehmen und im Extremfall auch der Verlust der rechtlichen Selbstständigkeit (Fusion).

b) Unternehmenszusammenschlüsse lassen sich klassifizieren:
- nach der **Produktionsstufe**
  - horizontal (gleiche Produktions- oder Handelsstufe)
  - vertikal (vor- oder nachgelagerte Stufe)
  - diagonal (zwischen verschiedenen Branchen)
- nach der **Dauer**
  - unbefristet
  - befristet (projektbezogen)
- nach der **Selbstständigkeit**
  - rechtlich (unveränderte Rechtsform)
  - wirtschaftlich (unabhängiges unternehmerisches Entscheiden)

Aufgabe 57

Wichtige Motive für den Zusammenschluss von Unternehmen sind:

- Erhöhung der Wirtschaftlichkeit
- Verbesserung der Produktionsverhältnisse
- Stärkung der Wettbewerbsfähigkeit
- Risikoverteilung und -minderung
- Bildung von Organisationen
- Steuerliche Vergünstigungen

Ein **Synergieeffekt** bedeutet, dass das Gesamtergebnis größer ist als die Summe der Teilergebnisse.

Synergieeffekt:	$1 + 1 > 2$
Entropieeffekt:	$1 + 1 < 2$
Unabhängigkeit:	$1 + 1 = 2$

Bei den Zusammenschlüssen gilt es, potenzielle Synergieeffekte (z.B. kostengünstigere Produktion infolge größerer Produktionsserien, günstigere Rabatte beim Einkauf) zu erkennen und zu nutzen.

Aufgabe 58

Kooperationsformen	Konzentrationsformen

1. Kammern und Verbände:
• Wirtschaftsfachverbände
• Arbeitgeberverbände
• Kammern
2. Gelegenheitsgesellschaften:
• Arbeitsgemeinschaften
• Konsortien
3. Dauergesellschaften
4. Kartelle
5. Interessengemeinschaften
6. Netzwerke
• Gemeinschaftsunternehmen
• Franchising
• Subunternehmerschaft
• Virtuelle Unternehmen
	1. Verbundene Unternehmen
	• in Mehrheitsbesitz stehende und mit Mehrheit beteiligte Unternehmen
	• abhängige und herrschende Unternehmen
	• Konzernunternehmen:
	  – Unterordnungskonzern
	  – Gleichordnungskonzern
	• wechselseitige Beteiligung
	• Unternehmensverträge
	2. Fusion
	• Fusion durch Neubildung
	• Fusion durch Neuaufnahme

Aufgabe 59

Es handelt sich in beiden Fällen um einen vertikalen Zusammenschluss.
- **backward integration**: Zusammenschluss mit einer der Produktion vorgelagerten Stufe, Sicherung der Rohstoffversorgung
- **forward integration**: Zusammenschluss mit einer der Produktion nachgelagerten Stufe, Sicherung des Absatzes

Aufgabe 60

Motive für **diagonale Unternehmenszusammenschlüsse** sind:
- optimale Risikoverteilung,
- Sicherung des Wachstums,
- Wahrnehmung zusätzlicher Gewinnchancen auf neuen Märkten.

Aufgabe 61

Auswirkungen der Konzentration auf den Verbraucher:
- **Vorteil:** Bei kostengünstiger Fertigung durch die Konzentration entstehen für den Verbraucher niedrigere Preise.
- **Nachteil:** Kommt es durch die Konzentration zu einer stärkeren Marktstellung, verringert sich die Wahlmöglichkeit des Verbrauchers und die Preise können steigen.

Aufgabe 62

Bedeutende Wirtschaftsverbände sind:

1. Wirtschaftsfachverbände

Vereinigungen von Unternehmen bestimmter Wirtschaftszweige oder Regionen, z.B.
- Hauptgemeinschaft des Deutschen Einzelhandels
- Gesamtverband des Deutschen Groß- und Außenhandels
- Bundesverband der Deutschen Industrie (BDI)
- Bundesverband des privaten Bankgewerbes

2. Arbeitgeberverbände

Vereinigung von Unternehmen bestimmter Branchen als Gegenpol zu Arbeitnehmerorganisationen
- Spitzenverband: Deutscher Arbeitgeberverband BDA
- Einzelarbeitgeberverbände, wie z.B. Gesamtmetall

3. Wirtschaftskammern

Öffentlich-rechtliche Körperschaften zur Förderung und Interessenvertretung der in einem bestimmten Gebiet ansässigen Unternehmen. Für den Bereich der gewerblichen Wirtschaft sind die Industrie- und Handelskammern (IHK) und für den Handwerksbereich die Handwerkskammern von Bedeutung. Zu den Spitzenverbänden zählen:
- Deutscher Industrie- und Handelstag (DIHK)
- Deutscher Handwerkskammertag, Zentralverband des Deutschen Handwerks (ZDH)

Aufgabe 63

Zu unterscheiden sind:
- Echte Arbeitsgemeinschaft (reine Außengesellschaft):
  Es existieren nur Rechtsbeziehungen zwischen dem Auftraggeber und der Arbeitsgemeinschaft und nicht mit den beteiligten Unternehmen.
- Unechte Arbeitsgemeinschaft (Innengesellschaft):
  Es existieren direkte Rechtsbeziehungen zwischen dem Auftraggeber und den beteiligten Unternehmen.

Aufgabe 64

Konsortien gehören zur Kooperationsform der Gelegenheitsgesellschaften. Wichtige Beispiele für Konsortien sind:

| - Emissionskonsortien | - Kreditkonsortien | - Garantiekonsortien |

Aufgabe 65

Eine Form der Zusammenarbeit, die vor allem bei größeren Unternehmen auf breiten Zuspruch stößt, ist die **strategische Allianz**. Die Unternehmen kooperieren vor allem auf den Gebieten, auf welchen ein Unternehmen allein nur begrenzte Möglichkeiten hätte (insbesondere finanziell). Oberstes Ziel der strategischen Allianzen ist eine verbesserte Positionierung der beteiligten Unternehmen auf einem immer härter werdenden Weltmarkt. Strategische Allianzen ermöglichen es den Unternehmen, wichtige Vorhaben zu realisieren, die für ein einzelnes Unternehmen nicht durchführbar wären. Eine mögliche Einschränkung des freien Wettbewerbs, als Folge der Unternehmenskooperation, ist allerdings ein gewichtiges Argument gegen die Errichtung strategischer Allianzen.

Aufgabe 66

Unter **Netzwerken** im betriebswirtschaftlichen Sinne (es gibt auch EDV-Netzwerke) versteht man die Bildung von Kooperationsgemeinschaften, die im gegenseitigen Nutzen zusammenarbeiten. Ein klassisches Beispiel dafür ist die Netzwerkbildung der japanischen Automobilindustrie mit vielen kleinen Familienunternehmen als Zulieferer von Autoteilen.

Im Zuge der Umstrukturierung in vielen Unternehmen und der Besinnung auf das Hauptgeschäft werden indirekte Unternehmensbereiche (z.B. EDV, Vertrieb, Marketing) ausgelagert und an, auf dem Markt zur Verfügung stehende Dienstleistungsanbieter, abgegeben. Zwischen dem Unternehmen und den Dienstleistern wird ein Kooperationsvertrag geschlossen, wodurch dann solch ein Netzwerk entsteht.

Aufgabe 67

Bei einem **Joint Venture** wird gemeinsam ein Unternehmen gegründet, das Aufgaben im gemeinsamen Interesse der beteiligten Unternehmen durchführt. Im Gegensatz zu einer Gelegenheitsgesellschaft ist diese Form der Zusammenarbeit dauerhaft.

Aufgabe 68

Bei der **OPEC** (Organization of Petroleum Exporting Countries) erfolgt eine Aufteilung der Fördermengen auf die Kartellmitglieder. Ziel ist es, die gesamte Angebotsmenge niedrig zu halten und damit überhöhte Mindestpreise zu sichern. Dies bedeutet jedoch eine geringere Auslastung der Kapazitäten sowie die Gefahr von Außenseitern und Schwarzverkäufen von Kartellmitgliedern. Bei Öl handelt es sich um ein homogenes Produkt, das kurzfristig nicht substituierbar ist. Die Preiserhöhung macht jedoch andere Fördergebiete rentabel, wie z.B. das Nordseeöl.

Aufgabe 69

a) In wirtschaftlichen Situationen einer Branche (auch einer Unternehmung), in denen die Produktionskapazitäten die Nachfrage erheblich übersteigen, sind die Hersteller gezwungen, Überkapazitäten abzubauen, um ihre Existenz zu sichern. Derartige Strukturkrisen können die betroffenen Unternehmen dazu veranlassen, ein Strukturkrisenkartell zu bilden, das die Aufgabe hat, den ruinösen Wettbewerb zwischen den Mitgliedern zu beenden. Daher sind solche Absprachen vom generellen Kartellverbot ausgenommen, sind aber meldepflichtig und müssen vom Bundeskartellamt genehmigt werden, um eine Beeinträchtigung des Wettbewerbs zu verhindern.

b) Spricht sich das Bundeskartellamt gegen das Strukturkrisenkartell aus, besteht die Möglichkeit, dagegen zunächst beim Kammergericht in Berlin und danach beim Bundesgerichtshof Klage zu erheben.

Unabhängig davon ist der Bundesminister für Wirtschaft dazu befugt, jedes Kartell, also auch ein Strukturkrisenkartell, zu genehmigen (Ermessensentscheidung: sogenanntes Ministerkartell). Rechtsgrundlage sind die Sonderkartelle nach § 8 GWb.

Aufgabe 70

Die Zielsetzung der **Kartellbildung** ist die Steigerung der Rentabilität durch Wettbewerbsbeschränkung. Dagegen ist die Zielsetzung der Interessengemeinschaft eine Steigerung der Rentabilität durch gemeinsame Durchführung bisher getrennt wahrgenommener Aufgaben (Forschung und Entwicklung, Rationalisierung).

Aufgabe 71

Mindestens ein teilnehmendes Unternehmen muss eine inländische AG oder KGaA sein, die ihren Gewinn ganz oder teilweise mit einem anderen Unternehmen zusammenlegt.

Aufgabe 72

Die Subunternehmerschaft beinhaltet eine Ausgliederung von unternehmerischen Teilaufgaben und deren Übertragung an rechtlich selbstständige Unternehmen. Im Vordergrund stehen hierbei eine Verringerung der Kosten und eine Steigerung der Flexibilität. Die Subunternehmer erbringen gemäß langfristiger Verträge die Leistungen entsprechend den Vorgaben und Spezifikationen des Abnehmers.

Ein virtuelles Unternehmen ist eine Netzwerkorganisation, deren Mitglieder gemeinsam eine wirtschaftliche Leistung in Form eines Produktes oder einer Dienstleistung erbringen und die gegenüber Dritten wie ein eigenständiges Unternehmen auftreten.

Die Besonderheit eines virtuellen Unternehmens ist es, dass ihr wesentliches physisches Merkmal, die hierarchische Struktur, und somit auch die Instanz der obersten Unternehmensführung fehlt.

Aufgabe 73

Kapitalmäßig bedeutsame Verflechtungen sind:

Stimmenanteil	Art der Beteiligung
0% bis 25%	Minderheitsbeteiligung
25% (+ eine Stimme) bis 50%	Sperrminorität
50% (+ eine Stimme) bis < 75%	Mehrheitsbeteiligung
75% bis < 95%	Dreiviertelmehrheitsbeteiligung
Ab 95%	Eingliederungsbeteiligung

Aufgabe 74

a) Ein Unternehmen hält die Mehrheit der Stimmrechte und/oder Kapitalanteile eines anderen Unternehmens.

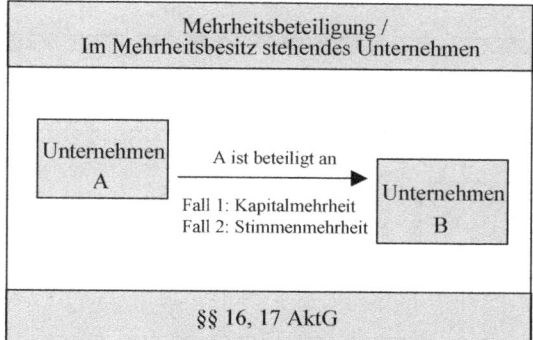

b) Kapitalanteil und Stimmenanteil unterscheiden sich in der Ausgabe von Vorzugsaktien.

- Kapitalanteil: $K_{Anteil} = $ Stammaktien + Vorzugsaktien $= \underline{\underline{55\%}}$

- Stimmrecht: $S_{Recht} = \dfrac{\text{Stammaktien} \cdot 100\%}{100 - \text{Vorzugsaktien}} = \dfrac{35 \cdot 100\%}{100 - 20} = \underline{\underline{43{,}75\%}}$

Es liegt eine Mehrheitsbeteiligung vor, da eine Kapitalmehrheit ausreichend ist.

Aufgabe 75

Abhängige Unternehmen sind rechtlich selbstständige Unternehmen, auf die ein anderes (herrschendes) Unternehmen unmittelbar oder mittelbar einen beherrschenden Einfluss ausüben kann.

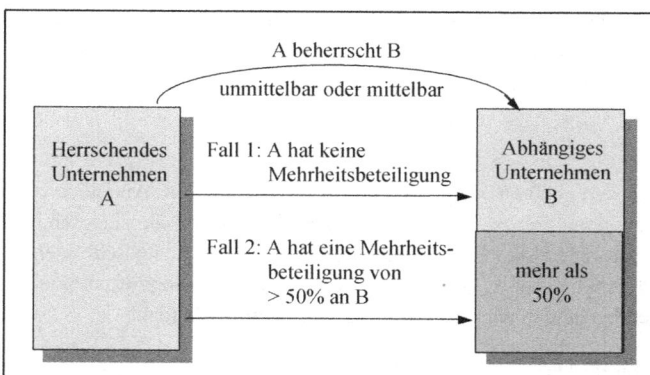

Aufgabe 76

Laut Aktiengesetz besteht die Vermutung, dass ein abhängiges Unternehmen mit dem herrschenden Unternehmen einen Konzern bildet. Außer in den Fällen, in denen ein Beherrschungsvertrag oder eine Eingliederung vorliegt, kann diese Vermutung widerlegt werden (Abhängigkeit, aber keine einheitliche Leitung).

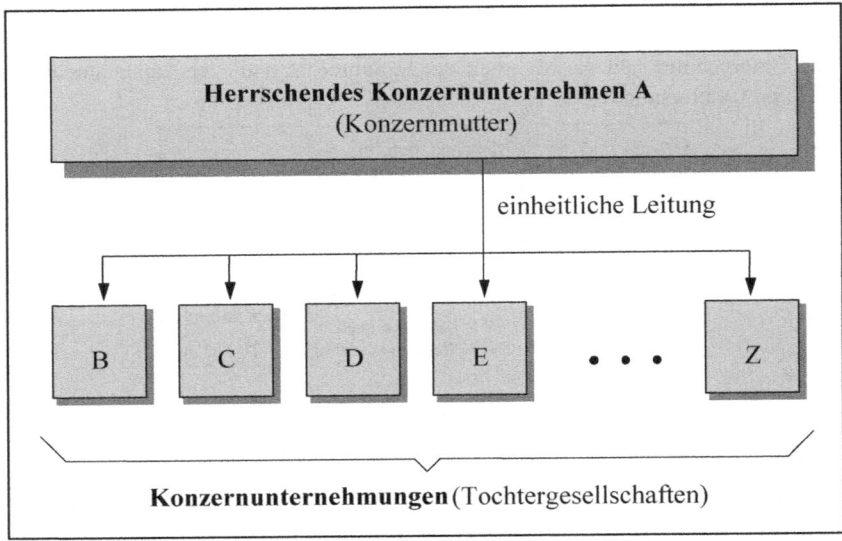

Aufgabe 77

a) Ein **Unterordnungskonzern** (faktischer oder Vertragskonzern) entsteht, wenn sich ein oder mehrere abhängige Unternehmen der einheitlichen Leitung des herrschenden Unternehmens unterordnen.

Ein Gleichordnungskonzern ist der Zusammenschluss von rechtlich selbstständigen Unternehmen unter einer einheitlichen Leitung, ohne dass ein Abhängigkeitsverhältnis besteht.

b) Ein **Vertragskonzern** beruht auf einem Beherrschungsvertrag, der die einheitliche Leitung auf das herrschende Unternehmen überträgt. Es liegt ein faktischer Konzern vor, wenn die Übertragung der einheitlichen Leitung auf das herrschende Unternehmen aus einer tatsächlichen Beherrschung (Kapital- und Stimmenmehrheit) erfolgt.

Aufgabe 78

Eine **Holding** wird gebildet, wenn mehrere Gesellschaften ihre Anteile in eine neu gegründete Gesellschaft einbringen, die als Dachgesellschaft für die angeschlossenen Gesellschaften fungiert. Die Holding hat lediglich die Aufgabe, die angeschlossenen Gesellschaften zu verwalten, ohne selbst Produktions- und Handelsaufgaben wahrzunehmen. Es lassen sich die folgenden beiden wichtigen Ausprägungen unterscheiden:

– **Finanzholding:** Die Holding nimmt ausschließlich Finanzierungs- und Administrationsaufgaben wahr und hält dazu die Beteiligung an den angeschlossenen Gesellschaften.

– **Management-Holding:** Die Management-Holding ist eine Weiterentwicklung der Spartenorganisation. Sie nimmt Einfluss auf die Geschäftspolitik und die strategische Führung und Koordination der angeschlossenen Gesellschaften. Häufig werden die Gesellschaften auch durch die Holding nach außen vertreten (einheitliche Öffentlichkeitsarbeit / Public Relations).

Aufgabe 79

Organschaft bedeutet, dass ein abhängiges Unternehmen finanziell, wirtschaftlich und organisatorisch derart in ein herrschendes Unternehmen eingegliedert ist, dass es wirtschaftlich betrachtet lediglich einen Teilbetrieb des übergeordneten Unternehmens bildet.

Wirkung auf die Besteuerung:

– bei der Körperschaftsteuer werden die Gewinne aller Organgesellschaften zusammengerechnet (ein sofortiger Verlustausgleich ist möglich)
– bei der Gewerbesteuer erfolgt eine Zusammenfassung der Gewerbeerträge und Gewerbekapitalien unter Eliminierung der Doppelerfassung
– bei der Umsatzsteuer ist nur eine Anmeldung anzugeben und für Innenumsätze ist keine Umsatzsteuer fällig

Aufgabe 80

Inländische Unternehmen (AG, bergrechtliche Gewerkschaft) sind dadurch verbunden, dass jedem Unternehmen mindestens 25 % der Anteile des anderen Unternehmens gehören. Kritikpunkte sind:

– Eine wechselseitige Beteiligung zwischen zwei Kapitalgesellschaften gefährdet die Aufbringung, Erhaltung und den richtigen Ausweis des Grundkapitals.
– Sie kommt im Ergebnis einer Rückgewähr von Einlagen gleich (verboten nach dem Aktiengesetz).
– Bei einer Ausübung des Stimmrechts kommt es zu einer Herrschaft der Verwaltung (widerspricht den Grundsätzen des Gesellschaftsrechts).

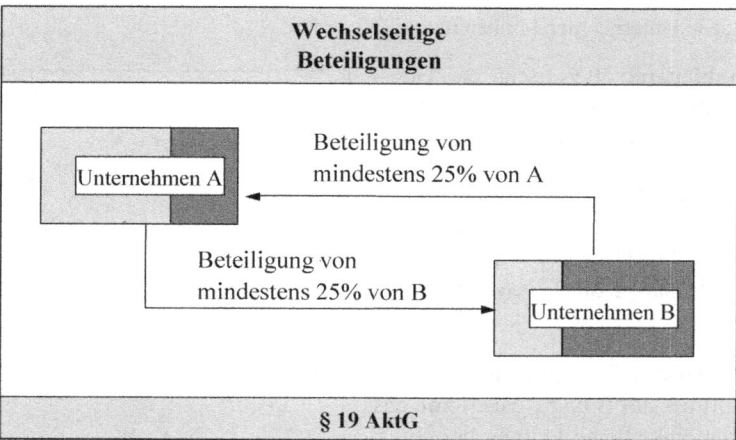

Aufgabe 81

a) **Beherrschungsvertrag:** Eine Gesellschaft (AG oder KGaA) unterstellt sich der Leitung eines anderen Unternehmens.

b) **Gewinnabführungsvertrag:** Eine Gesellschaft (AG oder KGaA) verpflichtet sich, ihren ganzen Gewinn an eine andere Gesellschaft abzuführen.

Aufgabe 82

Das **Kartellamt** muss den Zusammenschluss untersagen, wenn durch den Zusammenschluss eine marktbeherrschende Stellung entsteht oder verstärkt wird. Richtlinien dafür sind:

- Die beteiligten Unternehmen sind keinem Wettbewerb ausgesetzt.
- Der Marktanteil eines Unternehmens beträgt 33 % (außer Umsatz < 125 Mio. €).
- Drei oder weniger Unternehmen haben einen Marktanteil von 50 % und das Unternehmen gehört dazu.
- Fünf oder weniger Unternehmen haben einen Marktanteil von 66 % und das Unternehmen gehört dazu.

Aufgabe 83

Durch die Beteiligung an einem Unternehmen erhalten die Banken Einblick in dessen Geschäftsinterna. Sind sie an mehreren, in Konkurrenz zueinander stehenden, Unternehmen beteiligt, können die Informationen, die ihnen zugänglich sind, dazu missbraucht werden, den Wettbewerb zu verzerren und ein abgestimmtes Verhalten der Unternehmen zu begünstigen. Zudem wächst der Einfluss der Banken auf die Unternehmensentscheidungen auf ein beträchtliches Maß, da sie die Stimmrechte für die Aktien ihrer Kunden ausüben (Vollmachtsstimmrechte), ohne selbst das Kapitalrisiko zu tragen.

Aufgabe 84

Verbundene Unternehmen können unterteilt werden:

1. **multilateral:** Beherrscht die Gesellschaft A die Gesellschaft B und C und übt A eine einheitliche Leitung aus, so sind B und C nicht nur im Verhältnis zu A verbundene Unternehmen, sondern auch untereinander, auch wenn zwischen B und C weder vertragliche noch kapitalmäßige Bindungen bestehen.

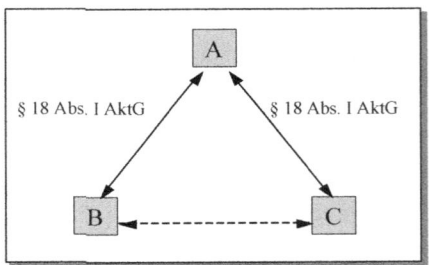

2. **bilateral:** Übt A einen herrschenden Einfluss auf B und C aus, **ohne** dass eine einheitliche Leitung besteht, so sind wiederum A und B sowie A und C im Verhältnis zueinander verbundene Unternehmen. Dies gilt aber nicht für B und C, die keine verbundenen Unternehmen sind.

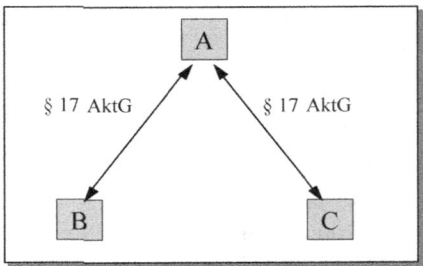

3. Man spricht aber auch dann von verbundenen Unternehmen, wenn ein Unternehmen an einem anderen Unternehmen eine **Mehrheitsbeteiligung** hat (§ 16 AktG). Daher sind A und C verbundene Unternehmen. Die Gesellschaft A ist anteilig nur mit 25 % an der Gesellschaft B beteiligt.

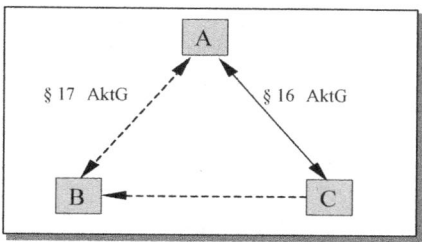

Somit ist aus erster Sicht keine Mehrheitsbeteiligung vorhanden und es kann von „verbundenen Unternehmen" keine Rede sein. Im § 17 AktG wird der Begriff dahingehend ausgedehnt, dass ein Unternehmen auf ein anderes **mittelbar** oder unmittelbar herrschenden Einfluss ausüben kann.

Die Gesellschaft A, welche mit 55 % an der Gesellschaft C beteiligt ist - diese wiederum besitzt 40 % Anteile am Unternehmen B - hat eine Kontrolle von 65 % über Gesellschaft B. Unter diesem Aspekt sind dennoch auch A und B „verbundene Unternehmen".

Aufgabe 85

Eine **Fusion** ist der vollständige Zusammenschluss von mindestens zwei Unternehmen, mit dem Verlust der wirtschaftlichen und rechtlichen Selbstständigkeit bei mindestens einem der beteiligten Unternehmen.

Zu unterscheiden sind:

> **Fusion durch Neubildung:** Dabei wird ein neues Unternehmen (AG) gegründet, auf welches das Vermögen der sich vereinigenden Gesellschaften als Ganzes übertragen wird.
>
> **Fusion durch Aufnahme:** Die übertragende Gesellschaft veräußert das Gesellschaftsvermögen als Ganzes an die übernehmende Gesellschaft, die dafür als Gegenleistung Aktien gewährt.

Wollen Unternehmen fusionieren, müssen sie das UmwG beachten. Weiterhin gelten die Regelungen der §§ 15-22, 291-297 AktG.

Exkurs:

Fusionen finden nicht nur national, sondern auch immer mehr multinational statt. Spektakulär war die Firmenfusion des Daimler-Benz-Konzerns mit dem US-Autohersteller Chrysler. Im Jahre 2004 wurde die Firmenfusion rückgängig gemacht, da sich die gesteckten Ziele nicht realisieren ließen. Eine weitere spektakuläre Fusion war die Übernahme von Mannesmann durch Vodafone. Zahlreiche Übernahmen haben auch im Finanzsektor stattgefunden, wie z.B. die Übernahme der Dresdner Bank durch die Allianz. Später hat die Allianz jedoch die Dresdner Bank wieder abgegeben, die dann von der Commerzbank übernommen wurde. Außerdem hat die Deutsche Bank AG die Berliner Bank AG und die Postbank AG übernommen. Besonderes Interesse in der Öffentlichkeit fand auch die Übernahme der Porsche AG durch den VW-Konzern.

Lösungen zu den Testfragen

Nr.	Lösung	Nr.	Lösung	Nr.	Lösung	Nr.	Lösung
1.	b, e	13.	a, b, d	25.	b	37.	c
2.	c, d, e	14.	c, d, e	26.	c	38.	a, b, c
3.	b, c	15.	b	27.	a, b, c, d	39.	a
4.	a, d, e	16.	a, c, d	28.	a, d, e	40.	b, c
5.	b, c	17.	a, d	29.	a, d	41.	a, d
6.	a, b, d	18.	a, d, e	30.	a, c	42.	b
7.	a, b	19.	b, d	31.	b, c	43.	a, c, d
8.	b, d	20.	a, b, d, e	32.	c	44.	c
9.	b, e	21.	a, b, d, e	33.	a, b	45.	b, d
10.	c, d	22.	b, c, d, f	34.	c, d, e, f, h		
11.	c, d, e	23.	b, c, d, e	35.	a, c, d		
12.	a, b	24.	b, d	36.	a, b, e		

Kapitel C

Unternehmensführung und Organisation

Aufgaben

Unternehmensführung

Aufgabe 1

a) Wer gilt als geistiger Vater der wissenschaftlichen Unternehmensführung und was waren das Hauptziel und die Hauptmerkmale seines Führungsansatzes?

b) Welchen Stellenwert nimmt im Rahmen des Taylorismus die Arbeitsanalyse ein?

Aufgabe 2

Die Human-Relations-Bewegung zählt zu den wichtigen Vorläufern der modernen Unternehmensführung.

a) Was versteht man unter dem Human-Relations-Modell?

b) Geben Sie die nach der Human-Relations-Bewegung wichtigste Voraussetzung für eine hohe Produktivität an!

c) Nennen Sie Hauptkritikpunkte an den Erkenntnissen der Human-Relations-Bewegung!

Aufgabe 3

a) Beschreiben Sie die Aufgabe der Unternehmensführung nach Gutenberg!

b) Wodurch sind Führungsentscheidungen gekennzeichnet? Schildern Sie die Merkmale und geben Sie Beispiele an!

Aufgabe 4

a) Was ist unter „Unternehmenskultur" zu verstehen und welche Ziele sind mit der Schaffung einer Unternehmenskultur verbunden?

b) Geben Sie Voraussetzungen für deren Formulierung, vor allem personalpolitisch, an!

Aufgabe 5

Nennen Sie wesentliche Fragen über ein Unternehmen, die mit Hilfe des Unternehmensleitbildes beantwortet werden können!

Aufgabe 6

Was sagt das „Prinzip der strategischen Unternehmensführung" aus?

Aufgabe 7

Erklären Sie den Unterschied zwischen „Eigentümer-Unternehmen" und „Geschäftsführer-Unternehmen"! Nennen Sie ein Beispiel für ein Geschäftsführer-Unternehmen!

Aufgabe 8

a) Zählen Sie die wichtigsten Zielarten auf und geben Sie zu jeder Zielart ein Beispiel an!

b) Welches besondere Problem entsteht bei der Erstellung von Zielbündeln und welche Lösungsansätze gibt es?

Aufgabe 9

a) Charakterisieren Sie die Aufgabe der Planung!
b) Werden bei der Planung Entscheidungen getroffen?

Aufgabe 10

Zählen Sie die einzelnen Planungsarten sortiert nach ihren Unterteilungsgesichtspunkten auf!

Aufgabe 11

Erläutern Sie einige wichtige Instrumente der strategischen Planung!

Aufgabe 12

Worin besteht die Funktionsweise der operativen Planung?

Aufgabe 13

Beschreiben Sie die Merkmale der progressiven Planung und nennen Sie Vor- und Nachteile dieser Planungsmethode!

Aufgabe 14

Stellen Sie dar, wie eine Entscheidung entsteht!

Aufgabe 15

Welcher Sachverhalt wird durch die Anspruchsanpassungstheorie beschrieben?

Aufgabe 16

Worin besteht der Unterschied zwischen einem vollkommenen und einem unvollkommenen Informationssystem und was bedeutet das Vorhandensein des entsprechenden Systems für die Entscheidung?

Aufgabe 17

Nehmen Sie Stellung zu der Aussage: Ein wachsendes Einkommen verschafft einem risikofreudigen Entscheider einen überproportionalen Nutzenzuwachs.

Aufgabe 18

a) Definieren Sie die Begriffe Risikoscheu, Risikoneutralität und Risikofreude!
b) Ein Entscheider hat folgende Nutzenfunktion: $N = 0,1 \cdot G^2$, wobei N den Nutzen und G den Gewinn darstellt.

Er steht folgenden Gewinnerwartungen gegenüber:

Alternativen	U_1 (70%)	U_2 (30%)
A_1	50	100
A_2	30	120

A = Entscheidungsalternative
U = Umweltentwicklung mit Eintrittswahrscheinlichkeit

- Welche Risikoeinstellung hat der Entscheider und welche Entscheidung wird er für einen maximalen Nutzen treffen?
- Wie hätte sich dagegen ein neutraler Entscheider verhalten?

Aufgabe 19

Der in Wernigerode ansässige Pensionär Werner W. besitzt einen Imbisswagen. Sein täglicher Umsatz ist stark von den Wetterbedingungen abhängig. Bei schönem Wetter nimmt er auf dem Brocken 3.000 EUR, auf dem Marktplatz in Wernigerode dagegen täglich nur 1.800 EUR ein. Bei schlechtem Wetter betragen seine täglichen Einnahmen auf dem Brocken 600 EUR, auf dem Marktplatz 1.100 EUR. Leider muss er sich schon am Vorabend entscheiden, ob er zum Brocken fährt oder nicht, da er für diese Fahrt einen Transporter mieten müsste. Statistisch betrachtet ist zur betreffenden Jahreszeit an 60 % der Tage das Wetter schön und an 40 % schlecht.

a) Wie lautet die Entscheidungsmatrix für Werner W., wenn die Einnahmen gleich dem Nutzen sind?

b) Wie wird sich Werner W. entscheiden, wenn er den Erwartungswert maximiert?

c) Werner W. hat einen rheumakranken Bekannten, der das Wetter mit 100%iger Sicherheit vorhersagen kann. Für seine Wettervorhersage verlangt der Mann allerdings ein festes Entgelt. Welchen Betrag darf Werner W. unter ökonomischen Gesichtspunkten maximal für eine Wettervorhersage durch seinen Bekannten ausgeben?

Aufgabe 20

Der FC Bitterfeld steht auf einem Abstiegsplatz. Wenn er die noch ausstehende letzte Begegnung gegen Borussia Delmenhorst verliert, steigt er in die 2. Liga ab. Dadurch werden Einnahmeverluste von 1.000.000 EUR befürchtet. Ob Bitterfeld verliert, hängt in der derzeitigen Mannschaft ausschließlich davon ab, ob der Borussia-Trainer T den Stürmer B ins Spiel schickt oder für das folgende Pokalspiel schont. Der FC-Vorstand schätzt die Wahrscheinlichkeit dafür, dass T den B einsetzen will, 40:60 ein. Man könnte nun dem Borussia-Trainer diskret 150.000 EUR zukommen lassen; er würde dann den B sicher nicht einsetzen.

a) Skizzieren Sie für diese Entscheidungssituation die Ergebnismatrix und geben Sie an, welche Alternativen sich für den FC-Vorstand ergeben und wie die Umweltsituationen sind!

b) Wie würde sich der Vorstand entscheiden, wenn moralische Beweggründe nicht berücksichtigt werden?

Aufgabe 21

Gegeben sei folgende Entscheidungsmatrix:

Alternative	Umweltsituation		
	U_1	U_2	U_3
A_1	6	5	3
A_2	1	6	4
A_3	1	6	3
A_4	8	5	3
A_5	8	4	2

a) Reduzieren Sie die Menge der Alternativen nach dem Dominanzprinzip!

b) Ermitteln Sie aus der noch verbleibenden Teilmenge der Alternativen nach dem Maximin-Kriterium (Wald-Regel) die optimale Alternative!

Aufgabe 22

Die Unternehmensführung einer Automobilfabrik hat sich für eine der folgenden Strategien der Unternehmung zu entscheiden:

- A_1: Herstellung von Kleinwagen bis zu 1.400 ccm
- A_2: Herstellung von Mittelklassewagen über 1.400 ccm bis 2.000 ccm
- A_3: Herstellung von Pkw über 2.000 ccm

Diesen Strategien stehen drei möglicherweise in Frage kommende Strategien der Umwelt gegenüber. Und zwar kann alternativ mit folgenden Möglichkeiten gerechnet werden:

- U_1: Stetiges Wachstum bei gleichbleibender Angebotsstruktur;
- U_2: Verlangsamung des wirtschaftlichen Wachstums auf Grund einer Rezession;
- U_3: Stetiges wirtschaftliches Wachstum bei allerdings gleichzeitiger Verschärfung des Konkurrenzkampfes.

Je nach vorliegender Datenkonstellation wird mit folgenden durchschnittlichen Jahresgewinnzahlen (in 100 TEUR) gerechnet:

Strategie der Unternehmen	Gewinn bei erwarteter Datenkonstellation		
	U_1	U_2	U_3
A_1: Kleinwagen bis 1.400 ccm	52	70	60
A_2: Wagen über 1.400 ccm	100	25	50
A_3: Pkw über 2.000 ccm	75	50	80

Für die einzelnen Umweltzustände können folgende Wahrscheinlichkeiten angenommen werden:

U_1: 20 % U_2: 60 % U_3: 20 %

a) Welche Strategie wird die Unternehmensführung wählen, wenn sie sich nach dem Erwartungswertprinzip (Bayes-Regel) richtet? Beschreiben Sie das Prinzip und beurteilen Sie dann das Ergebnis im Hinblick auf seine Anwendung im betrieblichen Bereich!

b) Wie lautet die Entscheidung unter Zugrundelegung der Maximin-Regel? Stellen Sie die Vorgehensweise nach dieser Regel dar! Welche Handlungsmöglichkeit ist nach dieser Regel zu wählen?

c) Die Entscheidung soll nach der Maximax-Regel getroffen werden. Skizzieren Sie das Prinzip und prüfen Sie anschließend das Ergebnis!

d) Mit Hilfe der Pessimismus-Optimismus-Regel (Hurwicz-Regel) und einem Pessimismus-Optimismus-Faktor $\alpha = 0{,}7$ soll eine Entscheidung getroffen werden. Erläutern Sie das Prinzip und beurteilen Sie das Ergebnis!

e) Die Entscheidung soll mittels der Savage-Niehans-Regel getroffen werden. Beschreiben Sie das Prinzip und werten Sie das Ergebnis!

f) Welche Unterstellung macht die Laplace-Regel im Hinblick auf die Wahrscheinlichkeit des Eintretens bestimmter Umweltzustände? Welche Handlungsmöglichkeit ist nach dieser Regel zu wählen? Beurteilen Sie diese Entscheidungsregel!

Aufgabe 23

a) Welche Aufgabe hat die Kontrolle?

b) Kennzeichnen Sie den Unterschied zwischen Kontrolle und Revision!

Aufgabe 24

Worin besteht der Unterschied zwischen kontrollierbaren und nichtkontrollierbaren Abweichungsursachen?

Aufgabe 25

Wie kann die Kontrolle eine Verhaltensbeeinflussung der Mitarbeiter bewirken? Was können Sie kritisch zu dieser Art Verhaltensbeeinflussung anmerken?

Aufgabe 26

Welche Bedeutung hat die Feedforward-Kontrolle beim kybernetischen Regelkreis? Nennen Sie einige Beispiele für Feedforward-Kontrollen!

Aufgabe 27

Was versteht man unter Informationsmanagement?

Aufgabe 28

Die Komplexität von Informationen in den Unternehmen steigt stetig an. Daher wird der Bedarf an unterstützenden Informations- und Kommunikationssystemen (IuK) immer größer. Beschreiben Sie kurz wie der Informationsfluss einer Unternehmung anhand der Organisationsstruktur gegliedert werden kann!

Aufgabe 29

Man unterscheidet zwischen analytischen Systemen und operativen Systemen. Welche Aufgaben haben diese?

Erläutern Sie in diesem Zusammenhang die Begriffe ERP-Systeme und Data-Warehouse!

Aufgabe 30

Welche Vorteile hat der Einsatz des Internets für Unternehmen?

Aufgabe 31

B2B und B2C sind die wichtigsten Typen des E-Commerce. Erläutern Sie die wesentlichen Unterschiede!

Aufgabe 32

Verdeutlichen Sie, was man unter einem Führungsstil versteht!

Aufgabe 33

Wodurch unterscheiden sich aufgaben- und personenbezogene Führungsstile?

Aufgabe 34

Unterscheiden Sie zwischen dem autoritären und dem kooperativen Führungsstil! Ergänzen Sie hierzu das folgende Schema!

Kriterien	Autoritärer Führungsstil	Kooperativer Führungsstil	Laissez-Faire Führungsstil
Die Mitarbeiter werden betrachtet als...			
Autorität und Macht des Vorgesetzten werden hergeleitet von...			
Entscheidungen werden getroffen durch...			
Die Information geht aus von...			
Aufsicht und Kontrolle werden vorgenommen durch...			
Schwerpunkt der Motivation ist...			

Aufgabe 35

Im Verhaltensgitter nach Blake und Mouton wird einerseits die Beachtung des Menschen und andererseits die Beachtung der Produktion betont.
Gegeben sind folgende Verhaltensweisen von Führungskräften (Zitate):

> **Situation A:** „Wir brauchen überhaupt nicht lange zu diskutieren. Ich habe mir die Situation reiflich überlegt und mich entschieden: das Produktionsprogramm wird geändert!"
> **Situation B:** „Ich will mich da nicht einmischen. Ihr überseht das besser ... ihr werdet es schon richtig machen ..."
> **Situation C:** „Die Belegschaft wird es schon verstehen, dass wir unser Programm anpassen müssen. Aber da es nur Teile betrifft, ist das ja alles nicht so tragisch. Wir sollten allerdings nicht rigoros vorgehen, sondern alles in vernünftigen Grenzen halten ..."
> **Situation D:** „Wir müssen zunächst erst einmal ganz genau feststellen, was der Markt verlangt. Dann sollten wir überlegen, ob wir dem entsprechen können bzw. was wir für das Unternehmen erreichen wollen. Wir sollten eine Arbeitsgruppe bilden, in der alle mitarbeiten, die von der diskutierten Angelegenheit betroffen sind, so dass wir gemeinsam die beste Lösung finden und deren Realisierung in die Wege leiten können."

Ordnen Sie die 4 Situationen in das Verhaltensgitter ein (9.9 - 1.9 - 1.1 - 9.1)!

Aufgabe 36

a) Welche drei Dimensionen des Führungsverhaltens werden im 3-D-Modell von Reddin beschrieben und wie werden sie miteinander kombiniert? Gehen Sie auf die Begriffe „Situationsvariable" und „Führungssituation" ein! Erläutern Sie den Integrationsstil!

b) Vergleichen Sie das 3-D-Modell mit dem Verhaltensgitter von Blake/Mouton!

Aufgabe 37

In den Unternehmen gewinnt die Delegation immer mehr an Bedeutung. Welche Ziele verfolgt die Delegation von Aufgaben?

Aufgabe 38

In welchem Zusammenhang spricht man von Führungs- und Handlungsverantwortung, und welche Vorteile bringt diese Trennung der Verantwortung mit sich?

Aufgabe 39

a) Welche Grundsätze der Führung im Mitarbeiterverhältnis werden in den „Allgemeinen Führungsanweisungen" des „Harzburger Modells" festgelegt?

b) Setzen Sie sich kritisch mit dem „Harzburger Modell" auseinander!

Aufgabe 40

Überlegen Sie, weshalb es eine fast unüberschaubare Vielzahl einzelner Führungstechniken gibt!

Aufgabe 41

a) Welche Zielsetzung verfolgt das Management by Objectives (MbO) und welche Elemente sind dabei wesentlich?

b) Nennen Sie die wesentlichen Aussagen des Management by Objectives!

c) Was ist der grundlegende Unterschied des Management by Objectives gegenüber anderen Führungstechniken?

Aufgabe 42

Eine weitere wichtige Technik ist das Management by Exception. Geben Sie stichwortartig die Voraussetzungen dafür an!

Aufgabe 43

a) Charakterisieren Sie kurz die Managementprinzipien Management by Exception (MbE) und Management by Objectives (MbO)! Stellen Sie Vergleiche an!

b) Sind die Führungstechniken Management by Objectives, Management by Delegation und Management by Exception miteinander vereinbar oder handelt es sich dabei um Gestaltungsregeln, die sich gegenseitig ausschließen?

Aufgabe 44

Welchen Stellenwert messen Sie der Kommunikation im Unternehmen bei? Begründen Sie Ihre Antwort!

Aufgabe 45

Was versucht man mit Mitarbeitergesprächen zu erreichen? Beziehen Sie Beispiele in Ihre Argumentation ein!

Aufgabe 46

Oft hört man vor allem aus größeren Unternehmungen die Klage, es fänden zu viele Besprechungen statt. Früher sei es einfacher gewesen, weil nicht wegen jeder Kleinigkeit eine Besprechung einberufen werden musste.

a) Versuchen Sie zu erklären, weshalb die Besprechungsdichte heute tendenziell höher ist als früher!

b) Wie würden Sie vorgehen, um herauszufinden, ob eine bestimmte Besprechung notwendig ist oder nicht?

c) Sehen Sie Entwicklungen, welche längerfristig den Bedarf nach Besprechungen verändern könnten?

Aufgabe 47

a) Warum ist Moderation in Gruppen wichtig? Beschreiben Sie die Ziele der Moderation!

b) Nennen Sie Regeln des Moderierens! Gehen Sie in Kurzform auf den Begriff „Killerphrasen" ein!

Aufgabe 48

a) Was verstehen Sie unter einem Betriebsklima? Wodurch kann es beeinflusst werden?

b) Können auch Konflikte weiterbringen?

Aufgabe 49

a) Welche Ich-Zustände unterscheidet die Transaktionsanalyse?

b) Was sind Parallel-Transaktionen?

c) Wann sind Transaktionen konfliktträchtig?

Aufgabe 50

Bitte entscheiden Sie bei jeder der unten wiedergegebenen Reaktionen, ob es sich um ein Verhalten aus dem Kind- (K), Erwachsenen- (E) oder aus dem Eltern-Ich (EL) handelt. Stellen Sie sich in Zweifelsfällen vor, mit welchem Tonfall der Stimme und mit welcher Haltung diese Reaktion erfolgt sein könnte und entscheiden Sie sich dann.

Situation 1: Frau Müller bekommt unerwartet eine Gehaltserhöhung.

a) „Frau Müller hat das wirklich verdient! Sie hat das Geld schließlich nötig, mit all den Kindern, die sie durchfüttern muss! Armes Ding!"

b) „Mensch! Wenn ich bloß auch so gut nach oben buckeln könnte!"

c) „Ich glaube, dass ich eher eine Gehaltserhöhung verdient hätte als sie. Aber vielleicht habe ich sie bisher auch unterschätzt!"

Situation 2: Es wird angekündigt, dass die Abteilung verkleinert werden soll.

a) „Welche Möglichkeiten habe ich, falls mir gekündigt werden sollte?"

b) „Dieser verdammte Laden ist es nicht wert, dass man hier arbeitet."

c) „Ich meine, dass man all die Frauen hier zuerst feuern sollte. Erstens haben sie das Geld gar nicht nötig und zweitens nehmen sie nur den Männern die Arbeitsplätze weg!"

Situation 3: Eine Sekretärin erscheint am ersten Arbeitstag mit einem sehr weit ausgeschnittenen Pullover.

a) „Mensch, schau mal!"

b) „So etwas sollte man nun wirklich nicht im Büro erlauben!"

c) „Ich überlege mir, warum sie diesen Pullover gerade zur Arbeit gewählt hat."

Aufgabe 51

Selbstaussagen verschiedener Führungskräfte:

1. Mit qualifizierten Mitarbeitern ließe sich aus der Abteilung einiges machen!
2. Man muss die Mitarbeiter richtig anfassen, dann leisten sie auch was!
3. Ich verstehe ja, wenn sich die Mitarbeiter über Doppelarbeit beklagen. Aber ich kann daran auch nichts ändern.
4. Es ist mir unangenehm, Mitarbeiter zu kritisieren. Ich warte dann oft solange auf den geeigneten Zeitpunkt, dass es für eine Kritik zu spät ist.
5. Ob ich von Vorgesetzten anerkannt werde, die selbst nicht qualifiziert sind, ist mir relativ gleichgültig.
6. Damit habe ich mich schon längst abgefunden, dass das Parteibuch mehr zählt als die Leistung.
7. Ich glaube, meine Mitarbeiter und ich sind eine gute Mannschaft!
8. Mein Grundsatz ist: Nobody is perfect! Das trifft auf mich ebenso zu wie auf meine Mitarbeiter!

Welche der einzelnen Lebenspositionen (o.k.- Positionen) trifft zu?

Aufgabe 52

Welche Persönlichkeitstypen unterscheidet Riemann? Nennen Sie jeweils einige positive und negative Eigenschaften!

Aufgabe 53

Nennen Sie Unterschiede zwischen der schizoiden und der depressiven Persönlichkeit bezüglich ihrer Unsicherheiten!

Aufgabe 54

Ein Mitarbeiter verhält sich sehr unflexibel und ist nicht bereit, für dringende Aufgaben sein gewohntes Tagesgeschäft anders zu organisieren. Um welchen Mitarbeitertyp handelt es sich und was versucht er, so zu erreichen?

Organisation

Aufgabe 55

Beschreiben Sie das Substitutionsgesetz der Organisation!

Aufgabe 56

a) Was versteht man in der Betriebswirtschaftslehre unter einer Stelle?
b) Welche Aufgabe hat die Stelle in einer Organisation? Nennen Sie Merkmale einer Stelle!
c) Welche Aspekte müssen bei der Bildung einer Stelle berücksichtigt werden?

Aufgabe 57

Welche Informationen können dem Stellenplan entnommen werden und welchen Nutzen haben sie im Hinblick auf die Einsatzplanung?

Aufgabe 58

Viele Unternehmen haben eine eigene Versandabteilung. Entwickeln Sie grafisch eine Aufgabenanalyse für eine solche Abteilung!

Aufgabe 59

Die Stellenbeschreibung ist ein wichtiges Instrument der betrieblichen Aufbauorganisation. Verdeutlichen Sie, welche grundsätzlichen Angaben in einer Stellenbeschreibung enthalten sein sollten!

Aufgabe 60

Was bedeutet „Leitungsspanne" und wie wird sie ermittelt?

Aufgabe 61

Ordnen Sie nachfolgende Merkmale bzw. Aussagen den jeweiligen Systemarten zu!

Situationen	Reines Einliniensystem	Reines Mehrliniensystem	Weder noch
Kurze Befehlswege, Kompetenzen sind leicht abzugrenzen			
Die Gefahr der Kompetenzüberschneidung ist relativ groß			
Auf verschiedenen Hierarchieebenen sind Stäbe eingesetzt			
Eine Stelle kann von mehreren, ihr übergeordneten Stellen, Weisungen erhalten			
Bessere Ausnutzung von Spezialkenntnissen der Instanzeninhaber			

Aufgabe 62

a) Skizzieren Sie ein Einliniensystem und ein Mehrliniensystem unter Verwendung folgender Symbole (jeweils mit einer Stabsstelle)!

I = Instanz
A = Ausführungsstelle
S = Stabsstelle

b) Welche wesentlichen Vor- und Nachteile haben die einzelnen Systeme?

Aufgabe 63

Das klassische Liniensystem wurde durch die Einrichtung von Stabstellen erweitert.

a) Wodurch sind Stäbe in großen organisatorischen Einheiten (z.B. in Großbetrieben) gekennzeichnet?

b) Nehmen Sie Stellung zu folgenden Zitaten:

1. „More staff work!" (Eisenhower: „Guter Rat für die Nachkriegswirtschaft")
2. „Die Stäbe degenerieren alle!" (Berliner Unternehmer und Verbandsvorsitzender)

Aufgabe 64

Kreuzen Sie die Vorteile der funktionsorientierten und der objektorientierten Organisationsformen an:

	Kriterium	Vorteil funktionsorientierte Organisationsform	Vorteil objektorientierte Organisationsform
(a)	Einheitliche Regelungen	☐	☐
(b)	Transparenz	☐	☐
(c)	Mitarbeiternähe	☐	☐
(d)	Kenntnis örtlicher Gegebenheiten	☐	☐
(e)	Verbindlichkeit, Berechenbarkeit	☐	☐
(f)	Abgrenzung der Aufgaben	☐	☐
(g)	Produktivität	☐	☐
(h)	Flexibilität	☐	☐
(i)	Zusammenarbeit, Koordination	☐	☐
(j)	Spezialisierung	☐	☐
(k)	Kompetenz, Herausforderung	☐	☐

Aufgabe 65

Nehmen Sie Stellung (Begründung) zu der folgenden Aussage:

„In Großunternehmen mit unterschiedlichen Erzeugnisprogrammen und/oder unterschiedlichen Absatzgebieten ist eine objektorientierte Hauptabteilungsgliederung vorteilhafter als eine verrichtungsorientierte."

Aufgabe 66

Beschreiben Sie die Möglichkeit, die Vorteile der objekt- und der funktionsorientierten Organisation zu kombinieren!

Aufgabe 67

Die Multitech GmbH ist in den letzten Jahren durch die Aufnahme zweier neuer Produkte (B und C) in das bis zu diesem Zeitpunkt nur aus dem Produkt A bestehende Produktionsprogramm stark gewachsen. Eine Unternehmensanalyse zeigt, dass die Produkte untereinander wenig verwandt sind. Daher erwägt die Geschäftsleitung – dem Rat des beauftragten Unternehmensberaters folgend – die bisherige Unternehmensgliederung (siehe folgende Skizze) zu verändern und eine objektorientierte Hauptabteilungsleitung einzuführen.

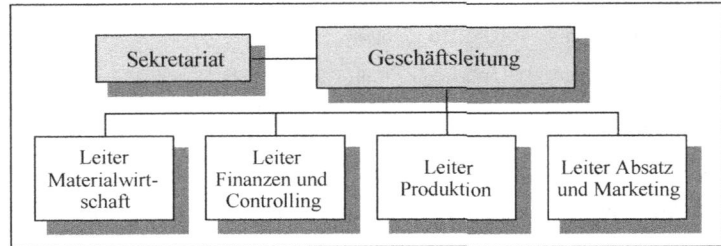

a) Entwerfen Sie ein Organisationsschaubild (drei Ebenen) der Firma Multitech, bei dem die Hauptabteilungsbildung objektorientiert erfolgt! (Die dritte Ebene braucht nur bei **einer** Hauptabteilung vollständig dargestellt zu werden.)

b) Weiterhin soll im Zuge der Umorganisierung eine Revisionsabteilung gebildet werden. In welcher Form und an welcher Stelle würden Sie diese Revisionsabteilung in das unter a) entwickelte Leistungssystem einordnen (Begründung)?

c) Auch das Kommunikationssystem der Firma Multitech soll neu gegliedert werden. Hierbei steht zur Auswahl, indirekte oder direkte Kommunikationswege einzuführen. Charakterisieren Sie die beiden Systeme und geben Sie jeweils die Vorteile gegenüber dem anderen System an!

Aufgabe 68

Die Rückert GmbH ist ein Importunternehmen, das die Generalvertretung eines ausländischen Konzerns für Unterhaltungselektronik besitzt. Der Umsatz der Rückert GmbH betrug im letzten Jahr 300 Mio. EUR und ist stark steigend. Der Sitz des Unternehmens ist Düsseldorf. Zweigniederlassungen sind nicht vorhanden. Das Unternehmen importiert und vertreibt Erzeugnisse, die sich grob in zwei Gruppen einteilen lassen:
- Audio- und Videogeräte
- Computerspiele (Hard- und Software)

Der Vertrieb dieser Erzeugnisse erfolgt durch Außendienstmitarbeiter, die jeweils eine Produktgruppe vertreiben. Eine eigene Produktion besitzt das Unternehmen nicht. Da die derzeitige Aufbauorganisation unbefriedigend ist, möchte die Rückert GmbH diese ändern.

Die Geschäftsleitung besteht darauf, dass in jedem Fall die folgenden Abteilungen im organisatorischen Aufbau vertreten sein sollen:

> Einkauf, Lager, Marktforschung, Organisation, Personal, Rechnungswesen, Verkauf, Verkaufsförderung, Warenprüfung

Da momentan neben dem Vorstandsvorsitzenden drei vielseitig verwendbare Vorstandsmitglieder amtieren, sollte die oberste Leitungsebene so gegliedert werden, dass keine personellen Veränderungen bei den Vorstandsmitgliedern erforderlich sind.

a) Der Geschäftsführer möchte zunächst mehrere Alternativen vorgelegt haben. Deswegen werden Sie gebeten, für dieses Unternehmen als erste Alternative eine Linienorganisation auszuarbeiten.

b) Für die Gegebenheiten der Rückert GmbH ist entsprechend den Angaben aus Aufgabe a) ein Entwurf für den Aufbau in Form einer Stablinienorganisation zu erstellen. Organisation und Marktforschung sollen dabei als Stabstellen ausgewiesen werden.

c) Da es sich in einem Konsumgüterunternehmen besonders anbietet, die Organisationsform des Produktmanagements anzuwenden, ist für die Angaben der Rückert GmbH ein Entwurf für die Aufbauorganisation in der Organisationsform des Produktmanagements zu entwerfen!

d) Da in der Rückert GmbH in nächster Zeit einige Projekte abgewickelt werden sollen, ist für dieses Unternehmen ein Entwurf der Aufbauorganisation in der Form des Projektmanagements zu entwickeln.

Es sind folgende Projekte zu berücksichtigen:

> **Projekt 1: Automatisierung der Auftragsabwicklung**
> **Projekt 2: Einführung eines Prämiensystems**

Aufgabe 68

Für viele Unternehmen gilt die Einordnung des Einkaufs in die Aufbauorganisation eines Konzerns als grundlegendes Problem.

a) Stellen Sie Überlegungen an, welche generellen Lösungen sich anbieten!
b) Entscheiden und begründen Sie, welche Lösung Sie für die Praxis bevorzugen!

Aufgabe 70

a) Skizzieren Sie die Idee des Profit Centers!
b) Aus welchen Gründen erhöht sich die Flexibilität der Unternehmung bei einer Profit-Center-Organisation?

Aufgabe 71

a) Skizzieren Sie bei einem Großunternehmen die Eingliederung des Personalwesens in die Organisationsform der Sparten- und Matrixorganisation! Nennen Sie Vor- und Nachteile!
b) Beschreiben Sie am Beispiel des Personalwesens die Entwicklung vom Cost-Center zum Profit-Center!

Aufgabe 72

Erklären Sie den Begriff „Projektorganisation"! Welche Formen sind Ihnen bekannt?

Aufgabe 73

Konkretisieren Sie, was man im Rahmen des Projektmanagements unter

a) einem Projekt,

b) einer Projektgruppe,

c) einem Projektleiter

versteht!

Aufgabe 74

Welche internen Größen haben Einfluss auf die Ablauforganisation?

Aufgabe 75

Kennzeichnen Sie durch ein Kreuz in der entsprechenden Spalte, ob die jeweiligen Tatbestände der Aufbau-, der Ablauforganisation oder keiner von beiden zuzuordnen sind!

Situationen	Aufbau	Ablauf	weder noch
Schaffung eines Instanzenzuges			
Arbeitsumbildung im neu erworbenen Zweigwerk			
Minimierung von Durchlaufzeiten			
Bildung zweier neuer Stäbe			
Festlegung von Weisungsbefugnissen			
Einstellung eines Mitarbeiters			
Beschaffung eines Darlehens für Investitionsvorhaben			
Maximierung der Kapazitätsauslastung			

Aufgabe 76

Setzen Sie sich kritisch mit der Prozessorganisation auseinander!

a) Worin besteht die Grundidee der Prozessorganisation?

b) Was versteht man unter Prozessmanagement?

c) Worum handelt es sich bei einem Kernprozess?

Trends in der Unternehmensführung und Organisation

Aufgabe 77

a) Erläutern Sie die Ergebnisse des Lean Managements!
b) Nennen Sie einige konkrete Techniken im Rahmen des Lean Managements!

Aufgabe 78

Im Rahmen des Lean Managements wird Gruppenarbeit immer wichtiger. Überlegen Sie, welche sachlichen und personellen Vor- und Nachteile mit der Gruppenarbeit verbunden sind!

Aufgabe 79

Denksportaufgabe für innovatives Denken (Lean-Denkweisen):
Mit acht Münzen sollten zwei zusammenhängende Reihen so gebildet werden, dass sich in jeder Reihe jeweils vier Münzen befinden.

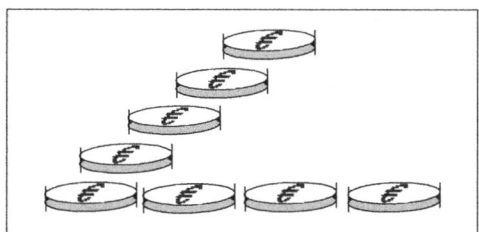

Aufgabe 80

Was versteht man unter einer flachen Organisation? Welche Vor- und Nachteile sind damit verbunden?

Aufgabe 81

a) In welcher Form ändert sich das Managementprofil im Chaosmanagement?
b) Nennen Sie die Faktoren, die sich lähmend auf die Bildung des Chaosmanagements auswirken!
c) „Selbstorganisation zu trainieren macht Sinn. Starre Systeme brechen in Turbulenzen auseinander." Setzen Sie sich mit dieser These kritisch auseinander!

Aufgabe 82

Beschreiben Sie die Grundzüge des Visionären Managements! Wie lauten die Komponenten einer Vision?

Aufgabe 83

Qualitätsmanagement ist aus den Strategien für ein erfolgreiches Unternehmen nicht mehr wegzudenken. Welche Hauptforderungen stellt das Qualitätsmanagement an das Unternehmen?

Aufgabe 84

Welche Möglichkeiten der Produkterneuerung sind einem umweltorientierten Management gegeben?

Aufgabe 85

Was versteht man unter der Methodik des „Vernetzten Denkens"?

Aufgabe 86

a) Erläutern Sie den Begriff „Ganzheitliche Unternehmensführung"!

b) Skizzieren Sie einige Kerngedanken zum ganzheitlichen Denken!

Aufgabe 87

Ergänzen Sie folgende Tabelle!

Merkmal	Partielles Denken	Ganzheitliches Denken
Denkweise	Ursache-Wirkung	
Informationswege	eindimensional	
Organisationsformen	Funktionen	
Entscheidungen	Boss	
Entscheidungskriterien	Vorteile eigener Bereich	
Arbeitsziel	Anteilsoptimierung	

Aufgabe 88

Formulieren Sie die Anforderungen an die Führungskraft der Zukunft!

Aufgabe 89

a) Kann „Change Management" als eine Form der Unternehmensführung bezeichnet werden?

b) Setzen Sie sich mit dem Begriff „Lernendes Unternehmen" kritisch auseinander!

Aufgabe 90

Was versteht man unter dem Shareholder-Value-Ansatz? Inwieweit kann dieser Maßstab für Managemententscheidungen sein?

Testfragen

Testfrage 1

Welches sind die wichtigsten Ergebnisse des Human-Relations-Modells von Mayo und Roethlisberger?
- (a) Entdeckung des Zusammenhangs zwischen Arbeitszeit und notwendiger Erholzeit
- (b) Entdeckung der leistungsfördernden Wirkung von Umgebungseinflüssen wie Lichtstärke, Farbgebung, Arbeitsräume etc.
- (c) Entdeckung der Bedeutung monetärer Anreize
- (d) Entdeckung der Bedeutsamkeit sozialer Faktoren als leistungsförderndes Merkmal

Testfrage 2

Eine Hauptfunktion der Unternehmensführung ist die Unternehmenslenkung. Welche der folgenden Aufgaben lassen sich dieser Lenkung zuordnen?
- (a) Erstellen von Regeln
- (b) Vollzug von Handlungen
- (c) Beeinflussung der Unternehmenskultur
- (d) Festlegen, Auslösen und Kontrollieren von zielgerichteten Aktivitäten
- (e) Förderung der Innovationsfähigkeit

Testfrage 3

Welche der folgenden Maßnahmen dienen der Korrektur der Entwicklungsrichtung der Unternehmenskultur?
- (a) Schulungskurse
- (b) Versetzungen
- (c) Einführung eines Vorschlagswesens
- (d) Freistellungen
- (e) Einführung eines Betriebsrates
- (f) Einrichtung eines Betriebskindergartens

Testfrage 4

Was kann Bestandteil der Corporate Identity sein?
- (a) Festlegung der Rechtsform
- (b) Organisationsstruktur
- (c) Führungskonzeption
- (d) Verhaltensgrundsätze bzgl. Umweltschutz und Personalentwicklung
- (e) Rabattpolitik
- (f) Leistungslohnsystem

Testfrage 5

Wer gehört zu den Trägern der Führungsentscheidungen?
- (a) Die Eigentümer
- (b) Die Geschäftsführer
- (c) Die Angestellten gemeinsam mit dem Betriebsrat
- (d) Arbeiter
- (e) Angestellte

Testfrage 6

Welche Gruppe im Unternehmen gehört zum Top-Management?

- (a) Vorstand
- (b) Geschäftsführer
- (c) Hauptabteilungsleiter
- (d) Eigentümer
- (e) Meister
- (f) Angestellte

Testfrage 7

Welche Tätigkeiten sind den Führungsfunktionen zuzuordnen?

- (a) Ziele setzen
- (b) Mitarbeiter beurteilen
- (c) Planen
- (d) Entscheiden
- (e) Kontrollieren
- (f) Ausbilden
- (g) Mitarbeiter einstellen und entlassen

Testfrage 8

Welche der folgenden Ziele sind monetäre Ziele?

- (a) Gewinnstreben
- (b) Umsatzstreben
- (c) Produktqualität verbessern
- (d) Wachstumserhöhung
- (e) Sicherung der Kapitalerhaltung
- (f) Sicherung des Arbeitsplatzes

Testfrage 9

Welche Zielart liegt bei der Gewinnmaximierung vor?

- (a) Sachziel
- (b) Nebenziel
- (c) Unterziel
- (d) Oberziel

Testfrage 10

Welche Zielbeziehung muss vorliegen, damit das Verfolgen eines Zieles gleichzeitig zur Verfolgung eines anderes Zieles führt?

- (a) Konkurrenz
- (b) Komplementarität
- (c) Zielantinomie
- (d) Indifferenz

Testfrage 11

Was gehört zum Prozess der Zielbildung?

- (a) Zielverbindlichkeit
- (b) Zielabstimmung
- (c) Zielformulierung
- (d) Zielsuche

Testfrage 12
Worin besteht der Unterschied zwischen strategischer und operativer Planung?
- (a) Der Zeithorizont der strategischen Planung ist lang; der der operativen Planung kurz.
- (b) Die Wirkungszeit der strategischen Planung ist kurz, mittel oder lang; die der operativen Planung ist kurz.
- (c) Die Geltungsdauer von strategischer und operativer Planung ist jeweils kurz.

Testfrage 13
Welche der folgenden Planungsarten können nach organisatorischen Gesichtspunkten zusammengefasst werden?
- (a) Retrograde Planung
- (b) Produktionsplanung
- (c) Rollierende Planung
- (d) Strategische Planung
- (e) Progressive Planung
- (f) Gegenstromverfahren

Testfrage 14
Wer ist an der Ausführung der strategischen Planung beteiligt?
- (a) Aufsichtsrat
- (b) Unternehmensleitung
- (c) Sachbearbeiter
- (d) Profit Center Manager
- (e) Funktionsmanager

Testfrage 15
Welche der folgenden Vorteile können dem Grundmodell der Entscheidungstheorie zugesprochen werden?
- (a) Es zwingt zur Trennung von beeinflussbaren und nicht beeinflussbaren Einflussgrößen auf den Erfolg.
- (b) Es fixiert die Präferenzordnung zur Überführung von Risikosituationen in sichere Entscheidungen.
- (c) Es kann zur Dokumentation von Entscheidungen unter Unsicherheit i.e.S. (Ungewissheit) herangezogen werden.
- (d) Es macht die Entscheidungssituation transparenter.
- (e) Es sichert in gewissem Umfang die vollständige Erfassung von Ergebnismöglichkeiten.

Testfrage 16
Im Zusammenhang mit der Maximin-Regel gilt:
- (a) Der größte mathematische Erwartungswert in Bezug auf die Zielerreichung bildet die Entscheidungsgrundlage.
- (b) Diese Regel ist für Pessimisten geeignet, die besonders risikoscheu sind.
- (c) Diese Regel wenden extrem optimistische Personen („Spielernaturen") an.
- (d) Es werden sowohl Minima als auch Maxima berücksichtigt.
- (e) Man rechnet mit dem Eintreffen des schlechtesten Falles und versucht dann, dessen Gewinn zu maximieren.

Testfrage 17

Die Bayes-Regel wird angewendet bei:

   (a) Entscheidungen unter Risiko

   (b) Entscheidungen bei Sicherheit

   (c) Entscheidungen bei Unsicherheit

   (d) Spielsituationen

Testfrage 18

Die Savage-Niehans-Regel wird angewendet bei:

   (a) Entscheidungen unter Risiko

   (b) Entscheidungen bei Sicherheit

   (c) Entscheidungen bei Unsicherheit

   (d) Linearer Programmierung

Testfrage 19

In einem Unternehmen werden zwei verschiedene Produkte hergestellt, die auf zwei verschiedenen maschinellen Anlagen bearbeitet werden. Die Kapazität der Anlagen reicht nicht aus, um eine Nachfrage nach den beiden Produkten zu befriedigen. Mit Hilfe welcher mathematischen Planungsverfahren lässt sich dieses Entscheidungsproblem lösen, wenn der Gewinn maximiert werden soll?

   (a) Simplex-Methode

   (b) Netzplantechnik

   (c) Lineare Programmierung

   (d) Dynamische Programmierung

Testfrage 20

Welche Tätigkeiten gehören in den Bereich der Realisation?

   (a) Organisieren

   (b) Veranlassen

   (c) Einweisen

   (d) Unterweisen

   (e) Mitarbeiter beurteilen

Testfrage 21

Nennen Sie die Aufgaben der Kontrolle!

   (a) Informationen für Anpassungsmaßnahmen bei Abweichungen liefern

   (b) Verbesserung zukünftiger Prognosen und Planungen

   (c) Verhaltensbeeinflussung der Mitarbeiter

   (d) Verunsicherung der Mitarbeiter

Testfrage 22

Welche Aussagen sind richtig?

(a) Die Kontrolle ist nicht gegenwartsbezogen.

(b) Die Revision ist vergangenheitsbezogen.

(c) Die Kontrolle ist ein einmaliger Vorgang.

(d) Die Revision ist keine ständige Einrichtung.

(e) Die Kontrolle wird nur von Menschen durchgeführt.

Testfrage 23

Unter einem Führungsstil versteht man:

(a) ein Führungsverhalten, das an einer einheitlichen methodischen Grundhaltung orientiert ist

(b) die besondere soziale Situation, die von einer Person geregelt werden soll

(c) eine bestimmte spezifische Persönlichkeitseigenschaft

(d) die Organisation der Unternehmensleitung

(e) die Gesamtheit der zwischenmenschlichen Interaktionen innerhalb eines Unternehmens

Testfrage 24

Es gibt verschiedene Arten von Wissen. Wie ist Wissen definiert?

(a) Wissen kann in individueller Form vorliegen und ist dann grundsätzlich an Personen gebunden.

(b) In kollektiver Form ist Wissen in den Prozessen, Routinen, Praktiken und Normen von Organisationseinheiten oder Arbeitsgruppen zu finden.

(c) Explizites Wissen stellt das persönliche Wissen eines Individuums mit Idealen, Werten und subjektiven Ansichten dar.

(d) Implizites Wissen ist dagegen methodisch, systematisch und liegt in verständlicher Form vor.

(e) Wissen kann intern in der Organisation vorhanden sein oder extern bei Beratern oder Kooperationspartnern des Unternehmens lokalisiert sein.

Testfrage 25

Was ist Wissensmanagement?

(a) Aufbau und Sicherung von unternehmensspezifischem Kernwissen

(b) Gezielte Ausrichtungen der Wissensleistungen auf die Kunden

(c) Bereitstellung und Organisation von Wissen

(d) Versorgung der Kunden mit relevanten Informationen

(e) Optimierung des Wissenstransfers

Testfrage 26

Das Informationsmanagement umfasst vier Aufgabenbereiche. Die Analyseaufgaben, strategische Aufgaben, Aufgaben der Realisierung und operative Aufgaben. Welche der folgenden Aussagen zu den Aufgabenbereichen treffen zu?

    (a) Die Analyseaufgaben umfassen den Informationsbedarf, Personalbedarf sowie die Marktbeobachtung.

    (b) Die strategischen Aufgaben sind definiert durch die Infrastruktur, Outsourcingstrategie sowie der Softwarebeschaffung.

    (c) Die Aufgaben der Realisierung sind Personalplanung, Projektmanagement sowie Hardware und Wartung.

    (d) Operative Aufgaben sind definiert durch Anwendungssysteme, Datenbankbetrieb und Sicherungsmanagement.

    (e) Marktbeobachtung, Personalentwicklung sowie Softwarebeschaffung gehören ebenfalls zu den strategischen Aufgaben.

Testfrage 27

Welche Merkmale charakterisieren den autoritären Führungsstil?

    (a) Der Vorgesetzte hat allein Entscheidungs- und Anweisungskompetenz.

    (b) Der Vorgesetzte setzt insbesondere seine Experten- und Referenzmacht ein.

    (c) Der Vorgesetzte kontrolliert ohne Ankündigung, ob seine Anweisungen ausgeführt werden.

    (d) Der Mitarbeiter hat gegenüber dem Vorgesetzten Kontrollrechte.

    (e) Es besteht eine Trennung von Entscheidung, Ausführung und Kontrolle.

    (f) Der Vorgesetzte lässt den Mitarbeitern freie Hand.

Testfrage 28

Durch welche Aussagen wird der aufgabenorientierte Führungsstil gekennzeichnet?

    (a) Der Vorgesetzte unterstützt seine Mitarbeiter bei dem, was sie tun oder tun müssen.

    (b) Er tadelt mangelhafte Arbeit.

    (c) Er regt langsam arbeitende Mitarbeiter an, sich mehr anzustrengen.

    (d) Er macht es seinen Mitarbeitern leicht, unbefangen und frei mit ihm zu reden.

    (e) Er bemüht sich um ein gutes Verhältnis zu seinen Unterstellten.

    (f) Er legt besonderen Wert auf die Arbeitsmenge.

Testfrage 29

Welche Aussagen kennzeichnen den personenorientierten Führungsstil?

    (a) Der Vorgesetzte achtet darauf, dass seine Mitarbeiter ihre Arbeitskraft voll einsetzen.

    (b) Er stachelt seine Mitarbeiter durch Druck und Manipulation zu größeren Anstrengungen an.

    (c) Er verlangt von leistungsschwachen Mitarbeitern, dass sie mehr aus sich herausholen.

    (d) Er achtet auf das Wohlergehen seiner Mitarbeiter.

    (e) Er behandelt alle seine Unterstellten als Gleichberechtigte.

    (f) Er setzt sich für seine Leute ein.

Testfrage 30

Welche Dimensionen enthält das Verhaltensgitter (Managerial Grid) von Blake und Mouton?

(a) Autorität

(b) Kooperation

(c) Sachaufgabenorientiertheit

(d) Mitarbeiterorientiertheit

(e) Zufriedenheit

Testfrage 31

Welche Merkmale zeichnen das „Harzburger Modell" aus?

(a) das Führen durch Delegation (Management by Delegation)

(b) das Prinzip der unterstützenden Beziehungen

(c) die Unterscheidung in aufgaben- und personenorientierten Führungsstil

(d) die Unterscheidung von Handlungsverantwortung und Führungsverantwortung

(e) die Hervorhebung der Stab-Linien-Organisation

(f) die Betonung der Macht der Führungsposition

Testfrage 32

Einem Mitarbeiter werden bestimmte Grenzen in Form von Ermessensspielräumen gewährt. Werden diese Grenzen überschritten, dann greift der Vorgesetzte ein. Um welches Management-Modell handelt es sich?

(a) Management by Objectives

(b) Management by Exception

(c) Management by Delegation

(d) Management by Results

Testfrage 33

Einem Mitarbeiter werden klar abgegrenzte Aufgabenbereiche entsprechend seiner Kompetenz und in eigener Verantwortung von seinem Vorgesetzten übertragen. Um welches Management-Modell handelt es sich?

(a) Management by Objectives   (c) Management by Delegation

(b) Management by Exception   (d) Management by Systems

Testfrage 34

Ein Vorgesetzter legt mit seinen Mitarbeitern gemeinsam die Ziele für das nächste Jahr fest. Um welches Management-Modell handelt es sich?

(a) Management by Objectives   (d) Management by Systems

(b) Management by Exception   (e) Management by Control

(c) Management by Delegation

Testfrage 35

Welche der folgenden Begriffe gehören nach dem Vier-Seiten-Modell der Kommunikation zu einer Nachricht?

(a) Appell
(b) Selbstoffenbarung
(c) Beziehung
(d) Transaktion
(e) Sachinhalt
(f) Feedback

Testfrage 36

Aus welchen Ich-Zuständen besteht bei der Transaktionsanalyse eine Persönlichkeit?

(a) Erwachsenen-Ich

(b) Hysterisches Ich

(c) Depressives Ich

(d) Kindheits-Ich

(e) Geschwister-Ich

(f) Eltern-Ich

Testfrage 37

„Parallele Transaktion" bedeutet:

(a) Der Kommunikationsprozess kann konfliktfrei fortgesetzt werden.
(b) Parallele Transaktionen führen häufig zum Konflikt.
(c) Der Informationsaustausch läuft auf zwei verschiedenen Ebenen ab.
(d) Durch die „Doppelbödigkeit" ist immer ein leichtes Konfliktpotenzial vorhanden.
(e) Die gegenseitigen Erwartungshaltungen werden erfüllt.

Testfrage 38

Welche der folgenden Aussagen bezüglich der Leistungsfähigkeit der einzelnen Persönlichkeitstypen treffen nicht zu?

(a) Die schizoide Persönlichkeit erbringt Höchstleistungen, wenn die Persönlichkeitsstruktur noch nicht so ausgeprägt ist.
(b) Die Leistungsstärken des Zwanghaften liegen im Anregen und Überzeugen.
(c) Die hysterische Persönlichkeit erbringt keine schöpferische Leistung.
(d) Aufgrund der Ich-Schwäche und fehlender Aggression erbringt die depressive Persönlichkeit keine große Leistungsfähigkeit.
(e) Die depressive Persönlichkeit besitzt einen Leistungsmangel bei Aufgaben, die Teamarbeit erfordern.

Testfrage 39

Weisen Sie der hysterischen Persönlichkeit typische Eigenschaften zu!

(a) Innovationsfreudig
(b) Launisch
(c) Zuverlässig
(d) Systematisch
(e) Unrealistisch
(f) Ausgeglichen

Testfrage 40

Welche der folgenden Verhaltensweisen kann man bei Menschen mit vorwiegend schizoiden Charakteranteilen beobachten?
- (a) Hilfsbereit und sehr einfühlsam
- (b) Starkes Streben nach Autarkie und Unabhängigkeit
- (c) Unpersönlich im Kontakt mit der Umwelt
- (d) Erwecken von Schuldgefühlen beim Partner
- (e) Sie haben eine Vorliebe für Teamarbeit

Testfrage 41

Welche der folgenden Antinomien entstammen der Persönlichkeitstypologie nach Riemann?
- (a) Hysterisch - nervös
- (b) Schizoid - depressiv
- (c) Kompulsiv - zwanghaft
- (d) Zwanghaft - hysterisch

Testfrage 42

In einem Team befinden sich Mitarbeiter mit vorrangig zwanghaften Charakteranteilen. Wie sollte die Führungskraft mit diesen Mitarbeitern umgehen?
- (a) Mit Fehlern trotz des Anscheins der Perfektion rechnen.
- (b) Die Mitarbeiter benötigen ständig Lob und Anerkennung, um motiviert zu sein.
- (c) Routinearbeiten empfinden Sie als langweilig und nicht fordernd. Daher sollten ihnen neue Anreize und oft neue Aufgaben übertragen werden.
- (d) Durch Tätigkeiten, die ein hohes Maß an Geduld und Ausdauer erfordern, sind diese Mitarbeiter besonders zu motivieren.
- (e) Der Mitarbeiter benötigt viel Zeit und Unterstützung bei der Entscheidungsfindung.

Testfrage 43

Warum sind Menschenkenntnis und Kenntnis der Persönlichkeitstypologie für die Führungskraft von Bedeutung?
- (a) Verbesserung der Kommunikation
- (b) Hilfsmittel zur Selbsterkenntnis
- (c) Bessere Voraussetzung für Mitarbeiterbeurteilungen und Personalentscheidung
- (d) Die Deutung der Träume des Mitarbeiters ist wichtig für Entscheidungen.
- (e) Führung benötigt mehr Problembewusstsein der Führungskraft und Selbstkritik gegenüber dem eigenen Führungsstil.
- (f) Der richtige Mitarbeiter soll am richtigen Platz sitzen.

Testfrage 44

Welche Aussagen sind richtig?
- (a) Improvisation sollte in der Unternehmensleitung vorherrschen.
- (b) Disposition sollte in der Unternehmensleitung vorherrschen.
- (c) Improvisation und Disposition sollten in einer ausgewogenen Konstellation vorliegen.
- (d) Bei guter Organisation sind weder Improvisation noch Disposition erforderlich.

Testfrage 45

Welche Aussagen treffen zu? Die Stelle sollte...

(a) für eine gedachte Person gebildet werden.

(b) für eine bestehende (im Unternehmen vorhandene) Person gebildet werden.

(c) eine zeitliche Begrenzung haben.

(d) im Rahmen der Gesamtorganisation gebildet werden.

(e) für die normale Leistungsfähigkeit eines Aufgabenträgers konzipiert sein.

Testfrage 46

Was sollte in einer Stellenbeschreibung insbesondere festgehalten werden?

(a) Stellenbezeichnung

(b) Urlaubsanspruch des Stelleninhabers

(c) Unter-/ Überstellung

(d) Einkommen des Stelleninhabers

(e) Vergütungsrahmen

Testfrage 47

Was sind Einflussfaktoren für die Bestimmung der Leitungsspanne?

(a) Qualifikation der Vorgesetzten

(b) Qualifikation der Mitarbeiter

(c) Komplexität der Aufgaben der Mitarbeiter

(d) Einkommen der Vorgesetzten

(e) Art der Produkte

(f) Kommunikationssystem

Testfrage 48

In einem Betrieb wird bei der Weitergabe von Anweisungen der „Dienstweg" strikt eingehalten. Um welches Leitungssystem handelt es sich?

(a) Matrixorganisation

(b) Liniensystem

(c) Produkt-Management

(d) Stabliniensystem

(e) Spartenorganisation

Testfrage 49

In welchem Maß nimmt der Synergievorteil der funktionalen Organisation ab?

(a) mit der Steigerung des Diversifikationsgrades des Leistungsprogramms

(b) mit der Steigerung des bereichsinternen Koordinationskosten

(c) mit der Steigerung des Autonomiegrades

(d) mit der Anzahl der Stellen

Testfrage 50

Welche Kriterien können Einfluss auf die Bildung von Zentralbereichen haben?

(a) Produktnähe

(b) Rechtsform

(c) Degressionseffekte

(d) Wirtschaftlichkeit

(e) Heterogenität der Sachaufgaben

(f) Unternehmensgröße

(g) Standort

(h) Allgemeine Führungsprinzipien

Testfrage 51

Die Profit-Center-Organisation ist eine Variante von welchem Leitungssystem?

(a) Matrixorganisation

(b) Liniensystem

(c) Produkt-Management

(d) Stabliniensystem

(e) Spartenorganisation

Testfrage 52

Benennen Sie die organisatorische Voraussetzung zur Bildung eines Profit-Centers!

(a) Die Segmentierung der Entscheidungsaufgabe der Unternehmensleitung nach dem Subjektprinzip.

(b) Die Segmentierung der Entscheidungsaufgabe der Unternehmensleitung nach dem Verrichtungsprinzip.

(c) Die Segmentierung der Entscheidungsaufgabe der Unternehmensleitung nach dem Funktionsprinzip.

(d) Die Segmentierung der Entscheidungsaufgabe der Unternehmensleitung nach dem Objektprinzip.

Testfrage 53

Für welche Führungsart ist die Profit-Center-Organisation ein wesentlicher Baustein?

(a) Management by Decision Rules

(b) Management by Exception

(c) Management by Systems

(d) Management by Objectives

Testfrage 54

Zu welchen Informationen muss der Profit-Center-Manager Zugang haben, wenn dem Profit-Center auch der Vertrieb unterstellt ist?

(a) Fertigungsstandort

(b) Kapitalaufwand

(c) Informationen über die Konkurrenten

(d) Marktstruktur

(e) Marktsättigungsgrad

(f) Erfolg der bisherigen Werbestrategie

Testfrage 55

Weshalb treten bei der funktionalen Organisation, verglichen mit der Profit-Center-Organisation, häufiger Konflikte auf?

(a) Durch die höhere Anzahl an horizontalen Verbindungen

(b) Da die Funktionsmanager keine Führungsqualitäten besitzen

(c) Da die Profit-Center patriarchalisch organisiert sind

Testfrage 56

Nennen Sie Anlässe für Reorganisationen!
- (a) Beschäftigungsschwankungen
- (b) Geschäftsausweitungen
- (c) Organisatorische Mängel
- (d) Erkenntnisse und Entlassungen können aus zeitlichen Gründen nicht zu einer ziel-entsprechenden Lösung zusammengefasst werden.
- (e) Qualifizierungsmaßnahmen für Mitarbeiter
- (f) Planen einer Weihnachtsfeier

Testfrage 57

Welche Aussagen treffen nicht zu?
- (a) Disposition schafft eine vorläufige Struktur und wird fallweise getroffen.
- (b) Organisation schafft eine dauerhafte und feste Struktur für längere Zeit.
- (c) Improvisation schafft fallweise und einmalig eine Struktur, die vorläufigen Charakter besitzt.
- (d) Improvisation werden alle Methoden genannt, die einen vorläufigen Charakter für eine vorübergehende Zeitspanne besitzen.
- (e) Einzelmaßnahmen, die z.B. die Einteilung und Verfügung von Betriebsmitteln bedeuten, nennt man Disposition.

Testfrage 58

Nennen Sie allgemeine Grundsätze der Organisation!
- (a) Prinzip der Zweckmäßigkeit
- (b) Prinzip der Improvisation
- (c) Prinzip der Wirtschaftlichkeit
- (d) Prinzip der Kontinuität
- (e) Prinzip des organisatorischen Gleichgewichts

Testfrage 59

Welche Aussagen über die erforderliche neue Denkweise zum Lean-Management treffen zu?
- (a) Fortschritt ist durch Suche und Realisierung nach komplexen Gesamtlösungen zu erreichen.
- (b) Fortschritt wird erzielt durch Suche und Realisierung einer Vielzahl von einfachen Lösungen.
- (c) Planungen und Vorgaben werden mit Mitarbeitern vor Ort gemeinsam entwickelt.
- (d) Abläufe sollten vom Schreibtisch aus geplant und realisiert werden.
- (e) Team-Arbeit und Job-Enrichment zur Stärkung der Motivation.

Testfrage 60

Das Chaos-Management stellt folgende Anforderungen an die Mitarbeiter:
- (a) Kreativität bei der Lösung von Problemen
- (b) Logisches Denken
- (c) Flexibilität bei der Anpassung des Alten an das Neue
- (d) Bereitschaft zur Abkehr von vorhandenen Organisationsstrukturen ohne Einschränkung der Spontaneität

Antworten zu den Aufgaben

Unternehmensführung

Aufgabe 1

a) Frederick Winslow Taylor wird als der geistige Vater der wissenschaftlichen Unternehmensführung angesehen. Das Ziel der Unternehmensführung Taylors bestand in der Leistungssteigerung der Arbeiter.

Hauptmerkmale der wissenschaftlichen Betriebsführung (Scientific Management) sind:
- systematische Beschreibung der Arbeit durch Arbeitsanalyse,
- Einführung einer leistungsgerechten Entlohnung (Akkordlohn),
- personelle Trennung von dispositiver und ausführender Arbeit,
- Fremdkontrolle durch das Management,
- räumliche Ausgliederung aller konzeptionellen, steuernden und überwachenden Arbeitsinhalte aus der Werkstatt.

b) Mit Hilfe der Arbeitsanalyse (Arbeitszerlegung der ausführenden Arbeit), die die Voraussetzung für die Beschreibung, Beurteilung und gegebenenfalls Veränderung des Arbeitssystems ist, kann der Arbeiter dahingehend genauestens instruiert werden, wie die Arbeitsvorgänge ohne überflüssige Bewegungen, in zeit- und kraftsparender Weise auszuführen sind. Diese so angepassten Arbeitsvorgänge, die eine extreme Arbeitsteilung bedingen, werden als Grundlage (Voraussetzung) der ökonomischen Verbesserungen des Unternehmens angesehen.

Aufgabe 2

a) Als Gegenströmung des „Scientific Management" mit seiner ingenieurwissenschaftlichen Betrachtung des arbeitenden Menschen, wendet sich das Interesse der Human-Relations-Bewegung mehr den sozialen Gruppen in Organisationen zu.

Das Hauptanliegen der **Human-Relations-Bewegung** ist die Befriedigung sozialer Bedürfnisse der Mitarbeiter und somit die Förderung der Arbeitszufriedenheit der Mitarbeiter. Ein konfliktfreies Betriebsklima und ein auf die Mitarbeiter eingehender Führungsstil heben die Arbeitszufriedenheit und führen auch zu höherer Leistung, die sich dann positiv auf die Arbeitsproduktivität der Mitarbeiter auswirkt.

b) Das wohl wichtigste Ergebnis ist die Erkenntnis, dass die Arbeitsleistung nicht nur eine Funktion objektiver physikalischer Arbeitsbedingungen wie Lohn, Arbeitszeit, Beleuchtung, Temperatur usw. darstellt, sondern auch von sozialpsychologischen Arbeitsbedingungen abhängt, beispielsweise wie Mitarbeiter behandelt werden oder wie sie ihre Arbeit, Kollegen und Vorgesetzte wahrnehmen.

c) Die Human-Relations-Bewegung hat das von der „wissenschaftlichen Betriebsführung" einseitige Modell des arbeitenden Menschen zur Entwicklung neuer sozialpsychologischer Theorien fortgeführt. Obwohl die sozialen Bedingungen am Arbeitsplatz und die zwischenmenschlichen Beziehungen wichtige Faktoren für die Arbeitsproduktivität darstellen, muss jedoch die durch diese Faktoren erzielbare Erhöhung der Arbeitszufriedenheit allein noch keine Effizienzerhöhung bewirken.

Aufgabe 3

a) Zur Erreichung der Unternehmenszielsetzung bedarf es einer einheitlichen Führung des Unternehmens, die die Kombination der menschlichen Arbeitskraft mit den Betriebsmitteln und Werkstoffen plant, organisiert und kontrolliert.

b) Führungsentscheidungen sind solche Entscheidungen, die zentrale Fragen der Unternehmenspolitik zum Gegenstand haben. Sie werden von der Unternehmensleitung getroffen. Führungsentscheidungen sind immer dann erforderlich, wenn eine neue Situation eingetreten ist, die das Unternehmen als Ganzes betrifft. Sie ziehen daher meist erhebliche finanzielle oder personelle Konsequenzen nach sich.

Beispiele für solche Entscheidungen sind:
- Aufnahme neuer Produkte in das Produktionsprogramm,
- Neuanschaffung von Produktionsanlagen,
- Kapitalerhöhung durch Aktienemission,
- Ausdehnung auf bzw. Rückzug aus einem Auslandsmarkt.

Aufgabe 4

a) Unter **Unternehmenskultur** versteht man die Gesamtheit von Normen, Wertvorstellungen und Denkhaltungen, die das Verhalten aller Mitarbeiter prägen. Ziel der Unternehmenskultur ist es, das Unternehmen so zu gestalten und zu präsentieren, dass Mitarbeiter, Kunden und Öffentlichkeit sich mit dem Unternehmen identifizieren können. Dies bezieht sich z.B. auf folgende Bereiche:

– Strategische Unternehmensziele,
– Gesellschaftliche Verantwortung,
– Kundenorientierung,
– Umweltschutz und Ökologie,
– Produktqualität.

b) Als Voraussetzungen für die Formulierung einer Unternehmenskultur, die ethische Handlungs- und Entscheidungsprozesse ermöglicht, sind die **Unternehmensphilosophie** (Leitbild der Wirtschafts- und Gesellschaftsordnung sowie Unternehmensleitbild) und die **Unternehmenspolitik** (Festlegung von Grundwerten, Unternehmenszielen, die auch Geschäfts- und Führungsgrundsätze beinhalten) anzusehen.

Bezogen auf die Personalpolitik sind vor allem folgende Bereiche bedeutsam, deren Verankerung als Voraussetzung für eine ausgeprägte Unternehmenskultur gilt:

– Mitarbeiterführung und Kooperation,
– Qualifikation von Mitarbeitern,
– Zusammenarbeit mit dem Betriebsrat,
– Mitentscheidung der Mitarbeiter,
– Selbstverwirklichung der Mitarbeiter,
– Arbeitsgestaltung,
– Informationsverhalten,
– Flexible Arbeitszeitmodelle.

Aufgabe 5

Folgende Fragen sollen mit Hilfe des **Unternehmensleitbildes** beantwortet werden:
- Welche Bedürfnisse sollen mit der Marktleistung befriedigt werden?
- Welchen grundlegenden Anforderungen sollen die Marktleistungen des Unternehmens entsprechen?
- Welche geographische Reichweite soll das Unternehmen haben?
- Welche Marktstellung will das Unternehmen erreichen?
- Welche Grundsätze sollen das Verhalten des Unternehmens gegenüber den Marktpartnern bestimmen?
- Welche grundsätzlichen Zielvorstellungen bezüglich der Gewinnerzielung gibt es?
- Wie steht das Unternehmen grundsätzlich zu Anliegen der Mitarbeiter?

Aufgabe 6

Bei der **strategischen Unternehmensführung** ist die Führung des Unternehmens nicht nur unter rationalökonomischen Gesichtspunkten zu sehen, sondern die Entscheidungen werden auch vom soziologischen und sozialen Umfeld mitbestimmt. Das strategische Management, wie die heutige Unternehmensführung häufig genannt wird, ist eine veränderte oder sogar weiterentwickelte Form der klassischen Lehre der Unternehmensführung. Auf die klassische Unternehmensführung kann bei kleinen und mittleren Unternehmen, die erheblichen Umweltveränderungen ausgesetzt sind, nicht verzichtet werden.

Da die strategische Unternehmensführung langfristig ausgerichtet ist, muss bei Entscheidungen, die sich auf konkrete Vorgehensweisen beziehen, auf die klassischen Instrumente der Unternehmensführung zurückgegriffen werden.

Aufgabe 7

Bei den **Eigentümer-Unternehmen** hat der Eigentümer zwei Funktionen, er trägt das Kapitalrisiko und leitet das Unternehmen. Fallen Anteilsbesitz und Geschäftsführungsfunktion auseinander, so spricht man von **Geschäftsführer-Unternehmen**. Die Aktiengesellschaft ist ein Geschäftsführer-Unternehmen. Die Aufgaben werden wie folgt verteilt: Die Aktionäre bilden die Hauptversammlung, die den Aufsichtsrat wählt. Dieser bestimmt und kontrolliert den Vorstand. Der Vorstand übt die Gesamtführung des Unternehmens aus.

Aufgabe 8

a) Es können folgende Zielarten unterschieden werden:

Zielart	Beispiel
Monetäre Ziele	Gewinnstreben
Nicht-monetäre Ziele	Marktanteilsvergrößerung
Sachziele	Bereitstellung von Materialien
Formalziele	Streben nach Wirtschaftlichkeit
Hauptziele	Erhöhung der Rentabilität
Nebenziele	Erhaltung der Liquidität
Oberziele	Schutz der Gesundheit der Mitarbeiter
Unterziele	Lärmschutz für den Mitarbeiter

b) In der betrieblichen Praxis sind Entscheidungssituationen mit nur einer Zielgröße eher die Ausnahme. Meist werden mehrere Ziele (Zielbündel) von einer Entscheidung beeinflusst. Die Entscheidungsfindung wird dann häufig dadurch erschwert, dass miteinander konkurrierende Ziele Bestandteil des Zielbündels sind. Eine Lösung dieser Problematik lässt sich durch die Gewichtung der Ziele erreichen, d.h. der Entscheidungsträger muss bestimmen, welches Ziel vorrangig berücksichtigt werden soll.

Auch im Fall eines in sich homogenen Zielbündels, das nur zueinander kompatible Ziele enthält, kann die Entscheidung erschwert werden. Durch die Komplexität des Zielbündels kann die Auswirkung verschiedener Handlungsalternativen meist nicht hinreichend genau beurteilt bzw. zur Entscheidungsfindung miteinander verglichen werden. Durch eine Gewichtung der Ziele lässt sich auch hier die Entscheidungsfindung vereinfachen, indem die nachrangigen Ziele zunächst unberücksichtigt bleiben und die Handlungsalternativen lediglich in ihren Auswirkungen auf die vorrangigen Ziele betrachtet werden.

Aufgabe 9

a) Damit die Betriebsführung ihre Zielsetzung realisieren kann, bedarf es der Planung des Betriebsprozesses. Die **Planung** dient als systematische Entscheidungsvorbereitung und beeinflusst wesentlich das zukünftige Verhalten der Unternehmung.

b) Zwar werden bei der Ausübung der Planungsfunktion keine eigentlichen Entscheidungen gefällt, doch werden diese in starkem Maße durch die Planung beeinflusst. Die Planung steckt das mögliche Entscheidungsfeld ab und trifft damit Vorentscheidungen. Sie zeigt beispielsweise Handlungsalternativen auf und macht Vorschläge, welche davon ausgewählt werden sollen.

Aufgabe 10

Planungsarten können unterteilt werden:

Kriterium	Planungsarten
zeitlich	– strategische Planung – operative Planung – taktische Planung
	– rollierende Planung – Blockplanung
organisatorisch	– retrograde Planung – progressive Planung – Gegenstromverfahren
funktional	– Absatz- (Marketing-) Pläne – Produktionspläne – Personalpläne – Beschaffungspläne – Finanzpläne

Aufgabe 11

Die strategische Planung befasst sich mit der langfristigen Entwicklung eines Unternehmens. Vor der Durchführung der strategischen Planung ist eine Ist-Aufnahme der momentanen Unternehmensposition erforderlich. Darauf aufbauend wird untersucht, welche Zielpositionen langfristig anzustreben sind. Mit Hilfe der folgenden Instrumente lassen sich dann strategische Handlungsalternativen ableiten bzw. beurteilen:

- **Portfolioanalyse:** Im Rahmen der Portfolioanalyse werden die Stärken- und Schwächenpositionen bzw. die Chancen und Risiken einzelner Geschäftsfelder des Unternehmens („strategische Geschäftseinheiten") gegenübergestellt. Daraus lassen sich für jedes bestehende Geschäftsfeld adäquate Maßnahmen (Investition, Abschöpfung, Desinvestition) ableiten.
- **GAP-Analyse:** Die GAP- oder Lückenanalyse zeigt die Differenz zwischen der strategischen Geschäftsentwicklung unter Beibehaltung der aktuellen Strategie im Vergleich zu einer „optimalen" Strategie auf. Zur Beseitigung dieser Differenz (Lücke) stehen dem Unternehmen verschiedene strategische Stoßrichtungen im Hinblick auf die hergestellten Produkte und bearbeiteten Märkte zur Verfügung.
- **Profilanalyse:** Die Stärken und Schwächen eines Unternehmens im Vergleich zu den (stärksten) Konkurrenten bzw. die Chancen und Risiken in einem bestimmten Markt können in Matrixform gegenübergestellt werden. Daraus lassen sich Handlungsspielräume gegenüber den Wettbewerbern aufzeigen.
- **Checklisten und Punktbewertungsmodelle**: Mit diesen Verfahren lassen sich unterschiedliche Strategien bewerten. Die Beurteilung verschiedener Zukunftsentwürfe wird anhand verschiedener Kriterien vorgenommen und zu einem Gesamturteil verdichtet.
- **Früherkennungssysteme, Szenariotechniken, Lern-** und **Erfahrungskurven** haben ebenfalls eine strategische Ausrichtung.

Aufgabe 12

Die operative Planung (Maßnahmenplanung) entwirft ein Konzept zur Realisierung der in der strategischen Planung entwickelten Unternehmensstrategien. Aus übergeordneten Zielen werden so mehrere Unterziele entwickelt.

> **Beispiel:** Ein Unternehmen möchte seinen Gewinn erhöhen. Dieses Ziel muss operationalisiert werden, indem man es nach unten auf die Abteilungen überträgt. Für den Einkauf kann es bedeuten, preisbewusster einzukaufen. Die Fertigung soll weniger Ausschuss produzieren.

Aufgabe 13

Bei der **progressiven Planung** (bottom-up Planung) stellen die untersten Führungskräfte, die noch mit Planungsaufgaben betraut sind, die Pläne für ihren Verantwortungsbereich zusammen und geben sie den übergeordneten Instanzen weiter. Diese wiederum fassen diese Teilpläne zusammen und geben sie an die darüber geordnete Ebene weiter.

Vorteil	Nachteil
Die Planung geht direkt von den Betroffenen aus, damit realistische Pläne zu erzielen sind. Die Motivation der Beteiligten wird durch die Identifizierung mit dem von ihnen erstellten Plan gefördert.	Die Gefahr des Überschneidens und das inhaltliche Widersprechen der Teilpläne sind gegeben. Bei dieser Art Planung kann es zu konservativen Plänen (Extrapolation von Vergangenheitswerten) kommen.

Aufgabe 14

Die allgemeine Eigenschaft einer Entscheidung besteht darin, dass ein Wahlakt zwischen zwei Handlungsmöglichkeiten vorliegen muss. Diese Handlungsmöglichkeiten werden als Alternativen bezeichnet und können aus einem Tun oder Unterlassen bestehen.

Sie werden durch eine Veränderung der Situation beschrieben, die im Entscheidungszeitpunkt vorliegt, d.h. entweder das Tun oder das Unterlassen führen zu einer Veränderung der Situation oder beide führen zu einem unterschiedlichem Ergebnis. Führen dagegen zwei Handlungsmöglichkeiten zu keiner Situationsveränderung, liegt keine Entscheidung vor.

Aufgabe 15

Die Grundaussage der **Anspruchsanpassungstheorie** besteht darin, dass ein Entscheidungsträger bei der Suche nach zielkonformen Entscheidungsalternativen sein Anspruchsniveau abhängig vom „Sucherfolg" variiert:

- Der Entscheider wird voraussichtlich sein Anspruchsniveau erhöhen und nach weiteren Alternativen suchen, wenn er nach kurzer Suche eine seinem bisherigen Anspruchsniveau genügende Alternative findet.
- Nach langer, erfolgloser Suche wird er dazu neigen, sein Anspruchsniveau abzusenken und die bisher beste Alternative wählen.

Aufgabe 16

Bei einem **vollkommenen Informationssystem** sind alle Umweltzustände bekannt, die Eintreffwahrscheinlichkeit kann bestimmt werden. Das heißt, beim vollkommenen Informationssystem kann sicher vorhergesagt werden, welche Umweltsituation eintritt. Die zu treffende Entscheidung kann mit Sicherheit getroffen werden.

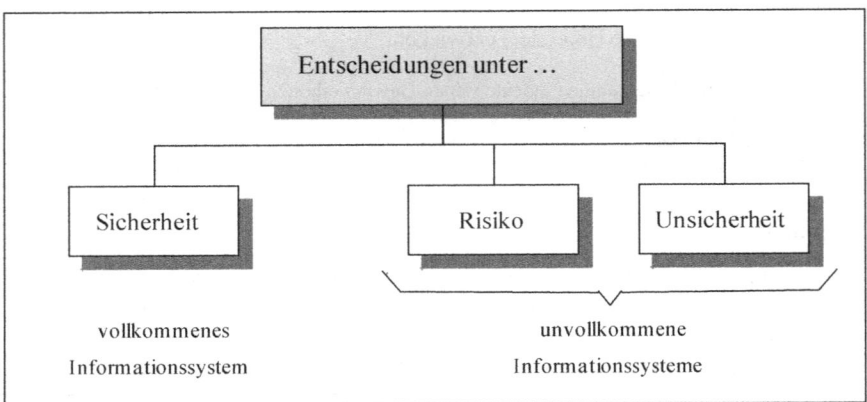

Liegt dagegen ein **unvollkommenes Informationssystem** vor, so kann nur eine Entscheidung unter Risiko getroffen werden. Die Menge der Umweltbedingungen ist hierbei bekannt, ihre Eintrittswahrscheinlichkeiten liegen zwischen 0 und 100 %. Können bei bekannter Anzahl der Umweltzustände keine Wahrscheinlichkeiten zugeordnet werden, so kann nur eine Entscheidung unter Unsicherheit getroffen werden.

Aufgabe 17

Der Verlauf der **Nutzenfunktion** des Entscheiders stellt seine Einstellung zum Risiko dar. Ein risikofreudiger Entscheider orientiert sich an einer progressiv verlaufenden Nutzenfunktion. Das höhere Einkommen wird zwar mit einem höheren Risiko verbunden sein, dies hat für den risikofreudigen Entscheider jedoch Vorrang vor etwaigen Sicherheitsbedenken.

Aufgabe 18

a) Die **Risikoeinstellung** des Entscheiders spielt eine wesentliche Rolle bei seiner Beurteilung, ob eine Entscheidungsalternative vorteilhaft ist oder nicht.

- Ist der Entscheider risikoneutral, so haben unterschiedlich hohe Risiken in den einzelnen Alternativen keinen Einfluss auf die jeweilige Vorteilhaftigkeit. Für seine Entscheidungen sind beispielsweise nur die Gewinnerwartungswerte der Alternativen relevant.

- Ein risikofreudiger Entscheider wird einen höheren Gewinn mit höherem Risiko vorziehen und eine sichere Alternative mit vergleichsweise niedrigerem Gewinn ablehnen (progressiv verlaufende Nutzenfunktion).

- Der risikoscheue Entscheider verhält sich gerade umgekehrt, für ihn überwiegt der Nutzen einer sicheren Alternative, selbst wenn die Gewinnerwartungen der riskanteren Alternative höher sind (degressiv verlaufende Nutzenfunktion).

b) Am progressiven Verlauf der Nutzenfunktion (quadratische Funktion) ist die erhöhte Risikoeinstellung des Entscheiders, die Risikofreude, zu erkennen.

Ein höherer Gewinn führt für ihn zu überproportionalen Nutzenzuwächsen. Um eine Entscheidung zu finden, werden zunächst aus den Gewinnwerten mit Hilfe der Nutzenfunktion die Nutzenwerte ermittelt.

Aus diesen können dann die **Nutzenerwartungswerte** errechnet werden.

	G	$N(U_1)$	G	$N(U_2)$	Gewinnerwartungswert	Nutzenerwartungswert
A_1	50	$0{,}1 \cdot 2.500$ $= 250$	100	$0{,}1 \cdot 10.000$ $= 1.000$	$50 \cdot 0{,}7 + 100 \cdot 0{,}3$ $= 65$	$250 \cdot 0{,}7 + 1.000 \cdot 0{,}3$ $= 475$
A_2	30	$0{,}1 \cdot 900$ $= 90$	120	$0{,}1 \cdot 14.400$ $= 1.440$	$30 \cdot 0{,}7 + 120 \cdot 0{,}3$ $= 57$	$90 \cdot 0{,}7 + 1.440 \cdot 0{,}3$ $= 495$

Der risikofreudige Entscheider wird die Alternative 2 mit den größten Nutzenerwartungswerten wählen. Sie enthält für ihn die größte Nutzenstiftung.

Risikoneutralität dagegen würde eine Orientierung am Gewinnerwartungswert bedeuten. Die Entscheidung würde folglich für die Alternative 1 fallen.

Aufgabe 19

a) Die Entscheidungsmatrix lautet:

Handlungsalternativen	Umweltzustände	
	0,6 - Wetter schön	0,4 - Wetter schlecht
A_1 : Fahrt zum Brocken	3.000 EUR	600 EUR
A_2 : Verkauf am Marktplatz	1.800 EUR	1.100 EUR

b) Maximierung des Erwartungswertes: A_1: $E_1 = 0{,}6 \cdot 3.000 + 0{,}4 \cdot 600 = 2.040$
   A_2: $E_2 = 0{,}6 \cdot 1.800 + 0{,}4 \cdot 1.100 = 1.520$

   daraus folgt: Werner W. wird zum Brocken fahren, da 2.040 > 1.520.

c) Erwartungswert der optimalen Handlungsweise: $E_3 = 0{,}6 \cdot 3.000 + 0{,}4 \cdot 1.100 = 2.240$
   Erwartungswert der perfekten Information: $E_3 - E_1 = 2.240 - 2.040 = 200$.
   daraus folgt: Werner W. dürfte also maximal 200 EUR für die Information ausgeben.

Aufgabe 20

a) Die Entscheidungsmatrix lautet:

Handlungsalternativen	Umweltsituationen	
	$s_1 = p_1 = 0{,}4$ T will B einsetzen	$s_2 = p_2 = 0{,}6$ T will B nicht einsetzen
A_1 : Bestechung	- 150.000	- 150.000
A_2 : keine Bestechung	- 1.000.000	0

b) Bayes-Regel: $A_1 = 0{,}4(-150.000) + 0{,}6(-150.000) = -150.000 \Rightarrow$ **beste Variante**
   $A_2 = 0{,}4(-1.000.000) + 0{,}6 \cdot 0 \quad\quad\quad = -400.000$

Aufgabe 21

a)

Alternative	Umweltsituation		
	U_1	U_2	U_3
A_1	6	5	3
A_2	1	6	4
A_3	1	6	3
A_4	8	5	3
A_5	8	4	2

$A_2 > A_3$

$A_4 > A_5 > A_1$

Nach Anwendung des Dominanzprinzips bleiben als Alternativen übrig: A_2 und A_4.

b)

Alternative	Umweltsituation		
	U_1	U_2	U_3
A_2	1	6	4
A_4	8	5	3

Nach Anwendung der Minimax-Regel ist Alternative A_4 zu wählen.

Aufgabe 22

a) Dieses Prinzip verlangt, die Handlungsmöglichkeit mit dem größtmöglichen Erwartungswert zu wählen. Dieser ist die über alle Umweltzustände gebildete Summe der mit den Eintrittswahrscheinlichkeiten gewichteten Zielerreichungsgrade.

Demnach ergibt sich folgende Ergebnismatrix:

Alternativen	Umweltzustände			Erwartungswerte
	$U_1 = 0{,}2$	$U_2 = 0{,}6$	$U_3 = 0{,}2$	
A_1	52	70	60	$52 \cdot 0{,}2 + 70 \cdot 0{,}6 + 60 \cdot 0{,}2 = 64{,}4$
A_2	100	25	50	$100 \cdot 0{,}2 + 25 \cdot 0{,}6 + 50 \cdot 0{,}2 = 45{,}0$
A_3	75	50	80	$75 \cdot 0{,}2 + 50 \cdot 0{,}6 + 80 \cdot 0{,}2 = 61{,}0$

Die Unternehmensführung würde sich für die Handlungsmöglichkeit A_1 (Kleinwagen) entscheiden, da diese den höchsten Erwartungswert erzielt. Die Anwendung der Bayes-Regel, welche bekannte Eintrittswahrscheinlichkeiten voraussieht, führt nur dann zur optimalen Entscheidung, wenn die Aktion mit dem höchsten Erwartungswert ausreichend häufig wiederholt werden kann. Dies ist bei einer Automobilfirma in etwa noch gegeben, aber bei den meisten betriebswirtschaftlichen Entscheidungsproblemen eher die Ausnahme.

b) Nach der Maximin-Regel wählt der Entscheidungsträger die Handlung aus, die bei Eintreten des ungünstigsten Falles noch das beste Ergebnis bringt. Zu bestimmen sind demnach in der Matrix die Zeilenminima und es ist dann die Aktion mit dem Maximum dieser Zeilenminima zu realisieren.

Handlungsmöglichkeiten	Zeilenminima
A_1	**52***
A_2	25
A_3	50

* = Maximum

Der Entscheidungsträger würde sich für die Handlungsmöglichkeit A_1 entscheiden.

Bei neutraler Umwelt ist diese Regel für einen Unternehmer, der nur dann große Gewinne macht, wenn er etwas riskiert, wenig hilfreich. Sieht er sich jedoch einer Situation gegenüber, in der ein rational handelnder Gegenspieler seinen eigenen Gewinn im Verlust des Mitspielers sieht, so führt die Maximin-Regel zur optimalen Entscheidung.

c) Nach der Maximax-Regel wählt der Entscheidungsträger die Handlung aus, die bei Eintreten des günstigsten Falles das beste Ergebnis bringt. Im Gegensatz zur Maximin-Regel ist demnach die Aktion mit dem Maximum der Zeilenmaxima zu realisieren.

Handlungsmöglichkeiten	Zeilenmaximum
A_1	70
A_2	**100***
A_3	80

* = Maximum

Diese Regel rechnet mit dem günstigsten Fall, der bei Realisierung der Handlungsmöglichkeit A_2 (Pkw über 1.400 ccm) einen Gewinn von 100 TEUR bringt. Nicht beachtet wird hierbei, dass die Wahl auch das Risiko eines Gewinns von nur 25 TEUR mit umfasst.

d) Die Hurwicz-Regel kombiniert die Maximin- und Maximax-Regel durch Wichtung ihrer Extremwerte. Die Zeilenmaxima werden mit dem Faktor α und die Zeilenminima mit dem Wert 1-α multipliziert. Das Maximum beider Summen ist die optimale Alternative.

Handlungs-möglichkeiten	Zeilenmaxima · Alpha	Zeilenminima · (1-Alpha)	Summe	
A_1	70 · 0,7 = 49	52 · 0,3 = 15,6	49+15,6 = 64,6	
A_2	100 · 0,7 = 70	25 · 0,3 = 7,6	70+ 7,6 = 77,6 *	* = Maximum
A_3	80 · 0,7 = 56	50 · 0,3 = 15,0	56+15,0 = 71,0	

Es ist die Handlungsmöglichkeit A_2 (Kleinwagen über 1.400 ccm) zu wählen. Die Problematik dieser Regel liegt in der Ermittlung des Pessimismus-Optimismus-Faktors α.

e) Bei der Anwendung der Savage-Niehans-Regel will der Entscheidende seinen Nachteil möglichst gering halten. Dieser Nachteil wird durch die Differenz zwischen dem erwarteten Nutzen und dem maximalen Nutzen (Spaltenmaxima) ausgedrückt. Von diesen Werten wird für jede Handlungsmöglichkeit der maximale Betrag ermittelt. Aus diesen wird die Handlungsmöglichkeit mit dem geringsten Nachteil ausgewählt.

Spaltenmaxima	Umweltbedingungen			Maximales Risiko	
	100	70	80		
Handlungs-möglichkeiten	Differenz Spaltenmaxima - Nutzen				
	z_1	z_2	z_3		
A_1	48	0	20	48	
A_2	0	45	30	45	
A_3	25	20	0	25*	* = Minimum

Bei Anwendung dieser Entscheidungsregel erweist sich die Handlungsalternative A_3 (Pkw über 2.000 ccm) als optimale Lösung, da bei ihrer Anwendung der höchstmögliche Nachteil mit 25 am geringsten ist. Kritisch ist anzumerken, dass die Regel, wie die Maximin-Regel, nur auf das Verhalten eines Pessimisten abstellt.

f) Da dem Entscheidungsträger über die Umweltbedingungen keine Wahrscheinlichkeiten bekannt sind, schlägt Laplace vor, alle Zustände als gleich wahrscheinlich einzustufen. Bei den drei Umweltzuständen des vorliegenden Beispiels ist somit jeder Nutzenwert mit einer Wahrscheinlichkeit von 0,3 zu gewichten, sodann die Summe zu bilden und die Alternative mit der höchsten Summe auszuwählen.

Alter-nativen	Umweltzustände			Erwartungswerte
	$U_1 = 0,3$	$U_2 = 0,3$	$U_3 = 0,3$	
A_1	52	70	60	52 · 0,3 + 70 · 0,3 + 60 · 0,3 = 54,6
A_2	100	25	50	100 · 0,3 + 25 · 0,3 + 50 · 0,3 = 52,5
A_3	75	50	80	75 · 0,3 + 50 · 0,3 + 80 · 0,3 = **61,5** *

* = Maximum

Zu wählen ist die Handlungsmöglichkeit A_3 (Pkw über 2.000 ccm) mit dem maximalen Nutzenwert von 61,5. Die Hauptkritik an dieser Regel richtet sich dagegen, dass die Sinnhaftigkeit einer Unterstellung gleicher Wahrscheinlichkeiten nicht beweisbar ist.

Aufgabe 23

a) Aufgabe der **Kontrolle** ist die Gegenüberstellung der angestrebten mit den tatsächlich realisierten Ergebnissen. Es kann allgemein gesagt werden, dass das Wesen jeder Kontrolle im Vergleich eines in irgendeiner Form vorgegebenen „Soll" mit einem für den Zweck des Vergleichs festgestellten „Ist" gesehen werden kann.

b) Die Kontrolle wird gegenwartsbezogen als ständige Institution durch Menschen oder Automaten durchgeführt. Sie ist vom Kontrollobjekt abhängig und ist in die betrieblichen Abläufe eingebaut. Die Revision dagegen wird immer vergangenheitsbezogen als einmaliger Vorgang nur durch Menschen durchgeführt. Sie ist vom Kontrollobjekt unabhängig und ist nicht in die betrieblichen Abläufe eingebaut.

Aufgabe 24

Kontrollierbare Abweichungsursachen liegen dann vor, wenn die Abweichungen durch den Entscheidungsträger hätten vermieden werden können, weil dieser die Ursache-Wirkungs-Zusammenhänge genau kennt und in der Lage ist, die Ursache zu steuern. **Nichtkontrollierbare Abweichungsursachen** sind dann gegeben, wenn es sich um außergewöhnliche, nicht vorhersagbare Ereignisse handelt.

Aufgabe 25

Die **Verhaltensbeeinflussung** kann einmal durch die bloße Wahrnehmung laufender Kontrollen, die den Arbeitsprozess eines Mitarbeiters begleiten oder auch dadurch herbeigeführt werden, dass der Mitarbeiter die disziplinarischen Folgen mangelhafter Arbeitsweise gedanklich antizipiert, wenn er weiß, dass das Ergebnis seiner Tätigkeit einer Kontrolle unterzogen wird. Kontrollen sind aber nicht nur mit negativen, sondern meist auch mit positiven Sanktionen verknüpft.

Einerseits kann durch die Kontrolle eine qualitativ bessere Arbeitsleistung erzielt werden, andererseits können aber auch die ständigen Kontrollen als äußerst lästige und hemmende Zwangsmaßnahmen empfunden werden. Diese beiden Aspekte müssen bei der Kontrollplanung berücksichtigt werden, was im Endeffekt auf ein Optimierungsproblem hinausläuft.

Aufgabe 26

Feedforward-Kontrollen (Vorkopplung) sollen Fehlentwicklungen, die normalerweise immer erst ex post erkannt werden, verhindern. Sie liefern Informationen, die dann bei der Zielsetzung und Planung berücksichtigt werden können. Beispiele für solche Kontrollverfahren sind im Bereich der Materialwirtschaft: Eingangskontrollen, optimale Bestellmengen, Investitionsrechnungen, präventive Wartungs- und Instandhaltungsarbeiten und im Personalbereich Einstellungstests und Weiterbildungsmaßnahmen.

Aufgabe 27

Mit **Informationsmanagement** wird das Leitungshandeln in einem Unternehmen in Bezug auf Information und Kommunikation bezeichnet, folglich alle Führungsaufgaben, die sich mit Information und Kommunikation im Unternehmen befassen.

Aufgabe 28

Der Informationsfluss einer Unternehmung ist abhängig von der Organisationsstruktur. Diese kann horizontal und vertikal gegliedert werden. Die horizontale Gliederung wird nach sachlichen Gesichtspunkten erstellt. Eine Aufteilung kann nach den Aufgabengebieten wie Beschaffung, Produktion und Absatz erfolgen. Bei der vertikalen Gliederung erfolgt die Einteilung nach hierarchischen Gesichtspunkten. Es kann hierbei zwischen Unternehmensleitung, mittlerer Führungsebene, unterer Führungsebene und Ausführungsebene unterschieden werden.

Aufgabe 29

Operative Systeme dienen der Unterstützung alltäglicher Tätigkeiten bzw. der Entlastung der Mitarbeiter ausführender Ebene und unterer Führungsebene von Routinearbeiten. Sie dienen somit der horizontalen Integration. ERP ist hierbei die Standardsoftware zur Unterstützung von operativen Prozessen. ERP-Systeme sind integrierte Anwendungssysteme zur Steuerung und Auswertung operativer Prozesse in allen wesentlichen Funktionsbereichen im gesamten Unternehmen.

Analytische Systeme sind Informationsverarbeitungssysteme, die den Führungskräften Daten für Analysen und Informationen für Entscheidungen zur Verfügung stellen. Diese sollen das Management bei der betrieblichen Planung und Kontrolle unterstützen. Das Data-Warehouse ist die zentrale Datenbank, die die Verbindung zwischen operativen und analytischen Systemen darstellt.

Aufgabe 30

- Direkte Kundenansprache, höhere Kundenbindung, Erschließung zusätzlichen Kundenpotentials
- Rationalisierungspotentiale durch Substitution
- Senkung der Transaktionskosten bei der Abwicklung von Geschäftsbeziehungen
- Ständige Erreichbarkeit unabhängig von zeitlichen und örtlichen Restriktionen
- Wegfall von Fahrtzeiten und Fahrtkosten
- Automatisierung von Prozessen
- Verbesserte Informationsbeschaffung für betriebliche Entscheidungen
- Kürzere und kostengünstigere Informationswege

Aufgabe 31

Mit B2B wird der Bereich des elektronischen Handels bezeichnet, der zwischen einzelnen Unternehmen stattfindet. Der B2C-Bereich des elektronischen Handels wird durch ein Leistungsangebot von Unternehmen und eine Nutzung dieser Leistungen durch Endkunden charakterisiert.

Aufgabe 32

Unter **Führungsstil** versteht man einen Begriff zur unterscheidenden Kennzeichnung spezifischer Haltungen und Äußerungen von einzelnen Personen oder Gruppen in Bezug auf eine bestimmte Zeit.

Aufgabe 33

- Der **aufgabenorientierte** Führungsstil stellt die Tätigkeit eines Mitarbeiters in den Mittelpunkt. Ziel der Führung ist die Ausrichtung der Aktivitäten der Mitarbeiter auf die jeweils gestellte Aufgabe. Der Mitarbeiter selbst wird dabei lediglich als „Produktionsfaktor" gesehen, der möglichst effizient eingesetzt werden soll.

- Der **personenorientierte** Führungsstil dagegen versucht auch die Vorstellungen und Wünsche der einzelnen Mitarbeiter sowie deren soziale Rolle zu berücksichtigen. Personenorientiertes Führungsverhalten wird von der Tatsache geprägt, dass die Tätigkeiten von Menschen verrichtet werden. Nicht die Aufgabe, sondern der Mitarbeiter steht im Vordergrund.

Die erfolgreichen modernen Führungsstile sind meist Mischungen aus personen- und aufgabenorientierten Ausrichtungen.

Aufgabe 34

Kriterien	Autoritärer Führungsstil	Kooperativer Führungsstil	Laissez-Faire Führungsstil
Die Mitarbeiter werden betrachtet als...	Maschinen	Mitarbeiter	isolierte Individuen
Autorität und Macht des Vorgesetzten werden hergeleitet von...	der Hierarchie	dem persönlichen Können und der Aufgabe	den Mitarbeitern
Entscheidungen werden getroffen durch...	Befehle	Anhören und Überzeugen der Mitarbeiter	Abstimmungen
Die Information geht aus von...	der Spitze	oben, unten, Quer- und Schräginformationen	zufällig
Aufsicht und Kontrolle werden vorgenommen durch...	Totalkontrolle	den Vorgesetzten	Selbstkontrolle
Schwerpunkt der Motivation ist...	Angst	Bürger im Betrieb zu sein	Freiheit, Eigenverantwortung

Aufgabe 35

Man kann die vier Fälle in folgender Weise in das Verhaltensgitter-Modell nach Blake und Mouton eintragen:

> **Situation A: 9.1 (autoritär)**
> **Situation B: 1.1 (laissez faire)**
> **Situation C: 1.9 (seid nett zueinander)**
> **Situation D: 9.9 (partizipativ)**

Aufgabe 36

a) **Reddin** beschreibt in seinem 3-D-Modell die Dimensionen Aufgabenorientierung und Beziehungsorientierung (vergleichbar mit den Verhaltensansätzen von Blake/Mouton und der Ohio-Gruppe), fügt jedoch eine dritte Dimension, die Effektivität, hinzu. Reddin leitet aus den zwei Dimensionen Aufgabenorientierung und Beziehungsorientierung, die er auf der x- bzw. y-Achse eines Koordinatensystems anordnet, 4 Grundstile ab, die ein 2-Sprossenfenster bilden:

- Verfahrensstil   - (x1, y1 im Koordinatensystem)
- Beziehungsstil   - (x1, y2 im Koordinatensystem)
- Aufgabenstil   - (x2, y1 im Koordinatensystem)
- Integrationsstil   - (x2, y2 im Koordinatensystem)

Als Situationsvariable zur Bestimmung der Führungssituation unterscheidet er:

Arbeitsweise	Mitarbeiter	Kollegen	Vorgesetzte	Organisation

Die konkrete Führungssituation wird danach analysiert, welche Grundstilanforderungen jede dieser fünf Situationsvariablen stellt. Aus der Schnittmenge der Anforderungen aller fünf Variablen wird die Situationsvariable „Feld des potentiell effektiven Verhaltens" abgeleitet, welche den oder die Grundstile angibt, der bzw. die in der konkreten Situation angewendet werden sollten.

Als dritte Dimension führt Reddin die Effektivität ein, die die z-Achse im Koordinatensystem bildet. Mit diesem Begriff soll der Übereinstimmungsgrad bzw. die Passgenauigkeit von situativ gefordertem Führungsstil und angewandtem Stil zum Ausdruck gebracht werden.

Der im Integrationsstil führende Vorgesetzte ist bestrebt, Mensch und Aufgabe als gleichgewichtig zu betrachten. Als Integrierer führt er kooperativ. Als Kompromissler versucht er, Konfrontationen zu vermeiden und es allen recht zu machen, auch wenn er dabei Kompromisse eingehen muss, die im Sinne der Aufgabenstellung nicht optimal sind.

b) **Blake/Mouton** gehen in ihrem Verhaltensgitter von einem zweidimensionalen Verhaltensansatz aus, mit den Grunddimensionen

→ Mitarbeiterorientierung und → Sachorientierung

die als absolut unabhängig voneinander gesehen werden.

Zur Beschreibung dieser beiden Dimensionen verwenden Blake/Mouton eine neunstufige Skala, die zu einem Gitter (Führungsverhaltensgitter) kombiniert werden. In den neunteiligen Skalen bedeutet eine 1 die niedrigste, eine 5 eine mittlere und eine 9 die Höchstorientierung, wobei der Begriff „Orientierung" keine exakte Messgröße darstellt.

Die Orientierung des Vorgesetzten hängt von seiner Grundeinstellung ab. Mit dem Verhaltensgitter lassen sich nach Blake/Mouton Grundeinstellungen und daraus resultierendes Führungsverhalten identifizieren. Von den theoretisch möglichen 81 Kombinationen gehen Blake/Mouton nur auf 5 Stile, als Grundtheorien bezeichnet, näher ein. Der Führungsstil 9.9 wird als optimal dargestellt, ohne jedoch den Nachweis zu erbringen. Die Frage, inwieweit der wirklich optimale Führungsstil situationsabhängig ist, wird nicht plausibel beantwortet.

Reddin geht bei seinem 3-D-Modell vom Situationsansatz aus, weil die vielen Verhaltensansätze weitere, für den Führungserfolg wesentliche Einflussfaktoren nicht in dem erforderlichen Maße berücksichtigen.

Sein Modell geht von den Dimensionen Aufgabenorientierung und Beziehungsorientierung aus (vergleichbar den Dimensionen Sach- und Menschenorientierung bei Blake/Mouton). Reddin leitet aus diesen zwei Dimensionen vier Grundstile ab (Beziehungsstil, Integrationsstil, Verfahrensstil und Aufgabenstil). Im Gegensatz zu Blake/Mouton, die in ihrem Verhaltensgitter den Grundstil 9.9 als optimalen Führungsstil ansehen, bestreitet Reddin die Existenz eines einzigen situationsunabhängigen Führungsstils. Er vertritt die Auffassung, dass alle vier Grundstile je nach Situation effizient sein können. Der Vorgesetzte muss aufgrund einer konkreten Situation den geeigneten Führungsstil auswählen. Zur Bestimmung der Führungssituation unterscheidet er fünf Variablen (Arbeitsweise, Mitarbeiter, Kollegen, Vorgesetzte, Organisation). Als 3. Dimension führt Reddin die Effektivität in sein Modell ein. Sie bringt die Passgenauigkeit bzw. den Grad an Übereinstimmung von situativ gefordertem Führungsstil und tatsächlich angewandtem Stil zum Ausdruck.

Aufgabe 37

Durch die **Delegation** kann die Managementebene reduziert werden. Zielsetzungen sind:
- Das Management soll von routinemäßigen Entscheidungen entlastet werden.
- Die Komplexität der unternehmerischen Aufgaben wird durch eine Vielzahl von Funktionen reduziert.
- Die Selbstständigkeit der Mitarbeiter wird entwickelt.

Aufgabe 38

Beim **Harzburger Modell**, welches eine Vertiefung des Management by Delegation ist, soll das Mitdenken und Mithandeln der Mitarbeiter durch Gewährung von Kompetenz gefördert werden. Der Vorgesetzte ist nicht uneingeschränkt für alle Fehler oder Unterlassungen seiner Mitarbeiter verantwortlich. Mit der Delegation bestimmter Handlungs- und Entscheidungsbefugnisse wird auf den Mitarbeiter auch die volle Handlungsverantwortung übertragen. Beim Vorgesetzten bleibt die Führungsverantwortung, d.h. der Vorgesetzte kann für die Fehlleistungen seiner Mitarbeiter nur dann verantwortlich gemacht werden, wenn er bestimmten Führungspflichten den Mitarbeitern gegenüber nicht oder nur lückenhaft nachgekommen ist.

Die Vorteile dieser Trennung sind:

- Die Handlungs- und Aufgabenbereiche werden durch Stellenbeschreibung transparenter.
- Die Informationsbeziehungen sind klar festgelegt.
- Ein geschlossenes System von Führungsanweisungen und -mitteln steht zur Verfügung.
- Der Mitarbeiter erhält durch Übertragung eines eigenen Handlungs-, Entscheidungs- und Verantwortungsbereichs die Möglichkeit zu mehr Selbstständigkeit und -entfaltung.

Aufgabe 39

a) In der **Allgemeinen Führungsanweisung** des Harzburger Modells sind folgende wesentliche Grundsätze festgelegt:
- eine kurze Darstellung des Wesens der Führung im Mitarbeiterverhältnis in Gegenüberstellung zu einer autoritären Führung
- die Kennzeichnung der Delegation von Verantwortung als Kernstück dieser Führung und die Grundregeln ihrer Anwendung
- die Pflichten des Mitarbeiters gegenüber seinen Vorgesetzten
- die Pflichten des Vorgesetzten gegenüber seinen Mitarbeitern
- die Darstellung der Verantwortung bei einer Führung im Mitarbeiterverhältnis, d.h. ihre Unterscheidung in Führungs- und Handlungsverantwortung
- die Grundsätze der Anwendung von Mitarbeitergespräch und -besprechung
- die Grundsätze für die Dienstaufsicht und die Erfolgskontrolle
- die Regeln für die Anwendung von Kritik und Anerkennung
- die Grundsätze für die Information von oben nach unten, von unten nach oben und vom Stelleninhaber zu gleichgeordneten Stellen
- die Grundsätze für die Entwicklung von Stellvertretungen und Platzhalterschaft

b) Das **Harzburger Modell** zeichnet sich durch eine Reihe von Vor- und Nachteilen aus:

Vorteile	Nachteile
– Stellenbeschreibungen (Job Descriptions) machen die Unternehmensorganisation transparent. – Jeder Mitarbeiter kennt seine Kompetenzen und die an ihn gestellten Anforderungen. – Anstatt permanenter Erteilung von Einzelaufträgen werden Aufgaben, Befugnisse und Verantwortungen delegiert. – Die Leistungsmotivation und Verantwortungsbereitschaft der Mitarbeiter wird durch die gegebenen Freiheiten gefördert. – Das selbstständige Handeln, vor allem der Spezialisten, wird gefördert. – Eine Dezentralisation der Kompetenzen statt einer zentralen Entscheidungsgewalt: Die Entscheidungen werden auf der Ebene getroffen, wo sie am sachgerechtesten entschieden werden können. – Das „Mitarbeiter-Vorgesetzten"-Verhältnis kann verbessert werden. – Die Vorgesetzten werden entlastet.	– Es wird keine partizipative Führung realisiert, sondern es besteht eine Tendenz zu „einsamen" Einzelentscheidungen. Auch ist in der Praxis die Führung im Mitarbeiterverhältnis häufig nur bedingt kooperativ. – Es werden in erster Linie nur die vertikalen Hierarchiebedingungen berücksichtigt, die häufig notwendige horizontale Koordination wird weitgehend vernachlässigt. – Es ist statisch, d.h. der Planungsaspekt und die Entwicklungen des Unternehmens werden nicht ausreichend berücksichtigt. – Motivationstheoretische und gruppendynamische Aspekte werden vernachlässigt, es wird die These vertreten, dass Führung im Mitarbeiterverhältnis der optimale Führungsstil ist. – Die große Anzahl von Organisationsregeln führt zu einer Bürokratisierung der innerbetrieblichen Beziehung. – Durch die Delegationsbereiche besteht die Gefahr von „Kästchendenken", die Kreativität der Mitarbeiter wird kaum gefördert.

Aufgabe 40

Führungstechniken (auch als Managementtechniken, Managementsysteme bezeichnet) sind konkrete Gestaltungsregeln für die Führungspraxis. Damit sprechen sie - sozusagen als Faustregeln - ein breites Publikum von Führungskräften an, das sich täglich mit Führungsaufgaben auseinandersetzt. Da sich jede Führungstechnik nur mit einzelnen Aspekten der (Personal-) Führung beschäftigt und zudem aus der Führungsforschung teilweise kontroverse Ergebnisse zum Thema Führung und Führungserfolg den Weg in die Praxis gefunden haben, ist die Vielfalt der Veröffentlichungen entsprechend groß.

Aufgabe 41

a) **Management by Objectives** ist eine Führungstechnik, in der Vorgesetzte und Mitarbeiter gemeinsam vereinbaren, welche Ziele durch die Mitarbeiter zu erreichen sind. Das wichtigste Ziel des Management by Objectives ist die Abstimmung der sachlichen Ziele der Unternehmung mit den persönlichen Zielen der Mitarbeiter und damit die Förderung sowohl der Arbeitsleistung als auch der Arbeitszufriedenheit.

b) Da verschiedene Autoren an der Entwicklung und Publizierung des Management by Objectives beteiligt waren, wird dieses Instrument auch unterschiedlich gesehen.

Management by Objectives (MbO) als reine Führungstechnik betrachtet, bedeutet, dass Vorgesetzte und Mitarbeiter gemeinsam die Ziele festlegen, die durch die Mitarbeiter zu erreichen sind. Auf der anderen Seite wird Management by Objectives als Führungsmodell gesehen, dessen zentrales Anliegen der Zielbildungsprozess im Unternehmen ist.

Die wesentlichen Aussagen des Management by Objectives sind:
- An die Stelle der Aufgabenvorgabe tritt die Zielvorgabe.
- Es werden nur Ziele vorgegeben, die von Vorgesetzten und Mitarbeitern gemeinsam erarbeitet und formuliert wurden.
- Die Ziele müssen klar und vollständig formuliert sein (Zielinhalt, -ausmaß, Termine).
- Die vereinbarten Ziele müssen mit den allgemeinen Unternehmenszielen übereinstimmen.
- Die Auswahl der Vorgehensweise, Mittel und Maßnahmen wird weitgehend dem einzelnen Mitarbeiter überlassen.
- Festlegung von Verantwortungsbereichen und Grenzen, die nicht überschritten werden dürfen (z.B. Investitionslimits, Kostenlimits, gesetzliche Grenzwerte für Emissionen) sind - sofern ihre Kenntnis nicht vorausgesetzt werden kann - den Mitarbeitern bei der Zielvorgabe mitzuteilen.
- Ein den Zielen angepasstes Kontrollsystem ist aufzubauen, das sowohl Informationen für die Eigen- und Fremdkontrolle als auch für die Leistungsbeurteilung liefert.

c) Beim **Management by Objectives** wird im Gegensatz zu den anderen Führungsmodellen, in denen die Zielfestlegung meist auf die oberste Führungsebene beschränkt ist, die Zielbestimmung gemeinsam zwischen den Mitarbeitern und der Unternehmensführung durchgeführt. Die Unternehmensführung und die Mitarbeiter auf den nachgeordneten Ebenen erarbeiten gemeinsam eine Zielkonzeption. Diese Zielkonzeption beinhaltet Teilziele, die bis zu den untersten Ebenen reichen. Die Unterziele müssen dabei so verknüpft werden, dass sie gleichzeitig auch einen Beitrag zum Oberziel leisten.

Aufgabe 42

Die Führung durch Ausnahmeregelungen (Management by Exception) wird durch ein genau festgelegtes Maß an Delegation gekennzeichnet. Aufgaben werden verstärkt an die unteren Ebenen delegiert, die dann in einem genau umrissenen Ermessensspielraum selbstständig entscheiden können. Der Vorgesetzte greift nur in solche Situationen ein, die außerhalb des Ermessensspielraumes liegen (Ausnahmesituationen).

Voraussetzungen für das Funktionieren des Prinzips **Management by Exception** sind:
- Klare Festlegung spezifischer Aufgabenbereiche (Stellenbeschreibung),
- Bereitschaft zur Übernahme von Verantwortung durch die Mitarbeiter,
- Aufbau eines Planungs- und Kontrollsystems,
- Delegation der Aufgaben an die Mitarbeiter,
- Schaffung eines geeigneten Informationssystems,
- Normal- und Ausnahmefälle müssen genau definiert werden.

Aufgabe 43

a) Ein erheblich höheres Maß selbstständigen Handelns der Mitarbeiter erfordert die Führung durch **Zielvorgaben** (Management by Objectives). Gemeinsam werden von Vorgesetzten und Untergebenen die Zielvorgaben erarbeitet, nach welchen sich die

Entscheidungen der Mitarbeiter ausrichten müssen. Den Weg zur Zielerreichung kann der Mitarbeiter frei wählen. In erheblich größerem Umfang als beim Management-by-Exception-Prinzip kann hier der Mitarbeiter seine eigene Tüchtigkeit und Verantwortung einbringen. Dadurch steigt allerdings die Gefahr, dass unkoordinierte Entscheidungen gefällt werden.

b) Management by Objectives, Management by Delegation und Management by Exception sind durchaus miteinander vereinbar. Das Management by Objectives als umfassendste der drei Führungstechniken enthält als Grundelemente neben der Zielvereinbarung die Festlegung von Delegationsbereichen und die Bestimmung eines Kontrollsystems. Management by Delegation und Management by Exception lassen sich deshalb als Teile eines Management by Objectives interpretieren.

Aufgabe 44

Empirische Studien über das Managementhandeln zeigen, dass Führungskräfte den weitaus größten Teil ihrer Zeit (über 60 %) mit **mündlicher Kommunikation** zubringen. Auf der anderen Seite zeigen demoskopische Untersuchungen, dass Mitarbeiter mehr Informationen von ihren Vorgesetzten wünschen und bei ihren Arbeitsplatz betreffenden Entscheidungen mitsprechen wollen. Ganz offensichtlich stellen Information und Kommunikation in Unternehmungen zentrale Formen zwischenmenschlichen Handelns dar.

Von Führungskräften wird erwartet, dass sie gut informiert sind, weit vorausplanen, Mitarbeiter motivieren, den Informationsfluss innerhalb ihres Geschäftsbereiches lenken, Konflikte lösen, Entscheidungen treffen, reorganisieren usw.. Die Mehrzahl dieser außerordentlich vielfältigen Aufgaben spielt sich keineswegs in der besinnlichen Stille eines abgeschotteten Büros ab, sondern vielmehr in der direkten Interaktion - zum größten Teil ist Kommunikation ihre Arbeit. Das störungsfreie Funktionieren einer Organisation und der Erfolg seiner Führungskräfte ist auch wesentlich von deren Interaktionskompetenz abhängig.

Mit zunehmender Größe des Betriebes wird es aber immer schwieriger, den engen Kontakt zwischen Vorgesetzten und Mitarbeitern aufrecht zu erhalten.

Positive Einstellung zur Information ist aber nicht nur Informationstechnik. Sie muss zur Grundeinstellung aller Führungskräfte gehören. Vertrauen und Offenheit müssen vorausgesetzt werden, damit die Mitarbeiter im Interesse des gesamten Unternehmens erfolgreich zusammenarbeiten. Denn: Uninformiert zu sein, verunsichert!

Aufgabe 45

Das **Mitarbeitergespräch** ist ein wesentliches Mittel der Personalführung. Seine Aufgabe ist der gegenseitige Informationsaustausch zwischen Vorgesetzten und Mitarbeitern. Bei dem in der Regel periodisch stattfindenden Gespräch erörtert der Vorgesetzte Entscheidungstatbestände bzw. bedeutsame Vorgänge im Arbeitsablauf seines Tätigkeitsbereiches. Es werden die Arbeitssituation, die sachlichen und persönlichen Leistungsvoraussetzungen, die gegenseitige Aufgabenverteilung und das Kooperationsverhalten der Partner zueinander besprochen.

Das Mitarbeitergespräch soll stets unter vier Augen und ohne Zeitdruck geführt werden. Als offenes Gespräch schafft es die Basis für gegenseitiges Vertrauen, fördert die Zusammenarbeit und das Verständnis für die Probleme des Partners. Eine abschließende Zusammenfassung des Gesprächsergebnisses ist stets anzustreben.

Aufgabe 46

a) Die **Besprechungshäufigkeit** wird vor allem durch die Art der Zusammenarbeit und den Koordinationsbedarf beeinflusst. Die Zusammenarbeit zwischen Vorgesetzten und Mitarbeitern einerseits, aber auch zwischen den verschiedenen Stellen einer Unternehmung andererseits sind in den letzten Jahren und Jahrzehnten enger geworden. Der steigende Komplexitätsgrad der zu lösenden Sachfragen und die Folgen des heute häufiger praktizierten kooperativen Führungsstils sind daher - neben vielen anderen - zwei wichtige Ursachen des wachsenden Bedarfs an Besprechungen.

b) Unter rein ökonomischen Überlegungen ist eine Besprechung dann als notwendig und erfolgreich zu beurteilen, wenn der in Geldeinheiten messbare Nutzen der Besprechung den damit verbundenen Aufwand überwiegt. Gerade Mitarbeiterbesprechungen lassen sich jedoch mit ökonomischen Zielgrößen nur unzureichend messen. Deshalb ist ein besseres Maß für den Besprechungserfolg zu suchen. Als Alternative bietet sich z.B. an, Besprechungen danach zu beurteilen, ob sie mit weiterführenden Ergebnissen verbunden sind. Eine Besprechung ist dann umso erfolgreicher, je mehr behandelte Tagesordnungspunkte zu Entscheidungen und somit zu kontrollierbaren Aktionen führen.

c) Der Koordinationsbedarf und die Intensität im Zusammenwirken zwischen Vorgesetzten und Mitarbeitern werden in Zukunft eher zunehmen und die Zahl der Besprechungen deshalb hoch bleiben. Allerdings lassen die technischen Möglichkeiten der verbesserten (Tele-)Kommunikation am Arbeitsplatz andere Formen von Besprechungen realistisch erscheinen. Insbesondere werden Besprechungen häufiger, welche die physische Anwesenheit der Besprechungsteilnehmer an einem Ort nicht mehr erfordern. Der Bedarf nach herkömmlichen Besprechungen wird durch moderne Besprechungsformen teilweise ersetzt werden.

Aufgabe 47

a) Moderation in Gruppen ist wichtig, weil häufig folgende Probleme in Gruppensitzungen auftreten:
– ungleiche Beteiligung der Teilnehmer
– langwierige Grundsatzdiskussionen
– lange Monologe
– häufiges Abweichen vom Thema
– zu wenig gemeinsame Ergebnisse
– persönliche Interessenkonflikte und Machtkämpfe
Ziele der Moderation sind:
– positive Beeinflussung der Probleme einer Gruppe
– gemeinsames Problembewusstsein schaffen
– kooperatives Verhalten bei Meinungsbildung und Entscheidungsfindung
– Ausgleich von Informationsgefällen
– zielorientierter Gesprächsverlauf
– Kreativität und Innovationsfreudigkeit
– Effizienter Ablauf (Zeit-Nutzen-Relation)
– Motivation (z.B. durch interessante und lebendige Gestaltung)

b) Regeln des Moderierens sind:

- Verhaltensgrundsätze während der Diskussion festlegen und deren Durchführung überwachen
- Konflikte zwischen den Gruppenmitgliedern zur Versachlichung führen
- Kreativität und ausgewogene Kommunikation der Mitglieder fördern
- Gruppenmitglieder zu Aktivitäten und Mitarbeit motivieren, ohne selbst Mittelpunkt der Gruppe zu werden
- kritikfreie Ideenproduktion
- Entscheidungssituationen und Entscheidungszwänge schaffen
- Weiterverfolgung von Vorschlägen
- Fragetechniken anwenden (z.B. die Anwendung von offenen Fragen)
- Resultate der Gruppenarbeit dokumentieren, Engagement für Folgeaktivitäten erzeugen
- nicht gegen die Meinungen und den Willen der Gruppe ankämpfen
- „Ich"- statt „Man"- Aussagen verwenden
- nonverbale Signale beachten
- in die Lösungsfindung der Gruppe nicht eingreifen, Bewertungen und Beurteilungen der Gruppe überlassen

Ein Element, welches zu Problemen bei der Gruppenarbeit führen kann, ist die Benutzung von sogenannten „Killerphrasen" durch Gruppenmitglieder. Häufig auftretende Äußerungen sind z.B.:

> Das haben wir schon immer so gemacht!
> Das hat eh' keinen Sinn!
> Das ist nichts Neues!
> Das klappt doch nie!
> Das interessiert doch niemanden!
> Das wird sowieso nichts!
> Wer will das schon wissen?
> Das ist nicht zu schaffen!
> Wofür das Ganze?
> Wer richtet sich schon danach?
> Das ist doch Schwachsinn!

Gegenmaßnahmen sind: Transparenzfragen stellen, Interessenlagen abfragen, Killerphrasen sammeln, aufzeigen von stereotypen Verhaltensweisen, Störungen im Gruppenprozess vorrangig bearbeiten.

Aufgabe 48

a) Das **Betriebsklima** spiegelt die allgemeine Stimmungslage in der Unternehmung wider. Diese kann von den Mitarbeiten als positiv oder negativ empfunden werden.

Das Betriebsklima kann beeinflusst werden durch:	Beispiele
– Verhalten des Vorgesetzten	– Kooperativer bzw. autoritärer Führungsstil
– Mitarbeiterbeziehungen	– Akzeptanz innerhalb der Arbeitsgruppe
– Informationsmöglichkeiten	– Stets aktuelles „Schwarzes Brett"
– Umfang der Mitwirkung	– Einbeziehen der Mitarbeiter in Entscheidungen
– Arbeitsorganisation	– Gruppenarbeit, Arbeitsplatzgestaltung
– Vergütungssystem	– Lohn, Sozialleistungen
– Äußere Arbeitsbedingungen	– Körperliche Belastung, Nichtraucherbüro

Kriterien zur Beurteilung des Betriebsklimas sind Fehlzeiten, Fluktuation, Arbeitszufriedenheit, Identifikation mit der Arbeit und dem Unternehmen sowie die allgemeine Leistungsbereitschaft der Mitarbeiter.

b) **Konflikte** müssen nicht grundsätzlich nachteilig sein, sondern sie können auch weiterbringen, z.B.

> – beim Finden von Lösungen,
> – durch Anregen von Interesse und Neugierde,
> – als Wurzel von Veränderungen,
> – zeigen sie Probleme auf,
> – verhindern sie Stagnation,
> – führen sie zu Selbsterkenntnis.

Aufgabe 49

a) Die drei **Ich-Zustände** (Eltern-Ich, Erwachsenen-Ich, Kind-Ich) gewinnen reale Gestalt in Interaktionen mit anderen, lassen sich beobachten und erfahren. In der Regel weisen Erwachsene alle drei Ich-Zustände auf, allerdings dominiert einer die anderen beiden.

b) Im Falle von **Parallel-Transaktionen** interagieren zwei Individuen auf derselben Ebene, wobei eine horizontale Transaktion von Erwachsenen-Ich zu Erwachsenen-Ich, als ideal gilt. Diese ist am wenigsten konfliktträchtig, weil der Ich-Zustand des reifen Erwachsenen von störenden Einflüssen des strengen, versagenden Eltern-Ich und des egoistischen, rücksichtslosen Kindheits-Ich frei ist.

Relativ konfliktfrei ist auch die diagonale Transaktion, wie sie zwischen Vorgesetzten und Untergebenen typisch ist, wenn der Vorgesetzte vom Eltern-Ich das Kind-Ich des Mitarbeiters anspricht und dieser vom Kind-Ich das Eltern-Ich des Vorgesetzten anspricht, da die Rollen klar definiert sind.

c) Zu Konflikten kommt es, wenn die Rollen nicht mehr klar zugeordnet werden können, beispielsweise wenn der Vorgesetzte aus dem Eltern-Ich das Kind-Ich des Mitarbeiters anspricht und dieser mit dem Erwachsenen-Ich das Erwachsenen-Ich des Vorgesetzten anspricht. Durch diese Art der **gekreuzten Transaktion** entstehen Probleme. Informationen werden unklar, schwer zuordenbar und Bedeutungsinhalte verzerrt.

Eine Anpassung der Kommunikation (Wissen, Terminologie) an den Empfänger (empfängerorientierte Formulierung) wird missachtet und eine erfolgreiche Kommunikation erschwert. Ebenfalls konfliktträchtig ist eine Interaktion, wenn ein Interaktionspartner auf zwei verschiedenen Ebenen sendet, etwa verbal auf der Erwachsenen- und nonverbal auf der Eltern-Ebene. Dies führt zum Senden widersprüchlicher Informationen und macht es dem Empfänger unmöglich, den der Nachricht beigelegten Sinn zu erkennen.

Aufgabe 50

	Situation 1		Situation 2		Situation 3
a)	Eltern-Ich	a)	Erwachsenen-Ich	a)	Kindheits-Ich
b)	Kindheits-Ich	b)	Kindheits-Ich	b)	Eltern-Ich
c)	Erwachsenen-Ich	c)	Eltern-Ich	c)	Erwachsenen-Ich

Aufgabe 51

Selbstaussagen	Lebenspositionen
1	Ich bin o.k. - Du bist nicht o.k.
2	Ich bin o.k. - Du bist nicht o.k.
3	Ich bin nicht o.k. - Du bist o.k.
4	Ich bin nicht o.k. - Du bist o.k.
5	Ich bin nicht o.k. - Du bist nicht o.k.
6	Ich bin nicht o.k. - Du bist nicht o.k.
7	Ich bin o.k. - Du bist o.k.
8	Ich bin o.k. - Du bist o.k.

Aufgabe 52

Riemann geht von folgenden vier Personentypen aus:

Persönlichkeitstyp	positive Eigenschaften	negative Eigenschaften
Schizoid	selbstsicher, entscheidungsfreudig, kritisch, eigenständig	intolerant, kontaktschwach, störrisch, unsensibel
Hysterisch	spontan, flexibel, risikofreudig, mitreißend	oberflächlich, unstetig, launisch, unruhig
Depressiv	einfühlsam, kontaktfähig, hilfsbereit, tolerant	empfindlich, entscheidungsschwach, nachgiebig, lästig
Zwanghaft	systematisch, ausdauernd, zuverlässig, exakt, fleißig	pedantisch, starr, unflexibel, bieder, langweilig

Aufgabe 53

Der schizoide Personentyp verhält sich im Umgang mit anderen Menschen sehr unpersönlich und distanziert. Auf Grund fehlender Kontaktfreudigkeit besitzt er keine großen Erfahrungen bezüglich den mitmenschlichen Beziehungen, so dass im Umgang mit seinen Mitmenschen große Unsicherheit herrscht (z.B. im Kontakt zum Nachbarn, bei Teamarbeit).

Der depressive Personentyp sucht dagegen den Kontakt zu seinen Mitmenschen, da er Angst vor der Einsamkeit hat. Für ihn ist die Abhängigkeit zu einer anderen Person der große Sicherheitsfaktor, da ihm Individualität und Unabhängigkeit fremd sind. Daher ist dieser Personentyp in Situationen, wo er auf sich allein gestellt ist, hilflos und unsicher.

Aufgabe 54

Bei dem beschriebenen Mitarbeiter überwiegen zwanghafte Persönlichkeitseigenschaften. Er empfindet eine Veränderung seiner täglichen Arbeitsroutine als bedrohlich und lehnt es daher ab, seinen Arbeitsablauf anders zu gestalten.

Der Mitarbeiter möchte durch seine Weigerung einer für ihn problematischen Situation aus dem Weg gehen. Er verspricht sich durch sein Verharren in einer ihm bekannten Routine ein hohes Maß an Sicherheit und glaubt, dass es ihm nur in den gewohnten Arbeitsabläufen gelingt, die für ihn wichtige Perfektion beizubehalten.

Organisation

Aufgabe 55

Durch die Zunahme der gleichartigen Entscheidungen müssen auch aus den improvisatorischen und dispositiven Regeln möglichst allgemeine Regeln geschaffen werden. So kann unter dem Substitutionsgesetz der Organisation die automatische Zunahme von allgemeinen Regelungen, bei abnehmender Veränderlichkeit der Entscheidungen im Falle von Einzelmaßnahmen verstanden werden.

Aufgabe 56

a) Unter einer **Stelle** versteht man die Zusammenfassung von Teilaufgaben, die dem qualitativen und quantitativen Leistungsvermögen eines gedachten Aufgabenträgers entsprechen soll und im Rahmen der Aufgabenanalyse und -synthese gebildet wird. Diese Kombination einzelner Aufgaben ist die kleinste organisatorische Einheit in einem Unternehmen und ist grundsätzlich auf Dauer angelegt. Eine deutliche Abgrenzung der Stelle zu anderen Stellen erfolgt durch die Kombination der einzelnen Aufgaben. Ferner sind Stellen grundsätzlich unabhängig vom Stelleninhaber.

b) Das wesentliche Merkmal einer Stelle ist zunächst, dass sie im Rahmen einer Gesamtorganisation gebildet sein muss, die aus mehreren Stellen besteht und zumindest eine Leitungsstelle umfasst. Der Arbeitsbereich eines Ein-Mann-Betriebes kann nicht als Stelle bezeichnet werden. Weitere Voraussetzung für eine Stelle ist, dass die Aufgaben nicht nur einmaliger oder vorübergehender Natur sein dürfen, sondern dass sie sich ohne erkennbare zeitliche Begrenzung wiederholen.

c) Bei der Stellenbildung müssen die folgenden Kriterien berücksichtigt werden:

- Definition dauerhafter Arbeitsaufgaben nach dem Verrichtungs- und Objektprinzip und bei leitenden Stellen nach Rang und Phase
- Einbindung in die Aufbau- und Ablauforganisation
- Hierarchische Eingliederung in die Unternehmensstruktur

Aufgabe 57

In einem **Stellenplan** werden die gebildeten Stellen eines Unternehmens zusammengefasst. Dieser Plan stellt mit den arbeitsteiligen Verknüpfungen die organisatorische Struktur des Unternehmens dar. Die Darstellung der Abteilungs- und Instanzenbildung mit den zugehörigen Über- und Unterstellungen sind die wesentlichen Informationen des Stellenplans.

Mit Hilfe des Stellenplans ist es der Einsatzplanung möglich, quantitativ (Anzahl verfügbarer Stellen) und qualitativ (Austauschbarkeit verschiedener beruflicher Qualifikationen) zu disponieren. Aus dem Stellenplan kann die Einsatzplanung Erkenntnisse über die Ersatzbesetzung, die Besetzung neuer Stellen und den Abbau vorhandener Stellen gewinnen.

Aufgabe 58

Die Aufgabenanalyse ergibt folgendes Ergebnis:

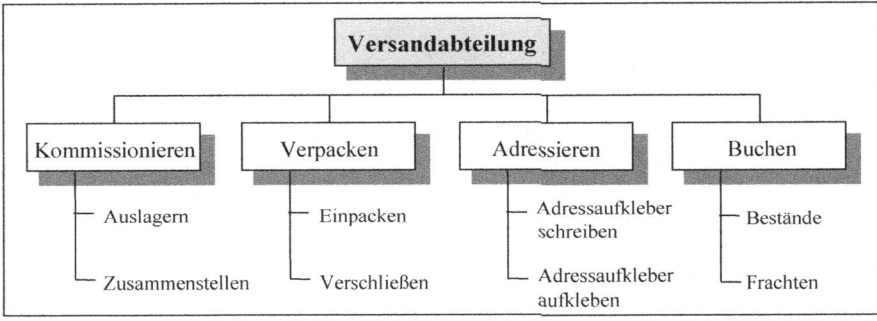

Aufgabe 59

Sollen **Stellenbeschreibungen** ihre Aufgabe erfüllen, so müssen sie prinzipiell enthalten:

- Stellenbezeichnung
- Organisatorische Eingliederung der Stelle
- Ziele der Stelle, Aufgaben
- Unter-/Überstellung des Stelleninhabers
- Stellvertretung
- Kompetenzen und Verantwortung
- Vergütungsrahmen
- Anforderungen an den Stelleninhaber

Aufgabe 60

Die **Leitungsspanne** (Führungsspanne) gibt Auskunft, wie viele Stellen einer gemeinsamen Leitungsinstanz unterstellt werden sollen. Folgende Faktoren haben auf die Bestimmung der Leitungsspanne Einfluss:

- Qualifikation der Vorgesetzten
- Qualifikation der Mitarbeiter
- Komplexität, Interdependenz u. Gleichartigkeit der Aufgaben der Mitarbeiter
- Technologie (Mechanisierung, Automatisierung)
- Kommunikationssystem
- Führungssystem

Aufgabe 61

Situationen	Reines Einliniensystem	Reines Mehrliniensystem	Weder noch
Kurze Befehlswege, Kompetenzen sind leicht abzugrenzen	x		
Die Gefahr der Kompetenzüberschneidung ist relativ groß		x	
Auf verschiedenen Hierarchieebenen sind Stäbe eingesetzt			x
Eine Stelle kann von mehreren, ihr übergeordneten Stellen, Weisungen erhalten		x	
Bessere Ausnutzung von Spezialkenntnissen der Instanzeninhaber		x	

Aufgabe 62

a)

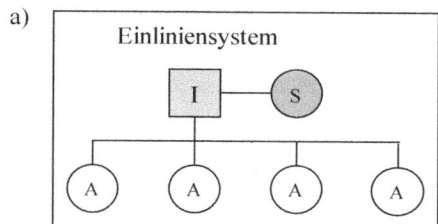
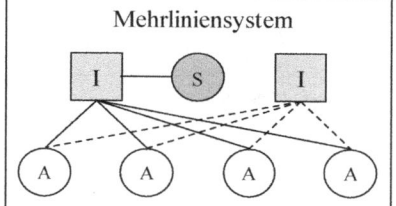

b)

Systeme	Vorteil	Nachteil
Einliniensystem	Eindeutige Abgrenzung der Kompetenzen	Starrheit und Schwerfälligkeit
Mehrliniensystem	Spezialisierung der Instanzen	Schwierige Koordination getrennter Entscheidungsvorgänge

Aufgabe 63

a) Organisatorische Kennzeichnung von **Stäben**:
- horizontale Ausgliederung
- keine Anordnungs- und Weisungsbefugnis
- die Aufgabenführung erfordert:
    - spezielle Fachkenntnisse
    - Detailarbeit
    - häufig Teamarbeit
- In größeren Unternehmen sind Stäbe auch mit Leitungsaufgaben betraut, sie sind dann Stabsinstanzen. Dies bedingt
    - Leistungsaufgaben innerhalb der Stabsabteilung,
    - evtl. Zuweisungsbefugnis gegenüber rangtieferen Stäben.

b) Zitat 1: „More staff work!"

Aus dem Ausspruch kann man ableiten, dass in der Nachkriegswirtschaft nur wenig mit Stäben gearbeitet wurde, dass die Spitzen der Unternehmen überlastet waren. Daher der Ratschlag, das Stabskonzept in die Wirtschaft zu übernehmen.

Vorteile sind zu sehen z.B. in:
- der Unterstützung und Entlastung der Leitungsspitzen in quantitativer und qualitativer Hinsicht und
- der Vereinheitlichung der Aufgabenerfüllung

Zitat 2: „Die Stäbe degenerieren alle!".

Degenerieren heißt „entarten", d.h. die Stäbe verlieren ihren Stabscharakter. Der Verlust des Stabscharakters kann gesehen werden in:
- Aneignung von Weisungsbefugnis (informale Machtposition)
- qualitative Nichtausnutzung der Stabtätigkeit (Routinearbeit)
- geistige Isolierung

Aufgabe 64

	Kriterium	Vorteil funktionsorientierte Organisationsform	Vorteil objektorientierte Organisationsform
(a)	Einheitliche Regelungen	x	
(b)	Transparenz		x
(c)	Mitarbeiternähe		x
(d)	Kenntnis örtlicher Gegebenheiten		x
(e)	Verbindlichkeit, Berechenbarkeit	x	
(f)	Abgrenzung der Aufgaben	x	
(g)	Produktivität	x	
(h)	Flexibilität		x
(i)	Zusammenarbeit, Koordination	x	
(j)	Spezialisierung	x	
(k)	Kompetenz, Herausforderung		x

Aufgabe 65

Die Vorteile einer **objektorientierten** Hauptabteilungsgliederung wie
- innerbetrieblicher Wettbewerb
- bessere Erfolgskontrolle
- bessere Mitarbeitermotivation
- Erzeugnis- bzw. Marktnähe

ergeben sich nur unter den in der Aussage gemachten Voraussetzungen.

Bei homogenem Markt bzw. Erzeugnisprogramm ist die verrichtungsorientierte Gliederung überlegen. Die Aussage ist somit richtig, weil unter den genannten Voraussetzungen die verrichtungsorientierte Gliederung durch Schwächen wie
- Steuerungsprobleme,
- Leitungsschwierigkeiten,
- Koordinationsprobleme,

gekennzeichnet ist.

Aufgabe 66

Gliedert man, bei der nach Berufsgruppen objektorientierten Organisation, übergeordnete Funktionsbereiche wie Personalverwaltung, soziale Betreuung und Entgeltrechnung aus, kommt man zu einer gemeinsam funktionsorientierten und objektorientierten, also einer **gemischten Organisation**, in der Nachteile der einen durch Vorteile der anderen Organisationsform ausgeglichen werden. Funktions- und Objektleiter sind gleichberechtigt, die Entscheidungskompetenzen sind verteilt. Knotenpunkte potenzieller Konfliktherde sollen zusammen gelöst werden. Davon verspricht man sich besonders effiziente und flexible Problemlösungen. Nachteilig ist im Falle von Machtkämpfen die Störung des Gleichgewichts zwischen Funktion und Objekt. Die große Anzahl von Personalstellen erlaubt es meist nur Großunternehmen, das Personalwesen in dieser Organisationsform zu betreiben.

Aufgabe 67

a) Objektorientierte Gliederung

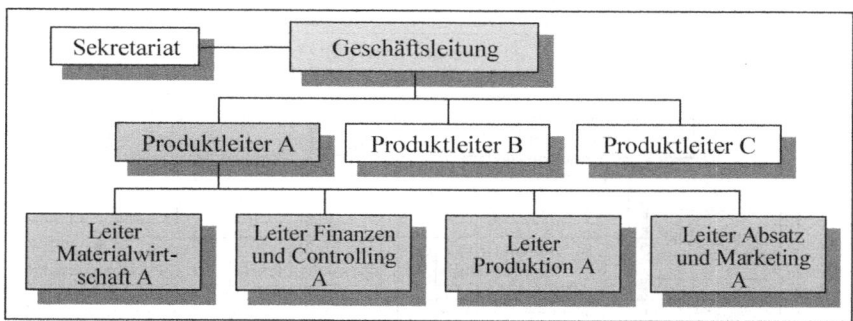

b) In Form einer Stabsabteilung, die der Geschäftsleitung zugeordnet ist, da die Revisionsabteilung für die gesamte Unternehmung zuständig ist.

c) Indirekte Kommunikationswege:
  - **Charakterisierung**: Ein indirekter Kommunikationsweg liegt vor, wenn die Kommunikation zwischen zwei Stellen mindestens über eine dritte Stelle bzw. übergeordnete Instanz verläuft.
  - **Vorteile**: Der Vorgesetzte ist über alle Kommunikationsbeziehungen orientiert.

Direkte Kommunikationswege:
  - **Charakterisierung**: Eine direkte Kommunikationsbeziehung liegt vor, wenn bei der Kommunikation zwischen zwei Stellen keine dritte Stelle miteinbezogen wird.
  - **Vorteile**: Schnelligkeit und Kostengünstigkeit

Aufgabe 68

a) Linienorganisation

b) Stablinienorganisation

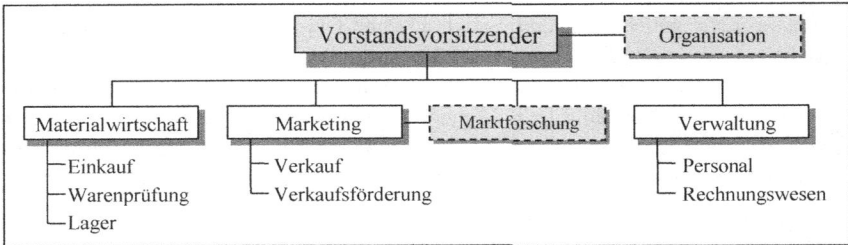

c) Organisationsform mit Produktmanagement

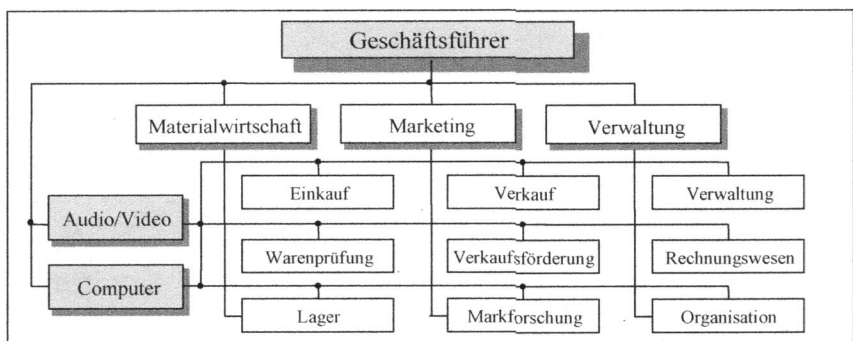

d) Organisationsform mit Projektmanagement

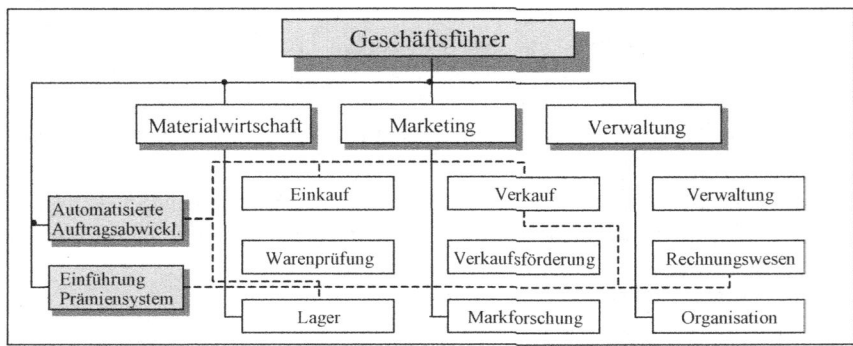

Aufgabe 69

a) **Zentralisation:** für alle Konzerngesellschaften wird ein Zentraleinkauf eingerichtet
Dezentralisation: jede einzelne Konzerngesellschaft erhält eine eigenständige Einkaufsabteilung. Kombination von Zentralisation und Dezentralisation: Bildung einer zentralen Einkaufsabteilung sowie zusätzlich mehrerer dezentraler Einkaufsabteilungen in den Konzerngesellschaften

b) Mischformen zwischen zentraler und dezentraler Regelung, um die Vorteile beider Formen zu nutzen

Aufgabe 70

a) **Profit Center** sind organisatorisch selbstständige Einheiten (z.B. Fachabteilungen) innerhalb eines Unternehmens, die rechnungstechnisch und kompetenzmäßig so abgrenzbar sind, dass ihnen alle Kosten und Erlöse eindeutig zugeordnet werden können. Sie sind sozusagen ein kleines Unternehmen im Unternehmen. Ihr Erfolg wird, wie der Name schon sagt, am erreichten Gewinn (Profit) gemessen.

Mit der Bildung von Profit Centern will man erreichen, dass:

– sich die Einstellung der Mitarbeiter zur Arbeit verbessert
– die Mitarbeiter unternehmerische Denkweisen bilden
– die Mitarbeiter mehr motiviert werden
– die Effizienz gesteigert wird
– eine höhere Flexibilität erlangt wird
– die Leistungen sich am Markt orientieren
– eine höhere Kostentransparenz vorhanden ist und
– rationelle Make-or-buy-Entscheidungen getroffen werden können

b) Gründe für die erhöhte Flexibilität sind:

– Verkürzte Kommunikationswege
– Schnellere Produktanpassung
– Schnellere Informationsverarbeitung
– Erhöhung der Produktinnovation

Aufgabe 71

a) Sind Großunternehmen nach der Organisationsform der Spartenorganisation aufgebaut, so können die verschiedenen Unternehmens- oder Geschäftsbereiche eigenständige Personalabteilungen besitzen.
  - **Vorteil:** Verwirklichung einer Personalpolitik, die an den speziellen Anforderungen jeder Sparte ausgerichtet ist. Der Kontakt zu den Mitarbeitern kann durch den objektbezogenen Organisationsansatz besser gehalten werden.
  - **Nachteil:** Verwirklichung der spartenbezogenen Personalkonzepte verlangt eine aufwendigere Kontrolle des Personalwesens.

Bei der **Matrixorganisation** werden z.B. Funktions- und Objektprinzip kombiniert. Problematisch ist die Abgrenzung von Kompetenzen zwischen Objekt- und Funktionsleitungsinstanz, woraus in Konfliktfällen die Frage nach der Entscheidung und Verantwortung entsteht. Der Vorteil besteht darin, dass jede Personalabteilung die in der Sparte anfallenden Aufgaben erledigt und zusätzlich einen Spezialisten auf einem Sachgebiet der Funktion ernennt. Der Spezialist fungiert als Berater in anderen Sparten.

b) Die Umwandlung des Personalwesens vom **Cost-Center** zum **Profit-Center** enthält das größte und zukunftsträchtigste Potenzial für ein innovatives Personalmanagement. Um die Personalabteilung in einem ersten Schritt wirtschaftlicher zu gestalten, werden die anfallenden Kosten erfasst und analysiert und nicht einfach als Verwaltungsgemeinkosten auf die Kostenträger umgelegt. Dadurch können grobe Unwirtschaftlichkeiten festgestellt und beseitigt werden. Die Personalabteilung wird zum Cost-Center.

In einem weitergehenden Schritt bietet die Personalabteilung ihre Dienste den anderen Abteilungen mit dem Ziel der eigenen Kostendeckung an. Die nachfragenden Abteilungen werden als Kunden betrachtet, die Personalabteilung wird zum Service-Center.

Erhält die Personalabteilung die Vorgabe, einen Gewinn zu erzielen, wird sie zum Profit-Center und stellt damit eine Dienstleistung bereit, die von internen und externen Kunden nachgefragt und gegen kosten- oder marktorientierte Verrechnungspreise zur Verfügung gestellt wird.

Aufgabe 72

Unter einer **Projektorganisation** versteht man
- die Umsetzung des Projektaufbaus sowie
- die Bildung von Arbeitssystemen zur Durchführung des Projektes.

Die Realisation der Projektorganisation übernimmt das Projektmanagement.

Bei der Projektorganisation gibt es:
- die Projektablauforganisation, die durch Prozesse gekennzeichnet ist und
- die Projektaufbauorganisation, die durch ein Netz von Aufgabenkombinationen gekennzeichnet ist

Die Projektorganisation kann, bezüglich der Zuordnung zu einer Fachabteilung, in drei Formen auftreten:
- Totale Projektorganisation: die Projektgruppe (Task Force) untersteht nicht einer Fachabteilung während der Zeit der Projektdurchführung,
- Stabs-Projektorganisation: die Projektgruppe untersteht vollständig einer Fachabteilung während der Zeit der Projektdurchführung,
- Begrenzte Projektorganisation: die Projektgruppe (Matrix-Projektorganisation) untersteht nur teilweise einer Fachabteilung während der Zeit der Projektdurchführung.

Aufgabe 73

a) Das **Projekt** ist ein einmaliges Vorhaben, mit dessen Hilfe eine spezielle Aufgabenstellung gelöst werden soll. Es ist durch folgende Merkmale gekennzeichnet:
- die (relative) Einmaligkeit
- die begrenzte Zeitdauer
- die Komplexität
- den i.d.R. „interdisziplinären" Umfang
- das vorhandene Risiko, dass gestellte Projektziele nicht erreicht werden

b) Die **Projektgruppe** setzt sich aus einer begrenzten Anzahl von Personen zusammen, die an der Lösung der Projektproblemstellung zusammenarbeiten. Bei der Auswahl der Personen sollte beachtet werden, dass
- der Inhalt der Projektaufgabe und ihre Komplexität Nachteile bringen.

Vorteile:
- die Verantwortung wird auf alle Projektgruppenmitglieder verteilt
- einfache Koordination
- Einsatz von Experten
- ein geringes Risiko der Gruppenauflösung
- Einbeziehung unterschiedlicher Fachbereiche und Hierarchieebenen

Nachteile:
- langsam übereinstimmende Willensbildung
- Entstehen von Konfliktsituationen zwischen Projektgruppenmitgliedern aus verschiedenen Fachbereichen
- Gefahr der Bürokratisierung

c) Ein **Projektleiter** ist eine Person, die als Manager den Ablaufvorgang des Projektes ständig koordiniert. Er muss alle notwendigen Informationen sammeln, Vorschläge unterbreiten und die Zuarbeit zwischen den Projektgruppenmitgliedern abstimmen.

Der **Projektleiter** weist folgende Hauptmerkmale auf:
- Seine Projektaufgabe ist es, die Planung, Steuerung und Kontrolle des Projekts durchzuführen, um somit die Wirtschaftlichkeit zu sichern.
- Er hat die Projektverantwortung für das Personal, das Budget, die Sachmittel, die Termine und das Resultat der Projektarbeit.
- Er hat die Projektbefugnisse, ohne die er seine Aufgaben nicht erfüllen kann (Anweisungs- und Entscheidungsbefugnis).

Damit der Projektleiter seinen Aufgaben gerecht wird, muss er spezielle Eigenschaften aufweisen können:
- persönliche Qualifikationen: soziale Kompetenz, Kreativität, Entscheidungsfreudigkeit und Flexibilität
- fachliche Qualifikationen: fachübergreifende, methodische Kompetenz

Aufgabe 74

Folgende interne Einflussgrößen nehmen Einfluss auf die **Ablauforganisation**:
- Produktionsprogramm: Art und Ausprägung der Leistungserstellung sind hiervon betroffen
- Struktur der Arbeitsträger: Ablaufprozess wird mehr durch hochqualifizierte Mitarbeiter geprägt, als durch Hilfsarbeiter
- Struktur des Planungssystems: zentral oder dezentral
- Struktur des Informationssystems: Informationen werden entweder von Vorgesetzten, Kollegen oder durch DV-Systeme übermittelt

Aufgabe 75

Situationen	Aufbau	Ablauf	weder noch
Schaffung eines Instanzenzuges	x		
Arbeitsumbildung im neu erworbenen Zweigwerk	x		
Minimierung von Durchlaufzeiten		x	
Bildung zweier neuer Stäbe	x		
Festlegung von Weisungsbefugnissen	x		
Einstellung eines Mitarbeiters			x
Darlehensbeschaffung für Investitionsvorhaben			x
Maximierung der Kapazitätsauslastung		x	

Aufgabe 76

a) Die **Prozessorganisation** ist eine neuere Entwicklung in der Organisationslehre. Es wird nicht mehr vertikal und in Funktionen, sondern horizontal und in Prozessen gedacht. Organisation soll nicht mehr die Struktur sein, in der sich Arbeitsabläufe nach Vorgaben vollziehen, sondern sie soll sich an den wichtigsten Kernprozessen des Unternehmens orientieren. Diese Kernprozesse werden von Teams entlang der gesamten Wertschöpfungskette bearbeitet. Das bedeutet, dass alles, vom Beschaffungs- bis zum Absatzmarkt, vom Lieferanten bis zum Kunden davon erfasst wird. Was nicht zu den wesentlichen Prozessen des Unternehmens gehört, wird ausgelagert, d.h. an dafür spezialisierte Firmen delegiert. Da die zuständigen Teams jederzeit auf die benötigten Informationen aus allen Unternehmensbereichen zugreifen müssen, ist die Voraussetzung der Prozessorganisation eine intensive Vernetzung der Informationen im Unternehmen. Eine hoch entwickelte Informatik ist daher ein „Muss" für diese Organisationsstruktur.

b) **Prozesse** sind eine Kette von Aktivitäten innerhalb einer Unternehmung, die zu einem bestimmten Leistungsoutput führen sollen.

Bei den Aktivitäten wird zwischen:

– **primären Aktivitäten** (Eingangslogistik, Operationen, Marketing & Vertrieb, Ausgangslogistik und Kundendienst) und
– **unterstützenden Aktivitäten** (Unternehmensinfrastruktur, Personalwirtschaft, Technologieentwicklung und Beschaffung) unterschieden.

Die Idee des Prozessmanagements ist es, solche Aktivitäten zu identifizieren und zu fördern, die einen Wettbewerbsvorteil bezüglich des kosten- und leistungsorientierten Zusatznutzens einbringen. Aktivitäten, die nichts einbringen, werden eliminiert. (Das Prinzip basiert auf dem Modell der Wertkette von Porter.)

Diese Methode hat eine starke Anlehnung an andere Verfahren, die zu einer Verkürzung (Simultaneous Engineering) und zu einer Erhöhung der Qualität der Prozesse (Kaizen) führen sollen. Weiterhin sollen überflüssige Aktivitäten ausgeräumt werden.

Mit der Einführung des Prozessmanagements ist man bestrebt, sich von der traditionellen funktionalen Trennung innerhalb des Unternehmens zu lösen. Ziel ist es, die Unternehmung als eine durch Prozesse integrierte Organisation zu sehen.

c) Der **Kernprozess** ist der Zusammenschluss von Teilprozessen, die für die Erzielung des Betriebserfolges von hoher Bedeutung sind. Welche Prozesse das sind, hängt zum einen von der Art des Unternehmens ab und zum anderen davon, welche strategischen Ziele sich das Unternehmen gesetzt hat. So kann es zum Beispiel in einem Versicherungsunternehmen die Tätigkeit der Auftragsbearbeitung und die der Schadensregulierung sein. Wenn das Unternehmen sich zum Ziel gesetzt hat, die Bearbeitungszeit von Schadensfällen zu verkürzen, so stehen die Tätigkeiten der Schadensaufnahme und der Weiterverarbeitung im Mittelpunkt.

Trends in der Unternehmensführung und Organisation

Aufgabe 77

a) Die Ergebnisse des **Lean Managements** sind höchste Qualität (null Fehler), kürzeste Liefertermine (Just in Time), kürzeste Innovationszeit und wirtschaftlichere Produktionsabläufe. Durch die starke Identifikation der Mitarbeiter mit den Arbeitsinhalten werden die Mitarbeiter stärker motiviert.

Darüber hinaus bewirkt die Umstrukturierung eine Erweiterung der Arbeitsinhalte für den Einzelnen (Job Enrichment). Allerdings muss man auch als negative Aspekte die zwangsläufig notwendigen neuen Entlohnungssysteme und den Bedarf an höherqualifizierten Arbeitskräften sehen. So sind auch die Unternehmen, Berufsschulen und Hochschulen gleichermaßen gefordert, die Ausbildungskonzepte neu zu gestalten, um den Bedarf an teamorientierten Mitarbeitern zu decken.

b) Konkrete Techniken im Bereich des Lean-Production Managements:

- Produktion als integrierter Prozess: Konzentration auf produktive Prozesse, strikte Prozessorientierung, Organisationsaufbau der indirekten Bereiche nach Bedürfnissen der Fertigung
- Interne Just-in-time-Produktion mit der Idealvorstellung des Staffellaufes: In einem Fertigungsabschnitt wird jeweils nur das Teil gefertigt, das der folgende Abschnitt unmittelbar nach Fertigstellung des Teils benötigt. Ziel ist die Einsparung an umlaufendem Kapital.
- Verstetigung und hohe Standardisierung der Produktion auf allen Produktionsstufen
- Kaizen: Teamarbeit als Arbeitsform mit dem Auftrag der ständigen Verbesserung (Kai = Wandel, zen = das Gute)
- Schaffung von logischen, einfachen Abläufen (z.B. KANBAN)
- Integrierte, präventive, systematische Qualitätssicherung
- Just-in-Time-Konzept (JIT) spart durch bedarfsgerechte Anlieferung unnötige Zwischenlager und realisiert so Verbesserungen in der Materialflusskette
- Flache Hierarchiestrukturen und damit „Unternehmertum" auf allen Ebenen

Aufgabe 78

Sachliche Vorteile der Gruppenarbeit sind:
– unterschiedlicher Wissens- und Informationsstand, verschiedene Fähigkeiten und Erfahrungen der Mitglieder – jedes Gruppenmitglied ist für das Ergebnis der Gruppenarbeit mitverantwortlich – breite Interesseneinbeziehung – Versachlichung, Neutralisierung, Objektivierung anstehender Probleme durch gründliches Durchdenken und Einbeziehen unterschiedlicher Problemsichten – mehr Köpfe haben mehr Ideen – kurze Kommunikationswege („face-to-face") – Koordinationsvorteile – es findet sofort gegenseitige Kontrolle statt – Arbeitsteilung gemäß spezifischer Fähigkeiten einzelner Mitglieder
Personelle Vorteile der Gruppenarbeit sind:
– man kann sich gegenseitig motivieren – zusätzliche Entfaltungs- und Entwicklungsmöglichkeiten für den Einzelnen – Abbau von Hemmungen und Verleihen von Sicherheit – (latent) vorhandene Vorurteile können abgebaut werden – Erfüllung von Bedürfnissen nach Kontakt, Anerkennung, Wertschätzung – interessantere Tätigkeit durch größere Arbeitsinhalte
Sachliche Nachteile der Gruppenarbeit sind:
– Zeitbedarf zur Schaffung eines gemeinsamen Informationsstandes – gemeinsame Terminabstimmung – der Prozess zur übereinstimmenden Willensbildung kann sehr zeit- und nervenaufreibend sein – man muss meist Kompromisse eingehen – Kosten der Teamarbeit (Personalkosten, Vorbereitungskosten, Reisekosten, etc.) – zusätzliche Mitwirkung in Teams bedeutet Mehrarbeit – Gefahr der Dominanz eines oder mehrerer Mitglieder – Missbrauch von Informationen
Personelle Nachteile der Gruppenarbeit sind:
– bei sehr unterschiedlichen Persönlichkeiten der Gruppenmitglieder können Konfliktsituationen entstehen, die im Extremfall zur Auflösung der Gruppe führen. – Gefahr von Frustration bei Nichtberücksichtigung von Meinungen und Vorschlägen – unter Umständen kommt es zur Unterdrückung von Individualismus und zu konformem Verhalten. – fehlender Anreiz, da dem Einzelnen für seine Leistung keine Auszeichnung zuteil wird

Antworten zu den Aufgaben

Aufgabe 79

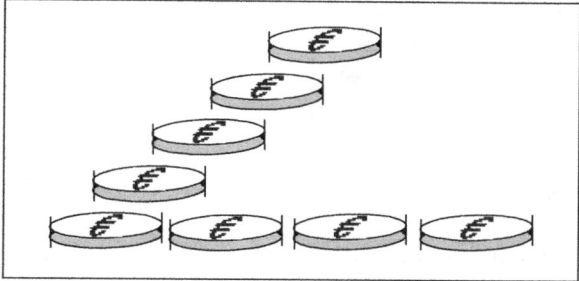

Die Lösung in der Abbildung sieht sehr einfach aus, wenn man in seine Betrachtungsweise die dritte Dimension von Anfang an mit einbezieht.
Aber gerade das zeichnet die Lean-Denkweisen aus: Andere Perspektiven bei der Lösungsfindung zu berücksichtigen, um in kleinen gezielten Schritten eine ständige Verbesserung zu erzielen.

Aufgabe 80

Bei einer **flachen Organisationsstruktur** weist ein Unternehmen nur wenige Hierarchieebenen auf. Es findet eine Dezentralisation statt, indem Entscheidungsbefugnisse und damit Verantwortung auf die unteren Ebenen übertragen werden. Dadurch kann schneller und flexibler auf die Wünsche des Kunden eingegangen werden.

Die geringe Anzahl von Hierarchieebenen bedingt kurze Informationswege und fördert somit die Reaktions- und Anpassungsfähigkeit des Unternehmens. Die betonte Delegation führt zu einem eigenverantwortlichen Handeln der Mitarbeiter und erhöht deren Motivation. Nachteilig kann sich auswirken, dass der Koordinations- und Entscheidungsprozess erschwert wird.

Aufgabe 81

a) Da der Hintergrundgedanke des **Chaosmanagements** das Auflösen traditioneller, starrer Organisationsstrukturen ist, muss sich auch der Führungsstil des Managements dementsprechend ändern. Nicht mehr autoritäres Diktieren und Kontrollieren sollte im Vordergrund stehen, sondern das Zulassen von Selbstorganisation, Freiräumen und Mitbestimmung bei den Mitarbeitern. Das Rollenverständnis des Unternehmensführers verschiebt sich also von jemandem, der über Ziele entscheidet und Anweisungen zu ihrer Realisierung gibt, zu jemandem, der sich für den unternehmenspolitischen Dialog verantwortlich fühlt.

Er trägt als Katalysator dazu bei, dafür ideale Bedingungen zu entwickeln und dem System, aufgrund seiner eigenen Auseinandersetzung mit dem Umfeld, dem Unternehmen seine persönlichen Visionen zu vermitteln. Dies kann in der Unterstützung für Abwehr- und Selektionsmechanismen, wenn die Komplexität überhand nimmt, liegen. Das Management sollte soviel Vertrauen zu seinen Mitarbeitern haben, dass es gelassen in einer gewissen Inaktivität bleibt und nur eingreift, wenn es unbedingt sein muss. Anstelle der Vorgabe von Zielen sollte es Visionen vorleben, an denen sich die Mitarbeiter orientieren können.

b) Folgende Faktoren wirken sich lähmend auf das Chaosmanagement aus:
- Logisches Denken verhindert Kreativität.
- Expertentum verhindert Risikobereitschaft.
- Das Festhalten an einer Lieblingstheorie lässt keine Nebenwege und Experimente zu.
- Prägende Erfahrungen filtern alles heraus, was ins Bisherige nicht passt.
- Normen helfen, das Chaos fernzuhalten.
- Systeme dienen als Gerüste zur Einordnung von zusammenhanglosen Elementen.
- Risikoangst.
- Macht: Das Profilierungsstreben Einzelner wirkt störend auf die Teamarbeit.
- Prestige: Der Anerkennungshungrige hat im Chaos nur zu verlieren, da er im Chaos sein mühsam erworbenes und gehütetes Prestige aufs Spiel setzt.
- Autonomie: Autonomie, egal in welcher Form, verhindert die Freiheit, die das Chaos zur Entfaltung benötigt.

c) Die zunehmende Globalisierung der Wirtschaft, die daraus resultierenden Veränderungen in den Unternehmungen und steigende Innovationsgeschwindigkeiten führen die konventionellen, starren Managementmethoden an ihre Grenzen. Um weiter auf dem Markt bestehen zu können, bedarf es neuer, flexibler Führungsansätze, die auf der Grundlage der Selbstorganisation beruhen. Teamarbeit und Arbeit in Projektgruppen sind Beispiele dafür, wie Selbstorganisation und damit die Übernahme von Verantwortung durch das Team und jedes einzelnen Teammitglieds praktiziert wird.

Einen wesentlichen Einfluss zur Entwicklung der Selbstorganisation in den Unternehmen von heute hat die Chaostheorie, die sich auf offene Systeme bezieht, bei denen man nicht weiß bzw. vorhersagen kann, in welche Richtung sie verlaufen. Ein solches offenes System ist die Selbstorganisation, mit deren Hilfe das Chaos zu einer neuen Ordnung gelangt.

Aufgabe 82

Das **Visionäre Management** richtet die Mitarbeiter eines Unternehmens auf eine gemeinsame Vision aus. Abhängig von der Qualität dieser Zukunftsvorstellungen resultieren geistig plastische Bilder, im Sinne einer „Ideenwelt" mit einem hohen Aufforderungs- und Mobilisierungswert für alle Bezugspersonen des Unternehmens.

Visionen geben dem Mitarbeiter das Gefühl, an etwas Wichtigem, Bedeutungsvollem und Aufregendem teilzunehmen. Visionen drücken Zweck und Zielrichtung eines Unternehmens aus und stellen das Sinngebende und Verbindende innerhalb eines Unternehmens dar.

Wichtige Komponenten einer Vision sind Offenheit, Spontaneität, Realitätssinn, Kreativität und Erfahrung.

Aufgabe 83

Das **Qualitätsmanagement** stellt folgende Hauptforderungen an das Unternehmen:
- professionelle Serviceorientierung der Mitarbeiter in allen Funktionsbereichen und Hierarchieebenen
- entbürokratisierte und teamorientierte Strukturen
- eine Führung (inklusive aller Ebenen), die im ständigen Kundenkontakt steht

Aufgabe 84

Besonders hervorzuheben sind folgende Möglichkeiten bei der Produkterneuerung:
- Einsparung von Rohstoffen mit der Vermeidung von Emissionen,
- Substitution knapper Ressourcen, was zu deren Schonung beiträgt,
- Verringerung der Abfallmengen und deren Umweltschädlichkeit, folglich Entlastung des Müllaufkommens.

Aufgabe 85

Durch stetig steigende Umweltdynamik und -komplexität ist eine Einführung und Weiterentwicklung ganzheitlicher Managementsysteme in Unternehmungen unabdingbar und bildet eine zentrale Zukunftsaufgabe. Das **vernetzte Denken** ist ein Verfahren, das zur Lenkung und Gestaltung komplexer sozialer Problemsituationen entwickelt wurde.

Die Methodik des vernetzten Denkens ist Ausdruck einer ganzheitlichen Denkweise, die auf einem breiten Horizont beruht und unter Berücksichtigung vieler Einflussfaktoren von größeren Zusammenhängen ausgeht. Zurzeit konzentriert man sich lediglich auf Ausschnitte des Systems und vernachlässigt dabei wichtige Beziehungen. Unerwünschte Nebenwirkungen werden ignoriert. Die Methodik des „Vernetzten Denkens" stellt hierfür einen Ausweg dar. Schritte der Methodik des vernetzten Denkens sind:

- Bestimmen der Ziele und Abbildung der Problemsituationen
- Analyse der Wirkungsverläufe
- Erfassen, Analyse und Interpretation der Veränderungsmöglichkeiten der Situation
- Festlegung der Lenkungsmöglichkeiten
- Planung der Strategien und Maßnahmen
- Realisierung der Problemlösung

Das Gegenteil des vernetzten Denkens ist das Denken in linearen, kausalen Ketten. Diese Denkweise beruht auf der unrealistischen Annahme, dass sich unsere Umgebung niemals verändert und nicht beeinflussbar ist. Bei dieser partiellen Denkweise ist das Ziel meist nur auf einen bestimmten Teilaspekt und auf die Erzielung kurzfristiger Erfolge ausgerichtet.

Aufgabe 86

a) Der Grundgedanke der **Ganzheitlichen Unternehmensführung** ist die Schaffung einer in die Zukunft weisenden Unternehmenskultur, die das Unternehmen als einen lebenden Organismus versteht, der fürsorglich „gepflegt" werden und geschützt werden muss, damit er in der sich schnell verändernden Umwelt existieren kann. Im Mittelpunkt steht dabei der Arbeitnehmer als (menschliche) Persönlichkeit, dessen Interesse auf die Ziele des Unternehmens gerichtet werden muss. Aufgabe der Unternehmensführung ist dabei, ein Vertrauensverhältnis zwischen Führungsebene und Arbeitnehmer zu schaffen, so dass die Arbeitnehmer das Gefühl haben, ein Teil des „Organismus" zu sein.

Nur mit Hilfe motivierter und verantwortungsbewusster Arbeitnehmer hat das Unternehmen heute die Chance, sich den flexibel verändernden Bedingungen anzupassen und mit eigenen neuen Ideen den Markt zu gestalten.

Ganzheitliches Denken bedeutet, dass alle Systeme einer Unternehmung bei der Entscheidungsfindung, hinsichtlich Ursache und Wirkungsweise, berücksichtigt werden. Vernachlässigt man diese Vorgehensweise, so besteht die Gefahr, dass ein kurzfristiger Vorteil eines Teilbereichs das Gesamtsystem negativ beeinflusst.

b) Kerngedanken zum **Ganzheitlichen Denken** sind:
- Ganzheitlichkeit erkennt mehr Probleme am Horizont
- Der Weg der eigenen Handlung richtet sich nach dem Nutzen für das Gesamtsystem
- Systeme rächen sich, wenn der eigene Vorteil zu keinem Vorteil für das System führt
- Räumliches, zeitliches, ganzheitliches Denken
- Komplexe Prozesse entwickeln Eigendynamik und lassen sich nicht von einer Person allein kontrollieren
- Die Kräfte des Ganzen für die eigenen Handlungen nutzen
- 2-Weg statt 1-Weg Informationen
- Netzwerke statt dualer Beziehungen

Aufgabe 87

Merkmal	Partielles Denken	Ganzheitliches Denken
Denkweise	Ursache-Wirkung	systematisch
Informationswege	eindimensional	netzartig
Organisationsformen	Funktionen	Teams, Projekte
Entscheidungen	Boss	Team
Entscheidungskriterien	Vorteile eigener Bereich	Vorteile für Gesamtheit
Arbeitsziel	Anteilsoptimierung	Systemoptimierung

Aufgabe 88

Heute
- Autorität durch Status
- Eingeengtes Denken
- Relativ begrenzte Kontrollspanne
- Starke Überwachung
- Dinge richtig tun
- Naturgegebener Führungsstil
- Gottesgnadentum bestimmt Mitarbeiterverhältnis
- Verteidiger
- Bewußtsein um Handlungsbedarf

Morgen
- Autorität durch Erfolg
- Globales, vernetztes Denken
- Risikofreudig
- Größere Kontrollspannen
- Die richtigen Dinge tun
- Kooperativer und situativer Führungsstil
- Partnerschaft begründet Mitarbeiterverhältnis
- Spielmacher und visionärer Fahnenträger
- Tatsächliche Handlungsweise

Neben einem fundierten Fachwissen werden in Zukunft auch strategische Führungsfähigkeiten, wie eine

- konzeptionelle Gesamtsicht,
- Zukunftsoffenheit,
- Kreativität und
- Teamfähigkeit

wichtig für den Erfolg einer Führungskraft und damit des Unternehmens sein. Eine Führungskraft sollte in erster Linie Menschen führen, fördern, Konflikte lösen helfen, Zielvorstellungen und Zusammenhänge erklären können und fähig sein, Mitarbeiter zu motivieren. Da ein Manager in den seltensten Fällen alle Qualifikationsanforderungen besitzt, besteht die Kunst darin, die Potenziale aktionsadäquat einzusetzen.

Es wird zunehmend wichtiger sein, schlecht strukturierte Probleme zu lösen, obwohl sie komplex und mit zahlreichen subjektiven Ungewissheiten verbunden sind.

Aufgabe 89

a) **Change Management** (=Management des Wandels) ist eine neue Form der Unternehmensführung, die immer mehr an Bedeutung gewinnt.

Wie der Name schon sagt, ist diese Form der Unternehmensführung darauf ausgerichtet, sich an die im ständigen Wandel befindlichen Umfeldbedingungen anpassen zu können und diese Umfelddynamik zu bewältigen.

Voraussetzung für eine solche Anpassungsfähigkeit ist die Möglichkeit der flexiblen Reaktion auf sich verändernde Bedingungen.

Faktoren, die den Wandel bestimmen, sind u.a. Globalisierung, ökologische Zwänge, Entstehen neuer Märkte, neue Technologien, neue Arbeitszeitmodelle, neue Managementsysteme, verkürzte Technologielebenszyklen und sich ändernde Bedürfnisse.

b) Beim **lernenden Unternehmen** handelt es sich um die Fähigkeit einer Organisation, aktuelle Veränderungen der Umwelt in zukünftiges Handeln integrieren zu können. Dieser Lernprozess muss kontinuierlich verlaufen, damit sich das Unternehmen immer weiter entwickelt.

Damit ein Unternehmen lernfähig ist, müssen Organisationsstrukturen geschaffen werden, die auf einem hohen Gemeinschaftsdenken basieren (Unternehmen als Organismus). Es muss im Interesse eines jeden Mitarbeiters liegen, aus begangenen Fehlern Rückschlüsse zu ziehen, um sich ständig zu verbessern und um die Entwicklung des Unternehmens voranzutreiben. Leider ist die Situation in den heutigen Unternehmen meist noch so, dass nur „bis zur eigenen Bürotür" gedacht wird und die Entwicklung des ganzen Unternehmens nicht interessiert, weil keine Identifikation mit den Zielen der Organisation besteht.

Dies erschwert natürlich den Fortgang des Lernprozesses, da die Kommunikation innerhalb der Organisation blockiert wird und ein Informationsaustausch nicht ungehindert ablaufen kann. Die fehlende Identifikation basiert vor allem auf in der Vergangenheit vernachlässigter Motivation und Integration der Mitarbeiter durch die Führungsebene, wo noch sehr viel Nachholbedarf besteht.

Aufgabe 90

Shareholder Value, auch Value-Based-Management oder Wertsteigerungsmanagement genannt, bedeutet übersetzt „Aktionärseinfluss". Der Anteilseigner steht als Interessengruppe im Mittelpunkt der unternehmerischen Entscheidung.

Es wird zunehmend nach einem geeigneten Unternehmensbewertungsmaßstab gesucht. Die herkömmlichen und in der unternehmerischen Praxis unveränderlich beliebten Erfolgsmaßstäbe, wie ROI oder Gewinn pro Aktie, sind seit Jahrzehnten massiver Kritik unterzogen. Durch die Ausgestaltung verschiedener handels- und steuerrechtlicher Gewinnermittlungsregeln kommt es zu erheblichen Verzerrungen zwischen ausgewiesenem Gewinn und wahrem Unternehmenserfolg.

Der Maßstab für Managemententscheidungen ist nach dem Shareholder Value Ansatz nicht mehr nur der buchhalterische Gewinn als Überschuss der Erträge über den Aufwendungen einer Periode, sondern der Zuwachs des Reichtums der Anteilseigner in Form von Dividenden und Anteilswertsteigerungen. Für jede Geschäftseinheit wird eine spezielle Unternehmensbewertung auf der Basis des Freien-Cash-Flow durchgeführt.

Ein grundlegender Unterschied zu bisher verwendeten Bewertungssystemen liegt in der Cash-Flow-Betrachtungsweise. Das Shareholder-Value-Konzept verwendet ausschließlich zahlungsbezogene Größen.

Lösungen zu den Testfragen

1.	d	16.	b, e	31.	a, c, d	46.	a, c, e
2.	b, d	17.	a	32.	b	47.	a, b, c, f
3.	a, b, c, d	18.	c	33.	c	48.	b, d
4.	a, b, c, d	19.	a, c	34.	a	49.	a, b
5.	a, b	20.	a, b, c, d	35.	a, b, c, e	50.	a, c, d, e, f, h
6.	a, b	21.	a, b, c	36.	a, d, f	51.	e
7.	a, c, d, e	22.	b, d	37.	a, e	52.	d
8.	a, b, e	23.	a	38.	b, c, e	53.	d
9.	d	24.	a, b, e	39.	a, b, e	54.	c, d, e, f
10.	b	25.	a, c, e	40.	b, c	55.	a
11.	a, b, c, d	26.	a, d	41.	b, d	56.	b, c
12.	a	27.	a, b, c	42.	a, d, e	57.	a, c
13.	a, e, f	28.	a, b, c, f	43.	a, b, c, e, f	58.	a, c, e
14.	b, d	29.	d, e, f	44.	c	59.	b, c, e
15.	b, c, d, e	30.	c, d	45.	a, d, e	60.	a, c, d

Kapitel D

Materialwirtschaft

Aufgaben

Grundlagen

Aufgabe 1

Warum unterscheidet man zwischen einem „Beschaffungsbegriff im engeren Sinne" und einem „Beschaffungsbegriff im weiteren Sinne"?

Aufgabe 2

Welche Aufgabe hat die Beschaffung im Rahmen des betrieblichen Leistungserstellungsprozesses zu erfüllen?

Aufgabe 3

In Theorie und Praxis werden unterschiedliche Begriffe für die Verteilung und Versorgung von Gütern verwendet. Nennen Sie die am häufigsten verbreiteten Begriffe und grenzen Sie diese gegeneinander ab!

Aufgabe 4

a) Wie lautet die Definition für den modernen Oberbegriff „Materialwirtschaft"?
b) Warum hat sich dieser Oberbegriff in der Praxis noch nicht überall durchgesetzt?

Aufgabe 5

a) Wie lauten die wichtigsten Teilaufgaben der Materialwirtschaft?
b) Welche Beschaffungsobjekte werden unter dem Begriff „Material" zusammengefasst?

Aufgabe 6

a) Wie lautet das Oberziel der Materialwirtschaft? Welche möglichen Unterziele lassen sich davon ableiten?
b) In der Materialwirtschaft können Zielkonflikte auftreten. Nennen Sie Beispiele!

Aufgabe 7

a) Was versteht man unter dem materialwirtschaftlichen Optimum?
b) Welche Teilaufgaben müssen in diesem Zusammenhang erfüllt werden?

Aufgabe 8

Warum hat die Bedeutung der Materialwirtschaft in den letzten Jahren zugenommen?

Aufgabe 9

Weshalb besteht die Notwendigkeit, eine klare organisatorische Eingliederung der Materialwirtschaft in einem Unternehmen zu schaffen?

Aufgabe 10

Wie lauten die möglichen Organisationsformen der Materialwirtschaft? Nennen Sie die Vor- und Nachteile der zentralen und dezentralen Organisation!

Das beschaffungspolitische Instrumentarium

Aufgabe 11

Beschreiben Sie kurz die folgenden Begriffe:

a) Beschaffungspolitisches Instrumentarium,

b) Beschaffungsmarktforschung,

c) Beschaffungsmarketing-Mix!

Aufgabe 12

a) Was ist unter einer ABC-Analyse zu verstehen?

b) Welche Ziele verfolgt die ABC-Analyse?

c) Wie lauten die einzelnen Schritte einer ABC-Analyse nach dem Kriterium „Wert"?

Aufgabe 13

Welche Schlussfolgerungen lassen sich aus den Ergebnissen der ABC-Analyse für die Materialwirtschaft ziehen?

Aufgabe 14

Führen Sie anhand der folgenden Tabelle eine ABC-Analyse durch! Gehen Sie dabei von folgenden Anteilen am Gesamtwert aus: A-Teile 75%, B-Teile 20%, C-Teile 5%!

Nr.	Verbrauch pro Jahr (Anzahl)	Preis pro Mengeneinheit (in EUR)
1	900	105
2	210	935
3	500	413
4	4.950	7,60
5	1.200	55,50
6	650	205
7	2.090	26,90
8	82	1.275
9	62	3.225

Aufgabe 15

Was ist eine XYZ-Analyse und welche Beschaffung bietet sich für die einzelnen Materialien an?

Aufgabe 16

a) Was verstehen Sie unter dem Begriff der Wertanalyse? Grenzen Sie Value Analysis und Value-Engineering gegeneinander ab!

b) Für welche Materialien empfiehlt sich der Einsatz der Wertanalyse?

c) Beschreiben Sie die einzelnen Schritte der Wertanalyse!

Aufgabe 17

Entwerfen Sie für folgende Objekte Funktionsbeschreibungen im Rahmen der Wertanalyse: Flasche, Filter, Bleistift, Säge, Kondensator, Pumpe, Klimaanlage, Schraube!

Aufgabe 18

a) Worin sehen Sie die Notwendigkeit einer zunehmenden wertanalytischen Zusammenarbeit mit den Lieferanten?

b) Überlegen Sie, welche wichtigen Punkte vor einer gemeinsamen wertanalytischen Zusammenarbeit mit dem Lieferanten geregelt werden sollten! Entwickeln Sie hierzu eine Checkliste!

Aufgabe 19

Nennen Sie wichtige Gründe, die zu einer verstärkten Auseinandersetzung mit der „Make-or-Buy-Entscheidung" führen!

Aufgabe 20

Welche Einflussfaktoren und daraus resultierende Fragestellungen sollten bei der „Make-or-Buy-Entscheidung" berücksichtigt werden?

Aufgabe 21

Stellen Sie die Vorteile von Eigenfertigung und Fremdbezug in einer Tabelle gegenüber!

Aufgabe 22

Bevor ein Unternehmen über einen Fremdbezug nachdenkt, sollte es sich fragen, wo seine Kernbereiche und Kernkompetenzen liegen.

a) Welche Umstände lassen auf einen Kernbereich eines Unternehmens schließen?

b) Anhand welcher Kriterien kann man prüfen, ob und über welche Kernkompetenzen ein Unternehmen verfügt?

Aufgabe 23

a) Nennen Sie Chancen und Risiken, die das Outsourcing den Unternehmen bietet!

b) In Abhängigkeit vom Umfang und der Zeitdauer der Inanspruchnahme externer Dienstleistungen sowie dem damit verbundenen Kooperationsgrad gibt es verschiedene Formen des Outsourcings. Um welche Formen handelt es sich?

Aufgabe 24

Woran liegt es, dass häufig Dienstleister in der Regel wesentlich effizienter arbeiten als die Dienstleistungsbereiche der Unternehmen?

Aufgabe 25

Die Materialstandardisierung spielt in der Materialwirtschaft eine große Rolle.

a) Welche Formen der Materialstandardisierung kennen Sie?

b) Was verstehen Sie unter der Mengenstandardisierung?

Aufgabe 26

Bei der Materialstandardisierung spielt die Normung eine wichtige Rolle.

a) Was verstehen Sie unter Normung? Nennen Sie wichtige Normen!
b) Welche Bedeutung hat die Normung für die Materialwirtschaft?

Aufgabe 27

a) Erklären Sie den Begriff „Typung"!
b) Geben Sie Beispiele für innerbetriebliche und überbetriebliche Typung!

Aufgabe 28

a) Was versteht man unter Nummerung? Wie lauten die Aufgaben der Nummerung in Anlehnung an DIN 6763?
b) Welche unterschiedlichen Nummernarten kennen Sie?

Aufgabe 29

Wie lautet das Ziel der Beschaffungsmarktforschung? Welche Aufgaben fallen in diesem Zusammenhang an?

Aufgabe 30

Nennen und erläutern Sie kurz die Objekte der Beschaffungsmarktforschung!

Aufgabe 31

Beschreiben Sie die folgenden Begriffe im Rahmen der Beschaffungspolitik!

a) Marktanalyse
b) Marktbeobachtung
c) Marktprognose

Aufgabe 32

Wann scheint die Durchführung einer Preisstrukturanalyse sinnvoll zu sein?

Aufgabe 33

Welche Informationsquellen der Primär- und Sekundärforschung für den Materialeinkauf kennen Sie?

Beschaffungspolitik

Aufgabe 34

a) Wie lautet das Ziel der Lieferantenpolitik?
b) Welche Möglichkeiten zur optimalen Zielerreichung gibt es?
c) Wie lauten die Phasen der Lieferantenentwicklung?

Aufgabe 35

Von welchen Faktoren hängt das Zustandekommen von Gegengeschäften ab?

Aufgabe 36
Nennen Sie Vorteile, die sich aus der Lieferantenbewertung einerseits für den Abnehmer und andererseits für den Lieferanten ergeben!

Aufgabe 37
Modular Sourcing spielt eine zunehmend wichtige Rolle.
a) Wie wirkt sich Modular Sourcing auf den Abnehmer aus?
b) Erläutern Sie die Stellung des Systemlieferanten beim Modular Sourcing!

Aufgabe 38
a) Welche Gesichtspunkte sprechen für eine größere Anzahl von Lieferanten (multiple sourcing)?
b) Nennen Sie Vorteile des Single Sourcing!
c) In welchen Fällen dürfte ein Unternehmen Single Sourcing bevorzugen?

Aufgabe 39
Manche Unternehmen beschränken sich auf wenige Stammlieferanten. Welche Vorteile ergeben sich aus der Zusammenarbeit mit Stammlieferanten?

Aufgabe 40
a) Kennzeichnen Sie die Vorteile des Local Sourcing und des International Sourcing!
b) Welche Formen der internationalen Beschaffung kennen Sie?
c) Haben Kleinunternehmen auch Chancen für ein Global Sourcing?

Aufgabe 41
a) Beschreiben Sie den Begriff und das Ziel der Kontraktpolitik!
b) Welche Art von Verträgen innerhalb der Materialwirtschaft kennen Sie?

Aufgabe 42
a) Was verstehen Sie unter einer Portfolio-Analyse im Einkauf?
b) Ergänzen Sie die untenstehende Vier-Felder-Matrix des Marktmacht-Portfolios!

Marktmacht-Portfolio		Stärke des Abnehmers	
		niedrig	hoch
Stärke des Lieferanten	hoch	A	B ....
	niedrig	C	D ....

c) Erläutern Sie kurz die Strategien der Felder A-D!

Materialdisposition

Aufgabe 43

a) Beschreiben Sie den Begriff „Materialdisposition" und nennen Sie Teilbereiche!
b) Welche Formen der Bedarfsermittlung kennen Sie?

Aufgabe 44

Wie lauten die verschiedenen Bedarfsarten im Rahmen der Bedarfsplanung?

Aufgabe 45

Was sind die charakteristischen Merkmale der folgenden Stücklistenarten:

a) Mengenübersichtsstückliste,
b) Strukturstückliste,
c) Baukastenstückliste?

Aufgabe 46

a) Bei den Methoden der Stücklistenauflösung unterscheidet man zwischen der analytischen und der synthetischen Methode. Nennen Sie die jeweiligen Anwendungsbereiche!

b) Ermitteln Sie, wie viele Einzelteile (T_1 ... T_4) zur Herstellung von 400 Stück des Erzeugnisses E_1 bei der nebenstehenden Erzeugnisstruktur benötigt werden!

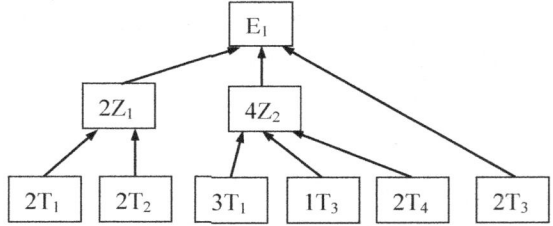

Aufgabe 47

Beschreiben Sie ein funktionierendes Stücklistenwesen für Variantenprodukte und erläutern Sie, welche Rationalisierungspotenziale Sie damit im Auftragsabwicklungsprozess erschließen können!

Aufgabe 48

Welche Bedarfsverläufe lassen sich im Rahmen der verbrauchsorientierten Bedarfsermittlung unterscheiden?

Aufgabe 49

a) Wie lautet die Formel der exponentiellen Glättung 1. Grades?
b) Was sagt der Korrekturfaktor α aus?

Aufgabe 50

Welche Auswirkungen haben die unterschiedlichen α-Werte 0,2; 0,5; 0,7 und 1,0 bei der exponentiellen Glättung 1. Grades? Gegeben sind: Alter Vorhersagewert der abgelaufenen Periode = 200; tatsächlicher Bedarf der abgelaufenen Periode = 250.

Aufgabe 51

a) Nennen Sie die verschiedenen Bestandsarten und stellen Sie die wichtigsten graphisch dar!

b) Überlegen Sie, welche internen und externen Faktoren Einfluss auf die Bestandshöhe haben!

c) Welche drei Schritte müssen bei der Planung des Bestandsvolumens und der Werte der Vorräte beachtet werden?

d) Zu welchen Teilthemen muss eine Bestandsberichterstattung aussagefähig sein?

Aufgabe 52

a) Was verstehen Sie unter dem Lieferbereitschaftsgrad (Formel)?

b) Was sind die Folgen eines zu hohen bzw. zu niedrigen Lieferbereitschaftsgrades?

Aufgabe 53

a) Welche Dispositionsverfahren bauen auf der Grundlage des ermittelten Bedarfs auf?

b) Worin unterscheidet sich das Bestellpunkt- vom Bestellrhythmusverfahren?

Aufgabe 54

Nennen und erläutern Sie die drei Beschaffungsprinzipien!

Aufgabe 55

a) Welche Kostenarten werden zu den relevanten Beschaffungskosten gezählt?

b) Wie errechnet sich der Einstandspreis?

c) Nennen Sie fixe Beschaffungskosten!

Aufgabe 56

a) Was verstehen Sie unter der „optimalen Bestellmenge"? Nennen Sie die Bestimmungsgrößen!

b) Nennen Sie Prämissen für die optimale Bestellmenge!

c) Warum ist diese Formel nur ein Modell und muss korrigiert werden?

d) Zeigen Sie die Bedeutung der „bestellfixen" Kosten bei der Bestimmung der Bestellmenge!

Aufgabe 57

Ein Großunternehmen hat einen Jahresbedarf an einem fremdbezogenen Teil von 8.000 Stück. Der Einstandspreis beläuft sich auf 1,50 EUR pro Stück. Die Bestellabwicklungskosten betragen 60 EUR und der Lagerhaltungssatz wird mit 25% des durchschnittlichen Lagerwertes angenommen.

a) Ermitteln Sie die optimale Bestellmenge!

b) Wie viel Bestellungen erfolgen pro Jahr?

c) Stellen Sie die Ergebnisse grafisch dar!

Aufgabe 58

a) Für die Montage von Otto-Motoren der Firma „Boxer" werden Zylinderköpfe benötigt. Durch Kostensteigerungen und eine Nachfrageänderung haben sich folgende neue Daten ergeben:

- Jahresbedarf an Zylinderköpfen $m = 2.500$ Stück
- bestellfixe Kosten $\alpha = 5$ EUR
- Lagerkosten pro Zylinderkopf und Jahr $p = 10$ EUR

Berechnen Sie die neue optimale Bestellmenge!

b) Welche Voraussetzungen müssen bei der Firma „Boxer" gegeben sein, damit die berechnete Bestellmenge auch wirklich die optimale ist?

Aufgabe 59

Der Tagesverbrauch an Kupfer eines Betriebes liegt bei 300 kg. Die übliche Bestellmenge beträgt 7.500 kg, der eiserne Bestand wurde mit 900 kg und der Meldebestand mit 1.500 kg festgelegt.

a) Ermitteln Sie, in welchen zeitlichen Abständen der Betrieb einkaufen muss!

b) Berechnen Sie die normale Lieferzeit und die maximal mögliche Lieferverzögerung!

Aufgabe 60

Die Kabel AG kauft im Abstand von 20 Tagen Kupfer als Rohstoff ein. Der tägliche Verbrauch liegt bei 300 kg. Die vereinbarte Lieferfrist beträgt 5 Tage. Verzögerungen bis zu 3 Tage werden eingeplant. Ermitteln Sie:

a) den Meldebestand,

b) die Bestellmenge und

c) den eisernen Bestand!

Aufgabe 61

a) Welche Bedeutung haben die Beschaffungstermine für ein Unternehmen?

b) Welche unterschiedlichen Beschaffungswege kennen Sie?

Aufgabe 62

a) Wodurch wird der eigentliche Beschaffungsvorgang ausgelöst?

b) In welchen Stufen erfolgt der hauptsächliche Ablauf der Beschaffungsdurchführung?

Aufgabe 63

Vor einer Erstbestellung erfolgt gewöhnlich das Einholen von Angeboten.

a) Auf welche Weise können Angebote bei den Lieferanten eingeholt werden?

b) Erläutern Sie die formelle und die materielle Angebotsprüfung!

c) Welche Möglichkeiten des Angebotsvergleichs gibt es? Entscheidet immer das günstigste Angebot über die Auftragsvergabe?

Aufgabe 64

Bei Vergabeverhandlungen werden Lieferanten ausgewählt.

a) In welchen Fällen sollten Vergabeverhandlungen geführt werden?

b) Wie werden Vergabeverhandlungen vorbereitet und geplant?

Aufgabe 65

Welche drei Teilbereiche umfasst die Beschaffungskontrolle? Erläutern Sie diese kurz!

Logistische Fragen

Aufgabe 66

Welche Aufgaben gehören zum Logistikbereich der Unternehmung?

Aufgabe 67

a) Was verstehen Sie unter dem Begriff „Transport"? Wie lautet das Hauptziel für das Transportwesen?

b) Welche Aufgaben fallen in diesem Zusammenhang an?

Aufgabe 68

Vergleichen Sie den Straßengütertransport mit dem Schienengütertransport!

Aufgabe 69

a) Warum sind innerbetriebliche Transporte zu vermeiden?

b) Nennen Sie mögliche Transportmittel und –hilfsmittel!

Aufgabe 70

a) Nennen Sie typische Aufgaben von Lagern!

b) Welche Lagerarten lassen sich in Anlehnung an den Betriebsablauf unterscheiden?

Aufgabe 71

Wie beeinflussen Konjunkturschwankungen die Lagerhaltung von Rohstoffen?

Aufgabe 72

Welche Kernprobleme sind im Rahmen der Lagerplanung zu lösen?

Aufgabe 73

a) Welche Vorteile weisen zentrale und dezentrale Lagerhaltung auf?

b) Wo liegt der optimale Lagerstandort?

c) Was versteht man unter chaotischer Lagerung?

Aufgabe 74

In welchen Schritten vollzieht sich der Lagerungsablauf?

Aufgabe 75

a) Wie lauten die Ziele der betrieblichen Abfallwirtschaft?

b) Welche Maßnahmen stehen in diesem Zusammenhang zur Verfügung?

Aufgabe 76

In Abhängigkeit von den Entstehungsgründen für betrieblich nicht benötigte Güter lassen sich verschiedene Kategorien von Abfall unterscheiden. Nennen Sie die wichtigsten Abfallkategorien!

Aufgabe 77

Warum wird der betrieblichen Abfallwirtschaft in der Zukunft eine größere Beachtung geschenkt?

Aufgabe 78

Erläutern Sie am Beispiel der Materialabfälle und Lagerhüter, was unter Abfallvermeidung zu verstehen ist!

Aufgabe 79

Aus welchen Teilgebieten setzt sich die Abfallbehandlung zusammen?

Aufgabe 80

Im Rahmen des Umweltschutzes spielt das Recycling eine wichtige Rolle.

a) Was versteht man unter Recycling?

b) Welche Formen des innerbetrieblichen Recycling kennen Sie?

Aufgabe 81

Beschreiben Sie die folgenden Begriffe zum außerbetrieblichen Recycling:

a) Regenerierung

b) Verkauf von Abfall

Ausblick auf die künftige Entwicklung der Materialwirtschaft

Aufgabe 82

Welche Trends der zukünftigen Entwicklung der Beschaffungspolitik zeichnen sich ab?

Aufgabe 83

Welche Rolle wird die Qualität der Zulieferungen in der Zukunft spielen?

Aufgabe 84

Warum wird in jüngster Zeit verstärkt über das Outsourcing von logistischen Leistungen nachgedacht?

Aufgabe 85

Was versteht man unter Supply Chain Management?

Testfragen

Testfrage 1

Die Materialwirtschaft hat in den letzten Jahren an Bedeutung gewonnen. Worauf ist das zurückzuführen?

(a) Anteil der Materialkosten an den Gesamtkosten,

(b) Absatzmarktsituation,

(c) Kapitalbindung durch hohe Anschaffungskosten,

(d) Beschaffungsmarktsituation,

(e) Hohe Lagerbestände (verbunden mit hoher Kapitalbindung).

Testfrage 2

Was sind die Schwerpunkte der „modernen" Materialwirtschaft?

(a) Abfallwirtschaft (d) Beschaffung

(b) Einkauf (e) Transport

(c) Logistik

Testfrage 3

Das Oberziel der Materialwirtschaft lautet?

(a) Reduzierung der Anschaffungskosten,

(b) hohe Lieferbereitschaft,

(c) langfristige Lieferantenbeziehungen,

(d) Sicherung der Materialversorgung sämtlicher Teilbereiche,

(e) niedrige Kapitalbindung in den Lagern,

(f) Verlagerung der Bereitstellungskosten zu den Lieferanten.

Testfrage 4

Mit welchen Objekten befasst sich der Beschaffungsbegriff im „engeren" Sinne?

(a) Finanzen (d) Personal (f) Rechte

(b) Material (e) Roh-, Hilfs- und Betriebsstoffe (g) Einkaufsteile

(c) Grundstücke und Gebäude

Testfrage 5

Wie lauten die Ziele zur Erreichung des materialwirtschaftlichen Optimums?

(a) Beschaffung des Materials unter Beachtung der Anschaffungskosten,

(b) Beschaffung der optimalen Bestellmenge zu minimalen Kosten,

(c) Beschaffung des Materials unter Beachtung des Wirtschaftlichkeitsprinzips,

(d) Minimale Kapitalbindung in den Lagern,

(e) Termingerechte Beschaffung des Materials am richtigen Ort in der erforderlichen Menge, Art und Qualität.

Testfrage 6

Zeigen Sie die Vorteile einer zentralen Organisation innerhalb der Funktionen der Materialwirtschaft auf!

(a) Aufgaben der Materialwirtschaft können planerisch, organisatorisch und personell optimal erfüllt werden.

(b) Logische Zusammenarbeit und dadurch Kosteneinsparung

(c) Marktnahe Flexibilität

(d) Preisvorteile durch Zentraleinkauf

(e) Beschleunigung des Kommunikationsprozesses

Testfrage 7

Welche der folgenden Behauptungen sind richtig?

(a) Zur internen Materialanalyse zählen ABC-Analyse und Beschaffungsmarktforschung.

(b) Materialrationalisierung ist ein Instrument zur Senkung der Kosten.

(c) Die Make-or-Buy-Entscheidung ist ein Spezialgebiet der Materialwirtschaft.

(d) Beschaffungsmarktforschung ist eine externe Analyse des Beschaffungsmarktes.

(e) Normung beschreibt eine außerbetriebliche Typung und eine innerbetriebliche Vereinheitlichung.

Testfrage 8

Welche der nachfolgenden Positionen sind Arbeitsschritte zur Durchführung einer ABC-Analyse?

(a) Der optimale Lösungsvorschlag wird von der Unternehmensführung genehmigt und anschließend eingeführt,

(b) Wertmäßiges Sortieren und Kumulieren der Artikel in absteigender Reihenfolge,

(c) Erstellen aktueller Unterlagen über die Bestände nach Menge und Art,

(d) Bildung einer kumulierten Aufrechnung der Jahresverbrauchswerte in %,

(e) Ermittlung gesicherter und wirtschaftlicher Einstandspreise.

Testfrage 9

Welche Schlussfolgerungen aus den Ergebnissen der ABC-Analyse treffen zu?

(a) Die ABC-Analyse wird zur Einordnung der Materialien nach einer bestimmten Vorhersagegenauigkeit ihres Verbrauchswertes verwertet.

(b) A-Materialien sind durch z.B. gründliche Bestellvorbereitung, genaue Bestellterminrechnung usw. besonders sorgfältig und intensiv zu behandeln.

(c) Der Verbrauch von A-Materialien ist trotz gelegentlicher Abweichungen als konstant anzusehen, d.h. 50% haben eine hohe Vorhersagegenauigkeit.

(d) C-Materialien sind nach dem Prinzip der Arbeitsvereinfachung und Aufwandsreduzierung zu behandeln.

(e) Die Daten für die ABC-Verteilung sind periodisch, z.B. halbjährlich, zu aktualisieren.

Testfrage 10

Welche der folgenden Aussagen sind Vorteile der Eigenfertigung?

(a) Geringe Lagerkosten

(b) Einsparung von Vertriebs-, Transport- und Verpackungskosten

(c) Hohe Qualität durch eigene Qualitätssicherung

(d) Günstige Preise bei standardisierten Massenerzeugnissen

(e) Ein hoher Auslastungsgrad der Produktion ist sichergestellt

Testfrage 11

Was ist typisch für die Methode der Wertanalyse?

(a) Teamarbeit

(b) Sie ist ein funktions- und kostenorientiertes Verfahren.

(c) Es werden bevorzugt C-Materialien eingesetzt.

(d) Sie folgt einem systematischen Vorgehensplan in Anlehnung an DIN 69910.

(e) Es werden lediglich die Geltungsfunktionen näher betrachtet.

Testfrage 12

Welche Unterscheidungen werden bei der Wertanalyse nach Funktionsklassen vorgenommen?

(a) Gebrauchsfunktion

(b) Unnötige Funktion

(c) Geltungsfunktion

(d) Hauptfunktion

(e) Nebenfunktion

Testfrage 13

Bei welchen der folgenden Punkte ist die Mitwirkung der Materialwirtschaft bei der Wertanalyse sehr bedeutsam?

(a) Beschaffungsmarktbeurteilung

(b) Umweltschutzfragen

(c) Informationsbeschaffung hinsichtlich Verfahrensalternativen

(d) Genaue technische Prüfung

(e) Einbeziehung der Lieferanten in die Aufgabenstellung

(f) Empfehlung an die Geschäftsleitung mit Finanzierungsvorschlägen

Testfrage 14

Wie lautet das Hauptziel der Beschaffungsmarktforschung?

(a) Frühzeitige Erkennung von Störungen auf dem Beschaffungsmarkt,

(b) Schaffung von Markttransparenz,

(c) Eröffnung neuer Beschaffungsquellen und neuer Produkte,

(d) Systematische Suche nach Substitutionsgütern.

Testfrage 15

Die wichtigsten Methoden der Beschaffungsmarktforschung sind:

(a) Preisstrukturanalyse,
(b) Marktprognose,
(c) Marktanalyse,
(d) Marktbeobachtung.

Testfrage 16

Welche Quellen der Informationsbeschaffung bei der Primärforschung kennen Sie?

(a) Auskünfte staatlicher und anderer Institutionen (Auskunfteien)
(b) Medien aller Art
(c) Messen und Ausstellungen; Probelieferungen
(d) direkte Anfragen beim Hersteller; Betriebsbesichtigungen

Testfrage 17

Nennen Sie Strategien, die zum Marktmachtportfolio gehören!

(a) Emanzipationsstrategie
(b) Investitionsstrategie
(c) Chancen-Realisierungsstrategie
(d) Geschäftsfreundstrategie
(e) Abschöpfungsstrategie

Testfrage 18

Welche Positionen untersucht dabei das Marktmacht-Portfolio zur Bestimmung einer strategischen Grundrichtung?

(a) Die Angebotsmacht der oder des Lieferanten
(b) Die Schwächen des Lieferanten
(c) Die Schwächen des Abnehmers
(d) Die Nachfragemacht des Abnehmers

Testfrage 19

Welche Maßnahmen können bei der Lieferantenpolitik ergriffen werden?

(a) Lieferantenförderung
(b) Lieferantenentwicklung
(c) Lieferantenpflege
(d) Lieferantenerziehung
(e) Lieferantenwerbung

Testfrage 20

Welcher Vorgang wird als modular sourcing beschrieben?

(a) Lagerung von Fertigprodukten
(b) Absatz einbaufertiger Baugruppen
(c) Baugruppenkonstruktion
(d) Entscheidungsprozeß mit Hilfe von Brainstorming, -writing
(e) Beschaffung einbaufertiger Baugruppen

Testfrage 21

Was sind wichtige Faktoren für das Zustandekommen von Gegengeschäften?

    (a) Konjunkturlage und Marktform   (c) Produktart und Unternehmensgröße

    (b) Preisvorteile der Lieferanten   (d) Standort des Unternehmens

Testfrage 22

Wie kann ein lieferndes Tochterunternehmen argumentieren, um den Konzerneinkauf vorzuziehen?

    (a) Der Umsatz des Gesamtkonzerns steigt.

    (b) Der Verkaufspreis ist niedriger.

    (c) Die beliefernde Tochter stärkt den Gesamtkonzern durch Innovationsaustausch mit der Konkurrenz.

    (d) Ein Imageverlust tritt ein, wenn die Produkte der eigenen Tochter nicht gekauft werden.

    (e) Konzerninterne Aufträge bewirken Folgeaufträge.

Testfrage 23

Die programmorientierte Bedarfsermittlung:

    (a) ist eine vergangenheitsorientierte Rechnung

    (b) ist eine exakte Bestimmung des Materialbedarfs nach Menge und Termin

    (c) liefert sehr genaue Daten

    (d) arbeitet mit statistischen Methoden

    (e) wird hauptsächlich für A-Materialien eingesetzt

Testfrage 24

Nennen Sie verschiedene, verbrauchsorientierte Bedarfsverläufe!

    (a) Sprunghafter Verlauf   (c) Unstetiger Verlauf

    (b) Konstanter Verlauf   (d) Saisonaler Verlauf

Testfrage 25

Welche der folgenden Behauptungen sind richtig?

    (a) Der verfügbare Bestand stellt eine Teilmenge des Höchstbestandes dar.

    (b) Der Sicherheitsbestand stellt einen Puffer für die Fertigung dar.

    (c) Bei Erreichen des Meldebestandes erfolgt eine Materiallieferung.

    (d) Mit sinkendem Lieferbereitschaftsgrad steigen die Fehlmengenkosten proportional.

Testfrage 26

Welche der folgenden Behauptungen sind richtig?

    (a) Die Bedarfsplanung ist Bindeglied zwischen Bestands- und Beschaffungsplanung.

    (b) Die Bestandsführung bildet die Grundlage der Materialdisposition.

    (c) Bestellsysteme bauen auf der Grundlage des ermittelten Bedarfs auf.

    (d) Beim Bestellpunktverfahren wird der Lagerbestand in Abständen überprüft.

    (e) Die Beschaffungsplanung ist die letzte Stufe im Ablauf der Materialdisposition.

Testfrage 27

Bei welcher Dispositionsart wird auf Lager gefertigt?

(a) Bestellpunktverfahren

(b) auftragsgesteuerte Disposition

(c) plangesteuerte Disposition

(d) verbrauchsgesteuerte Disposition, a und c sind Formen von d

(e) Bestellrhythmusverfahren

(f) Just-in-time

Testfrage 28

Welche der folgenden Behauptungen sind richtig?

(a) Strukturstücklisten erfassen alle Baugruppen und Teile des Enderzeugnisses.

(b) Baukastenstücklisten stellen die einfachste Form der Stücklisten dar.

(c) Der Vorteil der Mengenstückliste liegt in der Übersichtlichkeit und Benutzung.

(d) Baukastenstücklisten werden für jede Fertigungsstufe erstellt.

(e) Die Strukturstückliste ist eine besondere Form der Baukastenstückliste.

Testfrage 29

Bei Verringerung des Lieferbereitschaftsgrades:

(a) sinken die Fehlmengenkosten,

(b) steigen die Fehlmengenkosten,

(c) sinken die Lagerhaltungskosten,

(d) verringert sich der Sicherheitsbestand und dadurch die Kapitalbindung

Testfrage 30

Nennen Sie die Beschaffungskosten, die stark von der Bestellpolitik des Einkaufs abhängen!

(a) Fehlmengenkosten

(b) Anschaffungskosten

(c) Rabatte

(d) Bestellabwicklungskosten

(e) Opportunitätskosten

Testfrage 31

Die optimale Bestellmenge ist diejenige Bestellmenge, bei der

(a) die Summe aus Einstandspreis und Lagerkosten ein Minimum erreicht,

(b) die Gesamtkosten ein Minimum erreichen,

(c) die Summe aus Beschaffungskosten und Lagerkosten ein Minimum erreichen,

(d) die Bestellabwicklungskosten ein Minimum erreichen,

(e) die zur Verfügung stehende Fläche optimal genutzt wird.

Testfrage 32

Was sind die Voraussetzungen für die Anwendbarkeit der Losgrößenformel von Andler?
- (a) Eine Serienfertigung liegt vor.
- (b) Der Jahresbedarf ist genau bekannt.
- (c) Mengenrabatte bei größeren Beschaffungsmengen werden nicht berücksichtigt.
- (d) Restriktionen bei finanziellen Mitteln und Kapazitäten sind bekannt.
- (e) Alle Kosten sind während des Planungszeitraumes bekannt.

Testfrage 33

Die Vorteile einer zentralen Lagerhaltung sind:
- (a) unproblematische Festlegung der Lagerkapazität
- (b) alle betrieblichen Bereiche können mühelos versorgt werden
- (c) bessere Nutzung von Raum, Transportmittel und Personal
- (d) technisch unproblematische Lagerung von großen Materialmengen
- (e) bessere Überwachungs- und Kontrollmöglichkeiten

Testfrage 34

Welche Rationalisierungspotenziale ergeben sich durch die Just-In-Time-Produktion gegenüber der konventionellen Fertigungssteuerung?
- (a) Bestandsreduzierung des sich in der Produktion befindlichen Materials
- (b) Durchlaufzeitverkürzungen über die gesamte innerbetriebliche logistische Kette einschließlich Rüstzeitverkürzungen
- (c) Produktivitätssteigerungen
- (d) Deutliche Raumersparnis durch Reduzierung der Lagerfläche
- (e) Erhebliche Qualitätsverbesserungen
- (f) Erhöhte Sicherheit und Termintreue bei der Lieferung zum Kunden

Testfrage 35

Welche Aussage über die Bestellmenge bzw. die Lagerkosten ist richtig?
- (a) Sämtliche Lagerkosten sind von der Bestellmenge abhängig.
- (b) Die Bestellung großer Mengen senkt die Lagerkosten.
- (c) Die Bestellmenge ist abhängig von der Lagerkapazität.
- (d) Eine Einsparung von Lagerkosten ist nur bei Verringerung der Bestellmenge möglich.
- (e) Die Bestellmenge hat keinen Einfluss auf die Höhe der Lagerkosten.

Testfrage 36

Wie lautet das Hauptziel des Transportwesens?
- (a) Minimierung der Materialflusskosten durch Auswahl der richtigen Transportkette
- (b) Sicherung der Verfügbarkeit von Gütern und Leistungen bei den Bedarfsträgern
- (c) Auswahl des günstigsten Transportweges, -mittels und -betriebes
- (d) Verkürzung der Transportzeiten
- (e) Verkürzung der Transportwege
- (f) Verlängerung der Transportwege

Testfrage 37

Im Zusammenhang mit Konsignationslagern gilt:

(a) Sie werden vom Lieferanten beim Kunden eingerichtet und mit Waren beschickt.

(b) Die Güter des Anlagevermögens werden dort vorübergehend gelagert.

(c) Die Kosten für das Lager trägt der Lieferant.

(d) Für spezielle Arbeitsplätze notwendige Kleinmaterialien und Werkzeuge werden hier bereitgestellt.

(e) Es entsteht ein Kostensenkungseffekt sowohl beim Kunden als auch beim Lieferanten.

Testfrage 38

Welche Aufgabenbereiche umfasst die betriebliche Abfallwirtschaft?

(a) Recycling

(b) Abfallverwertung

(c) Abfallbehandlung

(d) Abfallvermeidung

(e) Abfallbeseitigung

(f) Müllabfuhr

Testfrage 39

Formen des innerbetrieblichen Recycling sind:

(a) Umarbeitung,

(b) Regenerierung,

(c) Wiederverwertung,

(d) Weiterverwertung,

(e) Wiederverwendung.

Testfrage 40

Welche der folgenden Aussagen zum Supply Chain Management treffen zu?

(a) Es wird die gesamte Wertschöpfungskette unter Einbeziehung von Produktionsentwicklungen und Kundenbeziehungen betrachtet.

(b) Es geht nur darum, die Kundenbeziehungen zu verbessern.

(c) Kooperation und Informationsaustausch zwischen den Teilnehmern sind wichtige Voraussetzungen, damit Supply Chain Management funktionieren kann.

(d) Die Zielsetzung des Supply Chain Management ist die Steigerung des Erfolgs u.a. durch besseren Kundenservice und verbesserte Termintreue.

(e) Supply Chain Management ist definiert als die kontinuierliche Verbesserung des Produktionsprozesses.

Antworten zu den Aufgaben

Grundlagen

Aufgabe 1

Der **Beschaffungsbegriff** im weitesten Sinn wird in der Praxis weitgehend abgelehnt, da sich die Beschaffungsmärkte für Betriebsmittel, Personal, Kapital und Rechte grundlegend von den Beschaffungsmärkten für Material unterscheiden. Daher beschränkt man sich auf einen Beschaffungsbegriff im engeren Sinne, der sich nur mit der Beschaffung von Material (einschließlich Handelsware) befasst, in manchen Fällen auch mit der Beschaffung von Betriebsmitteln.

Aufgabe 2

Zur Aufgabe der **Beschaffung** gehören alle Aktivitäten für die kostengünstige und sichere Versorgung der Unternehmung, insbesondere der Fertigung, mit den benötigten Produktionsfaktoren.

Aufgabe 3

Wichtige, in der Praxis verwendete Begriffe für die Verteilung und Versorgung von Gütern sind:
- **Beschaffung** entspricht der Versorgung des Betriebes mit den notwendigen Produktionsfaktoren.
- **Logistik** umfasst die Lagerung, Verteilung und Entsorgung von Gütern und Material.
- **Materialwirtschaft** befasst sich mit allen Vorgängen der Versorgung und neuerdings auch Entsorgung, sowie der Bereitstellung von Gütern und Material.

Aufgabe 4

a) Die moderne Materialwirtschaft umfasst sämtliche betrieblichen Tätigkeiten sowie Bereiche zur Versorgung und auch Entsorgung der Bedarfsträger mit allen benötigten Materialien und Gütern.

b) Gründe für diesen Tatbestand sind vor allen Dingen:
- Organisatorischer Aufbau der Unternehmen; es gibt selten eine gesamtheitliche Abteilung „Materialwirtschaft", sondern meist mehrere Abteilungen (Beschaffung, Logistik, Einkauf etc.)
- Individualität der Unternehmen; abhängig von dem Fertigungsprogramm, der Fertigungstiefe und -struktur werden immer nur einige Teilbereiche der Materialwirtschaft im Betrieb benötigt.

Aufgabe 5

a) Wichtige Teilaufgaben der Materialwirtschaft sind:
- Materialdisposition,
- Beschaffung des Materials,
- Lagerung des Materials,
- Transport des Materials,
- Entsorgung des Materials im Rahmen der Abfallwirtschaft.

b) Unter dem Begriff **Material** werden die folgenden Beschaffungsobjekte verstanden:

- Rohstoffe,
- Betriebsstoffe,
- Handelswaren, die unter dem Begriff „Material" zusammengefasst werden
- Hilfsstoffe,
- Halb- und Fertigfabrikate,
- Entsorgungsmaterial.

Aufgabe 6

a) Das Oberziel der Materialwirtschaft lautet: Sicherung der Materialversorgung aller betrieblichen Bereiche der Unternehmung.

Beispiele für mögliche Unterziele sind:

- niedrige Kapitalbindung in den Lagern
- Minimierung der Fehlmengen- und Materialkosten
- hohe Qualität des Materials
- hohe Lieferbereitschaft, etc.

b) Mögliche Zielkonflikte innerhalb der Materialwirtschaft sind:

- hohe Lieferbereitschaft - niedrige Kapitalbindung in den Lagern
- Minimierung der Fehlmengenkosten - niedrige Kapitalbindung in den Lagern
- hohe Materialqualität - Minimierung der Anschaffungs- bzw. der Materialkosten.

Aufgabe 7

a) Für die Beschaffung der Materialien gilt es, zwei Ziele zur Erreichung des **materialwirtschaftlichen Optimums** zu berücksichtigen:

- Die Materialien sind in der erforderlichen Menge, Art und Qualität termingerecht und am rechten Ort zu beschaffen.
- Die Materialien sind unter Beachtung des Wirtschaftlichkeitsprinzips - und damit kostenoptimal - zu beschaffen.

b) Die wichtigsten Teilaufgaben sind:

Vorbereitung der Beschaffung,	Materialdisposition,	Beschaffungsdurchführung.

Aufgabe 8

Gründe für die zunehmende Bedeutung der Materialwirtschaft sind:

- hoher Anteil der Materialkosten an den Gesamtkosten
- Kapitalbindung durch hohe Lagerbestände
- veränderte Beschaffungsmarktsituation

Aufgabe 9

Die **Organisationsform** hat wesentlichen Einfluss auf die Aufgabenerfüllung und Zielerreichung der Materialwirtschaft; sie zeigt auch die Bedeutung der Materialwirtschaft für die Unternehmensführung.

Aufgabe 10

	Zentrale Organisation	**Dezentrale Organisation**
Form	eine Instanz für den gesamten Bereich „Materialwirtschaft"	Zuständigkeit der Materialwirtschaft liegt bei verschiedenen Abteilungsbereichen (z.B. Beschaffung, Verteilung, Lagerung)
Vorteile	Aufgaben der Materialwirtschaft können planerisch, organisatorisch und personell optimal erfüllt werden	marktnahe Flexibilität, bedingt durch stärkere Spezialisierung der Bereiche auf die betreffenden Aufgaben und die damit verbundenen Beschaffungsobjekte
Nachteile	lange Dienstwege, hohe Kosten und sinkende Flexibilität	optimale Koordinierung und Aufteilung der Teilbereiche

Das beschaffungspolitische Instrumentarium

Aufgabe 11

a) Unter dem Begriff des **beschaffungspolitischen Instrumentariums** werden bestimmte Instrumente für eine optimale Bereitstellung der benötigten Materialien innerhalb der Unternehmung verstanden. Dabei wird zwischen internen und externen Instrumenten unterschieden.

b) Unter der **Beschaffungsmarktforschung** wird eine externe Analyse der Beschaffungsmärkte verstanden.

c) Das **Beschaffungsmarketing-Mix** ist eine gezielte Kombination der beschaffungspolitischen Instrumente.

Aufgabe 12

a) Bei der **ABC-Analyse** handelt es sich um ein Verfahren zur Schwerpunktbildung durch Dreiteilung:

- bei A-Materialien handelt es sich um Materialien mit einen geringen mengenmäßigen Anteil aber hohen Wertanteil
- bei B-Materialien handelt es sich um Materialien mit mittlerem mengenmäßigen Anteil und mittlerem Wertanteil
- bei C-Materialien handelt es sich um Materialien mit hohem mengenmäßigen Anteil, aber geringem Wertanteil

b) Die ABC-Analyse ist ein wichtiges Instrument zur **Rationalisierung**, sie hilft:

- das Wesentliche vom Unwesentlichen zu unterscheiden,
- die Aktivitäten schwerpunktmäßig auf den Bereich hoher wirtschaftlicher Bedeutung zu lenken und gleichzeitig den Aufwand für die übrigen Gebiete durch Vereinfachungsmaßnahmen zu senken,
- die Effizienz von Management-Maßnahmen durch die Möglichkeit eines gezielten Einsatzes zu erhöhen.

c) Die einzelnen Durchführungsschritte einer ABC-Analyse lauten:
- Errechnung des Jahresverbrauchswertes für jeden Artikel
- Wertmäßiges Sortieren und Kumulieren der Artikel in absteigender Reihenfolge
- Kumulierte Aufrechnung der Jahresverbrauchswerte in Prozent
- Dann wird für jede Position der Anteil (in Prozent) an der Gesamtzahl der Positionen errechnet und kumuliert
- Zum Abschluss erfolgt eine Einteilung der Artikel nach ihrem kumulierten Gesamtjahresverbrauchswert in 3 Wertgruppen

Aufgabe 13

1. **A-Materialien** sind besonders sorgfältig und intensiv zu behandeln, z.B. durch die bevorzugte Anwendung der Wertanalyse, Markt-, Preis- und Kostenstrukturanalysen, genaue Bestandsführung und -überwachung. Maßnahmen für A-Teile sind:

- umfassende Marktanalysen
- exakte Preisanalysen
- mehrere Angebotseinholungen
- sorgfältige Bestellvorbereitung
- genaue Bestandsführung
- detaillierte Kostenstrukturanalysen
- härtere Preisverhandlungen
- exakte Disposition
- kleine Abrufmengen
- genaue Festlegung der Sicherheitsbestände
- regelmäßige Kontrolle der Bestände
- bevorzugte Anwendung der Wertanalyse

2. **C-Materialien** sind nach dem Prinzip der Arbeitsvereinfachung und Aufwandsreduzierung zu behandeln, z.B. durch vereinfachte Bestellabwicklung, vereinfachte Bestandsüberwachung, großzügig festgelegte Sicherheitsbestände, usw..

Maßnahmen für C-Teile sind:

- große Bestellmengen
- einfache Bestellsätze verwenden
- vereinfachte Bestellabwicklung
- telefonische Bestellungen
- Sammelbestellungen
- vereinfachte Kontrolle der Bestände
- Abbuchung vom Monatsbedarf
- monatliche Abrechnung
- höhere Sicherheitsbestände festlegen
- einfache Lagerbuchführung

3. **B-Materialien** nehmen eine Mittelstellung innerhalb der Materialwirtschaft ein.

Aufgabe 14

Zunächst sind die Jahresbedarfswerte zu ermitteln und mit Rang-Nummern zu versehen:

Nr.	Jahresbedarf	Preis je ME	Jahresbedarf	Rang
1	900	105,00	94.500	6
2	210	935,00	196.350	3
3	500	413,00	206.500	1
4	4.950	7,60	37.620	9
5	1.200	55,50	66.600	7
6	650	205,00	133.250	4
7	2.090	26,90	56.221	8
8	82	1.275,00	104.550	5
9	62	3.225,00	199.950	2

Danach sind die Wertgruppen zu ermitteln, wobei die Materialien rangmäßig aufgelistet werden:

Rang	Nr.	Jahresbedarf	%-Anteil vom Gesamtwert	%-Anteil kumulativ	Wert-gruppe
1	3	206.500	18,8	18,8	A
2	9	199.950	18,3	37,1	A
3	2	196.350	17,9	55,0	A
4	6	133.250	12,2	67,2	A
5	8	104.550	9,5	76,7	A
6	1	94.500	8,6	85,3	B
7	5	66.600	6,1	91,4	B
8	7	56.221	5,2	96,6	B
9	4	37.620	3,4	100,0	C
		1.095.541	**100,0**		

Abschließend ist das Ergebnis wie folgt darzustellen:

Wertgruppe	Material-menge	%-Anteil Menge	%-Anteil Wert	EUR Wert
A	1.504	14,1	76,7	840.600
B	4.190	39,4	19,9	217.321
C	4.950	46,5	3,4	37.620
	10.644	**100,0**	**100,0**	**1.095.541**

Aufgabe 15

Mit der **XYZ-Analyse** soll die Verbrauchsstruktur von Materialien näher unterteilt werden.
- X-Materialien weisen eine hohe Konstanz des Verbrauchs auf. Es bietet sich daher im Standardfall eine fertigungssynchrone Beschaffung an.
- Y-Materialien zeigen stärkere aber eher regelmäßige Schwankungen auf (z.B. saisonale Schwankungen). In diesem Fall ist eine Vorratsbeschaffung notwendig.
- Z-Materialien haben einen unregelmäßigen Verbrauch. Einzelbeschaffung im Bedarfsfall ist ratsam.

Aufgabe 16

a) Die **Wertanalyse** durchdringt systematisch und analytisch Funktionsstrukturen. Sie verfolgt dabei das Ziel einer abgestimmten Beeinflussung von deren Elementen (z.B. Kosten, Nutzen) in Richtung einer (in Anlehnung an DIN 69910):

- Value analysis = Wertanalyse am Fertigerzeugnis
- Value engineering = Wertanalyse in der Planungs- und Entwicklungsphase.

b) Insbesondere bei A-Materialien kann die Wertanalyse wirtschaftlich eingesetzt werden, da diese keinen schnellen Wandlungen unterliegen.

c) Schritte der Wertanalyse nach DIN 69910 sind:

1. Vorbereitungsphase,
2. Informationsphase,
3. kreative Phase,
4. Prüfungsphase,
5. Realisierungsphase.

Aufgabe 17

Objekt	Funktion
– Flasche	– Flüssigkeit speichern
– Filter	– Schmutz zurückhalten
– Bleistift	– Striche ziehen
– Säge	– Material trennen
– Kondensator	– Ladungen speichern
– Pumpe	– Medium fördern
– Klimaanlage	– Luft kühlen
– Schraube	– Bauteile verbinden

Aufgabe 18

a) Die **Wertanalyse** dient zur Erkennung und Beurteilung von Alternativen zur Kostensenkung und Produktverbesserung. Durch bestimmte Kenntnisse der Lieferanten (wie z.B. technisches Spezialwissen oder Kenntnisse der möglichen Einsatzgebiete ihrer Produkte) und der Zusammenarbeit mit dem Abnehmer kann die Anzahl wertanalytischer Vorschläge und Anregungen wesentlich erhöht werden.

Die Wertanalyse mit Lieferanten stellt eine auf Partnerschaft ausgerichtete Nutzenoptimierung dar. Dabei ermöglicht die Zusammenarbeit mit Lieferanten primär:

- eine bessere Nutzung des vorhandenen technologischen Wissens bei spezialisierten Anbietern
- eine bessere Abstimmung vorhandener Vorstellungen des Abnehmers hinsichtlich produktspezifischer Problemlösungen mit fertigungstechnischen Möglichkeiten und Know–how des Lieferanten
- die Stärkung des Innovationspotentials der Unternehmen und die Schaffung von Synergieeffekten
- eine zügigere Entwicklung neuer Endprodukte, da das Wissen des Anbieters in die eigene Produktentwicklung einfließen kann und
- eine Senkung der Herstellungskosten beim Lieferanten oder beim Anbieter durch konstruktive Veränderungen

b) Wesentliche Punkte, über die eine **Projektvereinbarung** getroffen werden sollte, sind:

- **Art und Dauer der Zusammenarbeit**
  - Welche Form soll die Zusammenarbeit haben?
  - Handelt es sich um eine zeitlich befristete Projektarbeit oder ist die Zusammenarbeit von längerer Dauer?
  - Sind mit der Kooperation bestimmte Verpflichtungen verbunden?
  - Wie weit soll die Zusammenarbeit gehen?
  - Welches Wissen und welche Daten sollen ausgetauscht werden?
- **Umgang mit vertraulichen Daten**
  - Welche Daten dürfen Dritten nicht zugänglich gemacht werden?
  - Welche Daten dürfen nicht zweckentfremdet verwendet werden?
  - Auf welchen Zeitraum begrenzt sich die Geheimhaltungspflicht, z.B. Projektdauer oder Zeitraum?
- **Teilung der Projektkosten**
  - Teilung der Reisekosten und Spesen gemäß Projekterfolg oder Amortisierung durch Projekterfolg?
  - Amortisierung des Konstruktions-, Versuchs-, Erprobungsaufwandes durch Projekterfolg oder gesonderte Vergütung?
  - Erfolgt bei besonderen, nicht geplanten Kosten eine separate Vereinbarung?
- **Teilung des Projekterfolges**
  - Was soll unter Projekterfolg verstanden werden?
  - Auf welchen Wertschöpfungsbereich wird der Projekterfolg bezogen?
  - Wie soll der Projekterfolg aufgeteilt werden?
- **Tragen des Projektrisikos**
  - Trägt beim Scheitern des Projektes der Partner alle Kosten, der für das Scheitern verantwortlich ist?
  - Trägt beim Scheitern des Projektes jeder Partner die Kosten, soweit sie bei ihm angefallen sind?
- **Nutzen von Patenten, die im Projektverlauf entwickelt wurden**
  - Gemeinsame Anmeldung und Nutzung solcher Patente?
  - Bevor sich abzeichnet, dass es aufgrund der Projektarbeit zur Entwicklung von Patenten kommen wird, sollte der Stand des relevanten Technologie-Wissens beider Partner festgeschrieben werden.

Aufgabe 19

Gründe für eine verstärkte Auseinandersetzung mit der Make or buy-Entscheidung sind vor allen Dingen:
- Spezialisierung in der Wirtschaft,
- die Verkürzung des Produktlebenszyklus,
- schneller technischer Fortschritt,
- zunehmende Kapitalintensität in der Fertigung,
- immer komplexere Endprodukte,
- Know-how und Spezialisierung des Lieferanten, etc.

Aufgabe 20

Einflussfaktoren	Fragestellungen bei der Make-or-Buy-Entscheidung
Beschaffbarkeit	Ist die fragliche Leistung oder Technologie am Beschaffungsmarkt verfügbar bzw. kann sie verfügbar gemacht werden?
Versorgungssicherheit	Ist die Versorgungssicherheit des Unternehmens auch bei einer Buy-Entscheidung in gleicher Weise gewährleistet wie bei einer Eigenfertigung?
Qualität	Hat die Buy-Entscheidung Einfluss auf die Produktqualität?
Investitionen	Sind bei einer Make-Entscheidung Ersatzinvestitionen zur Aufrechterhaltung der erforderlichen Kapazitäten erforderlich?
Risiken	Sind die Risiken - gleich welcher Art - bei Buy größer als bei Make?
Know-how	Kann bei Fremdbezug ein Know-how Vorsprung verloren gehen?
Image	Welche Erwartungen stellen die Kunden an unser Unternehmen? Bewirkt ein Fremdbezug eine Imagebeeinträchtigung?
Umwelt	Löst eine Buy-Entscheidung Umweltprobleme für das Unternehmen oder werden neue geschaffen?
Gesamtkosten	Wie wirkt sich eine Buy-Entscheidung auf die Kostensituation des Unternehmens aus?

Aufgabe 21

Vorteile - Eigenfertigung	Vorteile - Fremdbezug
– der Gewinn des Lieferanten sowie die Vertriebs-, Transport- und Verpackungskosten können eingespart werden – hohe Qualität durch eigene und sorgfältige Qualitätssicherung – Aufnahme von eigengefertigten Teilen, Abfällen und Kuppelprodukten in das Verkaufsprogramm möglich – im Risiko-/Abhängigkeitsbereich keine Vorteile, da auch bei Eigenfertigung mit Lieferanten zusammengearbeitet wird	– geringere Lagerkosten, insbesondere bei fertigungssynchroner Anlieferung – günstige Preise bei standardisierten Massenerzeugnissen – Abwälzung von Forschung und Entwicklung, Wertanalyse auf Lieferanten – Investitionen in Produktionsanlagen entfallen – durch besonders leistungsfähige Maschinen hohe Qualität beim Lieferanten – hohes Qualitätsimage des Lieferanten kann zu Kundenpräferenzen führen

Aufgabe 22

a) Als **Kernbereiche** eines Unternehmens werden meist Bereiche, auf die eine oder mehrere der nachfolgend aufgezählten Umstände zutreffen, angesehen:
- zukunftsträchtig, d.h. große Wachstumschancen
- Bedeutung für die zukünftige Wettbewerbsfähigkeit
- wichtige Komponenten für die Produktdifferenzierung
- Imagebereich
- Know-how-Vorsprung

b) Ob und über welche **Kernkompetenzen** ein Unternehmen verfügt, lässt sich anhand von wenigstens drei Kriterien prüfen:
- Kernkompetenzen eröffnen potentiell den Zugang zu einem breiten Spektrum von Märkten (Schlüsseltechnologien, die in verschiedene Produkte einfließen)
- Kernkompetenzen müssen erheblich zu den von Kunden wahrgenommenen Produktvorzügen gehören
- Kernkompetenzen dürfen von Konkurrenten nur schwer zu imitieren sein (z.B. durch Verbindung und Abstimmung verschiedenartiger Technologien)

Aufgabe 23

a)

Outsourcing bedeutet	
Chancen	**Risiken**
• Konzentration auf die Kernbereiche des Unternehmens • Angebot komplexer Leistungen • Variabilisierung der Fixkosten bildet eine bessere Kalkulationsgrundlage • Bildung strategischer Allianzen • Kostensenkungspotenziale freisetzen • Vermeidung der Kapitalbindung in Logistikkapazitäten, d.h. von Ersatz- bzw. Erweiterungsinvestitionen • Verbesserung der Unternehmensübersicht • Schnellere Ausrichtung der Unternehmensorganisation an neue Erfordernisse • Verbesserung der Qualität der Produkte/Leistungen (Erzielung von Wettbewerbsvorteilen)	• Entstehen von Abhängigkeiten • Langfristige Bindungen an externe Partner • Entstehung hoher Transaktionskosten • Verlust an Know-how • Verlust an Problemlösungskompetenz • Verringerung direkter Möglichkeiten zur Kontrolle von Qualität und Kosten • Ablösung von arbeitsrechtlichen durch handelsrechtliche Beziehungen

Die in der Vergangenheit bevorzugt praktizierte Strategie des Outsourcing brachte für die Unternehmen nicht immer die erhofften Ergebnisse. Aus diesem Grund ist wieder ein Trend zum Insourcing zu beobachten. Dies bedeutet die erneute Hereinnahme bereits nach außen vergebener Aufträge.

b)

Gegenstand	Form	Inhalt des Outsourcing
Fremdbezug ausgewählter Einzelleistungen	Leasing	– Erwerb von kurz- bis langfristigen Nutzungsrechten an beweglichen und unbeweglichen Wirtschaftsgütern. Der Kooperationsgrad ist sehr gering und beschränkt sich im Wesentlichen auf die Bereitstellung und Nutzung von z.B. Fahrzeugen, DV-Technik, Betriebsmitteln.
	Werkvertrag	– Herstellung eines Werkes gegen Entgelt. Kurz- bis langfristige Beziehung bei nur geringem Kooperationsgrad.
Fremdbezug von Leistungspaketen	Dienstvertrag	– Leistung von Diensten gegen Entgelt, wobei ganze Leistungspakete im Mittelpunkt stehen, z.B. Inspektions- oder Wartungsverträge
	Werkvertrag	– Herstellung eines Werkes gegen Entgelt. Aufgrund des breiteren Leistungsumfanges ist ein mittlerer Kooperationsgrad erforderlich, z.B. Instandhaltungsverträge
Auslagerung und Ausgliederung von Unternehmensbereichen	Auslagerung	– Eigene Funktionsbereiche werden an spezialisierte Unternehmen der jeweiligen Branche ausgelagert. Von diesem Unternehmen, das in der Regel nicht mit dem ausgelagerten Unternehmen verbunden ist, werden auf vertraglich geregelter Basis Ressourcen übernommen. Daher ist bei dieser, auf längere Zeit ausgelegten Geschäftsbeziehung ein hoher Kooperationsgrad erforderlich.
	Ausgliederung	– Funktionsbereiche des eigenen Unternehmens werden auf eine neu gegründete oder erworbene Tochter- bzw. Beteiligungsgesellschaft übertragen, von der die Leistungen bezogen werden, wobei mit der Funktionsübertragung auch Vermögenswerte übertragen werden. – Bei der Ausgliederung handelt es sich um einen Fremdbezug von einem verbundenen Unternehmen. Auch hierbei handelt es sich um eine auf längere Zeit ausgelegte Geschäftsbeziehung, die einen hohen Kooperationsgrad erfordert.

Aufgabe 24

Gründe, warum Dienstleister meist effizienter als die Dienstleistungsbereiche der Unternehmen arbeiten, sind:

- Der Dienstleister hat in der Regel geringere **Overheadkosten**, da er keinen so großen Führungs- und Verwaltungsapparat benötigt und auch auf viele Führungs- und Verwaltungsfunktionen verzichten kann.
- Die **Sachkosten** des Dienstleisters sind geringer, da er z. B. Flächen, Anlagen, Geräte besser ausnutzt und bei der Investition in Anlagen, Geräte oder Software nicht unbedingt die modernste, komfortabelste, sondern die wirtschaftlichste Lösung wählt, d.h. nur wenn sich entsprechende Kostensenkungspotenziale erreichen lassen, dieser in aufwendige Techniken investiert.
- Die **Personalkosten** stellen bei Dienstleistungsunternehmen das größte Einsparpotential dar. Gründe dafür sind darin zu sehen, dass die Dienstleister ihr Personal fle-

xibler, entsprechend der jeweiligen Auftragslage und Auslastung einsetzen können, während die Dienstleistungsbereiche der Unternehmen meist Überkapazitäten besitzen, um auch Spitzenauslastungen abdecken zu können, und die für den Auftraggeber geltenden Tarifvereinbarungen ihn nicht betreffen. Die Personalstruktur des Dienstleisters ist stärker leistungsbezogen, da er sich überflüssige, zu teure oder ungeeignete Mitarbeiter nicht leisten kann.
- Der Dienstleister konzentriert seine gesamte **innovative Kraft** auf seinen Tätigkeitsbereich, der für das beauftragende Unternehmen meist nur einen Randbereich, für ihn aber einen Kernbereich darstellt.
- Die **Motivation** und **Verantwortlichkeit der Mitarbeiter** ist in kleineren, überschaubaren Unternehmen größer als in Konzernen und Großunternehmen.

Aufgabe 25

a) Formen der Materialstandardisierung sind:
- Normung,
- Typung,
- Mengenstandardisierung.

b) Bei der **Mengenstandardisierung** handelt es sich um die „Normung" des Materialverbrauches. Der Rationalisierungseffekt liegt in einem Soll-Ist-Vergleich zwischen der prognostizierten Materialmenge und der tatsächlich verbrauchten Materialmenge während der Produktion.

Aufgabe 26

a) **Normung** vereinheitlicht Einzelteile durch das Festlegen von Größe, Abmessung, Form, Farbe, Qualität und Bezeichnung. Man unterscheidet Geltungsbereich, Inhalt, Reichweite und Grad einer Norm. Beispiele für Normen sind: Planungsnormen, Prüfnormen, Gütenormen, Teilenormen, Verständigungsnormen etc.

b) Durch die Normung ergeben sich für die Materialwirtschaft erhebliche Vorteile im Rationalisierungs- und Kostenbereich: Die Beschaffung wird durch klare Spezifikationen vereinfacht, hohe Stückzahlen und große Bestellmengen führen zu niedrigen Einstandspreisen bzw. Mengenrabatten. Durch Vorratshaltung beim Lieferanten verkürzte Lieferzeit und Reduzierung der Kapitalbindung etc.

Aufgabe 27

a) Unter **Typung** versteht man die Vereinheitlichung von zusammengesetzten Teilen, Baugruppen und Endprodukten hinsichtlich ihrer Art, Größe und Ausführungsform.

b) Die überbetriebliche Typung ist möglich durch Kooperation branchengleicher Unternehmen, die Arbeit von Fachverbänden, Forderungen der Großabnehmer und in manchen Ausnahmefällen durch Vorschriften des Staates.

Bei der innerbetrieblichen Typung handelt es sich um eine Standardisierung von Erzeugnissen, welche das jeweilige Unternehmen für sich herstellt, z.B. durch Bildung von modularen Systemen (Baukasten-Prinzip).

Aufgabe 28

a) Unter **Nummerung** wird „das Bilden, Erteilen, Verwalten und Anwenden von Nummern für Nummerungsobjekte verstanden". Die Aufgaben lauten Identifikation, Klassifikation und Prüfung.

b) Nummernarten sind:

Numerische Nummer	= Folge von Ziffern,
Alphanummer	= Folge von Buchstaben,
Alpha-numerische Nummer	= Folge von Buchstaben und Nummern,
Gliederungszeichen und Leerstelle	= Sonderzeichen und Zwischenraum.

Aufgabe 29

Das Ziel der **Beschaffungsmarktforschung** ist die Schaffung von Markttransparenz als Grundlage für eine optimale Beschaffungsplanung innerhalb der Materialwirtschaft.

Sie soll:
- frühzeitig Störungen auf den Beschaffungsmärkten erkennen, um rechtzeitig entsprechende Gegenmaßnahmen einleiten zu können.
- die Entscheidungsgrundlagen für die Lieferantenauswahl bereitstellen.
- auf neue Beschaffungsmärkte, Substitutionsgüter sowie neue Produkte aufmerksam machen.
- die eigene Position am Beschaffungsmarkt im Vergleich zur Konkurrenz einschätzen.

Aufgabe 30

Die Objekte der Beschaffungsmarktforschung sind:
- **Produkt**: Vor der Erforschung von Marktdaten sollte sich der Marktforscher einen Überblick über das jeweilige Produkt verschaffen, um sich gezielt mit dem Marktgeschehen auseinandersetzen zu können.
- **Markt**: Informationen über die Marktstruktur und Marktentwicklung bilden die Voraussetzung für die Ableitung von Beschaffungsstrategien bei Störungen auf dem Beschaffungsmarkt und können als Frühwarnsignale genutzt werden.
- **Lieferant**: Die Lieferantenanalyse gibt differenzierte Informationen über die wirtschaftliche und technische Leistungsfähigkeit aktueller und potenzieller Lieferanten an und soll das Unternehmen vor Fehlentscheidungen bei der Auswahl von Lieferanten schützen.
- **Preis**: Die Erforschung des Preises ist ein wesentlicher Faktor für den Erwerb. Daher wird diesem Untersuchungsobjekt der Beschaffungsmarktforschung besondere Bedeutung geschenkt. Zum Preis im weiteren Sinne gehören auch die Liefer- und Zahlungsbedingungen, also Rabatte, Skonti, Zuschläge bei verspäteter Zahlung, Zölle, Versicherung etc.

Aufgabe 31

a) Die **Beschaffungsmarktanalyse** verschafft einen Überblick über die Struktur der Märkte. Sie ist eine Bestandsaufnahme eines bestimmten Marktes oder eines Teilmarktes zu einem bestimmten Zeitpunkt (statisch).

b) Um Veränderungen und Entwicklungen auf den Beschaffungsmärkten zu erfassen, erfolgt durch die **Beschaffungsmarktbeobachtung** eine ständige Überwachung des Marktes. Diese Form der Informationsgewinnung besitzt aufgrund ihrer Datenaktualität besondere Bedeutung für die Beschaffungsplanung.

c) Zu den schwierigsten Gebieten der Marktforschung gehört die **Marktprognose**. Sie dient als Basis für zukünftige Einkaufsentscheidungen. Eine künftige Entwicklung der Beschaffungsmärkte kann aus dem gewonnenen Datenmaterial der Beobachtung und der Analyse abgeleitet werden. So können zu erwartende Engpässe frühzeitig erkannt werden, um die entsprechenden Maßnahmen, z.B. das Ausweichen auf internationale Märkte, einzuleiten.

Aufgabe 32

Die Durchführung einer **Preisstrukturanalyse** kann vor allen Dingen dann ratsam sein, wenn der Preis mit einem Lieferanten ausgehandelt werden muss. Dies geschieht z.B. sehr häufig im Anlagenbau oder bei Sonderanfertigungen.

Aufgabe 33

Informationsquellen für den Materialeinkauf sind:
- **Primärforschung**:
  - Messen und Ausstellungen,
  - Direkte Anfragen beim Lieferanten,
  - Betriebsbesichtigungen bei Lieferanten/Unterlieferanten,
  - Auskünfte staatlicher und anderer Institutionen (Auskunfteien),
  - Marktforschungsinstitute,
  - Erfahrungsaustausch mit Fachkollegen,
  - Zusammenarbeit mit der Absatzmarktforschungsabteilung,
  - Probelieferungen.

- **Sekundärforschung**:
  - Medien aller Art: Tageszeitungen, Fachzeitschriften, Funk und Fernsehen, etc.,
  - Hauszeitschriften von Lieferanten und deren Wettbewerbern, Warenkataloge,
  - Veröffentlichungen von Kreditinstituten,
  - Adressbücher, Messekataloge, Bezugsquellenverzeichnis, Nachschlagewerke aller Art
  - Informationen hausinterner Stellen wie Produktion, Marketing, Controlling,
  - Amtliche Statistiken,
  - Geschäftsberichte der Lieferanten.

Beschaffungspolitik

Aufgabe 34

a) Innerhalb der Lieferantenpolitik ist es das Ziel, dem Unternehmen eine genügende Anzahl leistungsfähiger Lieferanten durch eine gezielte Lieferantenauswahl bereitzustellen und die Beziehungen zu diesen Lieferanten durch Lieferantenbeeinflussung und eine (zum Teil enge) Zusammenarbeit mit den Lieferanten aufrecht zu erhalten.

b) Möglichkeiten der optimalen Zielerreichung sind:

- **Lieferantenauswahl und -bewertung**

  Die Aufgabe der Lieferantenauswahl besteht darin, die leistungsfähigsten Lieferanten anhand festgelegter Kriterien zu erkennen und deren Leistungspotential voll auszuschöpfen. Die wichtigsten Bewertungskriterien sind die Lieferungen und Leistungen des Lieferanten sowie Unternehmen und Umfeld des Lieferanten.

- **Lieferantenbeeinflussung**

  Die wesentlichen Instrumente einer Beeinflussung sind die Lieferantenpflege, die Lieferantenwerbung und die Lieferantenerziehung. Der Lieferantenpflege obliegt die Aufgabe, für gute Beziehungen zu den Lieferanten zu sorgen und auf diese Weise zur Erhaltung des Leistungspotentials der Lieferanten beizutragen. Lieferantenwerbung ist für das beschaffende Unternehmen ein wichtiges Kommunikationsinstrument, um potenzielle Anbieter anzusprechen. Das Ziel der Lieferantenerziehung ist das Erreichen eines höheren Leistungsniveaus bei Lieferanten, die den Anforderungen der Unternehmung nicht mehr voll entsprechen oder in der Zukunft entsprechen werden.

- **Zusammenarbeit mit den Lieferanten**

  Eine enge Zusammenarbeit mit den Lieferanten führt in vielen Fällen zu einer Verbesserung der Beschaffungssituation. Wichtige Teilbereiche dieser Strategie sind die Lieferantenförderung und die Lieferantenentwicklung. Unter Lieferantenförderung versteht man die aktive Unterstützung der Lieferanten bei schwierigen betrieblichen Problemen, die der Lieferant alleine nicht bewältigen kann. Die Lieferantenentwicklung hat den Aufbau eines völlig neuen Lieferanten, der bisher noch nicht auf dem Beschaffungsmarkt vertreten ist, zum Ziel.

c) Der Prozess der Lieferantenentwicklung erfolgt im Wesentlichen in vier Phasen:

- Planungsphase: Die erforderlichen Planungen erstrecken sich auf die Festlegung der Ziele, der Suche nach möglichen Lieferanten und umfassen auch eine grobe Abstimmung möglicher Vor- und Nachteile für den Abnehmer und den Lieferanten.
- Kontaktphase: In der Kontaktphase ist der ausgewählten Unternehmung das geplante Projekt im Detail vorzustellen und zu erläutern.
- Entwicklungsphase: Sie ist durch eine enge Kooperation zwischen beiden Partnern gekennzeichnet und kann sich über einen langen Zeitraum erstrecken.
- Kooperationsphase: Stadium geregelter Geschäftsbeziehungen

Aufgabe 35

Faktoren für das Zustandekommen von **Gegengeschäften** sind:

- Konjunkturlage: Besonders günstig für Gegengeschäfte ist die Talsohle der Konjunkturlage, um die eigenen Kapazitäten besser ausnutzen zu können. In einem Konjunktur-Hoch sind Gegengeschäfte oft nur bei knappen oder seltenen Gütern möglich.
- Unternehmensgröße: Gegengeschäfte werden vorrangig mit größeren Unternehmen getätigt, aufgrund des größeren Absatzprogramms, mehr Lieferanten/Abnehmer.

- Produktart: Gegengeschäfte sind mehr im Sektor Produktionsgüter/Massenwaren (z.B. Schrauben) angesiedelt. Sie kommen bei Konsumgütern nur selten vor.
- Marktform: Gegengeschäfte kommen nur auf oligopolistischen Märkten vor, bei einem Monopol sind Gegengeschäfte nicht möglich, beim Polypol nur selten.

Aufgabe 36

Vorteile der Lieferantenbewertung	
für den Abnehmer	**für den Lieferanten**

• Genaue Kenntnis der Leistungsfähigkeit des Lieferanten
• Gezielte Entwicklung von Lieferanten
• Risikominderung
• Sicherstellung, dass die Leistungsfähigkeit (u.a. Qualitätsfähigkeit) des Lieferanten auch zukünftig gewährleistet bleibt
• Ausschöpfen von Kostensenkungspotenzialen im Vertrauen auf die Leistungsfähigkeit der Lieferanten:
  – Verringerung von Sicherheitsbeständen
  – Reduzierung der Wareneingangsprüfung
  – Fertigungssynchrone Anlieferung
• Verringerung der Zahl der Lieferanten auf die Leistungsfähigsten, wodurch sich der logistische Aufwand reduzieren lässt
	• Kenntnis, wie der Geschäftspartner den Lieferanten einschätzt und wo Verbesserungspotenziale sind, ermöglicht einen gezielten Einsatz von Maßnahmen
	• Gezielte Ausrichtung des Unternehmens auf die Bedürfnisse und Anforderungen des Abnehmers
	• Aufbau, Pflege und Erhaltung einer längerfristigen Geschäftsbeziehung
	• Sicherung oder sogar Ausweitung des Absatzvolumens beim Kunden
	• Kostensenkung durch längerfristige Personal- und Produktionsplanung
	• Längerfristige Beschaffungsplanung

Aufgabe 37

a) Auswirkungen des **Modular Sourcing** auf den Abnehmer:
  – Beim Hersteller von Endprodukten entfallen bestimmte Teilefertigungen und Vormontagen, so dass sich die Fertigungstiefe reduziert und er sich auf seine eigentlichen Kernaktivitäten konzentrieren kann.
  – Durch den Bezug von zunehmend komplexeren Modulen verringert sich die Anzahl der Beschaffungsobjekte. Gleichzeitig reduziert sich die Anzahl der direkt eingeschalteten Lieferanten. So kann es zu einer Reduzierung der Größe der Einkaufsabteilung kommen, da sich der gesamte Arbeitsumfang innerhalb der Einkaufsabteilung verkleinert.

b) Die Stellung des Systemlieferanten beim **Modular Sourcing**:
  • Der Systemlieferant übernimmt in Eigenverantwortung die Organisation und Koordination des Material- und Teileflusses und montiert diese Teile zu einbaufertigen Baugruppen. Ihm obliegt eine enge Kooperation mit dem Abnehmer auf technischem, betriebswirtschaftlichem und logistischem Gebiet, damit die durch den Wettbewerb auf den Absatzmärkten verursachten vielfältigen Anforderungen an die Partnerschaft bewältigt werden können.

- Der Hersteller überträgt dem Systemlieferanten Eigenverantwortung auf dem Gebiet der Entwicklung von Produkt-Know-how und der Erarbeitung von neuen Problemlösungen. Vielfach ist es so, dass die Forschungs- und Entwicklungsingenieure beider Marktpartner sehr intensiv zusammenarbeiten. Durch dieses Simultaneous Engineering sollen unnötige Schleifen in der Entwicklungsarbeit vermieden und die Entwicklungszeiten verkürzt werden.
- Wegen der Produktkompetenz und der Innovationskraft, die der Systemlieferant erwirbt, ist es häufig nicht möglich, kurzfristig bestimmte Module von einem anderen Lieferanten zu beziehen. Daher entzieht sich der Modullieferant weitgehend dem unmittelbaren Preiswettbewerb zwischen den Anbietern, das Gegeneinander-Ausspielen von Lieferanten entfällt.
- Für den Abnehmer besteht ein wesentlicher Vorteil des Modular Sourcing darin, dass er nur noch einen Ansprechpartner pro Modul hat, wenn es um Fragen der Entwicklung oder der Produktion geht.

Aufgabe 38

a) Gründe, die für eine Streuung der Aufträge auf eine Vielzahl von Anbietern sprechen (Multiple Sourcing):
  – der Wettbewerb zwischen den Anbietern kann offengehalten und angeregt werden
  – der Abnehmer kann nicht in die Abhängigkeit eines einzelnen Lieferanten geraten
  – Produktionsstörungen oder -unterbrechungen eines Anbieters können sich beim Abnehmer nicht negativ auf den kontinuierlichen Fertigungsablauf auswirken
  – für den Abnehmer ergibt sich eine größere Beweglichkeit bei Bedarfsschwankungen

b) Vorteile des Single Sourcing:
  – Gleichmäßigkeit der Qualität der Produkte
  – Preis- und Konditionsvorteile, als Folge des Einkaufs größerer Mengen und einfacherer Auftragsabwicklung
  – für Fragen der Produktion, der Entwicklung, der Logistik und der Qualitätssicherung ist nur noch ein Ansprechpartner verantwortlich
  – der einzelne Lieferant fühlt sich für das Endprodukt stärker verantwortlich als bei einer Streuung der Aufträge auf mehrere Lieferanten

c) Ein Unternehmen wird Single Sourcing bevorzugen, wenn es spezielle Anforderungen hat, die nur wenige Lieferanten erfüllen können oder, wenn die Beschaffung fertigungssynchron erfolgen muss. In diesem Fall sollten sehr enge Beziehungen zu wenigen Lieferanten aufgebaut werden. Maßnahmen der Vertrauensbildung und der Erfahrungsaustausch können intensiv gestaltet werden, da man mit wenigen kooperiert.

Aufgabe 39

Vorteile aus der Zusammenarbeit mit einem **Stammlieferanten** sind:
- relative Gleichmäßigkeit der Qualität der Produkte
- die Abwicklung der Bestellungen ist vereinfacht und vollzieht sich im Allgemeinen reibungsloser
- der Stammlieferant richtet sich in seinem Produktionsprogramm an den Erfordernissen seines Stammkunden aus
- Bevorzugung der Stammkunden hinsichtlich der Preise und Konditionen

Aufgabe 40

a)

Vorteile des Local Sourcing	Vorteile des International Sourcing
– kurze Transportwege zwischen den Unternehmen – geringes Risiko der Entstehung von Fehlmengen – geringere Bestellabwicklungskosten – Möglichkeit des Abrufs kleinerer Mengen bzw. Just-in-Time-Belieferungen – gute Kooperationsmöglichkeiten zwischen den Unternehmen	– niedrige Einstandspreise aufgrund niedriger Löhne und Lohnnebenkosten im Ausland – niedrigere Steuern, Energie-, Rohstoff- und Umweltschutzkosten – Reduzierung der Abhängigkeit von nationalen Lieferanten – günstige Wechselkurskonstellationen können ausgenutzt werden – Nutzen der Innovationspotenziale und know-how-level in anderen Regionen der Welt

b) Formen der internationalen Beschaffung sind:

- **Direkte internationale Beschaffung**

    Die einkaufende Unternehmung baut direkte Kontakte und Geschäftsbeziehungen zu ausländischen Anbietern auf.

- **Quasinationale Beschaffung bzw. Glocal Sourcing**

    Bei dieser Form der Beschaffung versucht der Abnehmer, Global Sourcing und Local Sourcing zu kombinieren. Das geschieht, indem er seine einheimischen Lieferanten dazu veranlasst, z.B. durch gezielte Information und Beratung, ihre Subkomponenten im Ausland einzukaufen.

- **Indirekter Import**

    Der Abnehmer bezieht ausländische Erzeugnisse über spezielle, im Inland ansässige Beschaffungsmittler.

- **Beschaffung durch Einkaufsniederlassungen im Ausland**

    Es werden unternehmenseigene Einkaufsniederlassungen im Ausland eingerichtet.

- **Passive Lohnveredlung**

    Dem ausländischen Lieferanten werden inländische Ausgangsmaterialien zur Verfügung gestellt. Diese werden entsprechend den Spezifikationen des Auftraggebers be- und verarbeitet und im Allgemeinen vollständig zurückgeschickt.

- **Einschaltung ausländischer Konzerngesellschaften**

    Gehört ein Unternehmen zu einem internationalen Konzernverband, hat es die Möglichkeit, die Einkaufsabteilungen der im Ausland ansässigen Gesellschaften einzuschalten.

- **Eigenfertigung im Ausland**

    Bei dieser Form wird Global Manufacturing mit dem Global Sourcing verknüpft.

c) Beim **Global Sourcing** der Materialwirtschaft werden Materialien und Bauteile weltweit eingekauft und angeliefert. Kleinunternehmen haben nur in beschränktem Ausmaß die Chance für globale Einkaufsmöglichkeiten. Es lohnt sich für sie meist nicht, die verschiedenen ausländischen Märkte selbst kennenzulernen. Indem sie sich z.B. einer Einkaufsgemeinschaft anschließen, können Kleinunternehmen dennoch vom Global Sourcing profitieren.

Aufgabe 41

a) Die **Kontraktpolitik** bietet Möglichkeiten zur Festlegung vertraglicher Beziehungen mit den Lieferanten. Sie verfolgt dabei das Ziel, die Einkaufsmacht gegenüber den Lieferanten zu nutzen und günstige Einstandspreise, geringe Transaktionskosten und eine langfristige Versorgung zu erreichen.

b) Zu unterscheiden sind folgende Einkaufsverträge:

- **Rahmenverträge** sind Verträge, die eine genaue Beschreibung der Qualitäts- und Eigenschaftsanforderungen an das zu beschaffende Objekt beinhalten und Zahlungs- und Lieferkonditionen fixieren; i.d.R. werden aber keine konkreten Vereinbarungen über Preise und Liefermengen getroffen.
- **Abrufverträge** sind eine Erweiterung der Rahmenverträge. Hier werden konkrete Abrufmengen für einen bestimmten Zeitraum, meist in Form von Höchst- oder Mindestmengen, festgelegt.
- **Sukzessivlieferverträge** sind eine Erweiterung der Abrufverträge. Hier werden neben der Abrufmenge auch feste Lieferzeitpunkte bestimmt. Diese Form der Verträge bilden die Grundlage für die Realisierung einer einsatzsynchronen Beschaffung.

Aufgabe 42

a) Die Analyse des **Einkaufs-Portfolio** hat zum Ziel, Chancen und Risiken, die vom Markt ausgehen, zu erkennen um dann, im Rahmen eines taktischen Beschaffungsmarketings, die entsprechenden Strategien zu entwickeln und in die Realität umzusetzen. Die entsprechenden Strategien sind langfristig angelegt und ergeben oft eine sinnvolle Kombination von beschaffungspolitischen Maßnahmen.

b)

Marktmacht-Portfolio		Stärke des Abnehmers	
		niedrig	hoch
Stärke des Lieferanten	hoch	A Emanzipationsstrategie	B Geschäftsfreundstrategie
	niedrig	C Anpassungs- und Selektions-Strategie	D Chancenrealisierungs-Strategie

c) Normstrategien für das Einkaufsportfolio sind:

Feld A: Emanzipationsstrategie

Dem Abnehmer stehen Lieferanten mit einer großen Marktmacht gegenüber
- geringer Verhandlungsspielraum für den Abnehmer, eine Beeinflussung der Geschäftsbedingungen ist kaum möglich
- der Abnehmer sollte seine Abhängigkeit vom Lieferanten abbauen (z.B. durch Kooperation, Zentraleinkauf, Mengenbündelung) und damit die eigene Position stärken

Feld B: Geschäftsfreundstrategie

Es stehen sich in etwa gleichstarke Marktteilnehmer gegenüber
- ausgehandelte Verträge bilden einen Kompromiss beider Parteien
- beide streben einen Interessensausgleich hinsichtlich ihrer Erträge, Kosten und Risiken an
- die Beziehung zum Lieferanten muss intensiv gepflegt und aufrechterhalten werden

Feld C: Anpassungs- und Selektionsstrategie

Unbedeutende Marktteilnehmer stehen sich gegenüber, diese polypolistische Marktsituation kommt in der Praxis nur relativ selten vor
- geringe Lieferantenpflege und -beziehungen notwendig
- Auswahl des leistungsfähigsten Lieferanten hinsichtlich Preis, Qualität und sonstiger Bedingungen und
- eine gewisse Anpassung des Abnehmers an die jeweiligen Marktverhältnisse

Feld D: Chancenrealisierungsstrategie

Der Abnehmer verfügt über eine starke Position gegenüber dem Lieferanten, diese Marktsituation findet man z.B. sehr oft in der Automobilindustrie vor
- der Abnehmer ergreift Maßnahmen zur Intensivierung des Wettbewerbs und der Steigerung der Leistungsfähigkeit der am Markt agierenden Lieferanten, um Beschaffungsmengen gezielt auf die besten Lieferanten zu verteilen

Materialdisposition

Aufgabe 43

a) Unter **Materialdisposition** sind alle Tätigkeiten zu verstehen, die notwendig sind, um den Markt oder den Betrieb als Verbraucher mit den erforderlichen Materialien oder Handelswaren nach Art und Menge termingerecht zu versorgen. Die wichtigsten Teilbereiche der Materialdisposition sind in diesem Zusammenhang die Bedarfsplanung, Bestandsplanung und die Beschaffungsplanung.

b) Bei den möglichen Formen der Bedarfsermittlung unterscheidet man grundsätzlich zwischen der programmgesteuerten (deterministischen) und der verbrauchsgesteuerten (stochastischen) Bedarfsermittlung. Eine weitere Möglichkeit ist die durch Schätzung vorgenommene Bedarfsermittlung.

Aufgabe 44

Bedarfsarten sind:

> – **Primärbedarf** ist der Bedarf an Erzeugnissen und Ersatzteilen, die für den Verkauf bestimmt sind. Er kann fremdbezogen oder eigengefertigt sein.
>
> – **Sekundärbedarf** ist die Menge an Materialien, Rohstoffen und Baugruppen, die zur Erzeugung des Primärbedarfs benötigt wird. Grundlage für die Ermittlung sind sogenannte Stücklisten.
>
> – **Tertiärbedarf** ist der Bedarf an Hilfs- und Betriebsstoffen zur Aufrechterhaltung der Produktion.

Aufgabe 45

Stücklistenarten sind:

a) **Mengenübersichtsstückliste oder kurz Mengenstückliste:** Sie stellt die einfachste Form der Stückliste dar. Sie gibt Auskunft über die Mengen an Rohstoffen, Einzelteilen und Baugruppen, die für die Fertigung eines Enderzeugnisses benötigt werden, zusammengefasst über alle Fertigungsstufen. Die strukturelle Zusammensetzung innerhalb der einzelnen Fertigungsstufen ist aus einer Mengenstückliste nicht ersichtlich.

b) **Strukturstückliste**: Sie erfasst im Gegensatz zur Mengenstückliste alle Baugruppen und Teile eines Enderzeugnisses in strukturierter Form. Daraus ist klar erkennbar, welches Teil in das jeweils übergeordnete Erzeugnis eingeht, wobei allerdings mehrfach verwendete Baugruppen mit allen Einzelteilen wiederholt auftauchen.

c) **Baukastenstückliste:** Sie wird für jede Fertigungsstufe erstellt und enthält nur diejenigen Teile oder Baugruppen, die in eine übergeordnete Einheit (Baugruppe, Enderzeugnis) eingehen und macht daher erkennbar, in welcher Fertigungsstufe ein bestimmtes Teil benötigt wird. Der Nachteil der Strukturstückliste, dass sie schnell unübersichtlich und aufwendig wird, kann durch Verwendung dieser Stücklisten vermieden werden.

Aufgabe 46

a) Methoden der **Stücklistenauflösung** sind:

Analytische Methode	Die analytische Methode ist besonders zur Auflösung eines Produktionsplanes geeignet. Die Bedarfsrechnung nach dieser Methode geht also vom Primärbedarf aufgrund des Produktionsplanes aus. Hilfsmittel für die Auflösung sind Stücklisten, die schrittweise vom Fertigerzeugnis über die Baugruppe bis hin zum Einzelteil zergliedert werden.
Synthetische Methode	Die synthetische Methode ist vor allem zur Bedarfsauflösung eines einzelnen Fertigerzeugnisses geeignet. Hilfsmittel sind hier die sogenannten Teileverwendungsnachweise, die aufführen, welches Teil in welchen Erzeugnissen wie oft vorkommt.

b) Das Erzeugnis E_1 besteht aus den Baugruppen Z_1 und Z_2 und aus dem Einzelteil T_3. Für jede Einheit von E_1 werden zwei Einheiten von Z_1 und 4 Einheiten von Z_2 sowie 2 Einheiten von T_3 benötigt. Die Baugruppen Z_1 und Z_2 bestehen wiederum aus den Einzelteilen T_1 ... T_4, die in verschiedenen Mengen benötigt werden. Somit lassen sich die benötigten Mengen für 400 Stück E_1 „von unten nach oben" berechnen:

T_1: $400 \cdot 2 \cdot 2 + 400 \cdot 3 \cdot 4$ = 6400 Stück
T_2: $400 \cdot 2 \cdot 2$ = 1600 Stück
T_3: $400 \cdot 4 + 400 \cdot 2$ = 2400 Stück
T_4: $400 \cdot 2 \cdot 4$ = 3200 Stück

Aufgabe 47

Bei der Fertigung von Variantenprodukten wird das Führen von Stücklisten für jede Variante unrentabel. Außerdem wird die Arbeitsvorbereitung insoweit erschwert, weil herkömmliche Stücklisten für Variantenprodukte zu unübersichtlich sind.

Bei der Nutzung von Variantenstücklisten geht man von der Annahme aus, dass die eingesetzten Materialien und Vorprodukte für die Produktion von Gütern in Menge und Art weitgehend gleich sind. Die Teile der Grundausstattung, die in allen Variantenprodukten in gleicher Anzahl verarbeitet werden, sind in einer **Gleichteilestückliste** erfasst. Die Einführung der **Variantenstückliste** bietet dabei den Vorteil, dass sie nur die zusätzlichen Teile erfasst, die die spezielle Variante des Produktes ausmacht. Damit wird Rationalisierungspotential durch die einmalige Erfassung der Gleichteile ausgeschöpft und gleichzeitig bei erhöhter Komplexität die Übersichtlichkeit gewahrt. Sollte am Materialeinsatz der Basiselemente eine grundsätzliche Änderung vorgenommen werden, ist lediglich die Gleichteilestückliste zu verändern, so dass der Arbeitsaufwand wesentlich verringert wird.

Variantenstücklisten bieten darüber hinaus die Möglichkeit, ausschließlich Plusvarianten oder Plus- und Minusvarianten zu erfassen. Bei letzterem werden in der Variantenstückliste nicht die einzelnen eingesetzten Bauteile genannt, sondern vielmehr auch Baugruppen, die um jene Teile gemindert werden, die in der entsprechenden Variante nicht zum Einsatz kommen. Auch hier steht der rationelle Gedanke im Vordergrund: die Erfassung **einer** Baugruppe mit **acht** Teilen, abzüglich des achten, nicht verwendeten Bauteils wird dem Niederschreiben von **sieben** Einzelteilen vorgezogen.

Aufgabe 48

Bedarfsverläufe im Rahmen der verbrauchsorientierten Bedarfsermittlung sind:
- konstanter Verlauf: Der Bedarf ist langfristig konstant, es ergeben sich nur kurzfristige und geringfügige Schwankungen um einen Durchschnittswert.
- trendbeeinflusster Verlauf: Der Bedarf steigt oder fällt stetig über einen längeren Zeitraum hinweg.
- saisonabhängiger Verlauf: Der Bedarf ist abhängig von der Jahreszeit.
- unregelmäßiger Verlauf: Keine Gesetzmäßigkeit im Bedarf erkennbar.
- unstetiger Verlauf: Durch Einflüsse wirtschaftspolitischer Maßnahmen.

Aufgabe 49

a) Künftiger Periodenbedarf = alter Vorhersagewert + α · (Verbrauch letzte Periode - alter Vorhersagewert)

b) Der Korrekturfaktor α (Glättungsfaktor) legt fest, in welchem Maße die Prognose an Bedarfsschwankungen der jüngsten Vergangenheit angepasst werden soll.

Aufgabe 50

Nach dem Einsetzen der unterschiedlichen α-Werte in die Formel für die exponentielle Glättung 1. Ordnung berechnen sich die Prognosen (P) für die nächste Periode wie folgt:

$$\alpha\,(0{,}2) \Rightarrow P = 200 + 0{,}2 \cdot (250 - 200) = 210$$
$$\alpha\,(0{,}5) \Rightarrow P = 200 + 0{,}5 \cdot (250 - 200) = 225$$
$$\alpha\,(0{,}7) \Rightarrow P = 200 + 0{,}7 \cdot (250 - 200) = 235$$
$$\alpha\,(1{,}0) \Rightarrow P = 200 + 1{,}0 \cdot 250 - 200) = 250$$

Die Ergebnisse verdeutlichen, dass die Prognose über den α-Faktor gesteuert wird. Je größer α gewählt wird, desto stärker ist die Gewichtung der neuesten Tatsache. Dadurch ist für α = 1,0 die Prognose gleich dem Verbrauch der letzten Periode.

Aufgabe 51

a) **Bestandsarten** sind:

- Lagerbestand: Der Lagerbestand ist der Bestand, der sich körperlich zum Planungszeitpunkt im Lager befindet.
- Verfügbarer Bestand: Dieser Bestand stellt eine Teilmenge des Lagerbestandes dar.
- Meldebestand: Bei Erreichen dieses Bestandes wird eine Bestellung ausgelöst.
- Höchstbestand: Der Höchstbestand gibt die Menge an, die maximal am Lager vorhanden sein darf.
- Sicherheitsbestand: Er stellt einen Puffer dar, um die Leistungsbereitschaft des Unternehmens bei Lieferschwierigkeiten oder sonstigen Ausfällen aufrechtzuerhalten. Die Höhe des Sicherheitsbestandes wird durch die Genauigkeit der Bedarfsprognosen bestimmt.

Die wichtigsten Bestandsarten lassen sich grafisch wie folgt darstellen:

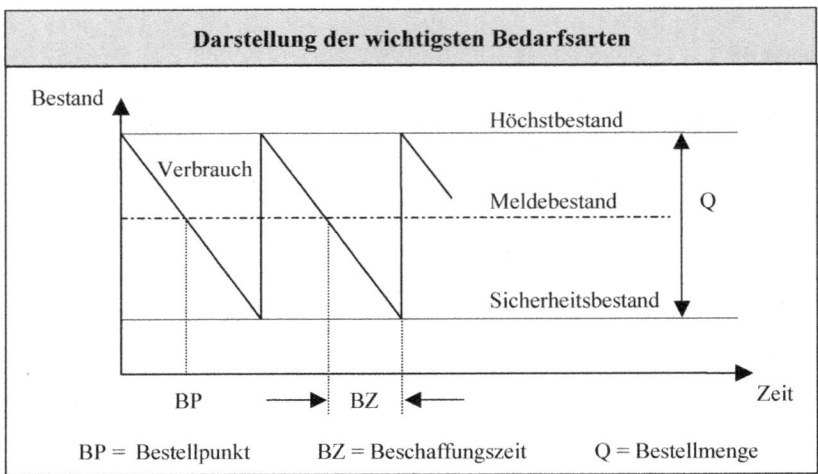

b) Einflüsse auf die Bestandshöhe
- Intern: Entwicklung, Kostenverantwortung, Vertrieb, Einkauf, Fertigung
- Extern: Beschaffungsmarkt, Wettbewerb, Absatzmarkt

c) Planungsschritte:
- Die Analyse des Ist-Zustandes und die kritische Beobachtung des Bestandsniveaus zum Planungsstichtag.
- Die Anpassung des Bestandvolumens an Volumen und Struktur des Umsatzplans.
- Korrektur der Werte in Bezug auf die geplante Verteuerung, die geplante Abwertung und Verschrottung und in Bezug auf die Zielvorgaben zur Senkung der Vorräte.

d) Die Bestandsberichterstattung muss zu den folgenden Teilthemen aussagefähig sein:
- dem Plan-Ist-Vergleich der Bestände
- der Hochrechnung des im Berichtszeitraum erreichten Ist auf das Geschäftsjahresende
- den Gründen für die positiven und die negativen Zielabweichungen

Aufgabe 52

a) $\text{Lieferbereitschaftsgrad} = \dfrac{\text{Anzahl der voll gedeckten Bedarfsanforderungen}}{\text{Anzahl der gesamten Bedarfsanforderungen}} \cdot 100\%$

b) Ein Sicherheitsbestand, der die Bedarfsanforderungen zu 100% erfüllt, ist unwirtschaftlich, da der Lagerbestand und die Lagerhaltungskosten stark ansteigen.

Bei einem hohen Lieferbereitschaftsgrad (z.B. 95%) entstehen geringe Fehlmengenkosten, bei einem niedrigen LBG (z.B. 50%) entstehen hingegen beträchtliche Fehlmengenkosten. Die Kosten für den Sicherheitsbestand und die Fehlmengenkosten sind also gegenläufig.

Aufgabe 53

a) **Dispositionsverfahren** sind:

- auftragsgesteuerte (bedarfsgesteuerte) Disposition,
- plangesteuerte Disposition,
- verbrauchsgesteuerte Disposition.

b) Im Gegensatz zum kontinuierlichen Bestellpunktverfahren ist das Bestellrhythmusverfahren ein periodisches Bestellsystem. Beim Bestellpunktverfahren wird die Bestellmenge über den Bestellpunkt gesteuert.

Beim Bestellrhythmusverfahren wird der Lagerbestand nur in bestimmten Zeitabständen (Überwachungs- oder Bestellzyklen) überprüft. Bei dieser Methode gibt es also keinen Bestellpunkt, es wird auf jeden Fall eine Bestellung ausgelöst, die über eine vorher festgelegte Bestellgrenze gesteuert wird.

Aufgabe 54

- Bei der **Einzelbeschaffung im Bedarfsfall** wird der Beschaffungsvorgang erst dann ausgelöst, wenn ein Auftrag mit dem daraus resultierendem Bedarf vorliegt. Dadurch kann eine Lagerhaltung entfallen, was zu einer erheblichen Verringerung der relevanten Beschaffungskosten und der Kapitalbindung führt. In manchen Fällen (z.B. vorzeitige Anlieferung, lange Produktionsdauer) kann es zu einer kurzfristigen Lagerung kommen.
- Bei der **Vorratsbeschaffung** werden die Materialien gelagert und stehen dadurch dem Betrieb kurzfristig zur Verfügung. Damit wird dem Risiko verminderter Lieferbereitschaft weitgehend Rechnung getragen. Der Vorteil dieses Prinzips besteht darin, dass größere Beschaffungsmengen zu günstigeren Bedingungen (im Rahmen der Preispolitik) bezogen werden können.
- Die **fertigungs- oder einsatzsynchrone Beschaffung** versucht die Vorteile der beiden ersten Prinzipien zu verbinden und deren Nachteile auszuschließen. Bei diesem Prinzip müssen die Lieferanten zu bestimmten Terminen Material liefern. Meist sind für die Nichteinhaltung dieser Termine hohe Konventionalstrafen zu zahlen. Dieses Prinzip gelangt vor allem bei Großserien- oder Massenfertigung und der vor allem in der Chemie anzutreffenden Zwangslauffertigung zur Anwendung.

Aufgabe 55

a) **Relevante Beschaffungskosten** sind:

- Anschaffungskosten: ergeben sich aus dem Einstandspreis pro Mengeneinheit multipliziert mit der beschafften Menge.
- Bestellabwicklungskosten: sind die Kosten, die in der Unternehmung in Zusammenhang mit der Bestellabwicklung anfallen. Der Anteil dieser Kosten ist stark von der Bestellpolitik des Einkäufers abhängig, da große Bestellmengen die Bestellabwicklungskosten niedrig halten.
- Lagerhaltungskosten: lassen sich aufteilen in Kosten der reinen Lagerhaltung, auch Lagerkosten genannt, und Kosten aus den Lagerbeständen.
- Fehlmengenkosten: fallen dann an, wenn das beschaffte Material den Bedarf der Fertigung nicht deckt, wodurch der Leistungsprozess teilweise oder ganz unterbrochen wird. Fehlmengenkosten können zum einen zur Vermeidung einer Fehlmenge, zum anderen durch das Entstehen einer Fehlmenge verursacht werden.

b) Für die Ermittlung des Einstandspreises gilt:

Angebotspreis
+ Zuschläge
- Rabatte und Boni
= Bereinigter Einkaufspreis
- Skonto
+ Fracht, Verpackung, Versicherung
= **Einstandspreis**

c) Zu den fixen Beschaffungskosten zählen u.a.: Transaktionskosten, Informationskosten, administrative Kosten etc.

Aufgabe 56

a) Unter der **optimalen Bestellmenge** versteht man die Bestellmenge je Beschaffungsakt, bei der die Summe aus Bestell- und Lagerhaltungskosten am niedrigsten ist. Bei der Ermittlung der optimalen Bestellmenge sind folgende Größen abzuwägen:
- realisierbare Mengenrabatte bei größeren Bestellmengen,
- mit der Bestellmenge zunehmende Kosten der Lagerhaltung (Lagerkosten, Kapitalbindung sowie das Alterungsrisiko).

Die optimale Bestellmenge kann jedoch nach oben (wenn beispielsweise in der Zukunft hohe Preissteigerungen zu erwarten sind) oder unten (z.B. bei einem erwarteten Absatzrückgang) korrigiert werden.

b) Prämissen der Formel zur Ermittlung der optimalen Bestellmenge sind:
- Keine Transportkostenstaffelung
- Keine Restriktionen bei der Lagerung
- Konstante Einstandspreise
- Frei wählbare Anlieferungszeiten
- Keine Probleme bei der Finanzierung
- Keine Mengenrabatte
- Gleichmäßiger Materialverbrauch während des Planungszeitraumes

c) Die Formel für die Ermittlung der optimalen Bestellmenge ist nur ein Modell und stark vereinfacht, da von folgenden unrealistischen Annahmen ausgegangen wird:
- Es liegt einstufige Einproduktfertigung vor.
- Mengenrabatte bei größeren Beschaffungsmengen werden nicht berücksichtigt.
- Es können Mindestbestellmengen vorliegen, die unter der ermittelten optimalen Bestellmenge liegen.
- Bedarf und damit Lagerabgang unterliegen keinen zeitlichen Schwankungen.
- Jahresbedarf ist genau bekannt.
- Beschaffungsgeschwindigkeit ist unendlich groß.
- Keine Restriktionen bei finanziellen Mitteln und Kapazitäten.
- Alle Kosten sind während des Planungszeitraumes bekannt.

d) Die bestellfixen Kosten sind die Kosten, die bei jedem Beschaffungsakt unabhängig von der bestellten Menge anfallen. Zu ihnen gehören z.B. die Kosten der Materialprüfung, die Kosten der Übermittlung der Bestellung etc. Die bestellfixen Kosten spielen bei der Ermittlung der optimalen Bestellmenge eine wichtige Rolle.

Je größer die bestellte Stückzahl ist, auf umso mehr Repetierfaktoren bzw. Werkstoffe verteilen sich diese Kosten. Die Fixkostenbelastung je bestelltes Stück sinkt mit zunehmender Menge. Aus diesem Blickwinkel erscheint eine möglichst große Bestellmenge wünschenswert.

Dem stehen jedoch die Kosten der Lagerhaltung gegenüber.

Aufgabe 57

a) Formel zur Ermittlung der optimalen Bestellmenge:

$$x_{opt} = \sqrt{\frac{200 \cdot 8.000 \cdot 60}{1{,}50 \cdot 25}} = 1.600 \text{ Stück}$$

b) Diese Menge wird $8.000 : 1.600 = 5$ mal pro Jahr bestellt.

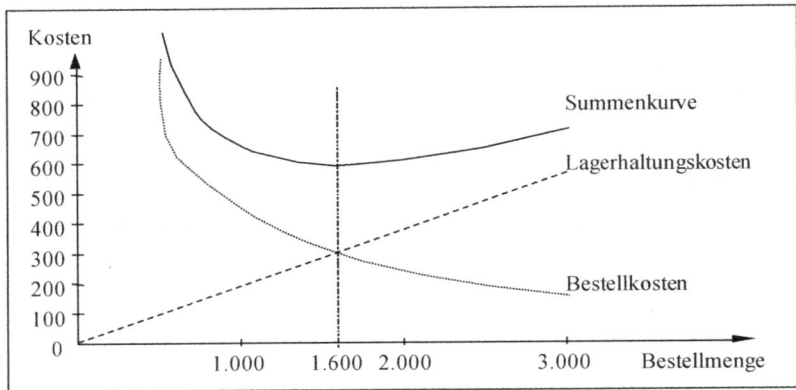

Aus der **graphischen Darstellung** lassen sich verschiedene Folgerungen ableiten:

Eine vergleichsweise große Abweichung von der optimalen Bestellmenge verursacht eine nur relativ schwache Reaktion des Kostenanstiegs bei den Gesamtkosten. Die Gesamtkostenkurve verläuft in ihrem Minimum in beiden Richtungen zunächst sehr flach, jedoch ist der Anstieg in der Richtung kleinerer Bestellmengen größer. Ein Unterschreiten der optimalen Bestellmenge würde daher zu einem größeren Kostenanstieg führen als ein Überschreiten.

Aufgabe 58

a) Bestimmung der optimalen Bestellmenge:

$$K = K_B + K_L \qquad K_B = \frac{m}{x} \cdot a \qquad K_L = \frac{x}{2} \cdot p$$

$$\frac{dK}{dx} = -\frac{m}{x^2} \cdot a + \frac{p}{2} = 0 \quad \rightarrow \quad x_{opt} = \sqrt{\frac{2ma}{p}}$$

$$x_{opt} = \sqrt{\frac{2 \cdot 2.500 \cdot 5}{10}} = 50 \text{ Stück}$$

b) Damit die berechnete Bestellmenge auch wirklich optimal ist, müssen folgende Voraussetzungen bei der Firma „Boxer" gegeben sein:
- gleichmäßiger Lagerabgang (linearer Verlauf)
- Beschaffungspreis unabhängig von Bestellmenge (keine Mengenrabatte)
- Sicherheit bezüglich des Jahresbedarfs
- Konstanz der Kostensätze sowie richtige Berechnung (α und p dürfen keine Fixkostenanteile enthalten)
- keine Restriktionen bezüglich Beschaffung, Finanzierung und Lagerung

Aufgabe 59

a) Das Bestellintervall ergibt sich aus:

$$\frac{\text{Bestellmenge - Meldebestand}}{\text{Tagesverbrauch}} = \frac{7.500 - 1.500}{300} = \underline{\underline{20 \text{ Tage}}}$$

b) Die Lieferzeit lässt sich aus dem Meldebestand, die maximale mögliche Lieferverzögerung aus dem eisernen Bestand ermitteln:

$$\text{Lieferzeit} = \frac{\text{Meldebestand}}{\text{Tagesverbrauch}} = \frac{1.500}{300} = \underline{\underline{5 \text{ Tage}}}$$

$$\text{max. Lieferverzögerung} = \frac{\text{Eiserner Bestand}}{\text{Tagesverbrauch}} = \frac{900}{300} = \underline{\underline{3 \text{ Tage}}}$$

Aufgabe 60

a) Der Meldebestand dient der Deckung der Lieferfrist von 5 Tagen:

$$\text{Meldebestand} = 5 \text{ Tage} \cdot 300 \frac{\text{kg}}{\text{Tag}} = \underline{\underline{1.500 \text{ kg}}}$$

b) Die Bestellmenge ergibt sich aus dem Verbrauch während der 20 Tage (Bestellintervall) sowie dem Meldebestand:

$$\text{Bestellmenge} = 20 \text{ Tage} \cdot 300 \frac{\text{kg}}{\text{Tag}} + 1.500 \text{ kg} = \underline{\underline{7.500 \text{ kg}}}$$

c) Der eiserne Bestand soll Lieferverzögerungen von bis zu 3 Tagen abdecken können:

$$\text{Eiserner Bestand} = 3 \text{ Tage} \cdot 300 \frac{\text{kg}}{\text{Tag}} = \underline{\underline{900 \text{ kg}}}$$

Aufgabe 61

a) Zur Vermeidung von Fehlmengen bedürfen die Beschaffungstermine einer genauen Planung, da die Materialien aufgrund von Lieferzeiten, Beschaffungszeiten und Prüfungszeiten nicht unverzüglich nach ihrer Anforderung zur Verfügung stehen.

b) Beschaffungswege sind:

- **Indirekter Bezug über den Handel**

Der Vorteil für den indirekten Bezug von Materialien über den Handel liegt vor allem darin, dass dem Beschaffungsbereich wichtige Funktionen und die damit verbundenen Risiken vom Händler abgenommen werden. Der Handel übernimmt insbesondere die Lagerfunktion und das Lagerrisiko sowie die Transportfunktion samt Transportrisiko.

- **Direktbezug vom Hersteller**

Der Direktbezug vom Hersteller ist dem indirekten Beschaffungsweg vor allen Dingen in preislicher Hinsicht überlegen, da keine Transport- und Zwischenlagerkosten sowie Handelsspannen anfallen. Dies gilt auch bei der Beschaffung aus dem Ausland (Import). Ein weiterer Vorteil besteht in der gleichbleibenden Qualität der zu beschaffenden Materialien. Diese Vorteile gelten aber nur bei der Abnahme von großen Mengen.

Aufgabe 62

a) Der eigentliche Beschaffungsvorgang wird durch eine Bedarfsmeldung an die Einkaufsabteilung ausgelöst. Die Bedarfsmeldung erfolgt durch diejenigen Stellen im Betrieb, welche den Bedarf ermitteln.

b) Stufen der Beschaffungsdurchführung sind:
- Bedarfsmeldung
- Angebotseinholung
- Angebotsprüfung und Angebotsvergleich

Aufgabe 63

a) Möglichkeiten der Angebotseinholung sind: Bezugsquellenverzeichnis (z.B. Adressbücher, Messekataloge, Berichte und Anzeigen in Fachzeitschriften), Lieferantenkartei, Anfrageregister, -vordruck und -sammelbogen.

b) Für die Angebotsprüfung gilt:
- Bei der **formellen** Angebotsprüfung werden in erster Linie die Vollständigkeit des Angebots, die Übereinstimmung des Angebots mit der Anfrage und die Eindeutigkeit des Angebots überprüft.
- Die **materielle** Prüfung dient der Untersuchung aller bei der Lieferantenauswahl mitentscheidenden Faktoren, dazu zählen insbesondere: Preis und Konditionen, Qualität und Leistungen, Lieferzeit und Standort des Lieferanten, etc.

c) Möglichkeiten des **Angebotvergleichs**:
1. Die Beurteilungskriterien werden gewichtet. Die höchste Punktzahl wird für den wichtigsten Faktor, die niedrigste Punktzahl für unbedeutende Kriterien vergeben.
2. Die Angebote werden bewertet, indem jedes Beurteilungskriterium eine bestimmte Punktzahl erhält. Die optimale Bewertung kann z.B. der Höchstzahl 10 entsprechen.
3. Durch die Addition der gewichteten Einzelpunkte wird die Gesamtbewertung der Lieferanten errechnet.

Nicht in jedem Fall wird das günstigste Angebot über die Auftragsvergabe entscheiden. Die Pflege der Beziehungen zu den Stammlieferanten und die Risiken im Zusammenhang mit einem unbekannten Lieferanten können zur Auswahl eines anderen Lieferanten führen.

Aufgabe 64

a) Bei periodischem Bedarf und langfristigen Lieferverträgen und bei hochwertigen A-Materialien sollten **Vergabeverhandlungen** geführt werden, um günstigere Preise, Liefer- und Zahlungsbedingungen und/oder kürzere Lieferzeiten zu erreichen.

b) Im Rahmen der **sachlichen** Vorbereitung muss man sich über die zu erreichenden Ziele im Klaren sein und einen Argumentationskatalog zusammenstellen, um den Partner im Sinne der Zielsetzung zu überzeugen. Bei der **organisatorischen** Vorbereitung muss die Zusammensetzung des Verhandlungsteams, der Verhandlungstermin, die Sitzordnung und eine Zusammenstellung der notwendigen Dokumentation (z.B. Lieferantenkartei), festgelegt werden. Die **taktische** Vorbereitung spielt neben der Verhandlungskonzeption und ihrer Durchsetzung eine große Rolle. Hier muss der Einkäufer sich darüber Gedanken machen, welche Argumente er vorbringt und ob er die Verhandlung defensiv oder offensiv gestaltet.

Aufgabe 65

Teilbereiche der Beschaffungskontrolle sind:

- **Terminüberwachung**

  Eine gewissenhafte Terminüberwachung ist von zentraler Bedeutung; bei einer zu späten Anlieferung kann es zu Verzögerungen in der Produktion kommen, bei einer zu frühen Anlieferung kann es zu Problemen im Lagerbereich kommen.

- **Wareneingangskontrolle**

  Die Wareneingangskontrolle hat die Aufgabe, die Richtigkeit aller eingegangenen Lieferungen und Leistungen zu prüfen und unverzüglich den Einkauf bzw. die Terminstelle sowie evtl. die Bedarfsträger über alle Wareneingänge zu informieren.

- **Rechnungsprüfung**

  Die Rechnungsprüfung vergleicht die Lieferantenrechnung mit der Auftragsbestätigung, der Bestellung, den Wareneingangspapieren und dem Warenbefundbericht.

Logistische Fragen

Aufgabe 66

Zu den Aufgaben der Logistik gehört die Versorgung der Bedarfsträger mit den benötigten Gütern und Leistungen im Rahmen des **Transportwesens**, die Lagerung von Materialien im Rahmen des **Lagerwesens** und die Entsorgung von Materialien im Rahmen der **Abfallwirtschaft**.

Aufgabe 67

a) Unter **Transport** versteht man die Raumüberbrückung oder Ortsveränderung von Transportgütern oder Personen mit Hilfe von Transportmitteln. Das **Hauptziel** des Transportwesens besteht in der Sicherung der Verfügbarkeit der benötigten Güter und Leistungen bei den Bedarfsträgern durch Steuerung und Planung von Transporten.

b) Die Aufgaben sind die Auswahl der richtigen Transportkette, des günstigsten Transportmittels, Transportweges und Transportbetriebes.

Aufgabe 68

Der **Straßengütertransport** nimmt unter dem Gesichtspunkt der Beförderungsmengen den ersten Platz ein. Das liegt vor allen Dingen an einem engmaschigen Straßennetz, der großen Anpassungsfähigkeit an Transportanforderungen sowie dem Haus-zu-Haus-Verkehr, der ohne einen Wechsel der Transportmittel ermöglicht wird.

Im Gegensatz zum Straßengüterverkehr ist der **Schienengüterverkehr** vor allem ein Knotenpunktverkehr. Wegen seiner Wettbewerbsvorteile hat der LKW die Eisenbahn aus dem Nah- und Flächenverkehr zum großen Teil verdrängt. Das liegt zum einen an den hohen Stillstandszeiten der Eisenbahn im Nahverkehr und zum anderen an der geringeren Netzdichte des Eisenbahnnetzes im Gegensatz zum Straßennetz.

Aufgabe 69

a) Jeder **innerbetriebliche Transport** ist unproduktiv und man sollte daher bestrebt sein, Transporte weitgehend zu vermeiden und auf ein Minimum zu beschränken.

b) Transport- und -hilfsmittel sind:

> - Flurfördermittel: Unter Flurfördermitteln versteht man nicht kontinuierlich, sondern intermittierend arbeitende Transportmittel. Dazu gehören Handkarren, Hubwagen und Gabelstapler etc.
>
> - Flurfreie Fördermittel: Unter flurfreien Fördermitteln versteht man alle sich nicht am Boden bewegenden Transportmittel. Darunter fallen Drehkräne, Portalkräne, Hängekräne etc.
>
> - Stetigfördermittel: Hierbei handelt es sich um zumeist ortsfeste, in manchen Fällen aber auch bewegliche Einrichtungen, die das Fördergut kontinuierlich von der Aufnahmestelle zur Abnahmestelle befördern. Dazu gehören Rutschen, Fließbänder, Rollenbahnen, Kreisförderer, Pipelines etc.

Aufgabe 70

a) Typische Aufgaben eines **Lagers** sind:

- Versorgungs- und Sicherungsfunktion: Sie versorgen die Produktion mit Materialien, um einen reibungslosen Ablauf der Fertigung zu sichern.

- Ausgleichsfunktion: Sie ermöglichen den Ausgleich von Marktschwankungen in Beschaffung und Absatz sowie bei diskontinuierlicher Produktion,

- Produktivfunktion: Sie realisieren als Teil des Produktionsprozesses einen bestimmten Reife- oder Gärungsprozess.

b) Die zeitlich vor der Produktion befindlichen Roh-, Hilfsstoff- und Betriebsstofflager, die zeitlich mit dem Produktionsprozess verlaufenden Zwischenlager und die zeitlich nach der Produktion verlaufenden Fertigwarenlager.

Aufgabe 71

Für ein Unternehmen ist die **Lagerhaltung** immer mit erheblichen Kosten verbunden. Diese ergeben sich zum einen aus dem Zinsverlust des im Lager gebundenen Kapitals und zum anderen aus den Kosten der Lagerhaltung selbst (Mieten, Abschreibungen, etc.).

Demzufolge streben die Unternehmen grundsätzlich eine möglichst geringe Lagerhaltung an. Dabei muss allerdings berücksichtigt werden, dass z.B. konjunkturell bedingte Unwägbarkeiten der Zukunft entscheidenden Einfluss auf den Umfang der Lagerhaltung haben. Sind beispielsweise Preissteigerungen zu erwarten, so empfiehlt sich die Erhöhung des Lagerbestandes (Spekulationslager). Umgekehrt sollte einem erwarteten Absatzrückgang durch die Reduzierung der Lagerbestände Rechnung getragen werden.

Aufgabe 72

Kernprobleme der Lagerplanung sind:

- Planung des Lagerstandortes
- Planung der Lagerkapazität
- Planung der technischen Gestaltung
- Planung der Lagerordnung

Aufgabe 73

a) Die Vorteile einer **zentralen Lagerung** liegen in der besseren Nutzung von Raum, Transportmitteln und Personal. Weiterhin besteht der Vorteil der besseren Überwachungs- und Kontrollmöglichkeiten.

Vorteile für die Bildung von **dezentralen** Lagern sind: technisch unproblematische Lagerung, hohe Entnahmehäufigkeit und große Materialmengen, die an verschiedenen Stellen im Betrieb benötigt werden.

b) Der **optimale Standort** ist durch das Gesamtkostenminimum aus Lagerhaltungskosten und Transportkosten bestimmbar.

c) Bei der **chaotischen Lagerung** wird der jeweils nächstliegende freie Lagerplatz belegt. Eine Entnahme erfolgt ebenfalls, sofern nicht produktionstechnische Gründe dagegen sprechen, vom jeweils günstigst gelegenen Standort aus. Eine Materialart kann hier auf mehrere unterschiedliche Lagerorte verteilt sein.

Aufgabe 74

Schritte des **Lagerungsablaufs**:
1. Materialannahme und Identitätsprüfung
2. Materialprüfung
3. Materialein- und -umlagerung
4. Materialauslagerung bzw. -ausgabe

Aufgabe 75

a) Ziele der betrieblichen **Abfallwirtschaft** sind:
- Vermeidung und Verringerung des Anfalls von Entsorgungsgütern und -leistungen
- Verwertung von Entsorgungsgütern und -leistungen. (Recycling)
- Beseitigung von Entsorgungsgütern und –leistungen.

b) Abfallvermeidung und Abfallbehandlung. Die Abfallbehandlung kann im Allgemeinen als Kern der betrieblichen Abfallwirtschaft gesehen werden. Sie besteht aus der Abfallverwertung (Recycling) und der Abfallbeseitigung.

Aufgabe 76

Wichtige **Abfallkategorien** sind:
- Materialabfälle, die für den ursprünglichen Verwendungszweck unbrauchbar geworden sind, z.B. alle Rückstände an Roh-, Hilfs-, und Betriebsstoffen der Fertigung.
- Lagerhüter, hier sind trotz überdurchschnittlich langem Zeitraum keine Lagerbewegungen zu erreichen.
- End- und Zwischenprodukte, die nicht mehr abgesetzt werden können.
- nicht verwendbare Leergüter, z.B. Holzkisten, Kartonagen, Verschläge, etc.
- Ausrüstungen, z.B. veraltete Investitionsgüter oder Büromaschinen

Aufgabe 77

Die **Abfallwirtschaft** hat sich in vielen Unternehmen zu einem schwierigen Teilgebiet entwickelt, da ihrem Handlungsspielraum durch die Verringerung der Anzahl von Deponien, Reaktionen der Öffentlichkeit, gesetzlichen Auflagen, etc. enge Grenzen gesetzt werden. Daher geht die materialwirtschaftliche Zukunftsperspektive in Richtung ressourcenschonender Programmgestaltung, hohem Verwertungswert der Input-Materialien und schadstoffarmer Produktion und Produkte.

Aufgabe 78

- Zur Reduzierung von **Materialabfällen** kann man die folgenden Maßnahmen ergreifen:
  - Konsequente Änderung des Fertigungsverfahrens,
  - Einsatz eines anderen Werkstoffes (z.B. Kunststoff statt Blech),
  - bessere Ausnutzung der Einsatzstoffe durch konstruktive Veränderungen der eingesetzten Werkstoffe und/oder des Fertigerzeugnisses.
- Zur Vermeidung von **Lagerhütern** können die folgenden Maßnahmen ergriffen werden:
  - Einsatz der programmgesteuerten Disposition,
  - engere Zusammenarbeit zwischen Absatz, Produktion, Entwicklung und Einkauf,
  - verstärkter Einsatz von Normteilen,
  - lagerloser Einkauf,
  - Verbesserung der Lagerungsmöglichkeiten und des Schutzes der Lagerhüter.

Aufgabe 79

Teilgebiete der **Abfallbehandlung** sind:
- Abfallbeseitigung
- Abfallverwertung (internes/externes Recycling)

Aufgabe 80

a) Man spricht von **Recycling**, wenn Stoffe und Energie in den (ursprünglichen) Kreislauf zurückgeführt werden. Dabei kommt es zu einer Wiederaufarbeitung von Reststoffen aus der Produktion (erneutes Nutzen von Rückständen).

b) Formen des innerbetrieblichen Recycling sind:

> - **Wiederverwendung:** Abfälle werden nach geeigneter physikalischer und biologischer Behandlung wieder eingesetzt
> - **Umarbeitung:** ist die Umwandlung in speziellen Recyclingsystemen
> - **Wiederverwertung:** Produktionsabfälle werden im gleichen, bereits durchlaufenen, Produktionsprozess weiter eingesetzt

Aufgabe 81

a) Regenerierung:
Hier werden gewerbliche Altmaterialien und Abfälle in besonderen Recyclingsystemen erneuert. Diese Stoffe werden dort in der Weise aufgearbeitet, dass sie für eine Wiederverwendung in einem Stoffkreislauf eingesetzt werden können.

b) Verkauf von Abfall:
Der Verkauf von Abfall hat immer dann zu erfolgen, wenn ein eigenes Recycling oder eine Regenerierung durch Fremdfirmen nicht möglich oder unwirtschaftlich ist.

Ausblick auf die zukünftige Entwicklung der Materialwirtschaft

Aufgabe 82

Trends für die zukünftige Entwicklung der **Beschaffungspolitik** sind:

- Verstärkter Fremdbezug und dadurch bedingte Reduzierung der Fertigungstiefe führt zu einer Erhöhung des gesamten Beschaffungsvolumens in den Unternehmen.
- Trend zur Partnerschaft und langfristigen Kooperation mit Lieferanten.
- Trend zum Bezug von kompletten, einbaufähigen Komponenten und Systemen, dadurch reduziert sich das gesamte Beschaffungsvolumen.
- Dadurch bedingt: Verlängerung der Lieferantenkette und steigende Bedeutung des „Single Sourcing".
- Aufgrund langfristiger Lieferantenbeziehungen wird die Lieferantenauswahl zunehmend zu einer strategischen Aufgabe des Beschaffungsbereiches.
- Trend zur Nutzung weltweiter Beschaffungsmärkte.
- Trend zur fertigungssynchronen Anlieferung, um Materialbestände und damit Kapitalbindung in den Unternehmen zu minimieren.

Aufgabe 83

Eine wesentliche Voraussetzung, um trotz des ständig wachsenden Konkurrenzdruckes auf dem Absatzmarkt bestehen zu können, liegt in der Sicherstellung, dass die eigenen Produkte qualitativ den wachsenden Ansprüchen der Abnehmer entsprechen.

Der Trend zur Reduzierung der Fertigungstiefe und der Bezug von weitgehend kompletten Bauteilen und Komponenten in den meisten Unternehmen führt damit zu einem wachsenden Einfluss der Qualität der angelieferten Produkte auf die Qualität des Endprodukts.

Jedoch darf auch das interne und externe Transportwesen und die Lagerhaltung bei der Qualitätssicherung nicht vernachlässigt werden, da die unsachgemäße Behandlung von angelieferten Materialien sowie von eigenhergestellten Zwischen- und Endprodukten erhebliche qualitative Einbußen bzw. ihre Unbrauchbarkeit verursachen kann.

Dieser Sachverhalt erklärt die wachsende Bedeutung einer Gesamtsicht des Materialflusses sowie einer engen Zusammenarbeit der Materialwirtschaft mit den übrigen Abteilungen des Unternehmens, um die Qualität des Endprodukts zu sichern.

Der Begriff Qualitätssicherung wird dabei häufig durch den Begriff Qualitätsmanagement ersetzt, um den Managementcharakter der Qualitätssicherung zu betonen.

Aufgabe 84

Im **Outsourcing** von logistischen Leistungen sehen die Unternehmen eine Möglichkeit, die Wirtschaftlichkeit des Unternehmens zu verbessern. Die Bestrebungen beruhen auf der Einsicht, dass Unternehmen bei Beschränkung auf ihre Kernkompetenzen unter Abgabe möglichst vieler Teil- und Randbereiche an externe Dienstleister am leistungsfähigsten sind und sich dabei erhebliche Einsparungspotenziale erzielen lassen.

Ein weiterer, ebenso wichtiger Grund ist die Umwandlung von Fixkosten in variable Kosten, die nur bei Bedarf entstehen und so erhebliche Erleichterungen bei der Kalkulation bringen.

Diese variablen Kosten, d.h. Preise für den Dienstleistungsbezug, die meist mit den Marktpreisen im Wettbewerb stehen, bleiben oft über lange Zeit konstant oder werden von Fall zu Fall neu kalkuliert.

Aufgabe 85

Beim **Supply Chain** (= **Wertschöpfung**) **Management** wird die gesamte Wertschöpfungskette, beginnend von den Produktentwicklungen bis hin zu den Kundenbeziehungen, betrachtet.

Aufgrund dieser Tatsache hat es sich als ein strategisches, kooperationsorientiertes und unternehmensübergreifendes Managementkonzept etabliert.

Die Grundidee, die sich hinter dem Supply Chain Management verbirgt, ist die Vorstellung die Bedürfnisse der Kunden möglichst vollständig zu befriedigen und dabei aber auch die Gesamtprozesse ständig zu optimieren.

Kooperative Zusammenarbeit und die informationstechnologische Verknüpfung der Teilnehmer sind die wichtigsten Grundvoraussetzungen damit das Supply Chain Management überhaupt funktionieren kann.

Lösungen zu den Testfragen

1.	a, d, e	11.	a, b, d	21.	a, c	31.	b, c
2.	b, c, d	12.	b, d, e	22.	a, b, d, e	32.	b, c, e
3.	d	13.	a, b, c, e	23.	b, c, e	33.	c, e
4.	b, e	14.	b	24.	b, c, d	34.	a, b, c, d, e
5.	c, e	15.	b, c, d	25.	b, d	35.	c
6.	a, b, d	16.	a, c, d	26.	b, c, e	36.	b
7.	b, d	17.	a, c, d	27.	d	37.	a, c, e
8.	b, d	18.	a, d	28.	a, c, d	38.	c, d
9.	b, d	19.	c, d, e	29.	b, d	39.	a, c, e
10.	b, c	20.	e	30.	d	40.	a, c, d

Kapitel E

Produktionswirtschaft

Aufgaben

Grundlagen

Aufgabe 1

Wie ist Produktion im technischen Sinne charakterisiert?

Aufgabe 2

Wer erbringt in einer Betriebswirtschaft die Produktionsleistungen?

Aufgabe 3

Wie äußert sich die Artverschiedenheit der Produktionsfaktoren?

Aufgabe 4

a) Welchen Sinn muss eine Systematisierung betrieblicher Produktionsfaktoren haben?

b) Wie lautet die erste konsequent durchgeführte Systematisierung der betriebswirtschaftlichen Produktionsfaktoren?

Aufgabe 5

a) Definieren Sie Potenzialfaktoren!

b) Beschreiben Sie, wie Verbrauchsfaktoren unterteilt werden können!

Aufgabe 6

Was versteht man unter einem Produktionsprofil und welche Bedeutung erlangt es in der Praxis?

Produktions- und Kostentheorie

Aufgabe 7

Was versteht man unter einer Faktorkombination und wie ist eine optimale Faktorkombination definiert?

Aufgabe 8

Worin unterscheiden sich die limitationalen von den substitutionalen Produktionsprozessen?

Aufgabe 9

Worin bestehen die allgemeinen Aufgaben der betriebswirtschaftlichen Produktionstheorie?

Aufgabe 10

Was versteht man unter dem Begriff der Produktionsfunktion?

Aufgabe 11

Will der Unternehmer eine bestimmte Produktionsmenge herstellen, so muss er zwischen den möglichen Einsatzmengenkombinationen wählen. Aufgrund welcher Überlegungen wählt der Unternehmer im Rahmen der ertragsgesetzlichen Produktionstheorie für eine bestimmte Ertragsmenge eine ganz bestimmte Faktorkombination?

Aufgabe 12

Die Theorie der fixen Kosten hat durch die Einführung der Begriffe Nutzkosten und Leerkosten eine Verfeinerung erfahren. Wie sind diese Begriffe zu interpretieren?

Aufgabe 13

Wie lässt sich die Produktionsfunktion vom Typ A arithmetisch und geometrisch darstellen, wenn lediglich zwei Produktionsfaktoren zur Erstellung eines Produktes notwendig sind?

Aufgabe 14

Die Produktionsfunktion vom Typ A rechnet den Grenzertrag dem variierten Faktor bzw. der variierten Faktorgruppe zu. Wie ist hierbei die Konstanz des anderen Faktors bzw. der anderen Faktorgruppe zu interpretieren?

Aufgabe 15

Die Erkenntnis, dass die Produktionsfunktion vom Typ A nicht geeignet ist, alle Arten empirischer Vorgänge in der Leistungserstellung zu erfassen und zu erklären, konnte für die Ausgestaltung einer wirklichkeitsnahen Produktionstheorie nicht ohne Konsequenzen bleiben. Diese Konsequenzen hat Gutenberg gezogen. Er entwickelte den von ihm sogenannten „Typ B" der Produktionsfunktionen. Welche Hauptansatzpunkte wählte Gutenberg zur Entwicklung der Produktionsfunktion vom Typ B?

Aufgabe 16

Lassen sich im Rahmen der Produktionsfunktion vom Typ A den einzelnen Produktionsfaktoren eindeutige Produktionskoeffizienten zuordnen?

Aufgabe 17

Bei der Produktionsfunktion vom Typ B ist die Leistung d eines Potenzialfaktors eine Schlüsselgröße.

a) Wie ist der Begriff der Leistung „d" eines Aggregats definiert?

b) Ist einem Potenzialfaktor jeweils nur eine ganz bestimmte Verbrauchsfunktion zugeordnet?

Aufgabe 18

In einer Montageabteilung sind folgende Potenzialfaktoren und frei teilbare Faktoren gegeben (siehe Schema). Kreuzen Sie die freien Felder des Schemas an, in die eine Verbrauchsfunktion eingetragen werden müsste, sofern alle Verbrauchsfunktionen erfasst werden sollen!

Frei teilbare Faktoren	Potenzialfaktoren			
	Mit-arbeiter	Hand-säge	Hobel-maschine	Produk-tionshalle
Heizenergie				
Schmieröl				
Elektrische Energie				
Werkstoffe				
Akkordminuten				
Abschreibung				

Aufgabe 19

a) Nennen Sie die drei Potenzialfaktoren, die in einem Transportprozess mit einem Fließband, das von einem Arbeiter bedient wird und von einem mobilen Dieselmotor angetrieben wird, eingesetzt werden!

b) Wie viele Verbrauchsfunktionen wären für den Transportprozess zu ermitteln, wenn außerdem Dieselöl am Motor und Schmieröl an Motor und Fließband verbraucht werden? Begründen Sie Ihre Antwort!

Aufgabe 20

Ein Metallschleifprozess sei durch zwei Verbrauchsfunktionen gekennzeichnet, für die jeweils nur drei diskrete Werte gegeben sind.

1	2	3	4	5	6
Intensität des Prozesses	Schleifmit-telverbrauch	Preis für Schleifmittel	Arbeitszeit-verbrauch	Preis der Arbeitszeit	Prozess-kosten
[m²/h]	[kg/m²]	[EUR/kg]	[Ah/m²]	[EUR/h]	[EUR/m²]
3	0,25	40	0,34	30	
4	0,20	40	0,25	30	
5	0,30	40	0,20	30	

Ermitteln Sie die Intensität des Prozesses, bei der die Kosten pro m² Schleifarbeit am niedrigsten sind! Füllen Sie dazu die Spalte 6 der Tabelle aus!

Aufgabe 21

Wie errechnet sich bei konstanter Leistung der Verbrauch des Faktors i am Potenzial-faktor j, wenn die Maschine b_j physikalische Arbeitseinheiten hervorbringt (Faktor-einsatzfunktion)?

Aufgabe 22

Geben Sie je ein Beispiel für eine Faktorart mit intensitätsabhängigem Verbrauch und intensitätsunabhängigem Verbrauch an! Zeichnen Sie in die zugehörigen Diagramme die jeweilige Verbrauchsfunktion ein!

a) Faktorart mit intensitätsunabhängigem Verbrauch:

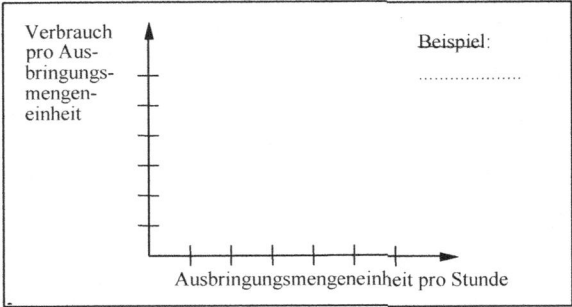

b) Faktorart mit intensitätsabhängigem Verbrauch:

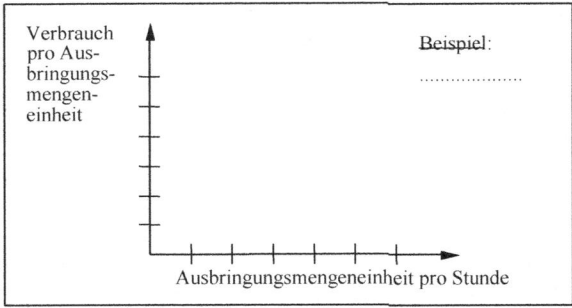

Aufgabe 23

Welche Anpassungsformen unterscheidet Gutenberg im Zusammenhang mit der Änderung des Beschäftigungsgrades?

Aufgabe 24

a) Was versteht Gutenberg unter zeitlicher Anpassung?

b) Wie wirken sich im Falle zeitlicher Anpassung Überstundenzuschläge auf den Verlauf der Gesamtkostenfunktion aus?

Aufgabe 25

Wie wird die intensitätsmäßige Anpassung nach Gutenberg definiert?

Aufgabe 26

a) Was versteht Gutenberg unter quantitativer Anpassung?

b) Gutenberg unterscheidet multiple und mutative Betriebsgrößenvariationen. Wie sind diese Variationstypen hinsichtlich ihrer kostenmäßigen Konsequenzen zu interpretieren?

Aufgabe 27

Erörtern Sie den Begriff der remanenten Kosten bei zeitlicher Anpassung! Bei welcher anderen Anpassungsform können ebenfalls remanente Kosten auftreten?

Aufgabe 28

An einer Elementarkombination sind meist mehrere Produktionsfaktoren beteiligt. Welche Gliederung von Produktionsfaktoren liegt der Entwicklung der Produktionsfunktion vom Typ C zugrunde?

Aufgabe 29

Ordnen Sie den verschiedenen Maßnahmen die einzelnen Anpassungsformen zu!

Maßnahmen	zeitliche Anpassung	intensitätsmäßige Anpassung	quantitative Anpassung	keine der Anpassungsformen
Verlängerung der Arbeitszeit von 8 auf 11 Stunden pro Tag				
Erhöhung des stündlichen Tonnendurchsatzes am Elektro-Ofen 2				
Wiederinbetriebnahme des „kleinen" Elektro-Ofens im Altbau				
Verkürzung der Akkordminutenvorgabe für das Beladen eines LKW mit Kohlen				
Produktiver Einsatz von zwei Verwaltungskräften am „kleinen" Tunnelofen				
Einsatz von 5 Aushilfskräften, die kurzfristig von einer Leasingfirma kommen				
Erhöhung der Zuladung auf den Auslieferungsfahrzeugen von 20 auf 22 t				

Aufgabe 30

Gegeben sei die Produktionsfunktion

$$M = \frac{r_1 \cdot r_2}{r_1 + r_2}$$

mit r_1, r_2: Einsatzmenge der Faktoren 1 und 2, M: Ausbringungsmenge. Handelt es sich um eine substitutionale Produktionsfunktion?

Aufgabe 31

Das Industrieunternehmen Rüttersberger GmbH fertigt auf einem Aggregat ein Produkt. Es entstehen Fixkosten in Höhe von 5.000 EUR. Die Faktorverbräuche der Faktorart i in Abhängigkeit von der Leistungsintensität d sind gegeben durch folgende Verbrauchsfunktionen:

$v_1(d) = d^2 - 7d + 12{,}5$

$v_2(d) = 2d^2 - 18d + 45{,}0$

Die Faktoren können zu den Preisen q_i in EUR/ ME bereitgestellt werden:

$q_1 = 4$ EUR

$q_2 = 2$ EUR

Das Aggregat kann in den Grenzen $d_{min} = 4$ und $d_{max} = 10$ stufenlos betrieben werden und hat eine tägliche Laufzeit von maximal 8 Stunden.

a) Ermitteln Sie die Gesamtkostenfunktion für die Produktionsmengen von $0 \leq x \leq 80$ pro Tag!

b) Geben Sie die zugehörigen Funktionen der variablen und der fixen Stückkosten, der totalen Stückkosten und der Grenzkosten an!

Aufgabe 32

Für ein Aggregat (j = 1) gelten die drei folgenden Verbrauchsfunktionen:

$a_{11} = 5 d_1^2 - 50 d_1 + 250$ $\qquad a_{i1}$ ... [Faktoreinheiten/Produkteinheit]

$a_{21} = d_1 + 50$

$a_{31} = 100$

Die Faktorkosten betragen [EUR/Faktoreinheit]:

$q_1 = 0{,}50$

$q_2 = 5{,}00$

$q_3 = 2{,}00$

Das Aggregat kann intensitätsmäßig ($0 \leq d_1 \leq 10$) und zeitlich ($0 < t_1 \leq 8$) angepasst werden, wobei t_1 die Einsatzzeit des Aggregates, gemessen in Stunden, und d_1 die Intensität des Aggregates, gemessen in Produkteinheiten/Stunde, symbolisieren.

Ermitteln Sie die minimalen Stückkosten $k(x, d_1, t_1)$ je Produkteinheit für die alternativen Produktionsmengen x = 24, 32, 80!

Aufgabe 33

Für zwei funktionsgleiche Maschinen sind folgende Kostenfunktionen bekannt:

$K_1 = 30x_1 - 2x_1^2 + \dfrac{1}{5} x_1^3 \qquad\qquad K = $ (EUR/h)

$K_2 = 20x_2 - 2x_2^2 + \dfrac{1}{3} x_2^3 \qquad\qquad x = $ (Produktionseinheiten/h)

Bestimmen Sie die kostenminimalen Laufzeiten der beiden Maschinen bei der Produktion von 80 Produktionseinheiten, wenn neben der intensitätsmäßigen Anpassung bis zu der maximalen Laufzeit der Maschinen von je 8 Stunden eine zeitliche Anpassung möglich ist!

Aufgabe 34

a) Warum ist für Gutenberg die Bestandskonstanz von Potenzialfaktoren bei der Ableitung einer Produktionsfunktion unerheblich?

b) Wie ist folgende Formulierung zu verstehen?

„Mithin geben sowohl die Produktionstheorie als auch die Investitionstheorie nur Teillösungen, weil sie als bekannt voraussetzen, was offenbar nicht als bekannt vorausgesetzt werden darf."

c) Welche Annahme muss über die Prozesstechnik gemacht werden, wenn eine inhomogene Produktionsfunktion vorliegt?

Aufgabe 35

Die betriebswirtschaftliche Produktions- und Kostentheorie geht von der Limitationalität der industriellen Produktionsvorgänge, der Linearhomogenität der Produktionsprozesse und der Existenz von Kombinationsmöglichkeiten zwischen mehreren Prozessen aus. Erläutern Sie kurz diese Aussage über die Produktionsbedingungen in der Industrie und zeigen Sie auf, wie Sie im Aufbau der Gutenberg-Produktionsfunktion (Typ B) Berücksichtigung finden!

Aufgabe 36

Die Gutenberg-Produktionsfunktion für einen Fall, in dem mit zwei Produktionsfaktorarten auf zwei Aggregaten (d.h. nach zwei verschiedenen Verfahren) eine Produktart in der Menge $x = x_1 + x_2$ erzeugt werden kann, lautet:

$$r_1 = f_{11}(d_1) x_1 + f_{12}(d_2) x_2$$

$$r_2 = f_{21}(d_1) x_1 + f_{22}(d_2) x_2$$

mit den Verbrauchsfunktionen [Faktoreinheiten je Produktionseinheiten]:

$$f_{11}(d_1) = a_{11} = 5 d_1^2 - 50 d_1 + 50$$

$$f_{21}(d_1) = a_{21} = 4 d_1 + 50$$

$$f_{12}(d_2) = a_{12} = 2 d_2^2 - 25 d_2 + 45$$

$$f_{22}(d_2) = a_{22} = 2 d_2 + 40$$

Die Faktorkosten betragen [EUR je Faktoreinheit]:

$$q_1 = 2,00$$

$$q_2 = 5,00$$

Beide Aggregate (j = 1; 2) können intensitätsmäßig ($0 \leq d_j \leq 10$) und zeitlich ($0 \leq t_j \leq 8$) angepasst werden, wobei t_j die Einsatzzeit, gemessen in Stunden, und d_j die Intensität, gemessen in Produkteinheiten/Stunde symbolisieren.

a) Ermitteln Sie die Produktmenge $x = x_1 + x_2$, die erzeugt werden kann, wenn beide Aggregate während der maximalen Einsatzzeit mit optimalen Intensitäten eingesetzt werden!

b) Ermitteln Sie die Stückkosten bei der Produktion gemäß a)!

c) Ermitteln Sie die maximale Produktionsmenge $x_{max} = x_{1max} + x_{2max}$ und die dann entstehenden Stückkosten!

Produktionsplanung

Aufgabe 37

a) Welche Aufgaben gehören zur Produktionsplanung?

b) Nennen Sie Faktoren, die die Planung von Produktionsprogrammen beeinflussen!

Aufgabe 38

Formulieren Sie ein lineares Optimierungsmodell in allgemeiner Form zur Bestimmung optimaler Produktionsprogramme!

Aufgabe 39

Welche Stellung kommt der Kostenplanung im Rahmen der betrieblichen Planung zu?

Aufgabe 40

a) Warum sollte eine Wertanalyse bei Produkten so früh wie möglich angewandt werden?

b) Stellen Sie Erzeugnis- und Änderungskosten bei fortschreitender Lebenszeit der Produkte grafisch dar!

Aufgabe 41

Im Rahmen der Programmpolitik wird als Instrument häufig die Produktdiversifikation angewandt.

a) Was bedeutet Produktdiversifikation?

b) Welche Gründe können die Aufnahme neuer Produkte (Produktfelder) oder auch einen Wechsel des Produktfeldes veranlassen?

Aufgabe 42

Geben Sie die Kriterien für die Aufnahme eines Produktes in das Produktionsprogramm ohne Kapazitätsbeschränkungen und bei einer Kapazitätsbeschränkung an!

Aufgabe 43

Unter welchen Voraussetzungen kann es passieren, dass ein Produktionsprogramm nicht realisiert wird, obwohl die Deckungsbeiträge der Produkte positiv sind?

Aufgabe 44

Ein Betrieb produziert zwei Produkte, für die folgende Bedingungen gelten:

	Produkt 1	Produkt 2
Preis [EUR pro Stück]	25	35
variable Stückkosten [EUR pro Stück]	15	20
Absatzhöchstmengen [EUR pro Stück]	5.000	6.000

Es fallen fixe Kosten in Höhe von 40.000 EUR pro Monat an. In einem Monat stehen 15.000 kg Rohstoffe zur Verfügung, von dem für das erste Produkt 3 kg pro Stück und für das zweite Produkt 1 kg pro Stück benötigt werden.

Welche Produktionsmengen sind zu realisieren? Wie hoch sind der Bruttogewinn (Deckungsbeitrag) und der Nettogewinn (Betriebsergebnis)?

Aufgabe 45

Das Problem in Aufgabe 44 wird durch folgende weitere Beschränkungen begrenzt: Produkt 1 muss mit 2 m^2 Verpackungsmaterial eingewickelt werden, von dem im Monat nur 9.000 m^2 zur Verfügung stehen. Außerdem ist die Produktionszeit im Monat knapp, es stehen 10.000 Minuten zur Verfügung; die Produktionszeiten betragen 1 Minute pro Stück bei Produkt 1 und 2 Minuten pro Stück bei Produkt 2.

Stellen Sie die Zielfunktion und das System der Beschränkungen (Ungleichungsform) auf! Formulieren Sie dann das zugehörige Gleichungssystem in Tabellenform (Matrix-Schreibweise, Simplex-Tableau)!

Aufgabe 46

Sie erhalten folgende Tabelle als optimale Lösung eines Produktionsprogramms:

BV	x_1	x_2	y_1	y_2	y_3	y_4	y_5	B
z_1	1	0	2/5	0	-1/5	0	0	4.000
z_2	0	0	-4/5	1	2/5	0	0	1.000
z_3	0	1	-1/5	0	3/5	0	0	3.000
z_4	0	0	-2/5	0	1/5	1	0	1.000
z_5	0	0	1/5	0	-3/5	0	1	3.000
z	0	0	1	0	7	0	0	45.000

a) Gibt die vorstehende Tabelle eine Lösung des Problems von Aufgabe 44 an?
b) Interpretieren Sie die angegebene Lösung!
c) Lässt sich aus der Form der Tabelle, d.h. der Zahl der Zeilen und Spalten ermitteln, wie viele Produkte überhaupt zum Produktionsprogramm gehören?
d) Wie würde sich die optimale Lösung ändern, wenn eine Einheit des zur x_3-Spalte gehörigen Engpassfaktors mehr verfügbar wäre?

Aufgabe 47

Wovon hängt die Bedeutung einer Forschungs- und Entwicklungsabteilung innerhalb eines Unternehmens ab?

Aufgabe 48

Welche Tendenz beschreibt der Begriff „Lean Production", welche Besonderheit gibt es und worin sehen Sie deren Folgen?

Aufgabe 49

Durch die Einführung der Gruppenarbeit in der Produktion verändern sich auch die Anforderungen an die Qualifikation der Mitarbeiter im Produktionsprozess.

Überlegen Sie sich, welche Eigenschaften ein neuer Mitarbeiter für die Gruppenarbeit mitbringen sollte!

Aufgabe 50

Was verbirgt sich unter der Grundidee des Simultaneous Engineering (SE), und wodurch wird eine Verkürzung der Produktentwicklungszeit erreicht?

Prozessgestaltung

Aufgabe 51

Die Firma Kunstpelze GmbH möchte die Fertigung von Pelzmänteln aufnehmen. Da die Mäntel in Großserie gefertigt werden sollen, möchte man die Fertigung in Form einer taktgebundenen Fließfertigung organisieren.

Für die zur Herstellung eines Mantels nötigen Arbeitsgänge wurden folgende Normalzeiten ermittelt:

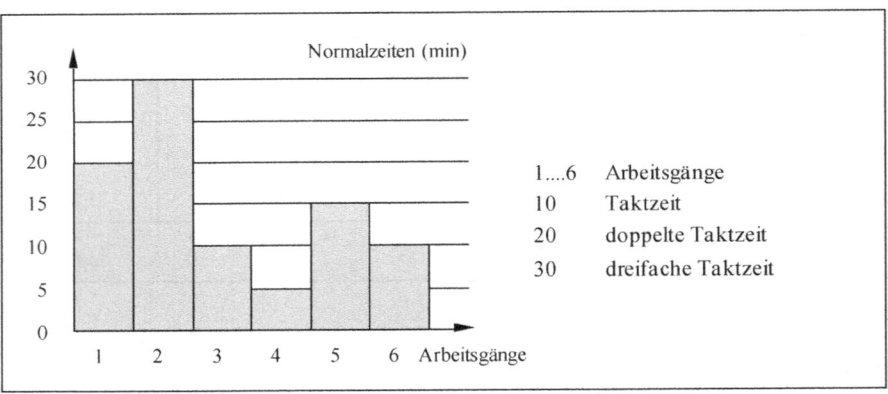

Diskutieren Sie ökonomisch sinnvolle Vorschläge, wie die einzelnen Arbeitsgänge auf diese Taktzeit abgestimmt werden können!

Aufgabe 52

Die Organisation der Fertigung kann in einem Betrieb in Form einer Fließfertigung oder in Form der Werkstattfertigung erfolgen. Nennen und begründen Sie in Stichworten Unterschiede zwischen den beiden genannten Formen hinsichtlich

a) des Maßes der Zwischenlagerung der Arbeitsobjekte zwischen den Arbeitsgängen

b) der Anpassungsfähigkeit an veränderte Produktionsprogramme!

Aufgabe 53

Betrachtet wird die „Ausrüsterei" eines Textilunternehmens. Bislang erstellte die Abteilung Arbeitsvorbereitung für die vom Verkauf monatlich vorgegebenen Aufträge maschinenorientierte Gantt-Diagramme. Die Unternehmensleitung ist aber mit dieser Planung des Arbeitsablaufes nicht zufrieden. Sie hat festgestellt, dass es bei der Durchsetzung der Pläne oft zu Schwierigkeiten kommt.

Diese ergaben sich, weil in der Planung nicht berücksichtigt wird, dass z.B. Maschinen ausfallen und einzelne Stücke einer Nachbehandlung unterzogen werden müssen. Zudem werden die vorgegeben Ablieferungstermine für die Aufträge oft überschritten und einige Färbe-Maschinen müssen sehr oft gereinigt werden, da häufig nach Stücken mit dunklen Farben Stücke mit hellen Farben bearbeitet werden, was nur nach gründlicher Reinigung der Färbe-Maschinen möglich ist. Schließlich ist es bei dem bisherigen Planungsverfahren nur mit großen Schwierigkeiten möglich, sogenannte „Schnellschüsse", das sind eilige Sonderaufträge für Großkunden, sowie veränderte Ablieferungstermine für einzelne Stücke zu berücksichtigen.

Die Unternehmensleitung hat zwar das Gefühl, dass die Ablaufplanung verbessert werden kann, hat aber noch keine Vorstellungen, wie derartige Verbesserungen aussehen können. Wie kann vorgegangen werden, um das komplexe Problem in den Griff zu bekommen?

Aufgabe 54

a) Welche Ablaufprobleme sind im Rahmen der Fließfertigung zu lösen?
b) Existiert bei Fließfertigung das Dilemma der Ablaufplanung?

Aufgabe 55

Welche Probleme sind bei der Einrichtung von Pufferlagern zu lösen?

Aufgabe 56

Überlegen Sie, welche Ursachen für das Auftreten von Stillstandszeiten verantwortlich sein können!

Aufgabe 57

Was versteht man unter Flexiblen Fertigungsinseln (FFI) und wie ist deren Funktionsweise?

Aufgabe 58

In welchen Merkmalen kommt die Flexibilität der flexiblen Produktionssysteme zum Ausdruck?

Aufgabe 59

Zeigen Sie anhand von Beispielen, warum die Senkung der Durchlaufzeit nicht ausschließliches Ziel der Ablaufplanung sein darf!

Aufgabe 60

a) Was versteht man unter der optimalen Losgröße und welcher Zielkonflikt tritt auf?
b) Haben die auflagenfixen Kosten eine Bedeutung für die Bestimmung der optimalen Losgröße, wenn dies der Fall ist, welche?
c) Nennen Sie Prämissen für die optimale Losgröße!

Aufgabe 61

Um die Produktions- und Lagerhaltungskosten zu minimieren, überprüft die Duplex GmbH einige ihrer Losgrößen. Dazu gehört auch das Produkt C mit einem Jahresbedarf von 15.000 Stück, wobei ein gleichbleibender Bedarf für 240 Arbeitstage pro Jahr besteht.

Die Einrichtungskosten für die Auflegung eines Loses betragen 600 EUR, die variablen Stückkosten 40 EUR bei einem Lagerkostensatz von 20%. Bestimmen Sie die optimale Losgröße und die damit verbundenen Gesamtkosten!

Aufgabe 62

Ein Unternehmen plant, im kommenden Geschäftsjahr 225.000 Stück seines Produktes zu verkaufen. Die auflagefixen Kosten betragen 8.000 EUR. Die Kosten der Lagerhaltung betragen 12 EUR pro Stück und Geschäftsjahr.

Ermitteln Sie die optimale Losgröße!

Aufgabe 63

Kann die Vermeidung von Stillstandszeiten der Maschinen bei gegebenem Auftragsvolumen ein sinnvolles Ziel der Ablaufplanung sein, wenn in jeder Produktionsstufe Unterbeschäftigung vorliegt?

Aufgabe 64

Was versteht man im Rahmen der Netzplantechnik unter der Struktur- und Zeitanalyse sowie dem Terminplan?

Aufgabe 65

Für die Terminplanung in einer Verwaltung sind folgende Daten bekannt:

Vorgangs-nummer	Vorgelagerter Vorgang	Nachgelagerter Vorgang	Dauer in Minuten
1	-	2 und 5	5
2	1	3	3
3	2	4 und 6	30
4	3	7	6
5	1	6	14
6	3 und 5	7 und 8	30
7	4 und 6	9	6
8	6	10 und 11	10
9	7	12	15
10	8	12	4
11	8	12	1
12	9, 10 und 11	-	1

Erstellen Sie den Netzplan und zeichnen Sie den kritischen Weg ein!

Aufgabe 66

Minimiert die Metra-Potenzial-Method (MPM) als Methode der Netzplantechnik die Durchlaufzeit eines Projektes?

Aufgabe 67

Im Rahmen der Ablaufplanung besteht ein Zielkonflikt, der auch als das Dilemma der Ablaufplanung bezeichnet wird. Erläutern Sie, was darunter zu verstehen ist!

Integrative Planung und Steuerung des Produktionsablaufs

Aufgabe 68

Welchen Einfluss hat der strukturelle Wandel vom Verkäufer- zum Käufermarkt auf die Produktionsplanung und -steuerung?

Aufgabe 69

Beschreiben Sie die Planungslogik klassischer Produktionsplanungssysteme (PPS)!

Aufgabe 70

Für welche Produktionsverhältnisse sind die klassischen PPS-Systeme entworfen worden?

Aufgabe 71

Welche betrieblichen Planungsaufgaben sollen durch den Einsatz von PPS-Systemen unterstützt werden?

Aufgabe 72

Mit welchen Maßnahmen kann bereits im Produktentwicklungsprozess der Auftragsabwicklungsprozess rationalisiert werden?

Aufgabe 73

In welchem Zusammenhang spricht man vom Durchlaufzeitsyndrom und was versteht man darunter?

Aufgabe 74

a) Beschreiben Sie die Grundidee des Kanban-Konzeptes!
b) Kann das Kanban-Konzept auf kurzfristige Schwankungen der Nachfrage reagieren?
c) Warum ist eine störungsfreie Produktion für das Kanban-System besonders wichtig?

Aufgabe 75

Skizzieren Sie die Grundidee der belastungsorientierten Auftragsfreigabe (BoA)!

Aufgabe 76

a) Beschreiben Sie das Grundprinzip des Fortschrittszahlenkonzeptes!
b) Unterstützt das Fortschrittszahlenkonzept die Kapazitätsterminierung?

Aufgabe 77

Erläutern Sie den Leitgedanken des Computer Integrated Manufacturing (CIM)!

Aufgabe 78

Welche Vorteile sollen mit CIM-Konzepten realisiert werden?

Aufgabe 79

Erläutern Sie die Voraussetzung sowie Vor- und Nachteile des Just-in-Time-Konzepts!

Produktion als Wettbewerbsfaktor

Aufgabe 80

Nennen Sie grundsätzliche Möglichkeiten zur Reduzierung der Gemeinkosten nach Eidenmüller!

Aufgabe 81

Da die Kostenführerschaft auf gesättigten Märkten zunehmend schwerer zu erreichen ist, gewinnt der Wettbewerbsfaktor Zeit an Bedeutung. Beschreiben Sie kurz die Ansätze, welche zu einer Zeitersparnis und Durchlaufverkürzung führen!

Aufgabe 82

Produzenten und Händler sollen künftig gezwungen werden, ihre Produkte nach der Nutzungszeit zurückzunehmen.
Was verspricht sich der Gesetzgeber von dieser sogenannten „Produktrücknahme- und Verwertungspflicht"?

Aufgabe 83

Nennen Sie wichtige Aspekte, die den Paradigmenwechsel im Produktionsmanagement verdeutlichen!

Aufgabe 84

a) Warum werden im Entwicklungs- und Konstruktionsprozess schon ca. 80 % der späteren Herstellkosten eines Produktes festgelegt?
b) Mit welchen Rationalisierungsmaßnahmen in diesem Bereich lassen sich die Herstellkosten senken?

Aufgabe 85

a) Beschreiben Sie den Aufbau und die Funktionsweise eines Qualitätswesens gemäß ISO 9000!
b) Zeigen Sie die möglichen Rationalisierungspotenziale eines funktionierenden Qualitätssicherungssystems auf!

Testfragen

Testfrage 1

Die Aufgabe der Produktionswirtschaft ist es, Produktionsvorgänge und Kostenvorgänge zu analysieren. Sie untergliedert sich in:

- (a) Produktionsprogrammplanung
- (b) Prozessplanung
- (c) Bereitstellung
- (d) Kostentheorie (Wirtschaftlichkeit)
- (e) Preistheorie

Testfrage 2

Potenzialfaktoren sind:

- (a) Elementarfaktoren
- (b) dispositive Faktoren
- (c) Faktoren, die mehrmals im Produktionsprozess eingesetzt werden
- (d) Faktoren, die nur einmal im Produktionsprozess eingesetzt werden

Testfrage 3

Nennen Sie Prozesseinflussgrößen in Bezug auf die Produktionsstellen!

- (a) Kontinuität des Güterflusses
- (b) Grad der Produktionsverbundenheit
- (c) Zeitlicher Ablauf der zu erstellenden Güter
- (d) An den möglichen Güterflüssen ausgerichtete Güterstruktur
- (e) Vorherrschende Technologie

Testfrage 4

Was charakterisiert substitutionale und limitationale Faktoren?

- (a) Das Verhältnis der substitutionalen Faktoren ist fest und unabhängig von der Ausbringungsmenge.
- (b) Das Verhältnis der limitationalen Faktoren ist fest und unabhängig von der Ausbringungsmenge.
- (c) Substitutionale Faktoren können bei bestimmter Ausbringungsmenge gegenseitig ersetzt werden.
- (d) Limitationale Faktoren lassen sich bei bestimmter Ausbringungsmenge nur in einem bestimmten Verhältnis miteinander kombinieren.

Testfrage 5

Wie wird der funktionale Zusammenhang zwischen der Ausbringungsmenge (Output) und dem mengenmäßigem Einsatz der Produktionsfaktoren (Input) bezeichnet?

- (a) Verbrauchsfunktion
- (b) Produktionsfunktion
- (c) Kostenfunktion
- (d) monetäre Produktionsfunktion

Testfrage 6

Welche Aussagen sind richtig?
Eine Produktionsfunktion stellt eine Beziehung dar zwischen:
- (a) Faktoreinsatzmengen · Faktorpreisen und mengenmäßigem Gesamtertrag
- (b) limitationalen und substitutionalen Produktionsfunktionen
- (c) Faktoreinsatzmengen · Preisen und Erlösen
- (d) Faktoreinsatzmengen und mengenmäßigem Gesamtertrag

Testfrage 7

Welche der folgenden Aussagen ist falsch? Fixe Kosten sind Kosten, die
- (a) bei einer Beschäftigungsänderung konstant bleiben,
- (b) überhaupt nicht zu verändern sind,
- (c) innerhalb eines Planjahres nicht beeinflusst werden können,
- (d) kurzfristig nicht zu verändern sind.

Testfrage 8

Wenn die Gesamtkosten bei Erhöhung der Ausbringungsmenge konstant bleiben, sind das
- (a) remanente Kosten,
- (b) degressive Kosten,
- (c) fixe Kosten,
- (d) proportionale Kosten,
- (e) progressive Kosten,
- (f) Leerkosten.

Testfrage 9

Wenn die Gesamtkostenkurve linear ist, so verläuft die Kurve der variablen Stückkosten:
- (a) parallel zur Abszisse und unterhalb der Grenzkostenkurve
- (b) deckungsgleich mit der Grenzkostenkurve
- (c) fallend bei steigender Ausbringungsmenge
- (d) steigend bis zur Kapazitätsgrenze

Testfrage 10

Welche der folgenden Kostenarten gehören zu den fixen Kosten?
- (a) Geschäftsführergehalt
- (b) Gehalt eines Reisenden
- (c) Fremdkapitalzinsen
- (d) Energiekosten
- (e) Mietkosten

Testfrage 11

Welche der folgenden Aussagen sind Voraussetzungen für die aus dem Ertragsgesetz abgeleiteten Produktionsfunktionen?
- (a) Die Einsatzmengen der Produktionsfaktoren stehen in einem proportionalen Verhältnis zueinander.
- (b) Die Produktionstechnik ist unverändert.
- (c) Die Produktionsfaktoren sind durch ein limitationales Verhältnis gekennzeichnet.
- (d) Es wird nur eine Produktart erzeugt.
- (e) Mindestens ein Faktor muss beliebig teilbar sein.

Testfrage 12

Bestimmen Sie die richtigen Aussagen über den Zusammenhang von Verbrauchsfunktionen und Produktionsfunktion!

(a) Die Produktionsfunktion soll die Outputmengen ermitteln, die Verbrauchsfunktion soll dagegen die Inputmengen ermitteln.

(b) Die Produktionsfunktion gibt den Faktorverbrauch in Abhängigkeit von Outputmenge und Prozessgeschwindigkeit für jede verbrauchte Faktorart an. Der spezifische Faktorverbrauch jeder Faktorart in Abhängigkeit von der Prozessgeschwindigkeit geht über die Verbrauchsfunktion in die Produktionsfunktion ein.

(c) Die Verbrauchsfunktionen müssen aus der Produktionsfunktion abgeleitet werden.

(d) Die Produktionsfunktion gibt den spezifischen Faktorverbrauch für jede verbrauchte Faktorart in Abhängigkeit von der Outputmenge an, die Verbrauchsfunktion dagegen gibt den spezifischen Faktorverbrauch in Abhängigkeit von der Prozessgeschwindigkeit für jede Faktorart an. Produktionsfunktion und Verbrauchsfunktion stehen also nebeneinander.

Testfrage 13

Als optimale Intensität wird derjenige Leistungsgrad (km/h; U/min.) einer Anlage bezeichnet, bei der

(a) die variablen Stückkosten am niedrigsten sind,

(b) die Ausbringungsmenge maximal ist,

(c) die Gesamtkosten am geringsten sind,

(d) der Verschleiß der Anlage am geringsten ist.

Testfrage 14

Welche Aussagen zum limitationalen Produktionsprozess sind richtig?

(a) Die Leistung (Arbeitsmenge pro Zeiteinheit) ist nicht variierbar.

(b) Die eingesetzten Potenzialfaktoren sind nicht substituierbar, ohne dass sich der Ertrag vermindert.

(c) Eine periphere Faktorsubstitution ist ohne Ertragsminderung nicht möglich.

(d) Der Prozess hat über eine bestimmte Arbeitszeit nur eine mögliche Outputmenge.

(e) Die Einsatzmengen aller variablen Faktoren sind unmittelbar von der gewünschten Ausbringungsmenge abhängig.

Testfrage 15

Bei einer Änderung des Beschäftigungsgrades werden folgende Möglichkeiten der Anpassung unterschieden:

(a) Anpassung bei unverändertem Potenzialfaktorbestand

(b) Anpassung durch Änderung des Potenzialfaktorbestandes

(c) Kombination der Anpassungsformen miteinander

(d) Anpassung bei unverändertem Repetierfaktorbestand

Testfrage 16

Leerkosten sind immer:

(a) fixe Kosten

(b) remanente Kosten

(c) abhängig von der Auslastung

(d) beschäftigungsunabhängige Kosten

Testfrage 17

Unterstellt man bei zeitlicher Anpassung den Einsatzfaktoren konstante Faktorkosten, so
- (a) steigen die Grenzkosten proportional zur Produktionsmenge
- (b) steigen die variablen Kosten proportional zur Produktionsmenge
- (c) sind die Grenzkosten konstant

Testfrage 18

Welche der folgenden Entscheidungen können durch langfristige Überwachung des Produktionsprogramms getroffen werden?
- (a) Programmerweiterung
- (b) Programmmodifikation
- (c) Programmentwicklung
- (d) Programmsubstitution
- (e) Programmreduktion

Testfrage 19

Kreuzen Sie die richtigen Aussagen an! In einem linearen Planungsansatz zur Optimierung des Produktionsprogramms:
- (a) kann die Umsatzmaximierung als unbegrenztes Ziel auftreten
- (b) können Umsatz- und Gewinnmaximierung zugleich als unbegrenzte Ziele auftreten
- (c) kann der Gewinn begrenztes, die Umsatzmaximierung unbegrenztes Ziel sein
- (d) kann der Gewinn unbegrenztes, die Umsatzmaximierung begrenztes Ziel sein
- (e) können die Kosten unbegrenztes Minimalziel und der Gewinn begrenztes Ziel sein
- (f) unterscheiden sich begrenzte Ziele und technische Restriktion formal nicht

Testfrage 20

Bei Kapazitätsengpässen richtet sich das optimale Produktionsprogramm:
- (a) nach den Deckungsbeiträgen der verschiedenen Produkte
- (b) nach den Stückgewinnen der verschiedenen Produkte
- (c) nach dem Verkaufspreis der verschiedenen Produkte
- (d) nach dem Deckungsbeitrag je Engpasseinheit
- (e) nach der Höhe der variablen Stückkosten

Testfrage 21

Weshalb wird in der Realität der sukzessive Planungsansatz dem simultanen vorgezogen?
- (a) Es lassen sich nicht alle Interdependenzen im Simulationsmodell abbilden.
- (b) Die Zentralisation der Entscheidungskompetenz wirkt sich im sukzessivem Vorgehen positiv auf die Problemlösung aus.
- (c) Die detaillierte Zerlegung des Problemkomplexes in untergeordnete Teilprobleme als Folge sukzessivem Vorgehens ermöglicht eine größere Lösungsvielfalt.
- (d) Im Simulationsmodell existieren Probleme hinsichtlich der Datenbeschaffung und -pflege.

Testfrage 22

Man spricht von Produktmodifikation, wenn

(a) die bisherigen Produkte qualitativ verbessert werden, um eine zentralere Befriedigung von Käuferwünschen zu erzielen.

(b) man versucht, durch das Angebot verschiedener, ähnlicher Produkte zu einer intensiveren Ausschöpfung des Produktfeldes zu gelangen.

(c) wenn einzelne Produktvarianten, -gruppen oder ganze Produktlinien endgültig aus dem Produktionsprogramm genommen werden.

(d) wenn eine völlig neue Produktart angeboten wird, für die keine ähnlichen Konkurrenzprodukte zur Verfügung stehen.

Testfrage 23

Zu den Aufgaben der Forschungs- und Entwicklungsabteilung eines Unternehmens gehören:

(a) die methodische Gewinnung neuer Erkenntnisse über noch nicht vorhandene, aber bezüglich des Verwendungszwecks spezifische Produkte

(b) die Erprobung verbesserter Produktionsverfahren im Hinblick auf ihre technische Funktionsfähigkeit und Wirtschaftlichkeit

(c) Erforschung von Verhaltensmustern der Mitarbeiter am Arbeitsplatz

(d) Entwicklung neuer Rezepte in der Werkskantine

(e) das Schaffen eines Filters zur Verminderung der Luftemission

Testfrage 24

Bei der Ideensuche zur Produkt- und Verfahrensgestaltung werden verschiedene Verfahren angewandt:

(a) Ideenproduktion/Brainstorming

(b) diskursive Verfahren

(c) intuitive Verfahren

(d) analytische Verfahren

Testfrage 25

Simultaneous Engineering beinhaltet u.a.:

(a) verbesserte Zulieferintegration

(b) Synchronisierung der Produkt- und Produktionsmittelentwicklung

(c) sequentiellen Ablauf des Produktionsprozesses

Testfrage 26

Welche der folgenden Begriffe beschreiben Organisationstypen der Fertigung?

(a) Gruppenfertigung

(b) Einzelfertigung

(c) Fließfertigung

(d) Mehrfachfertigung

(e) Mehrstellenarbeit

Testfrage 27

Welche Vorteile hat die Fließfertigung gegenüber der Werkstattfertigung?

(a) geringere Transportkosten

(b) bessere Arbeitsplatzbedingungen

(c) geringere Lagerkosten

(d) bessere Anpassungsmöglichkeiten bei Beschäftigungsschwankungen

(e) höhere Arbeitsproduktivität

Testfrage 28

Eine Sportboot-Werft produziert 6 verschiedene Motor- und Segelyachten. Um welches Fertigungsprinzip handelt es sich?

(a) Massenfertigung (c) Sortenfertigung

(b) Serienfertigung (d) Einzelfertigung

Testfrage 29

Welche Möglichkeiten bietet ein flexibles Fertigungssystem FFS?

(a) unterschiedliche Bearbeitungsaufgaben,

(b) an unterschiedlichen Werkstücken

(c) bei freier Wahl der Bearbeitungsmaschinen

(d) bei absolut freier Zeiteinteilung

Testfrage 30

Welche der folgenden Gründe führen zur Bildung von Lagern?

(a) Preissenkungserwartungen auf der Beschaffungsseite,

(b) Pufferbestand zur Vermeidung von Produktionsausfall bei Lieferanten-Engpässen,

(c) Preissteigerungserwartungen auf der Absatzseite,

(d) Mengenrabatte auf der Absatzseite,

(e) unvorhergesehene Störungen in der Produktion.

Testfrage 31

Welche Gründe gibt es für den Einsatz der Netzplantechnik?

(a) Der Kosteneinsatz ist gering.

(b) Es können komplexe Projekte mit einem Netzplan dargestellt werden.

(c) Es können die Lagerbestände auf ein Minimum reduziert werden.

(d) Die Kommunikation zwischen den einzelnen Abteilungen wird verbessert.

Testfrage 32

Welche Störarten können bei einem kybernetischen Regelkreis auftreten?

(a) materialbedingte (d) absatzbedingte

(b) betriebsbedingte (e) personalbedingte

(c) losgrößenbedingte (f) dispositionsbedingte

Testfrage 33

Welche Planungsarten verfolgt das PPS?

(a) Primärbedarfsplanung

(b) Materialbedarfsplanung

(c) Feinterminierung

(d) Prozessgestaltung

(e) Ablaufplanung

Testfrage 34

Welche Zielkriterien bei Just-In-Time-Konzepten werden am häufigsten genannt?

(a) Verkürzung der Lieferzeiten

(b) Durchlaufzeitreduzierung

(c) Reduzierung der Lagerbestände

(d) Reduzierung der Verwaltungsgemeinkosten

(e) Erhöhung der Termintreue

Testfrage 35

Welche Rationalisierungspotenziale ergeben sich für die Just-In-Time-Produktion gegenüber der konventionell orientierten Fertigungssteuerung?

(a) Bestandsreduzierung des sich in der Produktion befindlichen Materials

(b) Produktivitätssteigerungen

(c) deutliche Raumersparnis durch Reduzierung der Lagerfläche

(d) erhebliche Qualitätsverbesserungen

(e) erhöhter Mitarbeiterbedarf

Testfrage 36

Welche Aussagen über das Konzept der Computer Integrated Manufacturing (CIM) sind zutreffend?

(a) CIM wird vorwiegend von kleinen und mittleren Unternehmen angewendet.

(b) CIM ist ein Integrationskonzept für die Informationsverarbeitung in Produktionsunternehmen.

(c) Das PPS ist ein Teilsystem von CIM.

(d) Zu den Zielen von CIM gehört die Verkürzung der Auftragsdurchlaufzeiten und die Steigerung der Fertigungsflexibilität.

Testfrage 37

Mit welchen Methoden lassen sich neue Produkte innovativ und zukunftsorientiert realisieren?

(a) KAIZEN (KVP)

(b) JIT(Just in Time)

(c) Massenproduktion

(d) Kundenorientierte Fertigung (Pull-Prinzip)

Testfrage 38

Stellen Sie sich vor, Sie wären Produktionsleiter und haben die Aufgabe, innerhalb der Produktion die Kosten zu senken. Mit welchen Methoden könnte man das am besten zukunftsorientiert lösen?

(a) Einsparung von Arbeitskräften, weil diese die meisten Kosten verursachen.

(b) Minimierung der Verschwendung (sprich: Lager, Überproduktion, Vorräte und Bestände)

(c) Gründung von Teams, mit denen man zeitintensive Tätigkeiten bzw. Tätigkeiten, die nicht zur Wertschöpfung beitragen (Werkzeugwechsel, Umrüstung), auf ein Minimum reduziert

Testfrage 39

Welche Methode der Arbeitsteilung ist effektiver?

(a) Jeder Arbeiter in einem Team (an einer Fertigungsmaschine) erhält eine konkrete Aufgabe, deren Tätigkeitsbereich er strikt einhält.

(b) Jeder Arbeiter in einem Team (Fertigungsmaschine) hat eine konkrete Aufgabe und darüber hinaus helfen sich die Arbeiter gegenseitig bei der Erfüllung ihrer Aufgaben und somit der Gesamtaufgabe (ähnlich wie beim Staffellauf).

(c) Das Team an einer Fertigungsmaschine bekommt eine Gesamtaufgabe, die nach Neigungen und Fähigkeiten auf die einzelnen Teammitglieder verteilt wird, d. h. jeder kümmert sich ausschließlich um seinen festgelegten Bereich.

Testfrage 40

Welche Aussagen sind charakteristisch für eine Neuorientierung im Produktionsmanagement?

(a) von der Fachkraft zum Multifunktionsarbeiter

(b) von der Funktionsorientierung zur Objektorientierung

(c) von der Massenproduktion zur dienstleistungsorientierten Produktion

(d) von kleinen Losgrößen zu großen Losgrößen

Antworten zu den Aufgaben

Grundlagen

Aufgabe 1

Produktion umfasst im technischen Sinn alle Aktivitäten, die darauf abzielen, ein Gut in wenigstens einer seiner Eigenschaften zu verändern. Dazu gehört auch sein räumlicher und zeitlicher Zustand. Es sind nur solche Aktivitäten einzubeziehen, die dem Zweck der Leistungserstellung dienen.

Aufgabe 2

Betriebliches Handeln zielt auf eine physisch-technische Leistungserstellung (Produktion) zwecks nachfolgender ökonomischer Leistungsverwertung (Verkauf) hin. Der Leistungserstellungsprozess - als Mittel zum Zweck - wird durch eine produktive Kombination verschiedenartiger Leistungserbringer, der Produktionsfaktoren, bewirkt. Das betriebliche Leistungsergebnis hängt sowohl von deren Quantität als auch von deren zweckentsprechender Kombination ab.

Aufgabe 3

Die Artverschiedenheit der Produktionsfaktoren zeigt sich bereits in der Gegenständlichkeit der Träger von Leistungsabgaben. Produktionsfaktoren können sowohl abstrakter als auch konkreter Natur sein. Abstrakt ist ein nicht allseits bekannter Wissensfundus, über den ein Betrieb durch Erwerb (Lizenzen) oder eigene Gewinnung (Forschung) verfügt. Knappheit gilt auch für die konkreten Produktionsfaktoren. Ihre Leistungsabgaben schlagen sich in der Entstehung materieller Güter, in der Aufbringung von Dienstleistungen (Transport, Risikoabsicherung, usw.) und in der Erbringung gedanklicher Leistungen nieder.

Produktionsfaktoren können bei ihrer Nutzung gebraucht oder auch (sofort) verbraucht werden. Zu differenzieren ist zwischen Menschen (menschliche Arbeit) als ursprünglichen Produktionsfaktoren und den Faktoren, welche den menschlichen Arbeitsvollzug unterstützen, intensivieren oder überhaupt gar ermöglichen (Maschinen usw.). Schließlich zeigen sich noch qualitative Unterschiede, z.B. hinsichtlich Elastizität und Variabilität, der möglichen Einsatzdauer, der Regenerationsmöglichkeit und -notwendigkeit und der (technischen) Wirkungsgrade.

Aufgabe 4

a) Die Betriebswirtschaftslehre strebt nicht nur nach einer Beschreibung des betrieblichen Potenzials schlechthin, sondern auch danach, **funktionale Beziehungen** zwischen dem Input (Faktoreinsatz) und dem Output (Faktorertrag) eines Leistungserstellungsprozesses aufzudecken und darzustellen.

Mit einem System der Produktionsfaktoren muss die quantitative und qualitative Fähigkeit einer Betriebswirtschaft zur Leistungserstellung - ihr Potenzial - gekennzeichnet und zugleich die Grundlage zur Formulierung von Produktions- und Kostenfunktionen geschaffen werden.

b) Das erste grundlegende betriebswirtschaftliche Faktorsystem präsentierte Erich Gutenberg im Jahr 1951. Es ist streng auf die Aufgabe hin ausgerichtet, Produktionsprozesse als Aktionen zu Leistungserstellungen zu erklären. Im Rahmen seiner Produktions- und Kostentheorie stellt er den elementaren Faktoren (menschliche Arbeitsleistungen im Sinne objektbezogener Arbeit, Betriebsmittel und Werkstoffe) die Betriebs- und Geschäftsleitung als dispositiven Faktor, als einen spezifischen menschlichen Produktionsfaktor gegenüber. Da jener sowohl irrationale als auch rationale Tätigkeiten umschließt und somit in sich unterschiedlicher Natur ist, werden aus ihm die bedeutsamsten rationalen und somit delegierbaren Bestandteile, nämlich Planung und Organisation, abgespalten und zu zwei selbstständigen - derivativen - Faktoren.

Aufgabe 5

a) Produktionsfaktoren, deren Bestände sich innerhalb abgegrenzter Produktionsperioden nicht vermindern, bezeichnet man als **Potenzialfaktoren**. Sie stellen Leistungspotenziale zur Verfügung, die Leistungen in den Produktionsprozess abgeben.

> Beispiel: CNC- Drehautomat

b) Die **Verbrauchsfaktoren** können unterteilt werden in solche,
- die substantiell in die Produkte eingehen und solche,

> Beispiel: Schrauben

- die nicht selbst Bestandteil von Produkten werden, sondern vielmehr zum Betreiben und zur Wartung von Produktionsanlagen benötigt werden.

> Beispiel: Energieverbrauch

Aufgabe 6

Reale Erscheinungsformen betrieblicher Produktionsprozesse können durch Produktionsprofile dargestellt werden. Dabei werden den Eingabe-, Prozesseinfluss- und Ausgabegrößen zunächst ihre spezifischen Klassifizierungsmerkmale zugeordnet. Die jeweilige Ausprägung der Merkmale lässt in ihrer Gesamtheit das Produktionsprofil des Unternehmens erkennen.

In der Praxis werden **Produktionsprofile** dafür verwendet, einzelne Produktionsbranchen der Industrie zu umschreiben, wobei die wichtigsten Einflussgrößen auf die Produktion herausgestellt werden. Somit erhält die Unternehmensführung einen ersten Überblick über die zu gestaltenden spezifischen Produktionsbereiche sowie Anhaltspunkte darüber, anhand welcher Kriterien die Planungs-, Lenkungs- und Kontrollaufgaben der Produktion auszurichten sind.

Produktions- und Kostentheorie

Aufgabe 7

Die **Faktorkombination** ist eine Vereinigung mehrerer (gleich- und ungleichartiger) Produktionsfaktoren, um das geforderte Produktionsergebnis in einem geordneten Zusammenwirken zu erzielen.

Die dispositiven Faktoren bilden durch ihre kombinative Tätigkeit „die eigentlich bewegende Kraft des betrieblichen Geschehens" (E. Gutenberg). Der Produktionsprozess kann aber ebenso auch als Kombination der elementaren mit den dispositiven Faktoren beschrieben werden. Dabei wird weniger die kombinative Tätigkeit der letzteren und mehr deren Ergebnis betrachtet, welches sich bilanziell in der Entstehung eines Geschäftswertes widerspiegeln kann.

Ein vorgegebenes Ziel lässt sich meist durch verschiedenartige Kombinationen von Produktionsfaktoren erreichen. Dabei werden jeweils unterschiedliche Faktoreinsätze (Leistungsabgaben) nötig. Diejenige Kombination, durch welche sich das gesetzte Ziel am besten erreichen lässt, wird als optimale Faktorkombination bezeichnet.

Ein weiterer Aspekt der Faktorkombination bietet sich, wenn bei gleicher Organisationsstruktur das gesetzte Ziel durch gegenseitigen Austausch (Substitution) von jeweils zwei oder mehr Produktionsfaktoren erreicht und auch dadurch der Faktoreinsatz in seiner Gesamtheit (z.B. ausgedrückt in Kosten) variiert werden kann. Diejenige Faktorkombination ist optimal, bei welcher der agglomerierte (bewertete) Faktoreinsatz minimal ist.

Aufgabe 8

Es sind folgende Produktionsprozesse zu unterscheiden:

- Ein **substitutionaler Produktionsprozess** liegt vor, wenn ein bestimmter Faktorertrag in einer bestimmten Zeit durch mehrere Konstellationen der Faktoreinsatzmengen realisiert werden kann. In einem substitutionalen Produktionsprozess ist es möglich, eine Verminderung des Verbrauchs eines Produktionsfaktors durch einen erhöhten Verbrauch eines anderen Produktionsfaktors „auszugleichen".

- Ein **limitationaler Produktionsprozess** ist demgegenüber dann gegeben, wenn ein bestimmter Faktorertrag in einer bestimmten Zeit nur mit einer ganz bestimmten mengenmäßigen Konstellation des Faktorverbrauchs realisiert werden kann.

Aufgabe 9

Die **Produktionstheorie** analysiert und erklärt nur die Zusammenhänge zwischen dem Verzehr von Produktionsfaktormengen und den diesen Verzehr verursachenden Größen.

Der Beschränkung der produktionstheoretischen Fragestellung auf die Analyse von Mengenrelationen entspricht es, dass im Teilbereich der Kostentheorie weitestgehend den technologischen Aspekten beim Vollzug der betrieblichen Leistungserstellung besondere Bedeutung zukommt.

Aufgabe 10

Eine **Produktionsfunktion** beschreibt formal den Zusammenhang zwischen dem mengenmäßigen Ertrag (Output, Ausbringung, produzierte Menge, Produktionsvolumen) und den für die Erstellung dieses Ertrages eingesetzten Produktionsfaktormengen (Input).

> Sie enthält somit ein System von Aussagen über Produktivitätsbeziehungen.

Aufgabe 11

Geht der Unternehmer von der Zielfunktion **Kostenminimierung** aus, dann ist die Erstellung eines bestimmten Ertrages jeweils durch jene Faktoreinsatzmengenkombination anzustreben, die die geringsten Kosten verursacht und daher als Minimalkostenkombination bezeichnet wird. Die gesuchte Minimalkostenkombination lässt sich dann mit Hilfe von Isoquanten- und Isokostenlinien ermitteln.

Aufgabe 12

Leerkosten sind der Teil der fixen Kosten, der im Verhältnis des nicht genutzten Teiles des Beschäftigungsintervalls zum gesamten Intervall entspricht. Nutzkosten sind der Teil der fixen Kosten, der dem Verhältnis des genutzten Teils des Intervalls zum gesamten Intervall entspricht. Dabei handelt es sich um eine rein verrechnungstechnische Aufspaltung. Im Rahmen einer Leerkostenanalyse ist zu prüfen, ob das Produktionsvolumen mit weniger Aggregaten realisiert werden kann und damit die Leerkosten für die freigewordenen Aggregate reduziert werden können.

Aufgabe 13

Die Produktionsfunktion hat in diesem Falle die Form:

$$x = f(r_1, r_2)$$

Trägt man in einem dreidimensionalen Koordinatensystem auf den einzelnen Achsen r_1, r_2 und x ab, so erhält man ein Gebirge, das den mengenmäßigen Ertrag x als abhängige Variable der Einsatzmengen zweier beliebig variierbarer Faktorarten r_1 und r_2 (unabhängige Variablen) darstellt.

Charakteristisch für das **Ertragsgebirge** ist, dass ein und derselbe mengenmäßige Ertrag durch zahlreiche verschiedenartige Einsatzmengenkombinationen der beteiligten veränderbaren Faktoren hervorgebracht werden kann. Die variierbaren Faktorarten können einander somit - zumindest in gewissen Grenzen - ersetzen. Diesem Tatbestand trägt die Produktionstheorie Rechnung, indem sie den durch das Ertragsgesetz beschriebenen Produktionsprozess als substitutional bezeichnet. Das Finden des Optimums im Ertragsgebirge gestaltet sich allerdings etwas schwieriger, weil mehr als eine unabhängige Variable vorhanden ist. Man kommt also nicht umhin, das totale Differential zu bilden.

Aufgabe 14

Die Produktionsfunktion vom **Typ A** geht in ihren Aussagen von der Unterscheidung zwischen variablen und konstanten Produktionsfaktoren aus. Der ausschließlichen Anrechnung des Grenzertrages auf die variablen Faktoren liegt die Annahme einer sowohl bestandsmäßigen als auch leistungsmäßigen Konstanz der übrigen Faktoren zugrunde.

Aufgabe 15

Die Produktionsfunktion vom **Typ B** soll die theoretische Erfassung und Erklärung derjenigen empirischen Produktionsprozesse ermöglichen, die im Rahmen der Produktionsfunktion vom Typ A ex definitione keine Berücksichtigung finden können: die limitationalen Produktionsprozesse.

Diesem einen Aspekt steht ein zweiter, mehr methodischer Gesichtspunkt gegenüber: bei der Ableitung der Produktionsfunktionen geht Gutenberg nicht vom Gesamtbetrieb aus. Vielmehr spaltet er diese auf und macht die einzelnen Aggregate des Betriebes zum Ausgangspunkt seiner Überlegungen.

Aufgabe 16

Die Produktionsfunktion vom Typ A lässt für die Erstellung einer bestimmten **Ertragsmenge** zahlreiche alternative Möglichkeiten (Faktoreinsatzmengenkombinationen) zu. Somit können keine eindeutigen Beziehungen zwischen Ertrags- und Faktoreinsatzmengen bestehen. Die Produktionskoeffizienten sind - analog dem Durchschnittsertrag - den Grenzen der peripheren Substitutionalität frei variierbar.

Aufgabe 17

a) Der Begriff der **Leistung** ist eine technisch-physikalische Maßgröße. Bezeichnet das Symbol b_j die Zahl der physikalischen Arbeitseinheiten (z.B. in kpm), die die Maschine j während der Laufzeit t_j hervorbringt, so wird die Leistung d_j der Maschine physikalisch durch folgende Gleichung definiert:

$$d_j = \frac{b_j}{t_j}$$

Dem Begriff der physikalisch-technischen Leistung entsprechen auch die häufig in der Produktionstheorie verwendeten Ausdrücke

- der **Intensität** oder
- des **Intensitätsgrades**.

b) An einem Potenzialfaktor lassen sich so viele Verbrauchsfunktionen unterscheiden, wie Repetierfaktoren zur Erstellung von Arbeitseinheiten durch das Aggregat benötigt werden.

Aufgabe 18

Frei teilbare Faktoren	Potenzialfaktoren			
	Mit-arbeiter	Hand-säge	Hobel-maschine	Produk-tionshalle
Heizenergie				x
Schmieröl		x		
elektrische Energie			x	x
Werkstoffe	x	x	x	
Akkordminuten	x			
Abschreibung		x	x	x

Aufgabe 19

a) Potenzialfaktoren sind:
- Fließband
- Dieselmotor
- Arbeitspotenzial

b) Sechs Verbrauchsfunktionen sind zu bestimmen, davon drei für die Potenzialfaktoren und drei für die variablen Faktoren.

Aufgabe 20

1	2	3	4	5	6
Intensität des Prozesses [m²/h]	Schleifmittelverbrauch [kg/m²]	Preis für Schleifmittel [€/kg]	Arbeitszeitverbrauch [Ah/m²]	Preis der Arbeitszeit [€/h]	Prozesskosten [€/m²]
3	0,25	40	0,34	30	**20,20**
4	0,20	40	0,25	30	**15,50**
5	0,30	40	0,20	30	**18,00**

Bei 4 m²/h Schleifleistung sind die Kosten pro m² am niedrigsten => optimale Intensität.

Aufgabe 21

Sollen statt einer Arbeitseinheit bei gleicher Leistung d_j insgesamt b_j Arbeitseinheiten realisiert werden, so bestimmt sich der dadurch verursachte Faktormengenverzehr nach der folgenden Gleichung:

$$r_{ij} = f_{ij}(d_j) \cdot b_j$$

Diese Gleichung stellt nichts anderes dar als eine Weiterentwicklung bzw. Umformung der Gleichung der Verbrauchsfunktionen. Die Faktoreinsatzfunktion gibt an, welche Einsatzmenge von einer Faktorart verzehrt wird, wenn ein Potenzialfaktor (z.B. Maschine) bei konstanter physikalischer Leistung insgesamt b_j physikalische Arbeitseinheiten erbringen soll.

Aufgabe 22

a) Faktorart mit intensitätsunabhängigem Verbrauch:

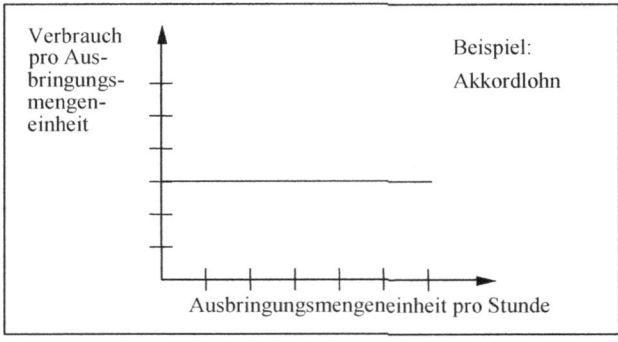

b) Faktorart mit intensitätsabhängigem Verbrauch:

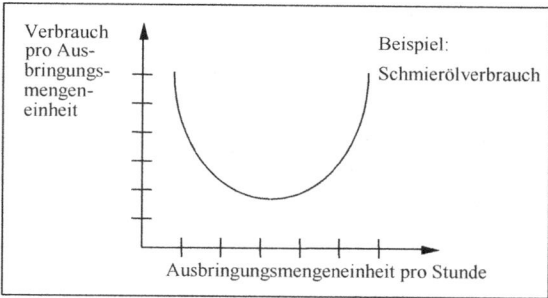

Aufgabe 23

- Anpassung bei unverändertem Potenzialfaktorbestand (intensitätsmäßige Anpassung, zeitliche Anpassung)
- Anpassung durch Änderungen des Potenzialfaktorbestands (quantitative Anpassung)

Die Abgrenzung der verschiedenen Anpassungsformen bei unveränderten Potenzialfaktoren lässt erkennen, dass der Beschäftigungsgrad bei Gutenberg nicht als einheitliche Kosteneinflussgröße, sondern als Sammelbegriff für mehrere eindeutige Kosteneinflussgrößen aufgefasst wird.

Aufgabe 24

a) Nach Gutenberg bedeutet **zeitliche Anpassung** in reiner Form, dass die Nutzungszeit der einzelnen technischen Teileinheiten variiert wird. Konstant bleiben die Intensität der Nutzung und der Bestand an Potenzialfaktoren. In der Regel ist bei zeitlicher Anpassung ein linearer Kostenverlauf zu erwarten, im speziellen Fall des Faktors Arbeit kann sich durch Zahlung von Überstundenlöhnen ein progressiver Verlauf ergeben.

b) Bei der zeitlichen Anpassung unter der Vorgabe konstanter Potenzialfaktoren und konstanter Intensität werden durch die Überstunden die Betriebszeit erhöht. Durch die Überstundenzuschläge steigen somit auch die Faktorkosten für Lohn und Gehalt, d.h. am Zeitpunkt der Anpassung erfährt die Gesamtkostenkurve einen Knick nach oben. Der veränderte Anstieg der Kurve nach der Anpassung stellt also die Zunahme der Kosten in Bezug auf den Überstundenzuschlag dar.

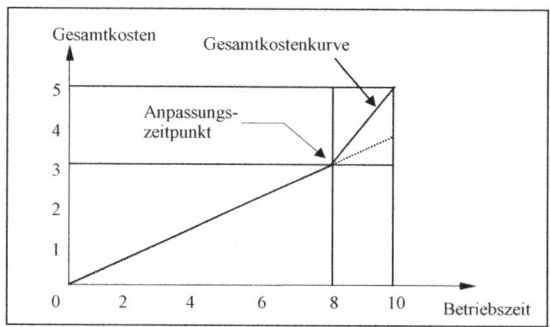

Aufgabe 25

Von **intensitätsmäßiger Anpassung** wird gesprochen, wenn bei gegebenem Bestand an Potenzialfaktoren und konstanter Betriebszeit die Intensität der arbeitenden Menschen und/ oder die technischen Leistungen der maschinellen Aggregate verändert werden. In der Realität treten intensitätsmäßige Anpassungsvorgänge vor allem bei innerbetrieblichen Engpasssituationen auf. Bestimmend für den Kostenverlauf sind die Verbrauchsfunktionen der verschiedenen Aggregate. Allgemeingültige Aussagen über kostenmäßige Konsequenzen intensitätsmäßiger Anpassung können daher nicht gemacht werden.

Aufgabe 26

a) Eine **quantitative Anpassung** liegt nach Gutenberg dann vor, wenn die Anzahl der im Produktionsprozess eingesetzten Produktionsfaktoren variiert wird. Dabei wird Konstanz der technischen Leistung der Aggregate und Konstanz der Betriebszeit vorausgesetzt.

Die Kostengestaltung hängt bei quantitativer Anpassung von der fertigungstechnischen Struktur eines Betriebes ab. Gutenberg unterscheidet zwei Fälle. Im ersten Fall kann die quantitative Anpassung beliebige Produktionsfaktoren betreffen. Im zweiten Fall ist der Anpassungsvorgang mit einem Auswahlprinzip verbunden. Aus ökonomischen Gründen werden bei rückläufiger Beschäftigung die unwirtschaftlichen Maschinen außer Betrieb gesetzt. Gutenberg bezeichnet dieses Vorgehen als „quantitativ selektive Anpassung".

b) Zu unterscheiden sind die multiple und die mutative Betriebsgrößenvariation:

- Eine **multiple Betriebsgrößenvariation** liegt vor, wenn lediglich die Zahl der bisher eingesetzten Potenzialfaktoren verändert wird, die Art dieser Faktoren jedoch gleich bleibt. Die Produktionsfunktion bleibt in ihrer Struktur unverändert. Die Kostenkurve verläuft linear.

- Bei **mutativer Betriebsgrößenvariation** werden die angewandten Fertigungsverfahren und die eingesetzten Produktionsverfahren verändert. Mit wachsender Betriebsgröße wird es möglich, kostengünstigere Fertigungsverfahren heranzuziehen.

Aufgabe 27

Bei **zeitlicher Anpassung** durch zusätzliche Schichten können Sprünge in den Fixkosten auftreten, die durch zusätzliches Aufsichtspersonal, durch Installation oder durch allgemeine Lohnzuschläge für Schichtarbeiter bedingt sind. In diesem Fall ist bei einem Rückgang der Produktion nicht damit zu rechnen, dass diese Fixkosten voll abgebaut werden können, so dass höhere Kosten zurückbleiben. Das gleiche gilt bei multipler Anpassung, bei der die zusätzlichen Maschinen nicht oder nicht ohne Verlust wieder abgeschafft werden können.

Aufgabe 28

Im Rahmen der Produktionsfunktion vom Typ C wird zwischen Potenzialfaktoren und Repetierfaktoren unterschieden.

- **Repetierfaktoren** sind Faktoren, die im Produktionsprozess verbraucht werden. Es handelt sich hierbei um die Faktoren, die materiell untergehen und in relativ kurzen Zeitabständen neu beschafft werden müssen. Derartige Faktoren sind in der Regel weitgehend teilbar (Werkstoffe, Hilfsstoffe sowie Betriebsstoffe im Bereich der Betriebsmittel).

- **Potenzialfaktoren** umfassen den übrigen Teil der Produktionsfaktoren (Aggregate, Arbeiter). Diese Produktionsfaktoren werden im Produktionsprozess „gebraucht" bzw. „genutzt". Sie besitzen eine längere Lebensdauer und müssen daher nur in größeren Zeitabständen neu beschafft werden.

Aufgabe 29

Maßnahmen	zeitliche Anpassung	intensitäts-mäßige Anpassung	quantitative Anpassung	keine der Anpassungs-formen
Verlängerung der Arbeitszeit von 8 auf 11 Stunden pro Tag	x			
Erhöhung des stündlichen Tonnendurchsatzes am Elektro-Ofen 2		x		
Wiederinbetriebnahme des „kleinen" Elektro-Ofens im Altbau			x	
Verkürzung der Akkordminutenvorgabe für das Beladen eines LKW mit Kohlen		x		
produktiver Einsatz von zwei Verwaltungskräften am „kleinen" Ofen			x	
Einsatz von 5 Aushilfskräften, die kurzfristig von einer Leasingfirma kommen				x
Erhöhung der Zuladung auf den Auslieferungsfahrzeugen von 20 auf 22 t	x			

Aufgabe 30

Substitutionale Produktionsfunktionen sind durch 2 Eigenschaften gekennzeichnet:

Die Verringerung der Einsatzmenge eines Faktors kann bei Konstanz der Ausbringung durch vermehrten Einsatz eines anderen Faktors ausgeglichen werden.

Die Ausbringung kann durch Variation der Einsatzmenge eines Faktors bei Konstanz der übrigen Faktoren beeinflusst werden.

- Prüfung der 1. Eigenschaft:

    Um eine Ausbringung von M = 25 Einheiten zu erzielen, können die Faktormengen $r_1 = 50$, $r_2 = 50$ eingesetzt werden:

    $$\frac{50 \cdot 50}{50 + 50} = 25 \text{ ME}$$

    M = 25 Mengeneinheiten sind aber z.B. auch zu produzieren, indem r_1 auf 100 Einheiten erhöht und r_2 auf $33^1/_3$ Einheiten gesenkt wird:

$$\frac{100 \cdot 33,\overline{3}}{100 + 33,\overline{3}} = 25 \text{ ME}$$

- Prüfung der 2. Eigenschaft:

  Die Ausbringung kann von 25 auf 30 Einheiten durch Erhöhung des Einsatzes von Faktor 1 bei Konstanz des Faktors 2 gesteigert werden:

  $$\frac{50 \cdot r_2}{50 + r_2} = 30$$

  $$30 \cdot (50 + r_2) = 50 r_2$$

  $$1.500 = 20 r_2$$

  $$r_2 = 75$$

  Durch Erhöhung des Einsatzes von Faktor 2 auf 75 Einheiten bei Konstanz des Faktors 1 steigt die Ausbringung von 25 auf 30 Einheiten. Die Produktionsfunktion ist damit als substitutional zu kennzeichnen.

Aufgabe 31

a) Ermittlung der Gesamtkostenfunktion:

$$k_{vi}(d_i) = v_i(d_i) \cdot q_i \qquad i = 1; 2$$

$$k_{v1}(d_1) = 4 \cdot d^2 - 28 \cdot d + 50$$

$$k_{v2}(d_2) = 4 \cdot d^2 - 36 \cdot d + 90$$

$$k_v(d) = 8 \cdot d^2 - 64 \cdot d + 140$$

$$k_v'(d) = 16 \cdot d - 64 \overset{!}{=} 0$$

$$d_{opt.} = 4; \qquad\qquad t_{max} = 8$$

Bei zeitlicher Anpassung gilt:

$$k_v(d_{opt.4}) = 12$$

$$K_v(x) = 12 \cdot x \qquad\qquad 0 \leq x \leq 32$$

Bei intensitätsmäßiger Anpassung gilt:

$$k_v(x) = 8 \cdot \left(\frac{x}{8}\right)^2 - 64 \cdot \left(\frac{x}{8}\right) + 140$$

$$k_v(x) = \frac{1}{8} \cdot x^2 - 8 \cdot x + 140$$

$$K_v(x) = \frac{1}{8} \cdot x^3 - 8 \cdot x^2 + 140 \cdot x \qquad 32 < x \leq 80$$

$$K_f = 5.000$$

$$K_f = 5.000 + 12 \cdot x \qquad\qquad 32 < x \leq 80$$

$$= 5.000 + \frac{1}{8} \cdot x^3 - 8 \cdot x^2 + 140 \cdot x \qquad 32 < x \leq 80$$

b) Ermittlung der zugehörigen Kosten-Funktionen:

$$k(x) = \frac{5.000}{x} + 12 \qquad 0 \leq x \leq 32$$

$$= \frac{5.000}{x} + \frac{1}{8} \cdot x^2 - 8 \cdot x + 140 \qquad 32 < x \leq 80$$

$$k_v(x) = 12 \qquad 0 \leq x \leq 32$$

$$k_v(x) = \frac{1}{8} \cdot x^2 - 8 \cdot x + 140 \qquad 32 < x \leq 80$$

$$k_f(x) = \frac{5.000}{x} \qquad 0 \leq x \leq 80$$

$$K'(x) = 12 \qquad 0 \leq x \leq 32$$

$$= \frac{3}{8} \cdot x^2 - 16 \cdot x + 140 \qquad 32 < x \leq 80$$

Aufgabe 32

Um mit minimalen Stückkosten zu produzieren, erfolgt bis zu der mit optimaler Intensität herstellbaren Maximalmenge eine zeitliche, danach eine intensitätsmäßige Anpassung. Optimale Intensität ist hier d_{opt}.

Ermittlung von d_{opt}:

$$k = q_1 \cdot a_{11} + q_2 \cdot a_{21} + q_3 \cdot a_{31} \to \min!$$

$$= 0,5 \cdot 5 \cdot d^2 - 0,5 \cdot 50 \cdot d + 0,5 \cdot 250 + 5 \cdot d_1 + 5 \cdot 50 + 2 \cdot 100$$

$$= 2,5 \cdot d^2 - 20 \cdot d + 575$$

$$\frac{\partial k}{\partial d} = 5 \cdot d - 20 \stackrel{!}{=} 0$$

$$d_{opt} = 4$$

Mit optimaler Intensität können maximal $4 \cdot 8 = 32$ Einheiten produziert werden. 24 Einheiten mit optimaler Intensität zu produzieren, erfordert nur eine Produktionszeit von $24 / 4 = 6$ Stunden, 32 Einheiten entsprechend die vollen 8 Stunden, während zur Produktion von 80 Einheiten die maximale Intensität 10 für 8 Stunden erforderlich ist.

Stückkostenermittlung:

Allgemein gilt:

$$k(x,d,t) = 2,5 \cdot d^2 - 20 \cdot d + 575 = 2,5 \cdot \frac{x^2}{t^2} - 20 \cdot \frac{x}{t} + 575$$

$$k(24,4,6) = 2,5 \cdot \frac{24^2}{6^2} - 20 \cdot \frac{24}{6} + 575 = 40 - 80 + 575 = 535$$

$$k(32,4,8) = 2,5 \cdot \frac{32^2}{8^2} - 20 \cdot \frac{32}{8} + 575 = 40 - 80 + 575 = 535$$

$$k(80,10,8) = 2,5 \cdot \frac{80^2}{8^2} - 20 \cdot \frac{80}{8} + 575 = 250 - 200 + 575 = 625$$

Aufgabe 33

1. Durchschnittskosten:

$$k_1 = 30 - 2 \cdot x_1 + \frac{1}{5} \cdot x_1^2 \qquad k_2 = 20 - 2 \cdot x_2 + \frac{1}{3} \cdot x_2^2$$

2. Grenzkosten:

$$K_1' = 30 - 4 \cdot x_1 + \frac{3}{5} \cdot x_1^2 \qquad K_2' = 20 - 4 \cdot x_2 + x_2^2$$

3. Optimale Intensitäten (Minima der Durchschnittskosten):

$$k_1' = -2 + \frac{2}{5} \cdot x_1 \stackrel{!}{=} 0 \quad \Rightarrow x_1 = 5$$

$$k_{1\min} = 30 - 10 + 5 = 25$$

$$k_2' = -2 + \frac{2}{3} \cdot x_2 \stackrel{!}{=} 0 \quad \Rightarrow x_1 = 3$$

$$k_{1\min} = 20 - 6 + 3 = 17$$

4. Es wird zunächst die Maschine (k_2) eingesetzt.

   Bis zu einer Ausbringung von $x = 24$ ergeben sich minimale Kosten bei einer Intensität von $x_2 = 3$.

   Bei größeren Ausbringungsmengen wird die Intensität der Maschine (k_2) so lange verändert, bis die Grenzkosten der Maschine (k_2) die Durchschnittskosten erreichen, die sich bei der Maschine (k_1) ergeben, wenn letztere mit optimaler Intensität genutzt wird. Der kritische Wert ergibt sich daher bei:

$$K_2' = 20 - 4 \cdot x_2 + x_2^2 = 25$$

$$x_2^2 - 4 \cdot x_2 - 5 = 0$$

$$x_{2_{1,2}} = 2 \pm \sqrt{4 + 5}$$

$$= 2 \pm \sqrt{9}$$

$$= 5$$

   Es führt zu minimalen Kosten, bis zu 40 Produkteinheiten allein mit der Maschine (k_2) zu fertigen. Für größere Ausbringungsmengen ist es vorteilhaft, zusätzlich die Maschine (k_1) einzusetzen. Dabei ist es zunächst sinnvoll, die Maschine (k_1) bei einer Intensität von $x_1 = 5$ zeitlich anzupassen. Bei einer maximalen Laufzeit von 8 Stunden ist es bei der optimalen Intensität der Maschine (k_1) möglich, 40 Produkteinheiten zu erstellen. Da insgesamt 80 Produkteinheiten gefertigt werden sollen, werden die geringstmöglichen Kosten erreicht, wenn sowohl die Maschine (k_1) als auch die Maschine (k_2) mit den Intensitäten $x_1 = 5$ und $x_2 = 5$ während der gesamten 8 Stunden eingesetzt werden.

Aufgabe 34

a) Die entscheidende Aussage Gutenbergs besteht darin, dass die Produktionsfunktion nur aus Faktoreinsatzmengen abgeleitet werden darf und folglich eine Bestandskonstanz von Produktionsfaktoren für eine Begründung von Produktionsfunktion und Kostenfunktion unerheblich ist.

b) Die Produktionstheorie beruft sich auf die Prämissen der Investitionstheorie und umgekehrt, damit das statische System aufrechterhalten bleiben kann.

c) Es besteht keine Proportionalität zwischen Faktoreinsatz und Ausbringung.

Aufgabe 35

Produktivitätsbedingungen sind:
- Unter Limitationalität industrieller Produktionsvorgänge versteht man das Zusammenwirken verschiedener Produktionsfaktoren derart, dass zur Herstellung einer bestimmten Erzeugnismenge ganz genau festliegende, in festem Verhältnis zueinander stehende Mengen an Einsatzfaktoren erforderlich sind.
- Ein Produktionsprozess ist linearhomogen, wenn für eine Erzeugnismengenvariation um einen bestimmten Faktor λ eine entsprechende Einsatzfaktormengenvariation um den gleichen Faktor Voraussetzung ist.
- Eine bestimmte Erzeugnismenge kann mit Hilfe verschiedener Produktionsprozesse hergestellt werden. Dabei sind sowohl Kombinationen unterschiedlicher Aggregattypen als auch ein einzelnes Aggregat mit Intensitätsvariation denkbar.

Die Gutenberg'sche Produktionsfunktion vom Typ B bindet den Faktoreinsatz limitational über die Verbrauchsfunktionen. Für konstante Produktionskoeffizienten ist der Faktorverbrauch proportional zur Erzeugnismenge. Dies ist jedoch nur ein Spezialfall der Gutenberg-Funktion, der für bestimmte Produktionsprozesse gilt. Erst durch die Variationsmöglichkeit der Intensität können verschiedene Prozesse zur Herstellung gleicher Erzeugnismengen auf einem Aggregat kombiniert werden.

Aufgabe 36

a) Bestimmung von d_{1opt}:

$$\begin{aligned}
k_1 &= q_1 \cdot a_{11} + q_2 \cdot a_{21} \to \min! \\
&= 2 \cdot 5 \cdot d_1^2 - 2 \cdot 50 \cdot d_1 + 2 \cdot 50 + 5 \cdot 4 \cdot d_1 + 5 \cdot 50 \\
&= 10 \cdot d_1^2 - 80 \cdot d_1 + 350 \\
\frac{\partial k_1}{\partial d_1} &= 20 \cdot d_1 - 80 \stackrel{!}{=} 0 \\
d_{1opt.} &= 4
\end{aligned}$$

Die optimale Intensität des ersten Aggregates beträgt 4 Einheiten bei maximaler Einsatzzeit.

b) Berechnung von d_{2opt}:

$$\begin{aligned}
k_2 &= q_1 \cdot a_{12} + q_2 \cdot a_{22} \to \min! \\
&= 2 \cdot 2 \cdot d_2^2 - 2 \cdot 25 \cdot d_2 + 2 \cdot 45 + 5 \cdot 2 \cdot d_2 + 5 \cdot 40 \\
&= 4 \cdot d_2^2 - 40 \cdot d_2 + 290 \\
\frac{\partial k_2}{\partial d_2} &= 8 \cdot d_2 - 40 \stackrel{!}{=} 0 \\
d_{2opt.} &= 5
\end{aligned}$$

c) Die optimale Intensität des zweiten Aggregates beträgt bei max. Einsatzzeit 5 Einheiten.

$$x_1 = 4 \cdot 8 = 32$$
$$x_2 = 5 \cdot 8 = 40$$
$$x = 9 \cdot 8 = 72$$
$$k_1 = 10 \cdot 16 - 80 \cdot 4 + 350 = 190$$
$$k_2 = 4 \cdot 25 - 40 \cdot 5 + 290 = 190$$
$$x_{1\,max.} = 10 \cdot 8 = 80$$
$$x_{2\,max.} = 10 \cdot 8 = 80$$
$$x = 20 \cdot 8 = 160$$
$$k_{1\,max} = 10 \cdot 100 - 80 \cdot 10 + 350 = 160$$
$$k_{2\,max} = 4 \cdot 100 - 40 \cdot 10 + 290 = 290$$

Produktionsplanung

Aufgabe 37

a) Die **Produktionsplanung** ist eine auf jeweils einzelne künftige Perioden ausgerichtete Konzipierung sowohl eines nach Art und Menge gegliederten Produktionsprogramms als auch des raumzeitlichen Produktionsvollzuges innerhalb dieser Periode zwecks Sicherstellung der Lieferfähigkeit des Betriebes und Erzielung wirtschaftlicher technischer Leistungserstellung.

Die Produktionsplanung empfängt ihre materiellen Zielsetzungen von der Absatzplanung, falls der Absatzbereich Minimumsektor ist. Sie determiniert aber umgekehrt auch die quantitative und qualitative Absatzplanung, sobald die betrieblichen Kapazitäten den Leistungsengpass des Betriebes bilden. Die Planung der Erzeugnisse selbst - nach Gestalt, Konsistenz, usw. - ist in erster Linie eine technische Aufgabe. Sie wird deshalb verschiedentlich der Produktionsplanung zugerechnet, zumal die Herstellungsverfahren die Qualität, Konstruktion, usw. von Erzeugnissen beeinflussen. Ebenso ist sie aber auch Bestandteil der Absatzplanung, nämlich im Rahmen einer Wahl des absatzpolitischen Instrumentariums. Die Grenzen sind hier fließend.

b) Der **Programmplanung** obliegt die Aufgabe, für bestimmte Zeitabschnitte das Leistungsvolumen (insbesondere das Erzeugungsprogramm) eines Betriebs nach Art und Menge zu fixieren. Dabei tritt ein Widerstreit zwischen produktionstechnischen und kostenorientierten Interessen einerseits und absatzpolitischen sowie zugleich erlösorientierten Interessen andererseits auf. Aus der Sicht der Produktion soll das Programm möglichst wenige Erzeugnisarten, diese aber in möglichst großen Stückzahlen aufweisen; aus der Sicht des Absatzes ist wegen seiner akquisitorischen Wirkung ein breites und differenziertes Programm erstrebenswert. Neben der Frage der Produktionsbreite stellt sich auch die Frage nach der Erzeugungstiefe, d.h. der zweckmäßigen Aggregation von Produktionsstufen (Fremdbezug oder Eigenherstellung).

Aufgabe 38

Stehen einem Betrieb m qualitativ verschiedene produktive Faktoren oder Kombinationen (Index i) zur Verfügung, deren beschränkte Kapazitäten jeweils durch die Größe b_i gekennzeichnet werden, und sind für jeder der n- Erzeugnisarten (Index j) die Faktorinanspruchnahme a_{ij} sowie die Kosten- oder Deckungsbeiträge c_j pro Einheit bekannt, so gilt zur Ermittlung der optimalen Mengen x_j folgende Zielfunktion:

$$\sum_{j=1}^{n} c_j \cdot x_j = G = \{\text{Maximum oder Minimum}\}$$

Die Maximierung oder Minimierung dieser Funktion (je nach Art von c_j) hat unter Beachtung von m Kapazitätsbeschränkungen und den sogenannten Nichtnegativitätsbedingungen zu erfolgen:

$$\sum_{j=1}^{n} a_{ij} \cdot x_j \leq b_i \quad \text{für i = 1,2,...m) oder } x_j \leq b_i$$

$$(\text{für j = 1,2,..., n})$$

Durch die Einfügung zusätzlicher Absatzbeschränkungen d_j als Mindest- oder Höchstmengen

$$x_j < d_j \text{ oder } x_j > d_j$$

(für diskrete j)

lässt sich die vorstehende Grundform des mittels der linearen Optimierungsrechnung (z.B. des Simplex-Algorithmus) zu lösenden Modells ebenso erweitern wie z.B. auch durch Berücksichtigung von Preisdifferenzierung, Überstunden und Ganzzahligkeitsbedingungen.

Aufgabe 39

Die **Kostenplanung** besitzt im System der betrieblichen Gesamtplanung keine Selbstständigkeit, weil erst die Erfüllung aller betrieblichen Funktionen zur Kostenentstehung führt.

Gegenstand der Kostenplanung sind Zukunftskosten (Prognosekosten, Budgetkosten). Diese sind die Resultanten innerbetrieblicher Werteflüsse und -verzehre sowie der betrieblichen Organisation; sie stellen das Spiegelbild der künftigen Faktorkombinationen dar, wobei deren heterogene Soll-Verbräuche durch Bewertung gleichnamig gemacht und den sich später ergebenden, gleichfalls bewerteten Ist-Verbräuchen gegenübergestellt werden.

Der zukunftsorientierten Kostenplanung kommt deshalb als Plankostenrechnung im Rahmen der Gesamtplanung nur eine sekundäre Bedeutung mit dem Ziel der Kostenkontrolle und Abweichungsanalyse zu. Für die Steuerung und Lenkung des Betriebsgeschehens ist die Kostenplanung höchstens indirekt geeignet.

Aufgabe 40

a) Bei Produkten sollte die **Wertanalyse** so früh wie möglich angewandt werden, da mit fortschreitender Produktlebenszeit die Änderungskosten im Allgemeinen immer größer werden und das Kostensenkungspotenzial immer stärker abnimmt.

b)

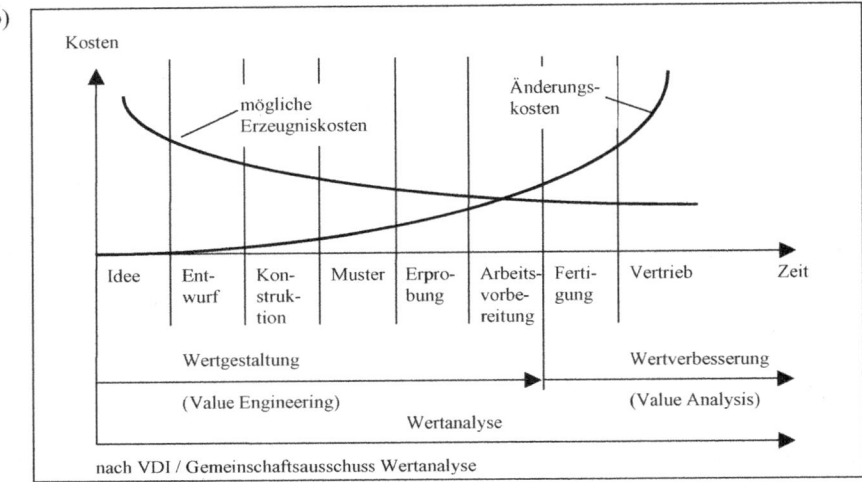

Aufgabe 41

a) Unter dem Begriff **Produktdiversifikation** ist die Ausweitung des Produktionsprogramms auf andersartige Erzeugnisse, die bislang nicht angeboten wurden, zu verstehen. Diversifikation ist mehr als nur die Erweiterung einer Produktlinie durch das zusätzliche Angebot neuer Varianten.

b) Die wichtigsten **Gründe** sind:

- Beteiligung an einem wachsenden Markt, Wandel von einem stagnierenden oder gar schrumpfenden Markt zu einem wachsenden.
- Eintreten in einen gewinngünstigen Markt, insbesondere dann, wenn die Rendite der Investitionen im gegenwärtigen Betätigungsfeld geringer ist als gewünscht.
- Verwertung von Abfallmaterialien der laufenden Produktion.
- Bessere Verwertung bislang hergestellter Halbfabrikate, indem Endprodukte in das Programm aufgenommen werden, die aus den selbsthergestellten Materialien oder Halbfabrikaten erzeugt werden können.
- Abschirmung gegen konjunkturelle oder saisonale Absatzschwankungen.
- Ausnutzung von besonderen Fertigkeiten und Möglichkeiten im Produktions- oder auch Marktbereich.
- Ausnutzung vorhandener nichtgenutzter Kapazitäten im Produktions- oder Distributionsbereich.

Aufgabe 42

Ohne Kapazitätsbeschränkung gilt: $\quad p_j - k_{vj} = 0$

Mit einer Kapazitätsbeschränkung gilt:

> Berechne die relativen Deckungsbeiträge der Produkte, ordne sie nach der Höhe und produziere in dieser Reihenfolge, bis die Kapazität erschöpft ist!

Aufgabe 43

Wenn die Summe der Deckungsbeiträge nicht ausreicht, um die Fixkosten zu decken, wird das Produktionsprogramm (langfristig) nicht realisiert.

Aufgabe 44

	Produkt 1	Produkt 2
p	25	35
k_v	15	20
d_R	10	15
$v_{Rohstoff}$	3	1
d_{Brel}	3,33	15
Rangfolge	2	1

Es lassen sich folgende Produktionsmengen realisieren:

Produkt	Menge	benötigter Rohstoff	restlicher Rohstoff	DB
2	6.000	6.000	9.000	90.000
1	3.000	9.000		30.000
				120.000

Aufgabe 45

Das Problem wird durch folgendes Ungleichungssystem repräsentiert:

$$G = 10 \cdot x_1 + 15 \cdot x_2 \stackrel{!}{=} \max.$$

$$3 \cdot x_1 + x_2 \leq 15.000$$
$$2 \cdot x_1 \leq 9.000$$
$$x_1 + 2 \cdot x_2 \leq 10.000$$
$$x_1 \leq 5.000$$
$$x_2 \leq 6.000 \qquad x_1, x_2 \geq 0$$

Basistableau:

B_V	x_1	x_2	y_1	y_2	y_3	y_4	y_5	B
z_1	3	1	1	0	0	0	0	15.000
z_2	2	0	0	1	0	0	0	9.000
z_3	1	2	0	0	1	0	0	10.000
z_4	1	0	0	0	0	1	0	5.000
z_5	0	1	0	0	0	0	1	6.000
z	-10	-15	0	0	0	0	0	-40.000

Aufgabe 46

a) Die Anzahl der Zeilen und Spalten stimmt überein; die vorgeschlagene Lösung ist optimal. Zur Kontrolle sind die Lösungswerte $x_1 = 4.000$ und $x_2 = 3.000$ zu prüfen:

$3 \cdot 4.000 + 1 \cdot 3.000 = 15.000$ geht auf

$2 \cdot 4.000 = 8.000 \Rightarrow Y_2 = 1.000$

$1 \cdot 4.000 + 2 \cdot 3.000 = 10.000$ geht auf

$1 \cdot 4.000 = 4.000 \Rightarrow Y_4 = 1.000$

$ 3.000 = 3.000 \Rightarrow Y_5 = 3.000$

$-10 \cdot 4.000 - 15 \cdot 3.000 = -85.000 \Rightarrow$ davon 45.000 Fixkosten

Es ist die optimale Lösung des Problems.

b) Es werden 4.000 Stück von Produkt 1 und 3.000 Stück von Produkt 2 produziert. Es verbleiben Leerkapazitäten von 1.000 m^2 Papier, 1.000 Stück Absatzkapazität Produkt 1 und 3.000 Absatzkapazität Produkt 2. Der Nettogewinn beträgt:

$45.000 = (4.000 \cdot 10 + 3.000 \cdot 15) - 40.000$

Eine Erhöhung der Materialmenge um 1 kg würde einen zusätzlichen Gewinn von 1 EUR bringen. Dieser Betrag dürfte für die Eilbeschaffung zusätzlich höchstens aufgewendet werden. Eine Erhöhung der Produktionszeit um eine Minute bringt einen zusätzlichen Gewinn von 7 EUR. Dieser Betrag dürfte für Mehrarbeit höchstens aufgewendet werden.

c) Im Allgemeinen lässt sich aus der Form der Tabelle die Zahl der ursprünglichen Problemvariablen, d.h. die Zahl der möglichen Produkte ermitteln. Unter der Voraussetzung, dass für jede Beschränkung eine Hilfsvariable definiert wird, kann man durch Subtraktion der Zahl der Beschränkungen - im Beispiel = 5 - von der Zahl der Variablen - im Beispiel = 7 - die Zahl der Problemvariablen - im Beispiel die zwei betrachteten Produkte - ermitteln. Ausnahmen sind möglich, wenn eine Beschränkung von vornherein als Gleichung gegeben ist. In diesem Fall wird keine Hilfsvariable benötigt.

d) Bei Erhöhung des Engpassfaktors Material um eine Einheit würden $2/5$ Einheiten des Produktes 1 zusätzlich gefertigt (die Restabsatzkapazität verringert sich um $2/5$ Einheiten); die Produktion von Produkt 2 nimmt um $1/5$ Einheiten ab (entsprechend erhöht sich die Restabsatzkapazität um $1/5$ Einheiten); die Restkapazität des Faktors Papier verringert sich um $4/5$ Einheiten und der Gewinn steigt um 1 EUR.

Aufgabe 47

Je wichtiger das absatzpolitische Instrument **Produktgestaltung** für ein Unternehmen ist, je größer die Chancen, die eine erfolgreiche Produktgestaltung im Wettbewerb bieten, je größer aber auch die Gefahr, die von einer erfolgreichen Produktgestaltung der Konkurrenz drohen, um so intensiver wird es sich um Forschung und Entwicklung bemühen. Und zwar einmal, um selbst neue Produkte verfügbar zu haben, mit denen es einen Vorsprung vor der Konkurrenz zu gewinnen in der Lage ist, zum anderen, um den Bemühungen der Konkurrenz um einen Vorsprung erfolgreich durch eigene Gegenmaßnahmen entgegenwirken zu können.

Aufgabe 48

Der Begriff **Lean Production** (schlanke Produktion) beschreibt die zunehmende Tendenz zu flacheren Organisationsstrukturen und zur Konzentration auf das Kerngeschäft des Unternehmens. Die Besonderheit der Lean Production ist vor allem in der Verminderung der Fertigungstiefe zu sehen. Durch die Auslagerung der Fertigung von Bauteilen und Produktkomponenten auf die Zulieferer werden begleitende Konzepte wie JIT und TQM für das Unternehmen unabdingbar. Diese Form des Outsourcing führt zu einer Verringerung der Fertigungskomplexität und zu einer Entlastung der Fertigungskapazität, somit lässt sich insgesamt eine schnellere und kostengünstigere Produktion realisieren. Auf der anderen Seite steigen hierdurch die Anforderungen an indirekte Bereiche, wie das Qualitätsmanagement und die Materialwirtschaft.

Aufgabe 49

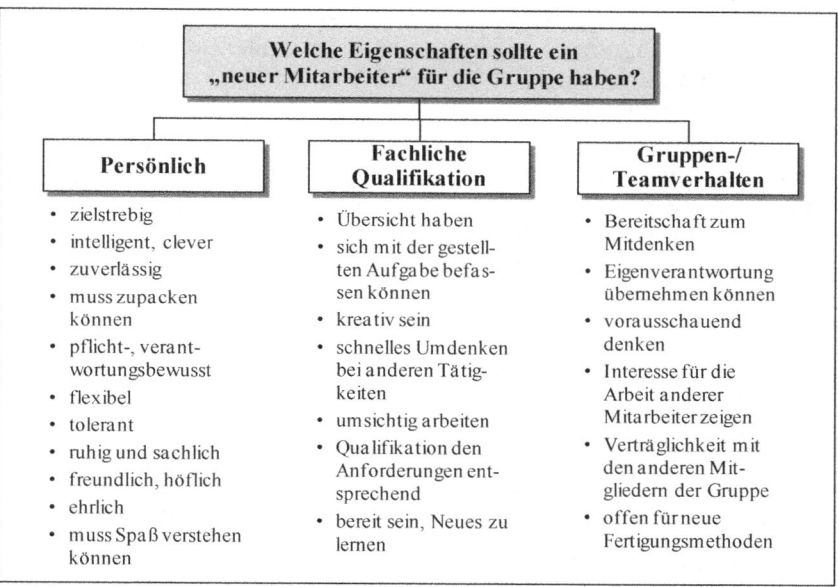

Aufgabe 50

Die Grundidee des **Simultaneous Engineering** ist die optimale Verkürzung der Produktentwicklungszeit, um dadurch schneller mit einem neuen Produkt auf dem Markt zu sein als die Mitwettbewerber. Dadurch erhofft man sich Wettbewerbsvorteile, da man die Preise zu Beginn besser gestalten kann und so den Absatz erhöht.

Die Verkürzung der Produktentwicklungszeit wird dadurch erreicht, indem eine Gruppe von Experten aus den für die Entwicklung des Produktes verantwortlichen Fachabteilungen ein Projektteam bildet und gemeinsam versucht, zur gleichen Zeit die relevanten Produktmerkmale zu optimieren (Kosten, Produktion, Vertrieb, Handhabung, Marketing).

Dies verursacht, im Vergleich zum traditionellen Verfahren, in der Planungsphase zwar mehr Kosten, aber die Entwicklungszeit ist kürzer, da aufgrund nicht auftretender gravierender Fehlplanungen keine großen Änderungen durchgeführt werden müssen.

Prozessgestaltung

Aufgabe 51

Arbeitsgang 1: Abstimmung kann durch Einführen von Parallelarbeit (2 Arbeitsträger) erfolgen, wobei übernormal leistungsfähige Arbeiter eingesetzt werden.

Arbeitsgang 2: Abstimmung kann durch Parallelarbeit (3 Arbeitsträger) erfolgen.

Arbeitsgang 3: Es wird eine besonders leistungsfähige Arbeitsperson eingesetzt.

Arbeitsgang 4,5: Werden sinnvollerweise zusammengelegt und von zwei überdurchschnittlich leistungsfähigen Arbeitskräften in Parallelarbeit erledigt.

Arbeitsgang 6: Keine weitere Abstimmung notwendig.

Aufgabe 52

a) Bei der **Fließfertigung** treten infolge der besseren Abstimmung der zeitlichen Dauer der aufeinanderfolgenden Arbeitsgänge meist sehr wenig Zwischenlager auf, während bei der Werkstattfertigung die einzelnen Arbeitsgänge wenig aufeinander abgestimmt sind und damit Zwischenlager unvermeidlich sind.

b) Aufgrund der vielseitigen Einsatzmöglichkeiten der bei der **Werkstattfertigung** häufig eingesetzten Mehrzweckmaschinen und der flexiblen Struktur der Transportsysteme ist die Anpassungsfähigkeit an veränderte Produktionsprogramme bei der Werkstattfertigung weit größer als bei der Fließfertigung, die durch Spezialmaschinen und starre Transportsysteme gekennzeichnet ist.

Aufgabe 53

Eine Möglichkeit, das Problem zu lösen, besteht darin, den Produktionsprozess in einem **Modell** abzubilden und, darauf aufbauend, unterschiedliche Vorgehensweisen für die Ablaufplanung zu simulieren und zu bewerten.

In einem Modell müssen zunächst die technisch bedingten Abläufe des Produktionsprozesses abgebildet werden. Zweckmäßiger Weise wird das Modell so flexibel gestaltet, dass spätere Änderungen im Betriebsmittelbestand berücksichtigt werden können.

Zu Modellformulierungen werden insbesondere Informationen darüber benötigt,

- wie oft und wie lange die einzelnen Maschinen ausfallen,
- wie oft und in welcher Weise einzelne Stücke nachbearbeitet werden müssen,
- wie lange die Reinigung der einzelnen Maschinen dauert und wann sie nötig ist,
- ob die Maschinen, die für die Erledigung eines bestimmten Arbeitsganges an einem bestimmten Artikel in Frage kommen, alle gleich geeignet sind, oder ob einige vorrangig eingesetzt werden sollten, usw.

Mit einem derartigen Modell können die Auswirkungen vorzugebender Bearbeitungsfolgen der Aufträge auf die Stillstandszeiten der Maschinen, die Wartezeiten der Aufträge und die Terminüberschreitungen der Aufträge usw. ermittelt werden.

In einem weiteren Schritt können Prioritätsregeln in den unterschiedlichsten Kombinationen in das Modell eingebaut werden, so dass die Bearbeitungsreihenfolge der Aufträge in den einzelnen Produktionsstufen nicht mehr von Hand vorzugeben sind, sondern vom Modell selbst erstellt werden.

Sinnvolle Prioritätsregeln können durch die Analyse der Ergebnisse von Simulationsabläufen für eine größere Zahl repräsentativer Auftragsprogramme ermittelt werden.

Aufgabe 54

a) Bei den derzeit bekannten Verfahren zur Bandabstimmung und zur Pufferlagerplanung wird fast ausnahmslos ein Zeitkriterium für die Messung der Effizienz der Planung angewendet. Ökonomische Kriterien wie z.B. Lagerkosten, Investitionsausgaben zur Einrichtung der Bandstationen und Pufferlager, Gewinnentgang bei auftretenden Stillstandszeiten, werden nur in wenigen Ausnahmefällen berücksichtigt. Die auf der Basis von Zeitkriterien erzielten Lösungen des Ablaufproblems bei Fließfertigung sind daher ökonomisch häufig nicht befriedigend.

b) Bei der Fließfertigung entspricht die Wartezeit l_S eines Erzeugnisses in einer Bandstation s stets der Leerzeit u_S dieser Station. Bei einer Taktzeit von z.B. C = 10 Zeiteinheiten und einer Operationszeit t_S = 8, der auf einer Bandstation s entfallenden Arbeitselemente, weist die Bandstation in jeder Taktzeit eine Leerzeit von u_S = 2 Zeiteinheiten auf. Genau die gleiche Zeit muss das bearbeitete Erzeugnis aber auch warten, bevor eine weitere Bearbeitung in der nächsten Bandstation durchgeführt werden kann.

Da Leerzeit u_S und Wartezeit l_S in jeder Station stets gleich groß sind, gibt es kein Dilemma der Ablaufplanung; eine Minimierung der Lagerzeiten der Erzeugnisse in allen Bandstationen führt gleichzeitig auch zum Minimum der Leerzeiten der Stationen.

Aufgabe 55

Die Planung der Pufferlager muss simultan drei Aufgaben lösen:

- Festlegung der Zahl der in einer Fertigungskette einzuplanenden Pufferlager,
- Bestimmung des Standortes dieser Lager innerhalb der Fertigungskette und
- Festlegung der Kapazität der Pufferlager.

Aufgabe 56

Die Einschaltung von **Pufferlagern** zwischen einzelnen Bandstationen dient dazu, Störungen im Materialfluss zu vermeiden, die durch Stillstandszeiten einzelner Bandstationen hervorgerufen werden können. Diese Stillstandszeiten können zweierlei Ursachen haben:

- Sie können auf Wartung oder Werkzeugwechsel zurückzuführen sein. In diesem Fall liegen die Häufigkeit, mit der ein Maschinenstillstand auftreten kann, sowie die Dauer dieser Störungen in den einzelnen Bandstationen weitgehend fest. Pufferlager zur Überbrückung planbarer Stillstandszeiten werden vielfach nach der Dauer der Stillstandszeiten dimensioniert.

- Eine zweite Art von Pufferlagern dient zur Überbrückung zufällig auftretender Stillstandszeiten, die ihre Ursache in Maschinenschäden haben. Eine sinnvolle Planung über Anzahl, Anordnung und Umfang der Pufferlager lässt sich in dieser Situation nur dann durchführen, wenn die Störanfälligkeit der einzelnen Bandstationen abschätzbar ist. Je weniger störanfällig die Bandstationen sind, je schneller Störungen beseitigt werden können und je länger die Stillstandszeiten einer Station innerhalb einer Taktzeit sind, desto geringer sind Zahl und Umfang der Pufferlager.

Aufgabe 57

Flexible Fertigungsinseln (FFI) sind als Integration von Flexiblen Fertigungszellen (FFZ) zu interpretieren. Zum Beispiel werden 4 Flexible Fertigungszellen durch einen Handhabungsautomaten zu einer geschlossenen Produktionseinheit verbunden. Von der Flexiblen Fertigungsinsel existiert ein Lager der zu bearbeitenden unterschiedlichen Werkstücke.

Der Handhabungsautomat lastet die Werkstücke vor einer der Bearbeitungsmaschinen ein und reicht sie nach vollzogener Bearbeitung an eine andere Bearbeitungsmaschine der Flexiblen Fertigungsinsel weiter. Sind nach mehreren Bearbeitungsstationen alle Bearbeitungsfunktionen an einem Werkstück ausgeführt, wird es durch den Handhabungsautomaten in das Lager hinter der Flexiblen Fertigungszelle transportiert.

Bei einer Flexiblen Fertigungsinsel kann das zentrale Steuerungssystem für ein Werkstück in der Regel zwischen unterschiedlichen Bearbeitungsreihenfolgen und gegebenenfalls auch zwischen mehreren funktionsgleich mit Werkzeugen ausgerüsteten Bearbeitungsmaschinen wählen.

Aufgabe 58

Wesentlich für die Frage der Flexibilität sind zwei Betrachtungsebenen, und zwar die Fähigkeit der Systeme, für unterschiedliche Produkte eingesetzt zu werden und die Fähigkeit eines möglichst schnellen Wechsels zwischen den Produkten. Zur ersten Ebene gehört die Produktflexibilität und zur zweiten die Magazinierungs- und Werkzeugwechselflexibilität.

- Unter **Produktflexibilität** wird jenes Spektrum von Erzeugnissen verstanden, das sich auf den Systemen prinzipiell bearbeiten lässt.

- Die **Magazinierungsflexibilität** wird durch die Anzahl der Werkzeugschlitze des Magazins definiert.

  Die Größe des Magazins bestimmt dabei den Umfang an unterschiedlichen Werkzeugen, die gleichzeitig zur Produktion vorgehalten werden können.

  Kann auf diese Werkzeuge des aktuellen Magazins wahlfrei mit vernachlässigbar geringen Umrüstzeiten zurückgegriffen werden, so wird dies als Werkzeugwechselflexibilität bezeichnet.

Aufgabe 59

Wegen des **Dilemmas der Ablaufplanung** führen sinkende Zeiten bei zeitweilig knappen Kapazitäten häufig zu wachsenden ablaufbedingten Stillstandszeiten. Mit den sinkenden Durchlaufzeiten steigt dann zwar die Flexibilität des Betriebes, kurzfristig auf Kundenwünsche reagieren zu können und die Kapitalbindungskosten sinken. Aber die zunehmenden Stillstandszeiten können die Umsätze negativ beeinflussen, wenn ihretwegen bei guter Beschäftigungslage im Planungszeitraum weniger Aufträge abgewickelt werden können. Reine Verkürzungen der Durchlaufzeit sind aber auch dann ökonomisch nachteilig, wenn durch sie lediglich der Produktionsendtermin nach vorne verlagert wird und die Endlagerzeiten damit ansteigen. Zwischenlagerzeiten mit geringerer Kapitalbindung werden dann lediglich durch Endlagerzeiten mit höherer Kapitalbindung substituiert.

Aufgabe 60

a) Bei der optimalen Losgröße handelt es sich um diejenige Fertigungsmenge, bei der unter Berücksichtigung der losfixen und losabhängigen Kosten die Kosten je Einheit der gefertigten Menge am niedrigsten sind.

Das Problem der **optimalen Losgröße** ergibt sich bei Auftrags-, Los- oder Seriengrößen. Mit größer werdendem Los nehmen einerseits die losfixen Kosten je Stück ab, andererseits nehmen die losabhängigen Kosten zu.

b) Die auflagenfixen Kosten haben für die Bestimmung der optimalen Losgröße eine besondere Bedeutung. Das Problem der optimalen Losgröße befasst sich mit der Fragestellung, wie viele Stücke einer bestimmten Variante jeweils hintereinander hergestellt werden sollen, bevor die Produktionsanlage mit der nächsten Variante belegt wird. Dazu ist es erforderlich, dass die Umrüstkosten und die Aufbewahrungskosten je Stück gegeneinander abgewogen werden. Die Umrüstkosten sind Kosten, die jedes Mal bei der Umstellung der Produktionsanlage auf eine andere Variante anfallen. Sie werden auch als auflagenfixe Kosten bezeichnet. Je größer das Fertigungslos ist, auf umso mehr Stück verteilen sich die Umrüstkosten. Das heißt, mit zunehmender Losgröße sinkt der Anteil der auflagenfixen Kosten je produziertes Stück. Dieser Sachverhalt wird auch als Auflagendegression bezeichnet.

c) Prämissen für die optimale Losgröße sind:

- Die übrigen Herstellungskosten sind proportional.
- Die Produktionsgeschwindigkeit ist unendlich. In der Praxis erfolgt aber die Auffüllung der Lager sukzessiv, entsprechend der Produktion.
- Restriktionen bei den Lagerkapazitäten werden nicht berücksichtigt.
- Die Absatzgeschwindigkeit ist konstant. Im Planungszeitraum treten in der Praxis allerdings meist Absatzschwankungen auf.
- Die auflagefixen Kosten sind im Zeitablauf unverändert.

Ein möglicher Lagerschwund ist im Modell nicht berücksichtigt. In manchen Unternehmen ist aber regelmäßig mit einem gewissen Lagerschwund zu rechnen.

Aufgabe 61

Ermittlung der optimalen Losgröße:

$$x_{opt}^2 = \frac{200 \cdot 600 \cdot 15.000}{20 \cdot 40} \qquad x_{opt} = 1.500 \text{ Stück}$$

Ermittlung der Gesamtkosten bei x_{opt}

$$K_{opt}^2 = \frac{2 \cdot 600 \cdot 15.000 \cdot 20 \cdot 40}{100} \qquad K_{opt} = 12.000 \text{ EUR}$$

Aufgabe 62

Die optimale Losgröße ergibt sich wie folgt:

$$m_{opt} = \sqrt{\frac{2 \cdot M \cdot K_f}{K_L}} = \sqrt{\frac{2 \cdot 225.000 \cdot 8.000}{12}} = 17.321 \text{ Stück}$$

Bei einer Produktion von 17.321 Stück pro Serie erreichen die Kosten ein Minimum.

Aufgabe 63

Der Umfang der produktiv zu nutzenden Zeiten ist durch die Planung des Produktionsablaufs nicht mehr zu beeinflussen, wenn dem Betrieb Zahl und Umfang der im Planungszeitraum zu bearbeitenden Aufträge vorgegeben sind und die Produktionszeiten festliegen. Folglich kommt der Vermeidung von Maschinenstillstandszeiten im Rahmen der Ablaufplanung so lange keine Bedeutung zu, wie die Existenz derartiger Leerzeiten die Realisierung des vorgegebenen Auftragsprogramms innerhalb der vorgegebenen Kalenderzeit nicht gefährdet.

Ablaufbedingte Leerzeiten sind jedoch aus Kostengründen von Bedeutung, wenn zwischen den einzelnen Aufträgen kurze Leerzeiten auftreten und die Maschinen während dieser Zeit nicht abgeschaltet werden. Während dieser Leerzeit fallen dann Kosten an, die vermeidbar wären, wenn ablaufbedingte Intervalle in größere beschäftigungsbedingte Leerzeiten der Maschinen umgewandelt werden.

Die während der ablaufbedingten Leerzeit der Aggregate anfallenden beschäftigungsunabhängigen Kosten sind für die Lösung des Ablaufproblems in jedem Falle unerheblich; hierbei handelt es sich um Kosten, die auch dann anfallen, wenn die ablaufbedingten in beschäftigungsbedingte Leerzeiten umgewandelt werden.

Aufgabe 64

In der **Strukturanalyse** konzentriert sich das Interesse allein auf die Erfassung der technischen, logischen und organisatorischen Verknüpfungen der einzelnen, zu einem Gesamtvorhaben gehörenden Arbeitsgänge (Aktivitäten). Im Rahmen der **Zeitanalyse** werden den im Netzplan fixierten Aktivitäten die zu ihrer Ausführung benötigten Zeiten zugeordnet.

Liegen die Ergebnisse der Struktur- und Zeitanalyse vor, lässt sich eine **Terminplanung** durchführen, die festlegt, wann die Arbeit an den einzelnen Aktivitäten beginnen muss, damit das Gesamtvorhaben im Rahmen des geknüpften Netzes in kürzester Zeit abgewickelt werden kann.

Aufgabe 65

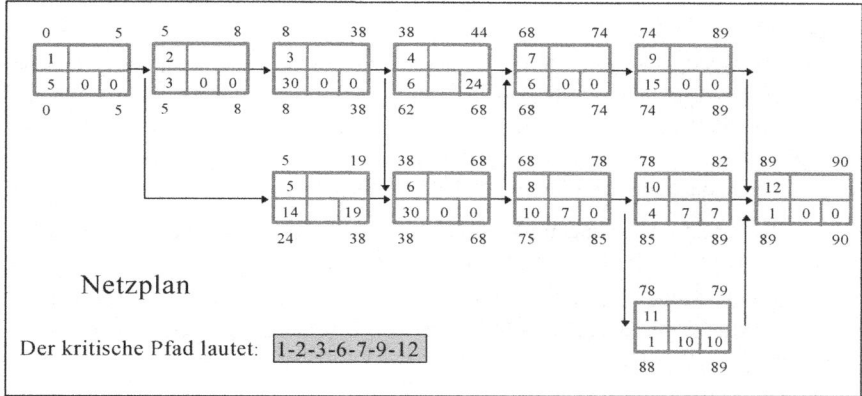

Netzplan

Der kritische Pfad lautet: 1-2-3-6-7-9-12

Aufgabe 66

Die **Durchlauf- oder Ausführungszeit** eines Projektes wird im Rahmen der Terminplanung nicht eigentlich minimiert; vielmehr ist sie durch die Ergebnisse der Struktur- und Zeitanalyse eindeutig vorgegeben. Die Terminplanung zeigt nur auf, bei welchen Aktivitäten - kritische Aktivitäten - Wartezeiten unmittelbar zu einer Verlängerung der technisch erreichbaren Bearbeitungsdauer des Projektes führen. Von einer Minimierung der Durchlaufzeit im Rahmen der Netzplantechnik kann nur gesprochen werden, wenn:
- über die Veränderung der Struktur des Netzes bei konstanten Aktivitätszeiten ein Einfluss auf die Projektzeit ausgeübt wird,
- systematische Überlegungen zur Verkürzung der Aktivitätszeiten durch eine Veränderung der Faktorausstattung angestellt werden.

Aufgabe 67

Die Ersatzziele der **Ablaufplanung** wirken in unterschiedlicher Weise auf die eigentliche Zielgröße - Gewinnverbesserung - ein. Während durch eine Just-In-Time-Produktion die langfristigen Absatz- und Umsatzchancen beeinflusst werden, steigen die Erlöse bereits kurzfristig, wenn ablaufbedingte Stillstandzeiten der Potenzialfaktoren abgebaut werden und in den freigesetzten Zeiten zusätzliche Aufträge abgewickelt werden können. Reduzierte Durchlaufzeiten bzw. sinkende Bestände verringern hingegen über sinkender Kapitalbindung und sinkenden Kapitalbindungsdauern die Zinsbelastung der Betriebe.

Bezogen auf die Ziele der Ablaufplanung existiert in der Regel eine Zielkonfliktsituation, das heißt, eine bestimmte Lösung des Ablaufproblems kann z.B. eine Zielgröße positiv beeinflussen, während eine zweite Zielgröße verschlechtert wird - Dilemma der Ablaufplanung. Zum Beispiel kann die Durchlaufzeit sinken, während gleichzeitig die Endlagerzeiten und die ablaufbedingten Stillstandzeiten anwachsen. Weil eine einheitliche Bewertung der Ersatzzielgrößen in der Regel scheitert, kann diese Konfliktsituation nicht optimal aufgelöst werden. Für praktische Entscheidungen muss vielmehr die Wirkung verschiedener Auftragsreihenfolgen auf die einzelnen Zielgrößen transparent gemacht werden, um dann im Einzelfall je nach der wirtschaftlichen Situation des Unternehmens zu entscheiden, welchen Zielgrößen in dieser Situation dominierende Bedeutung zukommt.

Integrative Planung und Steuerung des Produktionsablaufs

Aufgabe 68

Zunehmend gesättigte Märkte führten in den letzten Jahren verstärkt zu einer kundenorientierten Auftragsproduktion mit einer Vielzahl von Varianten. Gleichzeitig hat sich ein Wandel vom Verkauf einzelner Produkte zur Entwicklung kompletter Problemlösungen vollzogen. Diese strukturellen Änderungen führen zu drei eng miteinander verknüpften Entwicklungen, durch die die **Planung** und **Steuerung** ständig komplexer wird:

- Die Anzahl der mengenmäßig und zeitlich zu koordinierenden Rohstoffe und Baugruppen für die Fertigung nimmt tendenziell zu.
- An die Stelle linearer Abläufe treten zunehmend vernetzte Fertigungsstrukturen mit steigendem Koordinationsaufwand an den Knotenpunkten der Produktnetze.
- Der Einsatz von CNC und DNC-Werkzeugmaschinen und deren Integration mit EDV-gesteuerten Transporteinrichtungen zu flexiblen Fertigungssystemen führt zu einem technologischen Wandel in der Produktion.

Zudem hat die verstärkt kundenorientierte Fertigung eine Schwerpunktverlagerung bei den Zielen der Fertigungssteuerung zur Folge. Neben einer hohen Kapazitätsauslastung gewinnen Unternehmen nun insbesondere durch kurze Lieferzeiten und Termintreue strategische Konkurrenzvorteile. Um die Kapitalbildung zu reduzieren, sind diese Ziele bei möglichst geringen Zwischen- und Endlagerbeständen zu erreichen.

Aufgabe 69

Klassische PPS-Systeme sind durch eine sequentielle Vorgehensweise gekennzeichnet. Zwischen den Planungs- und den Steuerungsstufen existiert eine hierarchische Abhängigkeit, wobei die Ergebnisse der übergeordneten Stufe zugleich die Rahmendaten für die untergeordnete darstellen. Gleichzeitig werden in vorgelagerten Stufen Annahmen über Ergebnisse nachgelagerter Stufen gemacht. Zum Beispiel geht die Grobterminierung von gegebenen Durchlaufzeiten der Aufträge aus, die letztlich das Ergebnis der Feinplanung sind. Rückkopplungen zwischen den Stufen sind im klassischen Konzept nicht vorgesehen, da davon ausgegangen wird, dass die Annahmen einer Stufe über Ergebnisse nachgelagerter Stufen durch deren Planungen bestätigt werden.

Wesentlich für die Logik der Systeme ist, dass der Planungshorizont der einzelnen Stufen nicht übereinstimmt. Während für die erste Stufe - Produktionsprogrammplanung - meistens eine Jahresplanung erfolgt, wird der Horizont für die Grob- und Feinplanung reduziert. So erfasst die Feinplanung nur noch die dringlichen Aufträge. In der Steuerungsphase wird der Betrachtungshorizont in der Regel auf einen Tag verkürzt.

Aufgabe 70

Das Konzept klassischer PPS-Systeme geht von **linearen Fertigungsprozessen** in der Form von Massen- und Großserienfertigung aus. Bei diesen Produktionsverhältnissen kann die Durchlaufzeit relativ sicher prognostiziert werden und die Verteilungsfunktion der Durchlaufzeit weist eine sehr geringe Streuung auf. Die Durchlaufterminierung geht dann weitestgehend von Durchlaufzeiten aus, die sich später in der Feinterminierung auch tatsächlich einstellen.

Aufgabe 71

Moderne PPS-Systeme beziehen sich auf folgende Planungsbereiche:

- **Programmplanung**: Festlegung der Erzeugnisse und Mengen, die innerhalb des Planungszeitraums hergestellt werden sollen:
  - Produktionsdurchführungsplanung mit den Teilbereichen,
  - Losgrößenplanung,
  - zeitliche Verteilung von Produktion und Absatz,
  - Ablaufplanung (Maschinenbelegung, Auftragsreihenfolge) und
  - Produktionsaufteilung der Produkte auf funktionsgleiche Anlagen.
- **Bereitstellungsplanung** von Rohstoffen, Produktionsmitteln und Arbeitskräften.

Da zwischen diesen Planungsbereichen Interdependenzen bestehen, können die Bereiche nicht isoliert geplant werden. Eine Simultanplanung ist jedoch wegen des Komplexitätsgrades planungstechnisch nicht zu bewältigen und es wird deshalb in PPS-Systemen versucht, gute durchsetzbare Lösungen durch eine stufenweise Planung zu ermitteln. Das Grundproblem derartiger Systeme besteht darin, eine geeignete Abfolge der Stufen zu finden, die den Interdependenzen zwischen den Planungsbereichen gerecht wird.

Aufgabe 72

Bekanntlich sollen in den **Produktentwicklungsprozess** Mitarbeiter aus den anderen Unternehmensbereichen einbezogen werden, um das neue Produkt den Kundenwünschen entsprechend und rationell unter Ausnutzung vorhandener betrieblicher Gegebenheiten gestalten zu können. Auf diese Weise kann der Prozess der Produktentwicklung bereits zur Rationalisierung der Auftragsentwicklung beitragen.

Das Produkt sollte mit den vorhandenen Maschinen gefertigt werden, um diese Kapazitäten auszuschöpfen. Abhängig vom eingesetzten Material und der Bearbeitungstechnik sind bei notwendiger Neuanschaffung solche Maschinen auszuwählen, die mit anderen gut kombinierbar sind. Bei der Konstruktion des künftigen Produktes sollte die Anzahl der Bearbeitungsstufen nicht unnötig hoch angesetzt werden.

Weiter ist die Anzahl der Lagerorte gering zu halten, aus denen die Zulieferteile kommen, um die Logistikkosten zu senken. Aus diesem Grund sind die Zulieferteile bereits bei der Produktentwicklung zu berücksichtigen. Das erfordert weitläufig auch die Einbeziehung der Hauptlieferanten in den Prozess der Produktentwicklung.

Oftmals müssen, für im Produktionsprozess entstehende Schadstoffe, Abgaben an den Fiskus für überschrittene Grenzwerte gezahlt werden. Das lässt sich vermeiden, indem man bei der Produktentwicklung solche Materialien und mögliche Vorprodukte einsetzt, die die Umwelt nicht belasten, so dass keine Schadstoffabgaben gezahlt werden müssen. Dasselbe gilt für die angewandten Produktionsverfahren, wobei jeweils die Wirkung von Material auf Anlage und umgekehrt sowie der Kosten-Nutzen-Effekt, den eine Neuinvestition erbringt, berücksichtigt werden müssen.

Rationalisierungen können auch insofern vorgenommen werden, dass mit der Entwicklung eines neuen Produktes lediglich die für den Kunden sichtbaren Teile diversifiziert werden. Auf diese Weise werden die Herstellkosten wegen Fixkosten für neu anzuschaffende Maschinen nicht übermäßig in die Höhe getrieben.

Aufgabe 73

Die klassischen PPS-Systeme haben bei erheblicher Streuung der Durchlaufzeit die Neigung, zu stärkeren Verspätungen der Aufträge zu führen. Um trotzdem die Termineinhaltung zu verbessern, besteht dann die Tendenz, die Aufträge früher in das System einzulasten. Die „frühzeitigere" Freigabe führt allerdings zu steigenden Werkstattbeständen und dadurch zu wachsenden Durchlaufzeiten.

> Als **Durchlaufzeitsyndrom** wird das Phänomen bezeichnet, dass sich die Termintreue trotz vorgezogener Freigabe nicht verbessert, weil die Durchlaufzeit um mehr als die Zeitdifferenz zwischen ursprünglicher und neuer Freigabe anwächst.

Eine dadurch verschlechterte Liefertreue führt (fälschlicherweise) unter Umständen dazu, den Freigabetermin noch weiter vorzuziehen, was erneut zu steigenden Durchlaufzeiten führt. Bei der Verwendung der klassischen PPS-Systeme kann das Durchlaufzeitsyndrom zu erheblichen Schwierigkeiten führen.

Aufgabe 74

a) Das **Kanban-Konzept** stellt eine Mischform zwischen zentraler und dezentraler Fertigungssteuerung dar. Die letzte Fertigungsstufe erhält ihren Fertigungsimpuls extern von der zentralen Produktionssteuerung. Alle vorgelagerten Produktionsstufen erhalten ihre Produktionsimpulse von der jeweils nachfolgenden Stufe. Bei dieser dezentralen Komponente der Steuerung werden jeweils zwei aufeinanderfolgende Produktionsstufen betrachtet. Die nachfolgende Stufe entnimmt dem vorgelagerten Pufferlager die Teile, die sie benötigt (Holprinzip). Anschließend wird das Pufferlager von der liefernden Stelle umgehend wieder aufgefüllt.

b) Das Kanban-System kann auf kurzfristige Schwankungen der Nachfragemengen kaum reagieren. Treten derartige Schwankungen auf, ist die kontinuierliche Materialzufuhr in den einzelnen aufeinanderfolgenden Regelkreisen des Produktionssystems nicht zu gewährleisten. Das mögliche Ausmaß, Schwankungen der Nachfrage abfangen zu können, wird im Wesentlichen durch den Umfang der Pufferlager in einzelnen Regelkreisen definiert. Darüber hinaus können flexible Personalkapazitäten zu diesem Zweck eingesetzt werden.

c) Störungen in der Produktion - z.B. Produktionsausfälle in einzelnen Regelkreisen oder vermehrter Ausschuss - führen zu Disharmonien im Materialfluss, d.h. der Materialbedarf und die Materialbereitstellung in den einzelnen Regelkreisen sind zumindest kurzfristig nicht mehr aufeinander abgestimmt. Überschreiten diese Störungen das Ausmaß, welches über die die Pufferlager abgefangen werden kann, bricht das Materialversorgungssystem der Produktionskette letztlich zusammen. Gelingt es durch die oben beschriebenen Maßnahmen nicht, eine weitgehend von Störungen freie Produktion zu garantieren, muss der Betrieb teure, möglichst flexible Reservekapazitäten vorhalten.

Aufgabe 75

Dem Konzept der **Belastungsorientierten Auftragsfreigabe** (BoA) liegt die idealisierte Vorstellung eines kontinuierlichen, sich im Gleichgewicht befindlichen, Materialflusses zugrunde. Die Vorstellung eines kontinuierlichen Materialflusses bildet die Realität bei Werkstattfertigung dann gut ab, wenn die beiden folgenden Bedingungen erfüllt sind:
- Die Arbeitsinhalte der einzelnen Aufträge sind klein.
- Zugangs- und Abgangsverlauf der Aufträge in einer Arbeitsstation sind parallel. Voraussetzung ist, dass die Kapazitäten aufeinanderfolgender Stationen harmonisiert sind.

Unter diesen Voraussetzungen lässt sich jede Arbeitsstation als Trichter mit einem Zugangsstrom, einem wartenden Auftragsbestand und einem Abgangsstrom auffassen. Zugangs-, Abgangs- und Bestandsgrößen werden dabei in Arbeitsstunden gemessen. Die gesamte Werkstatt ist ein System von Trichtern, die über Zugangs- und Abgangsströme miteinander verbunden sind. Der Auftragsstrom durch dieses System muss sich im Gleichgewicht befinden, d.h. der Zustand des Systems (Bestände, Leistung, Durchlaufzeiten) dürfen nicht vom Betrachtungszeitpunkt abhängen. Dem System liegt daher eine statische Betrachtung zugrunde.

Das System sorgt durch eine zentrale Planung der Auftragsfreigabe für ausreichende Werkstattbestände. Die Maschinenbelegung erfolgt dezentral, wobei das System davon ausgeht, dass diese nach dem FCFS-Prinzip erfolgt, da bei dieser Prioritätsregel die geringste Streuung der Durchlaufzeit auftritt.

Aufgabe 76

a) Ausgehend von geplanten Liefermengen und Lieferzeiten für das Endprodukt werden auf der Basis der Stücklisten, der Losgrößen sowie der Blockdurchlauf- bzw. Blockverschiebezeiten kumulierte Bedarfsmengen in den einzelnen Blöcken bestimmt, die bis zu einem bestimmten Zeitpunkt angeliefert bzw. produziert sein müssen, wenn der Lieferplan eingehalten werden soll. Diese kumulierten Soll-Mengen für den geplanten Zugang und den Abgang einer einzelnen Steuereinheit werden in Form von zwei Arbeitsinhalt-Zeit-Funktionen je Steuereinheit vorgegeben. Die Planmengen bis zu einem bestimmten Zeitpunkt werden als Soll-Fortschrittszahlen bezeichnet.

Die Soll-Zugangszahl eines Blockes entspricht dabei der um die Übergangszeit nach rechts verschobenen Soll-Abgangskurve des vorgelagerten Blocks. Aus den Distanzen zwischen der Soll-Zugangs- und der Soll-Abgangskurve eines Blockes kann auf die Soll-Bestände bzw. auf die Soll-Durchlaufzeit des betrachteten Blockes geschlossen werden. Der vertikalen Differenz von Zu- und Abgangskurve entspricht der Soll-Bestand, während die horizontale Distanz der Soll-Durchlaufzeit entspricht.

b) Die Soll-Fortschrittszahlen für den Abgang in einem Block sind nur einzuhalten, wenn ein ausreichendes Kapazitätsangebot zur Verfügung steht. Um drohende Kapazitätsengpässe rechtzeitig erkennen zu können, kann in das Fortschrittsdiagramm eines jeden Blocks zusätzlich eine Zeitfunktion der kumulierten Kapazitätsangebote eingetragen werden. Ein Vergleich der Kapazitäts- und der Soll-Abgangskurve lässt dann drohende Kapazitätsunter- bzw. -überdeckungen frühzeitig erkennen, so dass Maßnahmen zur Kapazitätsanpassung eingeleitet werden können. Das Konzept liefert jedoch keine direkte Unterstützung bei der Auswahl sinnvoller Anpassungsmaßnahmen.

Aufgabe 77

Unter CIM (Computer Integrated Manufacturing) versteht man ein Konzept für den globalen, alle produktionsbezogenen Unternehmensbereiche integrierenden Rechnereinsatz. Wesentliches Kriterium für das Konzept ist die Verknüpfung von Verfahren der kaufmännischen Datenverwaltung und Produktionsplanung und -steuerung (PPS) einerseits mit den technisch orientierten Verfahren des CAD/ CAM (Computer Aided Design/ Computer Aided Manufacturing), anderseits durch Zugriff auf eine einheitliche Datenbasis.

Aufgabe 78

Die wesentlichen Vorteile einer bereichsübergreifenden Datenintegration liegen in einer:

- beschleunigten Informationsverarbeitung,
- kürzeren Informationsübertragungszeiten und
- qualitativ verbesserten Informationsinhalten.
- Zudem gewährleistet eine gemeinsame, redundanzarme Datenbasis konsistente Informationen in allen Unternehmensbereichen.
- Mehrfacheingaben gleicher Datenbestände werden vermieden, was potenzielle Fehlerquellen in den Daten reduziert und den Aufwand bei der Datenerfassung abbaut.
- Höhere Flexibilität auch bei kleinen Losgrößen
- Verbesserte Transparenz, dadurch optimale Entscheidungsvorbereitung

Mit der Einführung von CIM verbinden sich die Hoffnungen, über folgende Auswirkungen positive Rückwirkungen auf den Gewinn zu erreichen:

- Direkte Produktivitätssteigerungen (z.B. durch: Rückgriff auf gespeicherte Zeichnungen (CAD) und deren leichte Anpassungen an die Erfordernisse eines neuen Auftrages; Vermeidung von Mehrfacheingaben bei Nutzung einer einheitlichen Datenbasis; schnellerem Datentransfer, usw.).
- Betriebswirtschaftliche Entscheidungsunterstützung für eine fertigungsgerechte, kostengünstige Konstruktion. Mit der Konstruktion werden bereits ca. 70 % der späteren Produktions- und Materialkosten fixiert, ohne dass der Konstrukteur derzeit über die Kostenwirkung seiner Konstruktionsentscheidungen informiert ist.
- Kostensenkungen durch kürzere Durchlaufzeiten, geringere Lagerbestände und sinkenden Ausschuss.
- Höhere Flexibilität der Produktion und damit verbesserte Anpassungsfähigkeit des Betriebes an wechselnde Kundenwünsche. Erwartet wird eine bessere quantitative, qualitative und zeitliche Flexibilität. Unter quantitativer Flexibilität wird die Möglichkeit verstanden, den Betrieb an Schwankungen oder Verschiebungen von Produktionsmengen im Zeitablauf anpassen zu können. Qualitative Flexibilität beschreibt die Anpassungsfähigkeit an neue Produkte oder Werkstoffe und unter zeitlicher Flexibilität ist die Möglichkeit zur schnellen Umstellung der Produktion auf neue Fertigungsaufgaben zu verstehen.

Aufgabe 79

Voraussetzungen von **Just-in-Time-Konzepten** sind:

- Hohe Anforderungen an Koordinationsfähigkeit und Lieferdisziplin bei den beteiligten Unternehmen
- Zeitgerechter und enger Informationsaustausch zwischen Zulieferer und Weiterverarbeiter (z.B. Dispositionsdaten per EDV-Abruf)
- Langfristig ausgelegte Lieferverträge
- Exakte Abstimmung und Einhaltung von Produktspezifikationen und Terminen

Vorteile:
Zielsetzung von Just-in-Time-Konzepten ist es, durch eine bedarfssynchrone Beschaffung des Fertigungsmaterials die Lagerhaltung zu minimieren. Dadurch kann eine erhebliche Verminderung der Lagerkosten und der damit verbundenen Kapitalbindung erreicht werden. Die Zulieferer können durch die langfristig ausgelegten Verträge Rationalisierungsinvestitionen tätigen, die wiederum Kosten- und Preissenkungen für die Weiterverarbeitung nach sich ziehen. Das Just-in-Time-Konzept wirkt jedoch auch innerhalb einer Fertigung, indem dort die sonst üblichen Pufferlager für vormontierte Baugruppen und Teile minimiert werden.

Nachteile:
Nachteilig beim Just-in-Time-Konzept wirkt sich die höhere Anfälligkeit für Störungen in der Transportkette (Wartezeiten an Grenzen, Streiks, schlechte Straßenverhältnisse) aus, da bei Terminüberschreitungen des Lieferanten gleich ein Produktionsausfall droht. Daneben besteht Just-in-Time in der Praxis häufig lediglich darin, dass die Lagerhaltung sich vom Abnehmer (Eingangslager) an den Lieferanten (Versandlager) verschiebt.

Just-in-Time verlangt darüber hinaus nach einer insgesamt perfektionierten Fertigung, was sich in der Forderung nach „Null-Lager = Null Fehler" ausdrückt, eine Bedingung, die von vielen Unternehmen nicht erkannt und erst recht nicht erfüllt wird. Weiterhin kann die erhöhte gegenseitige Abhängigkeit zwischen Lieferanten und Abnehmern mit nachteiligen Auswirkungen verbunden sein (diese gehen in der Praxis meist zu Lasten der Lieferanten).

Produktion als Wettbewerbsfaktor

Aufgabe 80

Zu den grundsätzlichen Möglichkeiten zur Reduzierung der Gemeinkosten gehören nach Eidenmüller:

- Eliminierung der überflüssigen und Verbesserung der notwendigen Maßnahmen im Produktionsgeschehen
- Beherrschung der Betriebsabläufe und Produktionsprozesse
- Einsatz von integrierten Rechenmaschinen

Aufgabe 81
Maßnahmen, die zu einer Zeitersparnis und Durchlaufzeitverkürzung führen, sind:
- **Verkürzung der Ausführungszeit**
  - die Verbesserung einzelner Tätigkeiten trägt nur bedingt zur Verkürzung der Durchlaufzeit bei. Es ist besonders auf die Liegezeiten zu achten, da diese ungefähr 80 % der Auftragsdurchlaufzeit ausmachen.
- **zweckmäßige Arbeitsteilung**
  - die Auftragsleittechnik kann als wichtiges Hilfsmittel ebenfalls zur Verkürzung der Durchlaufzeit beitragen, indem die Ablaufsteuerung optimiert wird.
- **Aufgabenintegration und Komplettbearbeitung**
  - das Parallelschalten von Tätigkeiten und Aufgabenintegration tragen zum Zeitsparen und zur Steigerung der Effektivität der Auftragsabwicklung bei.

Aufgabe 82
Wesentliche Ziele dieser Verordnung sind:
- umweltfreundliche Konstruktion von Neugeräten
- Rücknahme der gebrauchten Geräte
- Recycling der Altgeräte unter hoher stofflicher Verwertung
- Berücksichtigung der Entsorgungskosten im Güterpreis
- ordnungsgemäße Entsorgung der nicht verwertbaren Rückstände

Aufgabe 83
Folgende Aspekte unterstreichen den Paradigmenwechsel im Produktionsmanagement:
- von der Funktionsorientierung zur Objektorientierung
- von der Aufgabenorientierung zur Problemorientierung
- von der Tätigkeitsplanung zur Ausrichtung
- von der Fachkompetenz zur Methoden- und Sozialkompetenz
- von der Mechanisierung zur Flexibilisierung

Aufgabe 84
a) Der Entwicklungs- und Konstruktionsprozess beinhaltet:
- eine technische Produktbeschreibung
- Kostenvorgaben, Preisvorstellungen, geschätztes Absatzvolumen
- vorläufige Make-or-Buy-Entscheidung
- Präsentation des Produktstylings
- Schätzung der Investitionen für Werkzeuge und kostenintensive Teile

Um die Rentabilität der Neuprodukte festzustellen, ist also eine Festlegung auf den größten Teil der anfallenden Kosten bereits im Entwicklungsprozess notwendig.

b) Es gibt verschiedene Möglichkeiten, die **Herstellkosten** bereits im Prozess der Produktentwicklung zu senken. Dazu kann zum einen eine verkürzte Entwicklungszeit beitragen, die mit Hilfe des Simultaneous Engineering verwirklicht werden kann. Bei diesem Konzept geht es um eine „fertigungsgerechte Konstruktion", bei der die Abteilungen Konstruktion und Fertigungstechnik nebeneinander (gleichzeitig) arbeiten. Die Fertigungstechnik setzt so die Ergebnisse der Konstruktion sofort in die Praxis um und testet damit die Realisierbarkeit von konstruktionellen Ideen. Die Ausnutzung dieser Möglichkeit trägt dem Fakt Rechnung, dass eine konstruktive Änderung im Entwicklungsprozess vierzig Mal billiger ist als direkt vor dem Produktionsstart.

Außerdem ermöglicht die Nutzung des Lieferanten-Know-hows einem Unternehmen, Vorprodukte zu einem günstigeren Preis einzukaufen, als ihn die Lieferanten anbieten könnten, wenn sie die angeforderten Teile zu den Bedingungen des Aufkäufers produzieren müssten. (Für große Unternehmen steht dieser Punkt allerdings selten zur Debatte, weil sie meist selbst zur Preisvorgabe autorisiert sind und auf diese Weise die eigenen Einkaufspreise mitbestimmen.) Die Herstellkosten können auch durch eine gleichbleibende Grundausstattung eines Produktes gesenkt werden, weil dadurch die Entwicklungskosten wesentlich gesenkt werden können. Ändern sollte man unter diesem Aspekt lediglich den äußeren, für den Kunden sichtbaren Bereich, soweit das möglich erscheint.

Ein Unternehmen sollte grundsätzlich auch die Make-or-Buy-Entscheidung in Frage stellen und ein Outsourcing in Betracht ziehen, wenn die eigene Fertigung zu kostenintensiv arbeitet. Daneben sollte man sich auch den Weg zu neuen Lieferanten offen halten und nicht unbedingt nur auf bestehende Geschäftspartner zurückgreifen, um so Kostenvorteile besser abwägen zu können.

Schließlich besteht grundsätzlich auch die Möglichkeit, die Konstruktion selbst in Fremdauftrag zu geben, wenn dadurch Kostenvorteile genutzt werden können.

Aufgabe 85

a) Die **ISO 9000** Teil 1 enthält einen Leitfaden für die Anwendung der Normenreihe ISO 9000 ff. Dieser Teil bildet daher die Grundlage für eine Normenumsetzung und sollte deshalb im ersten Schritt realisiert werden. Er legt dem Einsteiger Zusammenhänge zwischen Grundbegriffen des Qualitätsmanagements dar und erklärt in diesem Sinne die Qualitätserfordernisse:

- Erfüllung der vom Kunden geforderten Qualität
- interne Darlegung der Qualitätssicherung (im eigenen Unternehmen Vertrauen schaffen, um die geforderte Qualität zu sichern)
- externe Darlegung der Qualitätssicherung (durch Nachweis der Wirksamkeit des Qualitätssicherungssystems Vertrauen beim Geschäftspartner schaffen)

Die Unterschiede und Wechselwirkungen zwischen den Qualitätserfordernissen werden kaum behandelt, um den Interpretationsspielraum nicht einzuengen, da sich die Qualitätserfordernisse von Unternehmen zu Unternehmen unterschiedlich gestalten und deshalb Auslegungsmöglichkeiten offen bleiben müssen.

Außerdem enthält ISO 9000 Teil 1 einen Leitfaden zur Auswahl einer der Normen 9001, 9002 oder 9003. Sie stellen Modelle für das Qualitätsmanagementsystem dar, die nach der Fertigungstiefe des Unternehmens gestaffelt sind. Ein Unternehmen kann daher nur nach einer der Normen zertifiziert werden.

ISO 9000 Teil 1 soll weiterhin die Prinzipien eines normgerechten internen Qualitätssicherungssystems nach ISO 9004 verdeutlichen. ISO 9000 Teil 1 fordert zur Errichtung eines solchen Qualitätssicherungssystems:

- die Erfüllung der Kundenanforderungen
- die Einhaltung von funktionalen Verantwortlichkeiten
- Abschätzung von Nutzen und Risiken für das Unternehmen.

b) Das **Qualitätswesen** eines Unternehmens erstreckt sich über die Erringung einer Qualitätskultur, die sich um Lean Production und Total Quality Management erweitert. Der Aufbau eines Qualitätsmanagements schließt somit die Formulierung einer entsprechenden Unternehmenspolitik und -strategie ein, wobei die Mitarbeiter in die Umsetzung des qualitätsorientierten Konzepts einzubeziehen sind. Weitere Aspekte sind Ressourcenschonung und Prozessoptimierung, die der Mitarbeiter- und Kundenzufriedenheit Rechnung tragen sollte, sich also positiv auf gesellschaftliche und Geschäftsergebnisse auswirken soll. Eine solche Organisation eines Unternehmens birgt viele Rationalisierungspotenziale, angefangen bei der Qualitätsverbesserung, die über eine Ausschusssenkung zur Kostensenkung führt, über eine Durchlaufzeitenminimierung, die sowohl die Produktionskosten optimiert als auch eine termingerechte Lieferung sicherstellt, bis hin zur Einführung der Lean Production, bei dem alle Prozesse abgeschafft werden, die sich nicht wertsteigernd auf das Produkt auswirken. Rationalisierungspotenzial lässt sich demnach vordergründig in nicht mehr anfallenden Kosten für beispielsweise Nacharbeit, Zeitverluste und Reklamationen ausdrücken.

Lösungen zu den Testfragen

1.	a, b, c	11.	b, d	21.	a	31.	a, b, d
2.	a, c	12.	c, d	22.	a, b	32.	a, b, e, f
3.	a, b, e	13.	a	23.	a, b	33.	a, b, c
4.	c, d	14.	a, d	24.	a, b, c	34.	a, b, c, e
5.	b	15.	a, b, c	25.	a, b	35.	a, b, c, d
6.	d	16.	b, c	26.	a, c	36.	b, c, d
7.	b	17.	b, c	27.	a	37.	a, b, d
8.	c	18.	a, d, e	28.	b	38.	b, c
9.	b	19.	a, c, d, e, f	29.	a, b, c	39.	b
10.	a, c, e	20.	d	30.	b, c, e	40.	a, b, c

Kapitel F

Absatz und Marketing

Aufgaben

Grundlagen des Marketing und der Marketingplanung

Aufgabe 1

a) Definieren Sie die Schwerpunkte des Marketing anhand der '3M'!
b) Gibt es in einer zentralen Planwirtschaft auch Marketing?

Aufgabe 2

Mit welchen grundsätzlichen Fragestellungen befassen sich das strategische und das operative Marketing?

Aufgabe 3

a) Erläutern Sie kurz die drei Aufgabenkomplexe des Marketing-Managements!
b) Worin bestehen die Phasen des Marketing-Management-Prozesses?

Aufgabe 4

a) Was versteht man unter einem Käufer- und einem Verkäufermarkt?
b) Klassifizieren Sie den Markt nach der Anzahl der Akteure!
c) Setzen Sie sich kritisch mit der Marktform der vollständigen Konkurrenz auseinander!

Aufgabe 5

Errechnen Sie den Marktanteil eines Unternehmens, für das folgende Daten ermittelt wurden:

Marktpotenzial	=	100.000 Stück
Marktvolumen	=	50.000 Stück
Absatzvolumen	=	10.000 Stück

Aufgabe 6

Die Deutsche Maschinen AG hat im vergangenen Jahr 80.000 stufenlos regelbare Getriebe hergestellt. Davon wurden 20.000 Stück exportiert. Die anderen hiesigen Konkurrenten haben 240.000 Stück hergestellt, wovon sie 100.000 Stück exportierten. Die Importe beliefen sich auf 30.000 Stück. Aufgrund einer erstellten Prognose nimmt man an, dass in einigen Jahren auf dem deutschen Markt maximal 240.000 Stück absetzt werden können.

a) Welchen Marktanteil hat die Deutsche Maschinen AG auf dem deutschen Markt?
b) Wie hoch war die Importquote im vergangenen Jahr?
c) Berechnen Sie die Marktsättigung!
d) Welchen Exportanteil nahmen stufenlose Getriebe in der Bundesrepublik ein?

Aufgabe 7

a) Marketingplanung ist als systematischer Vorgang der Erkenntnisgewinnung über die gegenwärtige Marktsituation und Lösungserarbeitung zukünftiger Marktprobleme anzusehen. Erläutern Sie die Phasen des Marketing-Planungsprozesses!

b) Welche Aufgaben hat der Marketingplan?

Aufgabe 8

a) Definieren Sie die Marketingziele nach Meffert!

b) Welche Zieldefinitionen müssen im Marketingziel enthalten sein?

Aufgabe 9

Marketingstrategien verstehen sich als Bindeglied zwischen den Marketingzielen und den zu ergreifenden Maßnahmen. Was verstehen Sie unter einer Strategie und wie kann diese unterteilt werden?

Aufgabe 10

Erklären Sie die vier Stoßrichtungen bzw. die vier alternativen Marketingstrategien zur Erschließung neuer Wachstumsquellen mit den entsprechenden Markt- und Produktsituationen!

Aufgabe 11

Geben Sie die beiden grundsätzlichen Marktstimulierungsstrategien an und nennen Sie die Schlüsselprobleme für die Umsetzung der beiden Strategien!

Aufgabe 12

Welche Marketingdifferenzierungen ergeben sich bei der Anwendung der Marktparzellierungsstrategie?

Aufgabe 13

a) Was versteht man unter Marktsegmentierung? Nach welchen Kriterien kann ein Markt segmentiert werden? Geben Sie einige erläuternde Beispiele an!

b) Welche Bedeutung messen Sie der Marktsegmentierung für die Absatzpolitik bei?

Aufgabe 14

Welche Gebietsstrategien innerhalb der Marktareal-Strategien gibt es? Nennen und differenzieren Sie diese!

Aufgabe 15

Beschreiben Sie die Aufgabe der Marketing-Organisation innerhalb eines Unternehmens! Welche Formen kennen Sie?

Informationsgewinnung im Marketing

Aufgabe 16

a) Um erfolgreiche Marketingentscheidungen zu treffen, sind genaue Informationen über den Konsumenten und die Mitbewerber unerlässlich. Welche Formen zur Informationsgewinnung kennen Sie und wie grenzen sie sich voneinander ab?

b) Welche Funktionen erfüllt die Marketingforschung?

Aufgabe 17

Der Informationsbedarf einer Unternehmung sollte zielgerichtet und zweckmäßig sein, um Unvollständigkeit und Überflüssigkeit zu vermeiden. Welche zwei Informationsformen sind für eine Unternehmung von großer Bedeutung?

Aufgabe 18

Welche Dienste vermag die Marktforschung bei der Informationsbeschaffung über einzelne Marktsegmente zu leisten und welche Informationen werden für absatzpolitische Maßnahmen besonders benötigt?

Aufgabe 19

Worin sehen Sie die Bedeutung der Erforschung des Käuferverhaltens für die Absatzpolitik?

Aufgabe 20

Nennen Sie die Ihnen bekannten Formen der Marktforschung zur Deckung des Informationsbedarfs!

Aufgabe 21

Bei der Informationsgewinnung unterscheidet man nach der Form der Durchführung in primäre und sekundäre Marktforschung. Worin bestehen die Unterschiede?

Aufgabe 22

Vergleichen Sie die Erhebungsarten Beobachtung und Befragung (schriftliches und mündliches Interview)! Diskutieren Sie Vor- und Nachteile aus der Sicht der Marktforschung!

Aufgabe 23

Worin sehen Sie die Bedeutung von Tiefeninterviews? Wodurch unterscheiden sie sich von üblichen Konsumentenbefragungen?

Aufgabe 24

Zu welcher Vorgehensweise würden Sie einem Interviewer raten, wenn er Sie um verbindliche Richtlinien für die Interviewgestaltung bittet?

Aufgabe 25

a) Was wird mit Panel-Erhebungen untersucht und welche Schwierigkeiten sind mit dieser Methode verbunden?
b) Nennen Sie Unterschiede zwischen Haushaltspanels und einfachen schriftlichen Befragungen!
c) Wie kann man in sinnvoller Weise den Schwierigkeiten, die sich regelmäßig bei der Führung von Haushaltspanels ergeben, begegnen und welche Konsequenzen ergeben sich daraus für die panelführende Unternehmung?

Aufgabe 26

a) Erläutern Sie den Beitrag eines Experiments zur Erforschung des Verhaltens der Käufer von Konsumgütern!
b) Beschreiben Sie die Vor- und Nachteile des Laborexperiments im Rahmen der absatzwirtschaftlichen Informationsgewinnung! Wo wird es angewendet?

Aufgabe 27

Mit Hilfe welcher Verfahren können Pretests durchgeführt werden?

Aufgabe 28

Nennen Sie Vorgehensweisen, die die Erforschung des Käuferverhaltens in Bezug auf Konsum- und Investitionsgüter erleichtern!

Aufgabe 29

Welche Technik(-en) der Marktforschung würden Sie für die nachstehenden Probleme anwenden?

Ermittlung ...	Befragung	Beobachtung	Experiment	Panel
– der Werbewirksamkeit einer Verpackung				
– der Aufmerksamkeitswirkung einer Schaufensterdekoration				
– des günstigsten Standorts für einen Zeitungskiosk				
– des Einflusses von Preisvariationen auf den Absatz eines Konsumartikels				
– der Umsatzentwicklung für mehrere eingeführte Konsumgüter				
– des Images eines Markenartikels				
– der Veränderung von Konsumentenkaufgewohnheiten				
– der aquisitorischen Wirkung der Verpackung für ein neues Produkt				

Aufgabe 30

Worin bestehen die Unterschiede bei den Stichprobenverfahren:

a) reine Zufallsauswahl

b) geschichtete Zufallsauswahl

c) Klumpenauswahl?

Aufgabe 31

Aus welchen Gründen werden in der Marktforschung zufallsgesteuerte Auswahlverfahren verwendet und wie geht man dabei vor?

Aufgabe 32

Nehmen Sie eine Unterscheidung der multivariaten Analyseverfahren „Clusteranalyse" und „Diskriminanzanalyse" vor!

Aufgabe 33

a) Nach einer Datenerhebung müssen die gewonnenen Informationen aufbereitet und ausgewertet werden. Um die Daten aussagekräftig zu machen, empfehlen sich drei Arbeitsgänge. Welche sind das und welche Aufgabe haben sie?

b) Eine neue Form stellt die Implementierung von Database-Marketing in den Unternehmen dar. Überlegen Sie, welche Chancen sich durch die Implementierung von Database-Marketing eröffnen!

Aufgabe 34

Für den Absatz der Produkte (besonders im Konsumgüterbereich) ist die Kenntnis des Kaufverhaltens von großer Wichtigkeit. Welche Verhaltensweisen kennen Sie und durch welche Faktoren werden sie beeinflusst?

Aufgabe 35

Beschreiben Sie den Kaufentscheidungsprozess unter Berücksichtigung bestimmter Formen des Kaufverhaltens!

Aufgabe 36

Was versteht man im Rahmen des Kaufentscheidungsprozesses unter kognitiver Dissonanz?

Aufgabe 37

Um das Kaufverhalten berechenbar zu machen, wurden einige Erklärungsmodelle entwickelt. Nennen Sie einige und charakterisieren Sie diese!

Das absatzpolitische Instrumentarium

Aufgabe 38

Beschreiben Sie die Marketing-Maßnahmen nach der klassischen Vierer-Systematik und geben Sie deren wichtigste Instrumente an!

Aufgabe 39

a) Nennen Sie die drei Strategien der Produktpolitik und erklären Sie diese kurz!

b) Um die drei Strategien der Produktpolitik anwenden zu können, benötigt ein Unternehmen Auskünfte über die Vor- und Nachteile ihres Produktes. Nennen Sie mögliche Formen der Produktanalyse!

Aufgabe 40

Skizzieren Sie die einzelnen Phasen des Produktlebenszyklusmodells!

Aufgabe 41

Nennen Sie einige Gründe für das Abweichen des realen Verlaufs des Produktlebenszyklus vom idealtypischen Verlauf!

Aufgabe 42

Diskutieren Sie den Verlauf der dargestellten Produktlebenszyklen! Nennen Sie Ursachen für deren irregulären Verlauf!

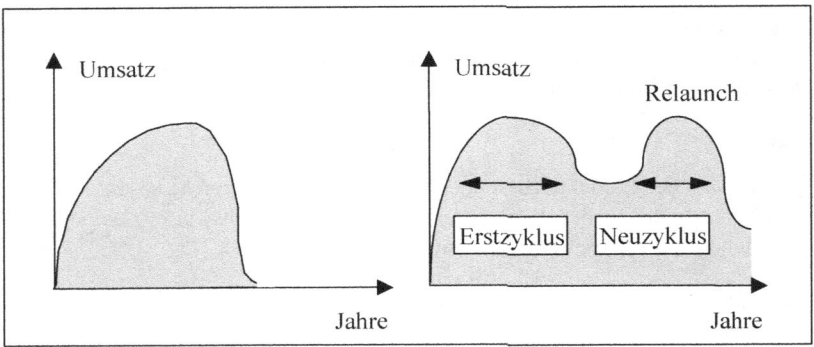

Aufgabe 43

a) Was versteht man unter einer Portfolio-Analyse?

b) Beschreiben Sie die Normstrategien für die verschiedenen Portfoliokategorien!

Portfoliokategorie	Strategieempfehlung
Nachwuchs	
Cash	
Stars	
Probleme	

Aufgabe 44

Bei einer Unternehmensanalyse wurde folgendes Portfolio erstellt. Die Größe der Kreise entspricht den Umsätzen der Produkte. Diskutieren Sie die Situation der Unternehmung!

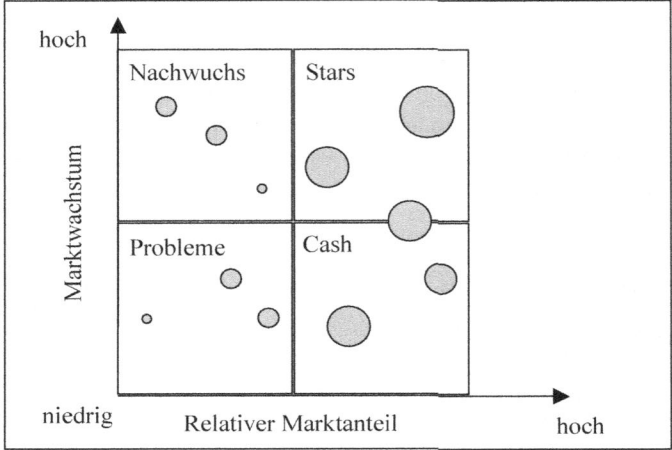

Aufgabe 45

Neben der Produktpolitik ist für eine Unternehmung auch die Programmpolitik von großer Bedeutung. Zu unterscheiden sind drei Gestaltungsprinzipien. Nennen und beschreiben Sie diese!

Aufgabe 46

Welche der folgenden Handlungen sind Maßnahmen der Programmverbreiterung (P_{vb}), -vertiefung (P_{vt}), der horizontalen (D_h), vertikalen (D_v) oder lateralen Diversifikation (D_l)?

Maßnahmen	P_{vb}	D_h	D_l	P_{vt}	D_v
– Eine Zigarettenfabrik in Deutschland will ihr Produktionsprogramm auf Zigarren ausdehnen					
– Ein Textilbetrieb stellt jetzt Bikinis nicht nur aus gewebten, sondern auch aus gewirkten Stoffen her					
– Ein Unternehmen der Automobilindustrie gründet eine Reisebürokette					
– Ein PC-Hersteller aus den USA kauft eine Chipfabrik auf					
– Eine Spirituosenfirma gründet eine Unternehmung zur Delikatessenherstellung					
– Eine Papierfabrik nimmt die Produktion von Verpackungen auf					
– Ein Landmaschinenhersteller nimmt neu die Fertigung von Mähdreschern auf					
– Eine Brauerei aus Süddeutschland kauft in den neuen Bundesländern Gaststätten auf					

Aufgabe 47

In einigen Branchen spielt der Kundendienst eine wichtige Rolle. Nennen Sie einige Beispiele für Kundendienstleistungen!

Aufgabe 48

Was versteht man unter Markenpolitik?

Aufgabe 49

Beschreiben Sie das Instrument der Preispolitik! Welche Bedeutung messen Sie ihr im Vergleich zu den anderen Instrumenten des Marketingmix bei?

Aufgabe 50

a) Was versteht man unter Preiselastizität? Überlegen Sie sich einige Beispiele für preiselastische und -unelastische Güter!

b) Beschreiben Sie die Kreuzpreiselastizität der Nachfrage!

Aufgabe 51

Aus welchen Parametern traditioneller mikroökonomischer Nachfragemodelle können Rückschlüsse auf das Käuferverhalten gezogen werden?

Aufgabe 52

Bei den Determinanten der Preispolitik sind mehrere Faktoren zu unterscheiden, unter anderem die nachfrageorientierte Preisbildung. Erklären Sie diese kurz!

Aufgabe 53

Was ist der Cournotsche Punkt und wie kann er dargestellt werden?

Aufgabe 54

Ein Monopolist kann mit seiner jetzigen Betriebskapazität max. 12 Mengeneinheiten eines Produktes herstellen, wobei die Kosten der Produktion pro Mengeneinheit 2 und die fixen Kosten 7 Geldeinheiten betragen. Er rechnet mit folgender Preisabsatzfunktion: p = a + bx, wobei p = Preis, x = Nachfragemenge und a, b konstante Parameter sind.

a) Welchen Preis sollte der Monopolist fordern, wenn er seinen Gewinn (G_1) maximieren möchte und die Parameter a = 16 und b = - 1 gelten?

b) Müsste der Unternehmer mit einer Gewinneinbuße rechnen, wenn er statt des Gewinns dem Ziel „Vollbeschäftigung" den obersten Rang in seinem Zielsystem zuerkennen würde? Wie groß wäre diese Gewinneinbuße gegebenenfalls, wenn die Werte a und b von oben wieder gelten?

c) Der Unternehmer rechnet den Fall (A) noch mit den Werten b = -2 und b = ½ durch. Welche Gründe könnten ihn dazu veranlassen? Welche optimalen Gewinnwerte (G_2, G_3) ergeben sich dabei, wenn in beiden Fällen a = 16 ist?

d) Vergleichen Sie die Preiselastizitäten der Nachfrage in den drei Gewinnoptima von oben! Welche Schlüsse könnte der Unternehmer aus einem solchen Vergleich ziehen?

e) Würden Sie die Feststellung korrigieren, dass ein Monopolist seinen Angebotspreis beliebig festsetzen könne? Begründen Sie Ihre Antwort!

Aufgabe 55

Ein Monopolist, der seinen Gewinn maximieren möchte, kann in seinem Betrieb maximal 3 Mengeneinheiten eines Gutes herstellen. Er sieht sich dieser Preisabsatzkurve gegenüber:

$$p(x) = \begin{cases} 5 - \frac{5}{2} \cdot x, & 8 \leq x \leq 10 \\ 5, & 4 \leq x \leq 8 \\ 13 - 2 \cdot x, & 0 \leq x \leq 4 \end{cases}$$

Die variablen Produktionskosten pro Mengeneinheit sind konstant bei 3 Geldeinheiten.

a) Welchen Preis sollte der Monopolist setzen, wenn er sein Ziel verwirklichen möchte? Wie groß ist die Preiselastizität der Nachfrage im Gewinnoptimum?

b) Ergäbe sich eine Änderung, wenn es dem Unternehmer gelänge, die variablen Kosten pro Mengeneinheit um 33 1/3 % zu senken? Begründen Sie Ihre Antwort!

c) Welcher Preis wäre für den Unternehmer gewinnoptimal, wenn die Kosten wie unter (b) gegeben sind und die Nachfrage die folgende Form hätte?

$$p(x) = \begin{cases} 5 - \frac{5}{2} \cdot x, & 8 \leq x \leq 10 \\ 5, & 4 \leq x \leq 8 \\ \frac{13}{4} - \frac{5}{2} \cdot x, & 0 \leq x \leq 4 \end{cases}$$

d) Welche Menge könnte der Anbieter bei einem Angebotspreis von 5 GE absetzen?

Aufgabe 56

Gegeben ist folgende Preisabsatzfunktion für den Anbieter A:

$$p(x) = \begin{cases} 10 & 0 \leq x \leq 2 \quad (I) \\ (12-x) & 2 \leq x \leq 8 \quad (II) \\ 4 & 8 \leq x \leq \infty \quad (III) \end{cases}$$

p = Preis des Gutes A
x = Menge des Gutes A

Die Kostenfunktion der Unternehmung lautet $K = 2 \cdot x + 1$
Die Kapazitätsauslastung liegt bei $x = 10$.

a) Bestimmen Sie die zugehörige Grenzerlösfunktion in den drei Bereichen!
b) Zwischen welchen Werten liegt die Preiselastizität der Nachfrage im monopolistischen Bereich?
c) Bei welchem Preis und bei welcher Menge erreicht der Polypolist sein absolutes Gewinnmaximum?
d) Auf wie viel Mengeneinheiten muss die Unternehmung ihre Kapazitätsgrenze mindestens erweitern, damit sie ihren Gewinn bei unveränderter Kostenlage vergrößern kann?

Aufgabe 57

Zeigen Sie grafisch die Unterschiede zwischen

a) horizontaler Preisdifferenzierung und
b) vertikaler Preisdifferenzierung!

Aufgabe 58

Kennzeichnen Sie, um welche Art(-en) der Preisdifferenzierung es sich in den folgenden Beispielen handelt!

Beispiele	räumlich	zeitlich	personell	Verwendungszweck
Merchandisingartikel als Sportbekleidung oder Sammlerstück von Hertha BSC Berlin				
Verbilligte Sonntagsrückfahrten				
Saisonzuschläge im Hotelgewerbe				
Unterschiedliche Preise für Automobile der gleichen Marke im Aus- und Inland				
Personenbeförderung bei der Deutschen Bahn AG in der 1. und 2. Klasse				
Verbilligte Fahrkarten für Rentner während der Wochentage				
Verbilligte Flugpreise im Transatlantik-Linienverkehr für Kinder				
Unterschiedliche Energietarife für Industrie und Privathaushalte				
Herausgabe eines Buches als handsignierte Luxusausgabe und als Paperback				

Aufgabe 59

Ein Monopolist steht auf zwei Teilmärkten folgenden Nachfragefunktionen gegenüber:

$$p_1 = 8 - 2 \cdot x_1 \quad \text{für den Teilmarkt 1}$$
$$p_2 = 4 - \frac{2}{3} \cdot x_2 \quad \text{für den Teilmarkt 2}$$

Die Grenzkosten des Anbieters betragen auf beiden Teilmärkten $K' = 2$ Geldeinheiten.

a) Zeichnen Sie in das Koordinatensystem die beiden Preisabsatzfunktionen für die Teilmärkte und die aggregierte Preisabsatzfunktion auf dem Gesamtmarkt ein und bestimmen Sie grafisch die gewinnmaximale Preis-Mengenkombination

- für den Gesamtmarkt
- für den Fall der Preisdifferenzierung!

Hinweis: Bei der Ermittlung der Preisabsatzfunktion für den Gesamtmarkt beachten Sie bitte, dass die Aggregation nur für positive x_i (i=1,2,...) zulässig ist, die Gesamtabsatzfunktion also eine Unstetigkeitsstelle besitzt. Für die aggregierte Funktion:

$\overline{p} = f(\overline{x})$ gilt: $\overline{p} = p_1 = p_2$ und $\overline{x} = x_1 + x_2$.

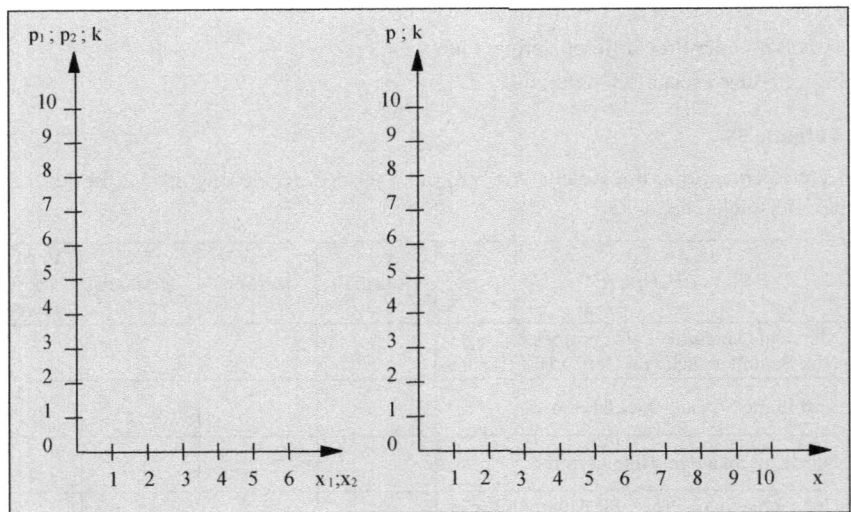

Teilmarkt 1 und 2   Gesamtmarkt

1) $\overline{x}_3 =$ 2) $x_{1g} =$ $x_{2g} =$

   $\overline{p}_3 =$ $p_{1g} =$ $p_{2g} =$

b) Berechnen Sie mit Hilfe der grafisch ermittelten gewinnmaximalen Preis-Mengenkombination den maximalen Deckungsbeitrag

- für den Gesamtmarkt
- für den Fall der Preisdifferenzierung!

Aufgabe 60

Ein Monopolist steht auf zwei Teilmärkten folgenden Nachfragefunktionen gegenüber:
$p_1 = 9 - 2 \cdot x$ für den Teilmarkt 1 $p_2 = 3 - x$ für den Teilmarkt 2
Die Kostenfunktion des Anbieters lautet: $K = 5 + x$

a) Ermitteln Sie analytisch die gewinnmaximale Preis-Mengenkombination
- für den Fall der Preisdifferenzierung
- für den Gesamtmarkt, wobei für die aggregierte Preisabsatzfunktion $p = f(x)$ gilt: $p = p_1 = p_2$ und $x = x_1 + x_2$

b) Lohnt es sich für den Anbieter, Preisdifferenzierung zu betreiben, wenn er für die Teilung des Marktes zusätzliche Kosten in Höhe von $K_D = 2$ aufwenden muss?

Aufgabe 61

Welche Grenzen können Sie in traditionellen mikroökonomischen Nachfragemodellen bezüglich der Prognostizierbarkeit des Käuferverhaltens erkennen?

Aufgabe 62

a) Welche Rolle messen Sie psychologischen Aspekten bei der Preissetzung bei?
b) Belegen Sie an einem Zahlenbeispiel, inwiefern die psychologische Wahrnehmung die Bereitschaft, teure Zusatzleistungen zu kaufen, beeinflusst!

Aufgabe 63

Nennen und erläutern Sie die in Deutschland gewährten Rabatte!

Aufgabe 64

Bei der Wahl der Absatzkanäle unterscheidet man den direkten und indirekten Absatzweg.
a) Welche Kriterien bestimmen den Absatzweg?
b) Diskutieren Sie kritisch die These von der Nachfragemacht des Handels!

Aufgabe 65

Unterscheiden Sie die vier Absatzmittler hinsichtlich rechtlicher Stellung, Tätigkeitsbeschreibung und Risiko!

Aufgabe 66

Was beinhaltet das Instrument der Kommunikationspolitik? Nennen Sie die wichtigsten 5 Elemente!

Aufgabe 67

Was soll mittels „Konditionierung durch Werbung" erreicht werden?

Aufgabe 68

Warum gewinnt „Product Placement" tendenziell an Bedeutung?

Aufgabe 69

Welche drei Komponenten sollte eine Werbebotschaft enthalten?

Aufgabe 70

Grenzen Sie die Aufgaben der Werbemittelforschung von den Aufgaben der Werbeträgerforschung ab! Benutzen Sie zur Erläuterung jeweils ein selbstgewähltes Beispiel!

Aufgabe 71

Welches sind die wichtigsten positiven Effekte, die mit Sponsoring erreicht werden sollen?

Aufgabe 72

Inwiefern sind psychotechnische Prüfverfahren im Zusammenhang mit der Werbemittelforschung einsatzfähig? Welche Methoden werden dabei verwendet?

Aufgabe 73

Setzen Sie sich kritisch mit folgenden Aussagen auseinander:
  a) Werbung ist Informationsquelle!   b) Werbung manipuliert!

Aufgabe 74

Grenzen Sie Carry-over- und Spill-over-Effekt voneinander ab!

Aufgabe 75

Was sollen Bezugspersonen (opinion leader) in der Werbung bewirken?

Aufgabe 76

Diskutieren Sie Vorschläge für den Aufbau einer Werbeerfolgskontrolle und gehen Sie dabei insbesondere auf die Auswertung von Markttests ein!

Aufgabe 77

Nennen Sie die wichtigste Determinante der Kommunikationspolitik in der Zukunft! Beschreiben Sie kurz deren Folgen und wie man diesen entgegenwirken kann?

Aufgabe 78

Werbung ist unter anderem die verzahnte, positive Darstellung von Produkt und Image. Welche der beiden Komponenten ist aus Ihrer Sicht stärker zu gewichten?

Aufgabe 79

In Deutschland stellen ca. 1.230 Brauereien 5.000 verschiedene Biere her und laufen dabei Gefahr, dass ihre Produkte als austauschbar empfunden werden. Wachsenden Werbebudgets steht ein rückläufiger Markt gegenüber. Als erfolgreiche Politik scheint sich die des „think global, act global" zu etablieren. Was versteht man im Bezug auf den deutschen Biermarkt darunter? Gehen Sie auf die Begriffe Premium, Werbebotschaft und Sponsoring ein!

Aufgabe 80

a) Geben Sie die drei Arten der Verkaufsförderung an! Welcher Zweck steht dahinter?
b) Welche Rolle spielt die Verkaufsförderung im Marketing-Mix?
c) Stellt Verkaufsförderung eine Alternative zur Werbung dar?

Aufgabe 81

Benennen Sie die Aufgaben, die die Verkaufsförderung als Teil der Kommunikationspolitik innerhalb des Produktlebenszykluskonzepts übernimmt!

Aufgabe 82

a) Was erwartet man von der Verkaufsförderungstätigkeit eines Außendienstmitarbeiters?
b) Wie kann ein Außendienstmitarbeiter auf alle Herausforderungen einer erfolgreichen Verkaufsförderungstätigkeit vorbereitet werden?

Aufgabe 83

Nennen Sie die wichtigsten Instrumente der Verkaufsförderung auf der Aktionsseite Konsument und geben Sie jeweils Beispiele an!

Aufgabe 84

a) Was versteht man unter Sampling-Aktionen und was sind deren Ziele?
b) Nennen Sie Sampling-Techniken und ihre Einsatzmöglichkeiten!
c) Diskutieren Sie die Vor- und Nachteile von Sampling-Aktionen!

Aufgabe 85

Nennen Sie verschiedene Techniken der Gestaltung von Verkaufsförderungsmitteln!

Aufgabe 86

Was versteht man unter Incentives?

Aufgabe 87

a) Erklären Sie den Begriff Merchandising!
b) Welche Aufgaben hat ein Merchandiser zu erfüllen?

Aufgabe 88

Displays sind Instrumente des Abverkaufs. Definieren Sie den Begriff und nennen Sie Formen von Displays!

Aufgabe 89

Public Relation wird in jüngster Zeit immer stärker als Element der Corporate Identity begriffen. Zeigen Sie den Zusammenhang zwischen beiden Begriffen auf!

Die Integration der Marketing-Instrumente zum Marketing-Mix

Aufgabe 90

Erläutern Sie einen Ansatzpunkt, um die richtige Kombination von Marketing-Instrumenten zu erhalten!

Aufgabe 91

Welche funktionalen Beziehungen zwischen Marketing-Instrumenten kennen Sie?

Aufgabe 92

Nennen Sie einige kritische Aspekte zur Anwendung des Marketing-Mix im Produktlebenszyklusmodell!

Aufgabe 93

a) Welche Phasen des Produktlebenszyklusses erachten Sie als kompliziert? Begründen Sie dies anhand der Charakteristika von Preisfestsetzung und Investitionsaufwand!
b) Was ist der Pipelineeffekt?

Aufgabe 94

Bei Modellen zum Marketing-Mix gibt es neben dem Produktlebenszyklusmodell noch andere. Man unterscheidet z.B. zwischen quantitativen Optimierungsmodellen, mehrstufigen und statischen Modellen und Informationsmodellen. Beschreiben Sie diese!

Aufgabe 95

Die Theorie liefert u.a. zwei Ansätze zur simultanen Optimierung des absatzpolitischen Instrumentariums:

- die **lineare Programmierung** und die **Marginalanalyse**.

Welche Schwierigkeiten ergeben sich bei der Heranziehung dieser Lösungsansätze zur praktischen Gestaltung des absatzpolitischen Instrumentariums?

Aufgabe 96

a) Formulieren Sie einen LP-Ansatz für simultane Absatzplanung unter Verwendung folgender Symbole:

k_{ij} : Kosten pro Mengeneinheit des absatzpolitischen Instruments i für das Produkt j

a_{ij} : Umsatzsteigerung des Produktes j durch den Einsatz einer Einheit des absatzpolitischen Instruments i

x_{ij} : Einsatzmenge des absatzpolitischen Instruments i (i = 1,...,m) für das Produkt j (j = 1,...,n)

Folgende Anforderungen sind bei der Planung zu berücksichtigen:

1. Die Gesamtkosten für den Einsatz der absatzpolitischen Instrumente sollen minimiert werden.
2. Der Gesamtumsatz soll mindestens die Höhe U_o betragen.
3. Jedes Produkt j soll mindestens den jeweiligen Break-Even-Umsatz D_j erbringen.

b) Vergleichen Sie den LP-Ansatz mit der sukzessiven Planungsmethode!

Aufgabe 97

Aus der Vielzahl der Überlegungen und der Verschiedenheit der Gegebenheiten lässt sich kein Patentrezept für den Marketing-Mix ableiten, dennoch gibt es gewisse Gesetzmäßigkeiten. Nennen Sie einige Beispiele!

Aufgabe 98

Der Marketing-Managementprozess besteht aus den vier Phasen: Zielsetzung, Planung, Realisation und Kontrolle. Wie geschieht die Kontrolle und was ist bei Abweichungen zu tun?

Ausblick und künftige Entwicklung des Marketing

Aufgabe 99

Welche zukünftigen Entwicklungen des Marketing können Sie sich unter der Betrachtung der Einflussfaktoren vorstellen?

Aufgabe 100

Was bewirkt das Umweltbewusstsein der Gesellschaft auf die Marketingaktivitäten?

Testfragen

Testfrage 1

Welche Funktionen hat das Grundkonzept des Marketing?

(a) Planung (c) Zielsetzung (e) Kontrolle

(b) Marktdifferenzierung (d) Realisation

Testfrage 2

Welche Fragen werden im strategischen Marketing behandelt?

(a) Welche Märkte sollen bedient werden?

(b) Welche Produkte sollen angeboten werden?

(c) Wie sollen die Produkte im Leistungsprogramm gestaltet werden?

(d) Mit welchen Anbietern wollen wir in Konkurrenz treten?

Testfrage 3

Worin bestehen die gesellschaftsbezogenen Aufgaben des Marketing-Managements?

(a) Die Steuerung der Bedarfsdeckung und -schaffung

(b) Vermeidung von Interessenskonflikten im Unternehmen

(c) Das Unternehmensziel „Gewinnmaximierung" an Veränderungen in der Umwelt und der Gesellschaft anpassen

Testfrage 4

Was charakterisiert einen vollkommenen Markt?

(a) Maximumstreben der Marktteilnehmer

(b) Uneingeschränkt große Reaktionszeit

(c) Markttransparenz

(d) Homogenität

(e) Unterschiedliche Preise bei gleichen Produkten

Testfrage 5

Um welche Marktform handelt es sich, wenn es viele kleine Nachfrager und wenig mittelgroße Anbieter gibt?

(a) Monopol (c) Oligopol

(b) Polypol (d) Monopson

Testfrage 6

Welche Marktgrößen charakterisieren die Position eines Unternehmens im Vergleich zu anderen?

(a) Marktvolumen (c) Marktpotenzial

(b) Absatzvolumen (d) Marktanteil

Testfrage 7

Wodurch sind strategische Marketingziele charakterisiert?

   (a) Prägen Teilbereiche oder das ganze Unternehmen

   (b) Setzen Ziele für einzelne Produktgruppen

   (c) Können in Sach- oder Formalziele untergliedert werden

   (d) Auswahl des Marktes, der Marktsegmente und der relevanten Produkte

Testfrage 8

Welche Verhaltenstypen beim Kauf kennen Sie?

   (a) Impulsverhalten

   (b) Irrationalverhalten

   (c) Gewohnheitsverhalten

   (d) Sozialunabhängiges Verhalten

Testfrage 9

Welche Aspekte bestimmen die Marktstimulierungsstrategien?

   (a) Art und Weise der Marktbeeinflussung durch Qualitäts- und Preiswettbewerb

   (b) Art und Weise der Differenzierung und Abdeckung des Marktes

   (c) Auswahl der regionalen Märkte, die bedient werden sollen

   (d) Preis-Mengen-Strategie

Testfrage 10

Welche der folgenden Strategien sind Hochpreisstrategien?

   (a) Skimming - Strategie

   (b) Penetrations - Strategie

   (c) Prämienpreis - Strategie

   (d) Qualitäts - Strategie

Testfrage 11

Formen der Marketing-Organisation sind:

   (a) Funktionsorientierte Marketing-Organisation

   (b) Abnehmerorientierte Marketing-Organisation

   (c) Preisorientierte Marketing-Organisation

   (d) Gebietsorientierte Marketing-Organisation

Testfrage 12

Wie kann die Marketingforschung von der Marktforschung abgegrenzt werden?

   (a) Bei der Marketingforschung werden sowohl externe Daten als auch unternehmensinterne Daten gesammelt und verarbeitet.

   (b) Die Marketingforschung beschränkt sich auf die Erfassung von Daten zur Überprüfung der Reaktion der Konsumenten auf die angewandten Marketinginstrumente.

   (c) Die Marktforschung entnimmt ihre Informationen ausschließlich aus dem Markt.

Testfrage 13

Formen der Marktforschung nach der Art des Untersuchungsobjekts sind:
- (a) Demoskopische Marktforschung
- (b) Motivforschung
- (c) Ökoskopische Marktforschung
- (d) Sekundärforschung

Testfrage 14

Welche Informationen zählen zu den unternehmensinternen Informationen?
- (a) Leistungsfähigkeit
- (b) Marktanteil
- (c) Personalstand
- (d) Vertriebsstruktur
- (e) Kapazität

Testfrage 15

Was zählen Sie zur Sekundärmarktforschung?
- (a) Berichte von Außendienstmitarbeitern
- (b) Marktforschungsberichte
- (c) Beobachtungen
- (d) Omnibusbefragungen

Testfrage 16

Welche der folgenden Aussagen sind richtig?
- (a) Durch verdeckte Beobachtungen lassen sich Beobachtungsergebnisse mit einem höheren Maß an Reliabilität ermitteln.
- (b) Der Vorteil der mündlichen Befragung besteht darin, dass keine Verzerrungseffekte durch den Interviewer entstehen.
- (c) Beim Experiment wird durch Änderung einer oder mehrerer Größen die Reaktion der verbleibenden Größen untersucht.

Testfrage 17

Persönliche Faktoren des Kaufverhaltens sind:
- (a) Alter
- (b) Wahrnehmung
- (c) Ansichten und Einstellungen
- (d) Lebensstil
- (e) Beruf
- (f) Motivation

Testfrage 18

Marketing - Maßnahmen der klassischen Vierer- Systematik sind:
- (a) product
- (b) price
- (c) production
- (d) place
- (e) planning
- (f) promotion

Testfrage 19

Welche Instrumente charakterisieren den Produktmix?

(a) Logistik (d) Preis (f) Rabatt
(b) Sortiment (e) Kundendienst (g) Einsatz von Händlern
(c) Qualität

Testfrage 20

Welche Aspekte gehören zum formalen Produkt?

(a) Verpackung (c) Qualität (e) Service
(b) Installation (d) Markenname (f) Garantieleistungen

Testfrage 21

In welcher Phase des Produktlebenszyklusses setzt der Umsatzboom ein?

(a) Einführungsphase (c) Reifephase (e) Degenerationsphase
(b) Wachstumsphase (d) Sättigungsphase (f) Auslaufphase

Testfrage 22

Welche Entscheidungsprobleme stehen in der Reifephase des Produktes im Vordergrund?

(a) Kostensenkungen durch Rationalisierung
(b) Vertriebswege
(c) Variation des Produktes
(d) Auswahl von Kunden-Zielgruppen
(e) Wahl der Produktionsform
(f) Auswahl der Vertriebspartner

Testfrage 23

Welche Entscheidungen sind Gegenstand der Kontrahierungspolitik?

(a) Preisbildung (d) Zahlungsziel
(b) Lieferbedingungen (e) Lagerhaltung
(c) Kundendienst

Testfrage 24

Sie kennen die Preiselastizität der Nachfrage, die sich aus der Formel $\eta = -(dx \cdot p)/(dp \cdot x)$ errechnet. Welche Situation ergibt sich bei $\eta < 1$?

(a) Preissenkung: die relative Absatzsteigerung ist größer als die relative Preissenkung $\Rightarrow$ der Erlös steigt.
(b) Preissenkung: die relative Absatzsteigerung ist kleiner als die relative Preissenkung $\Rightarrow$ der Erlös sinkt.
(c) Preisvariationen führen zu umgekehrt proportionalen Mengenänderungen, wodurch der Erlös konstant bleibt.

Testfrage 25

Welche Menge muss ein Monopolist, der nur ein Produkt herstellt, absetzen, wenn er seinen Gewinn maximieren will? Die Menge, ...

(a) bei der der zusätzliche Erlös für die letzte Einheit gleich den zusätzlichen Kosten für die letzte Einheit ist

(b) bei der der Grenzgewinn gleich Null ist

(c) bei der die Differenz zwischen dem Gesamterlös und den Gesamtkosten maximal ist

(d) bei der die Differenz zwischen der mit Preisen bewerteten Ausbringungsmenge und der mit den Durchschnittskosten bewerteten Ausbringungsmenge maximal ist

(e) bei der die Differenz zwischen dem Gesamterlös und den variablen Kosten maximal ist

Testfrage 26

Für welche Güter ist die Anwendung der Rabattpolitik sinnvoll?

(a) Investitionsgüter   (c) Standardartikel   (e) Immaterielle Güter

(b) Luxusgüter   (d) Konsumgüter

Testfrage 27

Welche Formen sind charakteristisch für den Einzelhandel?

(a) Service Merchandiser   (d) Versandhandel

(b) Produktionsverbindungshandel   (e) Handelsketten

(c) Warenhäuser

Testfrage 28

Märkte des Großhandels sind:

(a) Fachmärkte   (d) Supermarkt

(b) Cash and Carry - Handel   (e) Baumarkt

(c) Verbrauchermärkte

Testfrage 29

Was verstehen Sie unter einem Reisenden?

(a) Einen Angestellten des Unternehmens, der im Namen des Unternehmens tätig ist.

(b) Einen Freiberufler, der im Auftrag des Unternehmens tätig ist.

(c) Einen selbständiger Gewerbetreibenden, der im Auftrag des Unternehmens handelt.

Testfrage 30

Bei der Bestimmung der Absatzkanäle müssen mehrere Faktoren berücksichtigt werden. Welche Faktoren würden Sie zu den marktbezogenen Faktoren zählen?

(a) Anzahl der Abnehmer je Gebiet

(b) Kosten des Absatzweges

(c) Bedarfsmenge

(d) Konkurrenzsituation

Testfrage 31

Welches sind ökonomische Ziele der Werbung?

(a) Umsatzsteigerung

(b) Bekanntmachen eines Produktes

(c) Ausgleich saisonaler Schwankungen

(d) Verbesserung des Informationsstandes über Produkte

Testfrage 32

Werbeträger sind

(a) Produkte, für die geworben wird (Kostenträger)

(b) Träger der Werbebotschaften, wie Zeitungen, Zeitschriften usw.

(c) Werbeagenturen

(d) Werbemittelverteiler

Testfrage 33

Werbemittel beinhalten:

(a) Werbebotschaften

(b) Massenmedien (Zeitungen, Zeitschriften, Rundfunk, Fernsehen)

(c) Ausdrucksformen und Gegenstände, die zur Werbung dienen, wie Ton, Bild, usw.

(d) Schaufensterwerbung

Testfrage 34

Mit welchen der vier nachstehenden Beziehungen würden Sie den kontinuierlichen Einsatz der Mediawerbung beschreiben, welcher phasenweise durch Verkaufsförderungsmaßnahmen unterstützt wird?

(a) parallele Beziehung   (c) intermittierende Beziehung

(b) sukzessive Beziehung   (d) ablösende Beziehung

Testfrage 35

Was versteht man unter einem Media-Mix im Zusammenhang mit Werbung?

(a) Intensiver Einsatz der Massenmedien

(b) Ungenügende Koordination der Werbeträger

(c) Wahl des besten Werbemediums

(d) Die richtige Mischung der Werbeträger und Werbemittel

Testfrage 36

Die Werbeerfolgskontrolle ermöglicht:

(a) den genauen Werbeerfolg festzustellen

(b) den mutmaßlichen Erfolg zu schätzen

(c) die Wirksamkeit der einzelnen absatzfördernden Faktoren zu bestimmen

(d) den Werbeerfolg zu garantieren

Testfrage 37

Was sind Meinungsführer?

(a) Personen, die gern ihre Meinung kundtun
(b) Einflussgruppen innerhalb der Gesellschaft
(c) Eine Einflussgruppe, die die Reaktion ihrer Umwelt mitbestimmt
(d) Eine wichtige politische Partei

Testfrage 38

Welche der folgenden Aussagen treffen zu?

(a) Verkaufsförderung soll den Kunden zum Kauf & die Absatzpartner zum Verkauf motivieren.
(b) Beim Verkauf bietet der Produzent über den relevanten Teilmarkt direkt oder über Absatzmittler und Helfer seine Erzeugnisse an.
(c) Beim Sponsoring werden bestimmten Personengruppen, Institutionen und Veranstaltungen Finanzmittel, Sachmittel oder Dienstleistungen zur Verfügung gestellt.
(d) PR wird hauptsächlich genutzt, um Skandale schnell zu verbreiten

Testfrage 39

Was ist Public Relations?

(a) Die Selbstdarstellung des Unternehmens nach innen
(b) Die Philosophie des Unternehmens
(c) Die systematische Darstellung der gesamten Unternehmung nach außen
(d) Gemeinschaftswerbung durch mehrere Unternehmungen in einer bestimmten Region
(e) Beziehungen einer Unternehmung zur Öffentlichkeit zum Zwecke der Förderung von Vertrauen und Verständnis

Testfrage 40

Was versteht man unter Marketing -Mix?

(a) Die richtige Mischung der Werbeträger
(b) Die Bestätigung der Unternehmung auf verschiedenen Absatzmärkten, die untereinander richtig abzustimmen sind.
(c) Optimaler Einsatz und Koordination aller verfügbaren Absatzinstrumente

Testfrage 41

Bei den Modellen für den Marketing-Mix gibt es die Unterscheidung nach dem Zweck. Welche Modelle würden Sie hierzu zählen?

(a) Entscheidungsbaum-Modell   (c) Kausalanalyse   (e) Simulation
(b) Flussdiagramme   (d) Spieltheorie

Testfrage 42

Welche der Kombinationen nach Simon führen zu einer Absatzerhöhung?

(a) Werbungskonstanz + Preissenkung   (c) Preiskonstanz + Werbungserhöhung
(b) Werbungssenkung + Preiskonstanz   (d) Werbungssenkung + Preiserhöhung

Testfrage 43

Welche der folgenden Aussagen über Beziehungsmarketing sind zutreffend?

(a) Zwischen einem Unternehmen und deren Partnern soll eine langfristige Beziehung aufgebaut werden.

(b) Relationship Marketing befasst sich mit dem Auf- und Ausbau langfristiger Kundenbeziehungen.

(c) In der Regel profitiert nur einer der Vertragspartner von der Beziehung.

(d) Das Beziehungsmarketing hat seinen Ausgangspunkt im Investitionsgüter- und Dienstleistungsbereich.

(e) Unter den 3 R' s versteht man: Recruitment, Retention und Reduction.

Testfrage 44

Was versteht man unter dem Begriff „Retention"?

(a) Wahrnehmung zufriedener Kunden

(b) Unzufriedene Kunden zurückgewinnen

(c) Gewinnung von Neukunden

(d) Zufriedene Kunden an sich binden

(e) Aufrechterhaltung der Kundenbeziehung

Testfrage 45

Für das Vermarkten von Verbrauchs- und Gebrauchsgütern sind folgende Merkmale kennzeichnend:

(a) Verbrauchsgüter sind Produkte mit sehr kurzer Lebensdauer, die in kleineren Wiederkaufszyklen erworben werden.

(b) Intensive Werbung ist das A und O, um eine konsequente Markenpolitik zu betreiben.

(c) Aufgrund modernster Marktforschungsstudien und dem sinkenden Wettbewerbsdruck auf dem Weltmarkt haben Produkte heutzutage lange Produktlebenszyklen.

(d) Marketingmaßnahmen werden hauptsächlich auf Massenmärkte ausgerichtet.

(e) Günstige Nachahmerprodukte machen großen Markenprodukten zunehmend Konkurrenz.

Testfrage 46

Welche der folgenden Aussagen sind falsch?

(a) „Non- Profit-Marketing" wird auch als „Social Marketing" bezeichnet.

(b) Um korrekte Marketingentscheidungen treffen zu können ist es irrelevant, beim Handelsmarketing zwischen dem Groß- und Einzelhandel zu differenzieren.

(c) Beim Industriegütermarketing steht der Direktvertrieb als Absatzweg im Vordergrund.

(d) Unter dem „Uno- actu- Prinzip" versteht man, dass der Konsum und die Produktion häufig zur selben Zeit stattfinden.

(e) Beim Dienstleistungsmarketing spielt das externe Marketing eine zentrale Rolle.

(f) Das Bereitstellen von Sachgütern und das Anbieten von Dienstleistungen gehören zum Leistungsumfang des Handelsmarketings.

Antworten zu den Aufgaben

Grundlagen des Marketing und der Marketingplanung

Aufgabe 1

a) Die Schwerpunkte des Marketing anhand der '3M' sind:
 1. Marketing als **Maxime** der Unternehmensführung versucht, den Bedürfnissen und Anforderungen der Verbraucher gerecht zu werden.
 2. Marketing als **Methode** der systematischen Entscheidungsfindung.
 3. Marketing als **Mittel** der geplanten Marktbearbeitung.

b) Nein, denn es werden Güter nur nach Plan hergestellt. Beim Marketing geht man auf die Bedürfnisse, laut der 3M ein, dies ist in der Planwirtschaft nicht so. Marketing ist nur in der Marktwirtschaft möglich, wo die verschiedenen Marktpartner über das Marketing mit Informationen (in Form der angebotenen, verschieden ausgestatteten Produkte, in Form von Werbung, Preisen, Beratung, usw.) versorgt werden. Dadurch wird die Transparenz geschaffen, die für das Funktionieren des Marketings nötig ist.

Aufgabe 2

Das **strategische Marketing** befasst sich mit folgenden Fragestellungen:
- Welche Märkte sollen bedient werden? Was sind die relevanten Märkte?
- Mit welchen Anbietern wollen wir in Konkurrenz treten?
- Welche Produkte sollen angeboten werden?
- Welche Kundensegmente sollen bedient werden?

Das **operative Marketing** setzt ein, wenn diese grundlegenden Probleme geklärt sind. Es beantwortet die Fragen nach dem konkreten Handlungsrahmen, dem absatzpolitischen Instrumentarium.
- Es befasst sich mit der Durchsetzung der aus dem strategischen Marketing resultierenden Ziele. Dabei ist der konkrete Handlungsrahmen mit seinen absatzpolitischen Instrumenten festgelegt.
- Mit welchen Kommunikations- und Distributionsmaßnahmen werden die gesetzten Ziele optimal erreicht?
- Welche Preispolitik soll verfolgt werden?

Aufgabe 3

a) Der Aufgabenkomplex des **Marketing-Managements** teilt sich in:
- marktbezogene Aufgaben:
  - systematische Bedarfs- und Verhaltensbeeinflussung der Nachfrager
- unternehmensbezogene Aufgaben:
  - Vermeidung von Interessenskonflikten, Integration des Marketings in die Unternehmensorganisation
- gesellschaftsbezogene Aufgaben:
  - Integration von ökologischen, humanistischen und ethischen Maßstäben in die Unternehmensziele, sowie Beachtung von Umwelt- und Gesellschaftsveränderungen.

b) Der Marketing-Management-Prozess durchläuft die folgenden Phasen:
- Analyse/Problemerkennung,
- Prognose/Zukunftschancen und Entwicklungsrichtung,
- Zielfestlegung und Strategie/Erstellung einer Marketing-Konzeption,
- Realisation,
- Kontrolle der Zielerreichung.

Aufgabe 4

a) Von einem **Käufermarkt** spricht man, wenn das Angebot die Nachfrage übersteigt. Der Anbieter muss große Anstrengungen unternehmen, um seine Produkte zu verkaufen.

Beim **Verkäufermarkt** übersteigt die Nachfrage das Angebot. Die Orientierung am Markt ist für den Verkäufer daher nicht vorrangig.

b) Den Markt kann man nach der Anzahl der Anbieter und Nachfrager klassifizieren. Damit ergibt sich folgendes Marktformenschema:

Anbieter / Nachfrager	ein großer	wenig mittelgroße	viele kleine
ein großer	bilaterales Monopol	beschränktes Monopson	Monopson
wenig mittelgroße	beschränktes Monopol	bilaterales Oligopol	Oligopson
viele kleine	Monopol	Oligopol	(bilaterales) Polypol

c) Als Idealform eines Marktes gilt vielfach das Vorhandensein einer vollständigen Konkurrenz. Erfahrungen zeigen jedoch, dass oligopolistische Strukturen häufig zu einer besseren Versorgung und zu günstigeren Bedingungen für die Käufer führen als bei vollständiger Konkurrenz. Oligopole haben aufgrund ihrer Marktstellung eher die Möglichkeit und einen größeren Anreiz, Innovationen einzuführen. Eine allgemeingültige Aussage, welche Marktform für die Käufer günstiger ist, kann jedoch nicht getroffen werden.

Aufgabe 5

$$\text{Marktanteil} = \frac{\text{Absatzvolumen}}{\text{Marktvolumen}} \cdot 100\% = \frac{10.000}{50.000} \cdot 100\% = \underline{\underline{20\%}}$$

Aufgabe 6

a) $\text{Marktanteil} = \dfrac{60.000}{60.000 + 140.000 + 30.000} \cdot 100\% = \dfrac{60.000}{230.000} \cdot 100\% = \underline{\underline{26,1\%}}$

b) $\text{Importquote} = \dfrac{\text{Importe}}{\text{Marktvolumen}} \cdot 100 = \dfrac{30.000}{60.000 + 140.000 + 30.000} \cdot 100\% = \underline{\underline{13,0\%}}$

c) Marktsättigung

$$= \frac{\text{abgesezte Produkte}}{\text{Marktpotenzial}} \cdot 100\% = \frac{60.000 + 140.000 + 30.000}{240.000} \cdot 100\% = \underline{95,8\%}$$

d) Exportanteil $= \frac{\text{Exporte}}{\sum \text{produzierte Produkte}} \cdot 100\% = \frac{20.000 + 100.000}{80.000 + 240.000} \cdot 100\% = \underline{37,5\%}$

Aufgabe 7

a) Phasen des **Marketing-Planungsprozesses** sind:

1. Situationsanalyse:

- Erfassung der gegenwärtigen Markt- und Umweltsituation des Unternehmens und deren Einflussfaktoren (Marktdiagnose)
- Abschätzung der voraussichtlichen Markttrends und Absatzentwicklungen; Erforschung der Zielmärkte; Analyse der Marktchancen (Marktprognose)
- Analyse der eigenen Situation (Stärken, Schwächen, eigene Ressourcen)

2. Ziel- und Strategieplanung:

- Formulierung von Marketing-Zielen: Festlegung der Produkt-Markt-Kombinationen, in denen das Unternehmen tätig wird
- Aussagen zur Marketingstrategie

3. Maßnahmenplanung:

- konkrete Aussagen über den Einsatz der absatzpolitischen Instrumente

b) Der Marketingplan ergibt sich als Resultat des Planungsprozesses. Er dient als zentrales Instrument zur Steuerung und Koordination der Marketingaktivitäten eines Unternehmens und betrifft gezielter einen bestimmten Produktmarkt. Dieser Plan legt die Einzelheiten der Marketingstrategien und Marketingprogramme fest.

Aufgabe 8

a) **Marketingziele** kennzeichnen die dem Marketingbereich gesetzten Imperative (Vorzugszustände), die durch den Einsatz absatzpolitischer Instrumente erreicht werden sollen.

b) Zieldefinitionen sind:
- Zielinhalt (z.B. Umsatzsteigerung um ...%)
- Zieldimension (z.B. 5 %)
- Zielperiode (z.B. im Jahr 2005)

Aufgabe 9

Unter einer **Marketingstrategie** versteht man im Allgemeinen den „Entwurf und die Durchführung eines Gesamtkonzeptes, nach dem der Handelnde ein bestimmtes Ziel zu erreichen sucht. Im Unterschied dazu befasst sich die Taktik mit den Einzelschritten des Gesamtkonzeptes."

Nach Nieschlag/Dichtl/Hörschgen dient die Marketing-Strategie langfristig zur Erreichung der Marketing-Ziele, die auf die Bedarfs- und Wettbewerbssituation sowie das Leistungspotenzial der Unternehmung ausgerichtet ist.

Kotler sieht in einer Marketingstrategie keine Ansammlung vereinzelter Handlungen, sondern eine konkrete Empfehlung, in der Kanäle aufgezeigt werden, in die die Hauptanstrengungen geleitet werden müssen, die zur Zielerreichung nötig sind.

Becker unterscheidet vier verschiedene Marketing-Strategien:

1. Marktfeldstrategien/Produktstrategien
2. Marktstimulierungsstrategien
3. Marktparzellierungsstrategien
4. Marktarealstrategien

Aufgabe 10

Produkte Leistungen \ Märkte	bestehende	neue
bestehende	**Marktdurchdringung** - Marktbesetzung - Verdrängung	**Marktentwicklung** - Internationalisierung - Marktsegmentierung
neue	**Produktentwicklung** - Produktinnovation - Produktdifferenzierung	**Diversifikation** vertikale horizontale } Diversifikation laterale

Aufgabe 11

Marktstimulierung bezieht sich auf die Preis-Mengen-Strategie und die Präferenzstrategie.

- Die **Preis-Mengen-Strategie** zielt auf den Preiswettbewerb ab und ist dadurch gekennzeichnet, dass ein Produkt durchschnittlicher Qualität in zweckmäßiger Verpackung zu einem niedrigen Preis angeboten wird. Dadurch fühlen sich hauptsächlich sogenannte Preiskäufer angesprochen, deren Kaufentscheidung hauptsächlich auf dem Preis beruht. Marketinganstrengungen sind hier sehr gering und die Produktablösung kann sehr schnell einsetzen.

- Mit der **Präferenzstrategie** wird versucht, ein Marken-Image aufzubauen. Dies kann sehr lange dauern aber auch sehr lange anhalten. Dadurch verringert sich die Preiselastizität bei den Stammkäufern. Bei der Präferenzstrategie soll der Einsatz aller wesentlichen präferenzorientierten Marketinginstrumente einen überdurchschnittlich hohen Abgabepreis ermöglichen.

Aufgabe 12

Differenzierung des Marketingprogramms \ Abdeckung des Marktes	vollständig (total)	teilweise (partial)
undifferenziert (Massenmarketing)	undifferenziertes Marketing	konzentriertes Marketing
differenziert (Marktsegmentierung)	differenziertes Marketing	selektiv-differenziertes Marketing

Aufgabe 13

a) Unter **Marktsegmentierung** versteht man die Aufteilung der Gesamtheit der Käufer in Käufergruppen und demzufolge die Aufspaltung des Gesamtmarktes in Teilmärkte. Kriterien für die Segmentierung sind u.a.:
1. demographische Merkmale (z.B. Geschlecht, Alter, Familienstand, Haushaltsgröße, Konfession, Beruf, soziale Schicht, Einkommens- und Besitzverhältnisse)
2. geographische Merkmale (z.B. Nord - Süd, natürliche Grenzen, Staats- und Verwaltungsgrenzen, spezielle Marktaufteilung wie Stadt – Land, etc.)
3. Verhaltensgrundlagen (z.B. Motive - Einstellungen)
4. zeitliche Merkmale (z.B. saisonale Unterschiede)
5. Verwendungszweck (z.B. als Gebrauchsgegenstand - Sammlerstück)

b) Durch die Differenzierung der Produkte und Käuferstrukturen werden detailliertere Informationen über die Absatzpolitik gewonnen. Anhand dieser Informationen legt man in der Absatzplanung das Sortiment und die Absatzmengen fest.

Aufgabe 14

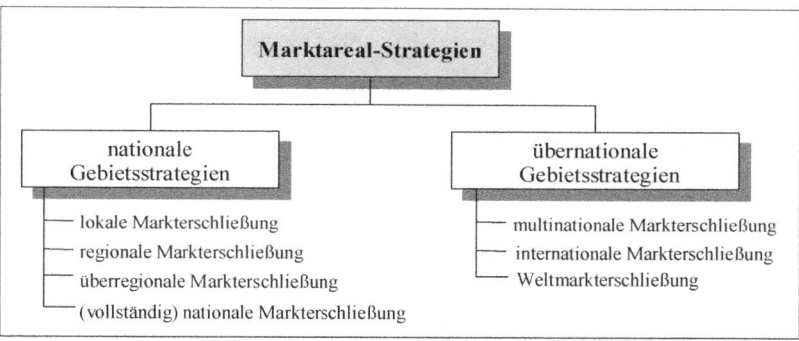

Aufgabe 15

Die **Marketing-Organisation** soll die Umsetzung von Zielen, Strategien und Plänen effizient unterstützen. Die Kontrollierbarkeit soll erleichtert und der Koordinationsaufwand somit minimiert werden. Zu diesem Zweck müssen folgende Kriterien besondere Berücksichtigung finden.

1. Sowohl die Koordination der einzelnen Marketingaktivitäten untereinander, als auch die Abstimmung des Marketing mit den Funktionen Beschaffung, Produktion und Finanzierung muss durch **integriertes Marketing** organisatorisch realisiert werden.
2. **Flexibilität** und **Leistungswirksamkeit** dürfen bei marktdynamischen Veränderungen nicht durch die Marketing-Organisation eingeschränkt werden, d.h. die Marketing-Organisation muss schnell genug auf veränderte Marktsituationen reagieren können.
3. **Kreativität** und **Innovationsbereitschaft** dürfen nicht durch starre Organisationsformen behindert werden, sondern sie sollen im Gegenteil durch die Organisationsform gefördert werden. Zu diesem Zweck sollen „produktive Konflikte" eingeplant werden.
4. Die Organisationsstruktur muss eine **Konzentration** auf Funktionen, Produkte, Abnehmergruppen und Gebiete ermöglichen.

Bei der Wahl der Organisationsform müssen weiter der internen Unternehmenssituation wie den Marketing-Zielen, den Möglichkeiten der vorhandenen Marketing-Instrumente, der Unternehmensgröße und dem Produktionsprogramm Rechnung getragen werden. Auch die externen Faktoren wie die Marktform, die Konkurrenzsituation und die Kundenstruktur beeinflussen die Wahl der Organisationsform.

Für die diesen Anforderungen entsprechende Eingliederung des Marketing in die Gesamtorganisation ist es erforderlich, dass der Leiter des Marketingbereichs Mitglied der Unternehmensleitung ist und auch gleichberechtigt zu den Leitern der anderen Unternehmensfunktionen steht.

Für die Marketing-Organisation lassen sich fünf typische Formen feststellen:

- Funktionsorientierte Marketing-Organisation
- Produktorientierte Marketing-Organisation
- Gebietsorientierte Marketing-Organisation
- Abnehmerorientierte Marketing-Organisation
- Mehrdimensionale Marketing-Organisation

Informationsgewinnung im Marketing

Aufgabe 16

a) Zu unterscheiden sind folgende Formen der **Informationsgewinnung**:

1. Absatzforschung (Marketingforschung)
   - Systematische Suche, Sammlung, Aufbereitung und Interpretation von Informationen, die sich auf alle Probleme des Marketings von Gütern und Dienstleistungen beziehen

2. Marktforschung
   - Erforschung der Märkte im Sinne des Zusammentreffens von Angebot und Nachfrage und insbesondere die Fähigkeit dieser Märkte, Umsätze hervorzubringen. Entgegen der Marketingforschung entnimmt die Marktforschung ihre Informationen nur aus dem Markt.

b) Funktionen der Marketingforschung sind:

- **Früherkennungsfunktion:** Chancen und Risiken werden frühzeitig erkannt und berechenbar gemacht.
- **Innovationsfunktion:** Chancen und Entwicklungen werden aufgedeckt.
- **Intelligenzverstärkerfunktion:** Unterstützung im willensbildenden Prozess.
- **Unsicherheitsreduktionsfunktion:** durch Präzisierung und Objektivierung der Sachverhalte.
- **Strukturierungsfunktion:** Förderung des Verständnisses bei der Zielvorgabe
- **Selektionsfunktion:** Aus der Informationsflut werden die für unternehmerische Ziel- und Maßnahmenentscheidungen relevanten Informationen selektiert.

Aufgabe 17

Ein Unternehmen benötigt folgende Informationen:
- unternehmensexterne Informationen, z. B.:
  - Konkurrenz
  - Nachfragesituation
  - Vertriebsstrukturen
  - Marktanteil und
- unternehmensinterne Informationen, z. B.:
  - Leistungsfähigkeit
  - Kapazitäten
  - Personalstand
  - Finanzsituation

Die Qualität der zu treffenden Entscheidungen hängt wesentlich von der verfügbaren Informationsgrundlage ab. Die Informationen dienen zur Verbesserung des entscheidungsrelevanten Datenbestandes.

Aufgabe 18

Alle für das Kaufverhalten der Käufergruppen relevanten Merkmale sollten transparent gemacht werden, damit seitens der Unternehmen in den einzelnen Segmenten mit jeweils optimal wirkenden absatzpolitischen Maßnahmen operiert wird. Es werden die verhaltenswissenschaftlichen Orientierungsmuster untersucht, z. B. die Reaktion des Konsumenten auf bestimmte Einflussfaktoren.

Im Einzelnen könnte es sich z.B. um folgende Informationen handeln:
- Wer sind die Abnehmer, wie setzen sie sich zusammen (Alter, Geschlecht, Beruf, ...)?
- Wo kaufen die Kunden und in welchen Geschäften?
- Auf welche Weise wird der Einkaufsweg zurückgelegt?
- Wie groß ist der Einkaufsradius?
- Welchen Einkaufseinheiten, -mengen, -größen wird der Vorrang gegeben?
- Welche Preislage, Qualität und Verpackung wird bevorzugt?
- Welche Art von Werbung kommt am Besten an?
- Besteht eine Art von Absatzverbund zu anderen Gütern?
- Wann kaufen die Kunden?
- Besteht ein Zusammenhang von Einkaufsakt mit bestimmten Anlässen und wie ist die Einstellung des Konsumenten bezüglich der Konkurrenz und ihren Produkten?

Aufgabe 19

Die Erforschung des Käuferverhaltens hat folgende Bedeutungen im Rahmen der Absatzpolitik:
- für den effektiven Einsatz der absatzpolitischen Instrumente
- für eine genauere Absatzplanung
- für die Erkennung von Änderungen im Käuferverhalten und damit für eine schnelle Anpassung der Absatzpolitik an diese Änderungen

Aufgabe 20

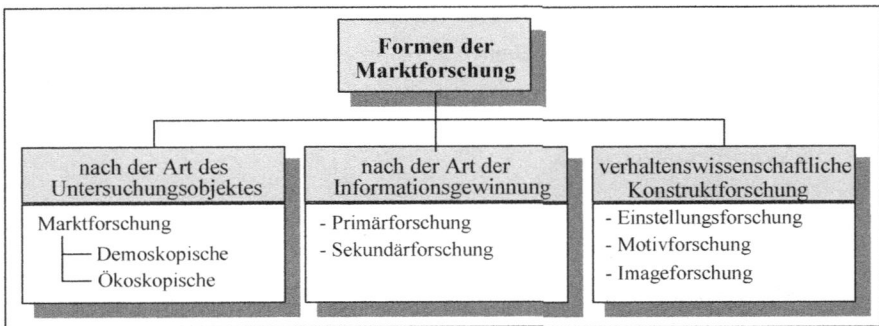

Aufgabe 21

- **Primärmarktforschung:**

  Die Primärmarktforschung umfasst unternehmensspezifische Probleme und stützt sich auf Marktanalysen, Marktbeobachtungen und Marktprognosen. Bei der Primärmarktforschung werden keine bereits vorhandenen Informationen verarbeitet, sondern es werden Informationen durch Befragung, Beobachtung und Experiment direkt am Markt (Verbraucher) gewonnen.

- **Sekundärmarktforschung:**

  Bei der Sekundärmarktforschung handelt es sich um Datenmaterial, welches ursprünglich für andere Zwecke gewonnen und aufbereitet wurde. Es erfolgt lediglich eine Zusammenstellung und Analyse des vorhandenen Datenmaterials. Alle Aktivitäten finden am Schreibtisch statt, daher der Begriff „desk-research". Als Quellen des „desk-research" findet man betriebsinterne (Kostenrechnung, Kundenkartei, usw.) und betriebsexterne Quellen (amtliche Statistiken, Veröffentlichungen wirtschafts-wissenschaftlicher Institute, Kataloge, usw.).

Aufgabe 22

Die Erhebungsmethoden Befragung und Beobachtung sind Instrumente zur Informationsbeschaffung im Marketing. Sie sind typische Formen der Datenerhebung.

	Beobachtung	Befragung	
		Mündlich	Schriftlich
Vorteile	Realistische unbeeinflusste Information	persönlicher Kontakt zum Probanden, komplizierte Fragen können erläutert werden, Exploration möglich, Antworten werden spontan gegeben	geringe Kosten und Vermeidung unbewusster Beeinflussung
Nachteile	bewusste und unbewusste Entscheidungsprozesse bleiben unberücksichtigt	hohe Kosten und Gefahr der Beeinflussung durch den Interviewer	geringe Rücklaufquote, keine repräsentativen Ergebnisse*

* Die Fragebogen werden meist nur von Personen ausgefüllt, die viel Zeit (Rentner) oder besonderes Interesse am Fragenkomplex haben.

Aufgabe 23

Mit Hilfe von **Tiefeninterviews** (oder Explorationen) soll versucht werden, das Käuferverhalten mit unbewussten oder „tief" unbewussten Phänomenen zu erklären.

Es ist im Unterschied zur Konsumentenbefragung ein freies Interview mit indirekten Fragen und nur geringfügig festgelegten Themenkomplexen. Im Rahmen des Tiefeninterviews werden auch häufig der Wortassoziationstest, der Satzvervollständigungstest und der thematische Apperzeptionstest verwendet.

Aufgabe 24

Die folgenden Punkte zur **Interviewgestaltung** sollten als Richtlinien beachtet werden:

- wenig geschlossene Fragen verwenden
- indirekte Fragen verwenden, um Schutzverhalten auszuschalten
- Fragenfolge: Kontaktfragen, Sachfragen, Kontrollfragen und Fragen zur Person
- Interview abwechslungsreich gestalten, damit Proband das Interesse nicht verliert

Aufgabe 25

a) Marktforschungsinstitute (Nielsen, GfK) untersuchen mit **Panelverfahren** die Konsumgewohnheiten ausgewählter Haushalte. Die Haushalte protokollieren in Haushaltsbüchern ihre getätigten Einkäufe. Dieses Verfahren liefert eine Vielzahl von Ergebnissen (wann schwerpunktmäßig eingekauft wird, welche Produkte in welchen Mengen, Art der Verpackung und gegebenenfalls welche Größe, Art der Geschäftstypen).

Zentrale Probleme sind:

- Panel Sterblichkeit:

    Die Haushaltsbücher werden bei bestimmten Haushaltstypen nach einer gewissen Zeit nicht mehr geführt.

- Panel Effekt:

    Das Führen von Haushaltsbüchern kann dazu führen, dass Spontankäufe unterbleiben.

- Falschangaben sind insgesamt nicht auszuschließen, weil die Haushalte evtl. bewusst ein bestimmtes Käuferverhalten suggerieren wollen.

b) Die wichtigsten Unterschiede zwischen Haushaltspanels und einer schriftlichen Befragung sind:

- die Panelerhebung ist dynamisch (viele Informationen ergeben sich erst bei mehrfacher Befragung in regelmäßigen Abständen)
- Kostenvorteil (neue Aufstellung des Querschnitts entfällt)
- Vergleichbarkeit ist größer
- schnelle Information (Stichprobenziehung entfällt)
- hohe Rücklaufquote

c)

Panelsterblichkeit	Anreize zur Mitarbeit geben (Prämien, Teilnahmeberechtigung an Preisausschreiben, finanzielle Anreize dürfen jedoch nicht zu hoch sein)
Paneleffekt	Möglichst große Zahl von Waren erfassen, um Probekäufe nicht zu fördern. Mehrere Gruppen abwechselnd befragen, Dauer nicht zu lang wählen.
Overreporting	Vergleiche mit anderen Gruppen.

Konsequenzen für eine panelführende Unternehmung sind:
- sorgfältige Auswahl der Grundgesamtheit
- keine schematische Auswertung, sondern Bemühung um Information bezüglich der genannten Störeffekte
- eventuell geringfügige Änderungen vornehmen

Aufgabe 26

a) Bei einem Experiment werden die zu beobachtenden oder zu erfragenden Sachverhalte „künstlich" geschaffen. Das Experiment ist deshalb durch die Versuchsanordnung und nicht durch die Erhebungsart gekennzeichnet.

Wichtig: Das Experiment ersetzt also nicht Beobachtung und Befragung!

Mit dem Experiment sollen bestimmte, genau formulierte Hypothesen über das Käuferverhalten überprüft werden. Dabei lassen sich Laborexperimente und Feldexperimente unterscheiden.

Feldexperiment: Beobachtung und Erfahrung von bereits Existierendem
Laborexperiment: Beobachtung und Erfragung von zu schaffenden Tatbeständen

Labor- und Feldexperimente sind von gleichrangiger Bedeutung.

b) **Vorteil:** Durch entsprechende Versuchsanordnung ist die Eliminierung und Kontrolle von Störfaktoren möglich. Die Untersuchung einer bestimmten Größe kann isoliert erfolgen.

Nachteil: Atypisches Verhalten der Versuchspersonen, weil sich diese der Testsituation bewusst sind.

Anwendungsbereich: Produkt- und Werbeforschung

Aufgabe 27

Anhand folgender komplexer Verfahren können Pretests durchgeführt werden:
- **Markttests:** Eine begrenzte Anzahl von Handelsgeschäften wird ausgesucht und in Experiment- und Kontrollgruppe aufgeteilt. In den Experimentgeschäften wird die Aktion durchgeführt und gemessen, während in den Kontrollgruppengeschäften keine Aktion durchgeführt wird. Nach einem kurzen Testlauf werden die Ergebnisse der Experimentgruppe mit den Ergebnissen der Kontrollgruppe verglichen.
- **Kaufbereitschaftstest:** Versuch der Herstellung einer Abhängigkeit zwischen der Einstellungsdimension „Kaufbereitschaft" und der Verhaltensdimension „Tatsächlicher Kauf" durch die Einschaltung von Test- und Kontrollgruppen.

- **Motivtest**: Durchführung mit Hilfe von psychologischen Explorationen, Skalierungen und apperativen Verfahren.
- **Gruppendiskussion**: Gruppenleiter filtert die Argumente der Befragten heraus und gibt Hilfestellung bei der Verbalisierung der Eindrücke, um Handlungsalternativen ableiten zu können.

Aufgabe 28

Das unterschiedliche Vorgehen ist begründet:
- im unterschiedlichen Informationsbedürfnis
- in den unterschiedlichen Determinanten des Kaufverhaltens

Instrumente	Konsumgüterkäufer	Investitionsgüterkäufer
Psychologisch	irrationale Motive und Bedürfnisse sehr stark	rationales Entscheiden
Ökonomisch	im Wesentlichen nur Preis und Einkommen	Ertragsfähigkeit des Investitionsgutes, Preis, Lieferkonditionen, Kundendienst, etc.
Organisatorisch	niemandem verpflichtet sein	dem Unternehmen verpflichtet, Erforschung der Stellung des Einkäufers in der Unternehmensorganisation

- in der Anzahl und Homogenität (Heterogenität) der Käufer
- in der Kaufhäufigkeit und dem Abnahmevolumen
- in der Erreichbarkeit bzw. Kontaktmöglichkeit
  - Konsumgüterkäufer: über Panels
  - Investitionsgüterkäufer: Direktbefragung
- Gegenseitige Bindung (Kaufen vom Käufer) bei Unternehmen

Aufgabe 29

Ermittlung ...	Befragung	Beobachtung	Experiment	Panel
– der Werbewirksamkeit einer Verpackung	(x)		x	x
– der Aufmerksamkeitswirkung einer Schaufensterdekoration		x		
– des günstigsten Standorts für einen Zeitungskiosk		x		
– des Einflusses von Preisvariationen auf den Absatz eines Konsumartikels			x	(x)
– der Umsatzentwicklung für mehrere eingeführte Konsumgüter	(x)			x
– des Images eines Markenartikels	x			
– der Veränderung von Konsumentenkaufgewohnheiten	(x)			x
– der aquisitorischen Wirkung der Verpackung für ein neues Produkt			x	(x)

Aufgabe 30

Stichproben sollten grundsätzlich den Anspruch erfüllen, einen repräsentativen Ausschnitt der Grundgesamtheit abzubilden. Stichprobenverfahren sollen dies sicherstellen.

a) **Reine Zufallsauswahl**: Jedes Element hat die gleiche Chance, in die Stichprobe zu gelangen.

Beispiel: spontane Befragung in Fußgängerzonen zum Wahlverhalten.

b) **Geschichtete Zufallsauswahl**: Die Grundgesamtheit ist geschichtet und aus jeder Schicht wird eine separate Stichprobe entnommen, unter der Bedingung, dass der Umfang der Stichproben der Grundgesamtheit der jeweiligen Schichten entspricht.

Beispiel: Befragung nach dem Wahlverhalten in der Innenstadt zu ausgewählten Zeiten.

c) **Klumpenauswahl:** Die Grundgesamtheit liegt in sogenannten Klumpen vor. Es kann folglich eine Klumpenauswahl vorgenommen werden, was bedeutet, dass nach dem reinen Zufallsprinzip eine bestimmte Anzahl von Klumpen ausgewählt wird, die dann vollständig erhoben wird.

Beispiel: Befragung zum Wahlverhalten in bestimmten Institutionen.

Aufgabe 31

Gründe für zufallsgesteuerte Auswahlverfahren sind:
- kostengünstige Informationsbeschaffung
- die Möglichkeit, Fehlerberechnungen für die Stichprobenergebnisse durchzuführen
- die Verfahren sind nicht sehr zeitaufwendig

Vorgehensweise:
- Elemente der Grundgesamtheit bestimmen
- Zufallsmechanismus zur Ziehung der Stichprobe anwenden (z.B. mit Hilfe von Zufallszahlen)

Aufgabe 32

Die Clusteranalyse wie auch die Diskriminanzanalyse zählen zu den multivariaten Analyseverfahren, d.h. sie ermöglichen die simultane Auswertung mehrerer Untersuchungsmerkmale.

- Die **Clusteranalyse** nimmt eine Einteilung der Objekte (z.B. Personen) anhand erhobener Merkmale (Bildung, Einkommen) vor. Es sollen möglichst homogene Cluster gebildet werden. Somit wird eine Datenreduktion erreicht.

- Die **Diskriminanzanalyse** versucht eine möglichst gute und exakte Trennung der Gruppen durch geeignete Kombination der Merkmalsausprägungen vorzunehmen. Die Gruppenzugehörigkeit der Objekte ist bereits bekannt. Dadurch wird ermöglicht, dass neu hinzutretende Objekte anhand der Merkmalsausprägungen eingeordnet werden können.

Aufgabe 33

a) Schritte nach einer Datenerhebung für die Aufbereitung und Auswertung der Daten sind:
- Durch Ordnen werden die Einzeldaten in Datenkategorien zusammengefasst, anschließend wird die Häufigkeitsverteilung der Daten durch Tabulieren aufgestellt.
- Beim Skalieren werden Untersuchungsmerkmalen Zahlen zugeordnet, wobei diese Skalen noch eine Wertung enthalten können.
- Durch Analysieren lassen sich Mittelwerte, Streuwerte, Indizes, u.ä. bestimmen, hier werden deskriptive (beschreibende, nicht erklärende) und analytische (Untersuchung von Zusammenhängen) Verfahren verwendet.

b) **Database-Marketing** (im Handelsmarketing „Data Warehouse Marketing") bietet die Möglichkeit, basierend auf hochmoderner EDV, einen ganz neuen Detaillierungsgrad bei der Aufarbeitung der Daten zu erreichen. Diese Systeme dienen dazu, adress- und personenbezogenes Datenmaterial aufzubereiten und dadurch eine gezielte Kundenansprache zu erreichen. Sie erweitern und verfeinern die traditionelle Kundendatei. Die Datenspeicherung erfolgt nach immer wieder neuen Strukturierungskriterien. Dadurch kann in kurzer Zeit eine Verdichtung der Daten nach relevanten Fragestellungen erfolgen. Das Datenmaterial wird entschlackt. Redundante Daten werden ausgefiltert. Ein entscheidender Erfolgsfaktor bei der Durchführung von Database-Marketing ist die kritische Beurteilung aller Daten bei ihrer Erfassung und Weiterverarbeitung. Es wird als wichtig erachtet, nicht einen möglichst hohen Bestand an Daten anzulegen, sondern den Datenbestand so aktuell und umfangreich wie nötig zu halten, wobei die Maßgabe sein muss, dass jeder, der Zugriff auf den Datenbestand hat, sich in möglichst kurzer Zeit einen relevanten Ausschnitt aus dem Datenmaterial verschaffen kann. Database-Marketing versteht sich als offensives Instrument zur Gestaltung von Veränderungen auf der Grundlage qualifizierten Datenmaterials.

Aufgabe 34

Beim Kaufverhalten werden vier Verhaltensweisen unterschieden:
- Rationalverhalten
- Impulsverhalten
- Gewohnheitsverhalten
- sozialabhängiges Verhalten

Diese verschiedenen Verhaltensweisen werden durch vier Bereiche beeinflusst:
- kulturelle Faktoren (z.B.: Kulturkreis, Subkultur, soziale Schicht)
- soziale Faktoren (z.B.: Bezugsgruppen, Familie, Rolle und Status)
- persönliche Faktoren (z.B.: Alter, Beruf, Lebensstil, usw.)
- psychologische Faktoren (z.B.: Motivation, Wahrnehmung, Lernen, usw.)

Aufgabe 35

Ein Konsument sieht sich während des Kaufprozesses vielschichtigen Einflüssen ausgesetzt, die ihn in einen Zustand psychischer Spannung versetzen. Es entstehen **kognitive Dissonanzen**. Man unterscheidet, je nach Häufigkeit des Kaufs eines Produktes, nach dessen Preis und nach dem persönlichen Involvement des Käufers bestimmte Kaufverhaltensformen. Hochpreisige, wertvolle Güter werden im Zuge einer extensiven Kaufentscheidung ausgewählt, die primär kognitiv gesteuert ist. Von einer habitualisierten Kaufentscheidung spricht man bei geringwertigen oft gekauften Gütern. Der Kauf wird nicht lange abgewogen. Impulskäufe sind von aktivierenden Prozessen geprägt, wie beispielsweise Maßnahmen am Point of Sale. Ein entscheidender Faktor beim Kauf ist das Involvement, die Ich-Beteiligung. Die Kaufentscheidung bei High-Involvement-Situationen ist durch ein hohes Aktivierungsniveau gekennzeichnet und das Informationsbedürfnis ist wesentlich ausgeprägter, eine Kaufhandlung ist demnach also wahrscheinlich.

Aufgabe 36

Im kognitiven System des Menschen entstehen Beziehungen zwischen Kognitionen, die nicht zusammen harmonieren, da durch neue, widersprüchliche Informationen die bisherigen Beziehungen zwischen Systemelementen in Frage gestellt werden.

Das Individuum versucht daher, in seinem kognitiven System die auftretenden Widersprüche zu beseitigen oder von vornherein zu vermeiden.

Hierfür stehen dem Individuum vier grundverschiedene Wege offen:

- **Vermeidung**
- **Umdefinition**
- **Reduzierung**
- **Verdrängung**

Aufgabe 37

- Das **Black-Box-Modell** (Stimulus-Response-Model (S-R-Modell))

    In diesem Fall liegen keine Informationen, weder über den Konsumenten noch über den Entscheidungsprozess vor, so dass keine definitiven Aussagen über das Kaufverhalten gemacht werden können. Das Individuum wird als Black-Box gesehen, die in ihm ablaufenden psychischen Prozesse bleiben außer Betracht. Der Abnehmer trifft seine Entscheidung durch die Stimulation mit bestimmten Marketing-Stimuli und bestimmten Umweltstimuli (konjunkturelle, soziale, politische und technologische Situationen).

- Das **Stimulus-Organismus-Response-Modell** (S-O-R-Modell)

    Dies ist eine Erweiterung des S-R-Models, bei dem versucht wird, durch die Einbeziehung der Psyche des potentiellen Abnehmers in den Erklärungssatz, den geistigen Prozess des Zustandekommens von Kaufentscheidungen zu rekonstruieren und so das Konsumentenbewusstsein zu analysieren.

- **Totalmodell**

    Beim Totalmodell wird das Konsumentenverhalten nicht nur als das Ergebnis eines Wahlaktes angesehen, sondern es werden auch die Vorgänge vor und nach dem Kaufentschluss miteinbezogen, wobei der Kaufentscheidungsprozess in fünf Stufen eingeteilt werden kann:

    1. Problemerkennung
    2. Suche nach Alternativen
    3. Bewertung der Alternativen
    4. Eigentlicher Kaufakt
    5. nachträgliche Bewertung des Kaufes

Das absatzpolitische Instrumentarium

Aufgabe 38

In den Marketing-Maßnahmen unterscheiden wir die 4P-Systematik:

Produkt- und Programmpolitik	Kontrahierungs-politik	Distributions-politik	Kommunikations-politik
product	price	place	promotion
– Produktqualität	– Preis	– Logistik	– Werbung
– Sortiment	– Kredite	– Absatzkanäle	– Verkaufsförderung
– Marke	– Rabatte		– persönlicher Verkauf
– Kundendienst	– Skonto		– Public Relations

Aufgabe 39

a) Strategien der Produktpolitik sind:

- **Produktinnovation**

  Bei der Produktinnovation werden Ideen für ein auf dem Markt vollständig neues oder für das Unternehmen neuartiges Produkt gesucht. Nachdem die Wirtschaftlichkeit und Marktchancen überprüft wurden und zu einem positiven Ergebnis führten, wird das Produkt realisiert und auf Testmärkten getestet und bei erneut positivem Ergebnis auf dem Markt eingeführt. Bei Innovationen kommen verschiedene methodische Ansätze wie Brainstorming, Brainwriting und morphologische Methoden zum Einsatz, um neue Produkte hervorzubringen.

- **Produktvariation**

  Bei der Produktvariation werden Produkte, die bereits vorhanden sind, im Detail verbessert. Wichtig hierbei ist, dass das Produkt durch eine z.B. geänderte Gestaltung oder durch höherwertige Materialien neu erscheint, ohne den vertrauten Charakter zu verlieren. Gründe für Variationen sind in erster Linie veränderte Rahmenbedingungen, aber auch zum Teil gesetzliche Bestimmungen.

- **Produktelimination**

  Ein bestehendes Produkt vollkommen aus dem Markt zu nehmen, d.h. dieses zu eliminieren, kann verschiedene Gründe haben. Hier muss vorher geprüft werden, ob alle Rationalisierungsreserven ausgeschöpft wurden und ob auch für die Zukunft kein Umsatzwachstum zu erwarten ist.

b)
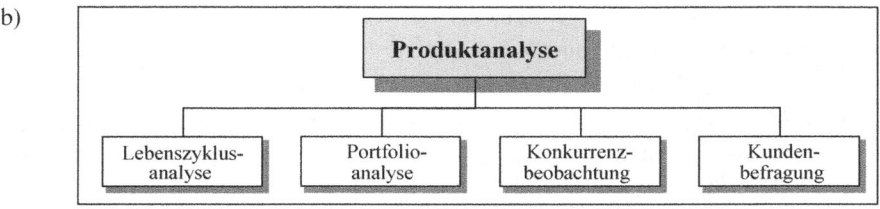

Aufgabe 40

In der üblichen Gliederung des Lebenszyklus eines Produktes erscheinen fünf Phasen, denen eine **Entwicklungsphase** vorangeht.

> - **Entwicklungs- bzw. Vorbereitungsphase (0),**
> - **Einführungsphase (I),**
> - **Wachstumsphase (II),**
> - **Reifephase (III),**
> - **Sättigungsphase (IV),**
> - **Rückgangs- bzw. Degenerationsphase (V).**

- Die **Einführungsphase** ist gekennzeichnet durch geringe Wachstumsraten und hohe Anfangsschwierigkeiten. Es wird entschieden, ob sich das neue Produkt am Markt etabliert. In dieser Phase werden die eigentlichen Marktinvestitionen, besonders in den Bereichen der Verkaufsförderung, getätigt.
- In der **Wachstumsphase** steigt das Umsatz- und Marktvolumen weiter an. Durch das Eindringen von Konkurrenzprodukten (Imitationen) kommt es zu einer starken Expansion, in deren Verlauf mit Hilfe geeigneter Werbemaßnahmen versucht werden muss, die eigene Produktpalette von den Angeboten der Konkurrenz abzugrenzen. Es setzt ein Umsatzboom ein. Der Degressionseffekt lässt die Stückkosten sinken und häufig wird der Break-even-Punkt erreicht.
- In der **Reifephase** erreicht der Markt den Sättigungspunkt, die Umsatzzuwachsraten sinken bis auf Null und die Umsatzrentabilität geht zurück. Durch den intensiveren Wettbewerb finden in dieser Phase die meisten Marketingaktivitäten statt. Die Gewinne gehen zurück und die Fixkosten steigen durch erhöhte Produktdifferenzierungsausgaben.
- In der **Sättigungsphase** ist die Umsatzentwicklung rückläufig und die Nachfrage resultiert weitgehend aus Ersatzbedarf. Es kommt zu starkem Preiswettbewerb unter den Bewerbern.
- In der **Rückgangs- und Degressionsphase** ist die Lebenszeit des Produktes abgelaufen, da die Bedürfnisse des Kunden von anderen Erzeugnissen besser und billiger befriedigt werden. In dieser Phase wird das alte Produkt entweder eliminiert oder es wird einem Relaunch unterzogen.

Aufgabe 41

Der **Produktlebenszyklus** besitzt in seinem idealtypischen Verlauf lediglich einen mehr oder weniger anstrebenswerten Modellcharakter, denn die Lebenszyklen einzelner Produkte können in der Realität stark vom idealisierten Modellverlauf abweichen.

Einige typische Beispiele hierfür sind:

- Nichterreichung der Wachstumsphase, z.B. flache Kurve
- kurzlebige Produkte, z.B. nur für eine Saison
- sehr langlebige Produkte, z.B. Niveacreme, Legobausteine
- Produkte erleben nach einem Abschwung einen erneuten Aufschwung (Relaunch)
- Beeinflussung durch absatzpolitische Maßnahmen, z.B. Produktdifferenzierung, neue Marktbereiche und Käuferschichten
- Veralterung der verwendeten Technologie oder eine Veränderung des Funktionsbedarfs

Aufgabe 42

Bei dieser Kurve handelt es sich um ein gescheitertes Produkt. Nach einem kurzfristigen Einführungserfolg erfolgte der schnelle Niedergang.

Durch gezielte Marketinganstrengungen wird der ideale Zyklus systematisch verlängert (**Relaunch**). Eine weitere Möglichkeit der hier dargestellten zweigipfligen Funktion ist auf die Ersatznachfrage zurückzuführen (z.B. in der Automobilindustrie). Die Umsatznachfrage steigt zuerst sehr steil an. Es gilt, die Erstnachfrage nach dem neuen Modell zu befriedigen. Sie fällt dann langsam ab, um sich auf einem bestimmten Niveau zu stabilisieren. Nach der durchschnittlichen Haltedauer der Fahrzeuge bei den Erstbesitzern erfolgt durch die Ersatznachfrage ein Anstieg der Umsatzzahlen, wenn bis dahin kein Nachfolgemodell auf dem Markt ist (vorwiegend bei Pkw der gehobenen Klasse).

Aufgabe 43

a) Eine **Portfolio-Analyse** stellt eine durch zwei Merkmale (Marktwachstum, relative Marktanteile) gekennzeichnete Situation eines Unternehmens in Form einer Matrix dar. In dieser Matrix werden die Standardstrategien eingetragen. So können z.B. jedem Produkt Strategien zugeordnet werden. Mittels der Einordnung von Produkten kann man erkennen, ob man mit dem Produkt seinen Marktanteil ausbauen kann oder ob das Produkt rentabel ist. Daraus kann man schließen, ob man seine Strategie ändern bzw. auf veränderte Marktgegebenheiten reagieren sollte.

	Question marks	Stars
Marktwachstum: hoch	Einnahmen: + Ausgaben: - - Cash flow: -	Einnahmen: ++ Ausgaben: - - Cash flow: 0
	Poor dogs	**Cash cows**
Marktwachstum: niedrig	Einnahmen: + Ausgaben: - Cash flow: 0	Einnahmen: +++ Ausgaben: - Cash flow: ++
	Relativer Marktanteil: niedrig	hoch

b)

Portfoliokategorie	Strategieempfehlung
Question marks	**Offensivstrategie**: Spezialisierung von Produkten mit hohem Entwicklungspotenzial mittels hoher Erweiterungsinvestitionen, Anstreben von Niedrigpreisen
Stars	**Investitionsstrategie**: Ausbauen bei hoher Reinvestition des Cash flows und bewusster Inkaufnahme eines Risikos, Anstreben der Preisführerschaft
Cash cows	**Abschöpfungsstrategie**: Beschränkte Ersatzinvestitionen, Geringhaltung der Risiken, Stabilisierung des Preises
Poor dogs	**Desinvestitionsstrategie**: Programmbegrenzung, Verkauf oder Stilllegung, tendenzielle Hochpreispolitik

Aufgabe 44

Das Portfolio zeigt, dass sich das Unternehmen in einer sehr angenehmen Situation befindet. Es verfügt über mehrere Produkte, die sowohl sehr gewinnbringend als auch wachstumsträchtig sind und hat im Moment noch wenig Problemprodukte. Für die längerfristige Betrachtung ist allerdings kritisch anzumerken, dass der Anteil an Nachwuchsprodukten zu niedrig ist und damit das Unternehmen längerfristig in den kritischen Bereich kommt, da im Rahmen des Lebenszyklusses Star- und Cash-Produkte zu Problemprodukten werden.

Aufgabe 45

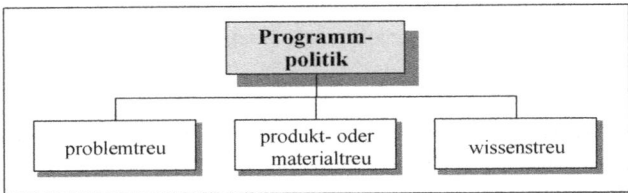

- In der problemtreuen Programmpolitik steht ein fester Kundenkreis im Mittelpunkt der Bemühungen. Sehr wichtig ist hier die schnelle Anpassungsfähigkeit an den Markt, um einen entsprechenden Erfolg zu erzielen.

- Für Unternehmen, die aufgrund ihrer Produktionsanlagen an bestimmte Gegebenheiten gebunden sind, empfiehlt sich bei der Programmpolitik die Produkttreue. Hier besteht die Hauptaufgabe darin, die Attraktivität des Produktes durch neue Eigenschaften oder Verwendungsmöglichkeiten zu erhöhen.

- Wissenstreue Programmpolitik finden wir vermehrt in der Datenverarbeitung und in der Raumfahrt, da hier Spezialwissen und Erfahrung vermittelt werden.

Aufgabe 46

Maßnahmen	P_{vb}	D_h	D_l	P_{vt}	D_v
– Eine Zigarettenfabrik in Deutschland will ihr Produktionsprogramm auf Zigarren ausdehnen		x			
– Ein Textilbetrieb stellt jetzt Bikinis nicht nur aus gewebten, sondern auch aus gewirkten Stoffen her				x	
– Ein Unternehmen der Automobilindustrie gründet eine Reisebürokette			x		
– Ein PC-Hersteller aus den USA kauft eine Chipfabrik auf					x
– Eine Spirituosenfirma gründet eine Unternehmung zur Delikatessenherstellung		x			
– Eine Papierfabrik nimmt die Produktion von Verpackungen auf					x
– Ein Landmaschinenhersteller nimmt neu die Fertigung von Mähdreschern auf	x				
– Eine Brauerei aus Süddeutschland kauft in den neuen Bundesländern Gaststätten auf					x

Aufgabe 47

Art \ Zeitpunkt	vor dem Kauf	nach dem Kauf (Kundendienst i.e.S.)
Kundendienstleistungen		
Technisch (Hardware)	– Technische Beratung – Projektausarbeitung – Problemlösungsvorschläge – Vorträge – Lieferung zur Probe	– Änderungsdienst – Montage – Ersatzteilversorgung – Wartung – Reparaturdienst
Kaufmännisch (Software)	– Bestelldienst – Parkraum – Beratung und Information – Lieferung zur Probe – Kindergarten	– Umtauschrecht – Zustellen – Verpacken – Kundenschulung

Grund für Kundendienstleistungen dieser Art ist das Bestreben, sich von Mitbewerbern abzusetzen und bei den Kunden Präferenzen zu bilden. Teilweise ergibt sich die Notwendigkeit auch aus der Art des Produktes. Ein technisch hochwertiges Industrieprodukt würde sich ohne Kundendienst nicht absetzen lassen. Dabei handelt es sich um eine Dienstleistung, die neben der Hauptleistung, dem zu vertreibenden Produkt, angeboten wird.

Aufgabe 48

Das Ziel der **Markenpolitik** besteht darin, bestimmte hergestellte oder vertriebene Produkte aus der Masse gleichartiger Produkte hervorzuheben. Aufgaben sind:
– Unterscheidung der Produkte nach Farbe, Exklusivität, Qualität,
– Produktidentifikation nach dem Design, der Verpackung,
– Produktdifferenzierung, nach dem Einsatzbereich, der Dauer und dem Einsatzort.

Hersteller können eigene Marken aufbauen, z.B. Mercedes, Intel, Levis oder ihre Produkte an Händler weitergeben, die diese dann unter ihrer Handelsmarke verkaufen, z.B. Vobis, C&A, Lidl.

Aufgabe 49

Die **Preispolitik** bestimmt in erster Linie den Preis eines Produktes, der ein äußerst kritisches Mittel in allen Marktstrukturen darstellt. Preispolitische Entscheidungen sind heute problematisch, denn mit einer Preissenkung ist nicht unbedingt eine Absatzsteigerung verbunden, da der Preis auch als Qualitätsmaßstab gilt. Heutzutage wird versucht, den Preiswettbewerb durch Anwendung anderer absatzpolitischer Mittel einzuschränken. Jedoch kommt das Unternehmen nicht um Preisentscheidungen herum, z.B. bei:
– erstmaliger Preisbildung bei Produktinnovationen oder dem Eintritt in neue Absatzmärkte
– Preisänderungen durch Nachfrageänderungen
– notwendigen Reaktionen auf Konkurrenzpreisänderungen
– Preisänderungen durch Verbundwirkung

Aufgabe 50

a) Unter der Preiselastizität der Nachfrage (η) versteht man die relative Änderung der nachgefragten Menge im Verhältnis zur relativen Veränderung des Preises eines Produktes.

Elastizitätskoeffizient: $\eta = \dfrac{dx}{x} \div \dfrac{dp}{p} = -\dfrac{dx \cdot p}{dp \cdot x}$

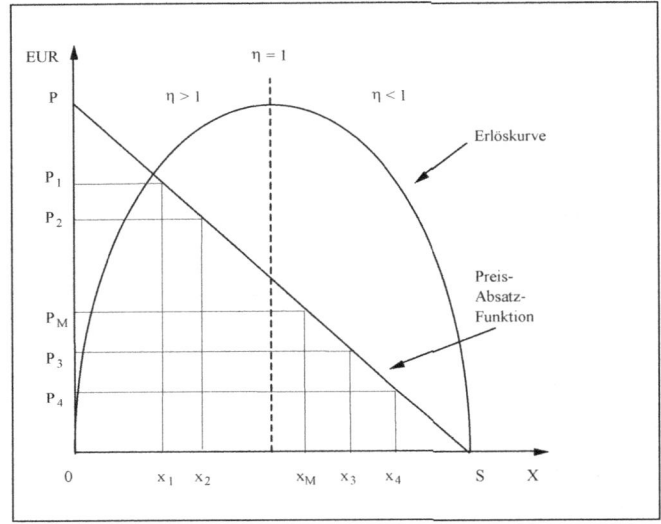

$\eta = 1$, es wird der maximale Erlös erzielt, die Nachfrage ist indifferent

$\eta < 1$, eine Preissenkung führt zu einer steigenden Nachfragemenge, jedoch verbunden mit einer Umsatzabnahme

$\eta > 1$, der Absatz steigt mit fallendem Preis, die Preissenkung wird durch den Mengeneffekt überkompensiert

> **Beispiele** für preisunelastische Güter: Arzneimittel, Drogen, Grundnahrungsmittel
> **Beispiele** für preiselastische Güter: Luxusgüter, Möbel, Gebrauchtwagen

b) Wird zu einem Produkt A ein substitutives oder komplementäres Produkt B angeboten, dann hängt die mögliche Absatzmenge des Produkts A auch vom Preis des Produkts B ab, so hängt z.B. die Absatzmenge von Butter stark mit dem Preis von Margarine zusammen. Sinkt der Preis von Margarine, so sinkt die Absatzmenge von Butter. Der Abhängigkeitsgrad wird mittels der **Kreuzpreiselastizität** beziffert:

$$T = \dfrac{\dfrac{dx_A}{x_A}}{\dfrac{dp_B}{p_B}} = \dfrac{p_B \cdot dx_A}{x_A \cdot dp_B}$$

x_A = Ausgangsmenge Produkt A
dx_A = Mengenänderung Produkt A
p_B = Ausgangspreis Produkt B
dp_B = Preisänderung Produkt B

Aufgabe 51

Geht man vom Modell der Preis-Absatz-Funktion aus, so lassen sich Rückschlüsse auf das Käuferverhalten aus den Größen Preiselastizität der Nachfrage und Kreuzpreiselastizität der Nachfrage ziehen. Die Form der Preis-Absatz-Funktion und damit die genannten Elastizitäten hängen von den Eigenschaften der Nutzenfunktionen der einzelnen Konsumenten, von deren Einkommen und von den Preisen ab.

Aufgabe 52

Die **nachfrageorientierte Preisbildung** (Wertprinzip) geht davon aus, dass ein Produkt von hohem Stellenwert für den Abnehmer entsprechend stark nachgefragt wird und deswegen ein hoher Preis gefordert werden kann und umgekehrt. Diese Konstellation finden wir verstärkt bei sogenannten Markenprodukten, wo mittels Marketingmaßnahmen eine sehr große Präferenzbildung beim Kunden erzeugt werden konnte. Wird der Preis zu stark gesenkt, befürchtet der Konsument eine Qualitätsverschlechterung und kauft ein anderes Produkt. Kostenorientierte Aspekte treten bei diesem „Wertprinzip" stark in den Hintergrund. Die Wertstellung der Produkte wird mit Hilfe der Marktforschung ermittelt. Aspekte zentraler Fragen sind:

- Anzahl und Struktur der Abnehmer
- Einschätzung des Produktes
- Preisbereitschaft abhängig von Kaufkraft und Notwendigkeit
- Preisklasse des Produkts
- Image des Produkts bzw. des Unternehmens
- objektive und subjektive Qualität des Produkts
- Möglichkeit eine neue Preislage zu schaffen
- wie verhalten sich die verschiedenen Elastizitäten

Aufgabe 53

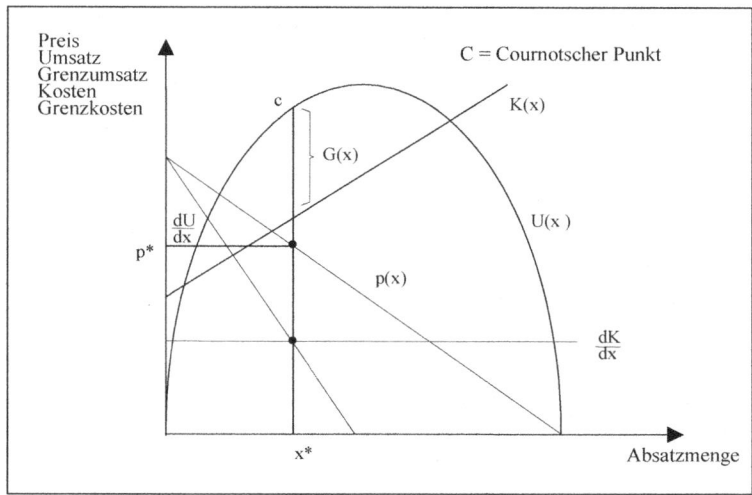

Der Cournotsche-Punkt ist die Bezeichnung für die gewinnmaximale Preis-Mengen-Kombination im Monopol. Das bedeutet, dass in dem Punkt, in dem die Differenz zwischen Umsatz und Kosten (also der Gewinn) am höchsten ist, die gewinnmaximale Absatzmenge erreicht ist. Der Cournot-Punkt kann analytisch sowie auch graphisch ermittelt werden. Wenn Grenzumsatz und Grenzkosten gleich sind bzw. der Grenzgewinn gleich Null ist, ist das Gewinnmaximum erreicht.

$$G(x) = U(x) - K(x) \quad \Rightarrow \quad \frac{d(G)}{dx} = \frac{dU}{dx} - \frac{dK}{dx} \overset{!}{=} 0 \quad \Rightarrow \quad \frac{dU}{dx} = \frac{dK}{dx}$$

Aufgabe 54

a) Wenn der Monopolist seinen Gewinn maximieren will, muss er folgenden Preis fordern:

$p = 16 - x$ $\qquad\qquad E = 16 \cdot x - x^2$

$x = 7$ $\qquad\qquad E' = 16 - 2 \cdot x$

$\underline{\underline{p = 9}}$ $\qquad\qquad E' = \dfrac{K'}{16 - 2 \cdot x} = 2$

b) Maximaler Gewinn: $\qquad\qquad G_1 = 7 \cdot 9 - 7 \cdot 2 - 7 \qquad \underline{\underline{= 42}}$

Gewinn bei Vollbeschäftigung ($p = 16 - 12 = 4$): $G_{1\text{voll}} = 12 \cdot 4 - 12 \cdot 2 - 7 \quad \underline{\underline{= 17}}$

Gewinneinbuße: $\qquad\qquad G_1 - G_{1\text{voll}} = 42 - 17 \qquad \underline{\underline{= 25}}$

c) Eine Änderung von b bewirkt keine Änderung des gewinnmaximalen Preises!

- $p = 16 - 2 \cdot x = 9 \qquad x = 3{,}5 \qquad G_2 = 9 \cdot 3{,}5 - 2 \cdot 3{,}5 - 7 \qquad \underline{\underline{= 17{,}5}}$
- $p = 16 - \dfrac{1}{2} \cdot x = 9 \qquad x = 14 \qquad >$ Kapazitätsgrenze $= 12$

Für $x = 12$ gilt $p = 10 \qquad\qquad G_{3\text{voll}} = 12 \cdot 10 - 12 \cdot 2 - 7 \qquad \underline{\underline{= 89}}$

Gründe: 1. Unsicherheit bezüglich des tatsächlichen Wertes von b

2\. Untersuchung der Auswirkung möglicher Änderungen von b

Die Ergebnisse können für eine Risikoanalyse benutzt werden, falls den einzelnen Werten von b Wahrscheinlichkeiten zugeordnet werden können.

d) Eine Änderung von b bewirkt keine Änderung der Elastizität im Optimum

$$\eta = -\frac{\frac{dx}{x}}{\frac{dp}{p}} = \frac{dx}{dp} \cdot \frac{p}{x} \qquad\qquad \eta_1 = \eta_2 = \eta_3 = \frac{9}{7} > 1$$

Die Elastizitäten sind elastisch im Optimum. Im Fall 3 kann jedoch Optimum nicht realisiert werden. Bei Vollbeschäftigung gilt:

$$\eta_{3\text{voll}} = 2 \cdot \frac{10}{12} = \frac{5}{3} > \frac{9}{7}$$

Bei linearer PAF wächst die Elastizität kontinuierlich bei Verringerung von x an.

e) Prinzipiell kann ein Monopolist, solange keine staatlichen Preisvorschriften bestehen (was in kapitalistischen Systemen selten vorkommt), seinen Preis beliebig festsetzen. Welchen Preis er festsetzen wird, hängt dagegen von seiner Zielstruktur, seinem Informationsstand sowie der Wahl seiner Strategie ab.

Aufgabe 55

a) Der Bereich, in dem der Monopolist seinen Preis setzen kann, ist wegen der Produktionsbeschränkung von 3 ME das Intervall $0 \leq x \leq 4$ mit $p = 13 - 2 \cdot x$.

Konstante Grenzkosten: $K' = 3$

Bedingung für Gewinnoptimum: $E' = K'$ $\qquad$ $E = p \cdot x$

$\qquad\qquad\qquad\qquad\qquad\qquad E' = 13 - 4 \cdot x \qquad E = 13 \cdot x - 2 \cdot x^2$

$\qquad\qquad\qquad\qquad\qquad\qquad 3 = 13 - 4 \cdot x \qquad E = (13 - 2 \cdot x) \cdot x$

$\qquad\qquad\qquad\qquad\qquad\qquad x = 2{,}5 \qquad\qquad\qquad \underline{\underline{p = 8}}$

Inverse PAF und ihre Ableitung: $\quad x = \dfrac{13}{2} - \dfrac{1}{2} p \qquad \dfrac{dx}{dp} = -\dfrac{1}{2}$

Preiselastizität im Gewinnoptimum: $\eta = \dfrac{dx}{dp} \cdot \dfrac{p}{x} \qquad \eta = -\left(-\dfrac{1}{2}\right) \cdot \dfrac{8}{2{,}5} = \underline{\underline{\dfrac{8}{5}}}$

oder mit Amoroso-Robinson: $\qquad E' = p \cdot \left(1 - \dfrac{1}{\eta}\right) \quad E'$ für $x = 2{,}5$ ist 3

$\qquad\qquad\qquad\qquad\qquad\qquad 3 = 8 \cdot \left(1 - \dfrac{1}{\eta}\right) \qquad \underline{\underline{\eta = \dfrac{8}{5}}}$

b) Senkung der variablen Kosten um $33\dfrac{1}{3}\%$

jetzt gilt: $K' = 2$ $\qquad E' = K' \qquad\qquad E = p \cdot x$

$\qquad\qquad\qquad\qquad E' = 13 - 4 \cdot x \qquad E = 13 \cdot x - 2 \cdot x^2$

$\qquad\qquad\qquad\qquad 2 = 13 - 4 \cdot x \qquad E = (13 - 2 \cdot x) \cdot x$

$\qquad\qquad\qquad\qquad x = \dfrac{11}{4} \qquad\qquad\qquad \underline{\underline{p = 7{,}5}}$

Änderung der optimalen Preis-Mengen-Kombination auf diese Werte.

c) Veränderung der Nachfrage, relevanter Bereich wie a) $0 \leq x \leq 4$ mit $p = \dfrac{13}{4} - \dfrac{5}{2} \cdot x$

weiterhin gilt: $K' = 2$ $\qquad E' = K' \qquad\qquad E = p \cdot x$

$\qquad\qquad\qquad\qquad\qquad E' = \dfrac{13}{4} - 5 \cdot x \qquad E = \dfrac{13}{4} \cdot x - \dfrac{5}{2} \cdot x^2$

$\qquad\qquad\qquad\qquad\qquad 2 = \dfrac{13}{4} - 5 \cdot x \qquad E = \left(\dfrac{13}{4} - \dfrac{5}{2} \cdot x\right) \cdot x$

$\qquad\qquad\qquad\qquad\qquad x = \dfrac{1}{4} \qquad\qquad\qquad \underline{\underline{p = \dfrac{21}{8}}}$

d) Die Menge, die bei einem Angebotspreis von 5 GE abgesetzt werden könnte, beträgt:
- bezüglich PAF in a)
  bei $p = 5$ könnte der Monopolist jede Menge im Intervall $4 \leq x \leq 8$ absetzen. Die Produktionsbeschränkung erlaubt ihm aber nur 3 ME abzusetzen.
- bezüglich PAF in c)
  bei $p = 5$ könnte er wieder $4 \leq x \leq 8$ ME absetzen. Wegen Produktionsbeschränkung kann er nichts absetzen.

Aufgabe 56

a) Ermittlung der Grenzerlösfunktion

    Bereich   I: $E' = 10$
    Bereich   II: $E' = 12 - 2 \cdot x$
    Bereich III: $E' = 4$

b) Der monopolistische Bereich der Preiselastizität liegt mit einer Steigerung von

$$\frac{dp}{dx} = -1 \text{ zwischen } \begin{Bmatrix} p = 10 \\ x = 2 \end{Bmatrix} \text{ und } \begin{Bmatrix} p = 4 \\ x = 8 \end{Bmatrix}.$$

$$\eta = \frac{dx}{dp} \cdot \frac{p}{x} \Rightarrow \begin{Bmatrix} \eta_1 = -1 \cdot \frac{10}{2} = -5 \\ \eta_2 = -1 \cdot \frac{4}{8} = -\frac{1}{2} \end{Bmatrix} \Rightarrow \quad \text{Ergebnis: } -5 \leq \eta \leq -\frac{1}{2}$$

c) Gewinnmaximum des Polypolisten

    Bereich I $\begin{Bmatrix} p = 10 \\ x = 2 \end{Bmatrix}$: $G = p \cdot x - (2 \cdot x + 1)$ $\underline{\underline{G = 15}}$

    Bereich II $\begin{Bmatrix} p = 7 \\ x = 5 \end{Bmatrix}$: $E' = K' = 2 = 12 - 2 \cdot x$ $\underline{\underline{G = 24}}$ $\Rightarrow \underline{\underline{G_{max}}}$

    Bereich III $\begin{Bmatrix} p = 4 \\ x = 10 \end{Bmatrix}$: $\underline{\underline{G = 19}}$

d) Erweiterung der Kapazitätsgrenzen, wobei erfüllt sein muss:

     $G = 4 \cdot x - 2 \cdot x - 1 > 24$ Ergebnis: $x = 13$ bzw. $x = 12{,}5$

Aufgabe 57

a) Horizontale Preisdifferenzierung

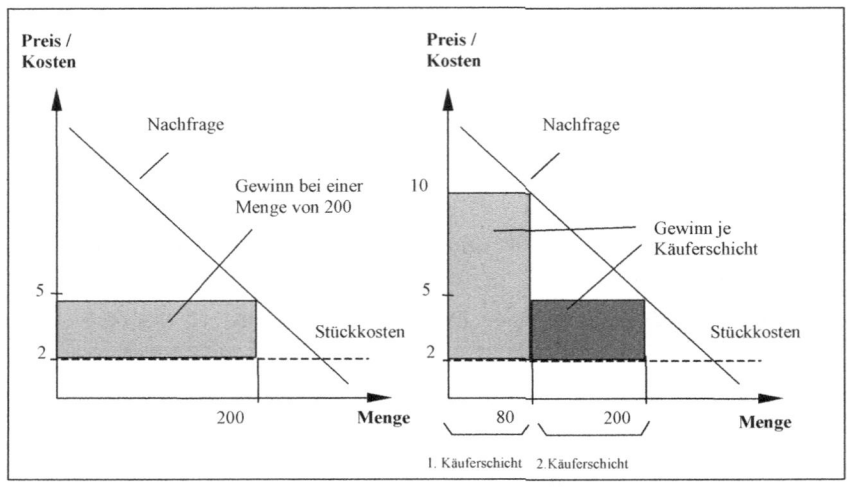

b) Vertikale Preisdifferenzierung

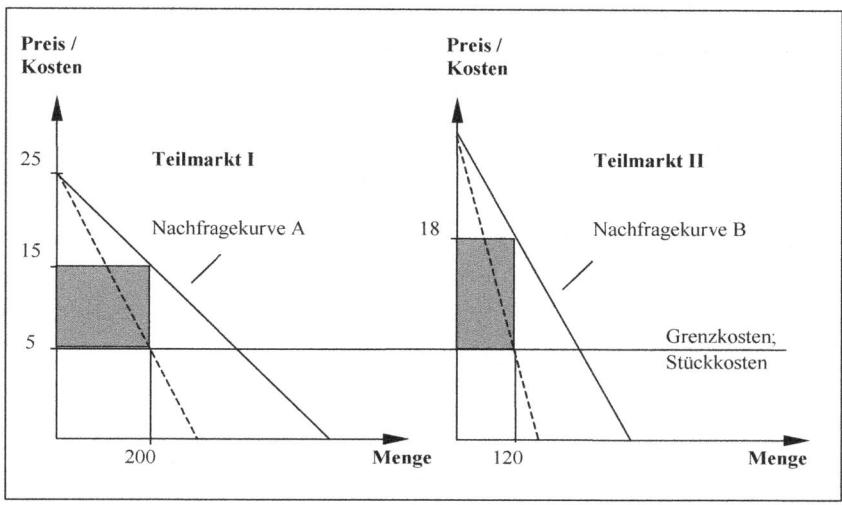

Aufgabe 58

Beispiele	räumlich	zeitlich	personell	Verwendungszweck
Merchandisingartikel als Sportbekleidung oder Sammlerstück von Hertha BSC Berlin				x
Verbilligte Sonntagsrückfahrten		x		
Saisonzuschläge im Hotelgewerbe		x		
Unterschiedliche Preise für Automobile der gleichen Marke im Aus- und Inland	x			
Personenbeförderung bei der Deutschen Bahn AG in der 1. und 2. Klasse				x
Verbilligte Fahrkarten für Rentner während der Wochentage		x	x	
Verbilligte Flugpreise im Transatlantik-Linienverkehr für Kinder			x	
Unterschiedliche Energietarife für Industrie und Privathaushalte				x
Herausgabe eines Buches als handsignierte Luxusausgabe und als Paperback			x	

Aufgabe 59

a) Ermittlung der Preisabsatzfunktionen auf den beiden Teilmärkten:

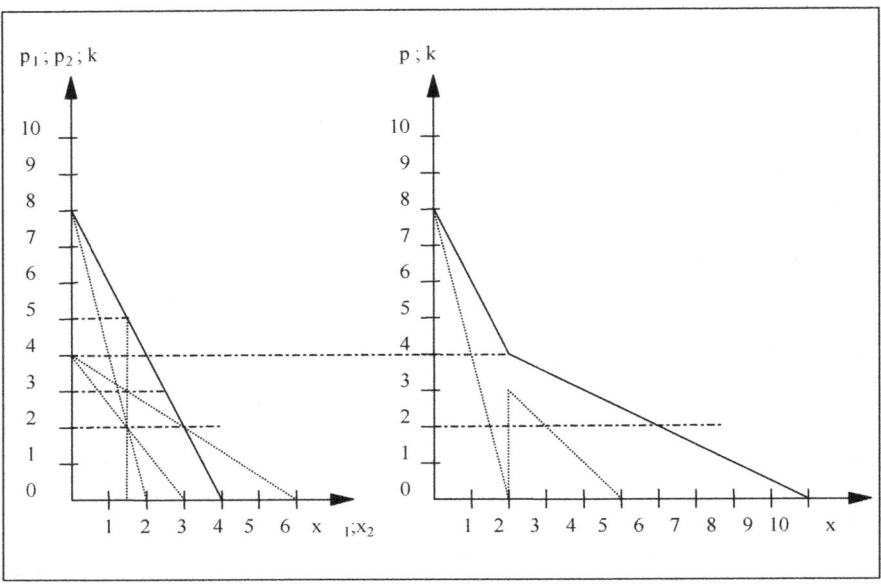

- Preisdifferenzierung

Teilmarkt 1:	Teilmarkt 2:	Gesamtmarkt:	
$x_{1p} = 1{,}5$	$x_{2p} = 1{,}5$	$\overline{x}_{p1} = 3$	$\overline{x}_{p2} = 1{,}5$
$p_{1p} = 5$	$p_{2p} = 3$	$\overline{p}_{p1} = 3{,}5$	$\overline{p}_{p2} = 5$

b) Ermittlung des maximalen Deckungsbeitrags

- Gesamtmarkt:

$G_{b1} = E_1 - K' \cdot x_1$ $\qquad$ $G_{b2} = E_2 - K' \cdot x_2$

$G_{b1} = 3 \cdot 3{,}5 - 2 \cdot 3$ $\qquad$ $G_{b2} = 7{,}5 - 2 \cdot 1{,}5$

$\underline{\underline{G_{b1} = 4{,}5}}$ $\qquad$ $\underline{\underline{G_{b2} = 4{,}5}}$

- Bei Preisdifferenzierung:

$G_b = E - K' \cdot x$

$G_b = x_{1p} \cdot p_{1p} + x_{2p} \cdot p_{2p} - (x_{1p} + x_{2p}) \cdot K'$

$G_b = 1{,}5 \cdot 5 + 1{,}5 \cdot 3 - 3 \cdot 2$

$G_b = 7{,}5 + 4{,}5 \cdot 3 - 6$

$\underline{\underline{G_b = 6}}$

Aufgabe 60

a) Ermittlung der gewinnmaximalen Preismengenkombination:

- Preisdifferenzierung:

$E_1 = p_1 \cdot x_1 = 9 \cdot x_1 - 2 \cdot x_1^2$ $\qquad$ $E_2 = p_2 \cdot x_2 = 3 \cdot x_2 - x_2^2$

$G_1 = E_1 - K_1$ $\qquad$ $G_2 = E_2 - K_2$

$G_1 = 9 \cdot x_1 - 2 \cdot x_1^2 - 5 - x_1$ $\qquad$ $G_2 = 3 \cdot x_2 - x_2^2 - 5 - x_2$

$G_1 = 8 \cdot x_1 - 2 \cdot x_1^2 - 5$ $\qquad$ $G_2 = 2 \cdot x_2 - x_2^2 - 5$

$\dfrac{dG_1}{dx_1} = 8 - 4 \cdot x_1 \overset{!}{=} 0$ $\qquad$ $\dfrac{dG_2}{dx_2} = 2 - 2 \cdot x_2 \overset{!}{=} 0$

$\underline{\underline{x_{1\,opt} = 2}}$ $\quad$ $\underline{\underline{p_{1\,opt} = 5}}$ $\qquad$ $\underline{\underline{x_{2\,opt} = 1}}$ $\quad$ $\underline{\underline{p_{2\,opt} = 2}}$

- Gesamtmarkt:

$\overline{x} = x_1 + x_2$ $\qquad\qquad$ $x_1 = \dfrac{9 - p_1}{2}$ $\quad$ $x_2 = 3 - p_2$

$\overline{x} = \dfrac{9 - p_1}{2} + 3 - p_2$ $\qquad\qquad$ $\overline{p} = p_1 = p_2$

$\overline{x} = \dfrac{9}{2} + 3 - \left(\dfrac{1}{2} + 1\right) \cdot \overline{p}$

$2 \cdot \overline{x} = 9 + 6 - 3 \cdot \overline{p}$ $\qquad\qquad$ $\underline{\underline{\overline{p} = 5 - \dfrac{2}{3}\overline{x}}}$

$G_{ges} = E_{ges} - K_{ges}$

$G_{ges} = \overline{p} \cdot \overline{x} - 5 - \overline{x}$

$G_{ges} = 5 \cdot \overline{x} - \dfrac{2}{3} \cdot \overline{x}^2 - 5 - \overline{x}$

$\dfrac{dG_{ges}}{d\overline{x}} = 4 - \dfrac{4}{3} \cdot \overline{x} \overset{!}{=} 0$ $\qquad\qquad$ $\underline{\underline{\overline{x}_{opt} = 3}}$ $\quad$ $\underline{\underline{\overline{p}_{opt} = 3}}$

b) Berücksichtigung der Einbeziehung von Kosten bei Einbeziehung des Marktes

Gewinn ohne Preisdifferenzierung: $\qquad$ Gewinn bei Preisdifferenzierung:

$G_{ges} = x_{opt} \cdot p_{opt} - K$ $\qquad\qquad$ $G_{ges} = E_1 + E_2 - K - K_0$

$G_{ges} = 3 \cdot 3 - 5 - 3$ $\qquad\qquad$ $G_{ges} = 10 + 2 - 5 - 3 - 2$

$G_{ges} = 9 - 8$ $\qquad\qquad$ $G_{ges} = 12 - 10$

$\underline{\underline{G_{ges} = 1}}$ $\qquad\qquad$ $\underline{\underline{G_{ges} = 2}}$

Die Preisdifferenzierung lohnt sich für den Anbieter.

Aufgabe 61

Das Modell enthält als Einflussgröße des Käuferverhaltens nur den Preis. Wesentliche Wirkungen gehen aber von der Werbung, der Produktgestaltung und der Absatzmethode aus. Diese Einflussfaktoren werden mit Hilfe der ceteris-paribus-Klausel ausgeschaltet. Mit dem Modell werden Zeitpunkte betrachtet. Eine Prognose ist nur durch Zeitraumbetrachtung möglich. Als Käufer wird der rational handelnde Nutzenmaximierer unterstellt.

Aufgabe 62

a) Bei der Preisfestsetzung sind Unternehmen gezwungen, in einem hohen Maße **psychologische Aspekte** mit ins Kalkül zu ziehen. Sind Produkte immer weniger unterscheidbar (z.B. Fernseher), kann der Preis für den Verbraucher zum Nutzen- und Qualitätsindikator werden. Je höher der Preis, desto besser ist scheinbar das Produkt. Weitere Aspekte für hochkalkulierte Preise sind der Prestigeeffekt (Gruppenzugehörigkeit) und der Snobeffekt („Ich kann mir das leisten").

Bei der Preisgestaltung muss weiterhin berücksichtigt werden, dass runde Summen (z.B. 100, 500, 1.000 EUR) eine psychologische Reizschwelle darstellen, die der Kunde nicht überwinden kann. Bei einem Preis knapp unter dem Schwellenwert (z.B. 998 EUR) entsteht der Eindruck einer niedrigeren Preisdimension. Nicht runde Preise vermitteln außerdem das Image besonders knapper, „exakter" Kalkulation.

b) Der Grund für die Bereitschaft, auch teure Zusatzleistungen zu kaufen, ist die subjektive Wahrnehmung der Preise durch den Verbraucher. Prozentual gleich große Preisdifferenzen werden durch den Konsumenten unabhängig vom Preisniveau gleich groß wahrgenommen (logarithmische Preisskala).

Dies bedeutet, dass ein Preisanstieg von 10 % bei einem Produkt zum ursprünglichen Preis von 2 EUR auf 2,20 EUR subjektiv genauso hoch empfunden wird, wie ein Preiszuwachs von 30.000 EUR auf 33.000 EUR. Auch bei einem hohen Grundpreis besteht folglich die Bereitschaft zum Kauf teurer Sonderausstattungen (siehe Automobilindustrie).

Aufgabe 63

Folgende **Rabatte** sind zu unterscheiden:

– Funktionsrabatte: Der Handel erhält sie für die Wahrnehmung der Handelsfunktion. Sie werden nicht als Verkaufsförderungsinstrument eingesetzt.

– Zeitrabatte: Zahlung vor Fristende. Bei temporärem Einsatz wird er als Verkaufsförderungsinstrument eingesetzt.

– Mengenrabatte: Nachlass für Abnahme großer Kontingente. Bei temporärem Einsatz (Einführungsrabatt) wird er als Verkaufsförderungsinstrument eingesetzt.

– Sonderrabatte: Sie werden gewährt für bestimmte Sonderleistungen (Artikel-Förderungsrabatte, Palettenrabatte, etc.). Bei temporärem Einsatz wird er als Verkaufsförderungsinstrument eingesetzt.

– Listungsrabatte: Werden gewährt bei Listung. Sie sind immer Verkaufsförderungsinstrumente.

Aufgabe 64

a) Die Absatzkanäle teilen sich in zwei Gruppen auf, und zwar in direkte und indirekte Absatzwege. Beim **direkten** Absatz wird der Verwender durch den Hersteller selbst und ohne Einschaltung des Handels beliefert, während beim **indirekten** Absatzweg mindestens eine Handelsstufe zwischengeschaltet ist.

Die Entscheidung für den einen oder den anderen Absatzweg hängt von verschiedenen Faktoren ab. Diese lassen sich einteilen in produktbezogene, marktbezogene und unternehmensbezogene.

Produktbezogene Faktoren	Marktbezogene Faktoren	Unternehmensbezogene Faktoren
– Erklärungsbedürftigkeit eines Produktes	– Konkurrenzsituation und -intensität	– Größe und Finanzkraft des Unternehmens
– Produktempfindlichkeit	– Anzahl der Abnehmer je Gebiet	– Erfahrung und Know-how
– Produktgefährlichkeit		
– Lagerfähigkeit und Verderblichkeit	– Größe des Absatzgebietes	– Art und Umfang des Verkaufsprogramms
	– Bedarfsmenge	
– Individualisierungsgrad	– Einkaufsrhythmus	– Kosten des Absatzweges

b) Im deutschen Einzelhandel hat eine starke Konzentrationswelle dazu geführt, dass nur noch einige große Konzerne übrig geblieben sind (z.B. Aldi, Edeka, Rewe, Metro, Spar). Dies ging einher mit dem bekannten Sterben der „Tante-Emma-Läden".

Durch diese Konzentration der Einkaufstätigkeiten besteht die Gefahr der Oligopolbildung, die eine Wettbewerbsbeeinträchtigung (unerlaubte Rabattgewährung, Preiskartellbildung) ermöglicht und die Hersteller unter Druck setzt.

Aufgabe 65

	Reisender	Handelsvertreter	Kommissionär	Makler
Rechtliche Stellung	– unselbstständig – auf fremden Namen	– selbstständig – auf fremden Namen	– selbstständig – für einen anderen auf eigenen Namen (Kommittent)	– selbstständig – auf eigenen Namen
Tätigkeitsbeschreibung	– Geschäfte vermitteln oder abschließen	– Geschäfte vermitteln oder abschließen	– Erwerb von Waren oder Wertpapieren	– Vermittlung
Risiken	– kein Preisrisiko	– kein Preisrisiko	– Preisrisiko	– Preisrisiko

Aufgabe 66

Unter **Kommunikationspolitik** wird der Einsatz aller marketingpolitischen Instrumente verstanden, die als Träger gerichteter Informationen eines Unternehmens auf den Absatzmarkt eingesetzt werden können. Wichtig in der Kommunikationspolitik ist die Tatsache, dass nicht das Produkt, sondern die Einstellung zum Produkt oder zum Unternehmen beeinflusst wird. In der Kommunikationspolitik kennt man fünf verschiedene Elemente:

- Werbung
- Verkaufsförderung
- Öffentlichkeitsarbeit
- Sponsoring
- persönlicher Verkauf

Hauptaufgabe dieser Instrumente ist die positive Präsentation des Unternehmens und der Unternehmensleistung, um den Absatz bei bestehenden oder potentiellen Abnehmern zu fördern.

Aufgabe 67

Mit dem Instrument **Konditionierung durch Werbung** kann erreicht werden, dass ein Produkt durch permanente Werbung eine erhebliche Aufwertung erfährt, die das Produkt in einem positiven Umfeld darstellt und es dadurch einerseits im „Top of mind" hält und andererseits mit einer Bedeutung ausstattet, die evtl. negative Produkteigenschaften kompensiert oder überlagert.

Aufgabe 68

Product Placement ist die Antwort der Werbebranche auf die Reizüberflutung und dem daraus resultierenden Bestreben vieler Fernsehzuschauer, Werbeblöcken durch umschalten aus dem Weg zu gehen. Es werden gezielt Produkte in Spielfilmen platziert oder von Darstellern genutzt (Hauptdarsteller in der Serie „Alarm für Cobra 11" fahren seit Jahren BMW).

Aufgabe 69

Die **Werbebotschaft** enthält die Aussage, die das werbende Unternehmen dem Umworbenen in Hinblick auf Produkte und Dienstleistungen mitteilen will. Jede vom Gehirn empfangene Information löst Empfindungen aus: Interesse oder Gleichgültigkeit, Lust oder Unlust, Besitzwünsche oder Ablehnung.

Dabei sollte eine Werbebotschaft drei Komponenten enthalten:

- **Basisbotschaft** (Basic message):
  Die Basisbotschaft soll das Produkt eindeutig identifizieren und von anderen Produkten abgrenzen.

- **Nutzenbotschaft** (USP-Technik):
  Die Nutzenbotschaft stellt den Zielpersonen diesen besonderen Nutzen eines Produktes, den Consumer Benefit, der über den üblichen Gebrauchsnutzen hinausgeht, vor. Dadurch erreicht das Produkt einen Verkaufsvorteil, den USP (= unique selling proposition), gegenüber anderen Produkten. Dieser USP kann aus einem objektiven, also nach- oder beweisbaren, oder einem subjektiven Nutzen abgeleitet werden.

- **Nutzenbegründung** (Reason-Why-Technik):
  Es reicht nicht aus, einen einzigartigen Nutzen zu versprechen. Vielmehr muss er mit glaubwürdigen Argumenten oder Beweisen begründet und untermauert werden.

Aufgabe 70

Die **Werbemittelforschung** untersucht die Bedingungen für die optimale Kombination der Komponenten von Werbemitteln (z.B. Text- u. Bildgestaltung). Werbemittel stellen die Verkörperung der gedanklichen Werbekonzeption dar.

Die **Werbeträgerforschung** soll geeignete Sachmittel bestimmen, durch die die Werbemittel an die Werbesubjekte herangeführt werden können.

Abgrenzung nach Beurteilungskriterien:

Werbemittel z.B. Anzeigenentwurf	Werbeträger z.B. Tageszeitung
– Gestaltfestigkeit – Anmutung – Aufmerksamkeitswirkung – Gedächtniswert	– Kontaktkosten – Demographische Struktur des Umworbenen (UW) – Gesamtzahl der UW – Duplikationen – Image und Gestaltung der Werbeträger

Alle Werbemittel dienen als Medium, mit dessen Hilfe die Werbebotschaft vom Unternehmen zum Empfänger gelangen soll. Dabei können Werbemittel und Werbeträger aber auch identisch sein, z.B. Werbebriefe und Kundenzeitschrift.

Aufgabe 71

Die mit **Sponsoring** angestrebten Ziele sind nur Teilziele der klassischen kommunikationspolitischen Instrumente, so dass Sponsoring heute mehr als eine ergänzende Maßnahme angesehen wird. Die drei am häufigsten anzutreffenden Formen sind Sport-Sponsoring, Kultur-Sponsoring und Sozial-Sponsoring. Durch Sponsoring versucht das Unternehmen, besonders folgende Effekte zu erreichen:

- **Imagestabilisierung/-verbesserung:** Hierbei kommen alle Sponsoringarten in Betracht, entscheidend ist, dass zum Eigenimage passende Sponsoringfeld zu finden.
- **Erhöhung des Bekanntheitsgrades:** Dieser Effekt wird vor allem durch Sportsponsoring erreicht, da die nötigen Breiten- und Wiederholungskontakte stattfinden.
- **Kontaktaufbau und -intensivierung zu unternehmensrelevanten Personen:** Hiermit sind ausgewählte Kunden gemeint, wie z.B. Großkunden, Handelspartner und Meinungsführer, denen Ehrenlogen bei Sport- oder Kulturveranstaltungen angeboten werden, um sie so in einer kontaktförderlichen Atmosphäre zu wissen.

Aufgabe 72

Da mit **psychotechnischen Verfahren** die Intensität der psychologischen Wirkungsvorgänge bei den Umworbenen ermittelt werden kann, eignen sie sich zum Wirkungsvergleich unterschiedlich gestalteter Werbemittel.

Im Rahmen der Ganzheitsprüfung der äußeren Einheit von Werbemitteln wird die Gestaltfestigkeit mit Hilfe der Zerfalls- und Deformationsverfahren (z.B. Zöllner-Verfahren) und der Verfahren der akustischen Sättigung (Messung der Zeit bis zur Sinnentleerung) gemessen. Die innere Einheit wird mit Anmutungsprüfungen auf aktualgenetischer Basis (z.B. mit Hilfe des Tachistoskops) ermittelt.

Aufgabe 73

a) Die Tauglichkeit der **Werbung** für Informationszwecke muss bezweifelt werden, da die Informationen über beworbene Produkte gefiltert sind und ausschließlich Vorteile kommuniziert werden. Die Darstellung der Nutzenvorteile zu Lasten der Information über elementare Produktfunktionen tritt in den Vordergrund.

b) Kaufentscheidungen von Konsumenten unterliegen jedoch einem ganzen Bündel von Einflussfaktoren. Die These, dass Werbung manipuliert, ist daher nur sehr eingeschränkt richtig, weil sich Verbraucher von sehr vielen Effekten und Einflussfaktoren leiten lassen, wie beispielsweise dem Snobeffekt oder dem Mitläufereffekt.

Der Werbung wird oft unterstellt, sie wecke erst Bedürfnisse, die dann nur durch das entsprechende Produkt befriedigt werden können. Die selektive Wahrnehmung erlaubt es dem Konsumenten jedoch nicht, die Flut an Informationen aufzunehmen und in Kaufhandlungen umzusetzen. Es muss also bereits ein Bedürfnis bestehen, auf dessen Grundlage dann der Wunsch des Konsumenten, ein bestimmtes Produkt zu erwerben, Konturen annimmt.

Aufgabe 74

Ein Unternehmen muss bei der Werbung für ein einzelnes Produkt bedenken, dass durch diese Werbeaktion nicht nur unmittelbare Auswirkungen für das beworbene Produkt entstehen, sondern mit Konsequenzen auch für andere Produkte bzw. für die ganze Produktpalette zu rechnen ist (Spill over Effekt). Ergänzend bleiben bestimmte Botschaften über die Zeit der Kampagne hinaus im Gedächtnis des Konsumenten („Carry over Effekt", z.B. ein gutes Produkt hat Auswirkungen auf Nachfolgeprodukte).

Aufgabe 75

Das Kaufverhalten von Konsumenten wird maßgeblich von anderen Individuen geprägt und nur bedingt durch die Werbung gesteuert. Dem wird in der Werbegestaltung Rechnung getragen, in dem sogenannte Meinungsführer oder Opinion-Leader bestimmte Verhaltensweisen vorgeben und dadurch eine Verhaltensimitation auslösen können. Die Werbung bedient sich gerne dem positiven Image bestimmter Sympathieträger, die oft auch einen gewissen Vertrauensbonus besitzen und damit eine Kaufaktion auslösen können, die auf dem Gefühl basiert, das Richtige getan zu haben, da es eine Bezugsperson bereits vorgelebt hat (Michael Ballack in der Werbung für Samsung).

Aufgabe 76

Unabhängig davon, wie geeignet eine Einteilung in ökonomischen und außerökonomischen Werbeerfolg ist, lässt sich eine gewisse Kontrolle im Hinblick auf die Auftragseingangsentwicklung, z.B. mit Hilfe von Informations- und Bestellcoupons, durchführen.

Durch Befragung und Beobachtung lässt sich die Aufmerksamkeitswirkung der Werbung, ihr Gedächtniswert und ihre Imagewirkung ermitteln. Aus diesen Ergebnissen lassen sich Kennzahlen bilden (z.B. x % der Befragten kannten die Werbebotschaft), die im Vergleich unterschiedlicher Werbekampagnen eine gewisse Werbeerfolgskontrolle ermöglichen.

Der Markttest, d.h. der probeweise Verkauf von Erzeugnissen unter kontrollierten Bedingungen in einem begrenzten Gebiet, ermöglicht es, Werbemittel zu variieren und Werbeträger in unterschiedlichem Maße einzusetzen, um dann die oben genannten Kontrollen durchzuführen.

Aufgabe 77

Die wichtigste Determinante der Kommunikationspolitik in der Zukunft ist die **Informationsüberlastung** (information overload) durch die Werbung, daraus erwächst ein schwindendes Interesse an den Werbebotschaften (low involvement situation) der Hersteller und zwangsläufig die Anforderung an die Werbebranche, alle Aussagen und Botschaften knapp und kreativ zu formulieren.

Als möglicher Ausweg wird die Dominanz der Bildinformation gesehen, da Bilder Informationen komprimierter vermitteln können und dem Zeitbudget des Betrachters eher entsprechen, sofern sie durch eine entsprechende Gestaltung Aufmerksamkeit erregt haben.

Aufgabe 78

Image sollte als integrativer Begriff verstanden werden, der die notwendigerweise existierende hohe Qualität des Produkts über bestimmte Imagefaktoren positiv kommuniziert. Da die Produkte in ihrer Qualität kaum noch Unterschiede aufweisen, werden sie austauschbar. Durch den Aufbau eines Images wird diese Entwicklung aufgehalten, deshalb sollte der Imageaufbau im Zentrum der Entwicklung von Werbeansprachen stehen.

Aufgabe 79

Der deutsche Biermarkt steht nach Einschätzung von Branchenexperten vor einem intensiven Bereinigungsprozess, in dessen Ergebnis nur die überregional agierenden Brauereien mit internationalen Ambitionen überleben werden. Darüber hinaus werden kleinen Heimbrauereien mit einem Jahresausstoß von 20.000 hl Überlebenschancen eingeräumt. Es gilt insbesondere für die erstgenannten Brauereien, einen doppelten Zielkonflikt zu meistern, der darin besteht, Heimatverbundenheit und überregionales Engagement miteinander zu verbinden und neue Käufer zu finden, ohne Stammkäufer zu verprellen.

In der Politik des **think global, act global** wird dies dahingehend berücksichtigt, dass in der Werbebotschaft alle in Frage kommenden Konsumenten angesprochen werden. In den nachgelagerten bzw. komplementären Maßnahmen wie Verkaufsförderung oder Sponsoring werden aber regionale und saisonale Aspekte stärker akzentuiert. Durch die Besetzung des Premiumsegments wird dem Wunsch der Verbraucher nach Qualität Rechnung getragen und eine Abgrenzung zu Nicht-Premiumbieren erreicht, die Grundlage einer glaubwürdigen Preispolitik ist. Premium ist zwar kein zertifiziertes Gütesiegel, hat aber beim Verbraucher eine hohe Akzeptanz im Hinblick auf ein Güteversprechen.

Aufgabe 80

a) Arten der Verkaufsförderung (sales promotion):

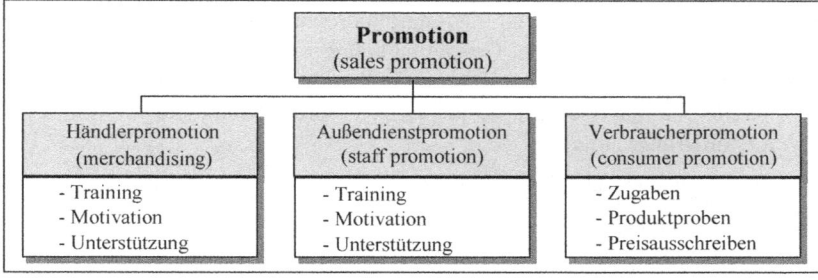

Im Gegensatz zur Werbung, die den Käufer zum Kauf anregen soll, versucht die Verkaufsförderung die Absatzpartner zum Verkaufen zu veranlassen. Dies geschieht z.B. durch Unterstützung bei der Ausgestaltung der Verkaufsräume oder der Kalkulation des Preises. Ebenfalls werden Schulungen durchgeführt.

b) Verkaufsförderung wird aufgrund der Tatsache, dass ein Großteil der Kaufentscheidungen erst am Point of Sale (Ort der Kaufhandlung) getätigt werden, immer wichtiger. So werden etwa 50 % aller Käufe ungeplant vollzogen, von denen etwa 10 % der Kaufentscheidungen als Impulskäufe getätigt werden, die dadurch charakterisiert sind, dass sie fast ohne kognitive Steuerung unter dem Einfluss von Emotionen entstehen. Diese Emotionen werden u.a. durch Verkaufsförderungsaktionen am Point of Sale ausgelöst.

c) Verkaufsförderung stellt keine Alternative zur Werbung dar, sondern beide Instrumente ergänzen sich und müssen komplementär eingesetzt werden. Ein wesentlicher Unterschied besteht darüber hinaus in der Fristigkeit der Zielsetzung und der Wirkung. Werbung ist auf Dauer angelegt, Verkaufsförderung soll kurzfristig wirken. Informierende und motivierende Werbung hat die Aufgabe, ein Produkt vor zu verkaufen. Potentiellen Käufern, die von der Werbebotschaft erreicht worden sind, fehlt unter Umständen noch ein letzter, entscheidender Anstoß, um den Kaufakt zu vollziehen. Verkaufsförderung wirkt hier synergetisch mit Werbung zusammen, indem das Produkt noch einmal nachträglich ins Blickfeld gerückt wird und den Kaufimpuls auslösen kann.

Aufgabe 81

Die **Verkaufsförderung** übernimmt unterschiedliche Aufgaben:
- Einführungsphase: Erhöhung des Bekanntheitsgrades, Kundenkontakt
- Wachstumsphase: Wiederkaufrate erhöhen bzw. sicherstellen
- Reifephase: Produkt im Top of Mind (Gedächtnis) halten
- Sättigungsphase: Das Produkt im Top of Mind halten, es muss aktualisiert werden, um bei der Kaufentscheidung noch immer berücksichtigt zu werden
- Degenerationsphase: sanften Marktaustritt realisieren

Die Verkaufsförderung wird vorzugsweise in der Einführungsphase, in der Wachstumsphase und in der Sättigungsphase eingesetzt.

Aufgabe 82

a) Von einem **Außendienstmitarbeiter** wird innerhalb der Verkaufsförderung folgendes erwartet:

- Übersetzung der Produkt- und Kommunikationsidee, insbesondere die der Verkaufsförderung
- Repräsentieren des Firmen- und Produktimages
- Durchführung der Verkaufsförderungsaktion unter der Restriktion, die Übersetzung und Durchsetzung der Gesamtmarketing-Konzeption des Unternehmens zu beachten
- Aktuelle und marktgerechte Konzipierung, Durchführung und Analyse der Verkaufsförderungsaktionen

b) Mit folgenden Maßnahmen kann der Außendienstmitarbeiter auf eine erfolgreiche Tätigkeit im Rahmen der Verkaufsförderung vorbereitet werden:

- Schulungen (persönlicher Verkauf, Training on the job, programmierte Unterweisung)
- Informationsbereitstellung für den Außendienst (Haus- und Werkzeitschriften, Rundschreiben, Konferenzen)
- Stimulation (Verkäuferwettbewerbe, Prämien, Provision)
- Ausstattung (tragbare Tonbildschauen)
- Unterstützung des Außendienstes durch den Einsatz von sogenannten Merchandisern (Verkaufsförderern)
- Startsitzungen (Beispiel: Ein neues Produkt eines anderen Unternehmens soll zur Ergänzung der eigenen Produktpalette mit aufgenommen werden - ein Besuch beim Hersteller erhöht die Akzeptanz und die Produktkenntnis der Außendienstmitarbeiter)
- Teambildung oder Bildung von Projektgruppen, die sich aus Mitarbeitern des Innen- und Außendienstes zusammensetzen

Aufgabe 83

Die wichtigsten **Instrumente** der Verkaufsförderung auf der Aktionsebene Konsument sind:
- Personenbezogene Promotions (Direkt-Mail-Aktionen, Kundenclubs, Clubkarten, Kreditkarten, Preisausschreiben)
- Preisbezogene Promotions (Self-Liquidating-Offers, Preisofferten, Zugaben, Zweitnutzenpackungen)
- Medienbezogene Promotions (Product Placement, Anzeigen mit Coupons, Anzeigen mit Preisausschreiben, Gameshows, Teleshopping, Musikvideos in Diskotheken)
- Produktbezogene Promotions (Sampling Aktionen, Aktionen des Imagetransfers)
- Verbraucherbezogene Kollektiv-Promotions (Kooperativ-Promotions, Verbund-Promotions und Gemeinschafts-Promotions)
- Sponsoring-Aktivitäten im Sinne einer vernetzten Aktion (Sport-Sponsoring, Kultur-Sponsoring, Sozio- und Öko-Sponsoring).

Aufgabe 84

a) Sampling-Aktionen (sample = Stichprobe) sind Produktverteilung bzw. Produktproben, die einerseits als absatzfördernde Maßnahmen in Zusammenarbeit mit dem Handel erfolgen können, darüber hinaus aber auch als konsumentenorientierte Verkaufsförderungsmaßnahme durchgeführt werden können.

Die Ziele einer Sampling-Aktion sind:
- Bekanntmachung eines neuen Produktes
- Erhöhung der Verbraucher-Probierrate bei neuen und laufenden Produkten
- Produktaktualisierung
- Erhöhung des Nachfragedrucks (Erhöhung der Kaufakte)

b) Sampling-Techniken und ihre Einsatzmöglichkeiten sind:

Sampling-Technik	Einsatz
Out-door-Technik	• bei Sportveranstaltungen • bei Popveranstaltungen • in Einkaufszentren
Door-to-door-Technik	• an Wohnungstüren • Briefkästen
Mailing-Technik	• Verteilung über Briefsendungen

c) Sampling-Techniken haben folgende Vor- und Nachteile:
   Vorteile: - schnelle Produktakzeptanz mit Pull-Effekt
               - schnelle Herbeiführung von Kaufentscheidungen
               - hohe Probierraten unter Ausschluss der Konkurrenz
   Nachteile: - kostenintensiv
               - Sampling-Aktionen sind schwer kontrollierbar, da Proben vom Handel oft als zusätzlicher Profit betrachtet werden, indem sie kostenpflichtig und nicht kostenlos überlassen werden

Aufgabe 85

Techniken der Gestaltung von Verkaufsförderungsmitteln sind:

Slice-of-life-Technik	Darstellung zufriedener Verwender in realitätsnaher Situation
Lifestyle-Technik	Darstellung des Produktes verbunden mit bestimmtem Lebensstil
Testimonial-Technik	Einsatz von Opinion-Leadern
Musical-Technik	Einsatz von akustischen Impulsen am POS
Kompetenz-Technik	Kommunikation von Kompetenz

Aufgabe 86

Incentives sind nichtfinanzielle Leistungsanreize, die mit einem Erlebniswert angereichert werden. Sie erfreuen sich bei Außendienstmitarbeitern wachsender Beliebtheit, da finanzielle Anreize aufgrund der hohen steuerlichen Belastung nur reduziert in die Verfügung des Außendienstmitarbeiters gelangen. Incentives besitzen ein hohes Motivationspotenzial, da eine attraktive Leistungskomponente bei Auszahlung oder Überlassung das Selbstwertgefühl der Mitarbeiter stärkt.

Aufgabe 87

a) Die Entwicklung des **Merchandising** ist eng verbunden mit der gewachsenen Stärke des Handels. Der Merchandiser fungiert im Auftrag des Herstellers vor Ort beim Händler und soll diesen in seinen Abverkaufsbemühungen unterstützen. Er setzt dies um, indem er bei der Warenplatzierung im Sinne des Herstellers die Ware in den Blickpunkt des Konsumenten rückt und so die Verkaufschancen verbessert.

b) Die Tätigkeit des Mechandisers beschränkt sich nicht auf die Platzierung der Ware, vielmehr soll er Veränderungen, Bedürfnisse, Trends und Chancen des Marktes aufnehmen, weiterleiten und aufgrund seiner guten Kenntnisse des Point-of-Purchaise (POP), Eindrücke qualifiziert kommentieren. Der Mechandiser soll aktiv in geschäfts-, waren- und verkaufspolitischen Fragen mitarbeiten und mitgestalten. Er führt wertvolle Konkurrenzbeobachtungen am Point-of-Sale (POS) durch. Die Tätigkeit beim Händler verpflichtet den Merchandiser, stabile Partnerschaften mit ihm einzugehen und im Sinne der Corporate-Identity-Policy zu agieren.

Aufgabe 88

Bei den **Displays** handelt es sich um Zweitplatzierungen, weil sie als zusätzliche Warenträger neben der Stammplatzierung dienen. Displays sind Abverkaufshilfen, die aus Pappe, Kunststoff, Metall oder Holz bestehen können. Displays werden auch als „stumme Verkäufer" bezeichnet.

Displays lassen sich folgendermaßen einteilen:

Theken-Displays	• auf Theken oder im Kassenbereich als Stopper kurz vor der Zahlungshandlung • im Großformat als Blickfang oder Stopper
Bodenständer	• Display, das sich durch Schütteln von allein aufstellt (Figuren, Flaschen)
Informationswand	• geeignet für Messen und Ausstellungen
Figuren in Lebensgröße	• Einsatz bei Verwendung von Imageträgern (Deutsche Nationalelf mit Nutella)
Mobile Displays	• Ballone über Tankstellen oder fliegende Coca-Cola-Büchsen

Displays werden als Verkaufsförderungsmittel eingesetzt und sollen besondere Aufmerksamkeit erzeugen.

Aufgabe 89

Da **Public Relation** (Öffentlichkeitsarbeit) alle Maßnahmen umfasst, die geeignet sind, ein positives Bild des Unternehmens bei allen angesprochenen Zielgruppen (intern - extern) zu schaffen, stellt die PR-Arbeit einen Baustein der Corporate Identity-Policy dar, die sich als integratives Kommunikationskonzept versteht, mit dem Ziel, ein möglichst einheitliches Erscheinungsbild des Unternehmens zu entwickeln. Public Relation greift einzelne Elemente der Corporate Identity auf und kommuniziert sie positiv in die Öffentlichkeit.

Die Integration der Marketing-Instrumente zum Marketing-Mix

Aufgabe 90

Die verschiedenen Marketing-Instrumente müssen im Sinne einer vorher festgelegten Strategie aufeinander abgestimmt werden. Es bildet sich so die taktische Komponente der Marketing-Strategie, wobei hier nicht die Optimierung eines einzelnen Marketing-Instruments, sondern die günstigste Kombination der zur Verfügung stehenden Instrumente im Vordergrund steht (optimaler Marketing-Mix).

Diese Kombinationsfindung kann nur durch stufenweise Verteilung erfolgen, wobei hier folgende Entscheidungsebenen einen Ansatzpunkt finden:

- **universaler** Aspekt: Welche Marketing-Instrumente stehen in der konkreten Situation überhaupt zur Verfügung?
- **selektiver** Aspekt: Welche der zur Verfügung stehenden Instrumente sollen eingesetzt werden?
- **qualitativer** Aspekt: Wie sollen die einzusetzenden Instrumente gehandhabt werden?
- **quantitativer** Aspekt: In welchem Umfang sollen die einzusetzenden Instrumente angewandt werden?
- **kombinativer** Aspekt: In welcher Kombination zueinander sollen die Marketing-Instrumente wirksam werden?

Aufgabe 91

Funktionale Beziehungen zwischen den Marketinginstrumenten sind:

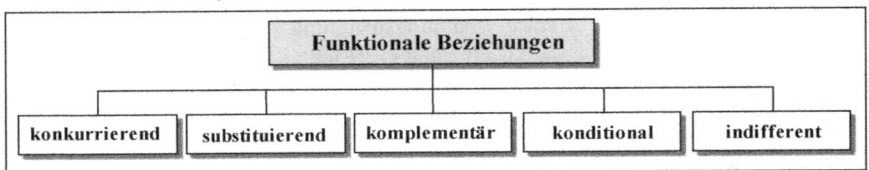

Neben statisch funktionalen Beziehungen wird die optimale Gestaltung durch den Faktor Zeit in mehrfacher Hinsicht erschwert. Zunächst können zwischen dem Einsatz der Instrumente und ihrer Wirkung Zeitverzögerungen bestehen. Nur wenige Instrumente entfalten ihre volle Wirkung sofort. Außerdem liegt zwischen dem Einsatz und dem Beginn der Wirkung bei den meisten Instrumenten nicht nur eine gewisse Zeitspanne, sondern die Wirkung erstreckt sich über einen mehr oder weniger langen Zeitraum. Maßnahmen der Vergangenheit können in die Planperiode nachwirken (Time lag).

Aufgabe 92

Das Modell des **Produktlebenszyklusses** ist nicht für Prognosezwecke geeignet, da:
- es sich bei den protokollierten Umsatzkurven um die Ergebnisse bereits eingesetzter Marketing-Mix-Kombinationen handelt. Eine Umkehrung der Abhängigkeit ist nicht selbstverständlich.
- bei der Betrachtung der Kurvenverläufe aus der Vergangenheit oder von noch existierenden Produkten sich die unterschiedlichsten Kurvenverläufe ergeben, die nicht als Grundlage für Gesetzmäßigkeiten geeignet sind. Bei dem Modell des Produktlebenszyklusses herrscht also ständig die Situation, als ob man mit dem Auto vorwärts fährt und sich dabei aber an dem orientiert, was man im Rückspiegel sieht.
- in der Sättigungsphase die Gefahr der „Self-fullfilling-prophecy" besteht, denn es existiert die Möglichkeit, durch den typischen Instrumenteneinsatz den Niedergang selbst herbeizuführen. Aufgabe sollte es jedoch in dieser Phase sein, der Stagnation einen Kick zu neuerlichem Aufschwung zu geben.
- die Veränderlichkeit der Umwelt in diesem Modell nicht erfasst bzw. berücksichtigt wird.

Aufgabe 93

a) Die Einführungsphase und die Degenerationsphase sind innerhalb des Produktlebenszyklusses als besonders kompliziert anzusehen, da in diesen Phasen Entscheidungen getroffen werden über den Erfolg oder Misserfolg eines Produktes.
- In der **Einführungsphase** muss der Markteintritt des Produktes intelligent begleitet werden. Die hohen Anfangsinvestitionen, die durch intensive Bewerbung und insgesamt durch hohe Vertriebsaufwendungen entstehen, müssen sich schnell amortisieren, um die Einführung des Produkts zu rechtfertigen. Eine entscheidende Frage ist die Preisfestsetzung, die in Abhängigkeit vom Produkt und der Marktsituation entweder mit einer Hochpreisstrategie (Skimming-Strategie) oder einer Niedrigpreisstrategie (Penetration-Strategie) gelöst wird.
- In der **Degenerationsphase**, in der die Umsätze stetig abnehmen und Konkurrenzprodukte den Markt verengen, ist eine Entscheidung zu treffen, ob das Produkt vom Markt genommen wird oder ein Relaunch (Wiederbelebung eines Produktkonzeptes, z.B. „Neuauflage" des VW Käfer als New Beetle) versucht wird.

b) Der **Pipelineeffekt** beschreibt eine Erscheinung, die am Ende der Wachstumsphase, also bei beginnender Marktsättigung zu beobachten ist. Bedingt durch die typischerweise hohe Nachfrage in der Wachstumsphase füllen sich die Lager in der Handelsstufe noch, wenn bereits Absatzstagnation zu verzeichnen ist. Die Nachfrage, die mit der Füllung der Lager ausgelöst wird, suggeriert den Produzenten einen hohen Bedarf an diesem Produkt, die Produktionskapazitäten werden erweitert, obwohl sie zu diesem Zeitpunkt eher schrumpfen müssten.

Aufgabe 94

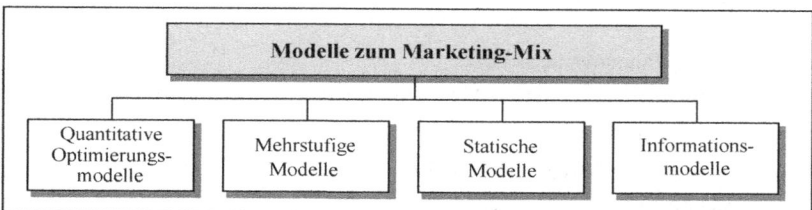

- Quantitative Optimierungsmodelle können nach der Anzahl der einbezogenen Instrumente in monoinstrumentale und polyinstrumentale Modelle differenziert werden. Durch die gleichzeitige Berücksichtigung mehrerer Marketing-Instrumente, lassen sich die polyinstrumentalen Modelle auch als Marketing-Mix-Modelle bezeichnen.
- Mehrstufige Modelle unterscheiden sich von einstufigen Modellen durch ihre sequentielle Vorgehensweise. Ausgehend von einem gedanklich oder faktisch fertiggestellten Produkt, wird die Planung der verbleibenden Marketing-Instrumente durchgeführt.
- Statische Modelle optimieren, abstrahiert von der Zeit, so dass sich alle Variablen auf dieselbe Periode beziehen. Im Gegensatz dazu wird bei dynamischen Modellen die Zeit besonders berücksichtigt, z.B. die Bedeutung der Zeit für Carry over-Effekte bei der Kommunikationspolitik.
- Zu der Kategorie der Informationsmodelle gehören deterministische und stochastische Modelle. In deterministischen Modellen werden den einzelnen Instrumenten eindeutige Wirkungen zugeordnet. Sie arbeiten mit dem Begriff der Sicherheit und bieten den umfassenden Informationsstand. Stochastische Modelle operieren mit Eintrittswahrscheinlichkeiten, die den Wirkungseffekten der einzelnen Instrumente und Variablen zugeordnet werden. Sie beziehen sich sowohl auf Entscheidungen unter Risiko, als auch auf Unsicherheitssituationen, bei denen keine Wahrscheinlichkeiten angegeben werden können.

Aufgabe 95

Schwierigkeiten bei der **Marginalanalyse** sind:
- die vielfältig bestehenden Restriktionen können nicht berücksichtigt werden
- es ist ein hoher Bedarf an Informationen über die Wirkungszusammenhänge notwendig
- es kann sich ein Zurechnungsproblem ergeben

Schwierigkeiten bei der **linearen Programmierung**:
- da es in der Realität fast nie konstante Wirkungen der Instrumente gibt, sind die Linearitätsannahmen wirklichkeitsfremd
- es geht nur um die optimale Aufteilung der einzusetzenden Instrumente, die Entscheidung über die Art des Instrumenteneinsatzes muss schon vorher gefällt werden

Aufgabe 96

a) Der Ansatz der „Linearen Programmierung" für die simultane Absatzplanung lautet:

Zielfunktion = $\sum_{i=1}^{m} \sum_{j=1}^{n} k_{ij} x_{ij} \to $ Min!

Nebenbedingungen:

(1) $\sum_{i=1}^{m} \sum_{j=1}^{n} a_{ij} x_{ij} \geq U_0$

(2) $\sum_{i=1}^{m} a_{ij} x_{ij} \geq d_j \quad$ für $j = 1,...,n$

(3) $x_{ij} \geq 0$

b) Die sukzessive Planungsmethode
– beruht auf einer stufenweisen Abstimmung der einzelnen Planungsbereiche
– wobei hier vom Absatzplan ausgegangen wird
– mit dem Ziel, alle Absatzmöglichkeiten auszunutzen
– Gegenseitige Abstimmung sehr zeitraubend, da langsames Abtasten

Der Ansatz der „Linearen Programmierung" kann
– alle Planungsbereiche gleichzeitig (simultan)
– in finanziellen, kapazitätsmäßigen und sonstigen Beschränkungen berücksichtigen
– und aus der Vielzahl der möglichen Kombinationen der absatzpolitischen Instrumente die optimale (kostengünstigste) heraussuchen
– ist operational

Aufgabe 97

Es lassen sich verschiedene Gesetzmäßigkeiten feststellen. Wichtige Beispiele sind:
- Höhere Werbeintensität ist mit höheren Preisen verknüpft.
- Mit der Zunahme des Marktanteils nimmt die Werbeintensität ab.
- Verbindung hoher Werbeausgaben mit Niedrigpreispolitik scheint nicht angebracht.

Aufgabe 98

Die **Kontrolle** führt einen Soll-Ist-Vergleich der geplanten Sollgrößen mit den realisierten Größen durch, wobei die Sollgrößen als inhaltlich und zeitlich definierte Ziele zu verstehen sind. Als Basisziel dient z.B. der Umsatz als Kontrollgröße, bezogen auf Perioden, Gebiete und Kundengruppen.

Der Marketing-Prozess kann dabei als kybernetischer Regelkreis angesehen werden, in dem die Marketingkontrolle den Rückkopplungszweig bildet. Das so erreichte Feedback stellt nicht nur Planungsabweichungen fest, sondern analysiert auch mögliche Ursachen und sucht nach geeigneten Wegen zur Abweichungsüberwindung.

Kontrolle hat also folgende Aufgabe:

1. Abweichungen zwischen Ziel und Realisierung zu erfassen
2. Abweichungsursachen zu erkennen und zu analysieren
3. Geeignete Maßnahmen zur Überwindung dieser Abweichungen zu installieren und einen Lernprozess zu initiieren

Ausblick und künftige Entwicklung des Marketing

Aufgabe 99

Die Zukunft des Marketing liegt im **Marketing** als **Denkhaltung** und Führungsmaxime. Diese Aufgabe lässt sich nicht mit Hilfe von Stabs- oder Marketingabteilungen lösen, sondern erfordert eine Institutionalisierung im Unternehmen. Der Grund hierfür ist, dass die Absatzmärkte stärker den entscheidenden Engpass für den Unternehmenserfolg bilden. Ferner müssen in der zukünftigen Marketingplanung neue Trends und Schwerpunkte berücksichtigt werden, wie z.B. Bereiche der Umwelt und des Umweltschutzes. Ein zusätzlicher Schwerpunkt ergibt sich aus der Globalisierung der Märkte und das Inkrafttreten der Europäischen Union (EU) und deren Erweiterungen.

Aufgabe 100

Das gestiegene **Umweltbewusstsein** der Allgemeinheit stellt eine neue Herausforderung für die Marketingplanung dar. Die „intakte Natur" wird mittlerweile als knappes Gut eingestuft, so dass ökologieorientiertes Marketing ansetzen muss, um das Verhalten des Unternehmens und das Verbraucherverhalten dementsprechend zu beeinflussen.
Um sich gesellschaftliche Akzeptanz zu verschaffen und sich so von den Mitbewerbern abzugrenzen, müssen die Aktivitäten auf vier sehr wichtige Bereiche konzentriert werden:

- Ressourcenschonung
- Recycling-Konzepte
- ökologieorientierte Produktgestaltung
- Entsorgungsmaßnahmen

Lösungen zu den Testfragen

Nr.	Antwort	Nr.	Antwort	Nr.	Antwort	Nr.	Antwort
1.	a, c, d, e	13.	a, c	25.	a, b, c, e	37.	c
2.	a, b, d	14.	a, c, e	26.	c, d	38.	a, b, c
3.	c	15.	a, b	27.	c, d	39.	c
4.	a, b, c, d	16.	a, c	28.	b	40.	c
5.	c	17.	a, d, e	29.	a	41.	d, e
6.	d	18.	a, b, d, f	30.	a, c, d	42.	a, c
7.	a, d	19.	b, c, e	31.	a, c	43.	a, b
8.	a, b, c	20.	a, c, d	32.	b	44.	d
9.	a	21.	b	33.	a, c, d	45.	a, e
10.	a, d	22.	a, c	34.	c	46.	b, e
11.	a, b, d	23.	a, b, d	35.	d		
12.	a, c	24.	b	36.	c		

Anhang: Trends und Entwicklungen im Marketing (Glossar)

- **Corporate Blog:**
  Ein vom Unternehmen geführter Blog im Internet, der als Informations- und Austauschplattform dient.

- **Follow-the-Free-Pricing:**
  Um ein neues Produkt im Markt erfolgreich und schnell einzuführen, wird es kostenlos (z. B. im Internet) verbreitet. Daraufhin strebt der Anbieter den Verkauf von höherwertigen oder anderen zusätzlichen Produkten an, um hierüber seinen Umsatz zu sichern.

- **Infotainment:**
  Stellt einen Mix aus Information und Entertainment dar, bei dem die Konsumenten unterhaltsam und informativ umworben werden (z. B. SplitScreens).

- **Kundenintegration:**
  Bei der Produktentwicklung und -modifikation werden Opinion Leader (Repräsentanten einer Zielgruppe) mit einbezogen, um besser auf die Wünsche und Bedürfnisse der Zielgruppe eingehen zu können.

- **Kultur und Kaufverhalten:**
  Der Kulturkreis stellt eine wesentliche Determinante für das Kaufverhalten der Person dar. Durch den Kauf einer bestimmten Marke kann zum Beispiel Status und Macht nach außen gezeigt werden.

- **Mobile Advertising:**
  Das Mobiltelefon stellt für viele Menschen einen treuen Begleiter dar und ist damit ein optimaler Werbeträger. Durch SMS, MMS, E-Mail etc. wird der Verbraucher schnell und kostengünstig über neue Produkte und Angebote informiert.

- **Moralisches Kaufverhalten:**
  Der Verkauf von Produkten wird mit sozialem Engagement, seitens des Unternehmens, verknüpft, um sich einen Wettbewerbsvorteil, ein Unterscheidungsmerkmal und ein Image gegenüber der Konkurrenz aufzubauen (z. B. für jedes verkaufte Produkt spendet das Unternehmen einen Cent).

- **Multisensorische Produktpolitik:**
  Die fünf Sinne des Menschen finden zunehmende Beachtung in der Produktpolitik, da sie einen entscheidenden Einfluss auf das Urteil des Konsumentens beim Kauf oder der Benutzung des Produktes haben.

- **Neuro-Marketing:**
  Bei der Konsumentenverhaltensforschung setzt man immer stärker auf die Untersuchung und Analyse von Hirnströmen, zum Beispiel mit Hilfe der Magnetresonanz-Tomografie. So kann man die Aktivierung und Emotionalisierung der Testperson messen.

- **Podcasting:**
  Unter Podcasting versteht man das Herstellen und Anbieten von Audio- und Videodateien, die die Benutzer frei kombinieren und sich somit Radio- bzw. Fernsehprogramme einrichten können. Dieses Medium kann hervorragend für Werbemaßnahmen genutzt werden.

- **Retail-Branding:**
  Handelsunternehmen setzen immer mehr auf Markenpolitik, indem sie ihre Verkaufsstellen wie Produkte behandeln und sie unter einem Markendach bewerben.

Kapitel G

Kapitalwirtschaft

Aufgaben

Kapitalbedarf

Aufgabe 1

Definieren Sie den Begriff Kapitalbedarf verbal und mit Hilfe einer Gleichung!

Aufgabe 2

Gegeben sind folgende Einnahmen und Ausgaben:

Monat	Ausgaben [TEUR]	Einnahmen [TEUR]
Januar	100	0
Februar	80	20
März	50	70
April	100	100
Mai	100	70
Juni	60	100

a) Ermitteln Sie den Kapitalbedarf für die einzelnen Monate rechnerisch!
b) Stellen Sie den Kapitalbedarf für die einzelnen Monate graphisch dar!

Aufgabe 3

Um welche Finanzierungsarten handelt es sich bei folgenden Vorgängen?
a) Es wird ein neuer Gesellschafter im Unternehmen aufgenommen.
b) Das Unternehmen bildet Pensionsrückstellungen zur Altersversorgung der Mitarbeiter.
c) Ein kurzfristiger Kredit wird in einen langfristigen umgewandelt.
d) Erzielte Gewinne werden im Unternehmen einbehalten und für Investitionszwecke verwendet.
e) Das Unternehmen nimmt einen Kredit auf.
f) Das Unternehmen kauft für die zurücklaufenden Abschreibungsbeträge eine Maschine.
g) Dem Unternehmen wird eine Maschine geliefert, die 6 Wochen später zu bezahlen ist.
h) Das Unternehmen verkauft eine nicht mehr benötigte Maschine, um Rohstoffe zu beschaffen.
i) Das Unternehmen least einen Personenkraftwagen.
j) Eine Aktiengesellschaft erhöht ihr gezeichnetes Kapital.

Aufgabe 4

Was versteht man unter einer Finanzplanung und welche Arten von Finanzplanung lassen sich unterscheiden?

Aufgabe 5

Was ist eine rollierende Finanzplanung?

Aufgabe 6

Welche Grundsätze bestimmen den Nutzen und die Aussagefähigkeit von Finanzplänen?

Aufgabe 7

Die Chemische Produkte SE beabsichtigt, zum 01.01. des folgenden Jahres zur Erweiterung ihrer Aktivitäten in Asien eine Tochtergesellschaft für Produktion und Vertrieb in Peking aufzubauen. Hierzu ist es notwendig, einen Finanzplan für die ersten sechs Monate aufzustellen. Die Unternehmung hat einen Kontokorrentkreditrahmen von 150.000 €, welcher zu einem Zinssatz von 10% pro Jahr gewährt wird. Außerdem kann die Gesellschaft über einen kurzfristigen Kredit zu einem Festzins von 7,0% verfügen.

Es sind folgende Informationen vorhanden:
- Der asiatische Standort wird maßgeblich mit Eigenkapital in flüssiger Form von 150.000 € finanziert. Das Geld steht der Tochtergesellschaft ab Anfang Januar zur Verfügung.
- Es wurde ein Objekt angemietet, für welches monatlich 1500 € Miete im Voraus zu zahlen ist.
- Die für die Produktion notwendigen Roh-, Hilfs- und Betriebsmittel werden für 40.000 € jeden Monat beschafft und sofort bezahlt. Am Anfang hat das Lager Material im Wert von 15.000 € in Reserve.
- In der Tochtergesellschaft in Peking sind 8 Mitarbeiter beschäftigt. Deren Kosten belaufen sich auf 32.000 € monatlich und fallen auch im entsprechenden Monat an.
- Im Januar wird die Betriebs- und Geschäftsausstattung für 25.000 € beschafft und sofort bar bezahlt.
- Die chinesische Tochtergesellschaft produziert Plastikwaren. Die dafür notwendige Produktionsanlage erzeugt ausgabewirksame Anschaffungskosten (inkl. Anschaffungsnebenkosten) in Höhe von 200.000 €. Eine Zahlung von 120.000 € erfolgte sofort. Der Restbetrag wird gleichmäßig über einen Zeitraum von vier Monaten verteilt.
- Zusätzlich zu den Plastikwaren vertreibt die Unternehmung noch Styropor-Waren. Die Beschaffungskosten dafür betragen 15.000 €, welche sofort bezahlt werden.
- Der Verkauf der hergestellten Plastikwaren beginnt im Februar. Der Erlös daraus beträgt monatlich 103.000 €.
- Es ist zu beachten, dass nur ein Viertel der Kunden sofort bezahlt, von den übrigen zahlen 50 % nach einem Monat und der letzte Teil nach zwei Monaten.
- Wegen des erst anlaufenden Verkaufs werden die Styropor-Waren im zweiten Monat zu 30 %, im dritten Monat zu 70% und erst ab dem vierten Monat stetig zu 100% mit einem Aufschlag von 25% bar verkauft. Die Bezahlung durch die Kunden erfolgt sofort im Monat des Verkaufs.

Ihre Aufgabe besteht darin, für die ersten sechs Monate einen Finanzplan zu erstellen. Ermitteln Sie dabei den jeweiligen monatlichen Saldo (Umsatzsteuer und eventuelle Finanzierungskosten sind hier nicht zu beachten)!

Kapitalbeschaffung

Aufgabe 8

Nach welchen Merkmalen kann man die Außenfinanzierung mit Fremdkapital unterteilen?

Aufgabe 9

Was versteht man unter Beteiligungs- bzw. Einlagenfinanzierung?

Aufgabe 10

Wie kann das Eigenkapital bei der Eigen- und Beteiligungsfinanzierung grundsätzlich zugeführt werden?

Aufgabe 11

Worin liegt die Problematik von Sacheinlagen (z.B. Grundstücke, Gebäude, Mobilien und Waren) und Rechten (z.B. Lizenzen und Patente) bei der Eigen- und Beteiligungsfinanzierung?

Aufgabe 12

Nach welchen Kriterien werden Unternehmen im Rahmen der Beteiligungsfinanzierung unterschieden?

Aufgabe 13

Was kann generell zu den Möglichkeiten der Beteiligungsfinanzierung der nicht-emissionsfähigen Unternehmungen gesagt werden?

Aufgabe 14

Was kann die Beteiligung als stiller Gesellschafter attraktiv machen?

Aufgabe 15

Nennen Sie Gründe, warum die Aufnahme neuer Gesellschafter bei der OHG problematisch sein kann!

Aufgabe 16

Warum eignet sich die Aktie besonders gut, wenn ein hohes Eigenkapital erforderlich ist?

Aufgabe 17

Nach welchen Kriterien können die wichtigsten Aktienarten eingeteilt werden und wie heißen sie?

Aufgabe 18

Wie beurteilen Sie die Börsenfähigkeit (Verkehrsfähigkeit) von Inhaber-, Namens- und vinkulierten Namensaktien?

Aufgabe 19

Welche Rechte verbrieft eine Stammaktie?

Aufgabe 20

Grenzen Sie Stamm- und Vorzugsaktien voneinander ab! Gehen Sie dabei ein auf Stimmrechts-, Ausschüttungs-, Ausgabevolumen-, Platzierungspreis- und Marktunterschiede!

Aufgabe 21

a) Was versteht man unter Going Public?
b) Welche Beweggründe veranlassen Unternehmen zum Going Public?

Aufgabe 22

Was versteht man unter Amtlichem Handel, Geregeltem Markt und Freiverkehr, und welches sind die prinzipiellen Zulassungsvoraussetzungen?

Aufgabe 23

Im Rahmen der Aktienanalyse unterscheidet man bei der Prognose des Kursverlaufs die Fundamentalanalyse und die Chartanalyse. Erläutern Sie kurz beide Verfahren!

Aufgabe 24

Nennen Sie wichtige Formen der Kapitalerhöhung bei einer Aktiengesellschaft!

Aufgabe 25

Aus welchen Gründen lässt sich der Vorstand einer AG das Recht auf eine sogenannte „genehmigte Kapitalerhöhung" einräumen?

Aufgabe 26

Um die Marktlage der Aktien zu verdeutlichen, werden die Kurse mit Kurszusätzen versehen. Nennen Sie einige!

Aufgabe 27

Für ein Wertpapier bestand diese Auftragslage. Ermitteln Sie grafisch den Einheitskurs!

Kaufantrag (Geld)	Verkaufsaufträge (Brief)
1.000 Stück zu 150	2.000 Stück zu 147
1.000 Stück zu 149	1.000 Stück zu 148
1.500 Stück zu 148	1.000 Stück zu 149
1.000 Stück zu 147	1.000 Stück zu 150

Aufgabe 28

Warum können Kapitalerhöhungen aus Gesellschaftsmitteln durchgeführt werden?

Aufgabe 29

Eine Aktiengesellschaft plant eine Kapitalerhöhung im Verhältnis 5:1. Das Grundkapital beträgt 2,0 Mio. EUR vor der Kapitalerhöhung und 2,4 Mio. EUR danach. Der alte Kurs der Aktie beträgt 180 EUR/Aktie, der Ausgabekurs der jungen Aktie 120 EUR/Aktie.

a) Welcher Kurs ergibt sich nach der Kapitalerhöhung?
b) Welchen Wert hat das Bezugsrecht?

Aufgabe 30

a) Zu welchem Kurs müsste eine AG ihre jungen Aktien emittieren, um das Bezugsrecht für den Altaktionär uninteressant werden zu lassen?

b) Welches Interesse kann die Unternehmung an einer solchen Handhabung besitzen?

Aufgabe 31

Eine Aktiengesellschaft erhöht ihr Grundkapital von 8 auf 12 Mio. EUR. Der Bezugskurs der jungen Aktie soll 120 EUR betragen, der aktuelle Börsenkurs liegt bei 170 EUR.
Ermitteln Sie den rechnerischen Wert des Bezugsrechts und zeigen Sie, inwiefern das Bezugsrecht die Aktionäre vor einer Verschlechterung ihres Besitzstandes schützt!

Aufgabe 32

a) Zeigen Sie anhand der Bezugsrechtsformel und der folgenden Zahlenangaben, dass die Vermögensposition eines Altaktionärs, der drei alte Aktien besitzt, nicht von der Höhe des Bezugskurses neuer Aktien beeinflusst wird!

Kurs der alten Aktie vor dem Bezugsrechtsabschlag: $K_a = 600$

Emissionskurs: $K_{n_{(1)}} = 200 \quad K_{n_{(2)}} = 300$

Bezugsverhältnis: $\dfrac{a}{n_{(1)}} = 3 \quad \dfrac{a}{n_{(2)}} = 2$

b) Welche in der Bezugsrechtsformel nicht berücksichtigten Faktoren können zu einer positiven Einschätzung niedriger Bezugskurse (insb. durch Kleinaktionäre) führen?

Aufgabe 33

Aus welchen Teilpositionen setzt sich der Finanzierungsaufwand des Kontokorrentkredites zusammen?

Aufgabe 34

Was ist ein Akzeptkredit aus wirtschaftlicher Sicht?

Aufgabe 35

Welche Arten des Lombardkredites gibt es?

Aufgabe 36

Nennen Sie Formen der Schuldverschreibungen!

Aufgabe 37

Was versteht man unter einer Industrieobligation?

Aufgabe 38

Beschreiben Sie die Unterschiede zwischen einer Aktie und einer Industrieobligation!

Aufgabe 39

Durch welche Modalitäten lässt sich die Effektivverzinsung einer Industrieanleihe beeinflussen?

Aufgabe 40

Die Eigenkapitalrentabilität (r_e) ist abhängig von den Größen:

r_i = interne Verzinsung $\qquad$ k = Fremdkapitalzinssatz

$\dfrac{FK}{EK}$ = Kapitalstruktur $\qquad$ $r_e = r_i + \dfrac{FK}{EK} \cdot (r_i - k)$

Erläutern Sie, welche Größen im Zeitablauf unsicher sind und die möglichen Rückwirkungen der Unsicherheit auf das Verhalten der Investoren!

Aufgabe 41

a) Worin besteht das besondere Merkmal einer Wandelschuldverschreibung?
b) Was sind die besonderen Charakteristika der Wandelschuldverschreibung als Finanzierungsinstrument?
c) Wann wird ein Unternehmen die Auflegung von Wandelschuldverschreibungen erwägen?

Aufgabe 42

Was versteht man unter einer Optionsanleihe?

Aufgabe 43

Ein Call-Optionsschein hat folgende Ausstattung:

- Aktueller Kurs des Optionsscheins $\qquad$ 90 EUR
- Aktueller Kurs der Aktie (Basiswert) $\qquad$ 420 EUR
- Basispreis $\qquad$ 370 EUR
- Optionsverhältnis $\qquad$ 1 Aktie pro 2 Optionsscheine (1:2 = 0,5)
- Restlaufzeit $\qquad$ 2 Jahre

a) Ermitteln Sie den inneren Wert, den Zeitwert, das Aufgeld und die Hebelwirkung!
b) Die Aktie ist nach 2 Monaten auf 595 EUR gestiegen. Ermitteln Sie den Gewinn oder Verlust, wenn Sie das Optionsrecht ausüben!
c) Die Laufzeit der Option beträgt noch 3 Monate. Würden Sie die Option ausüben?

Aufgabe 44

Was versteht man unter einer Nullkupon-Anleihe?

Aufgabe 45

Was ist ein Schuldscheindarlehen?

Aufgabe 46

Wie ist ein Genussschein zu charakterisieren?

Aufgabe 47

Was versteht man unter der Konversion einer Anleihe?

Aufgabe 48

Erläutern Sie den Begriff „Lieferantenkredit"! Welche Vorteile bietet er und wie ist er unter Kostengesichtspunkten zu beurteilen?

Aufgabe 49

Sie haben die Möglichkeit, zu 10 % rentierliche Titel gleicher Gesamtfälligkeit (10 Jahre) zum Kurs von 75 % und zu pari zu kaufen. Sie beabsichtigen, Ihre Anlage nach 2 Jahren aufzulösen und rechnen mit einem Terminzins von 7,5 % für die 8-jährige Restlaufzeit.
Welchen Titel kaufen Sie?
Lösungshinweis: Bedienen Sie sich folgender Näherungsformel:

$$p = \frac{100\%}{K} \cdot \left(i + \frac{R-K}{n}\right) \quad p = \text{Effektivzins}; \; i = \text{Normalzins}; \; R = \text{Verkaufskurs}$$

$n = $ (Rest-) Laufzeit $\quad p_1 = p_2 = 10\ \%; \quad K = \text{Kaufkurs}; \quad i_1 = 10\ \%$

Aufgabe 50

Errechnen Sie den effektiven Zinssatz des Lieferantenkredits bei folgenden Konditionen: 3 % Skonto bei Zahlung innerhalb von 8 Tagen, sonst rein netto innerhalb von 30 Tagen!

Aufgabe 51

a) Bei welchen Zinssätzen lohnt sich (rein rechnerisch) die Aufnahme eines Bankkredits zum Zweck der Skonto-Inanspruchnahme, wenn die Zahlungsbedingung lautet:
   Skonto 2 %, 60 Tage netto?
b) In der Literatur findet man häufig die Empfehlung, auf die Inanspruchnahme des Lieferantenkredits zu verzichten, da dieser zu kostspielig sei. Nennen Sie Gründe, warum die Inanspruchnahme des Lieferantenkredits dennoch sinnvoll sein kann!

Aufgabe 52

a) Nach welchen Kriterien werden Leasingverträge klassifiziert?
b) Kann Finanzierungs-Leasing eine Alternative zum kreditfinanzierten Kauf sein?

Aufgabe 53

Viele Unternehmen investieren nicht mehr in die Anschaffung von Anlagegütern, sondern „leasen" diese. Worin sehen Sie die Vor- und Nachteile des Leasing?

Aufgabe 54

Im Wirtschaftsleben spielt das Factoring eine wichtige Rolle.
a) Was versteht man unter Factoring?
b) Durch welche Funktionen kann das Factoringgeschäft gekennzeichnet sein?
c) Zu welchen Vorteilen kann Factoring führen?

Aufgabe 55

Was versteht man unter Innenfinanzierung?

Aufgabe 56

Was ist die eigentliche Voraussetzung für die Selbstfinanzierung?

Aufgabe 57

Was versteht man unter dem Lohmann-Ruchti-Effekt (Kapazitätserweiterungseffekt) und worauf ist er zurückzuführen?

Aufgabe 58

Welche Voraussetzungen sind zur Nutzung des Lohmann-Ruchti-Effekts nötig?

Aufgabe 59

Ein Unternehmen verfügt über acht neue Anlagen. Jede der Anlagen hat einen Wert von 12.000 EUR und eine Nutzungsdauer von vier Jahren. Beschreiben Sie den Kapazitätserweiterungseffekt (Lohmann-Ruchti-Effekt) bei linearer Abschreibung! Zeigen Sie, inwieweit dieser Effekt

   a) von der Nutzungsdauer und   b) vom Anschaffungspreis der Anlagen abhängt!

Vermögens- und Kapitalstrukturgestaltung

Aufgabe 60

Wovon ist die Eigenkapitalquote im Unternehmen abhängig?

Aufgabe 61

Welcher Zielkonflikt besteht zwischen Liquidität und Rentabilität?

Aufgabe 62

a)   Beschreiben Sie den Leverage-Effekt!

b)   Sie besitzen 1.000.000 € EK und 1.500.000 € FK. Das FK ist mit 7,5% zu verzinsen. Wie hoch ist die EK-Rentabilität, wenn Sie eine GK-Rentabilität von 16% in diesem Jahr erzielen? Wie erhöht sich die EK-Rentabilität, wenn Sie statt 1.500.000 € 3.000.000 € FK aufgenommen hätten? Erklären Sie die Ergebnisse!

Aufgabe 63

Nennen Sie Einwände zur „These von der Relevanz der Kapitalstruktur"!

Kapitalverwendung

Aufgabe 64

Skizzieren Sie die verschiedenen Investitionsarten!

Aufgabe 65

Welche Phasen werden beim Investitionsentscheidungsprozess durchlaufen?

Aufgabe 66

Worin besteht der wesentliche Unterschied zwischen den statischen und den dynamischen Investitionsrechenverfahren?

Aufgabe 67

Welche internen/ externen Informationen benötigt man für Investitionsentscheidungen?

Aufgabe 68

Nennen Sie wichtige Kosten eines Investitionsobjekts!

Aufgabe 69

Wie ermittelt man, bei Anwendung der Kostenvergleichsrechnung,

   a) die kalkulatorischen Abschreibungen und   b) die kalkulatorischen Zinsen?

Aufgabe 70

a) Bei der Lösung des Auswahlproblems mit Hilfe der Kostenvergleichsrechnung kann man entweder die Kosten je Zeitabschnitt oder die Kosten je Leistungseinheit für die verschiedenen Alternativen einander gegenüberstellen. Wann führen beide Methoden zum selben Ergebnis? Begründen Sie Ihre Ansicht!
b) Was versteht man bei der Kostenvergleichsrechnung unter kritischer Auslastung?
c) Kostenvergleichsrechnung und Ersatzproblem: Wovon hängt der durchschnittliche jährliche Liquidationsverlust der alten Anlage ab?

Aufgabe 71

Das folgende Diagramm zeigt den Kostenverlauf der Investitionen A_1 und A_2 in Abhängigkeit von der Auslastung:

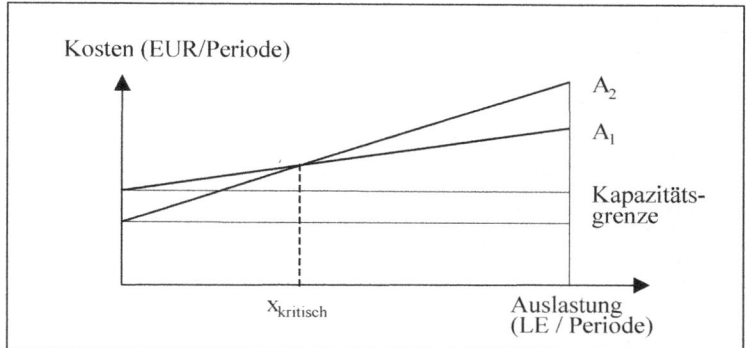

Überlegen Sie, wie sich die Kurven und die kritische Auslastung verändern, wenn sich:
a) die variablen Kosten der Investition A_1 verringern!
b) der Anschaffungswert der Investition A_1 erhöht!

Aufgabe 72

Zwei alternative Investitionsobjekte sind mittels Kostenvergleichsrechnung zu beurteilen:

Kostenvergleichsrechnung	Alternative I	Alternative II
Anschaffungskosten (EUR)	60.000	120.000
Nutzungsdauer (Jahre)	6	6
Kapazität (Stück/Jahr)	8.000	10.000
Restwert	12.000	0
Abschreibungen (EUR/Jahr)	....	....
Zinsen (EUR/Jahr)	....	....
Gehälter (EUR/Jahr)	10.000	10.000
sonstige fixe Kosten (EUR/Jahr)	8.000	10.000
Gesamte fixe Kosten (EUR/Jahr)	....	....
Löhne (EUR/Jahr)	44.000	29.000
Material (EUR/Jahr)	80.000	96.000
Sonstige variable Kosten (EUR/Jahr)	6.000	5.000
Gesamte variable Kosten (EUR/Jahr)	....	....

a) Vervollständigen Sie die Ausgangssituation, indem Sie die kalkulatorischen Zinsen und die kalkulatorische Abschreibung ermitteln! Der Kalkulationszinsfuß beträgt 8 %.
b) Ermitteln Sie anhand der Kostenvergleichsrechnung die vorteilhaftere Alternative:
    Fall 1:   bei einer Produktion von 4.000 Stück!
    Fall 2:   bei einer Produktion von 6.000 Stück!
c) Ermitteln Sie die kritische Menge und stellen Sie die Ergebnisse grafisch dar!

Aufgabe 73

Führen Sie zwischen den drei Investitionsvarianten eine Gewinnvergleichsrechnung durch und bestimmen Sie dabei den Gewinn pro Stück und den Gewinn pro Periode.

Gewinnvergleichsrechnung	Variante A	Variante B	Variante C
Leistung in Stück	20.000	20.000	25.000
Preis pro Stück (EUR)	11,00	10,50	10,50
Erträge (EUR)	**220.000**	**210.000**	**262.500**
Fixkosten (EUR)	22.000	44.000	40.000
Variable Kosten pro Stück (EUR)	7,40	6,20	6,65
Gesamtkosten	....	....	....
Gewinn pro Stück	....	....	....
Gewinn pro Periode	....	....	....

Aufgabe 74

Welche Größen werden für die Durchführung der statischen Rentabilitätsrechnung benötigt? Erläutern Sie den Inhalt dieser Größen!

Aufgabe 75

Einem Unternehmen stehen drei Angebote für eine Investition zur Verfügung:

Rentabilitätsrechnung	Alternative I	Alternative II	Alternative III
Anschaffungskosten (EUR)	80.000	120.000	160.000
Restwert (EUR)	5.000	7.000	9.000
Nutzungsdauer (Jahre)	8	8	8
Auslastung (Stück/Jahr)	18.000	20.000	22.000
Zinssatz (%)	8	8	8
Erträge (EUR/Jahr)	**190.950**	**212.100**	**233.020**
Fixe Kosten (EUR/Jahr)	18.200	28.300	39.650
Variable Kosten (EUR/Jahr)	168.700	176.620	184.360
Gesamtkosten (EUR/Jahr)	....	....	....

a) Ermitteln Sie unter Verwendung der obigen Daten die Rentabilität der alternativen Investitionsobjekte!
b) Wie sind die ermittelten Rentabilitäten zu beurteilen?

Aufgabe 76

Für eine Investition stehen zwei alternative Objektive zur Verfügung, die folgende Daten aufweisen:

Amortisationsrechnung	Alternative I	Alternative II
Anschaffungskosten (EUR)	100.000	120.000
Nutzungsdauer (Jahre)	8	10
Abschreibungen (EUR/Jahr)	12.500	12.000
∅ Gewinn (EUR/Jahr)	1.500	7.400
∅ Rückfluss (EUR/Jahr)	14.000	19.400
1. Jahr	13.000	18.000
2. Jahr	15.000	18.000
3. Jahr	15.000	20.000
4. Jahr	13.000	20.000
5. Jahr	13.000	18.000
6. Jahr	13.000	20.000
7. Jahr	15.000	20.000
8. Jahr	15.000	20.000
9. Jahr	-	20.000
10. Jahr	-	20.000

a) Ermitteln Sie die Amortisationszeit mit Hilfe der Durchschnittsrechnung!
b) Welche Amortisationszeit ergibt sich bei der Anwendung der Kumulationsrechnung?
c) Berechnen Sie bei einem Kalkulationszinssatz von 5% die dynamische Amortisationsdauer!

Aufgabe 77

Welche Größen werden im Rahmen der Investitionstheorie für die statische Amortisationsrechnung benötigt? Geben Sie eine kurze Erläuterung!

Aufgabe 78

Es bestehen zwei Investitionsalternativen:

	Anlage I	Anlage II
Gewinn/Jahr (konst.):	15.000 EUR	40.000 EUR
Kapitaleinsatz:	100.000 EUR	200.000 EUR
Nutzungsdauer:	10 Jahre	10 Jahre

a) Berechnen Sie die (statische) Rentabilität der Anlagen! Welche Anlage ist nach der (statischen) Rentabilitätsrechnung vorzuziehen?
b) Welche Anlage ist nach der (statischen) Amortisationsrechnung vorzuziehen? Beide Anlagen sollen linear abgeschrieben werden (Restwert = 0).
Berechnen Sie die Amortisationszeiten!
c) Können statische Rentabilitätsrechnung und statische Amortisationsrechnung bei gleicher Nutzungsdauer und linearer Abschreibung auf Null zu verschiedenen Vorteilsentscheidungen führen (Begründung!)?

Aufgabe 79

Nennen Sie kurz die wichtigsten Unterschiede zwischen der (statischen) Rentabilitätsrechnung und den sog. dynamischen Investitionsrechenverfahren!

Aufgabe 80

Bei den Investitionsrechenverfahren wird zwischen dem Kalkulationszinssatz und dem internen Zinssatz unterschieden. Worin bestehen die Unterschiede?

Aufgabe 81

Beschreiben Sie kurz den in der nachstehenden Skizze abgebildeten Sachverhalt!
Kennzeichnen Sie Ihre jeweilige Vorteilsentscheidung und nennen Sie das Entscheidungskriterium!

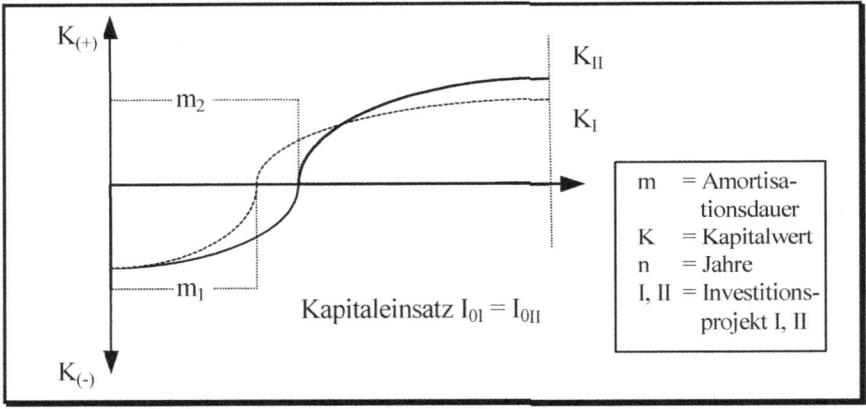

Aufgabe 82

Im Rahmen der Investitionsplanung stehen zwei alternative Investitionsobjekte mit folgenden Daten zur Auswahl:

Kapitalwertmethode	Alternative I		Alternative II	
Jahr	Einnahmen	Ausgaben	Einnahmen	Ausgaben
1. Jahr	52.000	38.000	60.000	41.000
2. Jahr	56.000	35.000	68.000	42.000
3. Jahr	65.000	39.000	67.000	40.000
4. Jahr	62.000	38.000	55.000	35.000
5. Jahr	55.000	40.000	48.000	36.000
6. Jahr	51.000	37.000	40.000	32.000
Anschaffungskosten (EUR)	90.000		90.000	
Liquidationserlös (EUR)	15.000		5.000	

a) Ermitteln Sie die Vorteilhaftigkeit der Maschine anhand der Kapitalwertmethode und berücksichtigen Sie dabei einen Kalkulationszinsfuß von 8 %!
b) Inwieweit verändert sich das Ergebnis, wenn ein Kalkulationszinssatz von 10 % gewählt wird?

Aufgabe 83

Der Vergleich von zwei Alternativinvestitionen wurde mittels der Kapitalwertmethode und der internen Zinsfußmethode durchgeführt.
Das Zahlenbild lautet:

	Alternative I		Alternative II	
Jahr	Kapitaleinsatz (Zeitwert)	Rückfluss (Zeitwert)	Kapitaleinsatz (Zeitwert)	Rückfluss (Zeitwert)
0	100	-	100	-
1		100		30
2		30		40
3		20		100
Kapitalwert	K_{0I} = + 39,8	(p = 5 %)	K_{0II} = + 51,3	
Interner Zinssatz (p=5%)	r_I = 34 %		R_{II} = 25 %	

Nehmen Sie zu diesen Rechenergebnissen kritisch Stellung!

Aufgabe 84

a) Mit der Kapitalwertmethode ohne Differenzinvestition soll bei einem Kalkulationszinssatz von 10 % geprüft werden, ob die Investitionsobjekte Anlage I und Anlage II vorteilhaft sind.

Kapitalwertmethode		Anlage I		Anlage II	
Jahr	Abzinsungs-Faktor (10%)	Rückflüsse		Rückflüsse	
		Zeitwert	Barwert	Zeitwert	Barwert
1	0,909	15.000	13.635	25.000	22.725
2	0,826	15.000	12.390	25.000	20.650
3	0,751	25.000	18.775	35.000	26.285
4	0,683	20.000	13.660	30.000	20.490
5	0,621	15.000	9.315	25.000	15.525
Σ Barwerte			67.775		105.675
Kapitaleinsatz			65.000		100.000

b) Da die Anlagen keine vollständigen Alternativen sind, soll der interne Zinsfuß der Differenzinvestition ermittelt werden, der zusammen mit Anlage I der Anlage II gleichkäme.

Jahr	Abzinsungsfaktoren (f)* für p = 20 %
1	0,833
2	0,694
3	0,579
4	0,482
5	0,402

Beispiel für die Ermittlung von t = 5 Jahre:

$$f = (1+i)^{-t} = \frac{1}{(1+i)^t}$$

$$f = \frac{1}{(1+0,2)^5}$$

$$= \underline{\underline{0,402}}$$

Aufgabe 85

In der Praxis werden Investitionsrechnungen oft durch eine Nutzwertanalyse ergänzt. Nennen Sie Gründe für diese Vorgehensweise!

Aufgabe 86

Ein Unternehmen plant eine Investition. Zwei Möglichkeiten sind gegeben:

Interne Zinsfußmethode		Alternative I	Alternative II
Anschaffungswert (EUR)		98.000	98.000
Liquidationserlös (EUR)		6.000	8.000
Nutzungsdauer (Jahre)		6	6
Überschüsse:	1. Jahr	18.000	23.000
	2. Jahr	22.000	25.000
	3. Jahr	20.000	23.000
	4. Jahr	26.000	23.000
	5. Jahr	25.000	21.000
	6. Jahr	24.000	20.000

a) Ermitteln Sie rechnerisch mit der internen Zinsfuß-Methode, welches Investitionsobjekt das vorteilhaftere ist! Der Kalkulationszinsfuß beträgt 10%.
b) Stellen Sie das Ergebnis graphisch dar!

Aufgabe 87

Es bestehen zwei Investitionsalternativen:

Jahr	Anlage I			Anlage II		
	Rückflüsse			Rückflüsse		
	Zeitwert	Faktor (10%)	Barwert	Zeitwert	Faktor (10%)	Barwert
1	20.000	0,909	18.180	100.000	0,909	90.900
2	20.000	0,826	16.520	40.000	0,826	33.040
3	50.000	0,751	37.550	10.000	0,751	7.510
4	100.000	0,683	68.300	10.000	0,683	6.830
Σ Barwerte:			140.550			138.280
Kapitaleinsatz:			130.000			130.000
Kapitalwert:			**+10.550**			**+8.280**

a) Welche Anlage ist nach dem Kapitalwertkriterium vorteilhafter?

b) Welche Anlage ist nach der internen Zinsfußmethode vorteilhafter (rechnerische Bestimmung des internen Zinsfußes)?

c) Erläutern Sie kurz, weshalb Kapitalwertmethode und interne Zinssatzmethode zu unterschiedlichen Vorteilsentscheidungen kommen können!

Aufgabe 88

Für eine Investition kommen zwei Objekte in Betracht:

Annuitätenmethode		Alternative I	Alternative II
Anschaffungswert (EUR)		100.000	80.000
Liquidationserlös (EUR)		5.000	0
Nutzungsdauer (Jahre)		5	5
Überschüsse	1. Jahr	28.000	22.000
	2. Jahr	36.000	30.000
	3. Jahr	35.000	28.000
	4. Jahr	32.000	28.000
	5. Jahr	30.000	20.000

Ermitteln Sie unter Verwendung der Annuitätenmethode, welches Investitionsobjekt vorteilhafter ist! Es sei ein Kalkulationszinsfuß von 8 % zugrunde gelegt.

Aufgabe 89

Ein Automobilzulieferer plant, bei einem Kalkulationszinssatz von 8 %, eine vier Jahre alte Werkzeugmaschine durch eine neue zu ersetzen. Beim Weiterbetrieb mit der alten Maschine werden folgende Einnahmeüberschüsse (c_t) und alternative Liquidationserlöse (R_t) erwartet:

t	0	1	2	3	4	5
R_t	60.000	42.000	38.000	32.000	20.000	0
c_t		58.000	56.000	47.000	42.000	0

Die neue Maschine liefert bei einer optimalen Nutzungsdauer von fünf Jahren und Anschaffungskosten in Höhe von 120.000 EUR folgende Einnahmeüberschüsse:

t	0	1	2	3	4	5
c_t	0	90.000	72.000	90.000	60.000	45.000

Wann sollte das Unternehmen die alte Werkzeugmaschine durch die neue Anlage ersetzen?

Aufgabe 90

Für den Kauf eines Hauses wird ein Kredit in Höhe von EUR 200.000 benötigt. Wie hoch ist die Annuität, wenn der Kredit bei einem Zinssatz von 6 % innerhalb von 15 Jahren zurückgezahlt werden soll?

Aufgabe 91

Ein Student hat 100.000 EUR geerbt und sucht nach einer möglichst guten Kapitalanlage. Für welches der drei Angebote sollte er sich bei einem Kalkulationszinssatz von 8% unter Anwendung der Annuitätenmethode entscheiden?

1. Vergabe eines Darlehens in Höhe von 75.000 EUR an eine Bekannte, die einen Waschsalon eröffnen möchte. Diese verspricht ihm, in 3 Jahren 100.000 EUR zurückzuzahlen.
2. Investition in einen Copy-Shop für Studenten in Höhe von 90.000 EUR. Die Rückzahlung soll in 6 Jahresraten, jeweils am Jahresende, in Höhe von 20.000 EUR erfolgen.
3. Aufbau einer Mitfahrzentrale für Studenten. Der Investitionsaufwand für PKW beträgt 100.000 EUR. Die geplanten Einnahmeüberschüsse zum Jahresende entwickeln sich wie folgt:

1. Jahr	2. Jahr	3. Jahr	4. Jahr	5. Jahr	6. Jahr
20.000 EUR	20.000 EUR	25.000 EUR	25.000 EUR	25.000 EUR	20.000 EUR

Aufgabe 92

Die Supermarktkette plant die Errichtung zusätzlicher Filialen in den neuen Bundesländern. Dafür stehen dem Unternehmen Finanzmittel in ausreichender Menge zur Verfügung, allerdings zu unterschiedlichen Kosten, welche durch den Kalkulationszinssatz auf das Eigenkapital und die Zinsen für das Fremdkapital bestimmt werden. Die Aufstellung sieht wie folgt aus:

Finanzierungs-betrag	Kapitalbedarf in EUR	Kosten in % vom jeweiligen Kapitalbedarf
I	bis 1,0 Mio.	6
II	Zusätzliche 2,0 Mio.	8
III	Zusätzliche 1,5 Mio.	12
IV	Zusätzliche 0,5 Mio.	16

Die Investitionsabteilung der Supermarktkette hat für verschiedene Orte das notwendige Investitionsvolumen zusammengestellt und deren jeweilige interne Verzinsung errechnet:

Ort	Kapitaleinsatz	Interner Zinssatz
A	1,0 Mio. EUR	40%
B	1,5 Mio. EUR	30%
C	0,5 Mio. EUR	20%
D	1,0 Mio. EUR	15%
E	0,5 Mio. EUR	10%
F	0,5 Mio. EUR	8%

a) Ermitteln Sie graphisch das optimale Investitionsbudget und geben Sie an, auf welchen Betrag es sich beläuft!
b) In welchem Ort sollte die Grenzinvestition vorgenommen werden?

Aufgabe 93

Stellen Sie einen Tilgungsplan für die Rückzahlung eines Kredites über 150.000 EUR in fünf gleichen Jahresraten bei einer Verzinsung von 7 % auf!

Aufgabe 94

Die MEDICA AG trennt sich nach heftigem Streit von einem ihrer Prokuristen. Dafür muss das Unternehmen entweder:
- eine „ewige Rente" von 7.500 EUR jährlich zahlen oder
- eine einmalige Abfindung von 150.000 EUR aufbringen.

a) Welche Variante ist für den Prokuristen bei einem Kalkulationszinssatz von 6% vorteilhafter?
b) Bei welchem Kalkulationszinssatz ist es gleichgültig, welches Angebot er wählt?
c) Der Prokurist hat sich für die jährliche Rente von 7.500 EUR entschieden. Er legt diesen Betrag jährlich über eine Zeitraum von 35 Jahren zu einem Zinssatz von 8,25 % an. Über welchen Betrag kann er nach dieser Zeit verfügen?

Aufgabe 95

Nach seinem erfolgreich abgeschlossenen Studium möchte ein äußerst ambitionierter Student die Ferrostahl GmbH zum Zeitpunkt t_0 erwerben. Die Gewinnerwartung des Unternehmens stellt sich bei einem Kalkulationszinssatz von 7% wie folgt dar:

1. Jahr	2. Jahr	3. Jahr	4. Jahr	5. Jahr
30.000 EUR	28.000 EUR	24.000 EUR	37.500 EUR	40.000 EUR

a) Wie viel EUR sollte der Student nach dem Ertragswertverfahren für die Ferrostahl GmbH maximal bezahlen?
b) Der bisherige Inhaber verlangt einen Kaufpreis von 150.000 EUR. Um wie viel EUR müsste sich der Gewinn im 4. Geschäftsjahr erhöhen, damit der Kaufpreis gerade akzeptabel erscheint?
c) Welchen Kaufpreis könnte der Student akzeptieren, wenn sich am Ende des 5. Geschäftsjahres ein Liquidationserlös von 82.000 EUR realisieren ließe?

Aufgabe 96

Ein Investor plant den Kauf eines Hotels auf der Insel Rügen. Dieses Hotel erzielt voraussichtlich einen jährlich gleichbleibenden Gewinn in Höhe von 180.000 EUR. Aufgrund neuer Umweltschutzvorschriften lässt sich der Hotelbetrieb aber nur noch 12 Jahre aufrechterhalten. Der Kalkulationszinssatz beträgt während dieser Zeit 9%. Nach den 12 Jahren Hotelbetrieb erwartet der Investor einen Liquidationserlös von 450.000 EUR.

a) Sollte der Investor das Hotel unter diesen Bedingungen erwerben, wenn ihm ein Kaufangebot von 1.400.000 EUR unterbreitet wird?
b) Bei welchem jährlich gleichbleibenden Gewinn wird der bisherige Eigentümer c.p. einen Kaufpreis von 920.000 EUR akzeptieren?

Aufgabe 97

Die Data Research AG benötigt dringend zusätzliches Kapital in Höhe von 3 Mio. Euro. Dieses soll durch einen mittelfristigen Kredit mit einer Laufzeit von 4 Jahren abgedeckt werden. Die Hausbank der Data Research AG macht folgendes Finanzierungsangebot:

- Darlehensbetrag: 3.000.000 €   - Zinssatz: 5 % p.a.   Laufzeit: 4 Jahre

Tilgungsvariante 1 : Tilgung des Darlehens am Ende der Laufzeit in einem Betrag, bei jährlichen Zinszahlungen

Tilgungsvariante 2 : Tilgung in jährlich gleichen nachschüssigen Raten, mit jeweiliger Verzinsung der Restschuld

Tilgungsvariante 3 : Tilgung in jährlich gleichen nachschüssigen Annuitäten.

Die Berechnung der Annuität A soll dabei nach folgender Formel erfolgen:

$$A = K_0 \cdot \frac{q^n(q-1)}{q^n - 1}$$

a) Sie werden beauftragt, die Entscheidung der Geschäftsleitung durch die Erstellung der Zins- und Tilgungspläne (in Tabellenform) für jede der drei Tilgungsvarianten vorzubereiten. Ermitteln Sie auf der Basis der Tilgungspläne die kostengünstigste Tilgungsvariante!
b) Die Geschäftsleitung entscheidet sich für die Tilgungsvariante 2. Nachträglich stellt sich jedoch heraus, dass die Hausbank bei dieser Variante nur eine Auszahlung von 96 % vorsieht, weil sie einen Disagio von 4 % fordert. Ermitteln Sie unter Berücksichtigung des Disagios den neuen Kreditbetrag der Hausbank und erstellen Sie eine entsprechende veränderte Tilgungstabelle!

Aufgabe 98

Jetzt wurde so oft über Zinsen gesprochen. Haben Sie sich vielleicht schon einmal überlegt, warum wir überhaupt Zinsen bezahlen?

Testfragen

Testfrage 1

Welche der folgenden Behauptungen bezüglich der Liquidität sind richtig?
- (a) Liquidität ist die Fähigkeit der Unternehmung, die zu einem Zeitpunkt zwingend fälligen Zahlungsverpflichtungen uneingeschränkt erfüllen zu können.
- (b) Die künstliche Liquidität bezeichnet den Zeitraum, in dem normalerweise aus dem Unternehmensprozess geldwerte Mittel freigesetzt werden.
- (c) Illiquidität bezeichnet die Zahlungsunfähigkeit des Unternehmens.
- (d) Von künstlicher Liquidität spricht man bei fristgerechter Umwandlung von Vermögensgütern in Zahlungsmitteln.

Testfrage 2

Der betriebliche Kapitalbedarf ergibt sich:
- (a) durch das zeitliche Auseinanderfallen von Aufwand und Ertrag
- (b) durch die zeitlichen Unterschiede zwischen Ertragsverbuchung und Zahlungseingang
- (c) durch die zeitliche Verschiebung von Auszahlungen und Einzahlungen
- (d) durch das zeitliche Auseinanderfallen von Auszahlungen und Aufwendungen
- (e) durch die Notwendigkeit von Rationalisierungsinvestitionen

Testfrage 3

Welche Grundtypen des Beschäftigungsniveaus als Einflussfaktoren des Kapitalbedarfs lassen sich unterscheiden?
- (a) Quantitative
- (b) Qualitative
- (c) Zeitliche
- (d) Wertmäßige Beschäftigungsschwankungen
- (e) Intensitätsmäßige Beschäftigungsschwankungen

Testfrage 4

Welche der folgenden Einflussfaktoren des Kapitalbedarfs sind mengenbezogene Einflussfaktoren?
- (a) Prozessanordnung
- (b) Betriebsgröße
- (c) Beschäftigungsniveau
- (d) Leistungsprogramm
- (e) Lohnnebenkosten

Testfrage 5

Welche Grundsätze bestimmen den Nutzen und die Aussagefähigkeit von Finanzplänen?
- (a) Grundsatz der Zeitpunktgenauigkeit
- (b) Grundsatz der Wirtschaftlichkeit
- (c) Grundsatz der Vollständigkeit
- (d) Grundsatz der Übertragbarkeit

Testfrage 6

Nennen Sie Kapitalerhöhungsformen einer AG!
- (a) Bedingte Kapitalerhöhung
- (b) Kapitalerhöhung aus Gesellschaftsmitteln
- (c) Anmeldepflichtige Kapitalerhöhung
- (d) Ordentliche Kapitalerhöhung
- (e) Genehmigte Kapitalerhöhung
- (f) Aufnahme eines stillen Gesellschafters

Testfrage 7

Welche Aussagen bezüglich der Handelsarten der Effektenbörse treffen nicht zu?

(a) Beim Kassahandel erfolgt die Lieferung der Effekten und die Abwicklung der Zahlung Zug um Zug.

(b) Voraussetzung für einen geregelten Markt ist ein reger Handel (mind. 50 Stück) in einem breiten Markt.

(c) Im Freiverkehr werden Effekten gehandelt, die gegenüber dem amtlichen Handel erleichterten Zulassungsvoraussetzungen unterliegen.

(d) Beim amtlichen Handel werden Effekten von amtlich zugelassenen Maklern gehandelt.

(e) Neben der Börse wickeln Kreditinstitute im Freiverkehr untereinander Effektengeschäfte ab.

Testfrage 8

Welche der folgenden Handelsobjekte zählen zu den Gläubigerpapieren?

(a) Bezugsrechte   (c) Industrieobligationen   (e) Pfandbriefe

(b) Optionsanleihen   (d) Stammaktien   (f) Vorzugsaktien

Testfrage 9

Welche Aufgabe hat das Bezugsrecht auf neue Aktien?

(a) den Altaktionären zu ermöglichen, durch den Verkauf der Bezugsrechte an der Börse ihren Stimmrechtanteil zu erhalten

(b) dem Aktionär zu ermöglichen, seinen bestehenden Stimmrechtsanteil an der Gesellschaft zu erhalten

(c) den Gläubigern den Bezug von neu aufgelegten Schuldverschreibungen zu sichern

(d) der Gesellschaft die Emission neuer Aktien zu einem Kurs zu ermöglichen, der erheblich unter dem Börsenkurs der alten Aktie liegen kann

(e) Vermögensverluste, die der AG durch die Kapitalerhöhung entstehen, auszugleichen

Testfrage 10

Aus welchen Gründen wird bei einer AG eine Kapitalverminderung - also eine Verminderung der Eigenkapitalbasis - durchgeführt?

(a) Entstandene Verluste werden durch Herabsetzung des Grundkapitals buchtechnisch beseitigt.

(b) Verringerung der steuerlichen Belastungen

(c) Verbesserung der Liquiditätslage durch Mittelzufluss

(d) Um die Börsennotierung der Aktien nachhaltig zu beeinflussen

Testfrage 11

Wie kann sich ein Exporteur gegen Wechselkursrisiken bei einem Außenhandelsgeschäft in einer fremden Währung absichern?

(a) Verkauf von Währungsforderungen

(b) Kauf von EUR-Anleihen

(c) Abschluss von Devisentermingeschäften

(d) Versicherung des Wechselkursrisikos durch Apollo-Bürgschaften

(e) Finanzhedging

Testfrage 12

Welche der folgenden Behauptungen sind richtig?
- (a) Finanzierung bezeichnet die Kapitalbeschaffung jeder Art und unter Investition versteht man die Kapitalverwendung.
- (b) Die Abschreibung einer Anlage ist eine Desinvestition.
- (c) Unter Finanzierung versteht man die Beschaffung von Eigenkapital.
- (d) Finanzierung ist der Ausgangspunkt jeder finanziellen Planung.
- (e) Die Rückzahlung eines Darlehens ist eine Definanzierung.

Testfrage 13

Zur Außenfinanzierung zählen folgende Finanzierungsarten:
- (a) Finanzierung durch langfristige Darlehen
- (b) Finanzierung aus Abschreibungsgegenwerten
- (c) Eigenkapitalerhöhung durch Aufnahme eines neuen Gesellschafters
- (d) Beteiligungsfinanzierung
- (e) Inanspruchnahme eines Kontokorrentkredits

Testfrage 14

Welche der folgenden Finanzierungsarten zählen zur Innenfinanzierung?
- (a) Selbstfinanzierung aus Gewinnen
- (b) Ausgabe von Schuldverschreibungen
- (c) Finanzierung aus Abschreibungsgegenwerten
- (d) Einlagenfinanzierung
- (e) Finanzierung über Rückstellungen

Testfrage 15

Unter Umfinanzierung versteht man
- (a) die Bildung stiller Rücklagen durch überhöhte Abschreibungen
- (b) eine Kapitalerhöhung aus einbehaltenen Gewinnen
- (c) eine genehmigte Kapitalerhöhung
- (d) den Ersatz eines kurzfristigen durch einen langfristigen Kredit

Testfrage 16

Warum wird eine Kapitalerhöhung aus Gesellschaftsmitteln durchgeführt?
- (a) Relative Erhöhung des Eigenkapitalanteils
- (b) Zur Erhöhung der stillen Reserven
- (c) Erhöhung der Effektivverzinsung der Aktien durch Minderung des Börsenkurses
- (d) Effektive Erhöhung des Eigenkapitalanteils

Testfrage 17

Nennen Sie die im Rahmen eines Lombardkredits üblichen Sicherheiten!
- (a) Person des Kreditnehmers
- (b) Verpfändung von Waren oder Wertpapieren
- (c) Hypothek auf ein Privatgrundstück
- (d) Bürgschaft
- (e) Sicherungsübereignung von Maschinen und Werkzeugen

Testfrage 18

Welche der folgende Rechte gelten für eine Stammaktie?

- (a) Recht auf Liquidationserlös
- (b) Recht auf eine Mindestverzinsung
- (c) Stimmrecht
- (d) Bezugsrecht
- (e) Garantierte Mindestdividende

Testfrage 19

Welche der folgenden Rechte gelten für eine Obligation?

- (a) Recht auf eine Umwandlung in Aktien
- (b) Recht auf vertragliche Tilgung
- (c) Recht auf Dividendenauszahlung
- (d) Fester Zinssatz

Testfrage 20

Welcher Typ von Vorzugsaktien ist nach §12 II AktG grundsätzlich unzulässig?

- (a) Limitierte Vorzugsaktie
- (b) Stimmrechtslose Vorzugsaktie
- (c) Vorzugsaktie mit prioritätischem Dividendenanspruch
- (d) Mehrstimmrechtsaktien
- (e) Kumulative Vorzugsaktien

Testfrage 21

Welcher der folgenden Vorgänge beinhaltet eine stille Selbstfinanzierung?

- (a) Übertragung von Gewinnen auf ein Schweizer Bankkonto
- (b) Unterbewertung einer Anlage mittels steuerlicher Sonderabschreibung
- (c) Ausgabe von Belegschaftsaktien
- (d) Aufnahme eines stillen Gesellschafters in eine GmbH
- (e) Aufnahme eines kurzfristigen Bankdarlehens

Testfrage 22

Welche der folgenden Kriterien charakterisieren das Schuldscheindarlehen?

- (a) der Schuldschein ist ein Orderpapier
- (b) der Schuldschein darf nur an der Börse verkauft werden
- (c) der Schuldschein ist eine Namensobligation
- (d) der Schuldschein ist eine Beweisurkunde
- (e) der Schuldschein ist rediskontfähig

Testfrage 23

Zur kurzfristigen Fremdfinanzierung zählen:

- (a) Lieferantenkredite
- (b) Wandelschuldverschreibungen
- (c) Wechselkredite
- (d) Kundenanzahlungen
- (e) Genussscheine

Testfrage 24

Welche der folgenden Aussagen gelten für Anleihen? Anleihen sind:
- (a) Schuldverschreibungen, die mit dem Recht verbunden sein können, gegen Rückgabe der Schuldverschreibung Aktionär zu werden
- (b) eine Form der Fremdfinanzierung, die faktisch Unternehmungen jeder Rechtsform offen steht
- (c) immer pari zu emittieren
- (d) immer mit einem festen, gleichbleibenden Zinssatz versehen
- (e) reine Gläubigerpapiere, die Forderungsrechte verbriefen
- (f) ein kurzfristiges Finanzierungsmittel von Pfandbriefinstituten

Testfrage 25

Welche der folgenden Behauptungen ist richtig?
- (a) Optionsanleihen verbriefen ein Umtauschrecht gegen Aktien.
- (b) Die Gewinnschuldverschreibung ist eine Sonderform der Industrieobligation.
- (c) Optionsanleihen verbriefen die Möglichkeit, Aktien oder andere Anleihen später zu jetzt festgelegten Bedingungen zu erwerben, ohne die Optionsanleihen hergeben zu müssen.
- (d) Die Gewinnschuldverschreibung beteiligt den Obligationär am Gewinn der Gesellschaft.

Testfrage 26

Welche der folgenden Behauptungen treffen zu?
- (a) Eine Bonitätsbewertung mit CCC (nach S&P) bezeichnet man als Junk Bond.
- (b) Im Bankwesen wird unter Rating die Zahlungsfähigkeit eines Gläubigers verstanden.
- (c) Muss die Bank bei einem schlechten Rating mehr Eigenkapital hinterlegen, so erhöhen sich auch ihre Eigenmittelkosten.
- (d) Basel II ist eine neue Eigenkapitalvereinbarung, die im Zuge mit der Entstehung der Europäischen Union beschlossen wurde.
- (e) Ein höheres Risiko der Zahlungsunfähigkeit bedeutet höhere Zinsen für das geliehene Kapital.
- (f) Die Kosten des Ratings sind von dem zu beurteilenden Unternehmen zu tragen.

Testfrage 27

Für die rechtliche Einordnung von Rücklagen und Rückstellungen gilt:
- (a) Rücklagen sind stets Eigenkapital.
- (b) Rückstellungen sind stets Fremdkapital.
- (c) Rückstellungen sind stets Eigenkapital.
- (d) Rückstellungen können Teil der Innenfinanzierung sein.
- (e) Rückstellungen können kurz-, mittel- oder langfristiger Natur sein.
- (f) Rücklagen sind immer einbehaltene Gewinne.

Testfrage 28

Welche der folgenden Investitionsarten gehören zum Bereich der Sachinvestitionen?
- (a) Erweiterungsinvestition
- (b) Rationalisierungsinvestition
- (c) Bildungsinvestitionen
- (d) Finanzinvestition
- (e) Ersatzinvestition

Testfrage 29

Welche der folgenden Investitionsrechenverfahren gehören zum Bereich der statischen Investitionsrechenverfahren?

(a) Gewinnvergleichsrechnung   (c) Kostenvergleichsrechnung
(b) Kapitalwertmethode   (d) Interne-Zinssatz-Methode

Testfrage 30

Welche der folgenden Investitionsrechenverfahren gehören zu den dynamischen Investitionsrechenverfahren?

(a) Rentabilitätsrechnung   (c) Annuitätenmethode   (e) Interne-Zinssatz-
(b) Gewinnvergleichsrechnung   (d) Kapitalwertmethode   Methode

Testfrage 31

Welche Ziele verfolgt die Investitionskontrolle?

(a) Kontrolle aller Investitionen durch Soll-Ist-Vergleich

(b) Vermeidung von Manipulation

(c) Lernprozess für zukünftige Investitionsvorhaben

(d) Durchführung einer Budgetplanung

(e) Motivation der Mitarbeiter

Testfrage 32

Was versteht man unter dem Kalkulationszinssatz?

(a) den Zinsfuß der günstigsten Kreditaufnahme

(b) den Vergleichszinsfuß zur bestmöglichen Alternativinvestition

(c) die Verzinsung, die ein bestimmtes Investitionsobjekt abwirft

(d) die Verzinsung des für eine Investition benötigten Fremdkapitals

(e) die Verzinsung des für eine Investition eingesetzten Eigenkapitals

Testfrage 33

Eine Investition ist vorteilhaft,

(a) wenn ihr Kapitalwert positiv ist

(b) wenn der interne Zinssatz niedriger ist als der Kalkulationszinssatz

(c) wenn die Summe aus Abschreibungen und Liquidationserlös die Wiederbeschaffungskosten übersteigt

(d) wenn ihre Annuität positiv ist

(e) wenn ihr Zeitwert größer ist als der Anschaffungswert

Testfrage 34

Determinanten des Kalkulationszinssatzes sind:

(a) Diskontsatz der Bundesbank

(b) Finanzierungskosten für Fremdkapital

(c) Mindestverzinsungsvorstellung des Investors

(d) Durchschnittliche Unternehmensrendite

(e) Gewünschte Effektivverzinsung der Aktien

Testfrage 35

Der interne Zinsfuß einer Investition entspricht

(a) dem Marktzins

(b) der Verzinsung, die der Investor mindestens für sein eingesetztes Kapitals erhalten möchte

(c) dem Lombardsatz

(d) dem Zinssatz zur Berechnung des Kapitalwerts einer Investition

Testfrage 36

Die wirtschaftliche Nutzungsdauer einer Anlage ist dann erreicht, wenn

(a) sie vollständig abgeschrieben ist

(b) ihr Kapitalwert positiv wird

(c) der zeitliche Grenzgewinn sein Maximum erreicht hat

(d) ihr Kapitalwert das Maximum erreicht

(e) der zeitliche Grenzgewinn Null ist

Testfrage 37

Welche der folgenden Aussagen sind richtig?

(a) Die Methode der kritischen Werte ist eine Form der Sensitivitätsanalyse.

(b) Die Sensitivitätsanalyse wird aufgrund gegebener Wahrscheinlichkeitsverteilungen durchgeführt.

(c) Die Sensitivitätsanalyse ist sowohl für die Beurteilung einzelner Projekte als auch für den Alternativenvergleich brauchbar.

Testfrage 38

Welche der folgenden Anlässe erfordern eine Gesamtbewertung des Unternehmens?

(a) Unternehmenskonzentration durch eine Fusion

(b) Die Ermittlung der Gesamtkapitalrentabilität eines Unternehmens

(c) Aufstellung des Jahresabschlusses

(d) Wirtschaftliche Notlagen (z.B. Konkurs des Unternehmens)

(e) Veräußerung des Unternehmens

(f) Aufnahme oder Ausscheiden von Gesellschaftern

Testfrage 39

Unter dem Gesamtwert eines Unternehmens versteht man:

(a) die Summe aller Vermögensgegenstände vermindert um das Fremdkapital

(b) die Höhe der Bilanzsumme vermehrt um stille Reserven

(c) den abgezinsten zukünftigen Reinertrag eines Unternehmens

(d) die Summe aus Anlage- und Umlaufvermögen

Testfrage 40

Verfahren zur Unternehmensbewertung mit objektiven Bewertungsansätzen sind:

(a) Mittelwertverfahren

(b) Ertragswertverfahren

(c) Risikoanalyse

(d) Substanzwertverfahren

(e) Verfahren der Übergewinnabgeltung

Antworten zu den Aufgaben

Kapitalbedarf

Aufgabe 1

Unter Kapitalbedarf zum Zeitpunkt t (KB_T) eines Betriebes versteht man die Differenz zwischen den kumulierten Auszahlungen und den kumulierten Einzahlungen, die im Zeitraum 0 bis T anfallen.

Mit Hilfe einer Gleichung lässt sich dies wie folgt darstellen:

$$KB_T = \sum_{t=0}^{T} A_t - \sum_{t=0}^{T} E_t$$

Aufgabe 2

a)

Monat	Ausgaben [TEUR]		Einnahmen [TEUR]		Kapitalbedarf
	monatlich	kumuliert	monatlich	kumuliert	
Januar	100	100	0	0	100
Februar	80	180	20	20	160
März	50	230	70	90	140
April	100	330	100	190	140
Mai	100	430	70	260	170
Juni	60	490	100	360	130

b) Grafische Ermittlung des Kapitalbedarfs

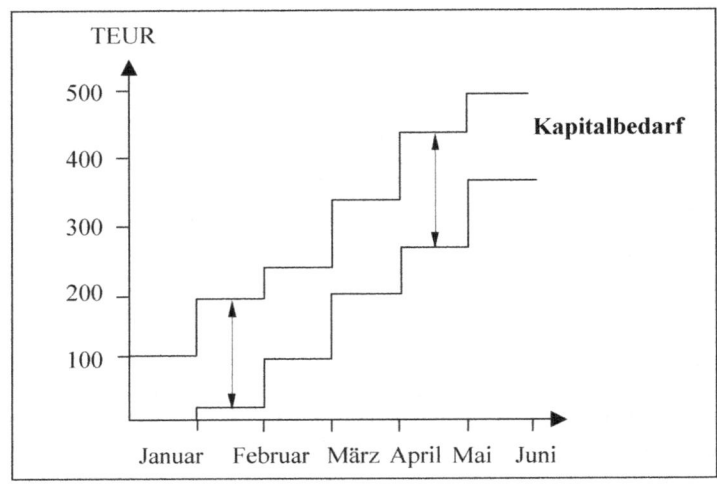

Aufgabe 3

Es handelt sich um folgende Finanzierungsarten:
a) Finanzierung mit Eigenkapital, Beteiligungsfinanzierung.
b) Finanzierung mit Fremdkapital, Innenfinanzierung.
c) Finanzierung mit Fremdkapital, Außenfinanzierung, Umfinanzierung.
d) Finanzierung mit Eigenkapital, Innenfinanzierung.
e) Finanzierung mit Fremdkapital, Außenfinanzierung.
f) Innenfinanzierung.
g) Finanzierung mit Fremdkapital, Außenfinanzierung.
h) Innenfinanzierung.
i) Finanzierung mit Fremdkapital, Außenfinanzierung.
j) Finanzierung mit Eigenkapital, Außenfinanzierung, Beteiligungsfinanzierung.

Aufgabe 4

Die **Finanzplanung** ist die Gegenüberstellung aller zukünftigen Ein- und Auszahlungen sowie Kassenbestände mit dem Ziel, den zukünftigen Kapitalbedarf zu ermitteln. Es kann unterschieden werden in:

- Finanzpläne, die sich über mehrere Jahre (3 bis 10 Jahre) erstrecken. Es handelt sich hier um grobe Umrissplanungen auf lange Sicht,
- mittelfristige Finanzpläne,
- kurzfristige Finanzpläne, die 3 bis 4 Monate, höchstens aber ein Jahr umfassen und detaillierte Feinplanungen sind.

Aufgabe 5

Bei der **rollierenden Finanzplanung** wird der Planungshorizont nach Ablauf einer Teilperiode verlängert, so dass der gesamte Planungszeitraum konstant bleibt. So kann eine in Quartale aufgeteilte Jahresplanung nach Ablauf eines Quartals um ein Vierteljahr verlängert werden, wobei eine Planrevision zur Berücksichtigung neuer Erkenntnisse möglich ist.

Aufgabe 6

Folgende Grundsätze bestimmen den Nutzen und die Aussagefähigkeit von Finanzplänen:

- **Grundsatz der Vollständigkeit:** Dieser besagt, dass alle Zahlungsströme in der gesamten Planungsperiode zu berücksichtigen sind. Wird dieser missachtet, so lässt sich keine Aussage über die voraussichtliche Liquiditätsentwicklung treffen.

- **Grundsatz der Zeitgenauigkeit:** Nach diesem muss die Länge der Planungsperioden für die Finanzplanung so gewählt werden, dass der Eintrittszeitpunkt hinreichend genau geschätzt werden kann. Wird die Planungsperiode zu lang gewählt, werden die Ergebnisse der Schätzungen zu ungenau.

- **Grundsatz der Betrachtungsgenauigkeit:** Dieser impliziert die möglichst genaue Schätzung der erwarteten Zahlungsströme.

Aufgabe 7

Finanzplan						
	Angaben in €					
Monat	Jan (01)	Feb (02)	Mar (03)	Apr (04)	Mai (05)	Jun (06)
Anfangsbestand	/	-98.500	-175.625	-206.625	-193.375	-180.125
Einzahlungen: Finanzmittel	150.000	/	/	/	/	/
Verkauf von Plastikwaren	/	25.750	64.375	103.000	103.000	103.000
Verkauf von Styroporwaren	/	5.625	13.125	18.750	18.750	18.750
Summe Einzahlungen	150.000	31.375	77.500	121.750	121.750	121.750
Auszahlungen Personalaufwand	32.000	32.000	32.000	32.000	32.000	32.000
Produktionsanlage	120.000	20.000	20.000	20.000	20.000	/
Miete	1.500	1.500	1.500	1.500	1.500	1.500
BGA	25.000	/	/	/	/	/
Roh-, Hilfs- und Betriebsstoffe	55.000	40.000	40.000	40.000	40.000	40.000
Styroporwarenkauf	15.000	15.000	15.000	15.000	15.000	15.000
Summe Auszahlungen	248.500	108.500	108.500	108.500	108.500	88.500
Fehlbetrag	-98.500	-175.625	-206.625	-193.375	-180.125	-146.875

Der **Finanzplan** zeigt, welcher Fehlbetrag jeden Monat vorliegt. Dieser muss über zusätzliche Kredite jeweils ausgeglichen werden.

Kapitalbeschaffung

Aufgabe 8

Die **Außenfinanzierung** mit Fremdkapital kann unterteilt werden nach:
- der Fristigkeit des Fremdkapitals,
- dem Fremdkapitalgeber,
- der Verwendung des Fremdkapitals,
- den Formen des Fremdkapitals,
- der Rückzahlung des Fremdkapitals.

Aufgabe 9

Beteiligungsfinanzierung (Einlagenfinanzierung) ist die Zuführung von Eigenkapital durch den oder die Eigentümer, wobei die Geldmittel der Unternehmung von außerhalb zufließen.

Beteiligungsfinanzierung ist also Eigenfinanzierung von außen. Sie findet stets bei der Gründung einer Unternehmung, aber auch später im Rahmen von Kapitalerhöhungen statt.

Aufgabe 10

Eigenkapital kann grundsätzlich zugeführt werden als:
- Geldeinlagen, die am häufigsten geleistet werden und problemlos sind, da ihr nomineller Wert feststeht und Bewertungen damit nicht notwendig werden.
- Sacheinlagen, die beispielsweise in Form von Maschinen, Rohstoffen oder Waren bereitgestellt werden.
- Rechte, die z.B. in Form von Patenten oder Wertpapieren eingebracht werden.

Aufgabe 11

Sacheinlagen und Rechte bedürfen der Bewertung in Geldeinheiten. Dabei besteht die Gefahr, dass sie zu hoch bewertet werden. Das Eigenkapital wird in diesem Fall höher ausgewiesen, als es objektiv (d.h. nach anerkannten betriebswirtschaftlichen Grundsätzen) ist. Dies führt u.a. zu einer Irreführung der Gläubiger.

Aufgabe 12

Da die Rechtsform der Unternehmung großen Einfluss auf die Art und die Methoden der Eigenkapitalbeschaffung hat, wird die Beteiligungsfinanzierung im Allgemeinen unter Berücksichtigung verschiedener Rechtsformen dargestellt:

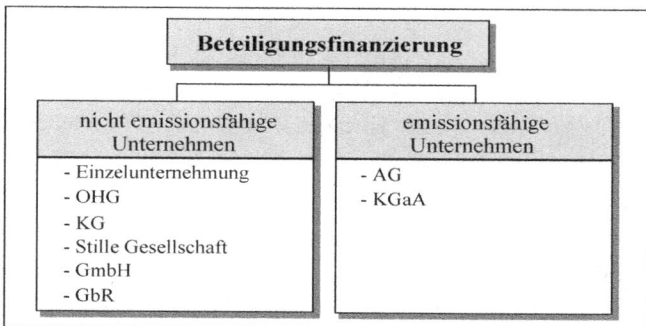

Aufgabe 13

Nicht emissionsfähige Unternehmen können nur unter erschwerten Bedingungen und in sehr beschränktem Maße zusätzliches Eigenkapital beschaffen. Die KG und die GmbH & Co. KG finden durch die Ausgabe von fungiblen Kommanditanteilen noch am ehesten Zugang zum (Eigen-) Kapitalmarkt.

Aufgabe 14

Der Ausschluss von der Verlustbeteiligung kann eine Beteiligung als stiller Gesellschafter attraktiv machen. Im Konkursfall ist der stille Gesellschafter Gläubiger.

Aufgabe 15

Die OHG kann sinnvoll nur von einer sehr beschränkten Anzahl gleichberechtigter Gesellschafter geführt werden. Bei unbeschränkt solidarischer Haftung sind neue Gesellschafter nur zu gewinnen, wenn sie gleichberechtigte Leitungsfunktionen ausüben können. Hier sind aus der Natur der Sache jedoch enge Grenzen gesetzt, da entsprechende Positionen in der Regel nur begrenzt verfügbar sind. Außerdem ist die Berechnung der "stillen Reserven", in die sich ein neuer Gesellschafter einkaufen muss, oft umstritten.

Aufgabe 16

Bei einem hohen Eigenkapitalbedarf sind folgende Kriterien vorteilhaft:
- Die Organisationsform der Aktiengesellschaft ermöglicht eine große Zahl von Eigentümern.
- Dank der Auflösung des gesamten Eigenkapitals in kleine Beträge kann eine große Zahl von Anteilseignern mobilisiert werden.
- Bei börsennotierten Aktien ist eine hohe Fungibilität (Austauschbarkeit) garantiert.
- Das Aktienkapital kann von Seiten des einzelnen Anteilseigners nicht gekündigt werden. Der Aktionär kann sein Beteiligungsverhältnis jedoch jederzeit dadurch beenden, dass er seine Aktien an einen anderen Anleger verkauft, ohne dass die AG davon berührt wird.

Aufgabe 17

Aktienarten werden im Wesentlichen unterteilt nach:
- der Zerlegung des Grundkapitals (Nennwertaktien und Quotenaktien),
- der Übertragbarkeit (Namensaktien und Inhaberaktien),
- dem Umfang der Rechte (Stammaktien und Vorzugsaktien).

Aufgabe 18

Je problemloser übertragbar eine Aktie ist, desto börsenfähiger ist sie. Inhaberaktien sind deshalb am börsenfähigsten; problematisch in dieser Beziehung sind vinkulierte Namensaktien, da sie wegen einschränkender Bestimmungen (Veräußerung ist an die Zustimmung der Gesellschaft gebunden) nur bedingt veräußerungsfähig sind.

Aufgabe 19

Stammaktien verbriefen ihren Inhabern folgende Rechte, wie sie laut Aktiengesetz eingeräumt werden:
- Das Recht auf Teilnahme und Auskunft in der Hauptversammlung,
- das Recht auf Dividende,
- das Recht auf einen Anteil des Liquidationserlöses,
- das Bezugsrecht auf junge Aktien bei Kapitalerhöhungen oder auf Wandelschuldverschreibungen,
- das Stimmrecht

Aufgabe 20

Während Stammaktien gleiche Rechte verbriefen, heben sich Vorzugsaktien davon ab, indem sie dem Inhaber besondere Rechte, etwa bei der Gewinnverteilung, verleihen. Häufig ist die Gewährung eines Vorteils an die Hinnahme eines Nachteils gebunden.

Unterschei-dungs-merkmale	Stammaktie	Vorzugsaktie
Stimmrecht	– volles Stimmrecht	– grundsätzlich kein Stimmrecht – Aufleben des Stimmrechts bei Dividendenrückstand – evtl. Stimmrecht in Sonderversammlung der Vorzugsaktionäre
Ausschüttung	– Ausschüttung erst nach der Bedienung der Vorzugsaktionäre	– Bedienung vor Ausschüttung an die Stammaktionäre – angesammelte nachzahlbare Dividendenansprüche, die vor der Bedienung der Stammaktionäre befriedigt werden – in der Regel Mehrdividende
Ausgabevolumen	– keine gesetzliche Begrenzung des Ausgabevolumens	– höchstens 50 % des Grundkapitals
Platzierungspreis	– höherer Platzierungspreis	– niedrigerer Platzierungspreis
Markt	– einheitlicher Markt für alle Aktien der Gesellschaft, d.h. volle Fungibilität der Aktien der Altgesellschafter	– Bildung eines Marktes nur für Vorzugsaktien; Stammaktien über Börse nicht verkäuflich

Aufgabe 21

a) Going Public (Synonym für Börseneinführung oder Neuemission) ist der erstmalige Verkauf von Unternehmensanteilen bei Börseneinführung. Der Börsengang dient dazu, Anteile aus dem Besitz der Eigentümer (bisherige Gesellschafter) abzugeben und/oder die Eigenkapitalbasis zu erhöhen. Going Public kann in 4 Phasen unterteilt werden:

Phase 1	Grundsatzüberlegung, Entscheidungsfindung
Phase 2	Umwandlung in eine Aktiengesellschaft (entfällt, wenn bereits Aktiengesellschaft)
Phase 3	Emissionskonzept, Entscheidung über: - Herkunft der Aktien - Börsensegment/Börsenplatz - Platzierungsart - PR-Maßnahmen - Platzierungsvolumen - Preisfindung - Aktiengattung - Emissionszeitpunkt
Phase 4	Börseneinführung und Platzierung - Börsenzulassungsverfahren - PR-Maßnahmen - Platzierung

Wichtige Beispiele sind Porsche, Henkel, Fielmann, Deutsche Telekom, Lufthansa, Puma und Merck.

b) Rund 10% der deutschen mittelständischen Unternehmen sind an einem Börsengang in naher Zukunft interessiert. Die Beweggründe für ein Going Public können in unternehmens- und eigentümerbezogene Motive unterteilt werden.

Beweggründe für den Börsengang	
Unternehmensbezogene Gründe	**Eigentümerbezogene Gründe**
– Schaffung einer größeren Eigenkapitalbasis	– Optimierung des Firmenwertes
– Optimierung des Unternehmensimages	– Risikostreuung im Privatvermögen
– Erhöhung der eigenen Attraktivität für Fremdmanager	– Umstrukturierung des Gesellschafterkreises
– Vergrößerung der finanziellen Unabhängigkeit von den Unternehmenseignern	– Lösung von Nachfolgeproblemen

Aufgabe 22

An der Aktienbörse unterscheidet man verschiedene **Marktsegmente**:

- **Amtlicher Handel**
  - gehandelt werden sog. Standardwerte, die ihre Zulassung nur über ein Kreditinstitut erreichen
  - hinsichtlich der Bonität des Unternehmens strengste Zulassungsanforderungen
  - Erstellung und Veröffentlichung des „Börsenprospektes"
  - Kursbildung an der Börse ist nach Angebot und Nachfrage genau geregelt

- **Geregelter Markt**
  - Beantragung der Zulassung zum geregelten Markt, soweit das Unternehmen den hohen Anforderungen des amtlichen Handels nicht gerecht wird
  - diese kann bereits über eine Versicherung, eine Unternehmensbeteiligung oder über einen Broker realisiert werden
  - geregelte Kursbildung bei erheblich erleichtertem Börsenzugang
  - Kursbildung an der Börse ist nach Angebot und Nachfrage genau geregelt

- **Freiverkehr**
  - noch weiter vereinfachte Zulassungsvoraussetzungen für einen Börsengang
  - es entfällt für das zugelassene Unternehmen auch der Prospektzwang

Ein weiteres Marktsegment, der Neue Markt, wurde wegen seines hohen spekulativen Charakters wieder abgeschafft. Er wurde vor allem für kleinere und mittlere Unternehmen mit hohem Innovationsgrad in Wachstumsbereichen zur Erlangung von Risikokapital geschaffen.

Aufgabe 23

- **Fundamentalanalyse:**

Bewertung von Unternehmen aufgrund unternehmensspezifischer Daten und des ökonomischen Umfelds. Ziele sind:
  - Ermittlung des „fairen" oder „angemessenen" Preises einer Aktie
  - Analyse von Bilanz und Erfolgsrechnung sowie aktienkursbezogene Verhältniszahlen, wie z.B. die Dividendenrendite
  - man erhält Hinweise auf unter- bzw. überbewertete Aktien bzw. Unternehmen

- **Chartanalyse:**

Charts sind Kursbilder der Vergangenheit, die bei dieser Analyse interpretiert werden. Ziele sind:

- Ableiten von Kursprognosen und Kurspotentialen, um so geeignete Zeitpunkte für Kauf- und Verkaufsdispositionen zu identifizieren
- Der Chart ist eine graphische Aufzeichnung von Kursverläufen und Umsatzentwicklungen meist einer Aktie, eines Aktienindex, aber auch von Branchen und Währungen für einen ausgewählten Zeitraum

Aufgabe 24

Formen der Kapitalerhöhung sind:

- ordentliche Kapitalerhöhung
- bedingte Kapitalerhöhung
- genehmigte Kapitalerhöhung
- Kapitalerhöhung aus Gesellschaftsmitteln

Aufgabe 25

Der Vorstand lässt eine sogenannte „genehmigte Kapitalerhöhung" einräumen, um eine für die Aktiengesellschaft günstige Kapitalmarktlage abzuwarten, d.h. um die Aktien zu möglichst hohen Kursen emittieren zu können.

Aufgabe 26

Kurszusätze	Erläuterungen
G	= Geld. Zum notierten Kurs bestand nur Nachfrage oder der Nachfrage stand ein nur unbedeutendes Angebot gegenüber.
B	= Brief. Zum notierten Kurs bestand nur ein Angebot oder dem Angebot stand eine nur unbedeutende Nachfrage gegenüber.
b, bz, bez	= bezahlt. Angebot und Nachfrage waren ausgeglichen. Ausgeführt werden konnten: – alle unlimitierten Aufträge – die zum und über dem festgestellten Kurs limitierten Kaufaufträge – alle zum oder unter dem festgestellten Kurs limitierten Verkaufsaufträge.
BG	= bezahlt und Geld. Die zum festgestellten Kurs limitierten Kaufaufträge konnten nicht vollständig ausgeführt werden. Es bestand weitere Nachfrage.
BB	= bezahlt und Brief. Die zum festgestellten Kurs limitierten Verkaufsaufträge konnten nicht vollständig ausgeführt werden. Es bestand weiteres Angebot.

etw. BG	= etwas bezahlt und Geld. Die zum festgestellten Kurs limitierten Kaufaufträge konnten nur zu einem geringeren Teil ausgeführt werden.
etw. BB	= etwas bezahlt und Brief. Die zum festgestellten Kurs limitierten Verkaufsaufträge konnten nur zu einem geringeren Teil ausgeführt werden.
-	= gestrichen. Da keine Aufträge vorlagen, erfolgte keine Kursbildung.
-G	= gestrichen Geld. Es fanden keine Umsätze statt, da nur unlimitierte Kaufaufträge ohne Angebot vorlagen.
-B	= gestrichen Brief. Es fanden keine Umsätze statt, da nur unlimitierte Verkaufsaufträge ohne Nachfrage vorlagen.
T	= Taxe. Mangels vorhandener Aufträge wurde der Kurs geschätzt, zu dem Umsätze für möglich gehalten wurden.
Ex D, ex Div.	= ausschließlich Dividende. Dieser Kurszusatz erfolgt am Tag des Dividendenabschlags.

Aufgabe 27

Der Einheitskurs ist der Kurs, bei dem der höchste Umsatz realisiert wird. Hierzu werden die Kauf- und Verkaufsaufträge kumulativ addiert und gegenübergestellt:

Kurs	Kauf [Stück]	Verkauf [Stück]	Umsatz [Stück]
147,-	4.500	2.000	2.000
148,-	3.500	3.000	3.000
149,-	2.000	4.500	2.000
150,-	1.000	5.000	1.000

Umsatz und Einheitskurs lassen sich grafisch als Schnittpunkt der Angebots- und Nachfragekurve darstellen. In diesem Fall lautet der Einheitskurs 148 bG (bezahlt und Geld, da Nachfrage > Angebot).

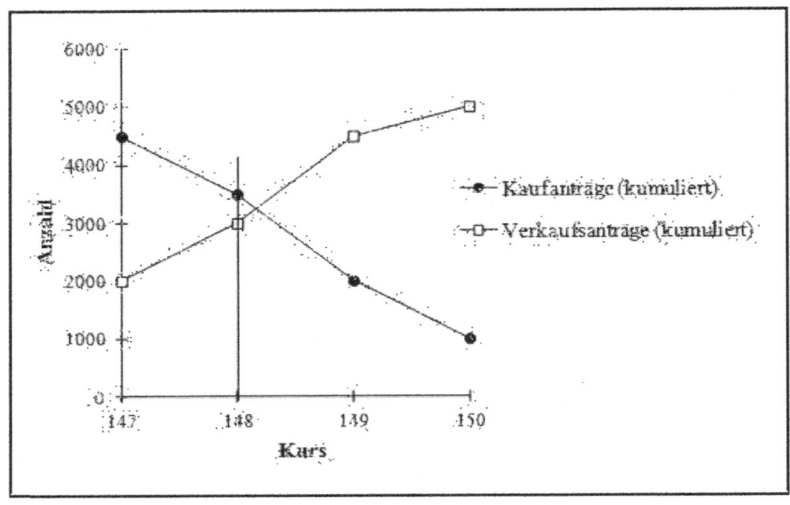

Aufgabe 28

Kapitalerhöhungen aus Gesellschaftsmitteln können durchgeführt werden,
- um eine optisch hohe Dividende zu senken,
- um das Niveau hochdotierter Aktien zu drücken,
- um einen evtl. engen Markt zu beseitigen,
- um ein angemessenes Verhältnis zwischen Grundkapital und Rücklagen herzustellen,
- um eine ordentliche Kapitalerhöhung vorzubereiten, d. h. die Aktionäre günstig zustimmen.

Aufgabe 29

Aktienkapital	Gezeichnetes Kapital (EUR)	Zahl der Aktien (Stück)	Kurs (%)	Gesamtkurswert (EUR)
Bisheriges Grundkapital (alte Aktien)	2.000.000	20.000	180	3.600.000
Kapitalerhöhung (junge Aktien)	400.000	4.000	120	480.000
Neues Grundkapital (nach Kapitalerhöhung)	2.400.000	24.000		4.080.000

a) nach der Kapitalerhöhung

$$\text{Neuer Kurs} = \frac{\text{Kurswert}_{\text{alte Aktie}} + \text{Kurswert}_{\text{junge Aktie}}}{\text{Anzahl}_{\text{alte Aktie}} + \text{Anzahl}_{\text{junge Aktie}}} = \frac{4.080.000}{24.000} = 170 \frac{\text{EUR}}{\text{Aktie}}$$

c) Wert des Bezugsrechts

$$B = \frac{\text{Kurs}_{\text{alte Aktie}} - \text{Ausgabekurs}_{\text{neue Aktie}}}{\frac{\text{Anzahl}_{\text{alte Aktie}}}{\text{Anzahl}_{\text{neue Aktie}}} + 1} = \frac{180 - 120}{\frac{20.000}{4.000} + 1} = 10 \frac{\text{EUR}}{\text{Aktie}}$$

Aufgabe 30

a) Die AG müsste ihre Aktien zum jeweiligen Börsenkurs emittieren.

b) Bei einer solchen Regelung wären die der Unternehmung zufließenden finanziellen Mittel erheblich höher, als wenn die jungen Aktien zu einem niedrigeren Kurs als dem Börsenkurs emittiert werden würden.

Aufgabe 31

Rechnerischer Wert des **Bezugsrechts**:

$$\text{neuer Börsenkurs} = \frac{8\,\text{Mio.} \cdot 170\,\text{EUR} + 4\,\text{Mio.} \cdot 120\,\text{EUR}}{12\,\text{Mio.}} = 153{,}33\,\text{EUR}$$

Nach der Kapitalerhöhung kostet eine Aktie im freien Verkehr 153,33 EUR, während sie mit Bezugsrecht für 120 EUR zu erhalten ist. Daraus leitet sich der Wert des Bezugsrechts in Höhe von 33,33 EUR ab.

Das Bezugsverhältnis beträgt 2:1 (8 Mio. / 12 Mio. - 8 Mio.).

Für je zwei alte Aktien wird daher das Bezugsrecht für eine neue Aktie ausgegeben. Ein Aktionär, der z.B. zwei alte Aktien besitzt, könnte mit der ihm zustehenden neuen Aktie einen Kursgewinn von 153,33 EUR - 120 EUR = 33,33 EUR realisieren.

Alternativ kann er sein Bezugsrecht an der Börse zu 33,33 EUR verkaufen. Der Wertverlust seiner alten Aktien wird somit durch das Bezugsrecht ausgeglichen.

Aufgabe 32

a) Die **Bezugsrechtsformel** lautet:

$$B = \frac{K_a - K_n}{\frac{a}{n} + 1} \qquad B_{(1)} = \frac{600 - 200}{3 + 1} = 100 \qquad B_{(2)} = \frac{600 - 300}{2 + 1} = 100$$

b) Der tatsächliche Wert des Bezugsrechtes kann mitunter erheblich vom rechnerischen Wert des Bezugsrechtes abweichen, da die Bezugsrechte bis zum Abschluss der Kapitalerhöhung an der Börse gehandelt und selbstständig notiert werden (Angebot und Nachfrage bestimmen den Kurs).

Liegt der tatsächliche Wert des Bezugsrechtes erheblich über dem rechnerischen Wert, so profitieren die Altaktionäre davon.

Aufgabe 33

Die Aufwendungen des **Kontokorrentkredites** setzen sich zusammen aus:

- Sollzinsen
- Kreditprovision oder Beteiligungsprovision
- Umsatzprovision
- Barauslagen der Bank

Aufgabe 34

Der **Akzeptkredit** stellt wirtschaftlich eine Kreditleihe dar, d.h. die Bank „leiht" dem Kunden kein Geld, sondern (gegen Berechnung einer Akzeptprovision) ihren guten Ruf, oder ihre Bonität.

Aufgabe 35

Der **Lombardkredit** kann unterschieden werden nach der Art der Sicherheit in:

- Effektenlombard   - Edelmetallombard   - Forderungslombard
- Warenlombard   - Wechsellombard

Aufgabe 36

Formen der **Schuldverschreibung** sind:

- Industrieobligationen,   - Optionsschuldverschreibungen,
- Wandelschuldverschreibungen,   - Gewinnschuldverschreibungen.

Aufgabe 37

Unter einer **Industrieobligation** (Schuldverschreibung) versteht man ein langfristiges Darlehen, das eine Großunternehmung von einer Vielzahl von Darlehensgebern über den Kapitalmarkt aufnimmt, wobei eine Stückelung der Gesamtsumme in Teilschuldverschreibungen erfolgt, die während der Laufzeit meist an der Börse gehandelt werden.

Aufgabe 38

Aktie	Industrieobligation
- Der Erwerber wird Miteigentümer eines Unternehmens durch Eigenkapitalbeteiligung - Der Nominalbetrag der Aktie wird, solange das Unternehmen fortgeführt wird, nicht zurückgezahlt - Die Dividende hängt vom Unternehmenserfolg ab - Eine Emission unter dem Nennwert (unter pari) ist nicht zulässig	- Der Erwerber beteiligt sich am Fremdkapital des emittierenden Unternehmens - Am Ende der Laufzeit wird der Nennbetrag zurückgezahlt - Der Eigentümer erhält eine feste Verzinsung - Häufig unterpari emittiert, das Damnum (Disagio, Preisabschlag) stellt bei der Kreditrückzahlung für den Anleger zusätzliche Zinsen dar

Aufgabe 39

Die **Effektivverzinsung** einer Industrieanleihe lässt sich beeinflussen durch:

> 1. die Laufzeit
> 2. den Emissionskurs
> 3. den Rückzahlungskurs
> 4. halbjährliche Zinszahlung

Aufgabe 40

Unsicher sind:
- die interne Rendite, da diese von der wirtschaftlichen Entwicklung der Unternehmung und der Marktlage abhängig ist.
- der Fremdkapitalzinssatz. Sicher ist nur die Verpflichtung, die Zinsen zu zahlen, die Höhe kann sich ändern, da in den Kreditverträgen oft Zinsgleitklauseln enthalten sind.

Der Unternehmer wird daher seine Kapitalstruktur nur erhöhen, wenn er relativ sicher ist, dass durch die Erhöhung keine Verminderung seiner internen Rendite eintritt und dass die Rendite (r_i) immer größer (r_e) ist.

Aufgabe 41

a) **Wandelschuldverschreibungen** (convertible bonds) gewähren zusätzlich zu den Rechten normaler Industrieobligationen das Recht auf Umtausch der Schuldverschreibungen in Aktien (Bilanztechnisch wird bei dem Umtausch Fremdkapital in Eigenkapital umgewandelt).

b) Für Wandelschuldverschreibungen gilt:

- Sie sind dem Wesen nach Industrieobligationen und können an der Börse gehandelt werden, besitzen aber eine feste Laufzeit sowie Verzinsung.
- Der Unterschied zur Obligation besteht in dem Wahlrecht des Anlegers: Entweder wird die Anleihe am Ende der Laufzeit getilgt oder während der Laufzeit in Aktien umgewandelt. Das Wandlungsverhältnis ist bei der Emission bekannt, kann sich aber während der Laufzeit ändern.
- Das emittierende Unternehmen hat den Vorteil, einen Teil des Kreditbetrages nicht zurückzahlen zu müssen, wenn es durch die Wandlung zu Aktien in Eigenkapital übergeht.
- Der Anleger hat die Chance, zu einem unter dem Börsenkurs der Aktien liegenden Kurs wandeln zu können.
- Bisherige Aktienbesitzer müssen bei einer Wandlung Bezugsrechte auf ihren Aktienanteil erhalten, der sie vor einer Verwässerung schützt.

c) Ein Unternehmen, das langfristiges Fremdkapital benötigt, wird in folgenden Fällen die Auflegung von **Wandelschuldverschreibungen** erwägen:

- Auf dem Kapitalmarkt herrscht ein hohes Zinsniveau und Aktien werden niedrig bewertet.
- Die Aktien des Unternehmens werden aufgrund geringer Erträge niedrig bewertet.

In beiden Fällen wäre die Durchführung einer Kapitalerhöhung durch die Ausgabe junger Aktien äußerst schwierig.

Aufgabe 42

Optionsanleihen sind festverzinsliche Wertpapiere, die das Recht zum Erwerb von Aktien in einem von der Anleihe abtrennbaren Optionsschein verbriefen.

Dieser Optionsschein kann selbstständig gehandelt werden. Der Käufer einer Optionsanleihe erwirbt das Recht, Aktien gegen Hergabe des Optionsscheins innerhalb eines festgelegten Zeitraumes zu im Voraus festgelegten Konditionen zu beziehen. Der Geschäftspartner des Käufers einer Option ist der sogenannte Stillhalter, der, wenn der Käufer die Option der Aktienumwandlung ausübt, diese bereitstellen muss. Für dieses Risiko erhält der Stillhalter vom Käufer eine Prämie. Die Optionsanleihe bleibt bis zu ihrer Rückzahlung bestehen, sie wird dabei nicht umgetauscht.

Aufgabe 43

a) Innerer Wert = (aktueller Aktienkurs − Basispreis) · Optionsverhältnis

$\qquad\qquad\quad$ = (420 EUR − 370 EUR) · 0,5

$\qquad\qquad\quad$ = $\underline{\underline{25\ \text{EUR}}}$

$\quad$ Zeitwert $\quad$ = Kurs des Optionsscheins − innerer Wert

$\qquad\qquad\quad$ = 90 EUR − 25 EUR

$\qquad\qquad\quad$ = $\underline{\underline{65\ \text{EUR}}}$

$$\text{Aufgeld} = \frac{\text{Basispreis} + \dfrac{\text{Kurs des Optionsscheins}}{\text{Optionsverhältnis}} - \text{akt. Aktienkurs}}{\text{aktueller Aktienkurs}} \cdot 100\%$$

$$= \frac{\left(370\,\text{EUR} + \dfrac{90\,\text{EUR}}{0{,}5} - 400\,\text{EUR}\right)}{420\,\text{EUR}} \cdot 100\%$$

$$= 30{,}95\,\%$$

$$\text{Jährliches Aufgeld} = \frac{\text{Aufgeld}}{\text{Restlaufzeit in Jahren}}$$

$$= \frac{30{,}95\,\%}{2}$$

$$= 15{,}48\,\%$$

$$\text{Hebel} = \frac{\text{aktueller Aktienkurs} \cdot \text{Optionsverhältnis}}{\text{Kurs des Optionsscheins}}$$

$$= \frac{420\,\text{EUR} \cdot 0{,}5}{90\,\text{EUR}}$$

$$= 2{,}33$$

Ein Hebel von 2,33 besagt, dass der Optionsschein eine 2,33 prozentige Wertsteigerung erfährt, wenn der Aktienkurs um 1 Prozent steigt.

b) $\text{Break-even-Punkt} = \text{Basispreis} + \dfrac{\text{Kurs des Optionsscheins}}{\text{Optionsverhältnis}}$

$$= 370\,\text{EUR} + \frac{90\,\text{EUR}}{0{,}5}$$

$$= 550\,\text{EUR}$$

595 EUR - 550 EUR = 45 EUR Gewinn, wenn das Optionsrecht ausgeübt wird

c) Um eine solche Entscheidung zu treffen, muss man sich den Aktienkursverlauf ansehen und abwägen, ob der Kurs weiter steigt, oder ob vielleicht das Maximum erreicht ist.

Aufgabe 44

Nullkupon-Anleihe, auch Zero Bond genannt, ist eine Anleihe, die nicht mit Zinskupons ausgestattet ist. Der Zinsertrag wird aus der Differenz zwischen dem Rückzahlungskurs und dem Emissionskurs bis zur Endfälligkeit ermittelt.

Der Anleger erhält entweder den Verkaufserlös bei einem vorzeitigen Verkauf oder den Tilgungserlös bei Fälligkeit. In der Regel werden Zero Bonds mit einem hohen Abschlagswert emittiert und im Tilgungszeitpunkt zum Kurs von 100 % zurückgezahlt.

Aufgabe 45

Unter **Schuldscheindarlehen** versteht man einen anleiheähnlichen, meist langfristigen Großkredit, der auf nichtöffentlichem Wege, also unter Ausschaltung der Börse aufgenommen wird.

Aufgabe 46

Genussscheine sind Gläubigerpapiere, die bestimmte Vermögensrechte verbriefen (z.B. gewinnabhängige Verzinsung). Die Gläubigerpapiere sind ausgestellt auf einen Nominalwert und beinhalten somit einen Gewinnanspruch. Nähere Erläuterungen zu den einzelnen Vermögensrechten sind in den Genussscheinbedingungen zu finden. Da es keine gesetzlichen Vorschriften über Begriff und Inhalt der Genussscheine gibt, wird den Emittenten in der Gestaltung weitgehend freie Hand gelassen.

Aufgabe 47

Unter **Konversion** versteht man den Umtausch einer Anleihe mit hohem Zinsfuß gegen Stücke einer niedriger verzinslichen zwischen dem Emittenten und den Obligationsinhabern (Herunterkonvertierung) bzw. die Änderung des Zinssatzes ein und derselben Anleihe nach oben (Heraufkonvertierung).

Die Herunterkonvertierung unterscheidet sich von der Heraufkonvertierung dadurch, dass bei ersterer die Anleihe gekündigt wird, wobei den bisherigen Inhabern zugleich Stücke einer neuen, niedriger verzinslichen Anleihe desselben Schuldners angeboten werden, während bei der Heraufkonvertierung keine solche Kündigung stattfindet.

Aufgabe 48

Wenn die aus der Lieferung von Waren oder Dienstleistungen resultierenden Zahlungsverpflichtungen nicht sofort beglichen werden, entsteht eine Kreditbeziehung zwischen dem Lieferanten und dem Kunden, die man als **Lieferantenkredit** bezeichnet. Er ist in der Regel sehr teuer, wird aber dennoch sehr oft in Anspruch genommen, weil der Kredit schnell gewährt wird, bequem zu bekommen und formlos ist und die Kreditlinie bei der Bank entlastet wird. Aus Kostengesichtspunkten sollte der Lieferantenkredit nicht in Anspruch genommen werden.

Es kann z.B. sinnvoll sein, um einen Skonto auszunutzen, einen Kontokorrentkredit aufzunehmen, der in der Höhe des zu veranschlagenden effektiven Jahreszinses weit unter der Ersparnis aus der Inanspruchnahme des Skontos liegt.

Aufgabe 49

Zu berechnen ist i_2:

$$i = \frac{p \cdot K}{100} - \frac{R - K}{n} \qquad i_2 = \frac{10 \cdot 75}{100} - \frac{25}{10} \qquad i_2 = 5\%$$

Berechnung der Abtretungskurse nach 2 Jahren:

1) $$10 = \frac{7{,}5 \cdot K_1}{100} - \frac{100 - K_1}{8}$$

$$2.250 = 20 \cdot K_1$$

$$\underline{\underline{K_1 = 112{,}50 \text{ EUR}}}$$

Der Abtretungskurs des ersten Titels beträgt 112,50 EUR.

2) $$5 = \frac{7{,}5 \cdot K_2}{100} - \frac{100 - K_2}{8}$$

$$1.750 = 20 \cdot K_2$$

$$\underline{\underline{K_2 = 87{,}50 \text{ EUR}}}$$

Der Abtretungskurs des zweiten Titels beträgt 87,50 EUR.

Kumulierte Erträge pro EUR 100,- eingesetztes Kapital während der Dauer von 2 Jahren:

1) 10,00 · 2 = 20,00 112,50 - 100 = 12,50	Zinsen Kursgewinn	2) 5,00 · 2 = 10,00 87,50 - 75 = 12,50 22,50
32,50		$22,50 \cdot \dfrac{100}{75} = \mathbf{30,00}$

Hieraus wird ersichtlich, dass die Anlage zu pari günstiger ist.

Aufgabe 50

Der effektive Zinssatz des Lieferantenkredits beträgt:

$$r = \frac{S}{z-s} \cdot 360 \qquad r = \frac{3}{30-8} \cdot 360 = \underline{49\%}$$

r = Jahresprozentsatz (%)
s = Skontofrist (Tage)
S = Skontosatz (%)
z = Zahlungsziel (Tage)

Aufgabe 51

a) Die Aufnahme des Bankkredits lohnt sich bei: $p^S = \dfrac{360 \cdot 2}{60-10} = 14,4\%$.

Der Lieferantenkredit kostet 14,4% p.a.. Die Aufnahme eines Bankkredits zum Zweck der Skonto-Inanspruchnahme lohnt sich rechnerisch zu jedem Zinssatz unter 14,4 % p.a..

b) Vorteile des Lieferantenkredits:
  − Formlosigkeit;
  − Sicherung i.d.R. auf Eigentumsvorbehalt beschränkt;
  − Lieferant meist 'großzügiger' in der Kreditgewährung als Kreditinstitute (keine Kreditwürdigkeitsprüfung, häufig zinslose Überschreitung der Zahlungsziele möglich);
  − Kapitalbindungsdauer wird verkürzt;
  − Bei entsprechender Machtstellung des Kunden und regelmäßiger Lieferung - Möglichkeit zu langfristigem Kredit;

Wenn die betriebsinterne Rendite bzw. die Bankzinssätze über der jährlichen Skontorate liegen, lohnt sich die Inanspruchnahme des Lieferantenkredits rein rechnerisch.

Aufgabe 52

a) Leasingverträge werden klassifiziert nach:
  • Der Art des Leasinggegenstands
  • Dem Leasinggeber
  • Dem Verpflichtungscharakter des Leasingvertrages

b) Das Finanzierungsleasing ist die eigentliche Alternative zum Kreditkauf. Vergleicht man die Kosten (Effektivbelastung), ist die Leasingfinanzierung meist teurer als die Kreditfinanzierung, trotzdem kann Leasing vorteilhafter sein (100%-ige Fremdfinanzierungsmöglichkeit, rascher Vertragsabschluss, Expansionsmöglichkeit für kleinere und mittlere Unternehmen).

Aufgabe 53

Leasing bietet den Vorteil, die Liquidität zu erhöhen, da erheblich niedrigere Anschaffungskosten anfallen (dafür aber langjährige Mietzahlungen). Zu beachten ist dabei allerdings, dass durch einen kreditfinanzierten Kauf der Leasingobjekte eine ähnliche oder sogar verbesserte Liquiditätswirkung erzielt werden kann.

Das Argument, dass Leasing die Kreditlinie für andere Investitionen entlastet, ist fragwürdig, da Banken bei einer Kreditwürdigkeitsprüfung auch die Leasingraten betrachten. Einen wesentlichen Vorteil aber bietet das Leasing dadurch, dass der Leasingnehmer vom technischen und wirtschaftlichen Risiko des Kaufs befreit wird, da Pflege, Wartung und Wiederverkauf des Leasingobjektes meist gegen eine Gebühr durch den Leasinggeber durchgeführt werden.

Aufgabe 54

a) Unter **Factoring** versteht man eine Dienstleistung, welche ein spezialisiertes Institut aufgrund eines Factoring-Vertrages für einen Geschäftspartner übernimmt. Die Factoringgesellschaft kauft offene Forderungen aus Warenlieferungen oder Leistungen eines Betriebes an und bevorschusst diese bis zur Fälligkeit.

b) Das Factoringgeschäft kann im Einzelfall durch die Übernahme folgender Funktionen gekennzeichnet sein:
 – Finanzierungsfunktion (Ankauf und Kreditierung der Forderungen)
 – Dienstleistungsfunktion (Verwaltung des Forderungsbestandes)
 – Kreditversicherungsfunktion (Delkrederefunktion), soweit der Factor das Bonitätsrisiko übernimmt.

c) Vorteile von Factoring können sein:
 – Skontierungsfähigkeit gegenüber den Lieferanten
 – Kosteneinsparungen bei Debitorenbuchhaltung, Kreditprüfung und Mahnwesen
 – Einsparung der Gebühr für Auskünfte
 – Personalreduzierung bei der Aufgliederung von betrieblichen (Teil-) Funktionen, etc.

Aufgabe 55

Als **Innenfinanzierung** bezeichnet man die Verwendung eines Teiles des Geldmittelzuflusses aus dem betrieblichen Umsatzprozess zu Investitionszwecken. Im Wesentlichen handelt es sich um die Verwendung von Gewinngegenwerten, Abschreibungsgegenwerten und Rückstellungsgegenwerten.

Aufgabe 56

Voraussetzung für die Selbstfinanzierung ist stets, dass tatsächlich Gewinn erzielt wird, d.h. dass die Verkaufserlöse der hergestellten Leistungen höher sein müssen als die Kosten.

Aufgabe 57

Unter dem **Lohmann-Ruchti-Effekt** versteht man einen Kapitalfreisetzungs- und Kapitalerweiterungseffekt. Kapitalfreisetzung heißt, dass Abschreibungsgegenwerte langfristig nutzbarer Wirtschaftsgüter bereits Jahre vor der Reinvestition zur Verfügung stehen können. Erwirbt man damit weitere Anlagen, dann erhöht sich die betriebliche Produktionskapazität, ohne dass zusätzliche Finanzmittel von außen zuzuführen sind. Der Kapazitätserweiterungseffekt ist umso größer, je länger die Nutzungsdauer der Anlage ist.

Aufgabe 58

Voraussetzungen für die Anwendung des Lohmann-Ruchti-Effekts sind:
- Die Abschreibungsgegenwerte müssen über den Verkauf von Produkten als liquide Mittel in das Unternehmen zurückgeflossen sein und für Neuinvestitionen zur Verfügung stehen.

- Die zurückgeflossenen Mittel müssen sofort in neue Anlagen investiert werden.
- Die zusätzlich hergestellten Produkte müssen auch auf dem Markt absetzbar sein. Wird die Kapazitätserweiterung nur genutzt, um „auf Halde" zu produzieren, fließen keine liquiden Mittel aus dem Markt zurück in das Unternehmen.
- Der Effekt ist meist nur bei relativ kleinen Anlagen nutzbar, bei Großanlagen (z.B. in der chemischen Industrie) reichen die verfügbaren Mittel häufig nicht zur Beschaffung einer weiteren Einheit.

Aufgabe 59

Jahr	Anlagen-bestand	Abschreibung	Neu-anschaffungen	Verschrottung	Rest
1	8	24.000	2	-	-
2	10	30.000	2	-	6.000
3	12	36.000	3	-	6.000
4	15	45.000	4	8	3.000
5	11	33.000	3	2	0
6	12	36.000	3	2	0
7	13	39.000	3	3	3.000
8	13	39.000	3	4	6.000
9	12	36.000	3	3	6.000
10	12	36.000	3	3	6.000

a) Die Verlängerung der Nutzungsdauer bedeutet c.p. eine Erhöhung der Gesamtkapazität. Es dauert zwar länger, bis sich die Zahl der Anlagen stabilisiert, jedoch erfolgt dies auf einem höheren Niveau.

b) Eine Erhöhung des Anschaffungspreises hat dagegen c.p. keinen Einfluss auf den Kapazitätserweiterungseffekt, da sich relativ zum Anschaffungspreis auch die Abschreibungsbeträge und damit die jeweils vorhandenen Mittel zur Ersatzbeschaffung erhöhen.

Vermögens- und Kapitalstrukturgestaltung

Aufgabe 60

Folgende Faktoren beeinflussen die Eigenkapitalquote:
- Unternehmensform (Personen-, Kapitalgesellschaft)
- Geschäftsfeld (Handel, Industrie)
- Unternehmensgröße (Kleinbetrieb, mittleres Unternehmen, Großbetrieb)
- voraussichtliches Unternehmenswachstum (heute z.B. im Kommunikationsbereich)

Aufgabe 61

Zu den Grundsätzen der Unternehmensführung gehört u.a. die Aufrechterhaltung der Liquidität sowie die Gewährleistung der Rentabilität.

Eine möglichst hohe Liquidität geht zu Lasten der Rentabilität, da finanzielle Mittel für Transaktionszwecke nicht gewinnbringend angelegt werden können. Eine optimale Rentabilität dagegen bedeutet, dass das Unternehmen aufgrund langfristiger Geldanlage in Zahlungsschwierigkeiten kommen könnte und somit die Existenz des Unternehmens gefährdet wäre.

Der Zielkonflikt äußert sich darin, dass eine Verbesserung (Verschlechterung) der Liquidität automatisch eine Verschlechterung (Verbesserung) der Rentabilität bedeutet.

Aufgabe 62

a) Der Leverage-Effekt beschreibt das Verhältnis von Fremdkapital zu Eigenkapital und dessen Auswirkung auf die Eigenkapitalrentabilität nach folgender Formel:

$$r_{EK} = r_{GK} + \frac{FK}{EK} \cdot (r_{GK} - i)$$

Es sind drei Fälle des Leverage-Effektes zu unterscheiden:

- wenn $r_{GK} > i$, dann steigt mit zunehmender Verschuldung die EK-Rentabilität
- wenn $r_{GK} < i$, dann sinkt mit zunehmender Verschuldung die EK-Rentabilität
- wenn $r_{GK} = i$, dann ist der Leverage-Effekt Null; die Eigenkapitalrentabilität entspricht genau der Gesamtkapitalrentabilität

b)
$$r_{EK} = 16\% + \frac{3.000.000}{1.000.000} \cdot (16\% - 7,5\%) = 41\%$$

$$r_{EK} = 16\% + \frac{1.500.000}{1.000.000} \cdot (16\% - 7,5\%) = 29\%$$

Da die Eigenkapitalrentabilität bei 16% und i bei 7,5% liegt, muss die Eigenkapitalrentabilität steigen, wenn die Verschuldung steigt.

Aufgabe 63

Es wird nur von plausiblen Annahmen über das Verhalten der Kapitalgeber ausgegangen, ohne jedoch den Nachweis zu erbringen, dass die Kapitalgeber genau so handeln würden:
- Der Kapitalmarkt wird völlig außer acht gelassen
- Die optimale Kapitalstruktur ist nicht zu berechnen

Kapitalverwendung

Aufgabe 64

Im Wesentlichen kann zwischen Sachinvestition und Finanzinvestition unterschieden werden. Die Sachinvestitionen unterteilen sich wiederum in Ersatzinvestition, Rationalisierungsinvestition und Erweiterungsinvestition.

Aufgabe 65

Der Investitionsentscheidungsprozess umfasst mindestens folgende vier Phasen:

1. Investitionsanregung
2. Investitionsuntersuchung
3. Investitionsentscheidung
4. Realisierung und Kontrolle der Investition

Aufgabe 66

Der wesentliche Unterschied zwischen beiden Verfahren besteht darin, dass die dynamischen Verfahren zeitliche Unterschiede im Anfall der Zahlungen einer Investition wertmäßig berücksichtigen, während das bei den statischen Verfahren nicht der Fall ist.

Aufgabe 67

Interne Daten für Investitionsentscheidungen	Externe Daten für Investitionsentscheidungen
• Einnahmen und Ausgaben • Variable und fixe Kosten • Cash-Flow • Rentabilität • Liquidität • Produktivität • Engpässe im Unternehmen • Wachstum • Marktanteil	• Preisentwicklungen • Konjunktur • Technischer Fortschritt • Nachfrageverschiebungen • Konkurrenzverhalten • Gesetzgebung • Umweltschutzauflagen • Entwicklung der Kapital-, Einkaufs- und Verkaufsmärkte • Bedingungen am Arbeitsmarkt • Neue Technologien

Aufgabe 68

Kosten eines Investitionsobjektes werden in Betriebs- und Kapitalkosten unterschieden.

- Betriebskosten, z.B.:	- Kapitalkosten, z.B.:
− Material − Löhne − Werkzeugkosten − Instandhaltung − Energie − Raumkosten − Versicherungen	− Kalkulatorische Abschreibungen − Kalkulatorische Zinsen

Aufgabe 69

a) Die kalkulatorischen Abschreibungen werden mit folgender Formel ermittelt:

$$\text{Kalkulatorische Abschreibungen pro Periode} = \frac{\text{Anschaffungskosten} - \text{Restwert}}{\text{Nutzungsdauer}}$$

b) Bei der Ermittlung der kalkulatorischen Zinsen verwendet man diese Formel:

$$\text{Kalkulatorische Zinsen pro Periode} = \frac{\text{Anschaffungskosten} + \text{Restwert}}{2} \cdot \text{Kalkulationszinsfuß}$$

Aufgabe 70

a) Die beiden Methoden führen zum gleichen Ergebnis, wenn die mengenmäßige Leistung (nicht die Kapazität) der zu vergleichenden Anlagen gleich ist. Nur in diesem Fall geht man für die Alternativen von der jeweils gleichen Basis aus.

Sind die mengenmäßigen Leistungen der Anlagen unterschiedlich, so führt allein ein Vergleich der Kosten je Leistungseinheit zu einem brauchbaren Ergebnis.

b) Als kritische Auslastung bezeichnet man diejenige Auslastung, bei der die Kosten/Zeitabschnitt (und damit auch die Kosten/Leistungseinheit) für zwei verglichene Anlagen gleich hoch sind.

c) Der durchschnittliche jährliche Liquidationsverlust hängt ab:

1. vom **Restbuchwert** der Anlage zu Beginn und am Ende der Vergleichsperiode (bei linearer Abschreibung: Differenz des Restbuchwertes je Jahr der Vergleichsperiode = jährlicher Abschreibungsbetrag);
2. von den erzielbaren **Liquidationserlösen** (bei Verkauf oder anderweitiger Nutzung) zu Beginn und am Ende der Vergleichsperiode;
3. von der **Länge der Vergleichsperiode** (= Zeitraum, um den die Vornahme der Ersatzinvestition aufgeschoben wird, wenn man sie zum gegenwärtigen Zeitpunkt unterlässt).

Aufgabe 71

a) Bei einer Abnahme der variablen Kosten nimmt die Steigung der Kurve A_1 ab (Sie wird flacher). Dadurch verschiebt sich die kritische Auslastung in Richtung geringerer Auslastung.

b) Erhöht sich der Anschaffungswert der Investition A_1, erfolgt eine Parallelverschiebung der Kurve A_1 nach oben. Das bedeutet, dass diese Investition erst bei einer höheren Auslastung kostengünstiger ist.

Aufgabe 72

a) Kalkulatorische Zinsen und kalkulatorische Abschreibung

Kalkulatorische Kosten	Alternative 1	Alternative 2
Kalk.Zinsen = $\dfrac{AW + RW}{2} \cdot i$ (vereinfacht)	$= \dfrac{60.000 + 12.000}{2} \cdot 0{,}08$ $= 2.880$	$= \dfrac{120.000}{2} \cdot 0{,}08$ $= 4.800$
Kalk.Abschreibungen = $\dfrac{AW - RW_n}{n}$	$= \dfrac{60.000 - 12.000}{6}$ $= 8.000$	$= \dfrac{120.000}{6}$ $= 20.000$

b) Ermittlung der vorteilhafteren Anlage

Kostenvergleichsrechnung (4.000 Stück)	Alternative I	Alternative II
Anschaffungskosten (EUR)	60.000	120.000
Nutzungsdauer (Jahre)	6	6
Auslastung (Stück/Jahre)	4.000	4.000
Abschreibungen (EUR/Jahr)	8.000	20.000
Zinsen (EUR/Jahr)	2.880	4.800
Gehälter (EUR/Jahr)	10.000	10.000
sonstige fixe Kosten (EUR/Jahr)	8.000	10.000
gesamte fixe Kosten (EUR/Jahr)	28.880	44.800
fixe Kosten je Stück (EUR/Stück)	7,00	11,20
Löhne (EUR/Stück)	5,50	2,90
Material (EUR/Stück)	10,00	9,60
sonstige variable Kosten (EUR/Stück)	0,75	0,50
gesamte variable Kosten (EUR/Stück)	16,25	13,00
gesamte Kosten (EUR/Stück)	**23,25**	**24,20**

Kostenvergleichsrechnung (6000 Stück)	Alternative I	Alternative II
Anschaffungskosten (EUR)	60.000	120.000
Nutzungsdauer (Jahre)	6	6
Auslastung (Stück/Jahre)	6.000	6.000
Abschreibungen (EUR/Jahr)	8.000	20.000
Zinsen (EUR/Jahr)	2.880	4.800
Gehälter (EUR/Jahr)	10.000	10.000
sonstige fixe Kosten (EUR/Jahr)	8.000	10.000
gesamte fixe Kosten (EUR/Jahr)	28.880	44.800
fixe Kosten je Stück (EUR/Stück)	4,81	7,47
Löhne (EUR/Stück)	5,50	2,90
Material (EUR/Stück)	10,00	9,60
sonstige variable Kosten (EUR/Stück)	0,75	0,50
gesamte variable Kosten (EUR/Stück)	16,25	13,00
gesamte Kosten (EUR/Stück)	**21,06**	**20,47**

c) Ermittlung der kritischen Menge

$$K_I = K_{II}$$

$$28.880 + 16,25 \cdot x = 44.800 + 13 \cdot x$$

$$\underline{\underline{x = 4.898}} \quad (\approx 4.900)$$

Die kritische Menge beträgt ca. 5200 Stück, d.h. bei einer Produktion unter 5.200 Stück ist die Alternative I vorteilhafter. Werden jedoch mehr als 5.200 Stück produziert arbeitet Alternative II wirtschaftlicher.

Grafische Lösung: Darstellung der Ergebnisse

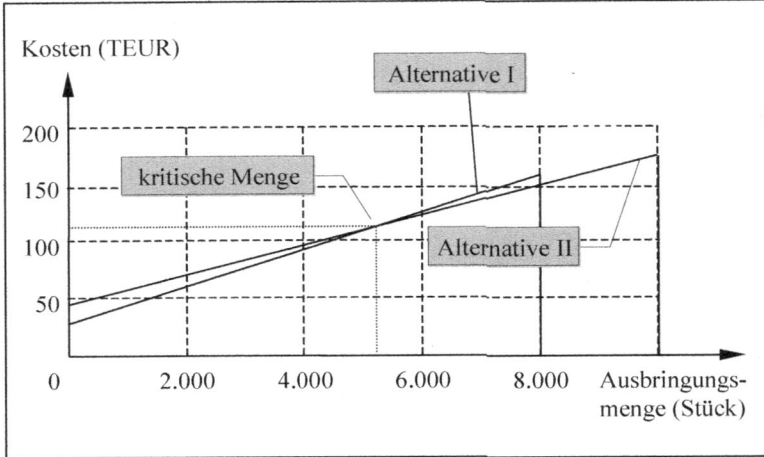

Aufgabe 73

Gewinnvergleichsrechnung	Variante A	Variante B	Variante C
Leistung in Stück	20.000	20.000	25.000
Preis pro Stück	11,00	10,50	10,50
Erträge	220.000	210.000	262.500
Fixkosten	22.000	44.000	40.000
Variable Stückkosten	7,40	6,20	6,65
Gesamtkosten	170.000	168.000	206.250
Gewinn pro Stück	2,50	2,10	2,25
Gewinn pro Periode	50.000	42.000	56.250

Den optimalen Gewinn pro Stück liefert Variante A mit 2,50 EUR, den optimalen Periodengewinn dagegen Variante C mit 56.250 EUR.

Aufgabe 74

Für die Durchführung der statischen Rentabilität benötigt man als Größen den Gewinn und den Kapitaleinsatz.

- Unter **Gewinn** ist jeder zusätzliche Gewinn zu verstehen (bei Rationalisierungsinvestitionen = Kostenersparnis).
- Unter **Kapitaleinsatz** ist jeder zusätzliche Kapitaleinsatz zu verstehen (vom Anschaffungswert einer neuen Anlage ist der erzielbare Liquidationserlös für die alte Anlage abzusetzen; erfordert die Investition zusätzliches Umlaufvermögen, so ist dieses einzubeziehen).

Ob Zinsen (kalkulatorische Zinsen auf das Eigenkapital, Fremdkapitalzinsen) angesetzt werden, hängt davon ab, welche Rentabilität man errechnen möchte (z.B. Eigenkapitalrentabilität). Ob man den ursprünglichen oder durchschnittlichen Kapitaleinsatz zugrunde legt, hängt davon ab, ob es sich um nicht abnutzbare oder um abnutzbare Wirtschaftsgüter handelt.

Aufgabe 75

a) Die Gewinne der Alternativen betragen:

Gewinn I = 190.950 EUR − 18.200 EUR − 168.700 EUR = 4.050 EUR

Gewinn II = 212.100 EUR − 28.300 EUR − 176.620 EUR = 7.180 EUR

Gewinn III = 233.020 EUR − 39.650 EUR − 184.360 EUR = 9.010 EUR

Formel für Rentabilität: $R = \dfrac{\text{Gewinn}}{\text{durchschnittlich investiertes Kapital}} \cdot 100\,\%$

$R_I = \dfrac{4.050 \text{ EUR} \cdot 2}{80.000 \text{ EUR} + 5.000 \text{ EUR}} \cdot 100\,\% = 9{,}5\,\%$

$R_{II} = \dfrac{7.180 \text{ EUR} \cdot 2}{120.000 \text{ EUR} + 7.000 \text{ EUR}} \cdot 100\,\% = 11{,}3\,\%$

$R_{III} = \dfrac{9.010 \text{ EUR} \cdot 2}{160.000 \text{ EUR} + 9.000 \text{ EUR}} \cdot 100\,\% = 10{,}7\,\%$

b) Die ermittelten Rentabilitäten sind nicht sehr aussagefähig, weil die Anschaffungskosten der alternativen Investitionsobjekte erheblich auseinander liegen.

Aufgabe 76

a) Durchschnittsrechnung:

$t_{AI} = \dfrac{100.000}{14.000} = 7{,}1 \text{ Jahre} \qquad t_{AII} = \dfrac{120.000}{19.400} = 6{,}2 \text{ Jahre}$

b) Kumulationsrechnung:

Amortisationsrechnung (statisch)		Alternative I	Alternative II
	1. Jahr	13.000	18.000
	2. Jahr	28.000	36.000
	3. Jahr	43.000	56.000
Kapitalrückfluss, kumuliert	4. Jahr	56.000	76.000
	5. Jahr	69.000	94.000
	6. Jahr	82.000	114.000
	7. Jahr	97.000	134.000
	8. Jahr	112.000	154.000

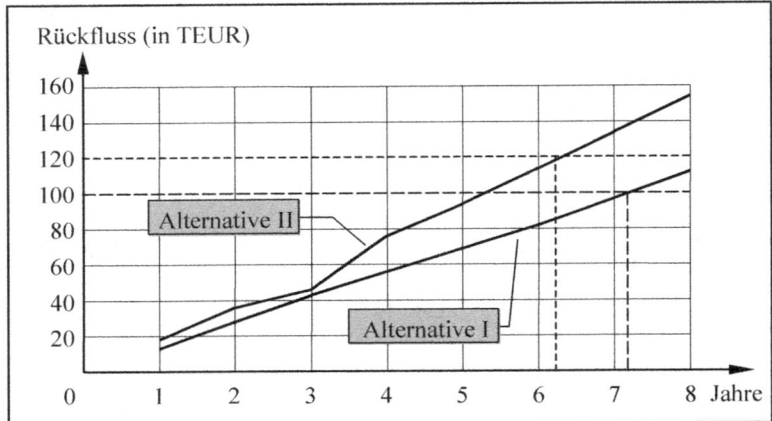

Alternative II ist aufgrund der kürzeren Amortisationszeit vorteilhafter als Alternative I.

c) Dynamische Amortisationsdauer bei einem Kalkulationszinssatz von 5 %

Amortisationsrechnung (dynamisch)		Alternative I	Alternative II
Anschaffungskosten		100.000,00	120.000,00
Kapitalrückfluss abgezinst	1. Jahr	12.380,95	17.142,86
	2. Jahr	13.605,44	16.326,53
	3. Jahr	12.957,56	17.276,75
	4. Jahr	10.695,13	16.454,05
	5. Jahr	10.185,84	14.103,47
	6. Jahr	9.700,80	14.924,31
	7. Jahr	10.660,22	14.213,63
	8. Jahr	10.152,59	13.536,79
Rückfluss - Anschaffungskosten		- 9.661,46	3.978,38

Die Alternative I amortisiert sich nicht innerhalb von acht Jahren.

Bestimmung der genauen Amortisationszeit von Alternative II:

$$7\,\text{Jahre} + \left(\frac{120.000\ \text{EUR} - 110.441{,}59\ \text{EUR}}{13.536{,}79\ \text{EUR}}\right) = \underline{\underline{7{,}71\ \text{Jahre}}},$$

wobei 110.441,59 EUR der kumulierte Rückfluss der ersten sieben Jahre und 13.536,79 EUR der Rückfluss des achten Jahres ist.

Aufgabe 77

Folgende Größen werden für die statische Amortisationsrechnung benötigt:

I_0 = Kapitaleinsatz

G_t = Gewinn in der Periode t
A_t = Abschreibung in der Periode t $\Big\}$ = Rückfluß in der Periode t

Die statische Amortisationsrechnung ermittelt den Zeitraum, in welchem der Kapitaleinsatz einer Investition über die Erlöse zurückgeflossen ist. Dabei wird unterstellt, dass die Gewinne und Abschreibungen der Investition ausschließlich der Amortisation dienen.

$$I_0 = \sum_{t=1}^{m}(G_t - A_t)$$

Aufgabe 78

a) Ermittlung der statischen Rentabilität:

Anlage I: $r_I = \dfrac{15.000}{50.000} \cdot 100\% = \underline{\underline{30\%}}$ \quad Anlage II: $r_{II} = \dfrac{40.000}{100.000} \cdot 100\% = \underline{\underline{40\%}}$

Nach dem Kriterium der höheren Rentabilität ist Anlage II vorzuziehen. (Hier ist mit durchschnittlichen Kapitaleinsätzen gerechnet. Da keine Angaben über Abnutzbarkeit der Güter gemacht sind, erfolgt die Rechnung mit vollem Kapitaleinsatz.)

b) Berechnung der Amortisationszeiten:

$m_I = \dfrac{100.000}{15.000 + 10.000} = \underline{\underline{4 \text{ Jahre}}}$ \quad $m_{II} = \dfrac{200.000}{40.000 + 20.000} = \underline{\underline{3{,}33 \text{ Jahre}}}$

Nach dem Kriterium der kürzeren Amortisationszeit ist Anlage II vorzuziehen.

c) Da die statische Rentabilitätsrechnung nur konstante Gewinne berücksichtigt, scheint nur der Vergleich mit der Amortisationsrechnung als Durchschnittsrechnung sinnvoll.

$G = \dfrac{\text{Gewinn}}{\text{Jahr}}$ \quad KE = Kapitaleinsatz \quad Rentabilität $r = \dfrac{G}{KE}$

n = Lebensdauer \quad m = Amortisationszeit

Es gilt: \quad $m = \dfrac{KE}{\dfrac{KE}{n} + G} = \dfrac{1}{\dfrac{1}{n} + \dfrac{G}{KE}}$ \quad daher folgt für $r_1 > r_2$ (bzw. für $m_1 < m_2$ in umgekehrter Reihenfolge)

$\dfrac{G_1}{KE_1} = \dfrac{G_2}{KE_2} \Rightarrow m_1 = \dfrac{1}{\dfrac{1}{n} + \dfrac{G_1}{KE_1}} < \dfrac{1}{\dfrac{1}{n} + \dfrac{G_2}{KE_2}} = m_2$ \quad Antwort also: Nein!

Vergleicht man die statische Rentabilitätsrechnung und die Amortisationsrechnung mit kumulierten, nicht konstanten Gewinnen, so können verschiedene Vorteilsentscheidungen entstehen.

Aufgabe 79

Im Unterschied zur (statischen) Rentabilitätsrechnung berücksichtigen die dynamischen Rechenverfahren:
- wertmäßig die zeitlichen Unterschiede im Anfall der Ausgaben und Einnahmen (Zinseszinsrechnung);
- den Gewinn nicht als gleichbleibend für jede Periode der Lebensdauer eines Investitionsprojektes (durchschnittlicher Gewinn oder Gewinn des ersten Jahres), sondern einzeln für jede Periode der Lebensdauer;
- die Abschreibungen nicht als Kostenbestandteile, sondern als Ertragskomponente (Rückfluss = Gewinn + Abschreibungen).

Aufgabe 80

Unter dem **Kalkulationszinssatz** versteht man die Verzinsung eines Investitionsobjektes, die ein Investor mindestens erreichen will. Der Kalkulationszinssatz orientiert sich somit an den individuellen Gewinnerwartungen des Investors.

Der **interne Zinssatz** stellt die tatsächliche Verzinsung eines Investitionsobjektes dar. Die Investition ist dann vorteilhaft, wenn der interne Zinssatz größer als der Kalkulationszinssatz ist.

Aufgabe 81

Kapitalwertmethode und Amortisationsrechnung können zu unterschiedlichen Vorteilsentscheidungen führen, da sie unterschiedliche Beurteilungskriterien anlegen.

Methode	Entscheidungskriterien	Vorteilsentscheidung
Kapitalwertmethode	$K_{II} > K_I$	Alternative II
Amortisationsrechnung	$m_1 < m_2$	Alternative I

Aufgabe 82

a) Kalkulationszinssatz 8 %

Kapitalwertmethode Periode	Barwert-Faktoren	Alternative I		Alternative II	
		Zeitwert	Barwert	Zeitwert	Barwert
1	0,92593	14.000	12.963	19.000	17.593
2	0,85734	21.000	18.004	26.000	22.291
3	0,79383	26.000	20.640	27.000	21.433
4	0,73503	24.000	17.641	20.000	14.701
5	0,68058	15.000	10.209	12.000	8.167
6	0,63017	14.000	8.822	8.000	5.041
Liquidationswert	0,63017	15.000	9.453	5.000	3.151
Gegenwartswerte der Überschüsse und des Liquidationswertes			97.732		92.377
Anschaffungskosten (A_0)			90.000		90.000
Kapitalwert (K_0)			**+ 7.732**		**+ 2.377**

Beide Alternativen erzielen einen positiven Kapitalwert. Da die Alternative I jedoch einen um 5.355 EUR höheren Kapitalwert erreicht als Alternative II, ist ihr der Vorzug zu geben.

b) Kalkulationszinssatz bei 10 %

Kapitalwertmethode	Barwert-Faktoren	Alternative I		Alternative II	
Periode		Zeitwert	Barwert	Zeitwert	Barwert
1	0,90909	14.000	12.727	19.000	17.272
2	0,82644	21.000	17.355	26.000	21.487
3	0,75131	26.000	19.534	27.000	20.285
4	0,68300	24.000	16.392	20.000	13.660
5	0,62092	15.000	9.314	12.000	7.451
6	0,56447	14.000	7.902	8.000	4.516
Liquidationswert	0,56447	15.000	8.467	5.000	2.822
Gegenwartswerte der Überschüsse und des Liquidationswertes			91.691		87.493
Anschaffungskosten (A_0)			90.000		90.000
Kapitalwert (K_0)			**+1.691**		**- 2.507**

Der erhöhte Zinssatz führt zu einer Verschlechterung beider Kapitalwerte. Alternative II scheidet aus, da ihr Kapitalwert sogar negativ wird.

Aufgabe 83

Der Vergleich der Alternativen auf der Basis des gesamten ursprünglichen Kapitaleinsatzes bedingt: Reinvestition der Rückflüsse bis n = 3 zu p.

$p = 5\%$ $\rightarrow$ $C_{II} > C_I$ $\Rightarrow$ Anlage II

$p = 34\% / 25\%$ $\rightarrow$ $r_I > r_{II}$ $\Rightarrow$ Anlage I

Können in der Praxis Rückflüsse mit unterschiedlichen Zinssätzen angelegt werden?

Existenz eines kritischen Zinsfußes p_0 immer dann, wenn Kalkulationszinssatz $p < p_0$.

Sonderprobleme: Beachtung des Risikoaspektes

Aufgabe 84

a) Kalkulationszinssatz 10 %

Alternative	Anlage I	Anlage II
Kapitalwert:	**+ 2.775**	**+ 5.675**

Beide Anlagen sind nach dem Kapitalwertkriterium vorteilhaft.

b) Die Differenzinvestition muss gleichwertig sein:

dem zusätzlichen Kapitaleinsatz = 100.000 EUR – 65.000 EUR

KE-Differenz = 35.000 EUR

1. den zusätzlichen Rückflüssen (Spalte 4)

1	2	3	4	5	6
Jahr	Anlage I	Anlage II	Differenz	p = 10 %	p = 20 %
1	15.000	25.000	10.000	9.090	8.330
2	15.000	25.000	10.000	8.260	6.940
3	25.000	35.000	10.000	7.510	5.790
4	20.000	30.000	10.000	6.830	4.820
5	15.000	25.000	10.000	6.210	4.020
				37.900	29.900
			- KE	35.000	35.000
			= K_0	+ 2.900*⁾	- 5.100

*) Dieser Wert ergibt sich auch aus a): 5.675 EUR – 2.775 EUR = 2.900 EUR

Der interne Zinssatz, den eine Differenzinvestition erbringen müsste, beträgt:

$$r = 10\% - 2.900 \text{ EUR} \cdot \frac{10\%}{-2.900 \text{ EUR} - 5.100 \text{ EUR}} \approx 13{,}6\%$$

Aufgabe 85

Ansatzpunkt der Investitionsrechnung ist die Erfassung aller quantifizierbaren Zahlungsströme, die dem Investitionsobjekt unmittelbar zugerechnet werden können. Unberücksichtigt bleiben bei dieser rein quantitativen Wertung jedoch nicht-monetäre Kriterien, die insbesondere bei der Anwendung neuer Produktionstechnologien eine große Rolle spielen können.

Im Unterschied dazu erfolgt die Bewertung von Investitionsalternativen bei der **Nutzwertanalyse** anhand von monetären und nicht-monetären Kriterien. Die Nutzwertanalyse ist daher geeignet, die Investitionsrechnung um die Betrachtung und Berücksichtigung qualitativer Aspekte zu ergänzen. Beispiele für solche qualitativen Aspekte sind: Humanität, Flexibilität, Erhaltung von Arbeitsplätzen, Ausstrahlungs- und Synergieeffekte auf andere Unternehmensbereiche.

Aufgabe 86

a) Es wird zunächst der Kapitalwert mit einem Abzinsungsfaktor von 8% errechnet.

Periode	Barwert-Faktoren	Alternative I		Alternative II	
		Zeitwert	Barwert	Zeitwert	Barwert
1	0,92593	18.000	16.667	23.000	21.296
2	0,85734	22.000	18.861	25.000	21.433
3	0,79383	20.000	15.877	23.000	18.258
4	0,73503	26.000	19.111	23.000	16.906
5	0,68058	25.000	17.015	21.000	14.292
6	0,63017	24.000	15.124	20.000	12.603
Liquidationswert	0,63017	6.000	3.781	8.000	5.041
Gegenwartswerte der Überschüsse und des Liquidationswertes			106.436		109.829
Anschaffungskosten (A_0)			98.000		98.000
Kapitalwert (K_0)			**+ 8.436**		**+ 11.829**

Nun wird der Kapitalwert mit einen Abzinsungsfaktor von 12 % errechnet.

Periode	Barwert-Faktoren	Alternative I		Alternative II	
		Zeitwert	Barwert	Zeitwert	Barwert
1	0,89286	18.000	16.071	23.000	20.536
2	0,79719	22.000	17.538	25.000	19.930
3	0,71178	20.000	14.236	23.000	16.371
4	0,63552	26.000	16.523	23.000	14.617
5	0,56743	25.000	14.186	21.000	11.916
6	0,50663	24.000	12.159	20.000	10.133
Liquidationswert	0,50663	6.000	3.040	8.000	4.053
Gegenwartswerte der Überschüsse und des Liquidationswertes			93.753		97.556
Anschaffungskosten (A_0)			98.000		98.000
Kapitalwert (K_0)			**- 4.247**		**- 444**

$$r_I = 8\,\% - 8.436\ \text{EUR} \cdot \frac{12\,\% - 8\,\%}{-4.247\ \text{EUR} - 8.436\ \text{EUR}} = 10,7\,\%$$

$$r_{II} = 8\,\% - 11.829\ \text{EUR} \cdot \frac{12\,\% - 8\,\%}{-444\ \text{EUR} - 11.829\ \text{EUR}} = 11,9\,\%$$

Beide Investitionsobjekte liegen über dem Kalkulationszinssatz. Das Vorteilhaftere Investitionsobjekt ist die Alternative II mit einem internen Zinsfuß von 11,9 %.

b) Die graphische Interpolation stellt sich wie folgt dar:

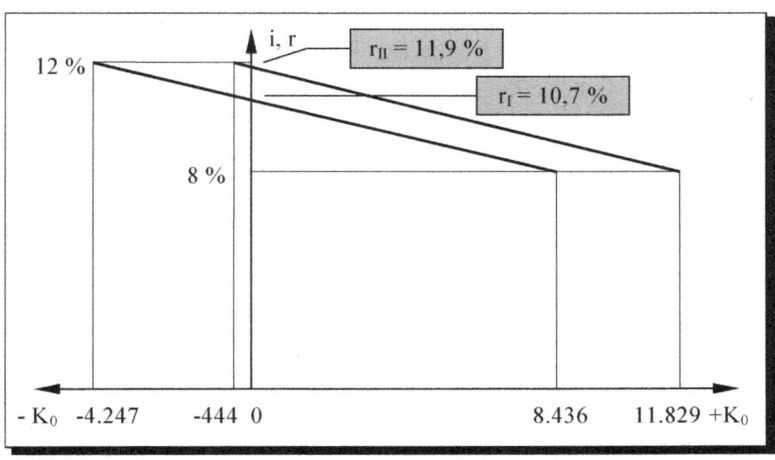

Aufgabe 87

a) Die Anlage I ist nach dem Kapitalwertkriterium vorteilhafter.

b) Nach der Methode des internen Zinsfußes (Annahme i_2 = 20%, dabei i_1 = 10% beide Kapitalwerte positiv)

Jahr	Abzinsungsfaktor (p=20%)	Barwerte der Rückflüsse	
		Anlage I	Anlage II
1	0,833	16.660	83.300
2	0,694	13.880	27.760
3	0,579	28.950	5.790
4	0,482	48.200	4.820
Σ Barwerte:		107.690	121.670
- Kapitaleinsatz:		130.000	130.000
K_0:		- 22.310	- 8.330

$$r_I = 10\% - 10.550 \text{ EUR} \cdot \frac{10\%}{-22.310 \text{ EUR} - 10.550 \text{ EUR}} \approx 13{,}2\%$$

$$r_{II} = 10\% - 8.280 \text{ EUR} \cdot \frac{10\%}{-8.330 \text{ EUR} - 8.280 \text{ EUR}} \approx 15\%$$

Die Anlage II ist nach der internen Zinssatzmethode vorteilhafter.

c) Die Ursache dafür, dass der Vorteilhaftigkeitsvergleich anhand von internen Zinssätzen zu einem anderen Ergebnis führen kann als der Vorteilhaftigkeitsvergleich anhand von Kapitalwerten, ist der Unterschied in den Annahmen der beiden Methoden. Bei der Kapitalwertmethode können beliebige Beträge zum Kalkulationszinssatz angelegt werden. Des Weiteren gibt es verschiedene Annahmen über die Verzinsung der Rückflüsse.

Aufgabe 88

Periode	Barwertfaktoren	Alternative I		Alternative II	
		Zeitwert	Barwert	Zeitwert	Barwert
1	0,92593	28.000	25.926	22.000	20.370
2	0,85734	36.000	30.864	30.000	25.720
3	0,79383	35.000	27.784	28.000	22.227
4	0,73503	32.000	23.521	28.000	20.581
5	0,68058	30.000	20.417	20.000	13.612
Liquidationswert	0,68058	5.000	3.403	0	0
Gegenwartswerte der Überschüsse und des Liquidationswertes			131.915		102.510
Anschaffungskosten (A_0)			100.000		80.000
Kapitalwert (K_0)			**31.915**		**22.510**

$$a_I = 31.915 \cdot \frac{0{,}08 \cdot (1+0{,}08)^5}{(1+0{,}08)^5 - 1} = 7.993 \frac{\text{EUR}}{\text{Jahr}} \qquad a_{II} = 22.510 \cdot \frac{0{,}08 \cdot (1+0{,}08)^5}{(1+0{,}08)^5 - 1} = 5.638 \frac{\text{EUR}}{\text{Jahr}}$$

Investitionsobjekt I ist vorteilhafter, da es eine um 2.355 EUR höhere Annuität erzielt.

Aufgabe 89

Ermittlung des optimalen Ersatzzeitpunktes						
t	0	1	2	3	4	5
R_t	60.000	42.000	38.000	32.000	20.000	0
c_t		58.000	56.000	47.000	42.000	0
$+ R_t - R_{t-1}$		- 18.000	- 4.000	- 6.000	- 12.000	- 20.000
$- R_{t-1} \cdot i$		4.800	3.360	3.040	2.560	1.600
$= c'(t)$	60.000	35.200	48.640	37.960	27.440	- 21.600
$C_{o\,alt}(t)$	60.000	92.593	134.294	164.427	184.597	169.896
$C_{o\,neu} \cdot (1+i)^{-t}$	171.235	158.551	146.806	135.932	125.863	116.539
$= C_{o\,alt+neu}$	231.235	251.144	281.100	300.359	310.460	286.435

Der optimale Ersatzzeitpunkt ist im vierten Jahr, da hier die Summe des Kapitalwertes (C_o) von alter und neuer Anlage ihr Maximum erreicht.

Aufgabe 90

Die Annuität errechnet sich wie folgt:

$c = a_0 \cdot KWF_{15}^{6\%} = 200.000 \text{ EUR} \cdot 0{,}103 = 20.600 \text{ EUR}$

Der Kreditnehmer muss also 15 Jahre lang jährlich 20.600 EUR zurückzahlen. Dieser Betrag beinhaltet Zinsen und Tilgung des Kredits.

Aufgabe 91

- Alternative Waschsalon

  $c_0 = -75.000 \text{ EUR} + 100.000 \text{ EUR} \cdot 1{,}08^{-3} = 4.383 \text{ EUR}$ ⇒ am günstigsten!

- Alternative Copy-Shop

  $c_0 = -90.000 \text{ EUR} + 20.000 \text{ EUR} \cdot Rbf_6^{8\%} = -90 \text{ TEUR} + 92.458 \text{ EUR} = 2.458 \text{ EUR}$

- Alternative Mitfahrzentrale

  $c_0 = \left(-100 + \dfrac{20}{1{,}08} + \dfrac{20}{1{,}08^2} + \dfrac{25}{1{,}08^3} + \dfrac{25}{1{,}08^4} + \dfrac{25}{1{,}08^5} + \dfrac{20}{1{,}08^6}\right) \text{TEUR} = 3.505 \text{ EUR}$

Aufgabe 92

a) Das optimale Investitionsbudget beträgt 4 Mio. EUR.

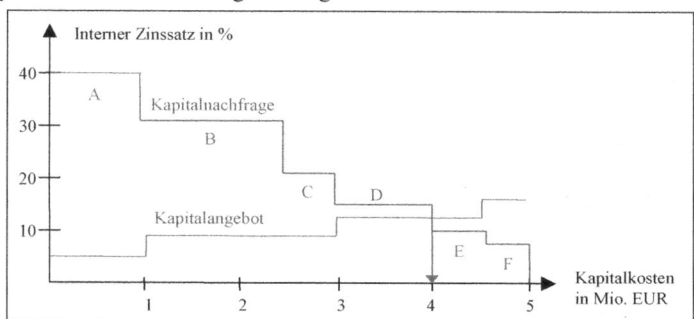

b) Die Grenzinvestition sollte deshalb am Ort D vorgenommen werden.

Aufgabe 93

konstante Annuität = Tilgung + Zinsen

$c = 150.000 \text{ EUR} \cdot \text{KWF}_5^{7\%} = 36.583 \text{ EUR}$

Tilgungsplan				
Ende des Jahres	**Zinsen**	**Tilgung**	**Annuität**	**Restkreditbetrag**
0	-	-	-	150.000,00
1	10.500,00	26.083,00	36.583,00	123.917,00
2	8.674,19	27.908,81	36.583,00	96.008,19
3	6.720,5733	29.862,427	36.583,00	66.145,763
4	4.630,2034	31.952,797	36.583,00	34.192,966
5	2.390,034	34.192,966	36.583,00	-

Aufgabe 94

a) Die einmalige Abfindung ist günstiger als die „ewige Rente", da sie einer Rente von 150.000 EUR · 0,06 = 9.000 EUR entspricht.

b) Bei einem Kalkulationszinssatz von 5% ist es egal, wie der Prokurist sich entscheidet (150.000 EUR · 0,05 = 7.500 EUR).

c) Endwertfaktor $= (1,0825^{35} - 1) : 0,0825 = 182,2011$

Sparbetrag nach 35 Jahren $= 182,2011 \cdot 7500 \text{ EUR} = 1.366.508,25 \text{ EUR}$

Aufgabe 95

a) $x = \left(\dfrac{30.000}{1,07} + \dfrac{28.000}{1,07^2} + \dfrac{24.000}{1,07^3} + \dfrac{37.500}{1,07^4} + \dfrac{40.000}{1,07^5}\right) \text{EUR} = 129.212,83 \text{ EUR}$

b) $x = (150.000 \text{ EUR} - 129.212,83 \text{ EUR}) \cdot 1,07^4 = 27.247,74 \text{ EUR}$

c) $x = 129.212,83 \text{ EUR} + 82.000 \text{ EUR} \cdot 1,07^{-5}$
   $= 187.677,70 \text{ EUR}$

Aufgabe 96

a) $x = 180.000 \cdot \text{Rbf}_{12\text{Jahre}}^{9\%} + 450.000 \cdot 1,09^{-12} = 180.000 \cdot 7,1607 + 450.000 \cdot 1,09^{-12}$

$= 1.448.891,63 \text{ EUR} > 1.400.000 \text{ EUR} \quad \Rightarrow \quad$ Hotel erwerben!

b) $x = \dfrac{92.000 \text{ EUR} - 45.000 \text{ EUR} \cdot 1,09^{-12}}{7,1607} = 10.613,62 \text{ } EUR$

Aufgabe 97

a) Für die drei Varianten ergeben sich folgende Tilgungspläne:

Tilgungsvariante 1 - Fälligkeitsdarlehen

Jahr	Schuld Jahres-anfang in €	Zinsen in €	Tilgung in €	jährliche Rate in €	Schuld am Jahresende in €
1	3.000.000	150.000	0	150.000	3.000.000
2	3.000.000	150.000	0	150.000	3.000.000
3	3.000.000	150.000	0	150.000	3.000.000
4	3.000.000	150.000	3.000.000	3.150.000	0
Σ		600.000			

Tilgungsvariante 2 - Abzahlungsdarlehen

Jahr	Schuld Jahres-anfang in €	Zinsen in €	Tilgung in €	jährliche Rate in €	Schuld am Jahresende in €
1	3.000.000	150.000	750.000	900.000	2.250.000
2	2.250.000	112.500	750.000	862.500	1.500.000
3	1.500.000	75.000	750.000	825.000	750.000
4	750.000	37.500	750.000	787.500	0
Σ		375.000			

Tilgungsvariante 3 - Annuitätendarlehen

$$A = K_0 \cdot \frac{q^n(q-1)}{q^n - 1} \qquad A = 3.000.000 \text{ EUR} \cdot \frac{1,05^4(1,05-1)}{1,05^4 - 1} = 846.035,50 \text{ EUR}$$

Jahr	Schuld Jahres-anfang in €	Zinsen in €	Tilgung in €	Annuität in €	Schuld am Jahresende in €
1	3.000.000,00	150.000,00	696.035,50	846.035,50	2.303.964,50
2	2.303.964,50	115.198,23	730.837,27	846.035,50	1.573.127,23
3	1.573.127,23	78.656,36	767.379,14	846.035,50	805.748,10
4	805.748,10	40.287,40	805.748,10	846.035,50	0
Σ		384.142,00			

b) Der tatsächliche Kreditbetrag unter Berücksichtigung des Disagios beträgt:
- 96 % = 3.000.000 €
- 100 % = x €   →   x = 3.125.000 €

Daraus ergibt sich folgende Tilgungstabelle:

Jahr	Schuld Jahres-anfang in €	Zinsen in €	Tilgung in €	jährliche Rate in €	Schuld am Jahresende in €
1	3.125.000	156.250,00	781.250	937.500,00	2.343.750
2	2.343.750	117.187,50	781.250	898.437,50	1.562.500
3	1.562.500	78.125,00	781.250	859.375,00	781.250
4	781.250	39.062,50	781.250	820.312,50	0

Aufgabe 98

- **Mangelprämie:** Ist die Vergütung für einen vorübergehenden Verzicht auf Konsum- bzw. Investitionsausgaben. Sie stellt den Preis dar, für welchen der Anbieter von Liquidität bereit ist auf diese zu verzichten.
- **Liquiditätsprämie:** Der Schuldner ist jetzt in der Lage das Geld auszugeben. Sie bezeichnet praktisch den Preis, den der Geldnehmer bereit zu zahlen ist um für einen bestimmten Zeitraum liquide zu sein.
- **Opportunitätskosten:** Der Gläubiger könnte das verliehene Kapital selber investieren und dabei Gewinne erzielen. Diese entgangenen Gewinne werden als Kosten verstanden.
- **Risikoprämie:** Es existiert ein Restrisiko, das etwas nicht zurückbezahlt wird oder nicht zurückbezahlt werden kann.
- **Zeitpräferenz:** Diese liegt auch bei niedriger Inflation und abwesenden Risiko vor.
- **Inflationsausgleich:** Bei Inflation soll der Wert einer Geldmenge nicht sinken.

Lösungen zu den Testfragen

1.	a, c, d	11.	a, c, e	21.	b	31.	a, c
2.	a, c	12.	a, b, e	22.	b, d	32.	c
3.	a, c, e	13.	a, c, d	23.	a, c, d	33.	a, d
4.	a, b, c, d	14.	a, c, e	24.	a, e	34.	b, c, d
5.	a, c	15.	d	25.	b, c, d	35.	b
6.	a, b, d, e	16.	c	26.	a, c, e, f	36.	d, e
7.	b, c	17.	b	27.	a, b, d, e	37.	a, c
8.	b, c, e	18.	a, c, d	28.	a, b, e	38.	a, d, e, f
9.	b	19.	b, d	29.	a, c	39.	d
10.	a	20.	d	30.	c, d, e	40.	a, b, d, e

Anhang 1: Schlüsselbegriffe zur Börse

- **Dax:**

Ist die Abkürzung für den deutschen Aktienindex, welcher die 30 nach Marktkapitalisierung größten und umsatzstärksten deutschen Unternehmen an der Frankfurter Wertpapierbörse abbildet.

- **Derivate:**

Unter Derivate versteht man Fest- oder Optionsgeschäfte, deren Bewertung von der Preisentwicklung eines zugrunde liegenden Finanztitels abgeleitet wird.

- **Futures:**

Future sind an der Börse gehandelte Terminkontrakte, bei dem sich Käufer und Verkäufer verpflichten, eine bestimmte Menge von Handelsobjekten (z.B. Aktien, Anleihen) bei Fälligkeit zu einem festgelegten Preis zu liefern bzw. abzunehmen.

- **Hedgefonds:**

Ein Hedgefond ist ein von Kapitalgesellschaften generiertes Kapitalanlagenprodukt, an welchem die Anleger Anteile erwerben können und somit an der Performance partizipieren. Die Hedgefonds sind wesentlich freier in der Wahl ihrer Anlagestrategien als andere Investmentfonds. Allerdings gibt es für die Anlagestrategien bisher noch keinen gesetzlich geregelten Rahmen. Diese Art von Fonds gehört derzeit zu den am schnellsten wachsenden Anlageprodukten weltweit.

- **Private Equity:**

Unter Private Equity versteht man die zeitlich begrenzte Eigenkapitalbeteiligung an in der Regel nicht börsennotierten Unternehmen. Die Hintergründe dafür sind entweder spezielle Finanzierungsanlässe oder die Finanzierung des Wachstums von Unternehmen in unterschiedlichen Entwicklungsstadien.

- **Rating:**

Rating ist die Einschätzung der Zahlungsfähigkeit eines Schuldners.

Für die Einschätzung der Zahlungsfähigkeit eines Bankkunden bzw. eines Kreditnehmers werden Ratingcodes verwendet. Die Einordnung der Zahlungsfähigkeit kann anhand von bankeigenen Kriterien erfolgen oder auch von international tätigen Ratingagenturen, wie Moody's, Standard & Poor's oder Fitch vorgenommen werden.

Mittels mathematisch statischer Verfahren werden Ausfallwahrscheinlichkeiten errechnet. Als Grundlage für die Berechnung werden Ausfallmerkmale herangezogen.

Die Ausfallwahrscheinlichkeiten werden dann zu einem Ratingcode zusammengefasst, z.B. AAA bedeutet die höchste Bonität. Das bedeutet, dass dieser Kreditnehmer für seinen Kredit einen niedrigeren Zinssatz vom Kreditinstitut bekommt.

Dahingegen beschreiben die Ratingcodes C oder D eine schlechte Zahlungsfähigkeit, die sich in hohen Zinsen widerspiegelt.

- **Basel II und Basel III:**

Basel II ist die Sicherung einer angemessenen Eigenkapitalausstattung von Banken sowie die Schaffung einheitlicher Wettbewerbsbedingungen sowohl für die Kreditvergabe als auch für den Kredithandel. Diese Regelung wurde mit der Neufassung der Baseler Eigenkapitalvereinbarung von 1988 (Basel I) getroffen.

Die sogenannte Finanzkrise in den Jahren 2007 bis 2009 hat die Banken und die Wirtschaft weltweit erheblich getroffen. Ausgangspunkt der Finanzkrise war auch die Geschäftspolitik der Kreditinstitute und deren Bilanzierungsverhalten im Zusammenhang mit den sogenannten Zweckgesellschaften. Der Baseler Ausschuss für Bankenaufsicht hat deshalb neue Regeln beschlossen, um die Finanzinstitute zukünftig krisenfester zu machen (Basel III). So soll unter anderem das vorzuhaltende Eigenkapital der Banken auf mindestens 10,5 % steigen. Auch beinhaltet Basel III die Einführung einer Verschuldungsquote von 3 % bezogen auf Nominalwerte sowie zusätzliche Liquiditätsvorschriften. Die neuen Vorschriften sollen im Zeitraum von 2013 bis 2019 umgesetzt werden.

- **Zertifikate:**

Zertifikate erfreuen sich wachsender Beliebtheit bei den Anlegern und sind noch eine vergleichsweise junge Anlageform.

Wichtige Begriffe im Umgang mit Zertifikaten sind:

- **Emittent:** Wertpapierausgeber
- **Basiswert:** Jedes Zertifikat hängt von der Kursentwicklung des zur Grunde liegenden Basiswertes ab. Basiswerte sind Indizes, Aktien, Rohstoffe, Zinsen und Währungen. Ein Zertifikat kann sich aber auch auf einen Korb von Aktien/Indizes beziehen.
- **Bezugsverhältnis:** Das Bezugsverhältnis gibt an, in welches Verhältnis ein Zertifikat den zu Grunde liegenden Basiswert abbildet. Ein Bezugsverhältnis von 1:10 bedeutet, dass zehn Zertifikate benötigt werden, um die Kursentwicklung einer Einheit des Basiswertes abzubilden.
- **Laufzeit:** Die Laufzeit eines Zertifikates ist meistens begrenzt (2-10 Jahre) und der Anleger muss es am Ende der Laufzeit verkaufen. Soll vor Ablauf der Laufzeit verkauft werden, muss dies nicht über die Bank, sondern über die Börse abgewickelt werden.

  Es gibt immer Produkte mit unbegrenzter Laufzeit, so genannte Open-End-Zertifikate. Bei diesen behält sich der Emittent allerdings ein Kündigungsrecht vor.
- **Spread:** Der Spread oder die Geld-Wert-Spanne ist die Differenz zwischen Geld und Briefkurs eines Wertpapiers. Normalerweise können Wertpapiere, die zum Briefkurs gekauft werden, nicht sofort wieder zum selben Kurs verkauft werden, sondern nur zum darunter liegenden Geldkurs.

  Einige Indexzertifikate werden ohne Geld-Brief-Spanne, bzw. mit einem Spread von einem Cent angeboten.
- **Quanto:** Quanto ist ein Namenszusatz für währungsgesicherte Produkte aller Art. Quanto-Zertifikate beziehen sich auf Basiswerte, die nicht in Euro notieren.

  Ein Quanto-Zertifikat schaltet etwaige Währungsschwankungen aus und relevant bleibt nur noch die absolute Performance des Basiswertes. Diese Währungsabsicherung hat jedoch ihren Preis: Quanto-Zertifikate haben in der Regel einen höheren Spread als andere Zertifikate.

- **Mezzanine Kapital:**

Unter Mezzanine Kapital werden Finanzierungsinstrumente verstanden, die eine Mischform zwischen Eigen- und Fremdkapital darstellen. Es umfasst somit Finanzmittel, die kein echtes Eigenkapital darstellen, aber die wichtigsten Eigenschaften (Langfristigkeit, Nachrangigkeit) von EK aufweisen.

Mezzanine Kapital ist somit eine hybride Form des Kapitals, wobei zwischen eigenkapitalähnlichem und fremdkapitalähnlichem Kapital sowie der dazwischen gelegenen „hybriden" Form unterschieden werden kann.

Charakteristika der mezzaninen Finanzierungsinstrumente sind:

- Nachrangigkeit gegenüber dem klassischen Fremdkapital und Vorrangigkeit gegenüber dem Eigenkapital
- befristete Laufzeit
- flexible Ausgestaltungsmöglichkeiten bei Vertragskonditionen
- höheres Risiko und erhöhte Rendite im Vergleich zum Fremdkapital

Beispiele:

- Eigenkapitalähnliches Mezzanine Kapital: Atypische stille Beteiligungen, Genussscheine u.a.
- Hybride Form des Mezzanine Kapitals: Wandelanleihen, Optionsanleihen u.a.
- Fremdkapitalähnliches Mezzanine Kapital: Typische stille Beteiligungen, Gewinnschuldverschreiben u.a.

In der folgenden Tabelle sind die charakteristische Eigenschaften von Eigen-, Fremd- und Mezzanine Kapital gegenübergestellt.

Eigenkapital	Mezzanine Kapital	Fremdkapital
• langfristiger Charakter • keine laufenden Zinszahlungen	• stärkt die Eigenkapitalbasis • flexible Ausgestaltung (i.d.R. laufende Zinszahlungen, Tilgung zumeist am Laufzeitende)	• keine Abgabe von Gesellschaftsanteilen • i.d.R. kein Mitspracherecht
• Ist an Gewinnen und Verlusten beteiligt • Fordert keine Sicherheiten • Beansprucht Stimmrechte • Wird im Insolvenzfall nachrangig bedient	• Mischform zwischen Eigen- und Fremdkapital • Ausgestaltung wie Fremdkapital, aber: - immer langfristig - keine Sicherheiten - im Insolvenzfall nachrangig	• Weder an Gewinnen noch an Verlusten beteiligt • Festgelegte Zinsen • Fordert Sicherheiten • Keine Mitsprache • Vorrangig im Insolvenzfall

Anhang 2: Sprüche und Weisheiten über die Börse und das Geld

„Für Börsenspekulanten ist der Februar einer der gefährlichsten Monate. Die anderen sind Januar, März, April, Mai, Juni und Juli bis Dezember."
Mark Twain amerik. Schriftsteller

„Banker sind Menschen, die dir bei gutem Wetter einen Regenschirm leihen, ihn aber zurückfordern sobald es zu regnen beginnt." **Mark Twain** amerikan. Schriftsteller

„Der Kurs einer Aktie hat nie etwas mit dem Wert einer Aktie zu tun, sondern mit der Angst oder der Gier der Anleger." **Roland Flach** Vorstandsvorsitzender WCM AG

„Wenn Du den Wert des Geldes kennenlernen willst, versuche Dir welches zu leihen."
Benjamin Franklin amerikan. Wissenschaftler und Politiker

„Geizhälse sind unangenehme Zeitgenossen, aber angenehme Vorfahren."
Bernhard Fürst von Bülow

„Konzentrieren Sie Ihre Investments. Wenn Sie über einen Harem mit vierzig Frauen verfügen, lernen Sie keine richtig kennen." **Warren Buffet** berühmter amerik. Anleger

„Es ist gewinnbringender, einen Tag im Monat über Geld nachzudenken, als 30 Tage dafür hart zu arbeiten." **J.D. Rockefeller** amerik. Großindustrieller

„Wenn man jung ist, denkt man, Geld sei alles, und erst wenn man älter wird, merkt man, dass es alles ist." **Oscar Wilde** amerik. Schriftsteller

„Das Problem ist: Analysten flirten mit Aktien, die Anleger sind mit ihnen verheiratet."
Udo Bandow Präsident der Hanseatischen Wertpapierbörse

„Wenn man kein Geld hat, denkt man immer an Geld. Wenn man Geld hat, denkt man nur noch an Geld" **Paul Getty**

„Würde alles Geld dieser Welt an einem beliebigen Tage um drei Uhr Nachmittags unter die Erdenbewohner verteilt, so könnte man schon um halb vier erhebliche Unterschiede in den Besitzverhältnissen der Menschen feststellen." **Paul Getty**

„Wenn Aufsteiger und Absteiger sich treffen, sind beide gleichermaßen reich: Der erste an Erwartungen, der zweite an Erfahrungen." **Claus Biederstaedt**

„Ein Analyst ist ein Experte, der morgen wissen wird, wieso die Dinge, die er gestern prognostiziert hat, heute nicht eintreffen." **Unbekannt**

„Nach dem Kurssturz an der Börse empfehlen Experten, in Alkohol zu investieren: Wo bekommt man sonst noch 40%." **Ingolf Lück Fernsehunterhalter**

„Man sollte nur in Firmen investieren, die auch ein absoluter Vollidiot leiten kann, denn eines Tages wird genau das passieren! **Warren Buffet**

„Was ist ein Spekulant? Ein Mann, der ohne einen Pfennig Geld in der Tasche Austern bestellt, in der Hoffnung, mit einer darin gefundenen Perle zahlen zu können."
Unbekannt

Kapitel H

Personalwirtschaft

Aufgaben

Grundlagen der Personalwirtschaft

Aufgabe 1

a) Was versteht man unter dem Begriff Personal?

b) Durch welche Eigenschaften ist das Personal in einem Unternehmen charakterisiert?

Aufgabe 2

a) Wer zählt in einem Unternehmen zum Objekt der Personalwirtschaft?

b) Definieren Sie den Begriff des leitenden Angestellten!

Aufgabe 3

Frau Walter arbeitet in der Multiteach AG als Vertriebsassistentin.

a) Die Multiteach AG benötigt Personal für eine neueröffnete Filiale am Kurfürstendamm. Frau Walter bewirbt sich auf die innerbetriebliche Stellenausschreibung.

b) Um sich für ihre neue Aufgabe zielgerichtet fortbilden zu können, arbeitet Frau Walter mit ihrem neuen Vorgesetzten ein Qualifizierungskonzept aus.

c) Nach ihrer Versetzung in die neue Filiale wird Frau Walter zugesichert, dass eine Gehaltsanpassung nach drei Monaten auf der Basis einer Beurteilung vorgenommen wird.

d) Für ihren neuen anspruchsvollen Job, bei dem sie viel unterwegs ist, beantragt Frau Walter einen Dienstwagen.

Welche personalwirtschaftlichen Funktionen bzw. Hauptaufgaben werden in den Situationen a) bis d) angesprochen?

Aufgabe 4

a) Worauf beziehen sich die personalwirtschaftlichen Ziele und wie sind sie gegliedert?

b) Welche wirtschaftlichen Ziele lassen sich für die Personalwirtschaft ableiten, wenn der Produktionsfaktor menschliche Arbeit zur Erstellung einer betrieblichen Leistung benötigt wird?

c) Woran orientieren sich die sozialen Ziele der Unternehmung? Nennen Sie Beispiele sozialer Ziele, differenziert nach materiellen und immateriellen Zielen!

Aufgabe 5

Welche Formen der Eingliederung des Personalwesens in die Unternehmensorganisation sind Ihnen geläufig? Wählen Sie als Unterscheidungsmerkmal die Unternehmensgröße!

Aufgabe 6

a) Worin bestehen die Aufgaben der Arbeitnehmervertretung? In welchem Gesetz sind diese geregelt?

b) Fassen Sie die Mitwirkungs- und Mitbestimmungsrechte des Betriebsrates zusammen!

Aufgabe 7

Für welche Mitarbeitergruppe gilt nicht das Mitbestimmungsrecht des Betriebsrats?

– Arbeiter – Angestellte – Teilzeitbeschäftigte – leitende Angestellte

Wer ist für diese Mitarbeitergruppe zuständig und in welchem Gesetz ist dies geregelt?

Aufgabe 8

a) Beschreiben Sie die Organisationsformen des Personalwesens!
b) Worin sehen Sie die Nachteile der objektbezogenen und funktionsbezogenen Organisation?

Aufgabe 9

Was bedeutet Mitbestimmung und welche gesetzlichen Grundlagen haben hier ihren Geltungsbereich?

Personelle Leistungsbereitstellung

Aufgabe 10

a) Welches Ziel verfolgt die Personalbedarfsplanung? Unterscheiden Sie zwischen der qualitativen und quantitativen Personalbedarfsplanung!
b) In welchen Planungsschritten vollzieht sich grundsätzlich die Ermittlung des Personalbedarfs?

Aufgabe 11

Bestimmen Sie den Personalbedarf einer Steuerberaterkanzlei quantitativ mit dem Personalbemessungsverfahren! Berechnen Sie anhand folgender Angaben den Bedarf:

Tätigkeiten	Häufigkeit	Zeitbedarf
m_1 = Bilanzen bzw. Einnahmenüberschussrechnung	12	t_1 = 15 h
m_2 = Abschlüsse für Kapitalgesellschaft	9	t_2 = 24 h
m_3 = Einkommensteuererklärungen	20	t_3 = 10 h
m_4 = Finanzbuchhaltungen/ Lohnabrechnungen	40	t_4 = 6 h
m_5 = Mandantengespräche	40	t_5 = 1 h
m_6 = sonstige internationale Kanzleiarbeit	60	t_6 = 3 h

m .... Arbeitsmenge in Form gleichartiger Geschäftsfälle im Planungszeitraum
(1 Monat = 4 Wochen)

t .... Arbeitszeitbedarf je Vorfall in Stunden

T .... Wöchentliche Arbeitszeit in Stunden (37,5 h)

Begründen Sie ihre Antwort!

Aufgabe 12

Welche Rechte hat der Betriebsrat bei der Personalbedarfsplanung? Führen Sie die geltenden Gesetze mit ihren Paragraphen zu jedem Recht auf!

Aufgabe 13

a) Nennen Sie die Aufgaben, die die Personalbestandsplanung hat!
b) Erläutern Sie die Aufgaben, die in diesem Zusammenhang die unternehmerische Personalforschung hat!

Aufgabe 14

a) Was versteht man unter Personalbeschaffung?
b) Welche Mitbestimmungsrechte hat der Betriebsrat bei der Personalbeschaffung?

Aufgabe 15

Erklären Sie die Begriffe „Weisung" und „Änderungskündigung"! Welche Gemeinsamkeit haben diese Begriffe?

Aufgabe 16

Die Stellenausschreibung ist ein wichtiges innerbetriebliches Kommunikationsinstrument. Welche Elemente sollte die innerbetriebliche Stellenausschreibung beinhalten?

Aufgabe 17

Wie werden die Kenntnis- und Fähigkeitspotenziale der Mitarbeiter in einem Unternehmen erfasst? Welche gesetzlichen Grundlagen sind dabei zu beachten?

Aufgabe 18

a) Beschreiben Sie das Personalleasing im Rahmen der externen Personalbeschaffung!
b) Welche Vorteile bringt der Einsatz von geleasten Mitarbeitern für das Unternehmen?

Aufgabe 19

a) Wozu dient das Bewerbungsschreiben aus der Sicht des Bewerbers bzw. aus der Sicht der Unternehmung?
b) Welchen Inhalt sollte das Bewerbungsschreiben haben?
c) Überlegen Sie, welche Aussagen der Stil des Bewerbungsschreibens erkennen lässt!

Aufgabe 20

a) Nennen Sie Kriterien, die bei der Bewertung von Bewerbungsunterlagen eine Rolle spielen!
b) Welche Hinweise auf das Bewerberverhalten können aus den Bewerbungsunterlagen entnommen werden?

Aufgabe 21

a) Worüber gibt ein Lebenslauf Aufschluss? Angenommen, Sie sollen einen Kandidaten beurteilen. Worauf achten Sie?
b) Welchen Stellenwert messen Sie Arbeitsproben und Referenzen bei?

Aufgabe 22

a) Setzen Sie sich kritisch mit der Aussagekraft von Schulzeugnissen auseinander!
b) Welche Informationen liefern Hochschulzeugnisse für die Bewerberauswahl? Welche Kriterien erscheinen Ihnen besonders wichtig?

Aufgabe 23

a) Nennen Sie Formen von Arbeitszeugnissen und deren Unterschiede!
b) Welche Angaben sollte ein qualifiziertes Zeugnis enthalten?
c) Warum existiert eine sogenannte „geheime" Zeugnissprache? Gehen Sie in diesem Zusammenhang auch auf die rechtlichen Bestimmungen zur Zeugnisformulierung ein!

Aufgabe 24

Welche Fragen sind in einem Personalfragebogen oder in einem Vorstellungsgespräch zulässig bzw. unzulässig? Diskutieren Sie die Fälle, die Sie nicht eindeutig zuordnen können, also problematisch sind!

Fragen zu ...	zulässig	unzulässig	problematisch
a) Bisheriges Tätigkeitsfeld	☐	☐	☐
b) Familienstand	☐	☐	☐
c) Schwangerschaft	☐	☐	☐
d) Bevorzugte Verhütungsmittel	☐	☐	☐
e) Private Gewohnheiten	☐	☐	☐
f) Gesundheitszustand	☐	☐	☐
g) Schulden	☐	☐	☐
h) Bisherige Gehaltshöhe	☐	☐	☐
i) Vorstrafen	☐	☐	☐
j) Prüfungsnoten	☐	☐	☐

Aufgabe 25

a) Überlegen Sie, welche Ziele in einem Vorstellungsgespräch verfolgt werden!
b) Entwickeln Sie einen Leitfaden für den Aufbau eines Vorstellungsgespräches und erläutern Sie die einzelnen Phasen!
c) Sie werden beauftragt, ein Muster für einen Auswertungsbogen zur Bewertung von Vorstellungsgesprächen zu entwerfen. Welche Kriterien halten Sie für entscheidungsrelevant?
d) Überlegen Sie sich Schlüsselfragen, die einem Kandidaten im Vorstellungsgespräch gestellt werden sollten! Welche Schlussfolgerungen sind zu ziehen?

Aufgabe 26

Assessment-Center spielen in der betrieblichen Praxis eine wichtige Rolle.

a) Was versteht man unter einem Assessment-Center?
b) Durch welche Merkmale ist ein Assessment-Center gekennzeichnet?
c) Skizzieren Sie einige Aufgaben und Übungen für ein Assessment-Center!
d) Was will man bei der sogenannten Postkorbübung erkennen?

Aufgabe 27

Welche Kriterien können vorrangig in einer Gruppendiskussion und welche in einer Präsentation, von einem Beobachter, bewertet werden? (Mehrfachnennung möglich)

Beurteilungskriterium	Gruppendiskussion	Präsentation
a) Ausdauer	☐	☐
b) Energie	☐	☐
c) Auffassungsgabe	☐	☐
d) Verantwortungsbewusstsein	☐	☐
e) Engagement	☐	☐
f) Leistungsverhalten	☐	☐
g) Überzeugungskraft	☐	☐
h) Diplomatisches Geschick	☐	☐
i) Rhetorik	☐	☐
j) Durchsetzungsvermögen	☐	☐
k) Teamfähigkeit	☐	☐
l) Sprachliches Ausdrucksvermögen	☐	☐

Aufgabe 28

a) Was ist ein Arbeitsvertrag?
b) Welche Arbeitsbedingungen sollten in einem Arbeitsvertrag mindestens geregelt sein?
c) Welchen Einfluss haben Betriebsvereinbarungen, die zwischen Arbeitgeber und Betriebsrat geschlossen werden, auf den Arbeitsvertrag?

Aufgabe 29

Die Personalentwicklung ist eine besonders wichtige Form in der modernen Personalwirtschaft. Erklären Sie weshalb!

Aufgabe 30

a) Die Berufsausbildung in der Bundesrepublik Deutschland erfolgt nach dem dualen System. Was verstehen Sie unter dem dualen System?
b) Welche Regelungen sind im Berufsbildungsgesetz verankert?

Aufgabe 31

Auf welche Kompetenzformen beziehen sich Personalentwicklungsmaßnahmen? Was sind die Zielbereiche?

Aufgabe 32

a) Erläutern Sie den Unterschied zwischen freiwilliger und betrieblicher Fortbildung!
b) Wann wird eine berufliche Umschulung bei der Personalentwicklung eingeleitet?

Aufgabe 33

Zu den betrieblichen Bildungsmaßnahmen gehört die Förderung der beruflichen Mobilität. Was ist unter dem Begriff der beruflichen Mobilität zu verstehen? Geben Sie einige Beispiele für Berufe oder Funktionen an, deren Arbeitsinhalt sich so verändert hat oder verändern wird, dass die Anpassung der beruflichen Mobilität verlangt wird!

Aufgabe 34

Beschreiben Sie die Methoden der Personalentwicklung am Arbeitsplatz (on the job) und nennen Sie Beispiele!

Aufgabe 35

Das Rollenspiel ist im Verhaltenstraining ein wichtiges Instrument.
a) Was ist unter einem „Rollenspiel" zu verstehen?
b) Welche Kriterien können bei einem Rollenspiel von den Beobachtern angewandt werden?

Aufgabe 36

Vergleichen Sie das „Planspiel" und die „Vorlesungsmethode" als Maßnahmen der Personalentwicklung!

Aufgabe 37

Für Hochschulabsolventen werden häufig Traineeprogramme angeboten. Welche Aufgaben haben diese im Rahmen der Personalentwicklung?

Aufgabe 38

Angestellte im öffentlichen Dienst sollen in ihrem Umgang mit dem Publikum sicherer und flexibler werden. Welche Methoden scheinen Ihnen für eine solche Schulung in Frage zu kommen?

Aufgabe 39

Welche Methoden können zur Ermittlung des Erfolges der Personalentwicklung angewendet werden?

Aufgabe 40

a) Erläutern Sie die Unterschiede zwischen der reaktiven und antizipativen Personalfreisetzungsplanung!
b) Welche Ursachen können zu einer Personalfreisetzung führen?

Aufgabe 41

Das letzte Instrument zum Abbau von Personal ist die Kündigung. Was ist eine Kündigung und welche Kündigungsarten kennen Sie?

Aufgabe 42

Wann ist eine Kündigung gemäß § 1 KSchG sozial ungerechtfertigt? Zwischen welchen Kündigungsarten kann unterschieden werden?

Aufgabe 43

Unter welchen Umständen ist eine personenbedingte Kündigung möglich?

Aufgabe 44

Um zu entscheiden, ob eine Abmahnung im Rahmen einer verhaltensbedingten Kündigung erforderlich ist, muss nach der Art der Pflichtverletzung unterschieden werden. Welche Arten von Pflichtverletzungen sind Ihnen bekannt? Nennen Sie Beispiele!

Aufgabe 45

Was sind Gründe für eine betriebsbedingte Kündigung und was ist bei der Sozialauswahl zu beachten?

Aufgabe 46

a) Unterscheiden Sie zwischen dem Interessensausgleich und dem Sozialplan!

b) Wann wird ein Sozialplan zwischen Unternehmung und Betriebsrat abgeschlossen und was beinhaltet dieser?

Aufgabe 47

Nennen Sie die Arbeitnehmergruppen, die einen besonderen Kündigungsschutz genießen!

Aufgabe 48

Was versteht man unter dem Konzept des „Outplacements" und welche Ziele werden damit verfolgt?

Aufgabe 49

Auf welche Arbeitnehmergruppen sollte bei der Personaleinsatzplanung im Besonderen geachtet werden und warum?

Aufgabe 50

In einer Abteilung sind vier Stellen (W, X, Y, Z) mit vier Mitarbeitern (A, B, C, D) zu besetzen:

Stelle	Mitarbeiter			
	A	B	C	D
W	12	22	17	19
X	14	16	14	15
Y	25	36	25	30
Z	34	39	36	32

Die Zahlen sind ein Maß für die zur Erledigung der verschiedenen Aufgaben benötigten Zeiten.

Die Mitarbeiter sind den Stellen so zuzuordnen, dass die Gesamtdauer minimal ist.

a) Formulieren Sie die Zielfunktion und die Restriktionen als ganzzahliges lineares Programm!

b) Wie könnte eine unterschiedliche Qualität bei der Ausführung der Arbeit berücksichtigt werden?

Aufgabe 51

Warum ist in einer Unternehmung eine Personaleinsatzplanung notwendig?

Aufgabe 52

Als eine Disziplin der Arbeitsplatzgestaltung gilt die Anthropometrie. Erläutern Sie diese!

Aufgabe 53

Eine weitere Disziplin der Arbeitsplatzgestaltung ist die Physiologie. Fassen Sie die Inhalte und Prinzipien zusammen!

Aufgabe 54

a) Was versteht man unter Job Enlargement, Job Enrichment, Job Rotation und teilautonomen Gruppen?

b) Worin liegt der wesentliche Unterschied des Job Enlargements zum Job Enrichment?

c) Ordnen Sie die Begriffe teilautonome Gruppen, Job Enrichment, Job Rotation und Job Enlargement den entsprechenden Feldern der Matrix zu!

Aufgabeninhalt	individuell	kollektiv
Horizontale, quantitative Vergrößerung		
Vertikale, qualitative Vergrößerung		

Leistungserhalt und -förderung

Aufgabe 55

a) Von welchen Faktoren hängt das Leistungsverhalten eines Mitarbeiters ab?

b) Aus welchen Komponenten setzt sich das Leistungsvermögen des Mitarbeiters zusammen?

Aufgabe 56

a) Was sagt die Bedürfnispyramide von Maslow aus? Geben Sie zu jeder Bedürfnisstufe mindestens ein Beispiel an!

b) Setzen Sie sich kritisch mit dieser Theorie auseinander!

Aufgabe 57

Worin ist die Motivation der Mitarbeiter begründet? Nennen Sie einige intrinsische und extrinsische Motive einer beruflichen Tätigkeit!

Aufgabe 58

a) Was sagt die ERG-Theorie von Alderfer aus?

b) Worin bestehen die grundlegenden Unterschiede zwischen der Motivationstheorie nach Maslow und Alderfers ERG-Theorie?

Aufgabe 59

a) Welche Erkenntnisse vermittelt die Zwei-Faktoren-Theorie von Herzberg?

b) Warum ist eine scharfe Trennung zwischen Hygiene-Faktoren und Motivatoren nicht möglich?

Aufgabe 60

Leistung schafft Zufriedenheit und Zufriedenheit schafft Leistung (Instrumentalitätstheorie). Nehmen Sie hierzu Stellung!

Aufgabe 61

a) Was versteht man unter der „Theorie X" bzw. der „Theorie Y"?
b) Welche Schlussfolgerungen lassen sich aus den Theorien X und Y ziehen?

Aufgabe 62

Zeigen Sie die Zusammenhänge zwischen der Bedürfnispyramide von Maslow, der 2-Faktorentheorie von Herzberg und der XY-Theorie von McGregor auf!

Aufgabe 63

Beschreiben Sie die Anreiz-Beitrags-Theorie nach March und Simon!

Aufgabe 64

Setzen Sie sich kritisch mit dem Begriff Lohngerechtigkeit auseinander! Welche Probleme sind hierbei zu beachten?

Aufgabe 65

Die Ermittlung der Personalgesamtkosten ist für die Personalkostenplanung bedeutsam. Aus welchen Kostenarten setzen sich die Personalgesamtkosten zusammen?

Aufgabe 66

a) Worin bestehen die Unterschiede zwischen der summarischen und der analytischen Methode der Arbeitsbewertung?
b) Beschreiben Sie die Vor- und Nachteile der Verfahren der Arbeitsbewertung!

Verfahren	Vorteile	Nachteile
Rangfolgeverfahren		
Lohngruppenverfahren		
Rangreihenverfahren		
Stufenwertzahlverfahren		

Aufgabe 67

Nennen Sie die Ihnen bekannten Lohnformen und deren wichtigstes Merkmal!

Aufgabe 68

Definieren Sie die Begriffe: Lohngruppe, Lohnspanne, Ecklohn und Tariflohn!

Aufgabe 69

a) Unter welchen Umständen ist es für einen Betrieb sinnvoll, die Lohnform „Zeitlohn" zu wählen und welche Vorteile bietet diese?

b) Was versteht man unter einer Leistungszulage?

Aufgabe 70

a) Erläutern Sie die Begriffe Normalleistung und Mehrleistung!

b) Wie kommt man mit der Zeitstudie zur Normalleistung und wozu braucht man diese?

Aufgabe 71

a) Was versteht man unter Akkordzuschlag und Akkordrichtsatz?

b) Wie ermittelt man den Akkordlohn rechnerisch?

Aufgabe 72

Ein Arbeiter verdient 12 EUR pro Stunde (Zeitlohn). Seine Normalleistung liegt bei 20 Stück pro Stunde. Ermitteln Sie für die Leistungsgrade 80 %, 90 %, 100 %, 110 % und 120 % aus den folgenden Daten:

1.	Leistung	in Stück pro Stunde
2.	Lohnkosten	in EUR pro Stück
3.	Stückzeit	in Min. pro Stück
4.	Stundenlohn	in EUR pro Stunde

Aufgabe 73

a) Ein Mitarbeiter erhält für die Bearbeitung von 200 Werkstücken insgesamt eine Vorgabezeit von 1.020 Minuten. Sein Akkordrichtsatz beträgt 11 EUR pro Stunde. Nach 16 Stunden werden 200 einwandfreie Werkstücke abgeliefert. Wie hoch ist der Fertigungslohn für den gesamten Auftrag?

b) Wie beurteilen Sie allgemein die Eignung des Akkordlohns?

Aufgabe 74

a) Was versteht man unter einer Prämienentlohnung und wann sollte sie durchgeführt werden?

b) Nennen Sie Beispiele für Prämienlohnarten!

c) Welche Vorteile hat der Prämienlohn gegenüber einer Leistungszulage?

Aufgabe 75

Nennen Sie mögliche Gründe dafür, dass in vielen Industriebetrieben vom Akkordlohn auf Zeit- oder Prämienlohn übergegangen wurde!

Aufgabe 76

Diskutieren Sie die Vor- und Nachteile der sozialen Auswirkungen der einzelnen Lohnformen (Zeit-, Akkord- und Prämienlohn)!

Aufgabe 77

Welche Ansätze existieren zur Systematisierung der freiwilligen betrieblichen Sozialleistung?

Aufgabe 78

Lohnabzüge und Lohnnebenkosten spielen in der öffentlichen Diskussion eine große Rolle. Wie setzen sich diese zusammen?

Aufgabe 79

a) Für welche Tätigkeiten ist der Zeitlohn, für welche der Akkordlohn und für welche der Prämienlohn sinnvoll? Nennen Sie einige Beispiele zu den verschiedenen Entlohnungsformen und begründen Sie Ihre Wahl!

b) Bei welchen Arbeitskräften sollte vorzugsweise welche Lohnform verwendet werden?

Arbeitskräfte	Zeitlohn	Akkordlohn	Prämienlohn
Schweißer			
Werkschutz			
Fließbandarbeiter			
Fernfahrer			
Schleifer			
Werkzeugausgeber			
CNC-Dreher			

Aufgabe 80

Das „Cafeteria-Modell" wird zu den neueren Lohnformen gezählt. Worin sehen Sie die Besonderheiten dieses Modells?

Aufgabe 81

Als ergänzende Lohnbestandteile wurden in den letzten Jahren sogenannte „Fringe Benefits" immer beliebter.

a) Geben Sie einige Beispiele für „Fringe Benefits" an!

b) Begründen Sie, weshalb Unternehmen „Fringe Benefits" einsetzen!

Aufgabe 82

Worin sehen Sie die Motive einer Beteiligung der Arbeitnehmer am Erfolg und/oder Kapital des Unternehmens?

Aufgabe 83

In welcher Form werden die Arbeitnehmer normalerweise am Gewinn beteiligt?

Aufgabe 84

a) Erläutern Sie den Begriff „Qualitätszirkel"!

b) Worin sehen Sie die Unterschiede zum betrieblichen Vorschlagswesen?

Informationssysteme der Personalwirtschaft

Aufgabe 85

Unterscheiden Sie bei der Personalbeurteilung zwischen der Leistungs- und der Potenzialbeurteilung!

Aufgabe 86

Nennen Sie mögliche Fehlerquellen auf der Seite des Beurteilers im Rahmen der Personalbeurteilung!

Aufgabe 87

Insbesondere in großen Unternehmen werden mit zunehmender Tendenz nicht nur die Mitarbeiter von ihren Vorgesetzten, sondern auch die Vorgesetzten von ihren Mitarbeitern systematisch beurteilt.

a) Erläutern Sie die Aufwärts- bzw. Vorgesetztenbeurteilung!

b) Welche Hauptvorteile bietet die Beurteilung der Vorgesetzten durch ihre Mitarbeiter?

Aufgabe 88

Im Rahmen der Informationswirtschaft werden Personalakten geführt, in denen alle relevanten Mitarbeiterdaten enthalten sind.

a) Welche gesetzliche Bestimmung gibt dem Mitarbeiter das Recht, seine Personalakte einzusehen und aus welchen Unterlagen setzt sie sich zusammen?

b) Wie sollte eine Personalakte sinnvoll gegliedert sein?

Aufgabe 89

Ab einer gewissen Unternehmensgröße empfiehlt sich die statistische Aufbereitung von Personaldaten in Form einer Personalstatistik.

a) In welche Bereiche lässt sich die Personalstatistik gliedern?

b) Mit Statistik lässt sich alles beweisen, auch das „Gegenteil vom Gegenteil"! Was ist wahr an dieser Behauptung?

c) Nennen Sie einige Personalereignisse, die häufig statistisch ausgewertet werden!

Aufgabe 90

Wozu dient eine Fehlzeitenstatistik und welche Angaben versucht man zu gewinnen?

Aufgabe 91

Im Rahmen der betrieblichen Berichterstattung werden zunehmend auch Sozialbilanzen erstellt. Was verstehen Sie unter der Sozialbilanz?

Zukunftsperspektiven des Personalmanagements

Aufgabe 92

Es hat sich in der Bevölkerung ein Wertewandel vollzogen.
Nennen Sie die Ursachen und Merkmale dieses Prozesses, der ein Umdenken in der Organisation erfordert!

Aufgabe 93

Was versteht man unter der Formulierung „Halbwertzeit des Wissens"? In welchen Bereich sind die Halbwertzeiten besonders gering?

Aufgabe 94

Erläutern Sie die Rolle des Vorgesetzten bei Weiterbildungsmaßnahmen!

Aufgabe 95

Führen Sie Gründe für negative Reaktionen des Personals beim Einsatz neuer Technologien auf!

Aufgabe 96

Beurteilen Sie kritisch die Teleheimarbeit als Möglichkeit der örtlichen Flexibilisierung und Individualisierung!

Aufgabe 97

Beschreiben Sie einige Modelle der flexiblen Arbeitszeitgestaltung!

Aufgabe 98

Warum sind neuere Entgeltsysteme notwendig?
Nennen Sie einige Beispiele! Welche neuen Ideen und Wege gibt es?

Aufgabe 99

Flexibilisierung und Individualisierung der Fertigung sind Forderungen einer modernen Industriegesellschaft.

a) Erläutern Sie die Notwendigkeit einer Flexibilisierung in der Fertigung!

b) Stehen die Flexibilisierung und Individualisierung der Arbeit immer in einem Spannungsverhältnis zueinander?

Aufgabe 100

Ein häufig zitiertes Schlagwort bei der Lösung von Beschäftigungsproblemen ist die Teilzeitarbeit.

a) Wie ist Teilzeitarbeit definiert und welche Varianten gibt es?

b) Wie sieht die Teilzeitarbeit in der Zukunft aus?

Testfragen

Testfrage 1

Welche Gründe zeigen die wachsende Bedeutung der Personalwirtschaft an?

(a) die hohe Arbeitslosenquote

(b) die Bedeutung der gesamten Personalkosten (inklusive Personalnebenkosten)

(c) ein personelles Überangebot

(d) der anhaltende Trend zur Globalisierung der Unternehmensaktivitäten

(e) der hohe Spezialisierungsgrad von Facharbeitern

(f) die Emanzipation der Arbeitnehmer

Testfrage 2

Welche der folgenden Eigenschaften können dem Personal aus betrieblicher Sicht zugeordnet werden?

(a) Produktionsfaktor (c) Koalitionspartner (e) Kostenverursacher

(b) Motiviertes Individuum (d) Entscheidungsträger

Testfrage 3

Unter Personalwesen versteht man

(a) das gesamte Personalmanagement

(b) die Organisationseinheit der Personalwirtschaft

(c) die Beschaffung von Personal

(d) eine moderne Form der Personalentwicklung

(e) die Abteilung „Lohn- und Gehaltsabrechnung"

Testfrage 4

Welche der folgenden Gruppen sind Objekte der Personalwirtschaft?

(a) Arbeiter

(b) Unternehmensleitung

(c) Gehaltsempfänger

(d) Betriebsrat

(e) Führungskräfte (Vorgesetzte)

(f) Leitende Angestellte

(g) Aktionäre und stille Gesellschafter

Testfrage 5

Welche der folgenden Unternehmensgruppen sind Träger personalwirtschaftlicher Ziele und Aktionen?

(a) Personalleiter (c) Führungskräfte (Vorgesetzte) (e) Sprecherausschuss

(b) Arbeitsdirektor (d) Betriebsrat (f) Unternehmensleitung

Testfrage 6

Welche der folgenden Punkte zeigen wirtschaftliche Ziele der Personalwirtschaft an?
- (a) Möglichst hohe Nutzung der Arbeitskraft
- (b) Sicherheit der Arbeitsplätze
- (c) Beschaffung, Bereitstellung und Erhaltung der benötigten Arbeitskraft hinsichtlich Quantität, Qualität sowie zeitlicher und lokaler Verfügbarkeit
- (d) Freisetzung des Personals bei fehlendem Bedarf
- (e) Befriedigung sozialer Bedürfnisse

Testfrage 7

Die Befriedigung sozialer Ziele wird gekennzeichnet durch:
- (a) die Gewinnerwartungen des Unternehmens
- (b) die Machtausweitung des Unternehmens
- (c) die Reduzierung der Belastungseinflüsse am Arbeitsplatz
- (d) die Sicherung des Arbeitsplatzes und der Altersversorgung
- (e) die Macht der Gewerkschaften
- (f) die Bildung eines Betriebsrats
- (g) die Organisation der Arbeitnehmer

Testfrage 8

Welche der folgenden Leistungen zeigen soziale Ziele des Unternehmens an?
- (a) Nutzungsgewährungen betrieblicher Sozialeinrichtungen
- (b) Lohnfortzahlung im Krankheitsfall
- (c) Beiträge zu Berufsgenossenschaften
- (d) betriebliche Altersversorgung
- (e) Reduzierung der Belastungseinflüsse

Testfrage 9

Bei welchen Mittel-Zweck Beziehungen bestehen zwischen sozialen und wirtschaftlichen Zielen der Personalwirtschaft Zielkonflikte?
- (a) komplementären
- (b) konkurrierenden
- (c) indifferenten
- (d) Zielautonomie
- (e) differente

Testfrage 10

Dem Betriebsrat werden nach dem Betriebsverfassungsgesetz Mitwirkungsrechte zugesichert. Welche der folgenden Rechte zählen zu den Mitwirkungsrechten?
- (a) Recht auf Meinungsfreiheit
- (b) Recht auf Information
- (c) Recht auf Beratung und Verhandlung
- (d) Recht auf Widerspruch (mit aufschiebender Wirkung)

Testfrage 11

Welche der folgenden Rechte sind Mitbestimmungsrechte des Betriebsrates nach dem Betriebsverfassungsgesetz?

    (a) Aufhebungsanspruch

    (b) Recht auf Versammlungsfreiheit

    (c) Zustimmungsrecht

    (d) Vetorecht

    (e) Initiativrecht

    (f) aktives Informationsrecht

Testfrage 12

Die Ermittlung des Personalbedarfs wird von folgenden unternehmensinternen Faktoren beeinflusst:

    (a) Produktionsmethoden

    (b) Konjunkturverlauf

    (c) Arbeitsorganisation

    (d) Konkurrenzverhalten

    (e) Rationalisierungsvorhaben

    (f) Produktionsziel

    (g) Fehlzeiten

Testfrage 13

Welche Aussagen treffen auf die Personalbedarfsplanung zu?

    (a) Die Delphi-Methode eignet sich insbesondere für die Langfristplanung.

    (b) Bedarfsprognosen ermitteln den Personalbedarf durch die Extrapolation vergangenheitsorientierter Daten.

    (c) Bei der Kennzahlenmethode erfolgt ein Vergleich mit anderen Unternehmen der gleichen Branche.

    (d) Die Personalbemessungsmethode lässt sich nur bedingt auf Führungspositionen anwenden.

Testfrage 14

Charakteristika der Kennzahlmethoden zur Bedarfsermittlung sind:

    (a) Sie gehen vom Produkt bzw. Arbeitsanfall aus.

    (b) Die Personalbemessung erfolgt „aggregatbezogen".

    (c) Sie sind unabhängig vom Arbeitsanfall.

Testfrage 15

Der Reservebedarf wird erforderlich durch:

    (a) die Abwesenheit von Mitarbeitern

    (b) die Störung der Betriebsmittel

    (c) erhöhten Arbeitsanfall

    (d) Probleme mit Zulieferern

Testfrage 16

Der Bruttopersonalbedarf entspricht:

    (a) dem Ist-Personalbestand

    (b) dem gesamten zukünftigen Personalbedarf

    (c) einer Personalunterdeckung

    (d) Einsatzbedarf + Reservebedarf

    (e) Nettopersonalbedarf + Ist-Bestand je Personalkategorie?

Testfrage 17

Welche Aktivitäten sind generell bei der Personalbeschaffung notwendig?

- (a) Personalinformation
- (b) Personalbildung
- (c) Personalauswahl
- (d) Personalwerbung
- (e) Berufsforschung
- (f) Arbeitsmarktanalyse und -beobachtung

Testfrage 18

Welche der folgenden Instrumente kommen bei der internen Personalbeschaffung zum Einsatz?

- (a) Personalentwicklung und Personalausbildung
- (b) Vermittlung über Arbeitsverwaltungen
- (c) Auswertung von Stellengesuchen
- (d) innerbetriebliche Stellenausschreibungen
- (e) Versetzungen
- (f) Kontakte mit Bildungseinrichtungen

Testfrage 19

Zu den Möglichkeiten der externen Personalbeschaffung zählen:

- (a) Stellenanzeigen oder Ausschreibungen
- (b) Kontakte mit Ausbildungsstätten
- (c) Personalentwicklung
- (d) Personalleasing
- (e) Anfrage beim Arbeitsamt
- (f) Vermittlung durch Mitarbeiter
- (g) Aushänge am Werkstor

Testfrage 20

Welches sind die Nachteile der externen Personalbeschaffung?

- (a) Größere Beschaffungskosten
- (b) Der Externe hat eher Schwierigkeiten bei seiner Anerkennung.
- (c) Keine Betriebskenntnisse
- (d) Gegebenenfalls hohe Fortbildungskosten
- (e) Negative Auswirkung auf das Betriebsklima (Frustration)
- (f) Ausnutzen der Erfahrungen anderer Unternehmen

Testfrage 21

Die Übereinstimmung zwischen Anforderungs- und Fähigkeits-/ Kenntnisprofil ergibt

- (a) das Anspruchsniveau der Anforderungen der betreffenden Stelle
- (b) den Ausprägungsgrad der Anforderungen
- (c) den Eignungsgrad des Bewerbers
- (d) das Anspruchsniveau des Bewerbers
- (e) Rückschlüsse auf den IQ des Bewerbers

Testfrage 22

Die in der Praxis gebräuchlichen Auswahlmethoden für Bewerber des externen Arbeitsbeschaffungsmarktes sind:

(a) Beurteilungsgespräche

(b) Auswertung der Bewerbungsunterlagen und Überprüfung mit Personalbogen

(c) graphologische Gutachten

(d) Eignungstests

(e) Assessment Center

(f) Arbeitsproben

Testfrage 23

Welche Aussagen bezüglich des Assessment-Centers treffen zu?

(a) Das Assessment-Center ist eine Arbeitsprobe des Bewerbers.

(b) Beim Assessment-Center handelt es sich um eine anspruchsvolle und aufwendige Form des Gruppengesprächs.

(c) Es ist das meistgenutzte Instrument der Bewerberhauptauswahl, da es die zuverlässigsten Informationen über die Eignung des Bewerbers liefert.

(d) Mit Hilfe des Assessment-Centers lassen sich die allgemeine Leistungsfähigkeit, die Intelligenz und spezielle Begabungen untersuchen.

(e) Übungen im Rahmen eines Einzel-Assessment-Centers sind z.B. Rollenspiele, Präsentationen, Fallstudien und Management-Fragebögen.

Testfrage 24

Pflichten des Arbeitgebers aus dem Arbeitsvertrag sind:

(a) Treuepflicht   (d) Beschäftigungspflicht

(b) Lohnzahlungspflicht (e) Weisungsrecht

(c) Fürsorgepflicht

Testfrage 25

Pflichten des Arbeitnehmers aus dem Arbeitsvertrag sind:

(a) Arbeitspflicht

(b) Treuepflicht

(c) Mitteilungspflicht

(d) Unterlassungspflichten (z.B. Verschwiegenheitspflicht)

(e) Beschäftigungspflicht

Testfrage 26

Welche der folgenden Regelungen sind im Manteltarifvertrag enthalten?

(a) Arbeitszeitregelungen

(b) allgemeine Lohnzahlungs- oder Gehaltsregelungen

(c) Lohn- und Gehaltsgruppen

(d) Lohn- und Gehaltssätze der tariflichen Mindestentlohnung

(e) Arbeitsbedingungen

Testfrage 27

Welche der folgenden Befristungen für Arbeitsverträge sind rechtsgültig?
- (a) befristete Arbeitsverträge mit sachlichem Grund
- (b) befristete Arbeitsverträge mit anschließender mehrmaliger Verlängerung
- (c) unbefristete Arbeitsverträge

Testfrage 28

Wann werden in der Regel Personalentwicklungsmaßnahmen notwendig?
- (a) bei horizontaler Versetzung
- (b) bei vertikaler Versetzung
- (c) bei der Einstellung neuer Mitarbeiter

Testfrage 29

Welche Aussagen treffen zu?
- (a) Der Bildungsurlaub soll der politischen, beruflichen oder allgemeinen Weiterbildung dienen.
- (b) Der Bildungsurlaub soll zur Erhöhung der Disponibilität der Arbeitnehmer beitragen.
- (c) Der Bildungsurlaub bezieht sich auf Veranstaltungen, die ausschließlich dienstlichen oder betrieblichen Zwecken dienen.
- (d) Der Bildungsurlaub dient der Qualifikation für einen bestimmten Arbeitsplatz.

Testfrage 30

Welche Methoden der Personalentwicklung werden am Arbeitsplatz durchgeführt?
- (a) Programmierte Unterweisung
- (b) Gruppendynamische Methode
- (c) Job Rotation
- (d) Planmäßige Unterweisung
- (e) Multiple Management
- (f) Planspiel

Testfrage 31

Welche arbeitsrechtlichen Regelungen enthält das Betriebsverfassungsgesetz im Zusammenhang mit der Personalfreisetzung?
- (a) Bei geplanten Veränderungen, die wesentliche Nachteile für die Belegschaft oder für Teile der Belegschaft zur Folge haben, kann der Betriebsrat einen Interessenausgleich sowie gegebenenfalls die Aufstellung eines Sozialplanes verlangen.
- (b) Anzeigepflicht bei Massenentlassungen
- (c) Zulässigkeit von Kurzarbeit
- (d) Schutzbestimmungen, insbesondere für ältere Arbeitnehmer, hinsichtlich der Freisetzung von Personal, die durch Rationalisierungsmaßnahmen ausgelöst werden.
- (e) Recht der Arbeitnehmer auf einen sogenannten „Nachteilsausgleich", sofern der Arbeitgeber von einem Interessenausgleich über die geplanten Betriebsveränderungen ohne zwingenden Grund abweicht.

Testfrage 32

Bei der reaktiven Personalfreisetzung kommen welche Personalverwendungsalternativen zur Geltung?

    (a) Langfristurlaub mit Höherqualifikation und Rückkehrgarantie

    (b) Entlassung von Mitarbeitern, deren Qualifikation zuvor angehoben wurde, damit sie leichter ein neues Arbeitsverhältnis finden

    (c) der Abbau von Überstunden, falls vorhanden

    (d) die Nutzung der natürlichen Fluktuation mit Einstellstop

    (e) die Entlassung des Personalüberhangs

    (f) die Umsetzung, falls kurzfristig und ohne Umschulungsaufwand realisierbar

Testfrage 33

Der Stellenplan besitzt manche Berührungspunkte mit:

    (a) dem Soll-Personalbestand   (c) dem Produktionsplan

    (b) dem Personalbudget   (d) dem Stellenbesetzungsplan

Testfrage 34

Wozu dienen Stellenbeschreibungen bei der Stellenplanmethode?

    (a) zur Erstellung von Anforderungsprofilen

    (b) zur Erstellung von Fähigkeitsprofilen

    (c) zur Bestimmung des quantitativen Personalbedarfs

    (d) zur Bestimmung des qualitativen Personalbedarfs

Testfrage 35

Wie verhalten sich Stellenbeschreibungen und Anforderungsprofile zueinander?

    (a) Sie sind voneinander unabhängig.

    (b) Stellenbeschreibung ist gleich Anforderungsprofil.

    (c) Stellenbeschreibungen bauen auf Anforderungsprofile auf.

    (d) Anforderungsprofile bauen auf Stellenbeschreibungen auf.

Testfrage 36

Die Fähigkeitsmerkmale eines Mitarbeiters sind höher als das Anforderungsprofil der Stelle. Was liegt vor?

    (a) qualitative Deckung   (b) qualitative Überdeckung   (c) qualitative Unterdeckung

Testfrage 37

Aufgaben der langfristigen Personaleinsatzplanung sind:

    (a) Anpassung der Arbeitsplatzanforderungen durch Arbeitsstrukturierungsmaßnahmen

    (b) Zuordnung durch die Erstellung von Schichtplänen

    (c) Anpassung durch Personalfreisetzungsmaßnahmen

    (d) Zuordnung durch den Vergleich von Anforderungsprofil und Fähigkeitsprofil der vorhandenen Mitarbeiter

    (e) Anpassung der Fähigkeiten der Mitarbeiter durch Personalentwicklungsmaßnahmen

Testfrage 38

Nennen Sie die Hauptaufgaben der Personalwirtschaft, bei der das Personal als Träger von Bedürfnissen und Werten betrachtet wird!

(a) Personalbeschaffung (c) Personalbeurteilung (e) Personalverwaltung

(b) Personalführung (d) Personalentlohnung

Testfrage 39

Als Motivation bezeichnet man:

(a) eine isolierte Verhaltensbereitschaft, die noch nicht aktualisiert ist

(b) die Interaktion bestimmter aktivierter Motive in konkreten Situationen

(c) die situativen Gegebenheiten, die die Verhaltensbereitschaft im Menschen wecken

Testfrage 40

Welche der folgenden Motivationstheorien lassen sich zu Inhaltstheorien zusammenfassen?

(a) Bedürfnishierarchie von Maslow

(b) Gleichheitstheorie von Adams

(c) Theorie X/Y von Mc Gregor

(d) Drei-Faktoren-Theorie von Herzberg

(e) ERG-Theorie von Alderfer

Testfrage 41

Welche Aussagen beinhaltet die „Theorie X"?

(a) Der Mensch hat eine angeborene Abscheu vor der Arbeit.

(b) Der Mensch hat keine angeborene Abneigung gegen Arbeit.

(c) Die meisten Menschen müssen kontrolliert, geführt und mit Strafandrohungen gezwungen werden, einen produktiven Beitrag zur Erreichung der Organisationsziele zu leisten.

(d) Der Mensch möchte gerne geführt werden, er möchte Verantwortung vermeiden, hat wenig Ehrgeiz und wünscht vor allem Sicherheit.

(e) Die wichtigsten Anreize sind die Befriedigung von Ich-Bedürfnissen und das Streben nach Selbstverwirklichung.

Testfrage 42

Welche der folgenden Aussagen sind richtig?

(a) Motivatoren führen zur Erhöhung der Zufriedenheit.

(b) Das Fehlen von Motivatoren führt zu Unzufriedenheit.

(c) Das Fehlen von Motivatoren verhindert Zufriedenheit.

(d) Hygiene-Faktoren verhindern Unzufriedenheit.

(e) Hygiene-Faktoren stellen Zufriedenheit her.

(f) Das Vorhandensein von Hygiene-Faktoren beseitigt Unzufriedenheit.

Testfrage 43

Was versteht man unter relativer Lohngerechtigkeit?

    (a) die Zurechnung der betrieblichen Wertschöpfung auf Arbeitnehmer und Kapitalgeber

    (b) Bestimmung der Lohnhöhe nach Angebot und Nachfrage am externen Arbeitsbeschaffungsmarkt

    (c) Entlohnung nach sozialen Gesichtspunkten

    (d) Bestimmung der Verhältnisse der Einzellöhne untereinander, nach Anforderungen und Leistung

Testfrage 44

Durch welche Hygiene-Faktoren werden insbesondere extrinsische Bedürfnisse* befriedigt?

    (a) Geld

    (b) Anerkennung

    (c) Leistungserfolg

    (d) Personalführung

    (e) Verantwortung

    (f) Unternehmenspolitik

    (g) interpersonelle Beziehungen mit Untergebenen, Vorgesetzten und Kollegen

* (extrinsisch = nicht aus eigenem inneren Anlass erfolgend)

Testfrage 45

Das Rangreihenverfahren ist als Verfahren der Arbeitsbewertung:

    (a) eine summarische Methode

    (b) eine analytische Methode

    (c) eine Mischmethode

Testfrage 46

Welche Behauptung ist richtig?

    (a) Die summarischen Methoden der Arbeitsbewertung sind dadurch gekennzeichnet, dass die Arbeitsverrichtung als Ganzes bewertet wird.

    (b) Mit Hilfe der Arbeitsbewertungsverfahren lässt sich direkt die Lohnhöhe ermitteln.

    (c) Die analytischen Arbeitsbewertungsverfahren haben gegenüber den summarischen den Vorteil, dass sie mit Richtbeispielen arbeiten.

    (d) Die Arbeitsbewertungsverfahren haben die Aufgabe, Kennzahlen oder Ordnungsmerkmale für die Schwierigkeitsgrade verschiedener Arbeiten zu bilden.

Testfrage 47

Welche Aussagen hinsichtlich der Arbeitsbewertung treffen zu?

    (a) Je mehr Anforderungsstufen man pro Kriterium wählt, desto genauer wird die Arbeitsbewertung.

    (b) Die Anforderungsstufen sind auf die Bedürfnisse des Betriebs auszurichten, nicht auf die Wünsche des Stelleninhabers.

    (c) Die Abgrenzungen von Stufe zu Stufe sollten knapp formuliert sein und wenig Spielraum für Interpretationen offenlassen.

    (d) Die summarischen Verfahren sind individuell sehr aussagekräftig.

Testfrage 48

Für welche Arbeiten eignet sich insbesondere der Zeitlohn?

(a) Arbeiten, die einen hohen Qualitätsstandard erfordern

(b) Arbeiten, die mit hoher Unfallgefahr verbunden sind

(c) Arbeiten, bei denen die Arbeitsgeschwindigkeit durch die Anlage bestimmt wird

(d) bei Lager-, Transport- und Reparaturarbeiten

Testfrage 49

Worin liegen die Vorteile der Akkordentlohnung?

(a) in der Erhöhung der Arbeitsgüte

(b) im Leistungsanreiz

(c) nur geringe Unsicherheiten bei der Kalkulation der Lohnkosten

(d) in der optimalen Rohstoffausnutzung

(e) Maschinen und Anlagen werden stets mit der optimalen Intensität ausgelastet

Testfrage 50

In welche Gruppen lassen sich die Prämienarten nach den Bezugsgrößen und der Prämienermittlung einteilen?

(a) Mengenleistungsprämien   (c) Ersparnisprämien   (e) Einzelprämien

(b) Qualitätsprämien   (d) Nutzungsgradprämien   (f) Gruppenprämien

Testfrage 51

Welche Ziele werden von Arbeitgebern am häufigsten als Begründung der Erfolgsbeteiligung genannt?

(a) Reform des Wirtschaftssystems

(b) Mitbestimmung der Arbeitnehmer

(c) Vermögensbildung/-verteilung

(d) Finanzierungsgründe

(e) Partnerschaft

(f) Beteiligung als Regulativ zwischen liberaler und sozialistischer Wirtschaftsauffassung

(g) Motivation der Arbeitnehmer für Unternehmensziele

Testfrage 52

Die Beurteilungskriterien von standardisierten Beurteilungsbögen sind bei Mitarbeiterbeurteilungen:

(a) Leistungsergebnis

(b) Ausdruck (mündliche und schriftliche Formulierung)

(c) Leistungsverhalten

(d) systematisches Denken und Handeln

(e) Führungsverhalten

(f) Entwicklungsmöglichkeiten

Testfrage 53

Worauf ist die zentrale Zielsetzung der betrieblichen Sozialpolitik auf mittlere Weise ausgerichtet?

(a) Fürsorge

(b) Wohlfahrtspflege

(c) Leistungssteigerung

(d) direkte Bindung an das Unternehmen

Testfrage 54

Welche der folgenden Aussagen treffen zu?

(a) Qualitätszirkel unterscheiden sich vom betrieblichen Vorschlagswesen.

(b) Im Qualitätszirkel müssen alle Mitarbeiter einer Abteilung mitmachen.

(c) Qualitätszirkel stehen immer unter der Leitung des Vorgesetzten des jeweiligen Fachbereichs.

(d) Qualitätszirkel finden grundsätzlich außerhalb der Arbeitszeit statt.

Testfrage 55

Welche der folgenden Aussagen halten Sie für richtig?

(a) Die schriftliche Personalbeurteilung ist im Prinzip überflüssig. Es reicht völlig aus, ein gutes Beurteilungsgespräch zu führen.

(b) Durch das Beurteilungsgespräch qualifiziert sich der Vorgesetzte auch selbst - als Vorgesetzter.

(c) Über mögliche Fehler und Meinungsverschiedenheiten in einer Personalbeurteilung wird im Beurteilungsgespräch nicht diskutiert.

(d) Das Beurteilungsgespräch sollte grundsätzlich unter vier Augen stattfinden.

(e) Die schriftliche Beurteilung der Vorgesetzten durch ihre Mitarbeiter ist unzulässig, da sie eine Störung des Betriebsfriedens bewirken kann.

Testfrage 56

Zu den betrieblichen Sozialleistungen zählen

(a) Nutzungsgewährungen betrieblicher Sozialeinrichtungen

(b) Lohnfortzahlung im Krankheitsfall

(c) Beiträge zu Berufsgenossenschaften

(d) betriebliche Altersversorgung

Testfrage 57

Welche Aussagen sind richtig?

(a) Die Kommunikation kann das individuelle Sicherheitsbedürfnis befriedigen.

(b) Kommunikationsbeschränkungen wirken sich positiv auf die Leistungserstellung aus.

(c) Mangelnde Kommunikation kann erhöhte Fluktuation auslösen.

(d) Die optimale Informationsmenge liegt bei der maximalen individuellen Kapazität.

Testfrage 58

Welche Form der Mitarbeiterinformation erweist sich als die wirkungsvollste?

(a) die schriftliche Information

(b) die bildliche Information

(c) die akustische Information

(d) die mündliche Information

Testfrage 59

Welche Daten können einer Personaldatenbank entnommen werden?

(a) Anforderungsprofile

(b) statistische Aufbereitungen und Auswertungen z.B. über die Altersstruktur

(c) Personalien

(d) schulische und berufliche Bildung

Testfrage 60

Welche der folgenden Trends werden die zukunftsorientierte Personalarbeit beeinflussen?

(a) Wertewandel und Leistungsrotation

(b) Demagogische Entwicklung

(c) Internationalisierung und Europa sowie europäische Regionen

(d) Veränderte Rolle der Führungskräfte

(e) Frequentierung der Märkte

(f) Technologischer Wandel und Qualifikation

Antworten zu den Aufgaben

Grundlagen der Personalwirtschaft

Aufgabe 1

a) Unter Personal versteht man die Gesamtheit aller im Unternehmen beschäftigten Personen, einschließlich der Führungskräfte.

b) Das Personal ist durch folgende Eigenschaften gekennzeichnet:

- Arbeitsträger
- Koalitionspartner
- Kostenverursacher
- motiviertes Individuum
- Entscheidungsträger

Aufgabe 2

a) Das gesamte Personal eines Unternehmens ist Objekt der Personalwirtschaft. Dieses gliedert sich in:

- Arbeiter (Lohnempfänger)
- Angestellte (Gehaltsempfänger)
- leitende Angestellte (Führungskräfte)

b) Nach § 5 Abs. 3 BetrVG ist ein **leitender Angestellter**, wer nach Arbeitsvertrag und Stellung im Unternehmen befugt ist, selbstständig Einstellungen und Entlassungen durchzuführen, die Generalvollmacht oder Prokura besitzt und regelmäßig eigenverantwortliche Aufgaben wahrnimmt, die für den Bestand und die Entwicklung des Unternehmens wichtig sind.

Achtung: Nicht was im Arbeitsvertrag steht, sondern die konkrete Tätigkeit ist für die Beurteilung als leitender Angestellter maßgeblich.

Aufgabe 3

Personalwirtschaftliche Funktionen bzw. Hauptaufgaben sind:

a) Personalbedarfsplanung, Personalbeschaffung

b) Personalentwicklung

c) Personalbeurteilung, Personalentlohnung

d) Personalverwaltung

Aufgabe 4

a) Die **personalwirtschaftlichen Ziele** beziehen sich auf den Einsatz der menschlichen Arbeitskraft. Sie werden untergliedert in wirtschaftliche Ziele, die die erbrachte Arbeitsleistung in den Mittelpunkt stellen und in die sozialen Ziele.

Hier werden die Erwartungen, Bedürfnisse und Interessen der Mitarbeiter berücksichtigt.

b) **Wirtschaftliche Ziele** sind:
- Beschaffung, Bereitstellung und Erhaltung der benötigten Arbeitskraft hinsichtlich Quantität, Qualität, sowie zeitlicher und lokaler Verfügbarkeit und
- Freisetzung des Personals bei fehlendem Bedarf.

c) Die **sozialen Ziele** der Personalwirtschaft orientieren sich an den Erwartungen, Bedürfnissen, Interessen und Forderungen der Mitarbeiter und zielen auf eine Verbesserung der materiellen wie auch der immateriellen Bedingungen menschlicher Arbeit ab. Die Befriedigung sozialer Ziele drückt sich individuell in der Arbeitszufriedenheit des Mitarbeiters aus.

- Soziale Ziele, die sich auf die Verbesserung materieller Verhältnisse beziehen, können gute und leistungsgerechte Bezahlung, Kantinenessen, Sicherheit des Arbeitsplatzes und der Altersversorgung sowie Arbeitszeitverkürzungen bei vollem Lohnausgleich sein.
- Soziale Ziele zur Verbesserung immaterieller Bedingungen sind hingegen die menschengerechte Gestaltung des Arbeitsplatzes und des Umfeldes, Reduzierung der Belastungseinflüsse, Gestaltung der Arbeitsinhalte und der Arbeitsorganisation, Steigerung des Gesundheitsschutzes, Verbesserung der sozialen Kontaktmöglichkeiten, Sport-, Kultur- und Personalentwicklungsmöglichkeiten.

Aufgabe 5

Eingliederungsformen sind:
- **Kleinunternehmen:** Hier ist keine eigenständige Stelle „Personalwesen" in der Organisation vorhanden. Die Unternehmensleitung entscheidet, auf welcher Stelle die Aufgaben des Personalwesens zufallen soll.
- **Mittlere Unternehmen:**
  - Das Personalwesen wird als Funktionsbereich durch die Geschäftsführung vertreten
  - Der Funktionsbereich Personalwesen ist der kaufmännischen Leitung unterstellt
  - Das Personalwesen wird als eigenständiger Leistungsbereich eingerichtet
- **Großunternehmen:** Das Personalwesen hat die gleiche Rangstufe und formale Bedeutung wie die übrigen Direktionsbereiche, z.B. Forschung und Entwicklung, Fertigung, Marketing und Verwaltung. Bei der Spartenorganisation hat jeder Unternehmens- oder Geschäftsbereich seine eigenständige Personalabteilung. Bei der Matrixorganisation kann eine Zentralabteilung „Personal" eingerichtet werden, zu der folgende Aufgaben zählen: Personalpolitik, Sozialpolitik und Koordination der Personalabteilungen der einzelnen Geschäftsbereiche.

Aufgabe 6

a) Der **Betriebsrat** ist die Vertretung der Arbeitnehmer im Betrieb. Die allgemeinen Aufgaben des Betriebsrates bestehen im Eintreten für gerechte, gleiche und angemessene Behandlung der Arbeitnehmer, in der Beseitigung von Meinungsverschiedenheiten zwischen Arbeitgebern und Belegschaft und der Gestaltung eines reibungsfreien Arbeitsablaufes. Insbesondere hat der Betriebsrat darauf zu achten, dass jede Ungleichbehandlung von Arbeitnehmern aufgrund ihrer Abstammung, Nationalität, Religion, politischer Anschauung oder ihres Geschlechts unterbleibt (§ 75 BetrVG).

Aus § 80 BetrVG ergeben sich konkrete **Aufgabenstellungen des Betriebsrates**:
- Überwachung der Einhaltung und Durchführung von Gesetzen, Unfallverhütungsvorschriften, Tarifverträgen und Betriebsvereinbarungen, die zugunsten der Arbeitnehmer erlassen sind.
- Beantragung von Maßnahmen, die der Belegschaft und dem Betrieb dienen.
- Entgegennahme von Anregungen der Arbeitnehmer sowie der Jugend- und Auszubildendenvertretung und entsprechende Verhandlungen mit dem Arbeitgeber.
- Förderung der Belange und Eingliederung von Schwerbehinderten, Ausländern, Jugendlichen und Älteren.

b) Nach der Intensität und dem Umfang der Beteiligung an den Arbeitnehmerentscheidungen, wird zwischen folgenden **Mitwirkungsrechten** unterschieden (§ 87 BetrVG):
- Informationsrecht in nahezu allen betrieblichen Vorgängen, die für den Betriebsrat bzw. die Arbeitnehmer wichtig sein könnten.
- Vorschlagsrecht z.B. in Fällen der Personalplanung; Vorschläge müssen zur Kenntnis genommen und geprüft werden.
- Anhörungsrecht, um zu Entscheidungen des Arbeitgebers Stellung nehmen zu können.
- Beratungsrecht: Ausgehend vom Arbeitgeber, muss die Meinung des Betriebsrates eingeholt werden.

Einen Anspruch auf ein gleichberechtigtes Mitreden und Mitentscheiden bieten nur die **Mitbestimmungsrechte**, die sich ebenfalls in ihrer Wirkung abstufen lassen:
- Widerspruchsrecht: Blockade bestimmter Entscheidungen (z.B. Einstellungen) durch den Betriebsrat; Arbeitsgericht zum Durchsetzen der Entscheidung notwendig.
- Vetorecht: Betriebsrat hat volles Mitbestimmungsrecht im sozialen Bereich, indem er Arbeitgeberentscheidungen widersprechen kann; Arbeitsgericht zum Durchsetzen der Entscheidungen nicht anrufbar.
- Initiativrecht: Garantie weitestgehender Mitbestimmungsrechte; selbständiges treffen und durchsetzen von Entscheidungen z.B. bei der Erstellung eines Sozialplans.

Aufgabe 7

Das Mitbestimmungsrecht des Betriebsrates gilt nicht für leitende Angestellte. Für diese Mitarbeiter ist der Sprecherausschuss nach dem Sprecherausschussgesetz zuständig.

Aufgabe 8

a) Das Personalwesen kann in folgenden organisatorischen Grundformen vorkommen:

- **objektbezogene Organisation**
- **funktionsbezogene Organisation**
- **gemischte Organisation (objekt- und funktionsbezogen)**

- Bei der **objektbezogenen** Organisation betreut ein Personalreferent eine bestimmte Mitarbeitergruppe oder einen bestimmten Unternehmensbereich. Hierdurch soll das Verhältnis zwischen Mitarbeitern und Personalabteilung verbessert werden.

- Bei der **funktionsbezogenen** Organisation ist das Personalwesen nach Aufgabenbereichen gegliedert, die das gesamte Unternehmen umfassen und zentral ausgeübt werden können. Diese Aufgabenbereiche können z.B.: Personalbeschaffung, Personalverwaltung, Personalentwicklung, Sozialwesen, Entlohnung sein.
- Durch eine **gemischte** Organisation sollen die Nachteile einer objektbezogenen bzw. funktionsbezogenen Organisation gemindert werden.

b) Der Nachteil bei der objektbezogenen Organisation ist, dass der Personalreferent bei zunehmender Spezialisierung der Aufgaben des Personalwesens nicht über ein umfangreiches Fachwissen auf allen Gebieten des Personalwesens verfügen kann. Der Nachteil der funktionsbezogenen Organisationsform ist, dass eine zu starke Spezialisierung der Personalsachbearbeiter auftritt und dass kein festes Betreuungsverhältnis zwischen Personalabteilung und Belegschaft vorhanden ist, da sich die Mitarbeiter jeweils an den Spezialisten wenden müssen.

Aufgabe 9

Mitbestimmung ist die Mitwirkung von Mitarbeitern oder ihrer Organe an Entscheidungen von Vorgesetzten. Das Betriebsverfassungsgesetz von 1952, das Montan-Mitbestimmungsgesetz von 1951 und das Mitbestimmungsgesetz von 1976 bilden die rechtlichen Grundlagen für die Mitbestimmung.

Personelle Leistungsbereitstellung

Aufgabe 10

a) Das Ziel der **Personalbedarfsplanung** ist festzustellen, wie viele Mitarbeiter mit welcher Qualifikation wann, wo und wofür bei der Verwirklichung gegenwärtiger und zukünftiger Leistungen im Unternehmen benötigt werden.
- Die qualitative Personalbedarfsplanung legt fest, welche Fähigkeiten, Kenntnisse und Verhaltensweisen der eingesetzte Mitarbeiter besitzen sollte.
- Die quantitative Personalbedarfsplanung bestimmt die Personalmenge je Stellenkategorie oder Arbeitsgebiet, die zu bestimmten Zeitpunkten hin bis zum Planungshorizont in der Unternehmung vorhanden sein müssen.

b) Die Personalbedarfsplanung vollzieht sich in folgenden Schritten:

1. Ermittlung des Bruttopersonalbedarfs = Einsatzbedarf + Reservebedarf
2. Ermittlung des Personalbestandes
3. Ermittlung des Nettopersonalbedarfs aus der Differenz von 1. und 2.
   = Bruttopersonalbedarf - Istbestand je Personalkategorie

Aufgabe 11

Mit der Methode der Personalbemessung ermittelt man den Personalbedarf anhand folgender Formel:

$$\text{Personalbedarf} = \frac{\sum_{i=1}^{n} m_i \times t_i}{T} = \frac{12 \cdot 15 + 9 \cdot 24 + 20 \cdot 10 + 40 \cdot 6 + 40 \cdot 1 + 60 \cdot 3}{37,5 \cdot 4} = \underline{\underline{7,04}}$$

Laut Rechnung können 7 Mitarbeiter/Mitarbeiterinnen die geplanten Aufgaben erfüllen, sofern sie die dafür vorgesehenen Vorgabezeiten einhalten und weder Nebentätigkeiten zwischenzeitlich ausüben, noch sich erholen oder ausfallen.

Aufgabe 12

Der Betriebsrat hat bei der Personalbedarfsplanung

- ein allgemeines Mitwirkungsrecht gem. § 90 Abs. 1 BetrVG,
- ein Informationsrecht über Personalbedarfsplanung gem. § 92 Abs. 1 BetrVG,
- ein Beratungsrecht gem. § 92 Abs. 1 BetrVG, wenn bei personellen Maßnahmen Härten für den betroffenen Mitarbeiter eintreten würden,
- ein indirektes Mitwirkungsrecht gem. §§ 111-112 BetrVG, wenn Betriebsveränderungen geplant werden,
- ein Anregungsrecht gem. § 92 Abs. 2 BetrVG für die Einführung einer Personalbedarfsplanung, falls diese in der Unternehmung fehlt.

Aufgabe 13

a) Die Personalbestandsplanung ermittelt bzw. prognostiziert Daten über Alters- und Geschlechtsstrukturen sowie über Kenntnis- und Fähigkeitspotenziale der Mitarbeiter. Mit diesen Daten wird in Verbindung mit der Personalbedarfs-, -beschaffungs- und -freisetzungsplanung die erwünschte qualitative und quantitative Bestandsstruktur festgelegt.

b) Die Personalforschung ermittelt die Veränderungsursachen bei den Bestandsveränderungen, die durch alters-, krankheitsbedingte und spontan durch Kündigung ausgelöste Personalabgänge verursacht wurden. Außerdem werden die Veränderungen der Kenntnis- und Fähigkeitspotenziale der Mitarbeiter mit untersucht.

Aufgabe 14

a) Die Personalbeschaffung ist für die rechtzeitige Bereitstellung von benötigtem und geeignetem Personal zuständig, das durch den Personalbedarf ermittelt wurde.

b) Der Betriebsrat hat ein **Mitbestimmungsrecht** bei:

- Einfluss auf die Wahl des Beschaffungsweges, ob intern oder extern nach § 93 BetrVG.
- Bei Versetzungen von 20 oder mehr Beschäftigten muss der Betriebsrat nach § 99 Abs. 1 BetrVG informiert werden und den Versetzungen zustimmen.
- Auswahlrichtlinien für die Bewerberauswahl bedürfen nach § 95 Abs. 1 BetrVG der Zustimmung des Betriebsrates.
- Personalfragebögen bedürfen nach § 94 Abs. 1 BetrVG der Zustimmung des Betriebsrates.
- Beurteilungsgrundsätze unterliegen der Zustimmung des Betriebsrates nach § 94 Abs. 2 BetrVG.
- Änderungskündigungen nach § 102 Abs. 2 BetrVG sind dem Betriebsrat mitzuteilen und mit ihm zu beraten.

Aufgabe 15

Eine Versetzung, die Zuweisung eines anderen Arbeitsbereiches (§ 95 Abs. 3 BetrVG), erfolgt durch eine Weisung oder Änderungskündigung. Eine Weisung kann nur erfolgen, wenn dies im Arbeitsvertrag festgehalten ist. Das heißt, dass die zugewiesenen Arbeiten innerhalb der Umschreibung der Tätigkeit des Arbeitnehmers liegen und der Ort der Leistungserstellung nicht auf den gegenwärtigen Ort beschränkt ist. Dagegen ist die Änderungskündigung des Arbeitgebers eine Erklärung, mit der er das Arbeitsverhältnis einseitig kündigt, aber dem Arbeitnehmer gleichzeitig einen neuen Arbeitsvertrag mit geänderten Bedingungen anbietet.

Aufgabe 16

Die innerbetriebliche Stellenausschreibung sollte beinhalten:

- **Stellenbezeichnung**
- **Kurzbeschreibung der Tätigkeit**
- **Zugehörigkeit zu Abteilung, Filiale, Gruppe**
- **Arbeitszeit**
- **Erforderliche Qualifikation**
- **Tarifgruppe/Vergütung**

Aufgabe 17

Personalfragebögen und Beurteilungsgrundsätze dienen der Erfassung der Kenntnis- und Fähigkeitspotenziale der Mitarbeiter. Gesetzliche Grundlagen sind das Betriebsverfassungsgesetz (Mitbestimmung des Betriebsrates), das Sprecherausschussgesetz (Mitbestimmung des Sprecherausschusses bei leitenden Angestellten) und das Bundesdatenschutzgesetz.

Aufgabe 18

a) Unter **Personalleasing** ist die gewerbsmäßige Arbeitnehmerüberlassung zu verstehen, die 1967 durch das Bundesverfassungsgericht legalisiert wurde und im Arbeitnehmerüberlassungsgesetz vom 12.10.1972 rechtlich geregelt ist.

Durch Personalleasing können kurzfristig Arbeitskräfte zur Überbrückung von Leistungsspitzen o.ä. beschafft werden. Die Anwerbung und der Auswahlprozess wird dem Verleiher, dem Leasing-Unternehmen, übertragen. Das Personalleasing ist also durch ein Dreiecksverhältnis zwischen Verleiher, Entleiher und Leiharbeitnehmer gekennzeichnet. Dabei schließen Leasing-Arbeitnehmer und der Verleiher einen Arbeitsvertrag ab, während zwischen Arbeitnehmer und Entleiher grundsätzlich keine vertraglichen Bindungen existieren. Der Vergütungsanspruch des Arbeitnehmers besteht gegenüber dem Verleiher, der Anspruch auf Arbeitsleistung und das Weisungsrecht gehen auf den Entleiher über, der dafür dem Verleiher eine Gebühr bezahlt.

b) Trotz der höheren Kosten für Zeitarbeitnehmer liegt der Vorteil dieser Methode darin, dass Auseinandersetzungen nach Ablauf der Beschäftigungszeit und das Risiko einer Fehleinstellung vermieden werden können.

Aufgabe 19

a) Dem Bewerber dient das Schreiben dazu, dem Unternehmen sein Interesse an der zu besetzenden Stelle darzulegen. Für das Unternehmen stellt das Bewerbungsschreiben eine nützliche und aufschlussreiche Informationsquelle dar, die zur Auswertung von Bewerbungen herangezogen wird.

Dabei wird folgendes beachtet:

- **Äußeres Erscheinungsbild:**
  Vermittlung des ersten Eindrucks über die Persönlichkeit des Bewerbers und die Ernsthaftigkeit seiner Bewerbung, hierarchieebenen- und berufsgruppenabhängige Aufmerksamkeit im Hinblick auf die zu besetzende Stelle.

- **Gliederung/Gestaltung:**
  Hinweise auf qualifizierten Bewerber, jedoch auch nicht ausgeschlossen, dass es sich um einen unsicheren, pedantischen oder in Normen denkenden Bewerber handelt.

b) Der Inhalt soll stellenspezifisch über den Bewerber informieren und den in einer Stellenanzeige oder sonstigen Ausschreibung genannten Informationserwartungen des Unternehmens gerecht werden, wie z.B. die Bereitschaft, auf gestellte Anforderungen einzugehen.

c) Der Stil des Schreibens gibt Auskunft über die Persönlichkeit des Bewerbers. Er zeigt, wie sich der Bewerber einschätzt, was er will und wie er von anderen gerne gesehen werden möchte. Der Ausdruck, der Satzbau, die Satzverbindungen und der Wortumfang machen insgesamt den Schreibstil einer Person aus. Unterschiedliche Ausprägungen lassen sich im Einzelnen bewerten und zu einem Gesamtbild zusammenfügen.

Aufgabe 20

a) Kriterien bei der Beurteilung der **Bewerbungsunterlagen** sind:
- Aufbau nach Chronologie und Sinn
- Art der Darstellung, wie Leserlichkeit und Übersichtlichkeit
- Vollständigkeit von Bewerbungsschreiben, Lebenslauf, Abschlusszeugnissen, Arbeitszeugnissen, Kursnachweisen, Personalbogen, Lichtbild

b) Aus diesen Unterlagen ergeben sich erste Hinweise auf Karrieremuster und die formale Qualifikation des Bewerbers. Jedoch können Manipulationen beim Lebenslauf oder Werdegang des Bewerbers nicht gänzlich ausgeschlossen werden. Trotz Vorbehalten gegenüber der Zuverlässigkeit der Unterlagen, kann im Allgemeinen über die Fortsetzung des Auswahlprozesses entschieden werden.

Aufgabe 21

a) Der Lebenslauf soll Aufschluss über die persönliche und berufliche Entwicklung geben. Gestaltung und Darstellungsweise lassen ebenfalls auf Ordentlichkeit schließen.

- Arbeitsplatzwechsel werden von der **Zeitfolgeanalyse** untersucht. Lücken im Lebenslauf werden aufgespürt. Dabei werden mehrfache kurzzeitige Arbeitsplatzwechsel, vor allem mit zunehmendem Alter des Bewerbers, eher negativ bewertet.
- Die **Positionsanalyse** legt einen beruflichen Auf- oder Abstieg, einen Berufswechsel oder einen Wechsel des Arbeitsgebietes offen. Hierbei können sich offensichtliche negative Entwicklungen des Bewerbers als weniger bedeutsam erweisen.

b) Eingereichte Arbeitsproben (Reportagen, Texte, Entwürfe) oder abgeleistete Proben (gewerbliche Arbeiten, Übersetzungen), liefern einen unmittelbaren Eindruck von der Qualifikation des Bewerbers und sind nur bei bestimmten Berufsgruppen verwendbar.

Referenzen (vorwiegend bei Personen der hohen Hierarchieebene) runden das Bild über den Bewerber ab. Sie sind jedoch in ihrem Aussagewert umstritten, da die Auskunftsperson meist nicht unparteiisch ist.

Aufgabe 22

a) **Schulzeugnissen** kommt bei der Eignung des Bewerbers keine allzu große Bedeutung zu. Sinnvoll ist die Betrachtung von Notengruppen oder Gesamtnoten. Im Allgemeinen sind die zugrundeliegenden Noten wegen vielfältiger Einflüsse nicht völlig objektiv. Gute Noten ermöglichen Rückschlüsse auf Interessensgebiete, schlechte Noten deuten auf mangelnde Eigeninitiative, Desinteresse oder mangelndes Wissen hin. Die Aussagefähigkeit nimmt mit der Zahl der Zeugnisse zu.

b) Bei **Hochschulzeugnissen** können die Gesamtnote, die Bewertung von Studien- und Diplomarbeiten, aber auch die Leistungen der Pflicht- und Wahlpflichtfächer im Grund- und Hauptstudium betrachtet werden. Auch die Wahl der Fächer kann Aufschlüsse über eine vielseitige Orientierung bzw. eine Spezialisierung des Bewerbers geben. Rückschlüsse auf Interessensgebiete lassen sich aufgrund von guten Zensuren ziehen. Schlechte Noten sprechen für Desinteresse, mangelnde Initiative und mangelndes Wissen. Thema und Noten der Diplomarbeit sind häufig aussagekräftig, da es sich um eine selbstständige, wissenschaftliche Arbeit des Bewerbers handelt.

Interessant ist auch die Studiendauer, welche im Rahmen der Regelstudienzeit liegen sollte. Ein Indiz für die zukünftige berufliche Belastbarkeit und Leistungsfähigkeit ist ein Studium, welches zügig und erfolgreich abgeschlossen wurde. Negativ fällt eine extreme Überschreitung der Regelstudienzeit um mehrere Semester auf und bedarf einer überzeugenden Begründung des Bewerbers, die im Lebenslauf ebenfalls ersichtlich sein sollte.

Ein nicht abgeschlossenes Hochschulstudium wird als fehlende Energie, mangelndes Interesse oder auch fehlende Begabung bewertet.

Sehr große Aufmerksamkeit wird dem Ort des Studiums geschenkt, da von Hochschule zu Hochschule die Qualität der Ausbildung sehr variiert. Zu beachten ist auch, dass die Bildungsabschlüsse innerhalb der Bundesländer besonders stark differieren.

Weiterhin ist zu prüfen, ob die Wahl der Studienschwerpunkte mit den Anforderungen der zu besetzenden Stelle übereinstimmt und das Thema der Diplomarbeit in Bezug zum angestrebten Arbeitsgebiet steht.

Aufgabe 23

a) Man unterscheidet nach ihrem Umfang zwei verschiedene Zeugnisarten: das einfache Arbeitszeugnis (Arbeitsbescheinigung) und das qualifizierte Arbeitszeugnis (mit Beurteilung).

- Im **einfachen Zeugnis** stehen nur Angaben über die Art und Dauer der Beschäftigung. Es werden keine Aussagen über Leistung und Führung gemacht. Es dient der Beurteilung von wenig qualifizierten oder kurzfristigen Tätigkeiten.

- Das **qualifizierte Zeugnis** enthält zusätzlich zu den Angaben, die auch im einfachen Zeugnis enthalten sind, Aussagen über die Führung und die Leistung des Arbeitnehmers. Dabei muss der Mitarbeiter über die gesamte Dauer der Beschäftigung beurteilt werden, wobei der Arbeitgeber auch den individuellen Besonderheiten des Arbeitnehmers gerecht werden sollte. Der Arbeitgeber ist verpflichtet, so objektiv wie möglich zu urteilen, denn er ist an seine Formulierungen im Arbeitszeugnis gebunden (beweispflichtig im Arbeitsgerichtsprozess).

b) Angaben in einem qualifizierten Zeugnis sind:

> – Angaben zur Person
> – Anstellungsdauer
> – ausführliche Beschreibung des Aufgabenbereiches inklusive Positionsbezeichnung und hierarchische Stellung
> – Beförderungen und Versetzungen (mit Datum)
> – Beurteilung der Leistung und des Verhaltens
> – evtl. Grund des Austritts

c) Die **geheime Zeugnissprache** besteht aus bestimmten Worten, Wortkombinationen und Sätzen, denen in den Zeugnissen eine eigene Bedeutung zukommt. Um ein Zeugnis richtig zu interpretieren, ist es wichtig die gängigen Formulierungen und deren Bedeutung zu kennen. Ein wesentlicher Grund für die Entwicklung der Zeugnissprache ist die Forderung der Gerichte, dass „das Zeugnis wahr sein" soll und gleichzeitig „von verständigem Wohlwollen für den Arbeitnehmer getragen" sein muss und „sein weiteres Fortkommen nicht unnötig erschweren" soll.

Aufgabe 24

Lösung: uneingeschränkt zulässig sind (a), (b) und (j); uneingeschränkt unzulässig sind (d) und (e); problematisch sind (c), (f), (g), (h) und (i)

(c): nur zulässig, wenn die Tätigkeit durch die Schwangerschaft nicht aufgenommen werden kann (z.B. Model). Sonst immer unzulässig.

(f): nur zulässig, wenn die Arbeitsfähigkeit betroffen ist. Ausgeheilte Erkrankungen und Kinderkrankheiten sind für das Arbeitsverhältnis nicht relevant und damit unzulässig.

(g): nur zulässig, wenn für den Beruf finanzielle Unabhängigkeit eine wichtige Voraussetzung ist (Richter, Bankier). Strittig ist die Frage nach Lohn- und Gehaltspfändungen.

(h): nur zulässig, falls die bisherige Gehaltshöhe Grundlage der Verhandlungen zum Abschluss des Arbeitsverhältnisses ist.

(i): nur zulässig, wenn diese die Eignung für den angestrebten Beruf in Frage stellen (Unterschlagung bei Buchhaltern). Vorstrafen, die nach §15 Bundeszentralregistergesetz nicht offenbart zu werden brauchen, dürfen in jedem Fall verheimlicht werden.

Aufgabe 25

a) Das **Vorstellungsgespräch** soll:
- den Bewerber über das einstellende Unternehmen und den Arbeitsplatz informieren,
- eine Überprüfung der schriftlichen Bewerbungsunterlagen ermöglichen,
- ergänzend abklären, ob der Bewerber fachlich und persönlich geeignet ist,
- jede Seite über die leistungsmäßigen und sozialen Erwartungen aufklären, welche die Gegenpartei mit dem Abschluss des Arbeitsvertrages verbindet.

b) Ein Vorstellungsgespräch wird üblicherweise in folgende Phasen gegliedert:

1. Phase	Schaffen einer entspannten Atmosphäre durch gegenseitiges Vorstellen, die Frage nach der Anreise u.ä.; der Bewerber kann sich auf die Gesprächspartner und auf das Umfeld (Raum, Sitzordnung) einstellen.
2. Phase	Erfragung der persönlichen, privaten Situation des Bewerbers, um die Eignung zu der zugedachten Arbeitsgruppe festzustellen.
3. Phase	Erörterung des Bildungsgangs des Bewerbers, um die Entwicklung von Interessen, Bruchstellen in der schulischen Laufbahn, Ehrgeiz und Interesse für außerschulische Bildungsmaßnahmen aufzuzeigen.
4. Phase	Diskussion des Verlaufs der bisherigen beruflichen Entwicklung; Hinterfragung der Laufbahn nach Zielstrebigkeit und Zufall, Einstellung zu bisherigen Vorgesetzten.
5. Phase	Ausführliche Information über Unternehmen, Abteilung, Arbeitsgruppe und Stellung nachdem sich der Gesprächsführer ein Bild über die Möglichkeiten und Grenzen des Bewerbers gemacht hat; bisherige und zukünftige Entwicklung des Unternehmens.
6. Phase	Verhandlung über den Arbeitsvertrag. Es bedarf eines hohen Einfühlungsvermögens seitens des Unternehmens, um den Mitarbeiter in das Gehaltsgefüge zu implementieren.
7. Phase	Gesprächsabschluss. Zusammenfassung der Gesprächsergebnisse, das Treffen von Absprachen, eventuelle Vereinbarungen über weitere Gesprächstermine.

c) Entscheidungsrelevant könnten beispielhaft die folgenden Kriterien sein, deren Wichtigkeit aber von der zu besetzenden Stelle abhängig ist:

- Fachwissen, gestaffelt nach Wissensbreite, Spezialwissen und Praxiswissen
- Intellektuelle Fähigkeiten (z.B. Auffassungsgabe, Kreativität)
- Motivation (z.B. Interesse an der Aufgabe, Zielstrebigkeit)
- Kooperationsvermögen - Vertrauenswürdigkeit - Offenheit
- Kontaktfähigkeit - Äußere Erscheinung - Auftreten
- Selbstständigkeit - Urteilsvermögen
- Initiative - Dynamik - Belastbarkeit
- Ausdrucksvermögen

d) **Schlüsselfragen** für ein Vorstellungsgespräch sind:

- **Wie sind Sie auf unser Stellenangebot aufmerksam geworden und was hat Sie zu Ihrer Bewerbung bewogen?**

    Man zielt hier auf das Motiv der Bewerbung ab. Der Bewerber sollte auf diese Frage gut vorbereitet sein und sie flüssig und überzeugend beantworten können.

- **Aus welchen Gründen wollen Sie den Arbeitsplatz wechseln? Weshalb wollen Sie Ihre jetzige Tätigkeit/ Position aufgeben?**

    Diese Frage befasst sich mit der Motivanalyse der Bewerbung und mit der Darstellung der Ausgangs- und Hintergrundsituation, d.h. was ist der Grund und wie unzufrieden ist der Bewerber. Positiv spricht hier für den Kandidaten eine plausibel klingende, überzeugende Darstellungsweise. Gern hört man als Personalleiter: Herausforderung, Vorankommen wollen, Reiz an der neuen Aufgabe.

- **Wie sehen Sie Ihre Zukunft? Was sind Ihre Ziele?**

  Auch hier geht es um Motivation und Leistungsbereitschaft, sowie visionäre Begabung und Zukunftsplanung. Der Bewerber sollte leistungsmotiviert, d.h. zuversichtlich in Bezug auf seinen beruflichen Werdegang sein.

- **Warum interessieren Sie sich speziell für uns?**

  Hier gilt es, das Wissen und die Einschätzungsfähigkeit des Bewerbers zu prüfen. Es soll die Motivation des Kandidaten, den Arbeitsplatz in diesem Unternehmen zu wollen und zu verdienen, festgestellt werden. Er sollte hier flüssig und inhaltsreich antworten. Eine gründliche Recherche über das Unternehmen und das angestrebte Arbeitsgebiet sind vor dem Vorstellungsgespräch unerlässlich.

- **Warum haben Sie während Ihres Studiums die Fachrichtung gewechselt?**

  Hier soll der Bewerber die Ursachen (z.B. eignungsmäßige, wirtschaftliche, familiäre oder gesundheitliche) aufführen und er sollte zeigen, dass er diesen Weg aus freien Stücken gewählt hat und jetzt weiß, was er will.

- **Haben Sie während Ihres Studiums noch zusätzlich Geld verdient?**

  Man möchte vom Bewerber erfahren, ob es ihm allein auf den Verdienst ankam oder ob er bestrebt war, sich zusätzliches Wissen anzueignen. Besonders der letzte Fakt wird von Personalleitern gern gehört.

- **Wie sah Ihr bisheriger Berufsweg aus?**

  Der Hintergrund dieser Frage ist, ob die berufliche Entwicklung des Kandidaten durch Planung oder Zufall bedingt ist und ob es sich dabei um einen Auf- oder Abstieg handelte. Vom Bewerber wird erwartet, dass er die Ausführungen der Bewerbungsunterlagen überzeugend und evtl. ausführlicher darstellt und begründet.

- **Warum haben Sie diesen beruflichen Werdegang eingeschlagen?**

  Man will bei dieser Frage erfahren, wie überzeugend der Bewerber sich und seine Leistungen präsentieren kann. Positiv werden hier ein einstimmiges Bild und das richtige Maß an Zufriedenheit und Energiepotenzial bewertet. Wesentlich ist hier, eine Reflexion, Planung und „weise" Voraussicht darzulegen. Der Eindruck von Zufälligkeit oder Schicksal sollte auch hier vermieden werden.

- **Warum sollten wir gerade Sie einstellen?**

  Man testet mit dieser Frage das Selbstvertrauen und Selbstbewusstsein des Kandidaten. Er sollte die für ihn sprechenden Eigenschaften bei der neuen Aufgabe möglichst auf den Punkt bringen. Das stellt die große Chance für den Bewerber dar. Ein bis drei wesentliche Argumente sind hier zureichend.

- **Was sind Ihre Stärken und Schwächen?**

  Man kann so die Selbstdarstellungsfähigkeit und Glaubwürdigkeit prüfen. Möglicherweise sind hier schon Schwächen im Bezug auf das zukünftige Tätigkeitsfeld zu erkennen. Der Kandidat sollte vor allem die positiven aber auch negativen Dinge gelassen darstellen und vertreten, sich aber keine zu große Offenheit über seine Schwächen leisten, da sich das negativ auswirken würde.

- **Gibt es Bereiche, in denen Sie sich besonders engagieren?**

  Der Personalleiter will hier die politischen oder sozialen Prioritäten außerhalb des Berufes erkennen. Der Bewerber sollte sich hier bewusst machen, welches Bild er von sich entwirft, wenn er sich zu einem sozialen Engagement bekennt.

- **Gibt es gesundheitliche Einschränkungen mit beruflichen Auswirkungen?**
  Hierbei geht es um die uneingeschränkte gesundheitliche Leistungsfähigkeit des Kandidaten. Dieser sollte keinen Zweifel aufkommen lassen, dass es bei ihm keine berufsrelevanten Beeinträchtigungen gibt.
- **Wie schätzen Sie die aktuelle und wie die zukünftige Marktsituation ein?**
  Man testet hier den aktuellen Wissensstand des Kandidaten und seine Fähigkeit, kompetent mitreden, einschätzen und beurteilen zu können. Dafür ist eine gründliche Vorbereitung des Bewerbers unerlässlich.
- **Was ist Ihre Mindesterwartung für das Anfangsgehalt in unserer Firma?**
  Der Bewerber sollte darauf achten, dass seine Forderung innerhalb der vertretbaren Gehaltsbandbreite liegt. Überzogene, aber auch zu geringe Gehaltserwartungen führen zu einer negativen Bewertung des Kandidaten.

Aufgabe 26

a) Unter einem **Assessment-Center** versteht man ein systematisches Auswahlverfahren, das zur qualifizierten Feststellung von Verhaltensleistungen bzw. Verhaltensdefiziten dient. Dabei werden praxisnahe Übungen (Arbeitsprobe) mit spezifischen, problemorientierten Situationen durchgeführt, die sich an die späteren Arbeitsaufgaben und den Geschäftsbetrieb anlehnen.

b) Wichtige **Merkmale** eines Assessment-Center sind:
  - Methodenvielfalt durch die Anwendung mehrerer klassischer Instrumente der Eignungsdiagnostik. Dabei unterscheidet man drei Arten der Datenerfassung: standardisierte Verfahren, Beobachtungen und Interviews
  - Mehrfachbeurteilung der Teilnehmer durch einen oder mehrere Beobachter
  - Verhaltensorientierung durch Übungen (an die vakante Stelle gelehnt), die Verhalten provozieren und damit beobachtbar machen
  - Anforderungsbezogenheit der Übungen, die im Idealfall vor dem Hintergrund eines Anforderungsprofils einer bestimmten Stelle durchgeführt werden
  - Trennung von Beobachtung und Bewertung durch eine strenge Unterscheidung zwischen einer Beobachtungs- und einer Bewertungsphase, um Beurteilungsfehler zu minimieren. Ziel ist eine objektivere Bewertung.
  - Einsatz trainierter Beobachter und eines kompetenten Moderators in Form von speziell ausgebildeten Führungskräften der Unternehmung

c) Typische **Übungen** sind (neben diversen Tests):
  - Einzelkämpferaufgaben (z.B. Postkorbübung)
  - Jeder gegen jeden (z.B. Führerlose Gruppendiskussion)
  - Einer gegen den anderen (z.B. Rollenspiele)
  - Einer gegen alle (z.B. Präsentationen)

d) Bei der sogenannten **Postkorbübung** wird eine Situation simuliert, in der der Bewerber unter Zeitdruck (üblicherweise 1 Stunde) die Eingangspost einer Führungskraft bearbeiten muss. Analysiert wird dabei, ob der Bewerber Wichtiges vom Unwichtigen unterscheiden kann, und ob er die richtigen Aufgaben an die Mitarbeiter weiterdelegiert. Die Situation soll Aufschluss darüber geben, wie gut und wie schnell ein Bewerber unter Stress in der Lage ist, Fakten und Probleme zu analysieren, zu sortieren und Aufgaben zu delegieren. Bewertet wird dabei auch die Entscheidungsfähigkeit, die administrative Kommunikationsfähigkeit, die Risikobereitschaft, die Fähigkeit zu organisieren, zu delegieren sowie systematisch und planvoll vorzugehen.

Aufgabe 27

Bewertungskriterien für die Gruppendiskussion:
    (a), (b), (c), (d), (e), (f), (g), (h), (j), (k), (l)

Bewertungskriterien für die Präsentation:
    (g), (i), (l)

Aufgabe 28

a) Ein **Arbeitsvertrag** ist ein Einzelvertrag gemäß den Bestimmungen über den Dienstvertrag (§§611 - 630 BGB), zwischen Arbeitgeber und Arbeitnehmer, der ins-besondere die Pflichten der Vertragspartner und die Zeitdauer der Gültigkeit festlegt.

b) Mindestregelungen des Arbeitsvertrages:
- Kennzeichnung der Vertragspartner, Beginn des Arbeitsverhältnisses, Probezeit/Dauer der Probezeit, Kündigungsfristen, Urlaubszeit
- Art der Tätigkeit, Einstufung in Position und Tarifgruppe, Vollmachten, Mehrarbeitsverpflichtungen, Versetzungs- und Beurlaubungsvorbehalte
- Grundlohn, Zusatzlohn, Soziallohn, Erfolgsbeteiligung, Vermögensbeteiligung, Altersversorgung, Reise- und Umzugskostenerstattung, Vergütung und Behandlung von Erfindungen
- Nebentätigkeiten, Wettbewerbsverbote, Schweigepflichten

c) Betriebsvereinbarungen sind Gesamtvereinbarungen, die für alle Arbeitsverträge einer Unternehmung gelten und gleiche Mindestbedingungen (Arbeitszeit, Urlaubsregelungen) für die Arbeitnehmer vorschreiben, wobei die Mindestbedingungen nicht unter den gesetzlichen und tariflichen Grenzen liegen dürfen.

Aufgabe 29

Die **Personalentwicklung** hat das Ziel, den Belegschaftsmitgliedern aller hierarchischen Stufen, Qualifikationen zur Bewältigung der gegenwärtigen und zukünftigen Anforderungen zu vermitteln.

- Die dynamische technologische Entwicklung und der hohe Wettbewerbsdruck verlangen von Unternehmen und Mitarbeitern eine hohe Anpassungsfähigkeit und Anpassungsbereitschaft. Die Maßnahmen der Personalentwicklung dienen der Erhaltung und Verbesserung qualifizierter Arbeitskräfte in diesem Umfeld. Damit wird auch die Konkurrenzfähigkeit gesteigert.
- Entwicklungsmaßnahmen motivieren den Mitarbeiter. Sie geben ihm berufliche Perspektiven und die Möglichkeit, sich mit „seiner" Firma zu identifizieren.
- Aktive Personalentwicklung verringert tendenziell den externen Personalbedarf. Die Laufbahnplanung bereitet die Mitarbeiter auf neue Herausforderungen vor. Freie Stellen können so durch geeignetes Personal aus den eigenen Reihen besetzt werden.
- Außerdem ist die Personalentwicklung eine gesellschaftliche und wirtschaftliche Aufgabe der Unternehmen. Das deutsche Bildungssystem beruht auf zwei Säulen: Schulbildung und berufliche Aus-, Fort- und Weiterbildung.

Aufgabe 30

a) Beim dualen System wird die **Berufsausbildung** in einen theoretischen und einen praktischen Teil unterteilt. Staatliche Ausbildungsinstitutionen (Berufsschule) vermitteln die theoretisch geprägten Ausbildungsinhalte, während die praktischen Kenntnisse und Fähigkeiten durch die Unternehmensausbildung vermittelt werden.

b) Das **Berufsbildungsgesetz** regelt die Verteilung der Ausbildungskompetenzen, die Rechte und Pflichten von Ausbildern und Auszubildenden, das Prüfungswesen sowie spezielle Probleme der Berufsausbildung.

Aufgabe 31

Personalentwicklungsmaßnahmen beziehen sich auf:

- **Fachliche Kompetenz** bedeutet Fachwissen, wie Waren- und Produktkenntnisse sowie Fertigkeiten, ein Produkt entsprechend den Qualitätsmaßstäben zu produzieren.
- **Soziale Kompetenz** ist eine wichtige Voraussetzung für den Erfolg des Mitarbeiters (Vorgesetzte, Sachbearbeiter, Produktionsarbeiter) in der Organisation, wobei die Bedeutung dieser Qualifikation zukünftig weiter steigt. Das Beherrschen von Team- oder Gruppenarbeitsregeln ist ein notwendiger Bestandteil für erfolgreiche Gruppenarbeit.

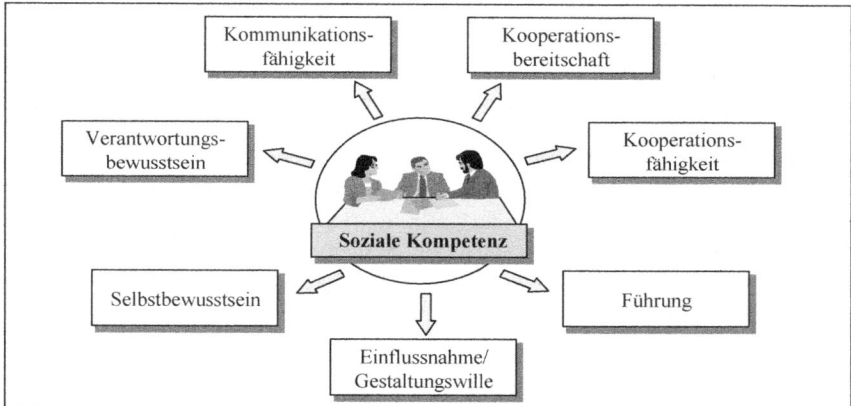

- **Methodische Kompetenz** beinhaltet Arbeits- und Managementmethoden, die die Mitarbeiter befähigen, ihre fachlichen Potenziale zu nutzen und sich selbst zu organisieren.

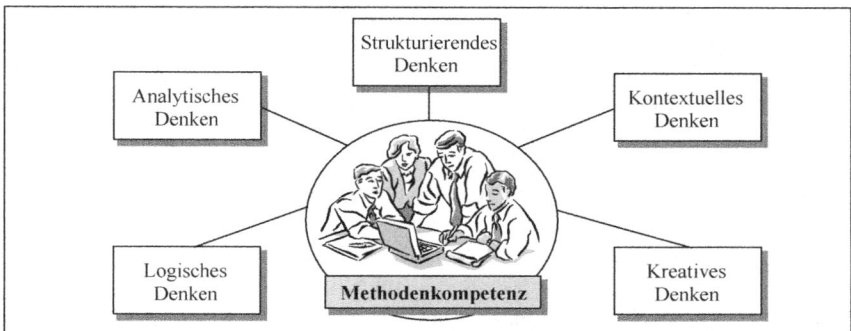

Methodik: planmäßige, überlegte, durchdachte, schrittweise Vorgehensweise

Aufgabe 32

a) Die **Fortbildung** dient der Verbesserung der fachlichen Qualifikation der Mitarbeiter in ihrem Beruf oder in ihrem Einsatzgebiet. Die freiwillige Fortbildung wird vom Mitarbeiter durchgeführt, wobei der Arbeitgeber durch Empfehlungen, Freistellungen, Kostenübernahme mitwirken kann. In Form von Fortbildungsveranstaltungen wird die betriebliche Fortbildung veranstaltet.

b) Die **Umschulung** gehört zur Erwachsenenbildung. Sie führt zu einem neuen Beruf oder zu einer anderen qualifizierten, beruflichen Tätigkeit und wird eingesetzt, wenn der Mitarbeiter aus z.B. gesundheitlichen Gründen seinen bisherigen Beruf nicht ausüben kann. Andere Einsatzgründe sind neue Techniken, Methoden und Anlagen sowie berufsstrukturelle Veränderungen.

Aufgabe 33

Unter **Mobilität** versteht man sowohl räumliche Veränderung, als auch die Beweglichkeit im Denken und Handeln und die persönliche Weiterentwicklung in Ausbildung und Beruf. Ständige Veränderungen der Arbeitswelt verlangen die Bereitschaft, Bildungsangebote aktiv zu nutzen (die berufliche Weiterentwicklung erhält ein immer größeres Gewicht). Im Ausland erworbene Qualifikationen und die dafür notwendigen Sprachkenntnisse sind wichtige Voraussetzungen für den beruflichen Aufstieg. Beispiele sind:

- Industriearbeiter: Viele, früher manuell ausgeführte Tätigkeiten werden heute durch Roboter und intelligente Steuerungstechnik bewältigt, die als Folge von „computer-aided manufacturing" entstanden sind. Die menschlichen Arbeitskräfte übernehmen überwiegend kontrollierende und überwachende Tätigkeiten.
- Sekretariatsangestellte: Heute hat der PC fast überall die Schreibmaschine abgelöst. Moderne Bürokommunikationsmittel (Fax, Telefonsysteme etc.) sind üblich geworden und sind meist schon im PC-System integriert.
- Schriftsetzer: Desktop Publishing und das ganze Spektrum elektronischer Möglichkeiten haben dieses Berufsbild grundlegend verändert.

Aufgabe 34

Die Methoden der **Personalentwicklung** am **Arbeitsplatz** (on the job) sind dadurch gekennzeichnet, dass das Lernfeld des Mitarbeiters zugleich auch sein Funktionsfeld ist, für das ihm praktische Kenntnisse, Fertigkeiten und Erfahrungen vermittelt werden sollen („learning by doing"). Vom Vorgesetzten verlangen die Methoden der Personalentwicklung am Arbeitsplatz sowohl fachliche als auch pädagogische Fähigkeiten, da er sein Wissen an den Mitarbeiter weitergeben und ihn beim Erlernen neuer Qualifikationen unterstützen soll. Beispiele für Methoden der Personalentwicklung am Arbeitsplatz sind:

- Planmäßige Unterweisung
- Anleitung und Beratung durch den Vorgesetzten
- Job rotation
- Übertragung begrenzter Verantwortung
- Übertragung von Sonderaufgaben
- Multiple Management
- Trainee-Programme
- Einführungsprogramme

Aufgabe 35

a) **Rollenspiele** dienen dazu, Verhaltensweisen in bestimmten Situationen aufzuzeigen und zu verbessern. Durch Übernahme verschiedener Rollen in einem simulierten geschäftlichen Vorgang muss sich der einzelne Teilnehmer in die jeweilige Person hineinversetzen. Seine Verhaltensweisen und Entscheidungen werden von den übrigen Teilnehmern beobachtet und anschließend in einem gemeinsamen Gespräch analysiert und kritisiert.

b) Wichtige Kriterien bei der Beurteilung von Rollenspielen:
- Durchsetzungsfähigkeit: kann sich in der Diskussion behaupten
- Überzeugungskraft: setzt stichhaltige Argumente und Logik ein, überzeugt durch Gesagtes
- Ausdauer: gibt bei Misserfolg nicht auf, versucht seine Überzeugung weiterhin einzubringen
- Entscheidungsfähigkeit: wägt Vor- und Nachteile sorgfältig ab und fällt dann eine Entscheidung konsequent
- Soziales Verhalten: zeigt Verhalten der Zusammenarbeit, überlegt und akzeptiert Meinungen anderer, gibt Informationen weiter, versucht Anspannungen in der Gruppe zu reduzieren.

Aufgabe 36

Im **Planspiel** werden die Abläufe des Unternehmensgeschehens über mehrere Perioden simuliert. Die Teilnehmer müssen mit Hilfe vorgegebener Daten Entscheidungen für die kommenden Perioden in ausgewählten Unternehmensbereichen (z.B. Beschaffung, Produktion, etc.) treffen. Bei dieser aktiven Methode der Wissensvermittlung lernen die Spielteilnehmer durch realitätsnahe Konzeptionen, wesentliche Entscheidungsfehler und deren Auswirkungen kennen. Der Lernerfolg ist dementsprechend hoch.

Dagegen handelt es sich bei der **Vorlesungsmethode** um eine passive Lernmethode. Der Informationsprozess verläuft einseitig vom Vortragenden zum Lernenden, wodurch leichte Ermüdungserscheinungen des Zuhörers, aufgrund seiner passiven Rolle, auftreten können. Der Lernerfolg kann nur durch Aufhebung der einseitigen Kommunikation (z.B. durch Diskussionen) gesteigert werden.

Aufgabe 37

Im Rahmen der **Trainee-Programme**, von einer 6 bis 24 monatigen Dauer, durchlaufen Hochschulabgänger verschiedene Abteilungen der Unternehmung. Der Trainee nimmt dabei die Aufgaben der ihm zugewiesenen Stelle nicht eigenverantwortlich wahr, da sein Einsatz vielmehr der Orientierung und Information dient. Die Trainees sollen durch die Programme funktionsbezogene Zusammenhänge kennenlernen, Arbeitstechniken in der betrieblichen Praxis erlernen, ihre Verwendungsbreite erweitern, sowie Organisationsstrukturen, die Unternehmensphilosophie und wichtige Mitarbeiter kennenlernen.

Aufgabe 38

Im Rahmen eines Schulungskonzepts kommen insbesondere Rollenspiele in Frage: anhand von Fallbeispielen können Situationen geübt und trainiert werden. Um über Fehler oder Vorteile aus den Übungen zu diskutieren oder diese auszuwerten, kann man Videoaufnahmen einsetzen. Eine weitere Möglichkeit stellt die Gruppendiskussion dar, in der jeder seine Probleme darlegen kann und die Gruppe gemeinschaftlich eine Lösung erarbeitet.

Aufgabe 39

Es können die folgenden Methoden zur Anwendung kommen:

- **Befragung:** Hinweise über die richtige Proportionierung des Stoff-, Lern- und Zeitprogramms, über das Bildungsklima und über die Zustimmung oder Ablehnung bzgl. des Konzeptes
- **Prüfungen und Tests:** Messung des Wissenszuwachses; Feststellung, ob das Bildungsziel erreicht wurde
- **Erfolgsmessung durch Mitarbeiterbeurteilung:** Ermittlung der Veränderung des Bildungsniveaus des Mitarbeiters; Feststellung von Wissenszuwachs und Veränderung von Verhaltensweisen
- **Direkte Erfolgsmessung am Arbeitsplatz:** Aussage über den Bildungserfolg als Leistungsgrad, definiert als Mengenleistung in Abhängigkeit von der Bildungsdauer, durch Vergleich mit einer Idealvorgabe
- **Erfolgsermittlung durch die Betrachtung der betrieblichen Gesamtentwicklung:** Verwendung von betrieblichen Kennzahlen wie Ausbringungsmenge, Umsatz, Herstellkosten, Fehlzeiten, Fluktuation, Verbesserungsvorschläge. Kennzahlen können aber nicht alleiniger Maßstab für den Bildungserfolg sein, da auch andere Einflussgrößen wirksam sind.

Aufgabe 40

a) Die reaktive Personalfreisetzung hat fast keine prognostischen oder planerischen Vorarbeiten. Sie beginnt bei oder mit der Freisetzung des Personals, bei dem bewusst Härten in Kauf genommen werden.

Die antizipative Personalfreisetzung ermittelt zukünftige Freisetzungsursachen und plant andere Verwendungsalternativen für Personalüberhänge, so dass Freisetzungen vermieden werden.

b) Die Ursachen für die Entstehung personeller Überkapazitäten sind vielfältig. Man kann zwischen unternehmensinternen und unternehmensexternen Ursachen unterscheiden. Interne gehören überwiegend zu den geplanten, externe zu den ungeplanten Ursachen.

Unternehmensinterne Ursachen:
– Mechanisierung und Automation, im Rahmen zunehmender Technisierung, bewirken eine Substitution der menschlichen Arbeit durch Maschinen. Resultat ist die Minderung des quantitativen Personalbedarfs und eine Änderung der qualitativen Anforderungsstruktur.   – Reorganisationsprozesse bewirken durch Änderungen der Aufbau- und Ablaufstruktur eine neue Zuordnung von Aufgaben, Personen und Sachmitteln. Resultate wie bei der Technisierung   – Verlagerung von Betrieben oder Betriebsteilen bzw. die Verlagerung oder Umstellung von Produktionen ins Ausland, führt ebenfalls zu einer qualitativen, quantitativen und strukturellen Veränderung des Personalbestandes.   – Konzentrationsvorgänge

> **Unternehmensexterne Ursachen:**
> - Konjunkturelle Entwicklungen, die einen Absatzrückgang zur Folge haben, verlangen eine Anpassung der Produktion und des Personalbestandes.
> - Aber auch in Zeiten der Hochkonjunktur kann es durch die Einführung neuer Technologien oder aufgrund von Bedarfsverschiebungen zu rückläufigen Absatzentwicklungen kommen.

Aufgabe 41

Eine Kündigung ist eine einseitige, empfangsbedürftige Willenserklärung, bei der eine der beiden Vertragsparteien des Arbeitsvertrages das Arbeitsverhältnis für die Zukunft auflöst.

Man unterscheidet verschiedene Arten der Kündigung:

- **Ordentliche Kündigung:** Einhaltung bestimmter Kündigungsfristen. Wird sie vom Arbeitnehmer ausgesprochen, sind keine sachlichen Gründe notwendig. Wird sie vom Arbeitgeber ausgesprochen, bedarf sie jedoch eines sozial gerechtfertigten Grundes (z.B. schlechte Arbeitsleistung, Arbeitsverweigerung, Rationalisierungsmaßnahmen).
- **Außerordentliche Kündigung:** i.d.R. fristlose Kündigung sowohl für zeitlich befristete und zeitlich unbefristete Arbeitsverhältnisse möglich (z.B. Diebstahl, Tätlichkeiten, Untreue)
- **Änderungskündigung:** Änderung einzelner im Arbeitsvertrag festgelegter Arbeitsbedingungen; gesamter Arbeitsvertrag bei Nicht-Annahme durch den Kündigungsempfänger beendet.
- **Sonderformen,** wie Massenentlassungen und Personalfreisetzung bei Betriebsänderungen

Aufgabe 42

Die Kündigung ist **sozial ungerechtfertigt,** wenn:
sie nicht durch Gründe, die in der Person oder in dem Verhalten des Arbeitnehmers liegen oder durch dringende betriebliche Erfordernisse, die einer Weiterbeschäftigung des Arbeitnehmers in diesem Betrieb entgegenstehen, bedingt ist.

Man kann folgende Kündigungsarten unterscheiden:

> - die personenbedingte Kündigung,
> - die verhaltensbedingte Kündigung und
> - die betriebsbedingte Kündigung.

- sie gegen eine Richtlinie verstößt, die der Betriebsrat mit dem Arbeitgeber bezüglich vorzunehmender Kündigungen ausgehandelt hat (§ 95 BetrVG).
- der Arbeitnehmer an einem anderen Arbeitsplatz in demselben Betrieb oder einem anderen Betrieb des Unternehmens weiterbeschäftigt werden kann.

Aufgabe 43

Der häufigste Fall **personenbedingter Kündigung** ist die wegen Krankheit des Arbeitnehmers, die unter folgenden Bedingungen vom Bundesarbeitsgericht akzeptiert wird:

- Krankheitsbedingte Minderung der Leistungsfähigkeit mit unzumutbaren betrieblichen Beeinträchtigungen
- Nicht zu behebende Dauerkrankheit, die für den Arbeitgeber unzumutbare Auswirkungen hat
- Häufiges krankheitsbedingtes Fehlen mit der sicheren Annahme, dass auch in Zukunft mit Fehlzeiten zu rechnen ist.

Die dauernde oder langandauernde prognostizierbare Leistungsunfähigkeit von Mitarbeitern kann auf Dauer (vergangenheits- wie zukunftsbezogen) zu unzumutbaren Betriebsbeeinträchtigungen oder unzumutbaren wirtschaftlichen Belastungen führen.

Zu diesen Beeinträchtigungen und Belastungen zählt man:

- wesentliche Störungen im Betriebsablauf
- Produktionsausfall
- Verlust an Kundenaufträgen
- nichtbeschaffbares Ersatzpersonal
- außerordentlich hohe Lohnfortzahlungskosten.

Aufgabe 44

Es können Pflichtverletzungen in den unten aufgeführten Bereichen entstehen, wobei es bei Pflichtverletzungen im Vertrauensbereich oder im betrieblichen Bereich regelmäßig keiner vorherigen Abmahnung bedarf. Dagegen bedarf es einer Abmahnung vor Ausspruch einer Beendigungs- oder Änderungskündigung bei einer Pflichtverletzung im Leistungsbereich.

• **Pflichtverletzungen im Leistungsbereich**
– zu geringe oder zu schlechte Arbeit
– Zuspätkommen zur Arbeit
– Unentschuldigtes Fehlen
– Unbefugtes Verlassen des Arbeitsbereiches
• **Pflichtverletzungen im Vertrauensbereich**
– Fälschung einer Arbeitsunfähigkeitsbescheinigung
– Missbrauch der Zeiterfassungseinrichtung
– Gezielte Abwerbung von Belegschaftsmitgliedern
– Diebstahl
– Unrichtige Arbeitsberichte
– Missbrauch einer Vollmacht
• **Pflichtverletzungen im betrieblichen Bereich**
– Verursachung erheblicher Arbeitsunterbrechungen
– Störung des Betriebsablaufes bzw. Betriebsfriedens
– Grobe Verstöße gegen die Betriebsordnung

Aufgabe 45

Betriebsbedingte Gründe sind: Rationalisierung, Umstellung oder Einschränkung der Produktion oder Außerbetrieblich verursachte Gründe wie Auftragsrückgang

Die korrekte **Sozialauswahl** ist allein auf die Arbeitnehmer des betroffenen Betriebes zu erstrecken. Die Arbeitnehmer innerhalb des Betriebes, die unter Sonderkündigungsschutz stehen, sind von der Sozialauswahl auszunehmen. Die Kündigung der in Frage kommenden Mitarbeiter trifft dann denjenigen, der am wenigsten auf seinen Arbeitsplatz angewiesen ist.

Das Unternehmen und der Betriebsrat nehmen eine Gewichtung der jeweiligen Sozialdaten vor, wobei sie sich einer Punktetabelle bedienen.

Kernkriterien, die nach dem Bundesarbeitsgericht (BAG) angemessen berücksichtigt werden müssen, sind:

– Dauer der Betriebszugehörigkeit   – Lebensalter   – Unterhaltsverpflichtungen

Ausnahmen von der Personalauswahl können sich nach § 1 Abs. 3 KSchG ergeben, wenn betriebstechnische, wirtschaftliche oder sonstige berechtigte betriebliche Bedürfnisse die Weiterbeschäftigung eines oder mehrerer sozial stärkerer Mitarbeiter bedingen.

Aufgabe 46

a) Inhalt des **Interessensausgleichs** sollte die Regelung der technischen und der organisatorischen Abwicklung der Betriebsänderung sowie die Festlegung der Einzelheiten von Form und Durchführung sein, wobei der Betriebsrat versucht, die Interessen der Arbeitnehmer zu sichern. Im Besonderen sollten die von der Betriebsänderung betroffenen Abteilungen und Stellen sowie der zeitliche Ablauf der einzelnen Maßnahmen aufgeführt werden.

Es wird über die Zahl der Betroffenen und über die begleitenden Maßnahmen (Versetzungen, Umschulungen, Aufrechterhaltung bestimmter Produktionseinheiten auf Zeit und Dauer) verhandelt. Da sich der Inhalt des Interessenausgleichs auf die Unternehmensentscheidungen bezieht, wird parallel zur Produktionsplanung eine Personalplanung erforderlich.

Der **Sozialplan** soll den Ausgleich oder die Milderung der wirtschaftlichen Nachteile, die den Arbeitnehmern aus der Betriebsänderung entstehen, regeln. Inhalt der im Sozialplan getroffenen Vereinbarungen sind in erster Linie die materiellen Leistungen der Unternehmen (Abfindungen, Ausgleichszahlungen, Überbrückungsgelder) an die, die durch den Personalabbau betroffen sind. Darüber hinaus sollten im Einzelnen die Maßnahmen und die Verdienstsicherung bei Umsetzungen, Versetzungen, Fort- und Umschulungen sowie vorzeitige Pensionierung geregelt werden.

b) Bei **Massenentlassungen** kann ein Sozialplan abgeschlossen werden. In ihm werden Vereinbarungen über Abfindungszahlungen, Ausgleichszahlungen bei Einkommensminderungen, den Wegfall von Sonderleistungen und den Verlust von Anwartschaften auf betriebliche Altersversorgung abgeschlossen.

Aufgabe 47

Bestimmte Arbeitnehmergruppen genießen einen besonderen **Kündigungsschutz**, der es dem Arbeitgeber erschwert bzw. unmöglich macht, eine ordentliche oder außerordentliche Kündigung durchzusetzen. Dazu gehören die Betriebsratsmitglieder, Wehrdienstleistende, Schwerbehinderte, schwangere Frauen, Mütter sowie Auszubildende.

Aufgabe 48

Outplacement (Herausbefördern, Herausplazieren) stellt ein Konzept zur Betreuung von Arbeitnehmern dar, die als ungeeignet erscheinen und deshalb durch Entlassung aus dem Unternehmen ausscheiden sollen. Die Leitidee des Outplacements liegt in der Abkehr von der rigorosen Freisetzungsstrategie und verfolgt entsprechend das Ziel, Entlassungen in der Form durchzuführen, die sowohl den Interessen des Unternehmens als auch der Mitarbeiter gerecht wird. Die Betreuung und Beratung des Mitarbeiters während der Stellensuche wird durch einen externen Berater durchgeführt. Die Kosten übernimmt das Unternehmen.

Aus Sicht der Mitarbeiter sollte **Outplacement** die Durchführung ordnungsgemäßer Entlassungen ermöglichen, die

- bei der Bewältigung psychisch-sozialer Spannungen beim Betroffenen hilft,
- bei Auswahl und Aufbau von Kontakten unterstützt und bei einer gezielten Bewerbungskampagne hilfreich ist,
- die Arbeitsplatzsuche noch in der ungekündigten Stellung durch systematische Karriereplanung fördert.

Aus Unternehmenssicht besteht die Zielsetzung des Outplacements darin,

- den Trennungsprozess zu verkürzen und arbeitsrechtliche Auseinandersetzungen zu vermeiden,
- die Motivation der im Unternehmen verbliebenen Mitarbeiter zu erhalten,
- unternehmensextern ein positives Personalimage aufzubauen und
- dem verantwortlichen Vorgesetzten die Angst und Unsicherheit bezüglich der Durchführung von Kündigungsgesprächen zu nehmen.

Aufgabe 49

Bei der **Personaleinsatzplanung** sind folgende Arbeitnehmergruppen besonders zu berücksichtigen:

– Auszubildende und jugendliche Arbeitnehmer
– weibliche Arbeitnehmer
– ältere Arbeitnehmer
– Schwerbehinderte und gesundheitlich beeinträchtigte Arbeitnehmer
– ausländische Arbeitnehmer

Diese Arbeitnehmergruppen weisen besondere Anforderungen an den Arbeitsplatz auf.

Aufgabe 50

a) Das lineare Entscheidungsmodell lautet:

e_{ij} : Leistungsfähigkeit des Arbeiters i in der Position j
x_{ij} : Einsatz von Arbeiter i in der j-ten Stelle

$$\sum_{i=1}^{n} \sum_{j=1}^{n} e_{ij} x_{ij} \to \text{Max!} \qquad \sum_{j=1}^{n} x_{ij} = 1 \qquad \sum_{i=1}^{n} x_{ij} = 1 \qquad x_{ij} \geq 0$$

b) Die Eignung der Qualität aller Personen für alle Arbeitsplätze sind explizit in der Zielfunktion zu berücksichtigen und damit das Verhältnis der Eignungen untereinander.

Aufgabe 51

Die **Personaleinsatzplanung** ist notwendig, weil sich die Arbeitsplatzanforderungen an die Mitarbeiter durch den zeitlichen technologischen und strukturellen Wandel verändern und die Mitarbeiter ihre Kenntnisse und Fähigkeiten im Laufe der Zeit erweitern. Die Personaleinsatzplanung muss die Anforderungen des Arbeitsplatzes und die Mitarbeiterfähigkeiten immer vergleichen, damit zukünftig das Personal optimal eingesetzt wird.

Aufgabe 52

Die **Anthropometrie** ist die Lehre von den durchschnittlichen menschlichen Körpermaßen und Bewegungsbereichen, deren Anwendung bei der Arbeitsplatzgestaltung auf die menschengerechte Anpassung der Arbeitsplatzabmessungen zielt. Dabei sind die Körpermaße, gekennzeichnet durch eine Normalverteilung (DIN 33402), die Konstruktionsgrundlage für die Gestaltung der Arbeitsplatzabmessungen, bei denen möglichst viele Menschen günstige Arbeitsplatzbedingungen vorfinden.

Zusätzlich zu den Tabellenwerten muss der Arbeitsplatzgestalter die unten aufgelisteten Randbedingungen beachten, deren konstruktive Berücksichtigung nach inneren und äußeren Arbeitsplatzmaßen unterschieden wird, um den größten und den kleinsten zu berücksichtigenden Personen ein ungehindertes Arbeiten zu ermöglichen (Abstand zu Werkzeugen, Griffen,...)

Folgende Randbedingungen bzw. Einflussfaktoren sind zusätzlich zu beachten:

- Akzeleration (allgemeine Zunahme der Körpermaße)
- Einfluss von Lebensalter und Körpergewicht
- Geschlechtsspezifische Körperproportionen
- Ethnische Unterschiede (Körpergröße in Nord- u. Südländern)
- Ermüdungsgrad (Körperhaltung)
- Zu- und Abschläge für Arbeitskleidung (Winter-, Sommer-, Schutzkleidung)

Aufgabe 53

Mittelpunkt der **physiologischen Arbeitsplatzgestaltung** ist die Anpassung der Faktoren Arbeitsplatz, Arbeitsmittel, Arbeitsmethode und Arbeitsablauf an den Menschen. Diese Maßnahmen sollen den Erhalt der individuellen Leistungsfähigkeit des Menschen während seines Arbeitslebens sichern.

Die physiologische Messtechnik liefert dazu die notwendigen Grunddaten:

- Messung des Energieverbrauchs, anhand des verbrauchten Sauerstoffs, für die Ermittlung der Belastung bei energetisch-muskulären Arbeitsformen.
- Messung der Herzfrequenz als charakteristische Messgröße der Beanspruchung des Menschen am Arbeitsplatz. Sie gibt Auskunft über die Tätigkeit des Herz-Kreislaufsystems und damit über die individuelle Leistungsfähigkeit des Menschen.
- Untersuchung einzelner unter Belastung stehender Muskeln und Muskelgruppen (Elekromyographie) in Hinblick auf notwendige Anregungsspannungen für einzelne Muskelpartien

Grundsätzlich müssen die Umwelteinflüsse wie Luftqualität, Staub, Klima, Lärm, Beleuchtung u.a. als belastungswirksame Faktoren mit einbezogen werden.

Dabei kommen einige wichtige Prinzipien der physiologischen Arbeitsplatzgestaltung zur Anwendung:

Prinzip	Umsetzung
– Prinzip des optimalen Wirkungsgrades – Prinzip der minimalen Ermüdung – Prinzip zur Vermeidung von ungünstigen Arbeitsformen	– Wahl einer kräftigen, für die Arbeitsaufgabe besonders geeigneten Muskelgruppe – Wahl einer optimalen Gelenkstellung, um einen maximalen Krafteinsatz zu erreichen – Wahl einer günstigen Arbeitsgeschwindigkeit mit harmonischen energiesparenden Bewegungsvorgängen – Einsatz des Körpergewichts – Gestaltung der Umgebungseinflüsse

Die **inhaltliche Arbeitsgestaltung** verfolgt durch die stärkere Anpassung des Arbeitsinhaltes an die physischen und psychischen Bedürfnisse des Menschen das Ziel, den Arbeitsprozess insgesamt humaner zu machen. Durch abwechslungsreichere und interessantere Tätigkeiten soll insbesondere die Arbeitszufriedenheit erhöht und damit die Möglichkeit zur besseren Selbstverwirklichung bei der Arbeit gegeben werden und insgesamt soll das prozessorientierte Handeln gefördert werden.

Schwerpunkte zur **Humanisierung** sind die Bereiche:

- Abbau der Aufgabenspezialisierung
- Vergrößerung des Entscheidungs- und Kontrollspielraums
- Abbau der menschlichen Isolation im Arbeitsprozess

Aufgabe 54

a) **Job Enlargement** — Durch Aufgabenerweiterung soll primär der Monotonie und einseitigen Belastung, mit den resultierenden Ermüdungsformen, entgegengewirkt werden. Der Arbeitszyklus wird sinnvoll mit strukturell ähnlichen Arbeitsaufgaben verlängert, wodurch sich ein ganzheitlicher Produktionsprozess ergibt.

Job Enrichment — Vergrößerung des individuellen Entscheidungs- und Kontrollspielraums mit dem Ergebnis einer erweiterten Autonomie, wodurch persönliche Erfolgserlebnisse eher ermöglicht werden und der Mitarbeiter seinen Beitrag zum Erfolg zuordnen kann und damit auch nach außen sichtbar wird.

Job Rotation — Bildungsmethode zur Erweiterung der fachlichen Kenntnisse; planmäßiger Arbeitsplatz- und Arbeitsinhaltswechsel erhöhen die Einsatzflexibilität und wirken der Monotonie und der gegenseitigen Belastung entgegen; Methode zur Qualifikation von Führungskräften; Springermodelle sind eine besondere Form des job rotation.

Teilautonome Gruppen	Vergrößerung des kollektiven Entscheidungs- und Kontrollspielraums sowie der Autonomie der an einem geschlossenen Arbeitsprozess beteiligten Gruppe; weitreichendste Form der Arbeitsinhaltsvergrößerung; der Autonomiegrad richtet sich nach dem Grad der Selbstständigkeit hinsichtlich Planungs-, Regelungs- und Kontrollfunktionen; Produktivitätssteigerungen als Ergebnis sozialer Interaktion und Bindung innerhalb der Gruppe (Betriebsklima, positive Persönlichkeitsentwicklung).	

b) Beim **Job Enlargement** handelt es sich um eine Aufgabenerweiterung, also einer quantitativen Arbeitsfeldvergrößerung. **Job Enrichment** hingegen ist eine Aufgabenbereicherung, also eine qualitative Arbeitsfeldvergrößerung.

c)

Aufgabeninhalte	individuell	kollektiv
Horizontale, quantitative Vergrößerung	Job Enlargement	Job Rotation
Vertikale, qualitative Vergrößerung	Job Enrichment	Teilautonome Gruppen

Leistungserhalt und -förderung

Aufgabe 55

a) Faktoren des **Leistungsverhaltens** sind:
- Leistungsbedingungen
- Leistungsvermögen
- Leistungsbereitschaft und Motivation

b) Das **Leistungsvermögen** des Menschen setzt sich aus der Leistungsfähigkeit und der Leistungsdisposition zusammen.
- Die Leistungsfähigkeit beschreibt die theoretisch maximale Kapazität des Menschen. Sie wird durch seine Erbanlagen und deren Ausbildung bestimmt.
- Die Leistungsdisposition bezeichnet den Teil der Leistungsfähigkeit, der tatsächlich eingesetzt werden kann. Die Leistungsdisposition wird von verschiedenen Faktoren wie z.B. Gesundheit, Ernährung, Ermüdung, hormonellen Schwankungen und der Tagesrhythmik beeinflusst.

Aufgabe 56

a) Eine prioritätsgerechte Rangfolge von 5 Grundbedürfnissen stellte Maslow zusammen, wobei angenommen wird, dass höhere Bedürfnisstrukturen erst angestrebt werden, wenn niedere bereits befriedigt sind und nicht mehr motivierend wirken.

Bedürfnisarten	Beispiele
– Bedürfnisse nach Selbstverwirklichung	– Bestmögliche Selbstentfaltung, volle Ausschöpfung verborgener Möglichkeiten und Fähigkeiten
– Ich-Bedürfnisse	– Selbstachtung, fachliche Kompetenz
– Geselligkeitsbedürfnisse	– Soziale Kontakte, Freundschaften
– Sicherheitsbedürfnisse	– Risikobegrenzung, z.B. durch die Kranken- und Rentenversicherung
– Physiologische Bedürfnisse	– Kleidung, Nahrung, Wohnung

b) Die Hauptkritikpunkte an dieser Theorie sind:
- Es werden nur Aussagen darüber gemacht was motiviert, nicht aber wie ein Mensch motiviert wird.
- Mehrdeutigkeit und mangelnde Abgrenzbarkeit der einzelnen Bedürfnisstufen
- Die Rangfolge der Bedürfnisse ist abhängig von der Sozialisation des Einzelnen und somit nicht für jeden Menschen die gleiche.
- Es muss bezweifelt werden, dass die Bedürfnisse entsprechend ihrer Hierarchie automatisch fortschreiten.
- Die Theorie umfasst nicht alle Bedürfnisse.
- Das Bedürfnis nach Selbstverwirklichung wirkt abstrakt idealistisch und ist durch Maslows bürgerliche Herkunft und akademische Sozialisation geprägt.
- Durch die Abgrenzung der Bedürfnisstufen wird nicht berücksichtigt, dass immer mehrere Bedürfnisse gleichzeitig wirken.

Aufgabe 57

Grundlage der **Motivation** sind die individuellen Bedürfnisse der Menschen. Verglichen mit angeborenen Instinkten und Trieben, unterliegt die Motivation einem Lernprozess und somit kulturellen Einflüssen. Aus dem Streben des Menschen, seine Bedürfnisse zu befriedigen, resultieren Verhaltensbereitschaften, die man üblicherweise Motive nennt.

Intrinsisch motiviert ist ein Mitarbeiter, der aus der Tätigkeit selbst Befriedigung bezieht. **Intrinsische** Motive sind:
- Leistungsmotiv (z.B. die erfolgreiche Bewältigung einer schwierigen Aufgabe)
- Kompetenzmotiv (z.B. der Wunsch auf zukünftige Entwicklungen Einfluss nehmen zu können, Aufstiegsmöglichkeiten und Mitsprache)
- Geselligkeitsmotiv (Schutz und/oder Anerkennung in einer Gruppe zu finden)

Extrinsische Motive können nicht durch die Tätigkeit allein, sondern durch die Folgen der Arbeit oder durch deren Begleitumstände befriedigt werden. Die berufliche Tätigkeit ist somit Mittel zur Verfolgung anderer Motive.

Extrinsische Motive sind:
- Geldmotiv (Geld als Maßstab für Leistung, Ansehen und Macht)
- Sicherheitsmotiv (das Bestreben, mögliche Gefahren und Hindernisse der Bedürfnisbefriedigung abzuwehren)
- Prestigemotiv (das Streben, sich in Ansehen und Bedeutung von anderen Menschen zu unterscheiden)

Aufgabe 58

a) Bei der ERG-Theorie nach Alderfer werden die Bedürfnisse in drei Bedürfnisklassen eingeteilt:

> - Existance needs (Existenzbedürfnisse)
> - Relatedness needs (interpersonelle Bedürfnisse)
> - Growth needs (Bedürfnisse nach geistig-seelischen Wachstum)

Durch diese Theorie wird Motivation und Demotivation erklärbar, weil ein Aufstieg oder Abstieg in der Bedürfniskategorie berücksichtigt wird.

b) Im Gegensatz zu Maslow unterscheidet Alderfer nur drei Motivklassen (Existenzbedürfnisse, soziale Bedürfnisse, Wachstums- und Selbstverwirklichungsbedürfnisse), die auch keine strenge Hierarchie aufweisen.

Ein zentraler Unterschied zu Maslow besteht auch darin, dass bei Alderfer nicht erst die Bedürfnisse der unteren Ebenen befriedigt sein müssen, damit Bedürfnisse auf oberen Ebenen Motivkraft entwickeln können; sollte ein höheres Bedürfnis nicht zu befriedigen sein, wird das nächst niedere relevant. Nach Alderfer gilt also nicht nur die herkömmliche Frustrationshypothese, nach der unbefriedigte Bedürfnisse zu einer Reduktion der damit verbundenen Spannungen motivieren, sondern er behauptet, dass im Sinne der Frustrations- und Regressionshypothese bei Nichtbefriedigung auch niedere Motivklassen, bei denen leichter Befriedigung zu erreichen ist, dominant werden. Auch können bereits befriedigte Bedürfnisse nach wie vor noch Motivkraft entwickeln.

Aufgabe 59

a) Herzberg kommt zu dem Entschluss, dass es zweierlei Klassen von Faktoren gibt, die einerseits Arbeitszufriedenheit oder andererseits Arbeitsunzufriedenheit fördern. Die eine Klasse ist die Gruppe der Motivatoren (intrinsische Faktoren), die zweite Klasse ist die Gruppe der Hygiene-Faktoren.

- Faktoren, die als selbstverständlich gelten und die bei ihrem Fehlen zu Unzufriedenheit führen, werden als **Hygienefaktoren** bezeichnet. Sind diese vorhanden, beseitigen sie Unzufriedenheit, führen jedoch nicht zu weiteren Anreizen.
- Faktoren, die besonders geeignet sind, zur Zufriedenheit von Mitarbeitern zu führen, sind **Motivatoren**. Dies gilt z.B. für die erbrachte Leistung, das Zuteilwerden von Anerkennung, einen interessanten Arbeitsinhalt, übertragene Verantwortung und einen erfolgten Aufstieg.

Herzberg hat also die Erkenntnis gewonnen, dass positive Einstellungen von Mitarbeitern zur Arbeit andere Ursachen haben als negative. Er lehnt das klassische Zufriedenheitskonzept, welches von einem Kontinuum von zufrieden bis unzufrieden ausgeht, ab. Somit kam er zu dem Ergebnis: Das Gegenteil von Unzufriedenheit sei nicht Zufriedenheit, sondern Fehlen von Unzufriedenheit.

Der Zustand der Motivierung wird nach Herzberg am besten dadurch erreicht, dass der Aufgaben- und Arbeitsbereich des Einzelnen mit interessanten und stimulierenden Tätigkeiten angereichert wird (Job Enrichment), um dauernd Motivationsbedürfnisse entstehen zu lassen.

b) Entgegen Herzbergs Theorie der Einteilung der Bedürfnisse in zwei Klassen, kann ein und derselbe Faktor einmal als Motivator (Zufriedenmacher) und zugleich auch als Hygiene-Faktor (Unzufriedenmacher) auftreten. Die Ursache liegt in den von Person zu Person individuellen Unterscheidung in der Bedürfnisstruktur. Beispielsweise müssen größere Freiräume und Eigenverantwortung nicht für alle Mitarbeiter motivierenden Charakter haben. Auch die Bereitschaft, schwierige Aufgaben anstatt nur leichte Aufgaben zu erledigen, kann nicht für alle Mitarbeiter angenommen werden.

Andererseits fielen Herzberg auch Faktoren auf, die besonders zu Unzufriedenheit führten. Genannt seien hier schlechte Unternehmenspolitik, schlechte Personalführung und ungünstige Arbeitsbedingungen.

Aufgabe 60

Die Aussage „Leistung schafft Zufriedenheit und Zufriedenheit schafft Leistung" beschreibt die **Instrumentalitätstheorie** von Vroom und Porter/Lawler. Im Kern wird darin der folgende Zusammenhang dargestellt:

Die Zufriedenheit eines Mitarbeiters kann unmittelbar aus seiner Leistung resultieren. Entweder empfindet der Mitarbeiter die Leistung selbst bereits als Belohnung (intrinsische Motivation) oder aber das Ergebnis der Leistung (Prämien, Lob, Beförderung) führt zur Zufriedenheit (extrinsische Motivation). Durch die Arbeitszufriedenheit wiederum werden die Erwartungen, die der Mitarbeiter mit seiner Leistung verknüpft, bestätigt. Die positive Bewertung dieser Erwartungen wird auf diese Weise verbessert, wodurch schließlich wieder die Leistungsmotivation verstärkt wird.

Aufgabe 61

a) Die **Theorie X** stellt die traditionelle Ansicht des Vorgesetzten über einen Mitarbeiter dar:
- Dieser ist der Arbeit abgeneigt und versucht ihr aus dem Weg zu gehen.
- Er muss gezwungen, gelenkt und geführt werden, um das gesetzte Soll zu erreichen.
- Er hat wenig Ehrgeiz, möchte sich vor Verantwortung drücken und ist vor allem auf Sicherheit aus.

Zwei Lösungen zur Erreichung der betrieblichen Ziele sieht die Theorie vor. Das sind Druck oder Strafe bzw. Geld als **allein** wirksames Anreizmittel.

Die **Theorie Y** geht von einem positiveren Menschenbild aus als „Theorie X". Sie versteht in solchen Zielen, denen sich ein Mitarbeiter selbst verpflichtet fühlt, ein Motiv, das den Menschen zu Selbstdisziplin und Selbstkontrolle bringt. Sie geht auch davon aus, dass Urteilsvermögen und Vorstellungskraft für die Lösung organisatorischer Probleme nicht nur wenigen eigen ist, sondern weit verbreitet ist. Diese Theorie nimmt an, dass das industrielle Dasein den menschlichen Verstand nur teilweise ausnutzt. Die Theorie fordert die Aufhebung von Fremdkontrolle in den Bereichen, die dieses gestatten - nicht überall. Job Enrichment ist die Y-Theorie in der Praxis.

b) Beide führen zu unterschiedlichen Schlussfolgerungen, da sie von einem unterschiedlichen Menschenbild ausgehen. Während X zu starken externen vorgegebenen Zielen und Kontrollen führt, tendiert Y zunehmend zu eigenen Zielsetzungen oder zur Identifikation mit vorgegebenen Zielen und mehr Selbstkontrolle.

Aufgabe 62

Maslow unterteilt die Grundbedürfnisse des Menschen in Defizitbedürfnisse und Wachstumsbedürfnisse. Dieser Zweiteilung der Grundbedürfnisse kommt Herzbergs 2-Faktoren-Theorie mit ihrer hierarchischen Gliederung der Bedürfnisse sehr nahe. In der ersten Stufe sucht der Mensch nach Hygiene und in der zweiten Stufe nach Motivation.

Auch McGregor zieht zur Beschreibung der menschlichen Natur und des menschlichen Verhaltens eine Zweiteilung heran. In dem Menschenbild nach der Theorie X, hat der Durchschnittsmensch eine angeborene Abneigung gegen Arbeit, muss kontrolliert und geführt werden, hat wenig Ehrgeiz und wünscht vor allem Sicherheit. Ein solches Verhalten der Menschen kann entsprechend der Maslow'schen Defizitbedürfnisse bzw. Herzbergs Hygienebedürfnissen motiviert sein.

In McGregors zweitem Idealtyp, nach der Theorie Y, strebt der Mensch nach der Erfüllung sozialer und ideeller Bedürfnisse. Worin die Arbeit eine wichtige Quelle der Zufriedenheit sein kann, in der er eigene Initiative entwickeln kann und nach Selbstverwirklichung strebt. Diese hohen Bedürfnisse beschreibt Maslow in seiner Bedürfnishierarchie als die Bedürfnisse nach Selbstverwirklichung. In Herzbergs 2-Faktoren-Theorie werden diese als Motivations-Faktoren bezeichnet.

Aufgabe 63

Ein Individuum beteiligt sich an der Tätigkeit eines Unternehmens und erhält dafür Lohn, den es wiederum benötigt, um seine Bedürfnisse zu befriedigen. Der Mitarbeiter muss Beiträge (Arbeitseinsatz) leisten, die er negativ bewertet (Freizeitverzicht) und erhält dafür Anreize (Lohn, Prestige, Sicherheit), die positiv beurteilt werden. Er fühlt sich zufrieden, wenn er die Anreize höher einschätzt als die von ihm erbrachten Beiträge. Durch die Gewöhnung an ein bestimmtes Beitragsniveau pendelt sich schließlich ein individuelles Anreiz-Beitrags-Gleichgewicht ein.

Eine Störung dieses Gleichgewichts - z.B. durch verringerte Anreize - kann das Individuum mit zwei Reaktionsmustern begegnen:

Anpassung oder **Manipulation**

Eine Anpassung an die neue Situation erfolgt z.B. dadurch, dass die Beiträge reduziert werden oder man das Anspruchsniveau senkt. Die Strategie der „Manipulation" bedeutet, dass das Individuum versucht, seine Umwelt so zu beeinflussen (z.B. durch Verhandlungen), dass das alte Gleichgewicht wieder hergestellt wird.

Aufgabe 64

Der Begriff **Lohngerechtigkeit** bezieht sich auf den Vergleich der Entlohnungshöhe verschiedener Mitarbeiter. „Relative Lohngerechtigkeit" bedeutet, dass ein Mitarbeiter im Vergleich zu anderen „gerecht" entlohnt wird. Der Aspekt der „Gerechtigkeit" kann an verschiedenen Kriterien festgemacht werden:

- Orientiert sich der Lohn am jeweils erbrachten Umfang der Arbeitsleistung, wobei Arbeitsschwierigkeit und Leistungsmenge eine Rolle spielen, so spricht man von „Leistungsgerechtigkeit".

- Eine „marktgerechte" Entlohnung stützt sich auf eine relative Gleich- bzw. Ungleichbehandlung verschiedener Berufsgruppen. Die Höhe der Entlohnung basiert auf den „Knappheitsverhältnissen" des Arbeitsangebots.
- Die Entlohnung entspricht einer „relativen Bedarfsgerechtigkeit", wenn die Höhe des Arbeitsentgelts am „objektiv notwendigen" Bedarf des jeweiligen Mitarbeiters festgemacht wird.

Wird die Lohnhöhe mehrerer Mitarbeiter verglichen, entsteht hierbei eine subjektive Empfindung, nämlich ob der gezahlte Lohn tatsächlich gerecht ist. Es gibt jedoch keine objektiven Bestimmungsgrößen, um die Lohngerechtigkeit genau zu messen.

Problematisch hierbei ist, dass die Leistungsbereitschaft von Mitarbeitern abnehmen kann, sobald diese das Gefühl haben, nicht gerecht entlohnt zu werden.

Aufgabe 65

Leistungsentgelt (Löhne, Gehälter, Zusatzleistungen)
+ Gesetzliche Sozialleistungen (Arbeitgeberanteile)
+ Gesetzliche und tarifvertragliche Personalkosten (Betriebsrat, Arbeitssicherheit)
= Unabdingbare Personalkosten (direkte Personalkosten)
+ Freiwillige Sozialleistungen (indirekte Personalkosten)
= Personalkosten

Aufgabe 66

a) Bei der **summarischen** Methode der Arbeitsbewertung erfolgt eine Gesamtbeurteilung der Arbeitsschwierigkeit, wobei einzelne Anforderungsarten (Fachkenntnisse, Muskelbelastung) summarisch (global) berücksichtigt werden. Bei der **analytischen** Methode wird die Gesamtanforderung der Arbeit in einzelne Anforderungsarten unterteilt. Je nach Anforderungsart ermittelt man dann eine entsprechende Wertezahl, deren Summe dann den Arbeitswert darstellt.

b)

Verfahren	Vorteile	Nachteile
Rangfolge-verfahren	– einfach handhabbar – kostengünstig – leichte Verständlichkeit	– Größe der Rangabstände unbekannt – nicht gewichtete Anforderungsarten – subjektive Bewertung
Lohn-gruppen-verfahren	– einfach handhabbar – kostengünstig – leichte Verständlichkeit	– Gefahr der Schematisierung – mangelnde Berücksichtigung individueller Gegebenheiten – mangelnde Berücksichtigung technischer Entwicklungen
Rang-reihen-verfahren	– verbesserte Genauigkeit – verbesserte Objektivität	– großer Ermessensspielraum des Bewerters – Wichtung der einzelnen Anforderungsarten schwierig
Stufen-wertzahl-verfahren	– Gesamt-Wertzahl leicht in Geldeinheiten umlegbar – Verfahren mit größter Objektivität	– Unübersichtlichkeit

Aufgabe 67

Zeitlohn: Ist immer anforderungsabhängig differenziert. Er ist durch eine feste Vergütung für eine Zeiteinheit (z.B. Stunde oder Monat) gekennzeichnet.

Akkordlohn: Ist anforderungs- und leistungsabhängig differenziert. Es wird nicht die Dauer der Arbeit, sondern eine bestimmte quantitative Leistung entlohnt.

Prämienlohn: Ist ebenfalls anforderungs- und leistungsabhängig differenziert. Auf dem leistungsabhängigen Grundlohn wird die leistungsabhängige Prämie als zusätzliches Entgelt gewährt.

Aufgabe 68

Lohngruppe	Einzelne Arbeiten werden ihrem Schwierigkeitsgrad und spezifischen Anforderungen entsprechend in Lohngruppen eingeordnet. Ihre Anzahl richtet sich nach dem angestrebten Genauigkeitsgrad (i.d.R. 6...12).
Lohnspanne	ist die Differenz zwischen der obersten und der untersten Lohngruppe
Ecklohn	Der tariflich festgesetzte Lohn für die normale Facharbeitergruppe über 21 Jahren, aus dem sich durch prozentualen Zu- oder Abschlag die Tariflöhne für die übrigen Gruppen errechnen lassen, wenn deren Verhältnis untereinander durch die Arbeitsbewertung exakt festgelegt ist.
Tariflohn	Der im Rahmen eines Tarifvertrages vereinbarte Ecklohn.

Aufgabe 69

a) Zeitlohn ist sinnvoll, wenn:
- es nicht möglich ist, genaue Mengenvorgaben zu bestimmen,
- hohe Anforderungen an die Qualität bestehen,
- es sich um gefährliche Arbeiten handelt,
- der Arbeitsanfall uneinheitlich ist.

Zeitlohn ist zum einen vorteilhaft, weil er einfach zu ermitteln ist. Basis für den Zeitlohn ist die Normalleistung. Erbringt ein Mitarbeiter eine Mehrleistung, braucht diese nicht extra vergütet werden.

b) Bei der Leistungszulage wird zusätzlich zu einer festen Vergütung eine leistungsabhängige Zulage gewährt. Die Leistung des Mitarbeiters wird mit Hilfe verschiedener Beurteilungsmerkmale beurteilt und bewertet. Ziel der Leistungsbewertung ist die Ermittlung eines Leistungswertes, von dessen Höhe die Leistungszulage abhängt.

Aufgabe 70

a) An jedem Arbeitsplatz wird eine bestimmte Leistung vorausgesetzt. Diese lässt sich überall dort problemlos ermitteln, wo mittels genauer Zahlen, z.B. Stückzahlen, exakte Messungen vorgenommen werden können. Bei Tätigkeiten, die quantitativ nicht messbar sind, wird der Faktor Zeit zur Beurteilung herangezogen. Diese ermittelte, durchschnittliche Leistung wird als Normalleistung bezeichnet. Jegliche Leistung, die ein Mitarbeiter über diese Normalleistung hinaus erbringt, wird als Mehrleistung bezeichnet.

b) Die Zeitstudien bilden die Grundlage für die Ermittlung der Vorgaben in einem Akkordlohnsystem. Dazu wird für jeden Arbeitsplatz ein Normalleistungsniveau ermittelt, welches den Ansatzpunkt für den Akkordrichtsatz bildet. Liegt eine Leistung über der Normalleistung, so passt sich die Höhe des Lohnes proportional an. An jedem Arbeitsplatz werden hierzu die jeweils für einen Arbeitsgang benötigten Zeiten gemessen sowie der dabei verwendete Leistungsgrad beurteilt. Daraus kann die Normalzeit je Arbeitsgang (NZ) errechnet werden:

$$\text{Normalzeit (NZ)} = \frac{\text{Zeitbedarf} \cdot \text{Leistungsgrad}}{100}$$

Zu diesen Normalzeiten werden noch die Verteilzeiten (Zeitbedarf für kleinere Störungen) und, falls erforderlich, die Erholungszeiten hinzugerechnet. Die so ermittelte Ausführzeit, unter Umständen noch ergänzt um die Rüstzeiten (für die Vorbereitung des Arbeitsganges), bildet den Richtwert für die Normalleistung pro Zeiteinheit.

Aufgabe 71

a) Der Akkordlohn ist eine Lohnform, die sich sowohl an der Art des Arbeitsplatzes als auch an der Menge der erbrachten Leistung orientiert. Anhand der Schwierigkeitsgrade der Arbeitsplätze werden Lohngruppen eingeteilt. Grundlage für den Akkordlohn ist dann der jeweils in der betreffenden Lohngruppe gezahlte Zeitlohn. Auf diesen wird ein bestimmter Akkordzuschlag (bis 20%) aufgeschlagen, wenn der Mitarbeiter „Normalleistung" erbringt. Der Akkordzuschlag ist folglich der prozentuale Aufschlag auf den Zeitlohn bei Normalleistung. Der gesamte, pro Zeiteinheit gezahlte Lohn bei Normalleistung (Zeitlohn + Akkordzuschlag) ergibt den Akkordrichtsatz.

b) Zu unterscheiden sind zwei Arten:

Berechnung des Zeitakkordlohns

- Stundenverdienst $= \dfrac{\text{bearbeitete Stückzahl}}{h} \cdot \text{Vorgabezeit je Einheit}$

- Geldfaktor je Zeiteinheit $= \dfrac{\text{Akkordrichtsatz}}{60}$

Berechnung des Geldakkordlohns

- Stundenverdienst $= \dfrac{\text{bearbeitete Stückzahl}}{h} \cdot \text{Geldsatz je Mengeneinheit}$

- Stücklohn $= \text{Vorgabezeit je Einheit} \cdot \text{Geldfaktor je Zeiteinheit}$

Aufgabe 72

Leistungsgrad %	Leistung Stück/Stunde	Stückzeit Min/Stück	Lohnkosten EUR/Stück	Stundenlohn EUR/Stunde
80	16	3,75	0,75	12,00
90	18	3,33	0,67	12,00
100	20	3,00	0,60	12,00
110	22	2,73	0,55	12,00
120	24	2,50	0,50	12,00

Antworten zu den Aufgaben

Aufgabe 73

a) Der Fertigungslohn für den gesamten Auftrag beträgt:

$$\left(\frac{11\,\text{EUR}}{60\,\text{min}}\right) = 0{,}183\,\frac{\text{EUR}}{\text{min}} \qquad 1.020\,\text{min} \cdot 0{,}183\,\frac{\text{EUR}}{\text{min}} = 187{,}00\,\text{EUR}$$

b) Beim Akkordlohn wird der Arbeitnehmer für die geleistete Arbeitsmenge bezahlt: Es handelt sich also um die „reine" Form eines Leistungslohns. Der Einsatz des Akkordlohns ist nur dann sinnvoll, wenn die Voraussetzungen dafür gegeben sind, nämlich Akkordfähigkeit und Akkordreife der Arbeit sowie unmittelbare Beeinflussbarkeit der Leistung. Gegenüber dem Zeitlohn hat der Akkordlohn den Vorteil des direkten Leistungsanreizes. Die möglichen Nachteile dürfen aber nicht unbeachtet bleiben, wie z.B.: Gefahr der Überbeanspruchung von Arbeitskraft und -instrumenten, erhöhtes Unfallrisiko und Verminderung der Qualität.

Aufgabe 74

a) Grundlage des Prämienlohnes bildet der Zeitlohn, zu dem bei Erreichen einer besonderen Leistung eine Prämie gewährt wird. Eine Prämienentlohnung sollte beispielsweise dann durchgeführt werden, wenn es nicht darum geht, möglichst hohe Stückzahlen pro Zeiteinheit zu produzieren. Im Gegensatz zum Akkordlohn eignet sich ein Prämienlohnsystem vor allem dann, wenn qualitative Aspekte der Tätigkeit im Vordergrund stehen.

b) Prämienlohnarten
- Mengenleistungsprämien
- Qualitätsprämien
- eine Kombination dieser Prämienlohnarten
- Nutzungsgradprämien
- Ersparnisprämien

c) Der Vorteil des Prämienlohns ist, dass die Erreichung des Arbeitszieles objektiv ermittelt werden kann, während die Leistungszulage in der Erwartung gezahlt wird, dass die Arbeitsperson auch in Zukunft eine Leistung erbringt, die der des zurückliegenden Beurteilungszeitraumes entspricht.

Aufgabe 75

Gründe für den Übergang von Akkord- zu Zeit- oder Prämienlohn:
- Bei Übergang zu höheren Stufen der Mechanisierung sind die Fertigungszeiten immer weniger durch den Arbeiter zu beeinflussen.
- Druck der Gewerkschaften, die zum großen Teil den Akkordlohn wegen der damit verbundenen erhöhten physiologischen und psychologischen Belastung ablehnen.

Aufgabe 76

Lohnformen	Soziale Auswirkungen	
	Vorteile	**Nachteile**
Zeitlohn	Er gewährt den Mitarbeitern Sicherheit.	Er fördert die Unzufriedenheit bei leistungsstarken Mitarbeitern.
Akkordlohn	Er fördert die Zufriedenheit der leistungsstarken Mitarbeiter.	Er gefährdet die Gesundheit der Mitarbeiter wegen Überlastung.
Prämienlohn	Er führt gegenüber dem Akkordlohn zu geringerer emotionaler Belastung.	Hoher Prämienanreiz kann bestimmte Leistungshöhen überschreiten (Gesundheits- und Maschinenschäden möglich).

Aufgabe 77

Die Systematisierung der freiwilligen sozialen betrieblichen Leistungen kann erfolgen nach:
- sachlichen Kriterien
- der Form
- der Häufigkeit
- dem Empfängerkreis
- der Bemessungsgrundlage

Aufgabe 78

Die Lohnabzüge setzen sich zusammen aus:
- Sozialabgaben (Beiträge zur Renten-, Arbeitslosen-, Pflege- und Krankenversicherung)
- Lohnsteuer
- eventuelle Kirchensteuer

Diese Beträge werden vom Bruttolohn abgezogen, es verbleibt der Nettolohn, der dem Arbeitnehmer ausgezahlt wird.

Dem Arbeitgeber entstehen zusätzlich zum Lohn jedoch sogenannte Lohnnebenkosten. Hierzu zählen:
- Arbeitgeberanteil an den Sozialabgaben
- Beiträge zur Unfallversicherung
- betriebliche Altersversorgung
- Lohnfortzahlung im Krankheitsfall
- tariflich vereinbarte Sonderzahlungen (z.B. Urlaubsgeld).

Aufgabe 79

a) Der **Zeitlohn** eignet sich für die Vergütung für Angestellte oder Beamte, oder für die Entlohnung von Reinigungspersonal, wo die Dauer der Arbeitszeit ohne Berücksichtigung der während dieser Zeit geleisteten Arbeit entlohnt wird.

Der **Akkordlohn** ist eine anforderungs- und leistungsabhängige Lohnform.
- Der Geldakkord wird z.B. in der Bauindustrie oder in Gießereien angewendet, da hier ein fester Satz je Mengeneinheit festgesetzt werden kann.
- Bei Zeitakkord ist eine Zeit für die Herstellung einer Mengeneinheit für die Ausführung eines Auftrages vorgesehen. Er wird z.B. für Fließbandtätigkeiten in der Automobilindustrie angewandt.

Beim **Prämienlohn** wird das Entgelt ebenfalls anforderungs- und leistungsabhängig differenziert. Neben der vom Menschen beeinflussbaren Mengenleistung werden auch andere Bezugsgrößen oder deren Kombination benutzt. Besonders geeignet ist diese Form der Entlohnung für die Fertigungsbereiche, in denen beispielsweise das Mengenergebnis nicht zu stark schwanken darf und wenn die Arbeitsverrichtung infolge veränderlicher Aufgaben bzw. Aufträge ständig wechselt.

b)

Arbeitskräfte	Zeitlohn	Akkordlohn	Prämienlohn
Schweißer	x		
Werkschutz	x		
Fließbandarbeiter	x	x	x
Fernfahrer	x		
Schleifer		x	
Werkzeugausgeber	x		
CNC-Dreher			x

Aufgabe 80

Die Grenzen zwischen Entlohnung und Sozialleistungen haben sich in den letzten Jahren zunehmend verwischt. Es gibt mehr „Sozial"-Leistungen, die nicht mehr ausschließlich dem Aspekt der Sozialgerechtigkeit verpflichtet sind, sondern auch motivierend wirken, wie z.B. attraktive Versicherungsleistungen, zusätzliche Feiertage etc. Aus dieser Überlegung heraus, sind flexible Entgeltsysteme nach dem „Cafeteria-Modell" entstanden, in denen die Mitarbeiter im Rahmen eines vom individuellen Einkommen abhängigen Budgets sich einen Mix aus Lohn- und Nebenleistungsbestandteilen zusammenstellen können, das ihrer Motivstruktur und ihren Lebensumständen optimal entspricht.

Es müssen gesetzliche Bestimmungen und Tarifvereinbarungen bezüglich unternehmerischer Sozialleistungen beachtet werden. Außerdem müssen eine leistungsfähige Buchhaltung, ein umfangreiches EDV-System und Berater für die Mitarbeiter vorhanden sein.

Voraussetzung des „Cafeteria-Modells" ist das Recht des Mitarbeiters, innerhalb eines vorgegebenen Rahmens (Cafeteria-Budget) und eines bestimmten Zeitraumes (Wahlturnus) individuell zwischen verschiedenen Komponenten auswählen zu können.

Aufgabe 81

a) Kostenlose Krankenvorsorge, vergünstigte oder freie Mitgliedschaft in Sport-Clubs, freie Abonnements des öffentlichen Verkehrs, zusätzliche Feiertage etc.

b) „Fringe Benefits" sind ein wichtiges Instrument, das eigene Unternehmen im Wettbewerb mit den Konkurrenten am Arbeitsmarkt zu profilieren. Zusätzlich können „Fringe Benefits", die den Arbeitnehmern als Kollektiv zugute kommen (z.B. Beiträge an firmeninterne Vereine) auch dazu dienen, das „Wir"-Gefühl der Belegschaft und damit die Identifikation mit der Firma zu erhöhen. Ein weiterer wichtiger Grund für "Fringe Benefits" ist auch, dass solche Leistungen nur begrenzt - nämlich wenn sie eindeutig Einkommenscharakter haben - besteuert werden.

Aufgabe 82

Motive, die Arbeitnehmer am Unternehmenserfolg zu beteiligen, sind:
- Wirtschafts- und gesellschaftspolitische Ziele
- Unternehmenspolitische Ziele
- Sozialpolitische Ziele

Aufgabe 83

Die häufigsten Formen der **Gewinnbeteiligung** sind die Mitarbeiterdarlehen, die Belegschaftsaktien und die stillen Beteiligungen.

Bei einem Mitarbeiterdarlehen erhalten die Mitarbeiter ihre Gewinnanteile gutgeschrieben und stellen diese, häufig noch um eine Eigenleistung erhöht, dem Unternehmen als Darlehen zur Verfügung. Die Unternehmen verzinsen diese Darlehen. Sehr ähnlich ist das Modell der stillen Beteiligungen angelegt. Weitergehend als im Darlehensmodell erhält der Mitarbeiter als „stiller Gesellschafter" noch begrenzte Kontrollrechte eingeräumt.

Im Belegschaftsaktienmodell werden vom Unternehmen an der Börse eigene Aktien erworben. Diese werden dann den Mitarbeitern zu erheblich günstigeren Konditionen angeboten.

Aufgabe 84

a) Ein **Qualitätszirkel** ist eine auf eine bestimmte Dauer angelegte Gesprächsgruppe, in der sich Mitarbeiter regelmäßig treffen, um spezielle Probleme des eigenen Arbeitsbereiches zu besprechen und Lösungsmöglichkeiten zu suchen.

Die Leitung selbstständig arbeitender Gruppen übernimmt ein Moderator. Er muss nicht mit dem Fachvorgesetzten identisch sein. Gefragt sind vor allem Fähigkeiten, die die Ideenproduktion des Qualitätszirkels anregen und die Kommunikation fördern.

Am Anfang war das alleinige Ziel, die Qualität ständig zu verbessern. Heute werden auch andere Problemfelder behandelt (z.B. Rationalisierung, Kostensenkung).

Einige wesentliche Ideen sind:
- das Expertenwissen der Mitarbeiter vor Ort zu nutzen,
- das Verantwortungsbewusstsein der Mitarbeiter zu stärken,
- die Teamarbeit zu fördern,
- die selbstständige Lösungsfindung anzuregen,
- die Motivation zu erhöhen,
- die Flexibilität im Unternehmen zu steigern,
- Arbeitsabläufe zu optimieren.

b) In Qualitätszirkeln arbeiten Mitarbeitergruppen als Kollektiv zusammen an der Lösung von Problemen ihres Aufgabenbereichs. Im betrieblichen Vorschlagswesen reichen in der Regel einzelne Mitarbeiter individuell erarbeitete Verbesserungsvorschläge aus ihrem eigenen oder einem fremden Arbeitsbereich zur Begutachtung ein und werden für erfolgversprechende Vorschläge honoriert.

Informationssysteme der Personalwirtschaft

Aufgabe 85

Personalbeurteilung	
Leistungsbeurteilung	**Potenzialbeurteilung**
• Vergangenheitsorientiert	• Zukunftsorientiert
• Output der Mitarbeiter	• Feststellen von Qualifikation und Eignung
• Leistungsergebnis	• geistige Fähigkeiten
• Leistungsverhalten am Arbeitsplatz	• Anlagen der Mitarbeiter erkennen und auf künftiges Verhalten schließen

Aufgabe 86

Um Fehlerquellen soweit wie möglich auszuschalten, ist es nötig, über ihre Quellen und die Tendenzen, die der Beurteiler in die Beurteilung hineintragen kann, informiert zu sein. Es können sich bei der Personalbeurteilung in der Hauptsache die folgenden Fehler ergeben:

- **Wahrnehmungsfehler** (durch Erwartungen, Vorstellungen, Sympathie, Antipathie usw. geprägt; Vorurteile ergeben sich bei der Bewertung des ersten Eindrucks)
- **Bewertungsfehler** (treten auf durch Übernahme von Fehlern aus alten Beurteilungen oder Mitarbeiter passen sich der Rolle an, die der Vorgesetzte erwartet)
- **Konstanzfehler** (sind auf die Persönlichkeitsstruktur des Beurteilers zurückzuführen)

Aufgabe 87

a) Die **Vorgesetztenbeurteilung** ist ein Verfahren, bei dem ein oder mehrere Organisationsmitglieder ihren direkten Vorgesetzten in der Organisation bezüglich seines Arbeits- und/oder Führungsverhaltens und/oder seiner Fähigkeiten und Kenntnisse beschreiben und anhand entsprechender Kriterien beurteilen.

b) Als Hauptvorteil kann das Feedback der Mitarbeiter als ein Teil der Beurteilung des Vorgesetzten vor allem in Bezug auf das Führungsverhalten einen Beitrag leisten. Es geht bei der Aufwärtsbeurteilung häufig darum, dem Vorgesetzten Informationen über die Wirkung seines Verhaltens nahezubringen.

Aufgabe 88

a) Gem. § 83 Abs. 1 BetrVG hat der Mitarbeiter das Recht, seine Personalakte einzusehen. Diese kann sich aus folgenden Unterlagen zusammensetzen:
- Bewerbungsunterlagen
- Personalbogen, regelmäßige Beurteilungen
- Arbeitsvertrag und evtl. Vertragsänderungen
- Mitteilungen über Beförderungen, Versetzungen, Entgeltänderungen
- Ermahnungen, Abmahnungen

b) Aus Gründen der Übersichtlichkeit empfiehlt es sich, dass die Personalakte in verschiedene Sachgebiete untergliedert wird. Eine in der Praxis übliche Einteilung ist:
- Angaben über persönliche Daten
- Vertragliche Vereinbarungen
- Tätigkeiten
- Bezüge
- Abwesenheit
- Allgemeiner Schriftverkehr

Aufgabe 89

a) Die Personalstatistik lässt sich untergliedern in:
- **Personalbestandsstatistik**
- **Personalbewegungsstatistik**
- **Personalzeitstatistik**
- **Personalaufwandsstatistik**

b) „Lüge – Meineid – Statistik" Diese Steigerung des Wortes Lüge entspricht der in der Fragestellung gezeigten Kritik an Statistiken. Diese Kritik hat sicher einige Berechtigung, da unseriöse Darstellungen häufig die Statistik als Instrument missbrauchen. Besonders wenn Aussagen nicht in einen Gesamtzusammenhang gebracht werden, wenn Statistikergebnisse nicht genügend hinterfragt werden, wenn man Daten kombiniert, die an sich gar nichts miteinander zu tun haben oder wenn Vergleiche bei ungleichen Ausgangsbedingungen angestellt werden, kann man mit Statistik – bewusst oder unbewusst – Sachverhalte verzerrt darstellen.

Auf seriöse Statistiken trifft diese Kritik jedoch nicht zu. Solange man verantwortlich und intelligent mit Zahlen umgeht, können Statistiken ein wertvolles Instrument der Darstellung und Entscheidungsvorbereitung sein.

c) Statistisch auszuwertende Personalereignisse können sein:
- Anzahl von Mitarbeitern in bestimmten Abteilungen (Personalbestand)
- Kostenentstehung
- Fehlzeiten/Lohnentwicklung

Aufgabe 90

Die **Fehlzeitenstatistik** dient dazu, sämtliche bezahlten oder unbezahlten, individuellen Ausfallzeiten (Krankheit, Unfall, Urlaub, Streik, usw.) zu erfassen, auszuwerten und darzustellen. Folgerungen und Verhalten für die zukünftige Entwicklung sollen erkannt werden.

Aufgabe 91

Mit der **Sozialbilanz** wird die sozialpolitische Rolle des Unternehmens verbunden. Sie geht über die normale Personal- und Sozialberichterstattung hinaus und bedeutet daher zusätzliche Aufwendungen gegenüber dem Staat und der Gesellschaft. Kosten-Nutzen-Relationen stehen im Vordergrund. Dies geschieht durch die Gegenüberstellung der sozialen Kosten und des sozialen Nutzens.

Zukunftsperspektiven des Personalmanagements

Aufgabe 92

Die Ursachen des **Wertewandels** liegen in verschiedenen Bereichen begründet:

- Nach der „Mangelhypothese" (Weltkrieg) entwickelten Individuen die höchste Priorität für solche Bedürfnisse, die am wenigsten befriedigen, also knapp sind.
- Die zweite Erklärung des Wertewandels, die „Sozialisationshypothese" sagt aus, dass Individuen Werthaltungen zeigen, die ihre Sozialisationsbedingungen widerspiegeln; Personen, die z.B. in Zeiten befriedigter materieller Bedürfnisse aufwachsen, orientieren sich eher an postmaterialistischen Bedürfnissen.
- Höherer Bildungsstand der Bevölkerung, der auf die Veränderungen im Mediensektor und die Bildungsrevolution Ende der 60er Jahre zurückzuführen ist.

Der Wertewandel hin zu den postmaterialistischen Werten (Sozialisationshypothese) ist gekennzeichnet durch die Selbstverwirklichung, d.h. Entwicklung zu einer Gesellschaft, in der Ideen, der Schutz des Rechts auf freie Meinungsäußerung, und die sozialen Bedürfnisse (in Form der verstärkten Mitbestimmung am Arbeitsplatz, mehr Einfluss der Bürger auf Regierungsentscheidungen u.ä.) wichtiger sind als Geld. Der Wertewandel hin zu den materiellen Werten (Mangelhypothese) besteht aus dem Aspekt der Sicherheit, d.h. Sicherheit einer starken Landesverteidigung, Verbrechensbekämpfung, sowie der physiologischen Bedürfnisse, wie z.B. Erhaltung eines höheren wirtschaftlichen Wachstums, Kampf gegen steigende Preise, Erhaltung einer stabilen Wirtschaft.

Aufgabe 93

Unter **Halbwertzeit des Wissens** versteht man den Zeitraum, in dem das vorhandene Wissen überholt ist. Gerade im technologischen Bereich sind die Halbwertzeiten äußerst gering. Hier wird in den meisten Fällen mindestens eine Technologiestufe übersprungen.

Aufgabe 94

Gerade in der heutigen Zeit, in der es sich bei der Einführung von technischen Innovationen um Technologiesprünge handelt, ist es besonders wichtig, dass der Vorgesetzte bei der Planung der Weiterbildungsmaßnahmen eine entsprechende Vorlaufzeit einkalkuliert, um frühzeitig ein entsprechendes Ausbildungsniveau zu erreichen.

Aufgabe 95

Reaktionen des Personals beim Einsatz neuer Technologien:

- Durch den veränderten Arbeitsablauf, der oft mit einer Rationalisierungsmaßnahme einhergeht, sieht der Mitarbeiter seinen Arbeitsplatz gefährdet.
- Der Mitarbeiter ist unsicher, ob er den neuen Anforderungen gewachsen ist.
- Durch gestiegene Technisierung geht Transparenz des Arbeitsvorganges verloren.
- Mit dem neuen Arbeitsablauf können unerwünschte Statusverluste verbunden sein.
- Der Einsatz neuer Technologien ist primär nach ökonomischen und rationellen Gesichtspunkten ausgelegt und berücksichtigt meist nicht die individuellen Gestaltungsmöglichkeiten und persönlichen Belange der Mitarbeiter.

Aufgabe 96

Im Zeitalter der modernen Informations- und Kommunikationstechnik wird die **Telearbeit** immer bedeutsamer. Allein das Phänomen **Internet** zeigt, welches Wachstumspotenzial in diesem Bereich besteht und somit Möglichkeit für neue Tätigkeitsfelder schafft.

Mittels modernster Informationstechniken lassen sich komplette Arbeitsplätze zu Hause aufbauen. Eine Gefahr besteht in sozialer Isolation und kaum vorhandenen Aufstiegschancen der außerbetrieblichen Mitarbeiter.

Daher ist es wichtig, ständigen zwischenmenschlichen Kontakt mit den „Heimarbeitern" zu halten, damit keine Zwei-Klassen-Gesellschaft zwischen „Heimarbeitern" und dem ständig im Betrieb arbeitenden Personal entsteht.

Auf Grund der weltweiten Kommunikationsvernetzung besteht auch die Möglichkeit, dass solche neuen Jobs nicht durch einheimische Arbeitnehmer, sondern durch ebenbürtig qualifizierte Arbeitnehmer in sogenannten Billiglohnländern ausgeführt werden (z.B. Indien).

Aufgabe 97

- **Staffelarbeitszeit:** Unterschiedliche Anfangszeiten für die einzelnen Mitarbeiter
- **Gleitende Arbeitszeit:** In der Kernzeit, die vom Unternehmen vorgegeben wird, muss der Mitarbeiter seiner Arbeit nachgehen. Den Beginn und das Ende der täglichen Arbeitszeit sowie die Mittagspause kann der Mitarbeiter selbst bestimmen.
- **Wöchentliche Arbeitszeit:** Die vereinbarte Arbeitszeit - meist Teilzeit- kann auf die einzelnen Wochentage wahlweise aufgeteilt werden.
- **Jahresarbeitszeit:** Arbeitnehmer und Arbeitgeber vereinbaren zu Beginn eines jeden Arbeitsjahres die Arbeitszeitsollwerte. Die Arbeitszeit kann im Rahmen der Vereinbarung an die Bedürfnisse des Unternehmens oder des Mitarbeiters angepasst werden.
- **Lebensarbeitszeit:** Diese Flexibilität findet häufig Anwendung bei dem Übergang der Berufstätigkeit in den Ruhestand. Es wird für den Arbeitnehmer ein Zeitkonto eingerichtet, um vor der Pensionierung stunden- oder tageweise reduziert zu arbeiten

Aufgabe 98

Personalkosten bilden in den meisten Unternehmen einen dominierenden Kostenblock, der stetig steigt und an Fixkostencharakter gewinnt. Zugleich wächst die Einsicht, dass die Mitarbeiter nicht primär Kostenverursacher sondern Gewinnproduzenten sind. Damit wird die Vergütung zum Führungsinstrument.

Die heutigen Bestrebungen konzentrieren sich vor allem auf eine stärker leistungsmotivierende Strukturierung der monetären Vergütung. Unter diesem Aspekt gewinnt die Vergütungspolitik einen erhöhten Stellenwert. Der bisherige mehr passive wird zum aktiven Vergütungsmanager.

Einige neuere Formen sind:

- **Mehr Leistungs- und Erfolgsorientierung bei Führungskräften:**

  Durch die Verbindung von Unternehmenserfolg und Vergütung versucht man die Identifikation der Führungskräfte mit ihrem Unternehmen und ihren Aufgabenstellungen zu fördern und sie in besonderem Maße zur Leistung zu motivieren.

- **Projektvergütung:**

  Bei Projektbeginn können zusätzlich bei Erreichen bestimmter Ergebnisse Erfolgskriterien festgelegt werden, die neben dem Festgeld vergütet werden.

- **Vergütungsassessment:**

  Hier wird einem Team der erfolgsbezogene Teil oder die gesamte Vergütung zur Verfügung gestellt. Die Verteilung wird selbständig in der Gruppe vorgenommen.

- **Skill-based-pay (Qualifikationsabhängige Entlohnung):**

  Dies ist eine Vergütung, die auf Qualifikationsmerkmalen eines Mitarbeiters beruht. Qualifikationszuwachs bedeutet automatisch Vergütungszuwachs, unabhängig von der unmittelbaren betrieblichen Einsetzbarkeit der Qualifikationserhöhung.

- **Strategische Vergütung:**

  Die strategische Vergütung ist der Teil eines Gesamtvergütungspaketes, dessen Höhe anhand definierter Messkriterien - abgeleitet aus der strategischen Zielsetzung des Unternehmens - bestimmt wird.

- **Deferred Compensation (Aufgeschobene Vergütung):**

  Dieses Modell gestattet dem Mitarbeiter, die Auszahlung eines Teils seiner Gesamtvergütung aufzuschieben und damit nicht der sofortigen Versteuerung zu unterwerfen. Die Besteuerung des angesammelten Betrages als Arbeitslohn tritt erst dann ein, wenn die zugesagte Leistung tatsächlich gezahlt wird, z.B. nach Eintritt in den Ruhestand.

Aufgabe 99

a) Durch verschärfte Konkurrenzbedingungen, immer kurzfristigere Lieferzeiten und individuelle Kundenwünsche müssen neue Fertigungsstrukturen entwickelt werden. Weiterhin kommt eine ständige Arbeitszeitverkürzung hinzu, die im Normalfall auch zu Kürzungen der Betriebszeiten führt.

Um die These „je kürzer die Menschen arbeiten, desto länger müssen die Maschinen laufen" zu verwirklichen, bedarf es einer Trennung von persönlicher Arbeitszeit und Betriebsnutzungszeit. Die Individualisierung der Kundenwünsche nimmt ständig zu. Gleichzeitig sind immer mehr Unternehmen daran interessiert, langfristige Kundenbeziehungen aufzubauen. Um die Kundenwünsche zu erfüllen, müssen die Firmen in der Lage sein, durch flexible Fertigungssysteme zu einer Individualisierung ihrer Produkte zu gelangen.

b) Unter **Flexibilisierung** und **Individualisierung** der Arbeit ist die Anpassung des Arbeitssystems an die unternehmenspolitischen Interessen und an die individuell differierenden Mitarbeiterbedürfnisse zu verstehen. Zum einen wird eine technisch-organisatorische Leitlinie (z.B. Produktionsbereich) verfolgt, um auf Veränderungen von innen und von außen schnell reagieren zu können und zum anderen kommt es auf Seiten der Arbeitnehmer durch die wachsenden Bedürfnisse nach größerer Zeitsouveränität und Selbstentfaltung zu einem Spannungsverhältnis.

Dieser Zielkonflikt mit erheblichem Konfliktpotenzial bedarf einer gegenseitigen Anpassung. Eine Zielübereinstimmung zwischen Flexibilisierung und Individualisierung der Arbeit kann z.B. bei Teilarbeitszeit und gleichzeitigem Schichtmodell vorliegen. Die unternehmerischen Interessen nach längeren Maschinenlaufzeiten bleiben gewahrt und die Bedürfnisse nach mehr Freizeit werden befriedigt.

Aufgabe 100

a) Bei **Teilzeitarbeit** verkürzt sich die Vollarbeitszeit auf eine Stundenanzahl, Halbtage, Tage oder auf bestimmte Intervalle. Sie wird bei Unter- oder Überbeschäftigung eingeführt und kann so auch der Schaffung neuer Arbeitsplätze dienen. Varianten sind:

> • Halbtagsarbeit   • Teilzeitarbeit   • Blockteilzeitschichten

b) Da Produktionszyklen immer kürzer werden, ist die Flexibilität (bei Produktionsfaktoren und Arbeit) sehr wichtig. Strenge Organisationen lösen sich in Netze auf. Probleme werden in kleineren Gruppen effizienter gelöst. Die Personalbeschaffung wird nach außen vergeben. Mitarbeiter werden nur noch für festumrissene Zeit- und Aufgabenrahmen eingesetzt, danach verlassen sie auf Zeit das Unternehmen. Selbstständige Fachleute stehen den Unternehmen zur freien Verfügung und können ihre Dienste anbieten. Vorteile:

– Fixkosten der Unternehmen können sehr klein gehalten werden. Das Unternehmen kauft das benötigte Wissen ein und muss dies nicht vorhalten.

– Ziel ist es, Aufgaben problemlösungs- und erfolgsorientiert in vorgegebener Zeit von Fachleuten lösen zu lassen.

Bei dieser neuen Form steigen die Ansprüche an Aufgabeninhalte und Verantwortung. Es wird mehr unternehmerisches Denken und Eigenverantwortlichkeit erwartet.

Lösungen zu den Testfragen

1.	b, f	16.	b, d, e	31.	e	46.	a, d
2.	a, b, c, d, e	17.	c, d, e, f	32.	c, e, f	47.	b, c
3.	b	18.	a, d, e	33.	a, c	48.	a, b, c, d
4.	a, c, e, f	19.	a, b, d, e, f, g	34.	a, d	49.	b, c
5.	a, b, c, f	20.	a, c, e	35.	d	50.	a, b, c, d
6.	a, c, d	21.	c	36.	b	51.	c, d, e, g
7.	c, d	22.	b, c, d, e, f	37.	a, c, e	52.	a, c, e, f
8.	a, d, e	23.	a, b, e	38.	b, d	53.	c, d
9.	b	24.	b, c, d	39.	b	54.	a
10.	b, c, d	25.	a, b, c, d	40.	a, c, d, e	55.	b, d
11.	a, c, d, e	26.	a, b, e	41.	a, c, d	56.	a, d
12.	a, c, e, f, g	27.	a, c	42.	a, c, d, f	57.	a, c
13.	b, d	28.	b, c	43.	d	58.	d
14.	a	29.	a	44.	a, d, f, g	59.	c, d
15.	a	30.	c, d, e	45.	b	60.	a, c, d, f

Kapitel I

Rechnungswesen und Controlling

Aufgaben

Einführung in das Rechnungswesen und Controlling

Aufgabe 1
a) In welche vier Aufgabenschwerpunkte wird das Rechnungswesen unterteilt?
b) Welche klassischen Teilgebiete haben sich aufgrund dieser entwickelt?

Aufgabe 2
Wer ist zur Buchführung verpflichtet?

Aufgabe 3
Beschreiben Sie kurz folgende Grundbegriffe des betrieblichen Rechnungswesens:

Auszahlungen	-	Einzahlungen
Ausgaben	-	Einnahmen
Aufwand	-	Ertrag
Kosten	-	Leistungen

Aufgabe 4
Ordnen Sie folgende Geschäftsvorfälle in die Tabelle ein (Mehrfachnennungen möglich):
a) Ein Industriebetrieb erhält für seine aus Spekulationsgründen gehaltenen Wertpapiere einen Zinsgewinn gutgeschrieben.
b) Ein Betrieb überweist dem Finanzamt die Grundsteuer für seine Betriebsgrundstücke.
c) Ein Industriebetrieb verarbeitet seine im Lager befindlichen Rohstoffe zu Halbfabrikaten und übernimmt sie zu Herstellkosten bewertet in sein Zwischenlager.
d) Ein Kunde überweist eine Vorauszahlung für eine noch zu erstellende Fertigungsanlage.
e) Ein Unternehmen kauft Büromöbel und überweist den fälligen Betrag im Folgemonat.
f) Ein Kunde begleicht seine Verbindlichkeiten per Scheck.
g) Ein Unternehmen zahlt zum Monatsultimo Löhne und Gehälter an die Belegschaft.
h) Eine Motorradherstellerfirma überweist eine Spende an das Rote Kreuz.
i) Ein Unternehmen setzt Halbfabrikate aus dem Lager im Produktionsprozess um.
j) Ein Unternehmen kauft eine CNC-Maschine ein und bezahlt in bar.

Beispiel	Einzahlung/ Auszahlung		Einnahme/ Ausgabe		Ertrag/ Aufwand		Kosten/ Leistungen	
a.	☐	☐	☐	☐	☐	☐	☐	☐
b.	☐	☐	☐	☐	☐	☐	☐	☐
c.	☐	☐	☐	☐	☐	☐	☐	☐
d.	☐	☐	☐	☐	☐	☐	☐	☐
e.	☐	☐	☐	☐	☐	☐	☐	☐
f.	☐	☐	☐	☐	☐	☐	☐	☐
g.	☐	☐	☐	☐	☐	☐	☐	☐
h.	☐	☐	☐	☐	☐	☐	☐	☐
i.	☐	☐	☐	☐	☐	☐	☐	☐
j.	☐	☐	☐	☐	☐	☐	☐	☐

Aufgabe 5

Wie groß sind in den folgenden Beispielen die Auszahlungen, Ausgaben, Aufwendungen und Kosten?

a) Kauf einer Produktionsanlage (Anschaffungspreis 750.000 EUR) bei 20%iger Anzahlung und Restkauf auf Ziel
b) Kauf eines Lkw-Kastenwagens für 65.000 EUR, der mittels Kreditaufnahme bei der ortsansässigen Hausbank bar bezahlt wird
c) Für die Abschreibung des Lkw-Kastenwagen aus b) gilt:
   – Finanzbuchhaltung: Abschreibung linear (5 Jahre)
   – Kostenrechnung: jährliche Abnutzung von 25 %

Bilanzierung und Jahresabschluss

Aufgabe 6

Stellen Sie die Aufgaben der Buchführung dar!

Aufgabe 7

a) Erläutern Sie die Begriffe Inventur und Inventar!
b) Welche Methoden der Inventur sind vom Gesetzgeber zugelassen?

Aufgabe 8

a) Was ist eine Bilanz?
b) Worin besteht der Unterschied zum Inventar?
c) Nach welchen Kriterien sind Vermögens- und Kapitalbestände in der Bilanz geordnet?

Aufgabe 9

Nennen Sie wichtige Arten von Bilanzen und deren Aufgabe!

Aufgabe 10

Was bedeutet das Maßgeblichkeitsprinzip der Handelsbilanz für die Steuerbilanz? Gilt es uneingeschränkt?

Aufgabe 11

a) Wer muss Bilanzen und Jahresabschlüsse erstellen?
b) An welche Interessentengruppen ist der aktienrechtliche Jahresabschluss gerichtet?

Aufgabe 12

Welche Folgen hat der „Grundsatz der kaufmännischen Vorsicht" für die Bewertung von Anlagegütern?

Aufgabe 13

Erläutern Sie das Realisations- und das Imparitätsprinzip! Inwiefern beruhen beide auf dem Prinzip der Vorsicht?

Aufgabe 14

Was verstehen Sie unter einer aktiven bzw. passiven Rechnungsabgrenzung? Nennen Sie jeweils ein Beispiel!

Aufgabe 15

Für welche Sachverhalte bestehen handelsrechtliche
a) Aktivierungs- und
b) Passivierungswahlrechte?

Aufgabe 16

Woraus setzen sich die Anschaffungskosten zusammen? Geben Sie einige Beispiele!

Aufgabe 17

a) Erläutern Sie den Begriff der Herstellungskosten!
b) Ergänzen Sie das folgende Schema zur Berechnung der Mindest- und Höchstherstellungskosten nach der Handels- und nach der Steuerbilanz!

Handelsrechtliche Herstellungskosten (§255 HGB)	Steuerrechtliche Herstellungskosten (EStR 33)
+ _____	+ _____
+ _____	+ _____
= **Mindestherstellungskosten**	+ _____
+ _____	+ _____
+ _____	= **Mindestherstellungskosten**
+ _____	+ _____
= **Höchstherstellungskosten**	= **Höchstherstellungskosten**

Aufgabe 18

Warum dürfen Vertriebskosten nicht in die Herstellungskosten eingerechnet werden? Gilt dies auch für die Sondereinzelkosten des Vertriebs?

Aufgabe 19

a) Welche grundlegende Bedeutung hat das Prinzip der Kapitalerhaltung für Unternehmen?
b) Welches ist der wesentliche Unterschied zwischen nomineller und substantieller Kapitalerhaltung?

Aufgabe 20

Von welchem Wert müssen die Abschreibungsbeträge berechnet werden, damit
a) die nominelle Kapitalerhaltung und
b) die reale Kapitalerhaltung gewährleistet ist?

Aufgabe 21

a) Was versteht man unter einem Firmenwert?
b) Gehört Software zu den immateriellen Vermögensgegenständen (mit Begründung)?
c) Wie sind nicht abnutzbare Anlagegüter zu bewerten?
d) Welchem Bewertungsprinzip widerspricht die Wertheraufsetzung auf Verkehrswerte bei Grundstücken vor der Veräußerung? Beachten Sie, dass Wertaufholungen aufgrund von Tageswerten bis zum Anschaffungswert nicht dem Realisationsprinzip widersprechen!

Aufgabe 22

Die Anschaffungskosten einer Maschine betragen 200.000 EUR. Die Nutzungsdauer wird auf 10 Jahre geschätzt. Ermitteln Sie bei linearer Abschreibung jeweils den Abschreibungsbetrag und den Abschreibungssatz!

Aufgabe 23

Wie hoch ist der Buchwert einer Drehmaschine nach dem 3. Nutzungsjahr, wenn sie für 65.000 EUR erworben wurde und die Kosten für die Montage 5.000 EUR betrugen? Die Maschine wurde vor einem Jahr für 1.000 EUR gewartet. Es sind 10 Jahre Nutzungsdauer anzusetzen und die lineare Abschreibung anzuwenden!

Aufgabe 24

Die Anschaffungskosten einer Transportmaschine sind 240.000 EUR. Die geschätzte Nutzungsdauer beträgt acht Jahre. Führen Sie eine degressive Abschreibung mit einem Abschreibungsprozentsatz von 20 % durch! Wann wird die lineare Abschreibungsmethode günstiger?

Aufgabe 25

a) Bis zu welchem Anschaffungspreis gelten Wirtschaftsgüter als geringwertig und wie können sie abgeschrieben werden?
b) Eine Anlage wurde am 13.07.12 für 200.000 EUR erworben. Was muss bei der Abschreibung im ersten Jahr beachtet werden?
c) Eine gebrauchte Anlage (Nutzungsdauer: 5 Jahre, lineare Abschreibung) wurde von einem Unternehmen am Ende des zweiten Jahres erworben. Wie ist der Abschreibungsverlauf im neuen Unternehmen?
d) Ab wann kann mit der Abschreibung der Anlage begonnen werden? Welche Kriterien sind für den Beginn der Abschreibungsdauer entscheidend, wenn der Vertragsabschluss, die Bezahlung und die Inbetriebnahme zeitlich auseinanderfallen?

Aufgabe 26

a) Wo und für welche Güter ist die degressive Abschreibung zulässig?
b) Wann kommt eine außerplanmäßige Abschreibung in Betracht?
c) Geben Sie jeweils ein Beispiel an, bei dem eine außerplanmäßige Abschreibung möglich (oder sogar zwingend vorgeschrieben) ist!
   – für Güter des Anlagevermögens   – für Güter des Umlaufvermögens

Aufgabe 27

Welche Abschreibungsmethode benutzt man, um einen niedrigen Bilanzansatz zu erzielen?

Aufgabe 28

Ermitteln Sie für die jeweiligen Rohstoffvorräte die Bilanzansätze der Jahre 1 und 2! Führen Sie eine Sammelbewertung nach dem Fifo-Verfahren durch! Folgende Rohstoffbewegungen und -preise sind gegeben:

Rohstoffvorräte	Jahr 1		Jahr 2	
	Anzahl in ME	Preis in EUR/ME	Anzahl in ME	Preis in EUR/ME
Anfangsbestand:	2.000	10		
1. Zugang:	2.500	12	2.000	11
2. Zugang:	1.500	13	1.000	10
Abgang:	4.500		3.000	
Beizulegender Wert am Bilanzstichtag:		12		10

Aufgabe 29

Bewerten Sie den Endbestand der folgenden Motoren nach dem Perioden-Lifo-Verfahren:

01.01.	Anfangsbestand	1.200 Stück	á 13,00 EUR
04.01.	Zugang	500 Stück	á 12,50 EUR
07.03.	Abgang	1.000 Stück	
11.03.	Zugang	300 Stück	á 13,50 EUR
06.09.	Abgang	800 Stück	
01.11.	Zugang	800 Stück	á 13,80 EUR

Aufgabe 30

Nennen Sie die Methoden zur Bewertung des Vorratsvermögens und erläutern Sie kurz ihren Zweck und die Verfahrensweise! Inwiefern ist die Verfahrenswahl für den Bilanzansatz erheblich? Welche Methoden sind für die Handelsbilanz zulässig?

Aufgabe 31

Über eine Bilanzperiode haben Preise und Zugänge bestimmter - der Sammelbewertung zugänglicher - Vorräte an Halbfabrikaten folgende Entwicklung:

Beschaffungszeitpunkt t	1	2	3	4	5	6	7	8	9
Tagespreise je Einheit p	10	9	8	7	6	5	5	5	5
Menge in Einheiten n	7	7	7	7	7	7	7	7	7

Der Endbestand am Bilanzstichtag beträgt 21 Einheiten; der Tagespreis 5 EUR je Einheit. Begründen Sie die Zulässigkeit von Fifo, Lifo und Hifo auf Grund des für die Bewertung des Umlaufvermögens in der Handelsbilanz geltenden Bewertungsprinzips! Geben Sie für jedes Verfahren den Wert pro Einheit an und begründen Sie kurz die Zulässigkeit!

Aufgabe 32

a) Worin besteht der Unterschied zwischen Eigen- und Fremdkapital?
b) Das Eigenkapital hat eine Finanzierungsfunktion. Nennen Sie weitere Funktionen!

Aufgabe 33

a) Geben Sie einen Überblick über die wichtigsten Arten von Rücklagen!
b) Wie hoch ist die gesetzliche Rücklage einer AG?

Aufgabe 34

Was versteht man unter Rückstellungen? Nennen Sie wichtige Rückstellungspositionen und deren rechtliche Regelung im Handels- und Steuerrecht!

Aufgabe 35

Ordnen Sie die folgenden Geschäftsvorfälle den Gruppen Rückstellungen, Rücklagen, Rechnungsabgrenzungsposten und Abschreibungen zu!

Geschäftsvorfälle	Bilanzposition
– Die fällige Generalüberholung des Fuhrparks wird erst zu Beginn des folgenden Jahres durchgeführt.	
– Am Bilanzstichtag wird damit gerechnet, dass im nächsten Jahr Gewerbesteuer nachzuzahlen ist.	
– Es wird erwartet, dass ein bestimmter Teil der Forderungen notleidend wird.	
– Ein Arbeitsprozess findet erst im Folgejahr statt.	
– Die Kfz-Steuer wurde für ein Jahr vorausbezahlt.	

Aufgabe 36

Ergibt sich für die angegebenen Positionen eine Aktivierungspflicht (P), ein Aktivierungswahlrecht (W) oder ein Aktivierungsverbot (V) aus den gesetzlichen Vorschriften?

Beispiele	Handelsbilanz	Steuerbilanz
• Entgeltlich erworbene immaterielle Anlagewerte		
• Ingangsetzungskosten		
• Originärer Firmenwert		
• Anschaffungsnebenkosten		
• aktive transitorische Rechnungsabgrenzungsposten		
• aktive antizipative Rechnungsabgrenzungsposten		
• unentgeltlich erworbene materielle Wirtschaftsgüter		
• Herstellungskosten eines selbsterstellten Anlagegutes:		
- Fertigungsmaterial		
- Materialgemeinkosten		
- Fertigungslöhne		
- Fertigungsgemeinkosten		
- Verwaltungsgemeinkosten		
- Vertriebskosten		
• Abschreibungen einer Fertigungsanlage im Rahmen der Herstellungskosten eines selbsterstellten Gutes		

Aufgabe 37

a) Was sind Scheingewinne und wie entstehen sie?
b) Wie führt man die Berechnung des Scheingewinns durch?
c) Wie kann man dessen negative Wirkung minimieren?

Aufgabe 38

a) Wozu dient die Gewinn- und Verlustrechnung?
b) Worin liegt der Vorteil einer Gewinn- und Verlustrechnung in Staffelform gegenüber einer solchen in Kontoform?

Aufgabe 39

a) Wie entstehen stille Reserven?
b) Erläutern Sie anhand eines Beispiels, wie stille Reserven zwangsläufig gebildet werden!

Aufgabe 40

Setzen Sie sich kritisch mit folgenden Positionen der GuV auseinander!
- Umsatzerlöse
- andere aktivierte Eigenleistungen
- sonstige betriebliche Erträge
- Finanzergebnis
- Ergebnisse der gewöhnlichen Geschäftstätigkeit
- außerordentliche Aufwendungen und Erträge

Aufgabe 41

Erläutern Sie den Unterschied zwischen dem Gesamtkosten- und dem Umsatzkostenverfahren in der Gewinn- und Verlustrechnung!

Aufgabe 42

Wozu dient der Anhang des Jahresabschlusses bzw. welche Funktionen erfüllt er?

Aufgabe 43

Aus den folgenden Positionen soll eine Gewinn- und Verlustrechnung nach den Vorschriften des HGB aufgestellt werden (Gesamtkostenverfahren). Es sind die Begriffe Bilanzgewinn, Gesamtleistung, Jahresüberschuss und Rohertrag einzuarbeiten.

– Umsatzerlöse	200
– Löhne	40
– Abschreibungen auf Anlagen	24
– Zinsaufwand	6
– Sozialabgaben	10
– Steuern vom Ertrag	40
– Sonstige Steuern	10
– Materialaufwand	40
– Bestandserhöhung Fertigfabrikate	40
– Entnahme aus freien Rücklagen	10

Aufgabe 44

a) Woraus besteht ein Jahresabschluss bei Personen- und Kapitalgesellschaften?

b) Nennen Sie wichtige Gesetze bzw. die zugehörigen Paragraphen, nach denen die verschiedenen Gesellschaftsformen zur Aufstellung des Jahresabschlusses und des Lageberichts verpflichtet sind!

Gesellschaftsform	Gesetz	§§
Offene Handelsgesellschaft		
Kommanditgesellschaft		
GmbH		
Genossenschaft		
Aktiengesellschaft		
AG-Konzernabschluss		
Kommanditgesellschaft auf Aktien		

c) Welche der Gesellschaftsformen sind körperschaftsteuerpflichtig?

Aufgabe 45

Was versteht man unter dem Lagebericht? Welche Angaben enthält er?

Aufgabe 46

a) Nennen Sie Informationen, die im Prüfungsbericht enthalten sind!

b) Wer ist berechtigt, im Rahmen des Jahresabschlusses den Prüfungsbericht zu erstellen?

Aufgabe 47

a) Welche allgemeinen Aufgaben hat die Bilanzanalyse?

b) Was ist ein Zeit-, Betriebs- und ein Branchenvergleich? Wozu dienen sie?

Aufgabe 48

a) Was heißt „finanzielles Gleichgewicht"?

b) In der Literatur wird zwischen verschiedenen Liquiditätsgraden unterschieden (1. bis 3. Ordnung).

Hinsichtlich welchen Kriteriums wird diese Unterscheidung vorgenommen
- bei den Zählergrößen,
- bei den Nennergrößen?

c) Beschreiben Sie den Begriff der Illiquidität und seine Folgen!

Aufgabe 49

a) Begründen Sie, inwiefern ein hoher Wert für die Kennzahl Vermögensstruktur (Anlagevermögen bezogen auf das Gesamtvermögen) Rückschlüsse auf die Elastizität bei Konjunkturschwankungen ermöglichen kann!

b) Nennen Sie zwei Voraussetzungen, unter denen es problematisch ist, derartige Rückschlüsse zu ziehen!

Aufgabe 50

Was kann der Bilanzleser (z.B. ein Einkäufer bei Vertragsverhandlungen) aus steigenden
- Beständen an fertigen Erzeugnissen
- Aufwendungen für Roh-, Hilfs- u. Betriebsstoffe
- Personalaufwendungen

schließen?

Aufgabe 51

a) Erklären Sie die „Goldenen Bilanzregeln"!
b) Gegeben ist die folgende Bilanz einer Unternehmung:

Aktiva	Bilanz zum 31.12.		Passiva
Anlagevermögen	70 %	Eigenkapital	100 %
Umlaufvermögen	30 %		
Σ	100 %	Σ	100 %

Ist die goldene Bilanzregel erfüllt?

c) Erläutern Sie an einem selbstgewählten Beispiel, wie diese Unternehmung illiquide werden kann!

Aufgabe 52

Wie wird die Eigenkapitalquote ermittelt? Was macht diese Kennzahl für den Bilanzanalytiker besonders interessant?

Aufgabe 53

Aktiva	Aufbereitete Bilanz				Passiva
	EUR	%		EUR	%
I. Anlagevermögen	720.000	60	I. Eigenkapital	840.000	70
II. Umlaufvermögen		40	II. Fremdkapital		30
– nicht flüssig (Vorräte)	240.000		– langfristig (Hypotheken, Darlehen)	240.000	
– bedingt flüssig (Forderungen)	160.000		– kurzfristig (Lieferantenschulden)	120.000	
– sofort flüssig (Kasse, Bank)	80.000				
Σ	1.200.000	100	Σ	1.200.000	100

Ermitteln Sie folgende Kennzahlen:

a) die Finanzierung des Unternehmens (Kapitalstruktur)
b) den Vermögensaufbau der Unternehmung (Vermögensstruktur)
c) die Kapitalinvestierung (Kapitalanlage)
d) die Zahlungsbereitschaft (Liquidität) des Unternehmens

Aufgabe 54

a) Was ist der „Cash Flow"?
b) Welche Aussagen sind mit Hilfe des Cash Flow möglich?
c) Leiten Sie die direkte und indirekte Methode der Cash-Flow-Ermittlung her!

Aufgabe 55

Welche Hilfsgröße der Bilanzanalyse ersetzt den Deckungsbeitrag?

Aufgabe 56

Bilanz					
Aktiva	1. Jahr	2. Jahr	Passiva	1. Jahr	2. Jahr
I. Anlagevermögen			I. Eigenkapital	460.000	560.000
1. Bebaute Grundstücke	240.000	234.000			
2. Maschinen	60.000	64.000			
3. Betriebs- und Geschäftsausstattung	35.000	28.000			
II. Umlaufvermögen			II. Fremdkapital		
1. Vorräte	190.000	195.000	1. Hypotheken	50.000	45.000
2. Forderungen	75.000	85.000	2. Darlehen	37.000	0
3. Besitzwechsel	35.000	29.000	3. Lieferschulden	90.000	83.000
4. Kasse	3.000	4.000	4. Schuldwechsel	40.000	5.000
5. Postscheck	4.000	3.000			
6. Bankguthaben	35.000	51.000			
Σ	677.000	693.000	Σ	677.000	693.000

a) Bereiten Sie die Bilanz auf und stellen Sie die Bilanzstruktur in Prozentzahlen (Bilanzsumme = 100%) dar!
b) Ermitteln und beurteilen Sie die Kennzahlen Finanzierung, Vermögensaufbau, Investierung und Liquidität!
c) Vergleichen Sie die beiden Jahre und beurteilen Sie, welche einschneidenden Veränderungen sich ergeben haben und worauf sie zurückzuführen sind!

Aufgabe 57

Neben der Bilanz wird in manchen Unternehmen zur Verbesserung der Aussagefähigkeit auch eine Bewegungsbilanz erstellt.

a) Was ist eine Bewegungsbilanz? Welche Erkenntnisse können aus ihr gewonnen werden?
b) Nennen Sie Möglichkeiten zur Erweiterung der Bewegungsbilanz!
c) Erläutern Sie kurz den Unterschied zwischen einer Bewegungsbilanz und einer Kapitalflussrechnung!

Aufgabe 58

Gegeben sei folgende Konzernbilanz (Angaben in Mio. EUR):

Aktiva	1. Jahr	2. Jahr
Anlagevermögen		
Immaterielle Vermögensgegenstände	592	277
Sachanlagen	17.397	16.919
Finanzanlagen	3.459	3.726
Summe	21.448	20.922
Umlaufvermögen		
Vorräte (erhalt. Anzahlungen)	5.244	5.228
Forderungen aus Lieferungen u. Leistungen	15.123	14.713
Übrige Forderungen / sonstige Vermögensgegenstände	12.520	12.740
Wertpapiere u. Schuldscheine	21.249	18.233
Flüssige Mittel	2.780	3.580
Summe	56.916	54.494
Rechnungsabgrenzungsposten	74	66
Summe Aktiva	**78.438**	**75.482**

Passiva	1. Jahr	2. Jahr
Eigenkapital		
Gezeichnetes Kapital		
Stammaktien (Gesamtstimmenzahl 55.059.206)	2.753	2.753
Vorzugsaktien (Gesamtstimmenzahl 923.634)	46	46
Kapitalrücklage	8.611	8.605
Gewinnrücklagen	9.128	7.953
Konzerngewinn	728	728
Anteile in Fremdbesitz	1.458	1.407
Unterschied aus Währungsumrechnung	- 914	- 966
Summe	21.810	20.526
Rückstellungen		
Pensionen u. ähnliche Verpflichtungen	16.669	16.012
Übrige Rückstellungen	21.202	20.322
Summe	37.871	36.334
Finanzschulden	4.518	4.645
Andere Verbindlichkeiten		
Verbindlichkeiten aus Lieferungen u. Leistungen	6.480	5.964
Übrige Verbindlichkeiten	7.306	7.524
Summe	13.786	13.488
Rechnungsabgrenzungsposten	453	489
Summe Passiva	**78.438**	**75.482**

Entwickeln Sie aus der Bilanz die Bewegungsbilanz!

Hinweis: Erstellen Sie zunächst die Veränderungsbilanz!

Aufgabe 59

Gibt es in einer Bilanzanalyse Grenzen? Begründen Sie Ihre Antwort!

Aufgabe 60

Bilden Sie zu folgenden Geschäftsvorfällen den Buchungssatz!
1. Überweisung der offenen Lieferantenrechnung
2. Barkauf eines Computers
3. Privatentnahme in bar
4. Überweisung der Löhne und Gehälter für die Mitarbeiter
5. Einzahlung von Bargeld aus der Kasse auf das Bankkonto
6. Kauf eines LKW bei Lieferant B, Bezahlung durch Wechsel
7. Lieferant B legt den Wechsel unserer Bank zur Einlösung mit Wechselspesen vor
8. Bezahlung rückständiger Umsatzsteuer und Sozialversicherungsbeiträge über Girokonto
9. Rücksendung fehlerhafter Ware und Erstattung des Wertes durch Banküberweisung
10. Zahlung der fälligen Zinsen und der Tilgung für das Darlehen per Bankeinzug
11. Bezahlung der Miete der genutzten Büroräume

Welche der Geschäftsfälle sind zahlungswirksam und welche sind erfolgswirksam?

Aufgabe 61

Beschreiben Sie, wie man durch die Aufsplittung der Bestandskonten in der Bilanz zu einer Gewinn- und Verlustrechnung gelangt!

Kosten- und Leistungsrechnung

Aufgabe 62

Welche Aufgaben hat die Kostenrechnung? Nennen und beschreiben Sie die drei Prinzipien der Kostenzurechnung!

Aufgabe 63

Ordnen Sie folgende Kostenarten nach ihrem Verhalten bei Beschäftigungsänderung ein!

Kostenarten	fix	überwiegend fix	teilfix, teilvariabel	überwiegend variabel	variabel
Gehälter					
Gewerbesteuer					
Energiekosten					
Werbekosten					
Fertigungsmaterial					
Betriebsstoffe					
Heizungskosten					
Hilfslöhne					
Abschreibungen – Linear – nach Leistungseinheiten					

Aufgabe 64

Unterscheiden Sie variable und fixe Kosten im Hinblick auf Beschäftigungsänderung!

Aufgabe 65

Bestimmen Sie für die als Periodenkosten angegebenen Kostenverläufe die entsprechenden Stückkostenkurven!

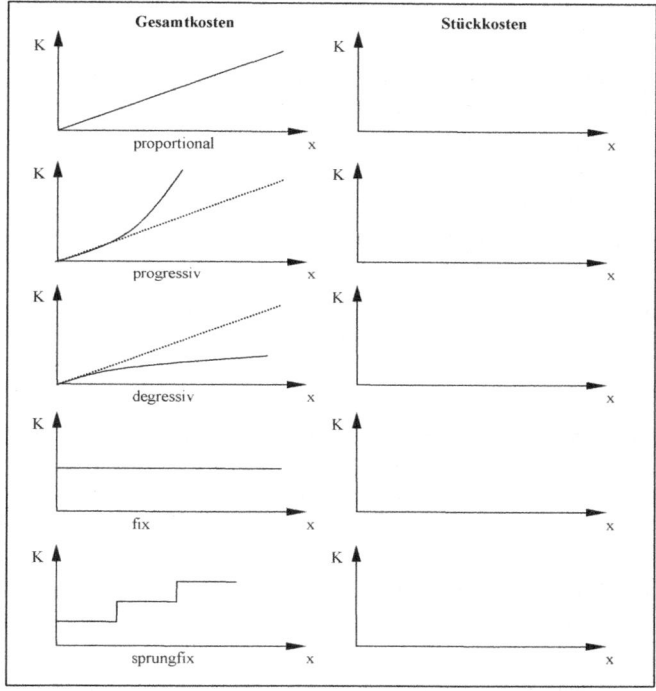

Aufgabe 66

Wie kann man die Kostenrechnung unterteilen? Wie sind die zugehörigen Fragestellungen?

Aufgabe 67

Worin besteht der Unterschied zwischen einer Teilkostenrechnung und einer Vollkostenrechnung? Was ist die Besonderheit einer Teilkostenrechnung?

Aufgabe 68

Welche Aufgabe hat die Kostenartenrechnung im Rahmen der Kostenrechnung?

Aufgabe 69

Nach welchen Kriterien lassen sich Kosten einteilen?

Aufgabe 70

Welche Möglichkeiten gibt es, den Materialverbrauch mengen- und wertmäßig zu erfassen?

Aufgabe 71

Erläutern Sie, weshalb Löhne sowohl Einzel- als auch Gemeinkosten sein können!

Aufgabe 72

a) Was ist das Ziel der kalkulatorischen Abschreibung?

b) Nennen Sie Grundlagen, die vorausgesetzt werden müssen, um eine kalkulatorische Abschreibung durchführen zu können!

Aufgabe 73

Eine Maschine mit den Anschaffungskosten in Höhe von 480.000 EUR wird leistungsbezogen abgeschrieben. Die Gesamtkapazität wird auf 1 Mio. Stück während ihrer Lebensdauer geschätzt. In den ersten drei Jahren der Nutzung werden jährlich 150.000 Stück gefertigt. Wegen eines Absatzrückganges sinkt die jährliche Fertigung für die Restnutzungsdauer von fünf Jahren auf je 50.000 Stück/Jahr.

a) Welchen Buchwert hat die Maschine zum Ende des 2. Jahres?

b) Wie hoch ist der Buchwert zum Ende des 6. Jahres?

c) Ermitteln Sie die jährlichen Abschreibungsbeträge für die Maschine, wenn für sie ein Restwert von 20.000 EUR angesetzt wird!

Aufgabe 74

Eine Maschine, deren Anschaffungskosten 2,4 Mio. EUR betragen, ist kalkulatorisch abzuschreiben. Der geschätzte Wiederbeschaffungswert beträgt 3 Mio. EUR, die geplante Nutzungsdauer 10 Jahre. Berechnen Sie die kalkulatorische Abschreibung pro Jahr!

Aufgabe 75

Was versteht man unter kalkulatorischen Zinsen? Geben Sie ein Beispiel an!

Aufgabe 76

Für ein Unternehmen hat die Hausbank einen Kredit mit Zinsen in Höhe von 25.000 EUR berechnet. Das betriebsnotwendige Kapital der Firma (Eigen- und zu verzinsendes Fremdkapital) beträgt 1.500.000 EUR. Der Kapitalmarktzins beträgt 7 %.

a) Wie hoch sind die kalkulatorischen Zinsen?

b) Welche Zinsen wirken sich auf das Gesamtergebnis und auf die Kosten aus?

Aufgabe 77

Erläutern Sie den Begriff „Kalkulatorische Wagnisse" und geben Sie ein Beispiel!

Aufgabe 78

a) Erläutern Sie die Aufgaben der Kostenstellenrechnung!

b) Was versteht man unter Kostenstellen? Nach welchen Kriterien lassen sich Kostenstellen bilden?

Aufgabe 79

Im Rahmen der Kostenstellenrechnung werden Hilfskostenstellen gebildet. Was verstehen Sie darunter?

Aufgabe 80

Nennen Sie die Aufgaben, die durch den Betriebsabrechnungsbogen erfüllt werden!

Aufgabe 81

a) Stellen Sie die Problematik bei der Verrechnung der innerbetrieblichen Leistungen dar!
b) Welche Möglichkeiten der Verrechnung der innerbetrieblichen Leistungen kennen Sie?

Aufgabe 82

Kostenarten	Summe	Kostenstellen/-Bereiche			
		Material-bereich	Produktion	Verwaltungs-bereich	Vertriebs-bereich
Hilfs- / Betriebsstoffe	18.000	600	10.800	3.000	?
Energie	60.000	2.400	57.600	--	--
Hilfslöhne	96.000	?	?	?	?
Steuern	72.000	6.000	7.500	12.000	46.500
Raumkosten	48.000	?	?	?	?
Bürokosten	42.000	--	--	30.000	12.000
Abschreibungen	84.000	6.000	54.000	18.000	6.000
Normal-GK-Zuschläge		12,0 %	250,0 %	12,0 %	9,0 %

- Fertigungsmaterialeinzelkosten: 300.000 EUR
- Fertigungslohneinzelkosten: 240.000 EUR

Bestandsveränderungen sind nicht zu berücksichtigen!

Es gelten folgende Verteilerschlüssel:

Kostenart	Materialbereich	Produktion	Verwaltung	Vertrieb
Hilfslöhne	3	10	1	2
Raumkosten	2	4	1	1

Erstellen Sie einen Betriebsabrechnungsbogen und ermitteln Sie die IST-Zuschlagssätze sowie die Über- bzw. Unterdeckung in den verschiedenen Kostenbereichen!

Aufgabe 83

In der Fertigungskostenstelle A sind für den Beschäftigungsgrad BG = 16.000 h monatlich Gemeinkosten in Höhe von 40.000 EUR geplant.

a) Wie hoch ist der verrechnete Gemeinkostensatz je Stunde in der Fertigungsstelle A?
b) Untersuchen Sie die entstandenen Abweichungen, wenn nach Ablauf der Abrechnungsperiode bei 14.000 Arbeitsstunden 37.800 EUR Gemeinkosten angefallen sind!
c) Kann aus der ermittelten Abweichung auf Unwirtschaftlichkeit geschlossen werden?

Aufgabe 84

a) In einem Ein-Produktunternehmen werden Kacheln hergestellt. Die Produktionskosten pro Stück betragen 0,90 EUR. Die Gemeinkosten liegen bei 1,5 Mio. EUR in der Periode. Errechnen Sie mit Hilfe der Divisionskalkulation die Selbstkosten pro Kachel, wenn 1.000.000 Stück in der Periode produziert werden!
b) In welchen Fällen wird die mehrstufige Divisionskalkulation angewendet?

Aufgabe 85

a) Was verstehen Sie unter einer Kostenträgerstückrechnung?
b) Erstellen Sie eine Übersicht über die wichtigsten Kalkulationsverfahren!
c) Wozu dient eine Vorkalkulation und auf welcher Basis wird sie aufgebaut?

Aufgabe 86

Eine Brauerei stellt an ihrem Hauptstandort vier Biersorten her:

Sorte	Produktionsmenge	Äquivalenzziffer	Q´	Kosten je Hektoliter	Selbstkosten
	(1)	(2)	(3)=(1)·(2)	(4)	(5)=(1)·(4)
Premium-Pils	50.000 hl				
Lagerbier	30.000 hl				
Dunkelbock	30.000 hl				
Alkoholfrei	5.000 hl				
Summe					3.523.500

Die Kostenplanung hat ermittelt, dass die Herstellungskosten von Premium-Pils das 1,2fache, Dunkelbock das 0,8fache und das alkoholfreie Bier das 1,5fache des Lagerbiers betragen. Ermitteln Sie die Kosten je Hektoliter und die Selbstkosten jeder Biersorte!

Aufgabe 87

Welche Vorbereitung benötigt man für die Durchführung der Zuschlagskalkulation?

Aufgabe 88

Eine Möbelfabrik plant die Herstellung von 50.000 Holzstühlen zur Erweiterung der Produktpalette. Dazu werden folgende Kosten in Ansatz gestellt:

- Fertigungsmaterial   1.000.000 EUR
- Fertigungslöhne Teilefertigung   500.000 EUR
- Fertigungslöhne Montage   350.000 EUR

Es gelten folgende Normalzuschlagssätze:

- Material-   6 %
  wirtschaft:
- Teilefertigung: 200 %
- Montage: 250 %
- Verwaltung: 8,0 %
- Vertrieb: 5,5 %

Berechnen Sie die voraussichtlichen Selbstkosten insgesamt und je Stück!

Aufgabe 89

Ein Betrieb stellt seine Kostenrechnung von der reinen Zuschlagskalkulation auf Maschinenkalkulation um. Für eine CNC-Drehbank muss der Stundensatz ermittelt werden:

- Anschaffungswert 140.000 EUR; Wiederbeschaffungswert 180.000 EUR; ND 9 Jahre.
- Die durchschnittliche Laufzeit beträgt 3.000 Stunden/Jahr. Die kalkulatorischen Zinsen betragen nach der Durchschnittswertverzinsung 7,5 % vom Wiederbeschaffungswert.
- An Instandhaltungskosten fallen jährlich 2.600 EUR an.
- Raumbedarf 40 m²; Raumkosten je Monat und m² 15 EUR.
- Strombedarf 5 Kilowatt bei einem Strompreis von 0,30 EUR je kWh.

Aufgabe 90

Was sind Kuppelprodukte und mit welchen Verfahren werden sie kalkuliert?

Aufgabe 91

a) Was verstehen Sie unter dem Begriff Deckungsbeitrag?
b) Vervollständigen Sie das Schema der mehrstufigen Deckungsbeitragsrechnung!

Bruttoerlöse	
- ...	
= Nettoerlös je Produktart	
- ...	
= Deckungsbeitrag I	
- ...	
= Deckungsbeitrag IIa	Zusammenfassung nach Erzeugnisgruppen
- ...	
= Deckungsbeitrag IIb	Zusammenfassung nach Bereichen
- ...	
= Deckungsbeitrag III	Zusammenfassung aller Unternehmensbereiche
- ...	
= Betriebsergebnis	

Aufgabe 92

Stellen Sie graphisch die Break-even-Analyse dar, und zeigen Sie die Beziehungen zwischen Umsatz, Kosten, Gewinn und Absatzmenge!

Aufgabe 93

Ein Einprodukt-Unternehmen mit einer Kapazität von 40.000 Stück/Monat arbeitet mit einem Beschäftigungsgrad von 50 %. Die fixen Kosten betragen 100.000 EUR/Monat, die variablen Kosten 60.000 EUR/Monat. Der Verkaufspreis liegt bei 10 EUR/Stück. Es besteht nun die Möglichkeit, im Rahmen eines Exportauftrages einmalig weitere 10.000 Stück des Erzeugnisses zum Preis von 5,00 EUR/Stück abzusetzen.

a) Würden Sie die Annahme dieses Zusatzauftrages befürworten? Zeigen Sie dies anhand einer Voll- und Teilkostenrechnung!
b) Ist die Vollkostenrechnung die geeignete Beurteilungsgrundlage?

Aufgabe 94

Ein Unternehmen kann jährlich 9.000 Stück eines Erzeugnisses produzieren, nutzt seine Kapazität aber nur zu 70 %. Die Erzeugnisse werden zum Preis von 42 EUR/Stück verkauft. Die fixen Kosten liegen bei 60.000 EUR/Jahr, die variablen Kosten betragen 16 EUR/Stück.

Die Geschäftsleitung ist an einer verbesserten Auslastung der Kapazität interessiert und beauftragt ein Marktforschungsinstitut mit der Erstellung einer Marktanalyse. Darin zeigt sich, dass voraussichtlich 1.500 Stück pro Jahr mehr abgesetzt werden könnten, wenn der Preis der Erzeugnisse um 3 EUR/Stück gesenkt würde.

a) Wie hoch ist der Beschäftigungsgrad bei Erhöhung der Produktion?

b) Wie verändert sich der Deckungsbeitrag pro Stück bei Erhöhung der Produktion?

Deckungsbeitragsrechnung	bei 6.300 Stück/Jahr	bei 7.800 Stück/Jahr
Preis (EUR/Stück)	.....	.....
- variable Kosten (EUR/Stück)	.....	.....
= Deckungsbeitrag (EUR/Stück)	.....	.....

c) Wie verändert sich die Gewinnschwelle bei Erhöhung der Produktion?

Gewinnschwelle	bei 6.300 Stück/Jahr	bei 7.800 Stück/Jahr
$G_s = \dfrac{K_f}{db}$	.....	.....

d) Wie wirkt eine Produktionserhöhung auf Umsatz, Deckungsbeitrag und Gewinn?

Deckungsbeitragsrechnung	bei 6.300 Stück/Jahr	bei 7.800 Stück/Jahr
Erlöse (EUR/Jahr)	.....	.....
- variable Kosten (EUR/Jahr)	.....	.....
= Deckungsbeitrag (EUR/Jahr)	.....	.....
- fixe Kosten (EUR/Jahr)	.....	.....
= Gewinn (EUR/Jahr)	.....	.....

Aufgabe 95

Mit welchen Methoden kann die Planbeschäftigung einer Kostenstelle ermittelt werden?

Aufgabe 96

Erklären Sie Beschäftigungs- und Verbrauchsabweichung! Wer hat sie zu vertreten?

Aufgabe 97

Was versteht man unter Bezugsgröße, Planbeschäftigung und Variator?

Aufgabe 98

Die Plankosten einer Fertigungskostenstelle bei Planbeschäftigung betragen 20.000 EUR. Zur Berücksichtigung von Beschäftigungsänderungen wurde ein Variator von 8 festgelegt.
a) Wie hoch sind die proportionalen (variablen) Kosten und die Fixkosten?
b) Wie hoch sind die Sollgemeinkosten bei einem um 10 % zurückgegangenen Ist-beschäftigungsgrad?

Aufgabe 99

Ein Unternehmen fertigt 3 Produkte. Die Erlöse der Erzeugnisse betrugen im 1. Jahr:
    Produkt A: 180.000 EUR   Produkt B: 250.000 EUR   Produkt C: 200.000 EUR

Die Produkte A und B wurden in einem Kostenbereich gefertigt:

Kostenträgereinzelkosten:
- Produkt A: 30.000 EUR
- Produkt B: 50.000 EUR
- Produkt C: 40.000 EUR

Kostengruppeneinzelkosten:
    Kostenbereich I: 130.000 EUR
    Kostenbereich II: 70.000 EUR

Unternehmenseinzelkosten: 50.000 EUR

Ermitteln Sie mittels mehrstufiger Deckungsbeitragsrechnung den Periodenerfolg!

	Produkt A	Produkt B	Produkt C	Bezugs-ebene
Erlöse	....	....	....	I
- Kostenträgereinzelkosten	....	....	....	
= Deckungsbeitrag I	....	....	....	II
- Kostenträgergruppen-einzelkosten		....		
= Deckungsbeitrag II		....		III
- Unternehmenseinzelkosten		....		
= Erfolg		....		

Aufgabe 100

Für eine KSt wurde für Dezember der Kostenplan erstellt (Planbezugsgrößen 1.200 Stück):

Kostenart	Gesamte Plankosten [EUR]	Variator	Sollkosten bei Istbe-zugsgröße [EUR]
Fertigungslöhne	15.000	10	
Strom	13.000	8	
Gehälter	5.000	0	
Abschreibungen	8.000	1	
Hilfsstoffe	10.000	6	
Σ	51.000		

a) Tragen Sie in die obige Tabelle für jede Kostenart die Sollkosten bei Istbezugsgröße ein und ermitteln Sie deren Summe! Istbezugsgröße: 1.280 Stück!
b) Wie hoch sind die verrechneten Plankosten bei Istbezugsgröße?
c) Wie groß ist die Beschäftigungsabweichung?
d) Wie groß ist die Verbrauchsabweichung, wenn die Istkosten 53.820 EUR betragen?

Aufgabe 101

a) Nennen Sie einige Problemfelder der traditionellen Kalkulationsverfahren!
b) Worauf ist die Veränderung der Kostenstruktur zurückzuführen?

Aufgabe 102

Formulieren Sie unter Benutzung der folgenden Größen den linearen Planungsansatz zur Ermittlung des gewinnmaximalen Produktionsprogramms!

Es können die Produkte 1 und 2 hergestellt werden. Die Herstellung beider Produkte erfolgt in den KSt. A, B, C und D. Die monatliche Kapazität der KSt. wird in Stunden ausgedrückt. Der Verkaufspreis pro Stück beträgt 64 EUR beim Produkt 1 und 96 EUR beim Produkt 2. Fertigungsmaterial und -lohn betragen 22 EUR beim Produkt 1 und 30 EUR beim Produkt 2. Die gesamten Gemeinkosten betragen bei voller Kapazitätsausnutzung 112.000 EUR.

Kosten-stelle	Fertigungs-zeit Prod. 1 [Std/Stück]	Fertigungs-zeit Prod. 2 [Std/Stück]	monatliche Kapazität [Std]	prop. GK bei voller Auslastung [EUR]	prop. GK je Fertigungsstunde [EUR/Std]
A	1	2	6.000	18.000	5
B	3,5	2	5.000	15.000	4
C	-	3	3.000	6.000	4
D	2	2	4.000	8.000	3
Σ	-	-	-----	47.000	---

Aufgabe 103

Worin bestehen die wichtigsten Ziele der Prozesskostenrechnung?

Aufgabe 104

Erläutern Sie die Schritte für die Einführung und Durchführung der Prozesskostenrechnung!

Aufgabe 105

Was versteht man unter „Target Costing"?

Aufgabe 106

a) Zeigen Sie den Unterschied zwischen einer konventionellen Zuschlagskalkulation und einer prozessorientierten Kalkulation!
b) Nennen Sie einige Kritikpunkte an der Prozesskostenrechnung!

Controlling

Aufgabe 107

a) Erklären Sie den Unterschied zwischen Kontrolle und Controlling!
b) Wodurch unterscheidet sich das Controlling von der internen Revision?

Aufgabe 108

Zeigen Sie die wesentlichen Unterscheidungsmerkmale zwischen strategischem und operativem Controlling hinsichtlich

- Planungsstufe
- Controllingzielsetzung
- Zentrale Führungsgrößen
- Ausrichtung auf ...
- Dimensionen
- Informationsquellen
- Orientierung am Führungsziel

Aufgabe 109

a) Welchen Arten der Planung ist das Kosten- und Erlös-Controlling zuzurechnen?
b) Welche Kontrollperiode ist in der industriellen Kosten- und Leistungsrechnung üblich und wann sollten die Kontrollergebnisse vorliegen?

Aufgabe 110

a) Nennen Sie die wichtigsten Voraussetzungen für ein erfolgsorientiertes Controlling unter dem Aspekt der Führung und Information!

b) Als welches Mittel wird die Budgetierung eingesetzt?

Aufgabe 111

Im Rahmen des Controllings wird häufig mit Kennzahlen gearbeitet.

a) Was ist eine Kennzahl und welche Arten von Kennzahlen sind zu unterscheiden?

b) Welchen Zwecken dienen Kennzahlen und worauf ist bei der Auswahl von Kennzahlen zu achten?

Aufgabe 112

a) Erläutern Sie das Ziel der Gemeinkostenwertanalyse!

b) Nennen Sie Kritikpunkte an der Gemeinkostenwertanalyse!

Aufgabe 113

Stellen Sie die Gemeinsamkeiten des Zero-Base-Budgeting und der Gemeinkostenwertanalyse dar!

Aufgabe 114

Was versteht man unter der Szenariotechnik und wie sieht der Ablauf des Szenarios aus?

Aufgabe 115

Was besagt das Konzept der Erfahrungskurve? Welche Gründe liegen für ihre Effekte vor?

Aufgabe 116

Zu Beginn der Herstellung eines elektronischen Bauteils betrugen die Stückkosten 10 EUR. Man geht davon aus, dass sich die Stückkosten gemäß einer 90 %-Lernkurve entwickeln.

a) Wie hoch sind die geplanten Stückkosten, wenn der kumulierte Produktionsausstoß auf das tausendfache des ursprünglichen Niveaus angewachsen ist?

b) Worin sehen Sie den praktischen Nutzen der Erfahrungskurve für das Management?

Aufgabe 117

Wodurch unterscheidet sich das Konzept des Benchmarking von der Konkurrenzanalyse?

Aufgabe 118

Wozu dient ein Managementinformationssystem (MIS)?

Aufgabe 119

Was versteht man unter Früherkennungssystemen und wozu werden sie benutzt?

Aufgabe 120

a) Was bedeutet IFRS und was ist deren Zielsetzung?

b) Wo können Probleme entstehen?

Testfragen

Testfrage 1

Die Aufgabenschwerpunkte des Rechnungswesens sind:
- (a) Dispositionsaufgabe
- (b) Organisationsaufgabe
- (c) Kontrollaufgabe
- (d) Dokumentationsaufgabe
- (e) Rechenschaftslegungs- und Informationsaufgabe

Testfrage 2

Die Buchführung ist eine
- (a) Zeitrechnung
- (b) Vergleichsrechnung
- (c) Kosten- und Leistungsrechnung
- (d) Vorschaurechnung

Testfrage 3

Welche Aussagen sind richtig?
- (a) Die pagatorische Buchführung übernimmt die gesetzlich vorgeschriebene Buchführungspflicht.
- (b) Die kalkulatorische Buchführung wird im Handelsgesetzbuch (§ 238 HGB) geregelt.
- (c) Die pagatorische Buchführung dient zur richtigen Ermittlung der Steuern.
- (d) Die kalkulatorische Buchführung ist ein unternehmensinternes Informationsinstrument und dient dazu, die Wirtschaftlichkeit zu verbessern bzw. zu kontrollieren.

Testfrage 4

Man ist nach § 141 Abgabenordnung auch zur Buchführung verpflichtet, wenn
- (a) der Umsatz größer als 500.000 EUR ist,
- (b) der Gewinn und der Umsatz größer als 30.000 EUR ist,
- (c) der Gewinn größer als 50.000 EUR ist,
- (d) der Umsatz größer als 50.000 EUR ist,
- (e) der Gewinn größer als 15.000 EUR ist.

Testfrage 5

Welche Aussagen sind richtig?
- (a) Die kalkulatorische Rechnung verwendet das Begriffspaar Einnahmen und Ausgaben.
- (b) Die pagatorische Rechnung verwendet das Begriffspaar Leistung und Kosten.
- (c) Die kalkulatorische Rechnung verwendet das Begriffspaar Leistung und Kosten.
- (d) Die pagatorische Rechnung verwendet in der Gewinn- und Verlustrechnung das Begriffspaar Erträge und Aufwendungen.

Testfrage 6

Wann muss die Inventur nach § 240 HGB oder §§ 140 ff. AO durchgeführt werden?

(a) Zu festgelegten Terminen innerhalb des Geschäftsjahres

(b) Bei Gründung und Übernahme eines Unternehmens

(c) Bei Unternehmensvergrößerungen durch Kapitalerhöhungen

(d) Jährlich zum Abschluss eines Geschäftsjahres

(e) Bei Verkauf oder Auflösung des Unternehmens

Testfrage 7

Welche Aussagen treffen auf die zeitlich vor- und nachverlegte Inventur zu?

(a) Die Inventur erfolgt innerhalb von zehn Tagen vor oder nach Bilanzstichtag.

(b) Die Inventur kann durch mathematisch-statistische Verfahren vereinfacht werden.

(c) Die Durchführung der Inventur erfolgt innerhalb von drei Monaten vor oder zwei Monaten nach dem Bilanzstichtag.

(d) Die Bestandsveränderungen während des Verschiebungszeitraumes müssen nur wertmäßig fortgeschrieben oder rückgerechnet werden.

Testfrage 8

Welche Aufgaben hat die Steuerbilanz?

(a) Rechenschaftslegung für Gesellschafter und Gläubiger

(b) Ermittlung des Periodengewinns durch Betriebsvermögensvergleich

(c) Rechenschaftslegung über den Gründungsvorgang

(d) Ermittlung des Liquidationserlöses nach Regulierung der Schulden

Testfrage 9

Welche Positionen gehören auf die Aktivseite einer Bilanz?

(a) Umlaufvermögen

(b) Fremdkapital

(c) Eigenkapital

(d) Anlagevermögen

(e) Rückstellungen

Testfrage 10

Welche der folgenden Behauptungen sind richtig?

(a) Die Posten auf der Aktiva einer Bilanz sind nach dem Niederstwertprinzip bewertet.

(b) Die Posten auf der Passiva einer Bilanz sind nach dem Höchstwertprinzip bewertet.

(c) Bei Bilanz-Bewertung ist der Grundsatz der kaufmännischen Vorsicht zu befolgen.

(d) Im Anlagevermögen wird stets das Höchstwertprinzip angewendet.

(e) Bei den Posten des Anlagevermögens gilt das strenge Niederstwertprinzip.

Testfrage 11

Was sind nicht abnutzbare Anlagegüter?

(a) Gebäude

(b) Grund und Boden

(c) Wertpapiere des Anlagevermögens

(d) Betriebs- und Geschäftsausstattung

(e) langfristige Forderungen

Testfrage 12

Welche der aufgezählten Steuern sind Gemeindesteuern?

(a) Gewerbesteuer   (c) Lohnsteuer

(b) Grundsteuer   (d) Einkommensteuer

Testfrage 13

Welche der folgenden Positionen zählen zu den aktivierungspflichtigen Anschaffungskosten (Die Kosten können den Vermögensgegenständen einzeln zugeordnet werden)?

(a) Fundamentkosten

(b) Transportkosten

(c) Kosten für den Erstbezug von Werkzeugen

(d) Kosten für den Kontokorrentkredit

Testfrage 14

Welche Behauptungen sind richtig?

(a) Körperschaftsteuerpflichtig sind alle Personengesellschaften.

(b) Die Grundsteuer wird an die Gemeinde abgeführt.

(c) Die Umsatzsteuer ist in der Regel im Preis der umgesetzten Güter und Leistungen enthalten.

(d) Der Gewerbesteuer unterliegen nur Betriebe, die im Ausland tätig sind.

Testfrage 15

Welche Behauptungen sind für die geometrisch-degressive Abschreibung richtig?

(a) Die absoluten Abschreibungsbeträge fallen in jeder weiteren Periode.

(b) Steuerrechtlich ist die degressive Abschreibung bei allen beweglichen und unbeweglichen Anlagegütern erlaubt.

(c) Die absoluten Abschreibungsbeträge sind in jeder Periode konstant.

(d) Degressive Abschreibung ist handelsrechtlich gar nicht mehr erlaubt.

(e) Die degressive Abschreibung darf auch bei Anlagegütern angewendet werden, bei denen der Verschleiß ungleichmäßig ist.

Testfrage 16

Wie werden Fertigprodukte als Zugänge in das Fertigwarenlager in einer Bilanz bewertet?

(a) Wiederbeschaffungswert   (c) Selbstkostenwert

(b) Herstellungswert   (d) Durchschnittswert

Testfrage 17

Für welche Rechtsformen ist eine gesetzliche Rücklage vorgeschrieben?

(a) GmbH
(b) Aktiengesellschaft
(c) GmbH & Co KG
(d) Kommanditgesellschaft auf Aktien
(e) Doppelgesellschaft
(f) Offene Handelsgesellschaft

Testfrage 18

Welche Aussagen treffen bei einer Verbrauchsfolgebewertung auf die Hifo-Methode zu?

(a) Die zuerst erworbenen Güter werden auch zuerst verbraucht.
(b) Die zuletzt erworbenen Güter werden als erste verbraucht.
(c) Die teuersten eingekauften Güter werden zuerst verbraucht.
(d) Die zuletzt erworbenen Güter werden auch zuletzt verbraucht.

Testfrage 19

Wenn eine AG zum 31.12. die freien Rücklagen erhöht, so kann man daraus schließen, dass:

(a) die Unternehmung Vorsorge für ungewisse, im Grund entstandene Verbindlichkeiten treffen möchte;
(b) der betreffende Überschussbetrag während des Geschäftsjahres auf jeden Fall in liquider Form zugeflossen ist;
(c) die stillen Reserven sich erhöht haben;
(d) in entsprechender Höhe eine Zurückbehaltung des in der Gewinn- und Verlustrechnung ausgewiesenen Jahresüberschusses vorliegt;

Testfrage 20

Pensionsrückstellungen sind

(a) Teil des nichtausgeschütteten Gewinns
(b) zweckgebundenes Vermögen
(c) weder Eigen- noch Fremdkapital
(d) Fremdkapital

Testfrage 21

Welche Aussagen zur GuV sind richtig?

(a) Aufbau der GuV ist im HGB geregelt
(b) die GuV kann von jedem Unternehmen beliebig durchgeführt werden
(c) die GuV ermittelt den Jahreserfolg
(d) Erfolgsermittlung durch Gegenüberstellung von Bestandsgrößen

Testfrage 22

Welche Aufgabengebiete gehören zur Bilanzanalyse?

(a) Informationsverdichtung
(b) Kapitalerhaltung
(c) Wahrheitsfindung
(d) Entscheidungsfindung
(e) Urteilsbildung
(f) Steuerlastminimierung

Testfrage 23

In welche Komponenten zerlegt die ROI-Formel die Rentabilität?

(a) Kapitalumschlag

(b) Umsatzrentabilität

(c) Gewinn

(d) Verlust

(e) Operativer Gesamtumschlag

Testfrage 24

Bei welchen der folgenden Beispiele handelt es sich um eine Aktiv-Passiv-Minderung?

(a) Rückzahlung eines Darlehens über das Bankkonto

(b) Barkauf eines Computers

(c) Kauf von Rohstoffen auf Ziel

(d) Rücksendung eines Teils der auf Ziel gekauften Rohstoffe an den Lieferanten

(e) Kauf eines neuen LKWs

Testfrage 25

Worum handelt es sich bei dem folgenden Geschäftsvorfall? Eine kurzfristige Lieferschuld wird in eine langfristige Darlehensschuld umgewandelt.

(a) Aktivtausch

(b) Passivtausch

(c) Aktiv - Passiv - Mehrung

(d) Aktiv - Passiv - Minderung

Testfrage 26

Welche der aufgeführten Behauptungen treffen zu?

(a) Alle Geschäftsvorfälle werden ins Grundbuch eingetragen.

(b) Nur über wichtige Buchungen muss ein Beleg nachweisbar sein.

(c) Die Konten werden im Hauptbuch geführt.

(d) Aufwandskonten sind Unterkonten des Privatkontos.

(e) Aufwands- und Ertragskonten stellen Unterkonten des G.u.V. Kontos dar.

Testfrage 27

Welche Aussagen sind für das Gewinn- und Verlustkonto richtig?

(a) Auf der Soll-Seite werden alle Erträge des Unternehmens festgehalten.

(b) Die Differenz zwischen der Soll- und Haben-Seite weist den Erfolg des Betriebes aus.

(c) Steht eine Differenz auf der Soll-Seite des Gewinn- und Verlustkontos, so hat das Unternehmen einen Verlust gemacht.

(d) Ein Differenzbetrag auf der Haben-Seite bedeutet einen Gewinn.

(e) Das Gewinn- und Verlustkonto ist ein Unterkonto des Eigenkapitalkontos.

Testfrage 28

Welche Aussagen sind richtig?

(a) Privatentnahmen sind betriebliche Aufwendungen.
(b) Bringt der Unternehmer Sachwerte aus seinem Privatvermögen in das Unternehmen ein, so spricht man von einer Privateinlage.
(c) Das Privatkonto wird am Jahresende über das Gewinn- und Verlustkonto abgeschlossen.
(d) Die private Benutzung eines Firmen-PKWs stellt einen umsatzsteuerpflichtigen Eigenverbrauch dar.
(e) Das Privatkonto wird am Ende des Jahres über das Eigenkapitalkonto abgeschlossen.

Testfrage 29

Welche Behauptungen treffen zu?

(a) Die ausgewiesene Umsatzsteuer auf Eingangsrechnungen wird in einem Unternehmen auf das Konto Umsatzsteuer verbucht.
(b) Die beiden Konten Umsatzsteuer und Vorsteuer werden miteinander verrechnet.
(c) Ist die Umsatzsteuer größer als die Vorsteuer, so hat man eine Zahllast gegenüber dem Finanzamt.
(d) Die Umsatzsteuer muss immer größer sein als die Vorsteuer.
(e) Ein Vorsteuerüberhang entsteht, wenn ein Unternehmen mehr Vorsteuern in seiner Buchführung fortgeschrieben hat als es durch Verkäufe Umsatzsteuer erwirtschaftet hat wurden.

Testfrage 30

Welche Versicherungsarten fallen unter den Oberbegriff Sozialversicherung?

(a) Krankenversicherung   (c) Kirchensteuer   (e) Rentenversicherung
(b) Arbeitslosenversicherung   (d) Unfallversicherung   (f) Solidaritätsbeitrag

Testfrage 31

Welche Eigenschaften sollte der Kontenrahmen haben?

(a) Er soll den Betriebsvergleich auf der internationalen Ebene erleichtern.
(b) Er muss eine systematische, branchenspezifische Gliederung aufweisen.
(c) Der Kontenrahmen muss firmenspezifisch erweiterbar sein, ohne seine Grundordnung zu verlieren.
(d) Die Konten aller Industriebetriebe sollten einheitlich benannt werden.
(e) Der Kontenrahmen sollte für die EDV-Bearbeitung geeignet sein.

Testfrage 32

Welche der folgenden Aussagen sind richtig?

(a) Kosten sind zugleich auch Ausgaben
(b) Betriebliche ordentliche Aufwendungen sind identisch mit den Kosten
(c) Alle kalkulatorischen Kosten sind zugleich auch Aufwendungen
(d) Ausgaben sind immer periodenbezogen

Testfrage 33

Nennen Sie die Hauptaufgaben der Kostenrechnung!

(a) Wirtschaftlichkeits-
kontrolle

(b) Ermittlung der Steuern

(c) Bereitstellung von Informationen und Zahlenmaterial

(d) Preiskalkulation

(e) Erfolgsermittlung für das Unternehmen

Testfrage 34

Welche Aussagen sind richtig?

(a) kalkulatorische Kosten entsprechen in ihrer Höhe den Zusatz- und Anderskosten
(b) kalkulatorische Kostenarten treten in der GuV entweder überhaupt nicht oder in anderer Höhe als Aufwandsarten auf
(c) kalkulatorische Kostenarten erhöhen die Vergleichbarkeit der Kosten zur Leistung
(d) kalkulatorische Kosten werden in der Kalkulation nicht berücksichtigt

Testfrage 35

Welche der folgenden Aussagen sind richtig?

(a) variable Kosten sind Kosten, die dem Kostenträger direkt zurechenbar sind
(b) progressive Kosten sind Kosten für Sozialleistungen
(c) proportionale Kosten entsprechen in ihrer Höhe den Grenzkosten
(d) fixe Kosten einer Periode entstehen unabhängig vom tatsächlichen Beschäftigungsgrad
(e) wenn degressiver Kostenverlauf vorliegt, gilt die Aussage: die Grenzkosten sind größer als die Durchschnittskosten
(f) die Lohnkosten einer Periode entsprechen in ihrer Höhe den gesamten Bruttolöhnen einer Periode
(g) die Kosten des Bereichs Beschaffung bestehen ausschließlich aus Materialkosten, Lohn- und Gehaltskosten, sowie Fremdleistungskosten

Testfrage 36

Welche Aussagen sind richtig?

(a) Variable Kosten verändern sich mit der Ausbringungsmenge.
(b) Variable Kosten werden auch als Bereitschaftskosten bezeichnet.
(c) Bei steigender Produktionsmenge erhöhen sich die fixen Kosten.
(d) Rohstoffe können als variable Kosten behandelt werden.
(e) Die Abschreibungen werden in der Regel als fixe Kosten behandelt.

Testfrage 37

Welche Behauptungen treffen auf die Vollkostenrechnung zu?

(a) Die Vollkostenrechnung ist ein Hilfsmittel zur Bestimmung der kurzfristigen Preisuntergrenze.
(b) Sie ermittelt das Betriebsergebnis.
(c) Die Vollkostenrechnung berücksichtigt nur variable Kosten.
(d) Die Einzelkosten werden, soweit möglich, nach dem Verursacherprinzip berechnet.
(e) In der Vollkostenrechnung werden nur Gemeinkosten auf die Kostenträger verteilt.

Testfrage 38

Welche Behauptungen sind falsch?

(a) Die Kostenartenrechnung erfasst systematisch und vollständig alle Kosten einer Betrachtungsperiode.

(b) Die Kostenartenrechnung ist nach verbrauchten Produktionsfaktoren gegliedert.

(c) Die Kostenartenrechnung zeichnet nur die Kosten auf, die in kleinen Abteilungen einer Unternehmung angefallen sind.

(d) Die Kostenartenrechnung kann nach betrieblichen Funktionen gegliedert sein.

Testfrage 39

Welche Formeln können zur Ermittlung der Materialkosten benutzt werden?

(a) Anzahl hergestellter Produkte multipliziert mit dem Materialverbrauch je Produkt.

(b) Lageranfangsbestand + Materialzugang - Lagerendbestand

(c) Lageranfangsbestand - Materialabgang + Lagerendbestand

(d) Lageranfangsbestand + Materialzugang - Materialabgang

(e) Lagerendbestand + Materialzugang - Lageranfangsbestand

Testfrage 40

Welche Abschreibungsmethoden lassen sich innerhalb der Kostenrechnung unterscheiden?

(a) Lineare Abschreibung

(b) Digitale Abschreibung

(c) Leistungsabschreibung

(d) Gespaltene Abschreibung

(e) Duale Abschreibung

Testfrage 41

Welche Abschreibungsmethoden sind bei der kalkulatorischen Abschreibung erlaubt?

(a) Es ist nur die lineare und die degressive Abschreibung erlaubt.

(b) Alle Abschreibungsmethoden können angewendet werden.

(c) Nur die Anwendung der gespaltenen Abschreibungsmethode ist sinnvoll.

(d) Es dürfen nur die Abschreibungsmethoden durchgeführt werden, die auch bei der steuerrechtlichen Abschreibung zulässig sind.

Testfrage 42

Was verstehen Sie unter einem Fertigungswagnis?

(a) Ausschuss

(b) Gewährleistungs- und Haftungsansprüche

(c) Konventionalstrafen

(d) Transportschäden

(e) Nacharbeiten

Testfrage 43

Welche Behauptungen sind richtig, wenn die Kostenstellen im Unternehmen nach Funktionen gegliedert sind?

(a) Kosten der Hilfskostenstellen können direkt auf die Kostenträger umgelegt werden.

(b) Die Werkskantine ist eine allgemeine Kostenstelle.

(c) Hauptkostenstellen verrechnen ihre Kosten direkt auf die Kostenträger.

(d) Hauptkostenstellen sind die Material- und Fertigungsstellen.

Testfrage 44

Welche Informationen gewinnt man aus der Kostenträgerstückrechnung (Teilkostenbasis)?

(a) Kurzfristige Preisuntergrenzen (c) Einzelkosten

(b) Langfristige Preisuntergrenzen (d) Verkaufspreise

Testfrage 45

Welche Kostenarten sind Bestandteil der Herstellkosten?

(a) Fertigungsgemeinkosten (c) Sondereinzelkosten der Fertigung

(b) Fertigungsmaterial (d) Sondereinzelkosten des Vertriebes

Testfrage 46

Die summarische Zuschlagskalkulation wird angewendet bei:

(a) der Ermittlung der Selbstkosten pro Leistungseinheit für Einprodukt-Betriebe

(b) Kleinbetrieben mit einer geringen Anzahl von Gemeinkostenarten

(c) der Ermittlung der Selbstkosten pro Leistungseinheit für Betriebe mit Sortenfertigung durch Verhältniszahlen

(d) der Ermittlung der Selbstkosten pro Leistungseinheit bei Serien- und Einzelfertigung

Testfrage 47

Welche Aussagen sind falsch?

(a) Die differenzierende Zuschlagskalkulation ist bei einheitlicher Massenfertigung mit mehreren Produktionsstufen und Zwischenlagern sinnvoll.

(b) Die summarische Zuschlagskalkulation ist für Ein-Produkt-Betriebe geeignet.

(c) Die einstufige Divisionskalkulation ist für einen Ein-Produkt-Betrieb geeignet.

(d) Die Äquivalenzziffernkalkulation ermittelt die Selbstkosten pro Leistungseinheit für Betriebe mit Sortenfertigung durch Verhältniszahlen.

Testfrage 48

Welche Kostenarten gehen bei der Ermittlung eines Maschinenstundensatzes mit ein?

(a) Betriebsstoffkosten (d) Wartungskosten

(b) Raumkosten (e) Personalkosten

(c) Energieverbrauchskosten (f) Abschreibung

Testfrage 49

Welche Behauptungen sind richtig?

- a) Der Deckungsbeitrag ist gleich dem Gewinn.
- (a) Der Stückdeckungsbeitrag ist der Überschuss des Nettopreises über die variablen Stückkosten.
- (b) Mit dem direct costing-Verfahren kann in einem Ein-Produkt-Betrieb bei gegebener Absatzmenge die Preisuntergrenze bestimmt werden, bei der kein Verlust entsteht.
- (c) Der Deckungsbeitrag II ist definiert als Deckungsbeitrag I plus erzeugnisfixe Kosten.
- (d) Kosten aus Verwaltung und Unternehmensleitung sind unternehmensfixe Kosten.

Testfrage 50

Welche der folgenden Behauptungen treffen auf die Plankostenrechnung zu?

- (a) Dieses System stellt eine rein zukunftsorientierte Rechnung dar.
- (b) Die tatsächlich angefallenen Kosten werden auf die erstellten und verkauften Produktionseinheiten der laufenden Periode verrechnet.
- (c) Ziel ist die wirksame Steuerung des Betriebsgeschehens.
- (d) Als Berechnungsgrundlage dient ausschließlich die betriebliche Planung.

Testfrage 51

Die Differenz zwischen Plankosten und Sollkosten bezeichnet man als:

- (a) Verbrauchsabweichung
- (b) Beschäftigungsabweichung
- (c) Preisabweichung
- (d) überhaupt keine Kostenabweichung

Testfrage 52

Wie kann die Planbeschäftigung einer Kostenstelle bestimmt werden?

- (a) mit einer Personalplanung
- (b) mit einer Engpassplanung
- (c) mit einer Raumplanung
- (d) mit einer Kapazitätsplanung

Testfrage 53

Bei welchem der Prozesse handelt es sich um leistungsmengeninduzierte Prozesse?

- (a) Leitung einer Kostenstelle
- (b) Teilnahme an Bildungsmaßnahmen
- (c) Einholen von Angeboten
- (d) Materiallieferungen entgegennehmen

Testfrage 54

Welche Aussagen treffen zu?

- (a) Controlling ist grundsätzlich nur vergangenheitsorientiert.
- (b) Controlling ist unerlässlich für die Arbeitssicherheit.
- (c) Der Controller legt die Ziele für das Unternehmen fest.
- (d) Der Controller nutzt die Kostenrechnung als Informationsinstrument.
- (e) Der Controller führt Arbeitsstudien und Zeitaufnahmen durch.
- (f) Zum Aufgabenbereich des Controllers gehört häufig das Berichtswesen.

Testfrage 55

Welche der folgenden aufgeführten Aufgaben sind dem Aufgabenbereich des Controllers zuzuordnen?

    (a) Bestimmung bzw. Festlegung der Unternehmenszielsetzung

    (b) Koordination und Unterstützung bei der Durchführung der Planung

    (c) Betriebswirtschaftliche Analysen (z.B. Sonderuntersuchungen) durchführen

    (d) Durchführung von Soll-Ist-Vergleichen

    (e) Finanzielle Absicherung von riskanten Geschäften

    (f) Zuständig für die Zielsteuerung und Zielerreichung

    (g) Aufzeigen von Rationalisierungspotenzialen

Testfrage 56

Welche Aussagen treffen zu?

    (a) Der Controller trifft dispositive Entscheidungen, die in den operativen Abteilungen realisiert werden.

    (b) Der Controller sorgt lediglich dafür, dass jeder in seinem Bereich nach den Grundsätzen des Controlling handelt.

    (c) Der Controller setzt, kraft Institution, seine Entscheidungen durch.

    (d) Der Controller liefert Instrumente und Informationen an andere, damit diese in ihren spezifischen Ressorts sachgerecht handeln können.

    (e) Der Controller erstellt Soll-Ist-Vergleiche, um bei Fehlentwicklungen Initiativen ergreifen zu können.

    (f) Der Controller entwickelt Vorschläge zur Gegensteuerung.

Testfrage 57

Welche Kriterien sind für das Anforderungsprofil eines Controllers besonders wichtig? Der Controller:

    (a) muss eine hohe Überzeugungskraft besitzen

    (b) muss analytisches Denkvermögen besitzen

    (c) ist immer auch ein EDV-Spezialist

    (d) benötigt Durchsetzungsvermögen

    (e) muss sich kooperativ verhalten können

Testfrage 58

Strategisches Controlling ist gekennzeichnet durch

    (a) die Durchführung aktueller Soll-Ist-Vergleiche

    (b) die Ermittlung von Chancen und Risiken

    (c) die Langfristigkeit in der Betrachtungsweise

    (d) die nachhaltige Sicherung des Unternehmens

    (e) laufende Kostensenkungsmaßnahmen

    (f) die Sicherung der periodengerechten Liquidität

Testfrage 59

Was sind die Charakteristiken des operativen Controlling?

(a) Die Fragestellung lautet: Die Dinge richtig tun.

(b) Es sind insbesondere langfristige Umweltfaktoren zu berücksichtigen.

(c) Die operative Planung ist eine Maßnahmenplanung.

(d) Die Koordinierung der operativen Planung findet zumeist in unregelmäßigen Sitzungen schrittweise statt.

(e) Zeitbezug ist die Gegenwart bzw. nahe Zukunft.

(f) Die Fragestellung lautet: Die richtigen Dinge tun.

Testfrage 60

Welche der folgenden Instrumente sind vorwiegend dem strategischen Controlling zuzuordnen?

(a) Szenariotechnik

(b) Benchmarking

(c) Budgetplanung

(d) Das Konzept der Lern- und Erfahrungskurve

(e) Früherkennungssysteme

Testfrage 61

Bei der Beurteilung mit absolut starren Budgets gilt:

(a) Das Budget wird in einer funktionalen Abhängigkeit von Einfluss- und Bezugsgrößen erstellt.

(b) Die budgetierten Zahlen hängen im Wesentlichen von der freien Entscheidung der Unternehmensleitung ab.

(c) Die budgetierten Zahlungen hängen nicht von der freien Entscheidung der Unternehmensleitung ab.

(d) Die Höhe des Budgets wird vom Staat festgelegt.

(e) Durch Nachtragsbudgets werden z.B. Beschäftigungsänderungen berücksichtigt.

Testfrage 62

Was sind die wesentlichen Merkmale des Zero-Base-Budgeting?

(a) Aufnahme des Ist-Zustandes eines Bereiches

(b) Formulierung von zielorientierten Entscheidungspaketen

(c) Formulierung erwarteter Kosten-Nutzen-Relationen

(d) Bewertung der Soll-Leistungen von Mitarbeitern

(e) Ermittlung der Steigerungsrate der Abteilungs-Budgets

(f) Die Ist-Daten sind die Ausgangsbasis für die Planung

Testfrage 63

Seit 2005 müssen alle Unternehmen der EU einen konsolidierten Jahresabschluss nach IFRS vornehmen. Welche der folgenden Aussagen treffen zum IFRS zu?
- (a) IFRS ist ein anerkannter Standard in der internationalen Rechnungslegung.
- (b) Die Unternehmen haben bei der steuerlichen Abschreibung ein Wahlrecht.
- (c) Bei IFRS spielt das Vorsichtsprinzip gegenüber dem HGB eine eingeschränkte Rolle, da der Erfolg realistisch ausgewiesen werden soll.
- (d) Das IFRS-Regelwerk ist wie folgt aufgebaut: Framework, Standards, Interpretations.
- (e) Der Rechnungslegungszweck hat den Gläubigerschutz und die Kapitalerhaltung als Ziel.
- (f) Zum OCI gehören alle erfolgsneutralen Ergebniskomponenten, die in der GuV nicht erfasst werden.

Testfrage 64

Welche Bedeutung haben Kennzahlen für einen Controller?
- (a) Für den Controller dienen sie nicht als Instrument bei der Zieloperationalisierung.
- (b) Für den Controller dienen sie als wichtigstes Instrument zum Aufzeigen von Soll–Ist–Abweichungen für einzelne Funktionsbereiche.
- (c) Der Controller kann durch das Aufstellen von Kennzahlen eine schnelle und übersichtliche Information über das ökonomische Aufgabenfeld bereitstellen.
- (d) Kennzahlen sind Kontroll- und Steuerungsinstrumente und legen somit die Grundlagen für wichtige Entscheidungen.
- (e) Der Controller kann an den Kennzahlen die Schwächen und Stärken des Unternehmens erkennen.

Testfrage 65

Was kennzeichnet die Balanced Scorecard?
- (a) Sie betrachtet den monetären Aspekt als Oberziel.
- (b) Sie betrachtet nur harte Kennzahlen.
- (c) Die BS stellt ein modernes Managementsystem dar.
- (d) Die BS betreibt intensives Qualitätsmanagement.
- (e) Die Perspektiven der BS sind Finanzen, Kunden, Prozesse und Entwicklung.
- (f) Die Perspektiven der BS sind Analyse, Problembehebung und Kontrolle.

Antworten zu den Aufgaben

Einführung in das Rechnungswesen und Controlling

Aufgabe 1

a) Aufgabenschwerpunkte sind:
- Dokumentationsaufgaben
- Dispositionsaufgaben
- Kontrollaufgaben
- Rechenschaftslegungs- und Informationsaufgaben

b) Klassische Teilgebiete sind:
- Buchführung
- Kosten- und Leistungsrechnung
- Statistik
- Planungsrechnung

Aufgabe 2

Nach § 238 Handelsgesetzbuch ist jeder Vollkaufmann zur Buchführung verpflichtet. Zusätzlich sind nach § 141 Abgabenordnung auch alle anderen Gewerbetreibende zur Buchführung verpflichtet, die eine der folgenden Grenzen überschreiten.

⇒ wenn der Umsatz, einschließlich der steuerfreien Umsätze, größer als 500.000 EUR pro Jahr ist
⇒ wenn der Gewinn größer als 25.000 EUR pro Jahr ist

Aufgabe 3

- **Auszahlungen/Einzahlungen:** Verminderung/Erhöhung des Bar- oder Buchgeldbestandes, Abfluss/Zufluss von Geld oder anderen Zahlungsmitteln in einem Unternehmen
- **Ausgaben/Einnahmen:** sämtliche Aus-/Einzahlungen einer Periode, die so korrigiert werden, als ob sämtliche Güterab-/-zugänge auch in dieser Periode bezahlt würden
- **Aufwand/Ertrag:** in Geldeinheiten ausgedrückter Wertverzehr/Wertzuwachs einer Periode, wird in der Gewinn- und Verlustrechnung am Jahresende ausgewiesen
- **Kosten:** durch Leistungserstellung bedingter bewerteter Güter- u. Dienstleistungsverzehr
- **Leistung:** sofern die Erträge das Ergebnis der betrieblichen Leistungserstellung sind, nennt man sie Leistungen oder Betriebsergebnis

Aufgabe 4

Beispiel	Einzahlung	Auszahlung	Einnahme	Ausgabe	Ertrag	Aufwand	Leistungen	Kosten
a.	☑	☐	☐	☐	☑	☐	☐	☐
b.	☑	☐	☐	☐	☐	☐	☑	☐
c.	☐	☐	☐	☐	☐	☐	☑	☐
d.	☑	☐	☐	☐	☐	☐	☑	☐
e.	☐	☑	☐	☑	☐	☐	☐	☐
f.	☑	☐	☑	☐	☐	☐	☐	☐
g.	☐	☑	☐	☐	☐	☑	☐	☑
h.	☐	☑	☐	☑	☐	☑	☐	☐
i.	☐	☐	☐	☐	☐	☑	☐	☑
j.	☐	☑	☐	☑	☐	☐	☐	☐

Aufgabe 5

	Auszahlungen	Ausgaben	Kosten	Aufwendungen
a)	150.000	750.000	-	-
b)	65.000	65.000	-	-
c)	-	-	16.250	13.000

Bilanzierung und Jahresabschluss

Aufgabe 6

Aufgaben der **Buchführung** sind:
- Gegenüberstellung von Aufwendungen u. Erträgen in der Gewinn- und Verlustrechnung
- Aufstellung der Bestände, des Vermögens und Kapitals für einen Stichtag in der Bilanz
- Entwicklung des Jahresabschlusses auf Grundlage der Bilanz und der Gewinn- und Verlustrechnung

Aufgabe 7

a) Unter der **Inventur** versteht man eine Bestandsaufnahme im Unternehmen, die sich auf alle Vermögensteile und Schulden erstreckt. Nach § 240 HGB und §§ 140, 141 AO beinhaltet die Inventur eine mengenmäßige als auch die Bewertung in Geldeinheiten. Die durch die Inventur ermittelten Bestände werden im Inventar zusammengestellt. Das Inventar ist nach folgendem vereinfachten Schema geordnet.

	Inventar
A	Vermögen
	– Anlagevermögen
	– Umlaufvermögen
B	Schulden
	– langfristige Schulden
	– kurzfristige Schulden
C = A - B	Eigenkapital

b) Zulässige Methoden der Inventur sind:
- **Zeitnahe Inventur:** Die Inventur kann in einer Frist von zehn Tagen vor oder nach dem Bilanzstichtag durchgeführt werden.
- **Verlegte Inventur:** Die Durchführung der Inventur erfolgt innerhalb von drei Monaten vor oder zwei Monaten nach dem Bilanzstichtag.
- **Permanente Inventur:** Die Bestandsveränderungen werden laufend erfasst, der aktuelle Lagerbestand ist so jederzeit ablesbar.
- **Stichprobeninventur:** Mithilfe mathematisch-statistischer Verfahren wird die Inventur stichprobenartig durchgeführt und auf den Gesamtbestand hochgerechnet.

Aufgabe 8

a) Die **Bilanz** ist eine Kurzfassung des Inventars und stellt in Form eines sogenannten T-Kontos Vermögen und Schulden einander gegenüber. Als Saldo (Ausgleich der beiden Seiten) erhält man das Eigenkapital.

b) Unterschiede zwischen Inventar und Bilanz sind:

Inventar	Bilanz
– Genaue und ausführliche Aufstellung der einzelnen Vermögensgegenstände und Verbindlichkeiten	– Kurz gefasste Gegenüberstellung von Kapital und Vermögen durch Zusammenfassung gleichartiger Posten
– Mengen-/Wertangabe	– Wertangabe
– Darstellung der Vermögenswerte und Verbindlichkeiten in Staffelform	– Darstellung des Vermögens und des Kapitals in Kontenform

c) Die Vermögensposten (Aktiva) werden nach der Flüssigkeit bzw. nach der Liquidität gegliedert. Maschinenanlagen und Gebäude stehen ganz oben in der Bilanz, während der sehr liquide Kassenbestand ganz unten in der Bilanz erscheint. Die Kapitalposten (Passiva) werden nach ihrer Fristigkeit sortiert. Langfristige Darlehen stehen zum Beispiel höher in der Bilanz als Verbindlichkeiten gegenüber Lieferanten. Alle Vermögens- und Kapitalbestände sind somit in der gleichen Reihenfolge wie im Inventar aufzuführen, also entsprechend steigender Liquidität bzw. sinkender Fristigkeit.

Aufgabe 9

Bilanzart	Aufgaben
Gründungsbilanz	Rechenschaftslegung über Gründungsvorgang, Ausgangsbilanz für die folgende Jahresbilanz
Handelsbilanz	Rechenschaftslegung und Information für die Gesellschafter, Gläubiger, Belegschaft usw.
Steuerbilanz	Ermittlung der Besteuerungsgrundlage bzw. des steuerpflichtigen Gewinns
Konzernbilanz	Information über die Vermögens-, Finanz- und Ertragslage des Konzerns
Liquidationsbilanz	Ermittlung des Liquidationserlöses nach Regulierung der Schulden

Aufgabe 10

Das **Maßgeblichkeitsprinzip** besagt, dass in der Steuerbilanz das Betriebsvermögen so anzusetzen ist, wie es nach den handelsrechtlichen Grundsätzen ordnungsgemäßer Buchführung ermittelt wurde. Es sei denn, ein steuerrechtliches Verbot steht dagegen. Die Ansätze der Handelsbilanz sind somit maßgeblich für die Steuerbilanz. Das Maßgeblichkeitsprinzip kann sich jedoch auch umkehren, da die Regelung im HGB ausdrücklich vorsieht, dass die steuerrechtlich zulässigen Werte auch in die Handelsbilanz übernommen werden dürfen. Somit kann insbesondere dann, wenn das Steuerrecht besondere Vorschriften beinhaltet (z.B. bezüglich Bewertung und Abschreibung), eine umgekehrte Maßgeblichkeit der Steuerbilanz für die Handelsbilanz entstehen.

Aufgabe 11

a) Vollkaufleute müssen grundsätzlich einen Jahresabschluss erstellen, Kannkaufleute nur, wenn sie sich in das Handelsregister eingetragen haben. § 247 HGB verpflichtet Unternehmen aller Rechtsformen zur Aufstellung von Bilanzen entsprechend einem Mindestschema.

b) Externe Bilanzen dienen Zwecksetzungen außerhalb der Unternehmung, die Adressaten sind meist kein Teil des Unternehmens und haben vielfältige informatorische Interessen. Zu unterscheiden sind folgende mögliche Zielgruppen mit den jeweiligen Informationsinteressen:

Zielgruppe	Informationsinteressen
Kapitalgeber	– Rechenschaft der Unternehmensleitung
Kapitalmarkt	– Chancen und Risiken potenzieller Anlage
Finanzbehörde	– Ertrags-, Vermögens- und Gewerbesteuern
Gläubiger	– Kreditrisiko, Schuldnersituation
Arbeitnehmer	– Arbeitsplatzrisiko

Aufgabe 12

Nach dem Grundsatz der **kaufmännischen Vorsicht** darf die wirtschaftliche Lage des Unternehmens nicht günstiger dargestellt werden, als sie tatsächlich ist. Das hat zur Folge, dass Anlagegüter im Zweifel niedriger anzusetzen sind, als ihr Wert möglicherweise ist. Die Bilanz wird in diesem Fall verkürzt, der Gewinn vermindert. Es entstehen stille Reserven.

Aufgabe 13

Durch das **Realisations- bzw. Imparitätsprinzip** wird der Bilanzansatz von Gewinnen bzw. Verlusten geregelt. Das Realisationsprinzip besagt, dass Gewinne erst dann in der Bilanz ausgewiesen werden dürfen, wenn diese realisiert sind. Nach dem Imparitätsprinzip müssen dagegen zukünftige, noch nicht realisierte Verluste sofort in Ansatz gebracht werden. Beide Vorschriften führen dazu, dass der Gewinn im Jahresabschluss i.d.R. niedriger ausgewiesen wird. Dadurch wird indirekt die Haftungsbasis zugunsten der Gläubiger verbessert, da es tendenziell zur Bildung stiller Reserven kommt. Realisations- bzw. Imparitätsprinzip entsprechen somit dem Grundsatz der kaufmännischen Vorsicht, der besagt, dass Vermögensgegenstände eher zu niedrig und Schulden eher zu hoch anzusetzen sind.

Aufgabe 14

Unter der **passiven Rechnungsabgrenzung** versteht man Erträge, die bereits im abzuschließenden Wirtschaftsjahr als Einnahmen gebucht wurden, aber zum Teil oder ganz dem Ertrag des kommenden Jahres zuzuordnen sind.

Beispiel: Im Voraus erzielte Mieteinnahmen für eine Lagerhalle

Aktive Rechnungsabgrenzungen werden gebildet für Ausgaben, die im alten Geschäftsjahr noch getätigt werden, aber Aufwand des folgenden Geschäftsjahres betreffen.

Beispiel: Vorauszahlung der Kfz-Steuer, die sich in das Folgejahr hinein erstreckt

Zur rechtlichen Grundlage siehe auch § 250 HGB.

Aufgabe 15

a) Handelsrechtliche **Aktivierungswahlrechte** bestehen für folgende Sachverhalte:

- **Aufwendungen für die Ingangsetzung und Erweiterung des Geschäftsbetriebs** (§ 269 HGB); im Anhang muss bei Kapitalgesellschaften eine Erläuterung enthalten sein;
- **aktivische latente Steuern** (gleicht sich ein aus einem steuerlich höheren Ergebnis als in der Handelsbilanz resultierender zu hoher Steueraufwand voraussichtlich in späteren Geschäftsjahren wieder aus, so dürfen in Höhe der geschätzten zukünftigen Steuerentlastung aktivische latente Steuern bilanziert werden; § 274 II HGB);
- den **Geschäfts- oder Firmenwert** (als solcher „darf der Unterschiedsbetrag angesetzt werden, um den die für die Übernahme eines Unternehmens bewirkte Gegenleistung den Wert der einzelnen Vermögensteile des Unternehmens abzüglich der Schulden im Zeitpunkt der Übernahme übersteigt." § 255 IV HGB);
- ein **Disagio** (Unterschiedsbetrag zwischen Rückzahlungs- und Auszahlungsbetrag einer Verbindlichkeit, § 250 III HGB); „davon-Vermerk" unter den Rechnungsabgrenzungsposten, unter denen er ausgewiesen wird oder Angabe im Anhang erforderlich;
- **Zölle und Verbrauchssteuern**, die auf Vermögensgegenstände des Vorratsvermögens entfallen und Umsatzsteuern auf Anzahlungen (§ 250 I HGB);
- entgeltlich erworbene immaterielle Anlagewerte.

Die Aktivierung dieser Positionen verlängert die Aktivseite und bewirkt somit eine **Erhöhung des Jahresüberschusses** (vor Steuern). Für die ersten beiden besteht **steuerlich** ein Aktivierungsverbot, für alle weiteren ein Aktivierungsgebot.

b) Auf der **Passivseite** dürfen handelsrechtlich folgende Sachverhalte bilanziert werden:

- **Rückstellungen für unterlassene Instandhaltung**, wenn diese innerhalb der Monate 4 bis 12 des folgenden Geschäftsjahres nachgeholt wird (§ 249 I HGB); nehmen diese Rückstellungen einen erheblichen Umfang an, so müssen sie erläutert werden (§ 285 HGB);
- **Aufwandsrückstellungen nach § 249 II HGB** (für bestimmte Aufwendungen, die diesem Geschäftsjahr zuzurechnen sind, aber in Höhe oder Eintrittszeitpunkt unbestimmt sind); Erläuterungspflicht wie oben;
- **Pensionsrückstellungen**, die **vor dem 01.01.1987** zugesagt wurden, werden nicht ausgewiesen, so muss der ausweisbare Betrag angegeben werden (Art. 28 EG-HGB);
- **Sonderposten mit Rücklagenanteil** („Passivposten, die für Zwecke der Steuern vom Einkommen und vom Ertrag zulässig sind." § 147 III HGB, auch § 273 HGB); in der Bilanz oder im Anhang müssen die Vorschriften angegeben werden, nach denen der Sonderposten gebildet wurde.

Die Passivierung dieser Sachverhalte bewirkt eine Verlängerung der Passivseite und somit die **Minderung des ausgewiesenen Jahresüberschusses**. **Steuerlich** besteht in den ersten beiden Fällen ein Passivierungsverbot, für die sogenannten Altzusagen ein Wahlrecht und für die Sonderposten Bilanzierungsgebot, wobei diese Rücklage in späteren Geschäftsjahren bilanzierungspflichtig aufzulösen ist und damit i.d.R. nur zu einer Steuerverschiebung führt.

Aufgabe 16

Grundlage der bilanziellen Bewertung von Vermögensgegenständen, die ein Unternehmen tätigen muss, um ein Wirtschaftsgut in Betrieb zu nehmen, sind die **Anschaffungskosten** (AK). Nach § 255 (1) HGB zählen hierzu alle „Aufwendungen, die geleistet werden, um einen Vermögensgegenstand zu erwerben und ihn in einen betriebsbereiten Zustand zu versetzen". Dabei sind etwaige Anschaffungspreisminderungen (z.B. Rabatte, Skonti, Subventionen oder Zuschüsse) in Abzug zu bringen. Zu den Anschaffungskosten gehören somit neben dem Anschaffungspreis (ohne MwSt.) auch die sog. Anschaffungsnebenkosten (z.B. Kosten für Anlieferung, Aufstellung und Inbetriebnahme) und die nachträglichen Anschaffungskosten. Nicht zu den Anschaffungskosten gehören jedoch etwaige Finanzierungskosten (z.B. Zinsen).

Aufgabe 17

a) Die **Herstellungskosten** für im eigenen Betrieb erstellte Vermögensgegenstände müssen aus der Kostenrechnung abgeleitet werden. Nach Handels- und Steuerrecht werden jedoch unterschiedliche Kostenbestandteile zugrunde gelegt.

b)

	Handelsrechtliche Herstellungskosten (§255 HGB)		Steuerrechtliche Herstellungskosten (EStR 33)
	Fertigungsmaterial		Fertigungsmaterial
+	Fertigungslöhne	+	Fertigungslöhne
+	Sondereinzelkosten der Fertigung	+	Sondereinzelkosten der Fertigung
=	**Mindestherstellungskosten ***	+	Materialgemeinkosten
+	Materialgemeinkosten	+	Fertigungsgemeinkosten
+	Fertigungsgemeinkosten	=	**Mindestherstellungskosten**
+	Verwaltungsgemeinkosten	+	Verwaltungsgemeinkosten
=	**Höchstherstellungskosten**	=	**Höchstherstellungskosten**

Herstellungskosten (schattierter Bereich = Wahlmöglichkeit, heller Bereich = Pflicht)

* Nach dem Bilanzrechtsmodernisierungsgesetz (BilMoG) wurde am 01.01.2010 die Untergrenze der handelsrechtlichen Herstellungskosten neu gefasst. Neben den Einzelkosten werden nun auch angemessene Teile der variablen Gemeinkosten einbezogen. Aufgrund dessen erhöht sich die handelsrechtliche Wertuntergrenze gegenüber der bisherigen Regelung.

Aufgabe 18

Die Vertriebskosten dürfen nicht in die Herstellungskosten eingerechnet werden. Sie gehen in dem Jahr als Aufwendungen in der Gewinn- und Verlustrechnung ein, in dem sie anfallen. Das gleiche gilt für die Sondereinzelkosten des Vertriebs.

Aufgabe 19

a) Die Kapitalerhaltung ist für ein Unternehmen die Voraussetzung für die ungestörte Fortführung des Betriebsprozesses. Das Prinzip der Kapitalerhaltung ist in der Handels- und Steuerbilanz durch gesetzliche Vorschriften fixiert, wonach die Leistungsfähigkeit eines Betriebes als gewahrt gilt, wenn das nominelle Geldkapital ziffernmäßig von Periode zu Periode gleich bleibt. Das Prinzip der Kapitalerhaltung unterscheidet man in nominelle, reale und substantielle Kapitalerhaltung.

b) **Nominelle Kapitalerhaltung**: Das nominelle Geldkapital soll ziffernmäßig von Periode zu Periode gleichbleiben; es gilt der Grundsatz „Euro gleich Euro".

Substantielle Kapitalerhaltung: Nach diesem Konzeptionen ist der Maßstab nicht eine bestimmte Geldsumme, sondern die hinter den Geldbeträgen stehenden Gütermengen. Der Periodengewinn bestimmt sich danach, ob die Umsatzerlöse zur Wiederbeschaffung aller im Leistungsprozess, der abgelaufenen Periode, verbrauchten und umgesetzten Produktionsfaktoren erforderlichen Geldbeträge ausreichen.

Aufgabe 20

a) Nominelle Kapitalerhaltung: Abschreibung von Anschaffungs- od. Herstellungskosten
b) Reale Kapitalerhaltung: Abschreibung vom Wiederbeschaffungswert

Aufgabe 21

a) Als derivativer **Geschäfts- oder Firmenwert** darf der Betrag angesetzt werden, um den die für die Übernahme eines Unternehmens bewirkte Gegenleistung (Kaufpreis) den Wert der einzelnen Vermögensgegenstände des Unternehmens abzüglich der Schulden zum Zeitpunkt der Übernahme übersteigt.

Berechnung: 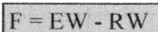 F = Firmenwert

EW = Ertragswert als Zukunftserfolgswert

RW = (Teil-) Reproduktionswert

Man unterscheidet zwischen originären und derivativen Firmenwert.

Der originäre Firmenwert ergibt sich im Laufe der Bestehens und der Entwicklung des Unternehmens. Der derivative Firmenwert ist der Wert, der vom Käufer eines Unternehmens im Rahmen des Gesamtkaufpreises gezahlt wird.

b) Bei Software wird von immateriellen Vermögensgegenständen ausgegangen, egal, ob es sich um Individualprogramme oder problemorientierte Standardsoftware handelt. Für den Anwender ist nicht der Datenträger, sondern dessen Programminhalt wichtig.

c) Nicht abnutzbare Anlagegüter sind, sofern nicht die Voraussetzungen für eine außerplanmäßige Abschreibung gegeben sind, mit den Anschaffungs- oder Herstellungskosten zu bewerten.

d) Das Nominalprinzip impliziert, dass Vermögensgüter (maximal) mit dem Wert in der Bilanz anzusetzen sind, der in Geldeinheiten (=nominell) für die Anschaffung ausgegeben wurde. Eine Bewertung mit Tageswerten über dem Anschaffungswert würde einen Wechsel vom Denken in Anschaffungswerten (Nominalwert) auf ein Denken in Wiederbeschaffungswerten (Realwert, Substanzerhaltung) bedeuten.

Aufgabe 22

Bei linearer Abschreibung gilt:

$$\text{AfA} - \text{Betrag} = \frac{200.000}{10} = 20.000 \text{ EUR} \qquad \text{AfA} - \text{Satz} = \frac{100}{10} = 10\,\%$$

Aufgabe 23

Ermittlung des Buchwertes nach dem dritten Nutzungsjahr:

$$\text{AfA} - \text{Betrag} = \frac{65.000 + 5.000}{10} = 7.000 \text{ EUR}$$

Buchwert = 70.000 − 3 · 7.000 = 49.000

Aufgabe 24

Abschreibungssatz 20%

Abschreibungsverlauf	Degressive Abschreibung	Lineare Abschreibung
Anschaffungswert	240.000,00 EUR	
Afa für das 1. Jahr	− 48.000,00 EUR	
Buchwert	192.000,00 EUR	
Afa für das 2. Jahr	− 38.400,00 EUR	
Buchwert	153.600,00 EUR	153.600 EUR/6 Jahre =
Afa für das 3. Jahr	− 30.780,00 EUR	25.600 EUR
Buchwert	122.880,00 EUR	122.880 EUR/5 Jahre =
Afa für das 4. Jahr	− 24.576,00 EUR	24.576 EUR
Buchwert	98.304,00 EUR	98.304,00 EUR
Afa für das 5. Jahr	− 19.660,80 EUR	−24.576,00 EUR
Buchwert	78.643,20 EUR	73.728.00 EUR
Afa für das 6. Jahr	− 15.728,44 EUR	− 24.576,00 EUR
Buchwert	62.914,56 EUR	49.152,00 EUR
Afa für das 7. Jahr	− 12.582,92 EUR	−24.576,00 EUR
Buchwert	50.331,65 EUR	24.576,00 EUR
Afa für das 8. Jahr	− 10.066,33 EUR	24.576,00 EUR
Buchwert	40.265,31 EUR	0 EUR

Die Umstellung von der degressiven zur linearen Abschreibung sollte im 4. Jahr vorgenommen werden.

Rechnerische Überprüfung

$m = (n+1) - \dfrac{100\,\%}{d}$ \qquad m = Übergangszeitpunkt

$m = (8+1) - \dfrac{100\%}{20\%}$ \qquad n = Nutzungszeit

m = 4 \qquad d = degressiver AfA-Satz

Die geometrisch-degressive Abschreibung ist für bewegliche Wirtschaftsgüter nur noch handelsrechtlich zulässig und steuerrechtlich seit 01.01.08 unzulässig.

Aufgabe 25

a) Selbstständig nutzbare Güter des Anlagevermögens, die den Anschaffungswert von 60€ nicht übersteigen, dürfen sofort als Aufwand abgeschrieben werden. Bei GWG, deren Anschaffungs- oder Herstellungskosten maximal 150€ betragen, kann eine Vollabschreibung vorgenommen werden. Alle GWG eines Jahres zw. 150 und 1000€ werden in einem Sammelposten gestellt und über 5 Jahre linear abgeschrieben.

b) Anlagen, die bis zum 31.06. beschafft werden, können noch in demselben Jahr voll abgesetzt werden. Anlagen, die in der zweiten Jahreshälfte beschafft werden, können noch mit dem halben Abschreibungsbetrag angesetzt werden. Da die Anlage am 13.07. erworben wurde, kann für das erste Jahr noch die Hälfte des Abschreibungsbetrages angesetzt werden.

c) Für die Abschreibungsdauer stehen drei Jahre zur Verfügung. Basis der Abschreibung sind die Anschaffungskosten des neuen Unternehmens.

d) Kriterium für den Abschreibungsbeginn ist die Betriebsbereitschaft.

Aufgabe 26

a) Die degressive Abschreibung ist nur für bewegliche, abnutzbare Anlagegüter erlaubt. Man darf sie allerdings auch nur in der Handelsbilanz verwenden.

b) Die außerplanmäßige Abschreibung ist für abnutzbare wie nicht abnutzbare Anlagegüter möglich, wenn sich der Wert eines Vermögensgegenstandes plötzlich und nachhaltig deutlich verringert.

c) Außerplanmäßige Abschreibung

- für Güter des Anlagevermögens:

    - möglich: wenn der Wert am Bilanzstichtag niedriger ist als der Restbuchwert (§ 154 II 1 AktG)
    - zwingend: wenn eine dauernde Wertminderung vorliegt
      Beispiel: eine Anlage ist im Wert stark gesunken wegen der Entwicklung neuer technischer Verfahren

- für Güter des Umlaufvermögens:

    - Wertpapiere des Umlaufvermögens sind am Bilanzstichtag niedriger bewertet als zum Anschaffungszeitpunkt
      Beispiel: Ladenhüter

Aufgabe 27

Abschreibungsmethoden, die zu einem niedrigen Bilanzansatz führen:

- Beim Anlagevermögen führt die degressive Abschreibung mit Übergang zur linearen zu den niedrigst möglichen Wertansätzen (außerplanmäßige Abschreibungen ausgenommen).
- Bei der Bewertung des Umlaufvermögens hat die Hifo-Methode, die jedoch bei der Erstellung der Steuerbilanz nicht zulässig ist, die niedrigste Bewertung zur Folge (abgesehen von einem eventuell niedrigeren Tageswert).

Aufgabe 28

FiFo – Verfahren	Jahr 1		
Rohstoffvorräte	Anzahl in ME	Preis in EUR/ME	Summe in EUR
Anfangsbestand:	2000	10	20.000
1. Zugang:	2500	12	30.000
2. Zugang:	1500	13	19.500
Zwischensumme:	6000		69.500
Abgang:	4500	2000 · 10 2500 · 12	-20.000 -30.000
Endbestand:	1500	1500 · 13	19.500
Summe:			19.500

Für den Bilanzansatz des Umlaufvermögens gilt das strenge Niederstwertprinzip. Demzufolge muss der zu 13 EUR angeschaffte Bestand auf den niedrigeren Tageswert von 12 EUR abgeschrieben werden. In die Bilanz geht damit für das Jahr 1 ein Wert von **18.000 EUR** (= 1500 · 12 EUR) für die Rohstoffe ein.

FiFo – Verfahren	Jahr 2		
Rohstoffvorräte	Anzahl in ME	Preis in EUR/ME	Summe in EUR
Anfangsbestand: (Endbestand 08)	1500	1500 · 12	18.000
1. Zugang:	2000	11	22.000
2. Zugang:	1000	10	10.000
Zwischensumme:	4500		50.000
Abgang:	3000	1500 · 12 1500 · 11	-18.000 -16.500
Endbestand:	1500	500 · 11 1000 · 10	5.500 10.000
Summe:			15.500

Analog zum Jahr 1 muss auch im Jahr 2 der Bestand mit den Anschaffungskosten von 11 EUR auf den niedrigeren Tageskurs von 10 EUR abgeschrieben werden. In der Bilanz erscheinen die Rohstoffe folglich mit einem Wert von **15.000 EUR** (15.000 EUR = (500 · 10 EUR) + 10.000 EUR).

Aufgabe 29

Den Endbestand bilden 1.000 Elektromotoren. Am Jahresanfang lagen 1.200 Stück zu je 13 EUR auf Lager. Folglich beträgt der Endbestand bei Anwendung des Lifo-Verfahrens: 1.000 · 13 EUR = 13.000 EUR.

Aufgabe 30

Die Anschaffungs- bzw. Herstellkosten sind die Bezugsbasis für die Bewertung der Gegenstände des Umlaufvermögens. Eine Einzelbewertung ist dabei häufig nicht durchführbar, da es häufig zu einer Vermischung von alten und neuen Vorräten kommt. In diesem Fall darf eine Sammelbewertung vorgenommen werden. Die gängigsten Verfahren sind:

- **Durchschnittsverfahren:** Die gesamten Anschaffungskosten werden auf den Gesamtbestand aufgeteilt (es wird also ein Durchschnittspreis ermittelt).
- **Fifo-Verfahren (first-in-first-out):** Es wird unterstellt, dass der Endbestand sich jeweils nur aus den zuletzt gekauften Mengen zusammensetzt.
- **Lifo-Verfahren (last-in-first-out):** Der Endbestand ist ein Rest der anfänglichen Lieferung.
- **Hifo-Verfahren (highest-in-first-out):** Hier wird davon ausgegangen, dass die teuersten Teile zuerst verbraucht werden.

In Abhängigkeit von der Preisentwicklung der hinzugekauften Mengen kommen die genannten Bewertungsverfahren zu unterschiedlichen Werten. Daher ist die Wahl des Verfahrens für den Bilanzansatz von Bedeutung. Eine Bewertung nach Fifo führt z.B. bei steigenden Preisen zu relativ hohen Werten der Vorräte, während die Herstellkosten der Fertigerzeugnisse relativ niedrig ausgewiesen werden. Für die Erstellung der Handelsbilanz sind alle genannten Methoden zulässig!

Aufgabe 31

	Bewertung des Endbestands	Aussage der Zulässigkeit
a) Fifo	5 EUR/E	zulässig, da Niederstwertprinzip gewahrt
b) Lifo	9 EUR/E	unzulässig, da Niederstwertprinzip nicht gewahrt
c) Hifo	5 EUR/E	zulässig, da Niederstwertprinzip gewahrt

Aufgabe 32

a) Das **Eigenkapital** ist Kapital der Eigentümer, Unternehmer oder Anteilseigner. Es ist daher sowohl am Erfolg, als auch am Fortbestand der Unternehmung interessiert. Das Eigenkapital wird, bis auf wenige Ausnahmen, unbefristet zur Verfügung gestellt. Es ist gewinnberechtigt, aber auch verlusttragend.

Das **Fremdkapital** dagegen wird von Gläubigern überlassen, die ausschließlich an einer Verzinsung und der Sicherheit ihrer Einlage interessiert sind. Die Sicherheit rührt aus dem Erfolg der Unternehmung und wird mit dem Eigenkapital begründet. Fremdkapital bedeutet befristete, festverzinsliche Kapitalüberlassung. Aus Sicht der Unternehmung soll es die Finanzierungsbasis vergrößern und damit die Gewinnmöglichkeiten steigern. Hierdurch können Investitionen getätigt werden, die nur durch Eigenkapital nicht möglich wären. Liegt deren Gewinnzuwachs über der Fremdkapitalverzinsung, so ist eine effektive Gewinnsteigerung durch die Fremdkapitalaufnahme zu verzeichnen. Andererseits vergrößert sich das Risiko und ggf. schränkt sich der Entscheidungsspielraum ein.

b) Neben der Finanzierungsaufgabe hat das Eigenkapital drei weitere Hauptfunktionen:
- Haftungsvermögen für Gläubiger; schützt deren Kapital vor Einbußen bei Verlust
- Sicherungsfunktion für Unternehmer, begründet und erhält Kredite.
- Für die Unternehmensführung kommt Initiativfunktion hinzu. Eigenkapital bewirkt und erhält Unabhängigkeit und ist Risikoträger von Innovationen und Produktpolitik.

Aufgabe 33

a)

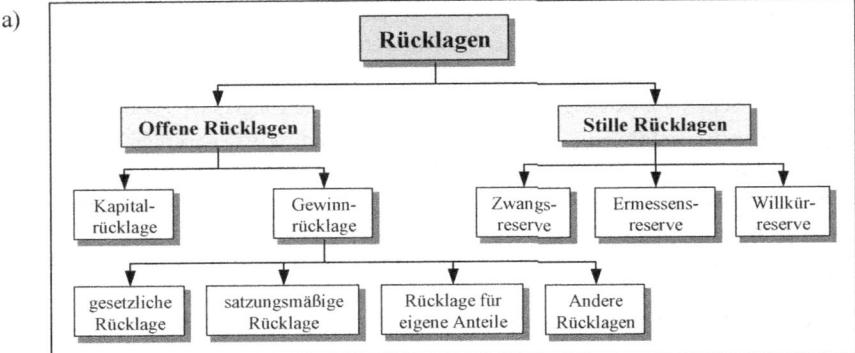

b) Die gesetzliche Rücklage einer AG, die zur Deckung von Verlusten zu bilden ist, basiert auf § 150 AktG: es sind jährlich 5% des um einen eventuellen Verlustvortrag geminderten Jahresüberschusses in die Rücklagen einzustellen, bis die Summe aus gesetzlicher und Kapitalrücklage mindestens 10% des Grundkapitals ausmacht. Solange dieser Betrag nicht erreicht ist, müssen ein Gewinnvortrag aus dem vergangenen Geschäftsjahr und freie Rücklagen zur Verlustdeckung herangezogen werden.

Aufgabe 34

Rückstellungen sind Passivposten zur Berücksichtigung von Aufwendungen, die in der Abrechnungsperiode verursacht worden sind, aber bezüglich
- ihrer Existenz
- ihres Gläubigers
- ihrer Höhe und/oder
- ihres Fälligkeitstermins

ungewiss sind und erst in der Zukunft zu Auszahlungen führen.

Pos.	Art der Rückstellung	Regelung § 249HGB	Steuerrecht
1.	Ungewisse Verbindlichkeit	Pflicht	Pflicht
2.	Drohende Verluste aus schwebenden Geschäften		Verbot
3.	Pensionen, Anwartschaften und ähnliche Verpflichtungen aus Zusagen nach dem 01.01.1987		
4.	Gewährleistung ohne rechtliche Verpflichtung		
5.	Abraumbeseitigung (im folgenden Jahr nachgeholt)		
6.	Unterlassene Instandhaltung (in den ersten drei Monaten des folgenden Geschäftsjahres nachgeholt)		
7.	Unterlassene Instandhaltung (in den letzten neun Monaten des folgenden Geschäftsjahres nachgeholt)	Wahl	Verbot
8.	Andere Aufwandsrückstellungen, insbesondere periodische Großreparaturen)		

Aufgabe 35

Geschäftsvorfälle	Position
* Die fällige Generalüberholung des Fuhrparks wird erst zu Beginn des folgenden Jahres durchgeführt.	Rückstellung
* Am Bilanzstichtag wird damit gerechnet, dass im nächsten Jahr Gewerbesteuer nachzuzahlen ist.	Rückstellung
* Es wird erwartet, dass ein bestimmter Teil der Forderungen notleidend wird.	Abschreibung
* Ein Arbeitsprozess findet erst im Folgejahr statt.	Rückstellung
* Die Kfz-Steuer wurde für ein Jahr vorausbezahlt.	Rechnungsabgrenzungsposten

Aufgabe 36

Beispiele	Handelsbilanz	Steuerbilanz
• Entgeltlich erworbene immaterielle Anlagewerte	P	P
• Ingangsetzungskosten	W	V
• Originärer Firmenwert	V	V
• Anschaffungsnebenkosten	P	P
• aktive transitorische Rechnungsabgrenzungsposten	P	P
• aktive antizipative Rechnungsabgrenzungsposten	P	P
• unentgeltlich erworbene materielle Wirtschaftsgüter	W	W
• Herstellungskosten eines selbsterstellten Anlagegutes:		
- Fertigungsmaterial	P	P
- Materialgemeinkosten	W	P
- Fertigungslöhne	P	P
- Fertigungsgemeinkosten	W	P
- Verwaltungsgemeinkosten	W	W
- Vertriebskosten	V	V
• Abschreibungen einer Fertigungsanlage im Rahmen der Herstellungskosten eines selbsterstellten Gutes	W	P

Aufgabe 37

a) **Scheingewinne** sind in den ausgewiesenen Gewinnen enthaltene, vermeintliche Gewinnanteile, die aber für eine reale Substanzerhaltung verbraucht werden. Sie entstehen durch Abschreibungen auf Basis der historischen Anschaffungskosten eines Anlagegutes, deren reale Wiederbeschaffungskosten aber durch Inflation höher liegen.

b) Zur Scheingewinnermittlung ordnet man den Aufwendungen statistische Preisindizes zu, ermittelt so die Wiederbeschaffungskosten und stellt diese den Erträgen gegenüber. Zieht man diesen Saldo vom Gewinn vor Steuern ab, so erhält man den Scheingewinn.

c) Soweit möglich, schützen Unternehmer sich durch Bildung stiller Reserven vor dem Substanzverzehr durch Ausschüttung und Besteuerung von Scheingewinnen.

Aufgabe 38

a) Die **Gewinn- und Verlustrechnung** ermittelt den Periodenerfolg durch Verrechnung von Aufwendungen/Erträgen.

b) Informative Zwischensummen lassen sich besser darstellen bzw. hervorheben, z.B. der gesonderte Ausweis von Betriebs-, Finanz- und außerordentlichem Ergebnis.

Aufgabe 39

a) Die sogenannten **stillen Reserven** entstehen aufgrund des Vorsichtsprinzips: durch Anwendung des Niederst- und des Höchstwertprinzips treten Abweichungen zwischen den Wertansätzen in der Bilanz und den tatsächlichen Werten auf, die als stille Reserven bezeichnet werden, z.B. durch:
- überhöhte Abschreibungsbeträge auf das Anlagevermögen,
- zu niedrige Wertansätze im Umlaufvermögen oder in der
- Überbewertung von Passiva.

b) Dies gilt immer dann, wenn Bewertungsvorschriften einen höheren Wertansatz nicht zulassen. Beispiel: Der Kurs von Wertpapieren steigt über die Anschaffungskosten.

Aufgabe 40

- Zu den **Umsatzerlösen** zählen nur solche Erträge, die das Unternehmen aufgrund seiner branchentypischen Leistung erzielt hat. Es sind die gesamten Rechnungsbeträge anzusetzen, d.h. ggf. inklusive Fracht und Verpackung auszuweisen. Die Umsatzsteuer und etwaige Erlösschmälerungen (Rabatte, etc.) sind abzuziehen.
- **Andere aktivierte Eigenleistungen** sind Personal- und Sachaufwendungen für selbsterstellte Anlagen, Werkzeuge, etc.
- Die **sonstigen betrieblichen Erträge** enthalten u.a. Erträge aus Kostenverrechnungen, Versicherungsentschädigungen, Auflösung von Rückstellungen, Zuschreibungen und Entnahmen aus dem Sonderposten mit Rücklageanteil.
- Aus den Posten Nr. 9 bis Nr. 13 des Gesamtkostenverfahrens bzw. Nr. 8 bis Nr. 12 des Umsatzkostenverfahrens setzt sich das sogenannte **Finanzergebnis** der Unternehmung zusammen. Es enthält Erträge und Aufwendungen für Finanzanlagen, Wertpapiere des Umlaufvermögens und verzinsliche kurzfristige Forderungen sowie für aufgenommene Kredite.
- Das **Ergebnis der gewöhnlichen Geschäftstätigkeit** errechnet sich aus Gegenüberstellung der betrieblichen Erträge und der betrieblichen Aufwendungen unter Hinzuziehung des Finanzergebnisses. Es ist allerdings im Rahmen der Bilanzanalyse nur wenig aussagefähig, da in ihm auch einmalige, periodenfremde oder rein steuerlich bedingte Erträge verrechnet werden.
- **Außerordentliche Aufwendungen und Erträge**, die das außerordentliche Ergebnis liefern, erfassen Aufwendungen und Erträge, die außerhalb der gewöhnlichen Geschäftstätigkeit anfallen. Die Außergewöhnlichkeit ist nach der Branchenüblichkeit zu beurteilen. Wesentliche außerordentliche Posten sind im Anhang zu erläutern.

Bei Anwendung des **Umsatzkostenverfahrens** werden die Aufwendungen nicht nach Arten ausgewiesen, Personal- und Materialaufwendungen sind jedoch im Anhang aufzuführen. Stattdessen enthalten die **Herstellungskosten der zur Erzielung der Umsatzlöse erbrachten Leistungen** in der GuV die Aufwendungen, die durch den Verbrauch von Gütern und die Inanspruchnahme von Diensten für die Herstellung der verkauften Erzeugnisse und Leistungen entstanden sind. Die **sonstigen betrieblichen Aufwendungen** und **Erträge** enthalten in diesem Fall alle Aufwendungen und Erträge, die nicht sinnvoll einem der Funktionsbereiche Herstellung, Vertrieb oder Verwaltung zugerechnet werden können.

Aufgabe 41

Beim Gesamtkostenverfahren werden sämtliche in einer Periode erwirtschafteten Erträge den in dieser Periode angefallenen Aufwendungen gegenübergestellt. Auch die Lagerzu- und Lagerabgänge werden hier berücksichtigt. Beim Umsatzkostenverfahren werden nur die tatsächlichen Umsatzerlöse den dafür notwendigen Aufwendungen gegenübergestellt.

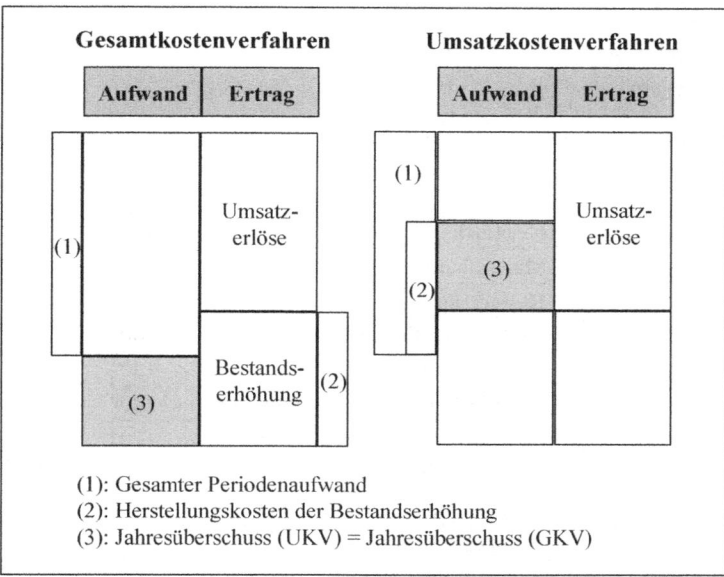

(1): Gesamter Periodenaufwand
(2): Herstellungskosten der Bestandserhöhung
(3): Jahresüberschuss (UKV) = Jahresüberschuss (GKV)

Aufgabe 42

Der **Anhang**, der Teil des Jahresabschlusses ist, soll verschiedene Einzelposten der Bilanz näher erläutern, aber auch zusätzliche Informationen über den Geschäftsverlauf und die weitere Entwicklung des Unternehmens vermitteln (§§ 284-288 HGB sowie § 160 AktG). Es sind dort u.a. die Bewertungs- und Abschreibungsmethoden, die Beteiligungen an anderen Unternehmen, die Einkünfte der Geschäftsführer, der Vorstandsmitglieder und des Aufsichtsrats sowie die Zahl der Mitarbeiter anzugeben. Der Anhang stellt somit für die Bilanzanalyse ein wichtiges Hilfsmittel dar:

- Die **Zielsetzung**, die das bilanzierende Unternehmen mit der Wahl seiner Abschreibungs- und Bewertungsmethoden verfolgt, wird ersichtlich.
- Die **Rückstellungen und weitere wichtige finanzielle Daten**, die in der Bilanz nicht erscheinen, sind im Anhang angegeben. Dadurch kann die finanzielle Lage und die Sicherheit des Unternehmens besser eingeschätzt werden, zumal auch gewährte Sicherheiten aufgeführt und Haftungsverhältnisse erläutert sind.
- Die **Belegschaftsentwicklung** spielt für die Beurteilung der Leistungsfähigkeit und des Rationalisierungsgrades eine Rolle.

Aufgabe 43

Gewinn- und Verlustrechnung			
Materialaufwand	40	Umsatzerlöse	200
Löhne	40	Bestandserhöhung Fertigfabrikate	40
Sozialabgaben	10	Entnahmen aus freien Rücklagen	10
Abschreibungen auf Anlagen	24		
Zinsaufwand	6		
Steuern vom Ertrag	40		
Sonstige Steuern	10		
Gewinn	80		
	250		250

Gesamtleistung	**250**
- Materialaufwand	40
= Rohertrag	**210**
+ Außerordentliche Erträge	200
- sämtliche Aufwendungen	130
= Jahresüberschuss (-fehlbetrag)	**280**
+ Gewinnvortrag (- Verlustvortrag)	170
+ Entnahmen aus Rücklagen	10
- Einstellungen in die Rücklagen	40
= Bilanzgewinn (-verlust)	**80**

Aufgabe 44

a) Der Jahresabschluss besteht für Einzelunternehmen und Personengesellschaften (OHG, KG) aus Jahresbilanz und Gewinn- und Verlustrechnung. Kapitalgesellschaften (GmbH, AG, KGaA) müssen ihren Jahresabschluss nach § 264 HGB um den Anhang ergänzen, sowie z.T. einen Lagebericht aufstellen. Besteht für ein Unternehmen Prüfungspflicht, so werden zudem ein Prüfungsbericht und eventuell Ergänzungsrechnungen erforderlich.

b)

Gesellschaftsform	Gesetz	§§
Offene Handelsgesellschaft	HGB	120
Kommanditgesellschaft	HGB	166 ff.
GmbH	GmbHG	41 f
Genossenschaft	GenG	33-33 h
Aktiengesellschaft	AktG	150-161
AG-Konzernabschluss	AktG	aufgehoben
Kommanditgesellschaft auf Aktien	AktG	278 - 290 (zweites Buch)

c) Körperschaftsteuerpflichtig sind Kapitalgesellschaften, die als juristische Personen ihren Gewinn versteuern müssen. Rechtlich verankert ist dies im Körperschaftsteuergesetz und in der Körperschaft-Durchführungsordnung.

Aufgabe 45

Im **Lagebericht** (§ 289 HGB) sind der Geschäftsverlauf und die Lage der Kapitalgesellschaft darzustellen. Zu berichten ist auch über Vorgänge besonderer Bedeutung, die nach Abschluss des Geschäftsjahres eingetreten sind, über die voraussichtliche Entwicklung der Gesellschaft sowie über Forschungs- und Entwicklungstätigkeiten.

Den Erläuterungen zum Lagebericht sind zu entnehmen:

- **Umsatzentwicklung und -verteilung nach Produktgruppen,** sowie **Auftragseingang und Verteilung nach Produktrichtungen,** sind Faktoren, die als Indikatoren für den Auslastungsgrad und die Absatzlage des Unternehmens dienen. Rückläufiger Umsatz und sinkender bzw. steigender Auftragseingang deuten auf Kapazitätsauslastungsprobleme hin.

  Mit Hilfe dieser Angaben kann des Weiteren die generelle Aussage der Gesamtbestandsveränderungen aus der Bilanz auf die einzelnen Produktgruppen übertragen werden.

- **Preisentwicklung auf den Verkaufs- und den Beschaffungsmärkten,** die eine tendenzielle Aussage darüber zulässt, ob Verteuerungen auf den Vormärkten in vollem Umfang auf den Absatzmarkt überwälzt wurden bzw. werden konnten. Beide Größen eignen sich zu einem Vergleich mit der Entwicklung in ähnlichen Unternehmen.

- **Angaben über die realisierten Investitionen** müssen im Hinblick auf Ersatz-, Erweiterungs- und Rationalisierungsinvestitionen analysiert werden, woran die Entwicklung des Absatzes und die Rationalisierungsfreudigkeit des Unternehmens eingeschätzt werden kann. Die Preiswirkung der durchgeführten Investitionen sollte untersucht werden.

- **Ertragslage und Rentabilitätsentwicklung** zeigen z.B. einem Einkäufer Chancen auf einen Jahresbonus auf und dienen als Argumentationsgrundlage für Preisverhandlungen.

- Der **Erwerb von Beteiligungen** ist für die Gesamtbeurteilung eines Unternehmens von Interesse. Insbesondere beim Erwerb von Beteiligungen an anderen Unternehmen sind preisliche Auswirkungen und solche auf Marktmacht und -struktur zu beobachten.

- Das **Vorratsvermögen** ist ein Faktor, der Rückschlüsse auf die Absatzlage und das Beschaffungsverhalten zulässt. Er eignet sich zudem, genauso wie die Investitionstätigkeit, besonders gut zum Vergleich verschiedener Unternehmen.

- Angaben über **außerplanmäßige Abschreibungen und Wertberichtigungen** sind auf das bezogene bzw. zu beziehende Produkt hin zu untersuchen. Es wird die Stellung des Produktes im Produktlebenszyklus erkennbar.

- Rechtliche und geschäftliche **Beziehungen zu verbundenen Unternehmen** und wichtige diesbezügliche Vorgänge geben Aufschluss über mögliche Zugehörigkeiten mehrerer Firmen zum gleichen Mutterunternehmen oder Konzern, woraus Marktstrukturen und Marktmacht verständlicher werden.

Aufgabe 46

a) Im **Prüfungsbericht** sind die Posten des Jahresabschlusses aufzugliedern und ausreichend zu erläutern. Nachteilige Änderungen der Vermögens-, Finanz- und Ertragslage gegenüber dem Vorjahr und Verluste, die das Jahresergebnis nicht unwesentlich beeinflusst haben, sind aufzuführen und ausreichend zu erläutern. Letzteres ermöglicht gegebenenfalls den Einblick in die Lage eines einzelnen Geschäftsbereiches.

b) Die Prüfungsberechtigung ist im § 319 I HGB geregelt.
- Große Kapitalgesellschaft: nur Wirtschaftsprüfer und -prüfungsgesellschaften
- Mittelgroße GmbH: es sind zusätzlich vereidigte Buchprüfer zugelassen
- Liegen bestimmte Ausschlussgründe vor, dürfen einzelne Wirtschaftsprüfer oder -gesellschaften nicht prüfen (§ 319 II HGB)

Der Abschlussprüfer wird durch die Gesellschaft gewählt (§ 318 HGB, bei der AG durch die Hauptversammlung).

Aufgabe 47

a) Aufgabe der Bilanzanalyse ist es, die in den Positionen des Jahresabschlusses enthaltenen Informationen zu gewinnen und im Hinblick auf die Erfolgs-, Finanz- und Vermögenssituation des Unternehmens zu beurteilen.

b) Im Rahmen des
- Zeitvergleiches werden Daten eines Unternehmens verschiedener Perioden miteinander verglichen.
- Betriebs- oder Branchenvergleiche dienen dazu, direkt die Leistungsfähigkeit eines oder mehrerer Unternehmen zu beurteilen. Der Bewegungsbilanz sollen somit Aussagen über Finanzierungs- und Investitionsvorgänge entnommen werden.

Aufgabe 48

a) „Finanzielles Gleichgewicht" heißt, seinen fälligen Verbindlichkeiten jederzeit nachkommen zu können, also immer „liquide" zu sein.

b) Kriterien für die Beurteilung sind:

Bei den Zählergrößen:	Grad der Liquidierbarkeit
Bei den Nennergrößen:	Grad der Rückzahlungsdringlichkeit

c) Man spricht von Illiquidität, wenn ein Unternehmen nicht mehr genügend liquide Mittel (= Kasse, Bankguthaben) zur Verfügung hat, um die fälligen kurzfristigen Verbindlichkeiten zu begleichen. Bleibt die Zahlung dieser Verbindlichkeiten aus, kann ein Konkurs des Unternehmens nicht mehr verhindert werden.

Aufgabe 49

a) Hohes Anlagevermögen bedeutet hohe Belastung mit Abschreibungen; bei nachlassender Konjunktur besteht nur in begrenztem Maße die Möglichkeit, zu hohe Bestände an Anlagevermögen abzubauen (hoher Fixkostenanteil).

b) Unter folgenden Voraussetzungen sind solche Rückschlüsse jedoch problematisch:
- hohe Finanzanlagen, die relativ leicht liquidierbar sind
- nicht betriebsnotwendiges Sachanlagevermögen (z.B. Grundstücke), welches kurzfristig und ohne Störung des Betriebsablaufes veräußert werden kann.

Aufgabe 50

Mögliche Interpretationen sind:

- Erhöhen sich Bestände, so kann auf mangelnde Kapazitätsauslastung, Absatzschwierigkeiten und eventuell auf überalterte Produktionsstrukturen geschlossen werden.
- Aufwendungen für Roh-, Hilfs- und Betriebsstoffe und bezogene Halbfertigerzeugnisse dokumentieren den Wareneinsatz. Bezogen auf die Gesamtunternehmensleistung zeigt sich die Materialintensität. Erhöhen sich diese Aufwendungen, dann sind steigende Produktpreise und zunehmende Abhängigkeit des Lieferanten vom Vormarkt zu erwarten.
- Deutliche Steigerungen in den Aufwendungen für Personal bzw. höhere Personalaufwendungen, als in der Branche üblich, lassen auf fehlende Rationalisierung schließen. Andererseits können auch hohe Investitionen in die Weiterbildung des Personals Ursache dafür sein, was positiv zu beurteilen wäre.

Aufgabe 51

a) Die **Goldenen Bilanzregeln** fordern, dass zwischen der Bindungsdauer der Vermögensteile und der Überlassung der zur Finanzierung dienenden Kapitalteile Fristenkongruenz bestehen soll. Differenziert ausgedrückt ergibt sich:

- Langfristiges (Anlagevermögen) ist langfristig zu finanzieren.
- Kurzfristiges (Umlaufvermögen) ist mit kurzfristigem Kapital abzudecken.

Wird beispielsweise eine Werkzeugmaschine für 8 Jahre angeschafft, dann sollte auch die Finanzierung entsprechend fristenkongruent sein.

b) Die goldene Bilanzregel ist erfüllt.

c) Am 01.01. ..... werden Lohnzahlungen in Höhe von 50 fällig. Liquide Mittel zur Begleichung dieser Verbindlichkeit sind in der Unternehmung nicht vorhanden und können auch nicht von außen beschafft werden.

Aufgabe 52

Die Eigenkapitalquote ermittelt sich aus:

$$\text{EK-Quote} = \frac{\text{Eigenkapital}}{\text{Eigen- und Fremdkapital}} \cdot 100\%$$

Mit der EK-Quote kann der Verschuldungsgrad und damit die Bonität bzw. die Anfälligkeit des Unternehmens gegenüber Zinssteigerungen abgelesen werden. Bedeutend für Bankensektor und Gläubiger.

In Bankkreisen wird allgemein gefordert, dass mit dem Eigenkapital mindestens drei Verlustjahre abgedeckt werden können, was bei Unterstellung eines zweimaligen Gesamtkapitalumschlags im Geschäftsjahr und einem jährlichen Verlust von 3,3% des Umsatzes einer Eigenkapitalquote von 20% entspricht (langfristige Liefersicherheit).

Eigenkapitalquote	gute Werte
Industrie	> 25 %
Handel	10 - 15 %

Schwierigkeiten bei der Beurteilung der Eigenkapitalquote ergeben sich durch die Problematik der exakten Trennung von Eigen- und Fremdkapital sowie durch unbekannte stille Reserven.

Aufgabe 53

Kennzahlen zur Bilanzanalyse:

a) Finanzierung	b) Vermögensstruktur
$= \dfrac{\text{Eigenkapital}}{\text{Gesamtkapital}} \cdot 100\%$	$= \dfrac{\text{Anlagevermögen}}{\text{Gesamtvermögen}} \cdot 100\%$
$= \dfrac{840.000 \text{ EUR}}{1.200.000 \text{ EUR}} \cdot 100\%$	$= \dfrac{720.000 \text{ EUR}}{1.200.000 \text{ EUR}} \cdot 100\%$
$= 70\%$	$= 60\%$
c) Investition	d) Zahlungsbereitschaft
$= \dfrac{\text{Eigenkapital}}{\text{Anlagevermögen}} \cdot 100\%$	$= \dfrac{\text{flüssige Mittel}}{\text{kurzfristiges Fremdkapital}} \cdot 100\%$
$= \dfrac{840.000 \text{ EUR}}{720.000 \text{ EUR}} \cdot 100\%$	$= \dfrac{80.000 \text{ EUR}}{120.000 \text{ EUR}} \cdot 100\%$
$= 116{,}67\%$	$= 66{,}67\%$

Aufgabe 54

a) Der **Cash Flow** ist ein vielgenutztes Analyseinstrument, für das es diverse Definitionen gibt. Er wird im deutschen Sprachgebrauch auch als „Finanzüberschuss" bezeichnet, was seine Bedeutung zum Ausdruck bringt. Der Cash Flow ermittelt im Rahmen der Bilanzanalyse die Fähigkeit eines Unternehmens, durch Umsatzleistung Finanzmittel zurückzugewinnen, die ihm für Investitionen, Gewinnausschüttung, Schuldentilgung und Rücklagenbildung mittel- bis langfristig zur Verfügung stehen.

b) Mit der Bestimmung des Cash Flow soll eine Aussage über die Innenfinanzierungsmöglichkeiten eines Unternehmens getroffen werden. Der Cash Flow bietet den Vorteil, dass er den tatsächlichen Umfang der in der Abrechnungsperiode vom Unternehmen selbst erwirtschafteten Mittel darstellt. Seine Aussagekraft wird zur Bewertung des Unternehmenserfolges verstärkt, wenn der Cash Flow auf andere Unternehmensgrößen (z.B. Umsatz, Gesamtverschuldung) in Beziehung gesetzt wird.
(Berechnung: Cash Flow = Jahresüberschuss + Abschreibungen + Zuführungen zu den Pensionsrückstellungen)

c) Der Cash Flow kann direkt, d.h. über finanzwirksame Aufwendungen und Erträge, oder indirekt, d.h. über den Jahresüberschuss und nichtfinanzwirksame Aufwendungen und Erträge, ermittelt werden.

Aufgabe 55

Diese Hilfsgröße ist das **Rohergebnis**, das auch als Roh- oder Bruttogewinn bezeichnet wird. Es geht direkt aus der Erfolgsrechnung hervor, wobei die sonstigen betrieblichen Ergebnisse herausgerechnet werden sollten, außer sie umfassen überwiegend betriebstypische Leistungen und verursachen Materialverbrauch. (Voraussetzung für die Einsetzbarkeit des Rohergebnisses: hohe Materialintensität!)

Aufgabe 56

a) Aufbereitung der Bilanz

Bilanz 1. Jahr					
Aktiva	EUR	%	Passiva	EUR	%
I. Anlagevermögen	335.000	49,5	I. Eigenkapital	460.000	67,9
II. Umlaufvermögen	342.000	50,5	II. Fremdkapital	217.000	32,1
	677.000	100		677.000	100
Bilanz 2. Jahr					
Aktiva	EUR	%	Passiva	EUR	%
I. Anlagevermögen	326.000	47,0	I. Eigenkapital	560.000	80,8
II. Umlaufvermögen	367.000	53,0	II. Fremdkapital	133.000	19,2
	693.000	100		693.000	100

b) **Finanzierung** $= \dfrac{\text{Eigenkapital}}{\text{Gesamtkapital}} \cdot 100\,\%$

1. Jahr $= \dfrac{460.000 \text{ EUR}}{677.000 \text{ EUR}} \cdot 100\,\%$ **2. Jahr** $= \dfrac{560.000 \text{ EUR}}{693.000 \text{ EUR}} \cdot 100\,\%$

$= \underline{\underline{67,95\,\%}}$ $= \underline{\underline{80,81\,\%}}$

Vermögensaufbau $= \dfrac{\text{Anlagevermögen}}{\text{Gesamtvermögen}} \cdot 100\,\%$

1. Jahr $= \dfrac{335.000 \text{ EUR}}{677.000 \text{ EUR}} \cdot 100\,\%$ **2. Jahr** $= \dfrac{326.000 \text{ EUR}}{693.000 \text{ EUR}} \cdot 100\,\%$

$= \underline{\underline{49,48\,\%}}$ $= \underline{\underline{47,04\,\%}}$

Anlagendeckung $= \dfrac{\text{Eigenkapital}}{\text{Anlagevermögen}} \cdot 100\,\%$

1. Jahr $= \dfrac{460.000 \text{ EUR}}{335.000 \text{ EUR}} \cdot 100\,\%$ **2. Jahr** $= \dfrac{560.000 \text{ EUR}}{326.000 \text{ EUR}} \cdot 100\,\%$

$= \underline{\underline{137,31\,\%}}$ $= \underline{\underline{171,78\,\%}}$

Liquidität $= \dfrac{\text{Flüssige Mittel}}{\text{Kurzfristiges Fremdkapital}} \cdot 100\,\%$

1. Jahr $= \dfrac{38.000 \text{ EUR}}{90.000 \text{ EUR}} \cdot 100\,\%$ **2. Jahr** $= \dfrac{55.000 \text{ EUR}}{83.000 \text{ EUR}} \cdot 100\,\%$

$= \underline{\underline{42,22\,\%}}$ $= \underline{\underline{66,27\,\%}}$

c) Die Finanz- und Vermögenslage des Unternehmens hat sich im 2. Jahr sehr verbessert. Der Eigenkapitalanteil hat sich vermehrt und es wurde weniger Fremdkapital benötigt. Das Anlage- und Umlaufvermögen hat sich ebenfalls vergrößert. Aus diesen Gründen konnte auch mehr investiert werden. Die Liquidität konnte von 42,22 % im 1. Jahr auf 66,27 % im 2. Jahr gesteigert werden, da mehr flüssige Mittel zur Verfügung standen und die kurzfristigen Verbindlichkeiten zurückgingen.

Aufgabe 57

a) Die **Bewegungsbilanz** versucht, die Finanzbewegungen im Unternehmen innerhalb einer Rechnungsperiode zu erfassen. Diese gehen nicht direkt aus der Beständebilanz hervor, da diese ja nur Vermögen und Kapital an den Bilanzstichtagen ausweist. Der einzelnen Bilanz können somit keine Aussagen über Finanzierungs- und Investitionsvorgänge entnommen werden.

Die Bewegungsbilanz erfasst die bilanziellen Veränderungen zweier aufeinanderfolgender Geschäftsjahre. Die Mittelherkunft und -verwendung im Unternehmen wird durch die Gegenüberstellung der im Laufe eines Geschäftsjahres angefallenen Zu- und Abnahmen der Aktiv- und Passivposten verdeutlicht.

Für die Bewegungsbilanz gilt:

Investierung	≡	Aktivmehrung
Definanzierung	≡	Passivminderung
Desinvestierung	≡	Aktivminderung
Finanzierung	≡	Passivmehrung

Hieraus lässt sich das Grundschema einer Bewegungsbilanz ableiten:

Mittelverwendung einschl. Verlustzu-/Gewinnabnahme	Mittelherkunft einschl. Gewinnzu-/Verlustabnahme
I. **Investierung**	I. **Finanzierung**
= Aktivmehrung	= Passivmehrung
II. **Definanzierung**	II. **Desinvestierung**
= Passivminderung	= Aktivminderung

Die Bewegungsbilanz gewährt einen Einblick in Umfang und Art von Investition und Finanzierung eines Unternehmens im untersuchten Geschäftsjahr und informiert über die Entwicklung von Anlage- und Umlaufvermögen, sowie die Veränderung der Vermögens- und Kapitalstruktur.

b) Noch aussagekräftiger wird die Bewegungsbilanz, wenn man berücksichtigt, dass **Abschreibungen** über die Verkaufserlöse zurückfließen, da sie in die Preise einkalkuliert werden. Sie stehen somit zur Finanzierung von Ersatz- und Neuinvestitionen zur Verfügung. Stellt man die Abschreibungen und Abgänge vom Anlagevermögen, dem Anlagenspiegel entnommen, den Anlageinvestitionen gegenüber, so stellt man fest, in welcher Höhe sie zur **Finanzierung** der **Anlageinvestitionen** beigetragen haben. Außerdem erkennt man, inwieweit das Unternehmen für den **Substanzerhalt** und die Aufrechterhaltung seiner Kapazitäten sorgt. Seine **Rationalisierungs-** und **Innovationsfreudigkeit** kann ebenfalls beurteilt werden. Berücksichtigt man die Angaben im Anlagespiegel, erhält man die erweiterte Bewegungsbilanz.

c) Die Bewegungsbilanz ist der Ansatzpunkt für die Kapitalflussrechnung, die im Wesentlichen eine um die Mittelverwendungsposition „Aufwand" und die Mittelherkunftsposition „Ertrag" erweiterte Bewegungsbilanz darstellt.

Aufgabe 58

Zur Ermittlung der Bewegungsbilanz wird zuerst eine Bestandsveränderungsbilanz erstellt. Diese geht aus den während des Bilanzvergleichs festgestellten Veränderung der Positionen auf beiden Bilanzseiten, gekennzeichnet mit (+) für eine Erhöhung und (-) für eine Verringerung der Werte, hervor. Die so gewonnenen Aktivmehrungen gehen als Investierungen, die Aktivminderungen als Desinvestierungen, die Passivmehrungen als Finanzierungen und die Passivminderungen als Definanzierungen in die Bewegungsbilanz über.

Veränderungsbilanz					
				Angaben in Mio. EUR	
I.	**Anlagevermögen**		**I.**	**Eigenkapital**	
1.	Immat. Vermögensgegenstände	+ 315	1.	Gezeichnetes Kapital	0
2.	Sachanlagen	+ 478	2.	Kapitalrücklagen	+ 6
3.	Finanzanlagen	- 267	3.	Gewinnrücklagen	+1.175
			4.	Konzerngewinn	0
II.	**Umlaufvermögen**		5.	Anteile in Fremdbesitz	+ 51
1.	Vorräte(-erh. Anzahlungen)	+ 16	6.	Unterschied a. Währungsumr.	+ 52
2.	Forderungen aus Lief. u. Leist.	+ 410			
3.	übr. Ford. u. sonst. Vermögensg.	- 220	**II.**	**Rückstellungen**	
4.	Wertpapiere u. Schuldscheine	+3.016	1.	Pensionen u. ä. Verpflichtungen	+ 657
5.	flüssige Mittel	- 800	2.	Übrige Rückstellungen	+ 880
III.	**Rechnungsabgrenzungsposten**	+ 8	**III.**	**Verbindlichkeiten**	
			1.	Finanzschulden	- 127
			2.	Verbindlichk. a. Lief. u. Leist.	+ 516
			3.	Übrige Verbindlichkeiten	- 218
			IV.	**Rechnungsabgrenzungsposten**	- 36
		+2.956			+2.956

Die Zahlen der Bewegungsbilanz zeigen den Umfang und die Art von Investition und Finanzierung des Unternehmens im untersuchten Geschäftsjahr. Sie zeigt die Entwicklung des Anlage- und Umlaufvermögens, sowie die Veränderung der Vermögens- und Kapitalstruktur. Obige Bewegungsbilanz lässt sich wie folgt interpretieren:

Von den 4.624 Mio. EUR Mitteleinsatz wurden 4.243 Mio. EUR zur Investierung i.w.S. verwendet, dabei fällt der wesentliche Anteil auf Kapitalanlagen. In Anlagegüter wurde relativ wenig investiert. 381 Mio. EUR dienten zur Tilgung von Schulden und „übrigen" Verbindlichkeiten. Die Mittel stammen überwiegend aus Rücklagen und Rückstellungen, ein weiterer großer Anteil stammt aus dem Abbau flüssiger Mittel.

„Übersetzt" man die abgebildete Veränderungsbilanz in eine Bewegungsbilanz, so ergibt sich folgendes Bild:

Bewegungsbilanz			
Mittelverwendung		**Mittelherkunft**	
I. Investierung		**I. Finanzierung**	
1. Immat. Vermögensgegenstände	315	1. Kapitalrücklagen	6
2. Sachanlagen	478	2. Gewinnrücklagen	1.175
3. Vorräte	16	3. Anteile in Fremdbesitz	51
4. Forderungen aus Lief. u. Leist.	410	4. Unterschied a. Währungsumr.	52
5. Wertpapiere und Schuldscheine	3.016	5. Pensionen u.ä. Verpflichtungen	657
6. Aktive Rechnungsabgrenzung	8	6. Übrige Rückstellungen	880
	4.243	7. Verbindlichk. a. Lief. u. Leist.	516
			3.337
II. Definanzierung		**II. Desinvestition**	
1. Finanzschulden	127	1. Finanzanlagen	267
2. Übrige Verbindlichkeiten	218	2. Übrige Ford. u. sonst. Vermögensg.	220
3. Passive Rechnungsabgrenzung	36	3. Flüssige Mittel	800
	381		1.287
	4.624		4.624

Aufgabe 59

Die **Bilanzanalyse** bezieht sich auf einen bereits abgelaufenen Zeitraum. Sie ist daher vergangenheitsorientiert und nur bedingt für Prognosen tauglich. Die Angaben im Jahresabschluss sind häufig unvollständig und aufgrund der Bewertungsspielräume (z.B. Bildung von stillen Reserven) nur begrenzt aussagefähig.

Aufgabe 60

Buchungssatz:
1. Verbindlichkeiten an Bank
2. Geschäftsausstattung an Kasse
3. Privat an Kasse
4. Löhne und Gehälter an Bank
5. Bank an Kasse
6. Fahrzeuge an Wechselverbindlichkeiten
7. Wechselverbindlichkeiten und Zins- und Diskontaufwendungen an Bank
8. Verbindlichkeiten an Finanzamt für Umsatzsteuer und Verbindlichkeiten aus gesetzlichen Sozialabgaben an Postgiro
9. Umsatzerlöse an Bank
10. Darlehen und Zins- und Diskontaufwendungen an Bank
11. Mietaufwand an Bank

Zahlungswirksam sind die Geschäftsvorfälle:	1, 2, 3, 7, 8, 9, 10
Erfolgswirksam sind die Geschäftsvorfälle:	4, 11

Aufgabe 61

Die **Bestandskonten** in der Bilanz werden in Aktiva und Passiva aufgeteilt. Bei den Passiva werden das Eigenkapital und die Schulden unterschieden. Das Eigenkapitalkonto kann wiederum aufgesplittet werden. Einmal spricht man hier vom Privatkonto, auf dem alle Privatentnahmen und Privateinlagen geführt werden. Zum anderen gibt es noch ein zweites für das Unternehmen wichtigeres Unterkonto. Hier werden alle Erfolgsvorgänge, das bedeutet alle Veränderungen des Eigenkapitals, durch betriebliche Aufwendungen und Erträge erfasst. Bei dieser komprimierten Darstellung handelt es sich um die GuV.

Kosten- und Leistungsrechnung

Aufgabe 62

Die **Kostenrechnung** hat die Aufgabe, die bei der betrieblichen Leistungserstellung und -verwendung entstehenden Kosten
* zu erfassen,
* auf die Kostenstellen zu verteilen und
* sie den Kostenträgern zuzurechnen.

Prinzipien der Kostenzurechnung:

- Prinzip der **Kostenverursachung**:
  Die entstandenen Kosten sind verursachungsgerecht auf jede Kostenstelle und jeden Kostenträger zu verteilen.
- Prinzip der **Kostentragfähigkeit**:
  Fixe Kosten sind vom Beschäftigungsgrad unabhängig und können nicht nach dem Prinzip der Kostenverursachung zugerechnet werden. Sie werden i.d.R. nach dem Prinzip der Kostentragfähigkeit im proportionalen Verhältnis zu den Deckungsbeiträgen verteilt.
- Prinzip der **Durchschnittsbildung**:
  Beim Prinzip der Durchschnittsbildung fragt man danach, welche Kosten durchschnittlich auf welche Leistung entfallen.

Aufgabe 63

Kostenarten	fix	überwiegend fix	teilfix, teilvariabel	überwiegend variabel	variabel
Gehälter	x				
Gewerbesteuer			x		
Energiekosten				x	
Werbekosten		x			
Fertigungsmaterial					x
Betriebsstoffe				x	
Heizungskosten		x			
Hilfslöhne				x	
Abschreibungen * linear * nach Leistungseinheiten	x				x

Aufgabe 64

Fixe Kosten fallen unabhängig von der Produktionsmenge an (Beispiele: Mieten, Abschreibungen, Versicherungen, Heizungskosten), d.h. bei der Veränderung der Ausbringungsmenge bleiben die fixen Kosten gleich.

Variable Kosten ändern sich mit einer Veränderung der Auslastung. Wird zum Beispiel weniger hergestellt, so werden auch weniger Einsatzstoffe benötigt. Die Kosten für Einsatzstoffe sinken dann natürlich auch.

Aufgabe 65

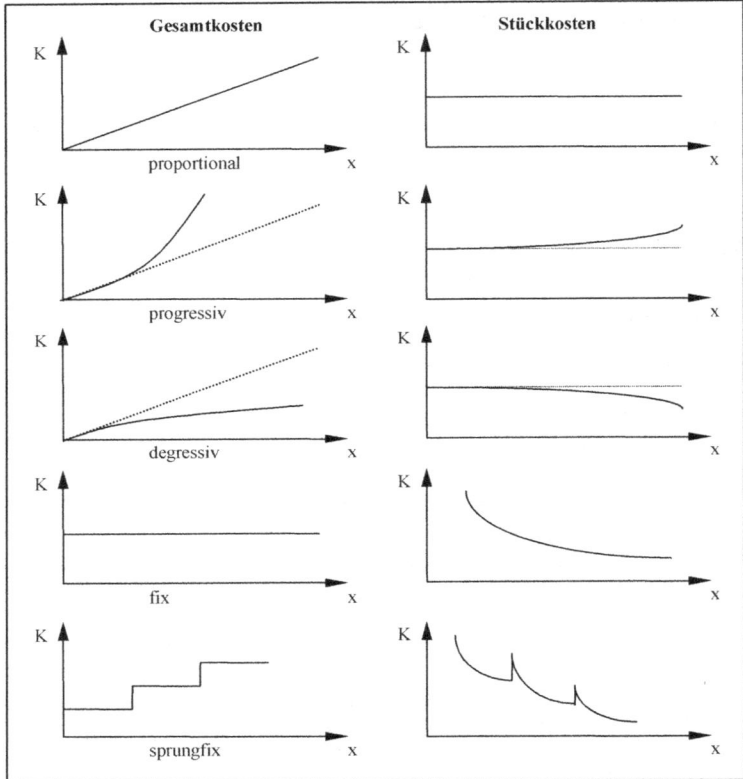

Aufgabe 66

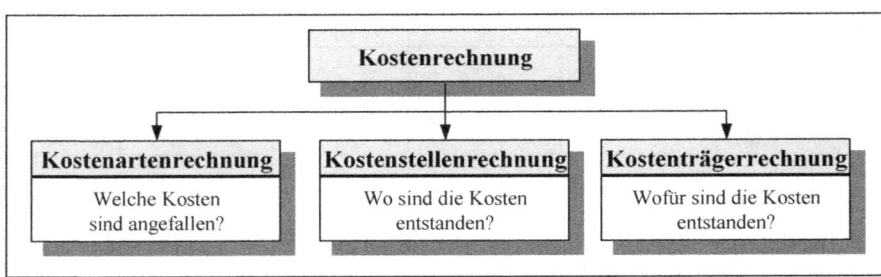

Aufgabe 67

In der Teilkostenrechnung wird streng nach variablen und fixen Kosten getrennt. Die Fixkosten bleiben als Block bestehen, während die variablen Kosten mittels der Kostenartenrechnung erfasst und über die Kostenstellen- und Kostenträgerrechnung aufgeteilt werden. Eine zentrale Größe der Teilkostenrechnung ist der Deckungsbeitrag. Er ergibt sich aus der Differenz zwischen dem Absatzpreis und den variablen Stückkosten (Stückdeckungsbeitrag). Im Gegensatz zur Vollkostenrechnung erlaubt die Teilkostenrechnung über die Betrachtung der Deckungsbeiträge eine Lösung von kurzfristigen Entscheidungsproblemen.

Aufgabe 68

Sie erfasst alle im Unternehmen anfallenden Kosten und ist die Voraussetzung für die Weiterverrechnung in der Kostenstellen- und Kostenträgerrechnung.

Aufgabe 69

Gliederungsmöglichkeiten der Kostenarten sind:

Kriterium	Kostenarten
Art der verbrauchten Produktionsfaktoren	• Personalkosten (Lohn, Gehalt, soziale Abgaben, ...) • Materialkosten (Roh-, Hilfs-, Betriebsstoffe) • Kalkulatorische Kosten • Kosten für Dienstleistungen Dritter (Energie, Versicherung, ...) • Öffentliche Abgaben (Steuern, Gebühren, Beiträge)
Art der betrieblichen Funktion	• Beschaffungs- und Lagerkosten • Fertigungskosten • Verwaltungskosten • Vertriebskosten
Art der Verrechnung	• Einzelkosten (sind dem Kostenträger direkt zuzuordnen wie Fertigungsmaterial und Fertigungslöhne) • Sondereinzelkosten der Fertigung (für Modelle, Spezialwerkzeuge,...) oder des Vertriebes (Spezialverpackung, Sonderfrachten, ...) • Gemeinkosten (indirekt dem Kostenträger zuzuordnen, über die Kostenstellenrechnung und Schlüsselgrößen, wie z.B. Abschreibungen, Gehälter leitender Angestellter, Wasser- und Energiekosten). Von unechten Gemeinkosten spricht man, wenn die Kosten zwar einzeln ermittelt werden könnten, aus wirtschaftlichen Gründen darauf aber verzichtet wird.

Art der Kostenerfassung	• Aufwandsgleiche Kosten (sind der Finanzbuchhaltung zu entnehmen)
	• Kalkulatorische Kosten:
	  * Zusatzkosten, denen kein Aufwand gegenübersteht, z.B. kalkulatorische Miete, kalkulatorischer Unternehmerlohn, kalkulatorische Eigenkapitalzinsen
	  * Anderskosten, denen aufwandsungleiche Kosten aus der Finanzbuchhaltung gegenüberstehen, z.B. kalkulatorische Abschreibungen, kalkulatorische Wagnisse

Verhalten der Kosten bei Beschäftigungsänderungen [*]	• fixe Kosten (konstantes Kostenverhalten) • variable Kosten (progressives, degressives oder proportionales Verhalten) [*] Problematik der eindeutigen Zuordnung, da fast alle Kosten je nach Betrachtung und Verrechnung fix oder variabel sein können.
Herkunft der Kostengüter	• primäre Kosten (extern angefallene Kosten) • sekundäre Kosten (selbst erbrachte, innerbetriebliche Leistungen)

Aufgabe 70

Methoden zur Erfassung des Materialverbrauchs sind:

| * Inventurmethode | * Fortschreibungsmethode | * Rückrechnungsmethode |

Aufgabe 71

Fertigungslöhne sind genau dann Einzelkosten, wenn sie einem bestimmten Produkt zugerechnet werden können. Dies ist bei Akkordlöhnen, anhand der Arbeitskarten, meist sehr gut möglich. Bei Löhnen für Verwaltungsaufgaben im Unternehmen ist das nicht möglich. Daher zählen diese Kosten zu den Gemeinkosten.

Aufgabe 72

a) Hier soll der tatsächliche Wertverzehr, der in einer bestimmten Zeit verbraucht wird, realistisch erfasst werden. Die Belastung und damit die Nutzungsdauer des Investitionsgutes sollte daher so gut wie möglich bestimmt oder geschätzt werden.

b) Voraussetzung zur Ermittlung:
- Schätzung der Lebensdauer
- Schätzung des Wiederbeschaffungswertes
- Wahl der Abschreibungsmethode
- Bestimmung des Liquidationswertes

Aufgabe 73

a) Der Buchwert der Maschine zum Ende des 2. Jahres beträgt:

$$\text{Buchwert} = 12.000 - \left(\frac{12.000}{1.000.000} \cdot 2 \cdot 150.000\right) = 8.400 \text{ EUR}$$

b) Der Buchwert zum Ende des 6. Jahres beträgt:

$$\text{Buchwert} = 12.000 - \left(\frac{12.000}{1.000.000} \cdot (3 \cdot 150.000 + 3 \cdot 50.000)\right) = 4.800 \text{ EUR}$$

c) Die jährlichen Abschreibungsbeträge für die obige Maschine sind:

$$x = \frac{12.000 - 2.000}{1.000.000} = 0,01$$

Jahr	Berechnung	Abschreibungsbetrag (EUR)
1	0,01 · 150.000	1.500
2	0,01 · 150.000	1.500
3	0,01 · 150.000	1.500
4	0,01 · 50.000	500
5	0,01 · 50.000	500
6	0,01 · 50.000	500
7	0,01 · 50.000	500
8	0,01 · 50.000	500

Aufgabe 74

$$\text{Kalk.Abschreibung} = \frac{\text{Wiederbeschaffungswert}}{\text{Nutzungsdauer}} = \frac{3.000.000}{10} = 300.000 \text{ EUR/Jahr}$$

Aufgabe 75

Ein Unternehmen könnte theoretisch sein freies Kapital bei einer Bank anlegen, statt es in seinen Betrieb zu investieren. Die Zinsen, die es hierfür erhalten würde, müssen in der Kostenrechnung als Nicht-Einnahmen und damit als Kosten berücksichtigt werden. Dies bedeutet, dass sich Investitionen im Unternehmen mindestens genauso hoch verzinsen müssen wie angelegtes Kapital auf dem Kapitalmarkt.

Aufgabe 76

a) $\text{Kalkulatorische Zinsen} = \dfrac{\text{Betriebsnotwendiges Kapital} \cdot \text{Kapitalmarktzins}}{12 \text{ Monate}}$

$= \dfrac{1.500.000 \text{ EUR}}{12} \cdot 7\%$

$= 8.750 \text{ EUR}$

b) Das Gesamtkapital wird nur von den Zinsen der Hausbank beeinflusst, nicht von den kalkulatorischen Zinsen. Diese wirken sich aber auf die Höhe der Kosten aus.

Aufgabe 77

Die **kalkulatorischen Wagnisse** sind Kosten, die ein Unternehmer einplant, um finanzielle Wagnisse aufzufangen. Es können zum Beispiel Kosten für Ausschuss oder Nacharbeit auftreten, mit denen man nicht gerechnet hat. In diesem Fall hat der Unternehmer sein Fertigungswagnis abgedeckt.

Aufgabe 78

a) Die **Kostenstellenrechnung** hat die Aufgabe, alle Gemeinkosten (= Kosten, die nicht direkt dem Kostenträger bzw. dem hergestellten Produkt zugeordnet werden können) in den Kostenstellen zu erfassen. Hier geht man, wenn es möglich ist, nach dem Verursacherprinzip vor. Über bestimmte Zuschlagskalkulationen werden die in den Kostenstellen erfassten Kosten auf die Kostenträger verteilt. Eine weitere Aufgabe der Kostenstellenrechnung ist die Kostenkontrolle. Hier überprüft sie, ob die Budgetvorgaben in den einzelnen Stellen eingehalten werden.

b) Mit **Kostenstellen** sind die Orte im Unternehmen gemeint, an denen die Kosten entstehen. In der Regel sind diese in der Praxis organisatorischen Einheiten wie die Abteilungen Dreherei, Fräserei, Schleiferei, Montage, usw. Es können aber auch einzelne Maschinen sein.

Mögliche Gliederungskriterien sind u.a.:
- Funktionsprinzip (Fertigung, Beschaffung, Verwaltung, Vertrieb)
- Verantwortungsprinzip (jede Kostenstelle ist eigenständiger Verantwortungsbereich)
- Raumprinzip (Kostenstellenbildung nach abgrenzbaren, räumlichen Einheiten)
- Verrechnungsprinzip (Einzelkosten, Gemeinkosten)
- Leistungs- bzw. Kostenträgerprinzip (Produkte)

Aufgabe 79

Hilfskostenstellen sind die Kostenstellen eines Unternehmens, deren Kosten man nicht direkt einem Kostenträger zuordnen kann. Sie erbringen i.d.R. Leistungen für Hauptkostenstellen. Diese Leistungen werden dann mit den Hauptkostenstellen verrechnet.

Aufgabe 80

Aufgaben des **Betriebsabrechnungsbogens** (BAB) sind:

- Die Gemeinkosten aus der Kostenartenrechnung werden nach dem Verursacherprinzip mit einem möglichst exakten Schlüssel auf die Kostenstellen verteilt.
- Die Kosten von allgemeinen Kostenstellen und Hilfskostenstellen werden auf die Hauptkostenstellen umgelegt.
- Es werden die verschiedenen Zuschlagssätze ermittelt.
- Errechnung von Kostenstellenüberdeckungen bzw. -unterdeckungen (als Differenz zwischen errechneten und tatsächlich entstandenen Kosten)
- Kontrolle der Wirtschaftlichkeit der einzelnen Kostenstellen

Aufgabe 81

a) Schwierig wird es in der Verrechnung der **innerbetrieblichen Leistungen**, wenn zwei Kostenstellen gegenseitig voneinander Leistungen erhalten. Beispiel:

Die Energieabteilung stellt den Strom für die Instandhaltungsabteilung zur Verfügung. Die Instandhaltungsabteilung führt im Gegenzug mit Hilfe des Stroms Wartungsarbeiten in der Energieabteilung durch.

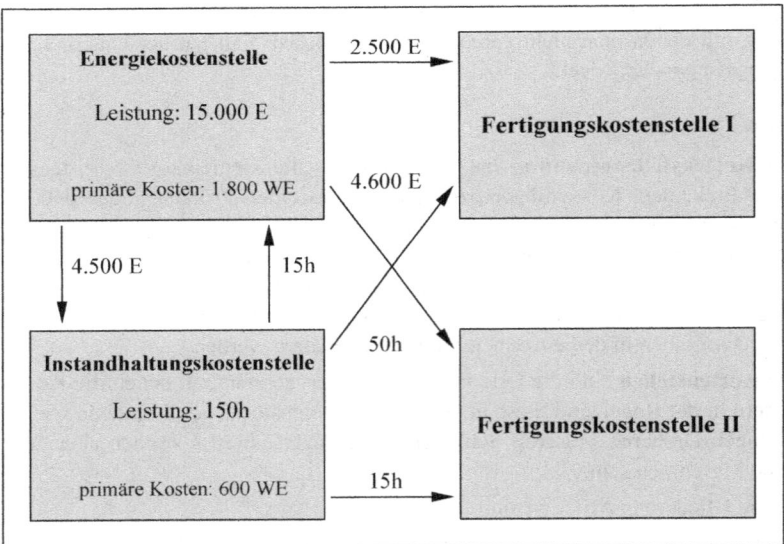

In diesem Fall kann keine der Kostenstellen isoliert abgerechnet werden, da die Kosten der von der jeweils anderen Kostenstelle empfangenen Leistung nicht bekannt sind.

b) Methoden der innerbetrieblichen Leistungsverrechnung sind:
- Kostenartenverfahren
- Kostenstellenumlageverfahren
- Kostenträgerverfahren
- Gleichungsverfahren bzw. mathematisches Verfahren

Aufgabe 82

Kostenarten	Zahlen d. Buchhaltung	Kostenstellen/Bereiche			
		Materialbereich	Fertigungsbereich	Verwaltungsbereich	Vertriebsbereich
Fertigungsmaterial EK	300.000	300.000			
Fertigungslöhne	240.000		240.000		
Hilfs-/Betriebsstoffe	18.000	600	10.800	3.000	3.600
Energie	60.000	2.400	57.600	0	0
Hilfslöhne	96.000	18.000	60.000	6.000	12.000
Steuern	72.000	6.000	7.500	12.000	46.500
Raumkosten	48.000	12.000	24.000	6.000	6.000
Bürokosten	42.000	0	0	30.000	12.000
Abschreibungen	84.000	6.000	54.000	18.000	6.000
Σ	420.000	45.000	213.300	75.000	86.000
IST-Zuschläge		15,0 %	88,88 %	9,4 %	10,8 %
Normal-Zuschläge		12,0 %	250,0 %	11,0 %	9,0 %
Normal-Gemeinkosten		36.000	600.000	87.813	71.847
Über-/Unterdeckung		-9.000	386.700	12.813	-14.253

Aufgabe 83

a) Gemeinkostenzuschlagssatz $= \dfrac{\text{Gemeinkosten}}{\text{Schlüsselgröße}} \cdot 100\%$

$= \dfrac{40.000 \text{ EUR}}{16.000 \text{h}} \cdot 100\%$

$= \underline{\underline{250 \dfrac{\%}{\text{h}}}}$

Der Gemeinkostensatz je Stunde beträgt 250 %.

b) Bei 14.000 geleisteten Arbeitsstunden dürften nur 35.000 EUR an Gemeinkosten anfallen. Das ist dann eine Kostensteigerung um 2.800 EUR.

14.000 h · 250 % = 35.000

c) Diese Kostenabweichungen können z.B. durch Preissteigerungen oder Beschäftigungsänderungen entstehen, die nicht vorhersehbar sind. Deshalb kann man nicht ohne weiteres auf Unwirtschaftlichkeit schließen.

Aufgabe 84

a) Selbstkosten pro Kachel $= \dfrac{0{,}9 \cdot 1.000.000 + 1.500.000}{1.000.000} = 2{,}40 \text{ EUR}$

b) Die mehrstufige Divisionskalkulation wird angewendet, wenn ein Unternehmen mehrere Produktionsstufen besitzt und dadurch zwischen diesen Stufen Lagerbestände unfertiger Erzeugnisse entstehen.

Aufgabe 85

a) Die Kostenträgerstückrechnung ermittelt die Herstell- und die Selbstkosten für das einzelne Produkt.

b) Kalkulationsverfahren der Kostenträgerstückrechnung

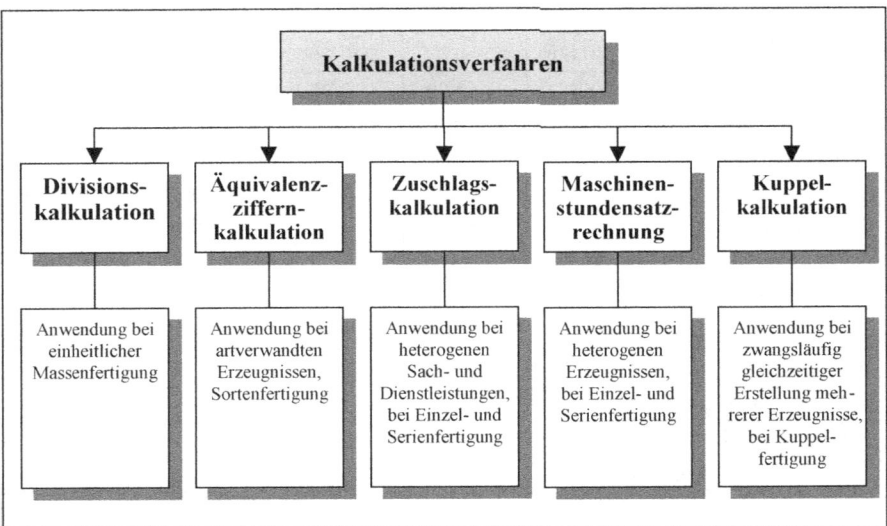

c) Die Vorkalkulation soll die Kosten für ein Produkt oder für einen Auftrag vorausberechnen. Als Basis benutzt sie prognostizierte Einzelkosten und Normalgemeinkostenzuschläge aus dem Betriebsabrechnungsbogen.

Aufgabe 86

Sorte	Produktionsmenge	Äquivalenzziffer	Q´	Kosten je Hektoliter	Selbstkosten in EUR
	(1)	(2)	(3)=(1)·(2)	(4)	(5)=(1) · (4)
Premium-Pils	50.000 hl	0,8	40.000	130 EUR	6.500.000
Lagerbier	30.000 hl	1,0	10.000	150 EUR	1.500.000
Dunkelbock	30.000 hl	1,2	6.000	160 EUR	800.000
Alkoholfrei	5.000 hl	1,5	7.500	180 EUR	900.000
Summe			63.500		9.700.000

(9.700.000 EUR : 63.500 = 152,76 EUR)

Aufgabe 87

In der Kostenartenrechnung müssen die Kosten in Einzel- und Gemeinkosten aufgesplittet werden. Weiterhin ist es notwendig, die Gemeinkosten in der Kostenstellenrechnung auf die Unternehmensbereiche verursachungsgerecht aufzuteilen.

Aufgabe 88

Fertigungsmaterial	1.000.000 EUR
+ 6 % Zuschlagssatz	60.000 EUR
= Materialkosten	**1.060.000 EUR**
Fertigungslöhne Teilefertigung	500.000 EUR
+ 200 % Zuschlagssatz	1000.000 EUR
Fertigungslöhne Montage	350.000 EUR
+ 250 % Zuschlagssatz	875.000 EUR
= Fertigungslohnkosten	**2.725.000 EUR**

+ Materialkosten	1.060.000 EUR
+ Fertigungslohnkosten	2.725.000 EUR
= Herstellkosten	**3.785.000 EUR**
+ Verwaltungsgemeinkosten 8 %	302.800 EUR
+ Vertriebsgemeinkosten 5,5 %	208.175 EUR
= Selbstkosten	**4.295.975 EUR**

$$\text{Selbstkosten pro Stück} = \frac{4.295.975 \text{ EUR}}{50.000 \text{ Stück}} = 85,92 \frac{\text{EUR}}{\text{Stück}}$$

Aufgabe 89

Kostenart	Berechnung	Betrag in EUR/h
Abschreibung	$\frac{180.000 \text{ EUR}}{9 \cdot 3000 \text{ h}}$	6,67
Kalkulatorische Zinsen 7,5%	$\frac{180.000 \text{ EUR} \cdot 7,5 \%}{2 \cdot 3.000 \text{ h}}$	2,25
Installationskosten	$\frac{2.600 \text{ EUR}}{3.000 \text{ h}}$	0,87
Raumkosten	$\frac{40 \text{ m}^2 \cdot 15 \text{ EUR/m}^2 \cdot 12}{3000 \text{ h}}$	2,4
Energieverbrauch	5 kW · 0,30 EUR/kWh	1,5
Σ = Maschinenstundensatz		**13,69 EUR/h**

Aufgabe 90

Kuppelprodukte sind Nebenprodukte, die zwangsläufig bei der Herstellung eines Hauptproduktes entstehen können. Für die Kalkulation können zwei Methoden Anwendung finden:
- Bei der Restwertmethode wird der gesamte Erlös, der mit den Nebenprodukten erzielbar ist, von den Gesamtkosten abgezogen. Der Kostenrest wird dann dem Hauptprodukt zugerechnet.
- Die Verteilungsmethode versucht, die Gesamtkosten anhand von Schlüsselgrößen auf die einzelnen Produkte umzulegen.

Aufgabe 91

a) Der Deckungsbeitrag ist die Differenz zwischen dem Erlösbetrag und dem variablen Kostenbetrag.

b)
Bruttoerlöse	
- Erlösschmälerungen	
= Nettoerlös je Produktart	
- Variable Kosten je Erzeugnisart	
= Deckungsbeitrag I	
- Erzeugnisfixkosten	
= Deckungsbeitrag II a	⇨ Zusammenfassung der Erzeugnisgruppen
- Erzeugnisgruppenfixkosten	
= Deckungsbeitrag II b	⇨ Zusammenfassung nach Bereichen
- Bereichsfixkosten	
= Deckungsbeitrag III	⇨ Zusammenfassung aller Deckungsbeiträge
- Unternehmensfixkosten	
= Betriebsergebnis	

Aufgabe 92

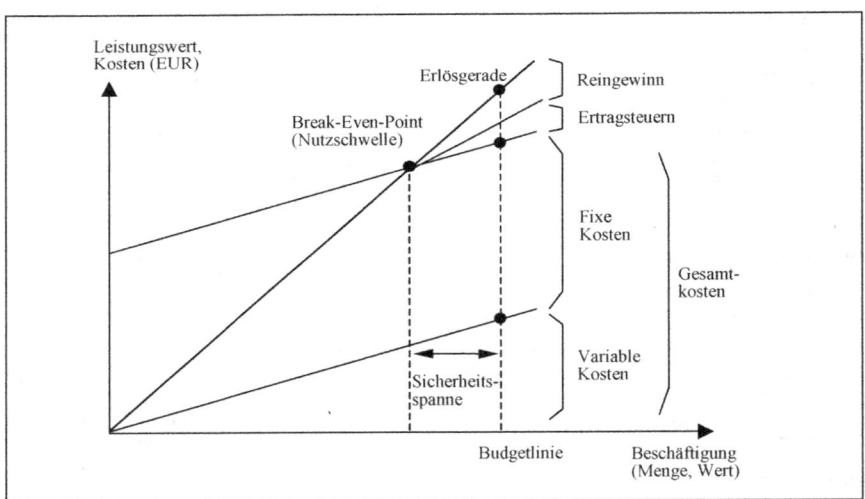

Aufgabe 93

a) Bei Ansatz von **Vollkosten** ergeben sich:
- Erfolg **ohne** Zusatzauftrag

Erlös	20.000 · 10,00	200.000 EUR/Monat
- Kosten	20.000 · 8,00	160.000 EUR/Monat
= Gewinn		40.000 EUR/Monat

- Erfolg **mit** Zusatzauftrag

Erlös	20.000 · 10,00 + 10.000 · 5,00	250.000 EUR/Monat
- Kosten	30.000 · 8,00	240.000 EUR/Monat
= Gewinn		10.000 EUR/Monat

Die Kosten pro Stück (Vollkosten):

$$k_f + k_v = (100.000 / 20.000) + (60.000 / 20.000) = 8 \text{ EUR/ Stück}$$

Bei Ansatz von Vollkosten wäre es nicht vorteilhaft, den Zusatzauftrag anzunehmen, weil der Gewinn um 30.000 EUR auf 10.000 EUR abnehmen würde.

Bei Ansatz von **Teilkosten** ergeben sich:

- Erfolg **ohne** Zusatzauftrag

Erlös	20.000 · 10,00	200.000 EUR/Monat
- variable Kosten	$20.000 \cdot \dfrac{60.000}{20.000}$	60.000 EUR/Monat
= Deckungsbeitrag		140.000 EUR/Monat
- fixe Kosten		100.000 EUR/Monat
= Gewinn		40.000 EUR/Monat

- Erfolg **mit** Zusatzauftrag

Erlös	20.000 · 10,00 + 10.000 · 5,00	250.000 EUR/Monat
- variable Kosten	$30.000 \cdot \dfrac{60.000}{20.000}$	90.000 EUR/Monat
= Deckungsbeitrag		160.000 EUR/Monat
- fixe Kosten		100.000 EUR/Monat
= Gewinn		60.000 EUR/Monat

Bei Ansatz von Teilkosten erscheint es vorteilhaft, den Zusatzauftrag hereinzunehmen, denn der Gewinn steigt dabei um 20.000 EUR auf 60.000 EUR an.

b) Die Vollkostenrechnung ist nicht die geeignete Beurteilungsgrundlage, weil durch die Teilkostenrechnung ersichtlich wird, dass die fixen Kosten bereits durch die Erlöse aus der bisher laufenden Produktion, das sind 20.000 Stück/Monat, gedeckt werden. Der Zusatzauftrag verursacht nur noch variable Kosten in Höhe von 3 EUR/Stück.

Aufgabe 94

a) Der Beschäftigungsgrad bei Erhöhung der Produktion ist:

$$\text{Beschäftigungsgrad} = \frac{6.300 + 1.500}{9.000} \cdot 100 = 87\%,$$

wobei 6.300 = 70 % von 9.000 sind.

b) Änderung des Deckungsbeitrags pro Stück bei Erhöhung der Produktion:

Deckungsbeitragsrechnung	bei 6.300 Stück/Jahr	bei 7.800 Stück/Jahr
Preis in EUR/Stück	42,00	39,00
- var. Kosten in EUR/Stück	16,00	16,00
= Deckungsbeitrag in EUR/Stück	26,00	23,00

c) Veränderung der Gewinnschwelle bei Erhöhung der Produktion:

Gewinnschwelle	bei 6.300 Stück/Jahr	bei 7.800 Stück/Jahr
$Gs = \dfrac{K_f}{db}$	$\dfrac{60.000}{26} = 2.308$	$\dfrac{60.000}{23} = 2.609$

d) Auswirkung der Erhöhung der Produktion auf Umsatz, Deckungsbeitrag und Gewinn:

Deckungsbeitragsrechnung	bei 6.300 Stück/Jahr	bei 7.800 Stück/Jahr
Erlöse in EUR/Jahr	264.600	304.200
- var. Kosten in EUR/Jahr	100.800	124.800
= Deckungsbeitrag in EUR/Jahr	163.800	179.400
- fixe Kosten in EUR/Jahr	60.000	60.000
= Gewinn in EUR/Jahr	103.800	119.400

Aufgabe 95

Methoden zur Ermittlung der Planbeschäftigung sind:
 a) Kapazitätsplanung   b) Absatzplanung   c) Engpassplanung

Aufgabe 96

Als **Beschäftigungsabweichung** bezeichnet man die Differenz zwischen den Sollkosten und den verrechneten Plankosten bei Istbeschäftigung. Ursache einer Beschäftigungsabweichung ist die relativ höhere Fixkostenbelastung je produzierter Einheit, die sich bei einer geringeren Menge als der geplanten Produktionsmenge ergibt. Der Kostenstellenleiter hat keinen Einfluss auf die Beschäftigungsabweichung.

Die **Verbrauchsabweichung** ist die Differenz zwischen den tatsächlichen Kosten bei gegebener Produktionsmenge und den bei dieser Menge anzusetzenden Sollkosten. Die Ursache liegt in der Regel bei einem nicht geplanten Verbrauch von Kostengütern. Dieser Umstand ist vom Kostenstellenleiter zu vertreten.

Aufgabe 97

- **Bezugsgröße:** ist eine die Leistung einer Kostenstelle repräsentierende, zahlenmäßig erfassbare Mengen- oder Wertgröße (häufig die Beschäftigung).
- **Planbeschäftigung:** (=Planungsgrundlage) ist der Leistungsumfang der Kostenstelle auf dessen Grundlage die Bestimmung der Basisplankosten und des Plankostensatzes erfolgt. Ihr entspricht ein Planbeschäftigungsgrad von 100 %.
- **Variator:** Der Variator gibt an, um wie viel Prozent sich die Sollkosten ändern, wenn die Planbeschäftigung um 10 % fällt oder steigt. Der Variator kennzeichnet den Proportionalitätsgrad von Kosten.

$$v = \frac{10 \cdot V_p}{K_p} \qquad K^* = K_p - \frac{K_p \cdot v \cdot b}{1.000} = F_p + \frac{V_p \cdot (100-b)}{1.000}$$

K_p = Plankosten bei Planbeschäftigung
V_p = variable Plankosten bei Planbeschäftigung
K^* = Sollkosten der neuen Beschäftigung
v = Variator
b = prozentuale Änderung der Planbeschäftigung

Aufgabe 98

a) Ermittlung der proportionalen und fixen Kosten bei Planbeschäftigung:

proportionale Kosten: $\dfrac{20.000 \text{ EUR} \cdot 80\,\%}{100\,\%} = \underline{\underline{16.000\ EUR}}$

fixe Kosten: 20.000 EUR − 16.000 EUR = $\underline{\underline{4.000\text{ EUR}}}$

b) Sollkostenberechnung:

Sollkosten: $\dfrac{16.000 \text{ EUR} \cdot 10\,\%}{100\,\%} + 4.000 \text{ EUR} = \underline{\underline{15.600\text{ EUR}}}$

Aufgabe 99

Ermittlung des Periodenerfolgs mit der mehrstufigen Deckungsbeitragsrechnung	Produkt A	Produkt B	Produkt C	Bezugsebene
Erlöse	180.000	250.000	200.000	I
− Kostenträgereinzelkosten	30.000	50.000	40.000	
= DB I	150.000	200.000	160.000	II
− Kostenträgergruppeneinzelkosten		130.000	70.000	
= DB II		220.000	90.000	III
− Unternehmenseinzelkosten		50.000		
= Erfolg		260.000		

Aufgabe 100

a) Bei einer Istbezugsgröße von 1.280 Stück ergeben sich die folgenden Sollkosten (Planbezugsgröße: 1.200 Stück):

Kostenart	gesamte Plankosten [EUR]	Variator	Sollkosten bei Istbezugsgröße [EUR]
Fertigungslöhne	15.000	10	16.500
Strom	13.000	8	14.040
Gehälter	5.000	0	5.000
Abschreibungen	8.000	1	8.080
Hilfsstoffe	10.000	6	10.600
Summe	**51.000**		**54.220**

b) Plankostenverrechnungssatz:
verrechnete Plankosten:

$$K_p \cdot x_i = h_p \cdot x_i$$
$$= 42{,}5 \cdot 1.280 \text{ EUR}$$
$$= 54.400 \text{ EUR}$$

c) Beschäftigungsabweichung:

Sollkosten	54.220 EUR
- verrechnete Plankosten	54.400 EUR
Beschäftigungsabweichung	**- 180 EUR**

d) Verbrauchsabweichung:

Istkosten	53.820 EUR
- Sollkosten	54.220 EUR
Verbrauchsabweichung	**- 400 EUR**

Aufgabe 101

a) Bei den traditionellen Kostenrechnungsverfahren erfolgt die Berechnung der Gemeinkostenzuschläge pauschal und undifferenziert auf der Basis von Material-, Fertigungs- oder Herstellkosten. Diese Vorgehensweise ist unzureichend, weil dabei z.B. folgende Fragen vernachlässigt werden:
* Handelt es sich um eine einfache oder komplexe Materialbeschaffung?
* Wird ein Massenprodukt oder eine ungewöhnliche Variante hergestellt?
* Handelt es sich um einen Großauftrag oder um eine Einzelfertigung?
* Erfolgt eine 100 %-Kontrolle oder lediglich eine Stichprobenprüfung?
* Ist der Warentransport einfach oder kompliziert?

b) Ursachen für die Verschiebung der Kostenstruktur sind:
* Zunehmende Automatisierung und Rationalisierung (Personalabbau bei hohen Anlageinvestitionen)
* Arbeitskräfte übernehmen überwiegend vorbereitende, überwachende und steuernde Funktionen
* Kürzere Produktlebenszyklen bedingen eine erhöhte Bedeutung der Vorlaufkosten
* Komplexitätszuwachs und Variantenvielfalt
* Überproportionaler Anstieg der Gemeinkosten

Aufgabe 102

Ermittlung des Deckungsbeitrags pro Stück in EUR:

Kalkulationsschema	Produkt 1	Produkt 2
Verkaufspreis	64	96
- Fertigungsmaterial und Fertigungslohn	22	30
- proportionale Gemeinkosten aus Kostenstelle A	5	10
- proportionale Gemeinkosten aus Kostenstelle B	14	8
- proportionale Gemeinkosten aus Kostenstelle C	0	12
- proportionale Gemeinkosten aus Kostenstelle D	6	6
Deckungsbeitrag	**17**	**30**

Zielfunktion: $G = 17x_1 + 30x_2 - 65.000$ → Maximum

oder $D = 17x_1 + 30x_2$ → Maximum

Restriktionen:

R_1: $\quad x_1 + 2 x_2 \leq 6.000$

R_2: $\quad 3,5 x_1 + 2 x_2 \leq 5.000$

R_3: $\quad 3 x_2 \leq 3.000$

R_4: $\quad 2 x_1 + 2 x_2 \leq 4.000$

R_5: $\quad x_1, x_2 \geq 0$

Aufgabe 103

Die **Ziele** der **Prozesskostenrechnung** lassen sich wie folgt formulieren:
* Gemeinkostenbereiche sollen transparenter und damit kontrollier- und steuerbar werden
* Ermittlung der, für die Auftragsbearbeitung notwendigen, Einzelprozesse in den indirekten Bereichen
* Verbesserte Kalkulation durch verursachungsgerechte Zurechnung von Gemeinkosten auf Kalkulationsobjekte (Kostenträger)
* Strategische Kalkulation bereits in der Frühphase der Produktentwicklung (z.B. Auswirkungen der Fertigungstiefe aufzeigen)
* Informationsgrundlage für „make or buy"-Entscheidungen und evtl. für organisatorische Maßnahmen (Umstrukturierung)
* Sicherstellung der Wirtschaftlichkeit von Prozessen; Optimierung von Prozessen
* Identifikation von Kostenverursachern (Tätigkeiten, Prozesse) und Hauptkosteneinflussgrößen
* Permanente Verfolgung und Gestaltung von Kosten (Gemeinkostenmanagement)
* Informationsgrundlage für eine prozessorientierte Gemeinkostenbudgetierung

Aufgabe 104

Für die Einführung und Durchführung der Prozesskostenrechnung haben sich folgende Vorgehensschritte bewährt:

1.	Bildung eines Projektteams und Auswahl des/der zu untersuchenden Unternehmensbereiche
2.	Durchführung einer Tätigkeitsanalyse (Prozessanalyse, Bestimmung der kostentreibenden Prozesse und Bildung einer Prozesshierarchie)
3.	Festlegen von Maßgrößen (Bezugsgrößen) und Planprozessmengen für jeden Einzelprozess
4.	Ermittlung der Plankosten je Prozess und Bildung von Prozesskostensätzen
5.	Aufbau einer strategischen Gemeinkostenplanung und -kontrolle sowie einer strategischen Kalkulation

Aufgabe 105

Das **Target Costing** (=Zielkostenmanagement) ist ein umfassender Prozess, der die Kostenplanung, -steuerung und -kontrolle beinhaltet, und das nicht erst in der Produktionsphase, sondern bereits in der Phase der Produktentwicklung. Die Grundidee ist die Markt- und Kundenorientierung bei der Ermittlung der notwendigen Kosten. Die Herkunft dieser Methodik stammt aus Japan, wo sie seit den 60er Jahren angewandt wird.

Eingesetzt wird sie vor allem in Unternehmen mit immer kürzer werdenden Produktlebenszyklen, wie in der Elektronik- und Automobilindustrie.

Es wird folgendes Prinzip angewandt:
Als erstes wird der auf dem Markt erzielbare Preis ermittelt. Dann subtrahiert man den geplanten Gewinn (**target profit**) vom ermittelten Marktpreis und erhält so die Kosten, die man sich erlauben darf (**allowable costs**), um den Marktpreis einzuhalten. Diese allowable costs werden dann den geplanten Standardkosten gegenübergestellt. Auf Grund der sich zeigenden Differenzen ist dann ersichtlich, in welchem Umfang Kostensenkungen während der Phase der Produktentwicklung durchgeführt werden müssen.

Aufgabe 106

a)

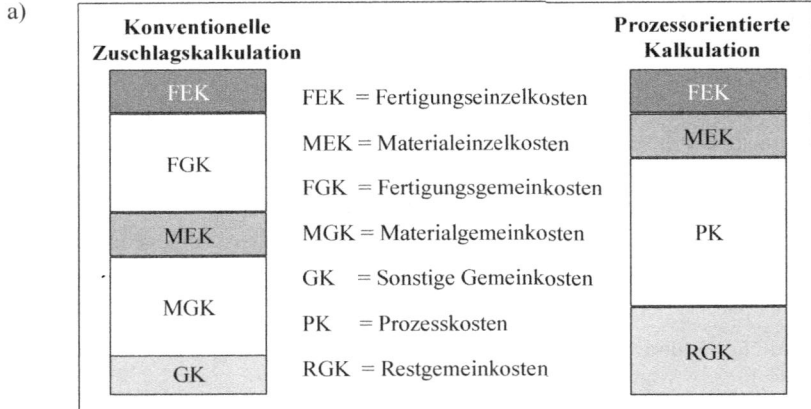

Die prozessorientierte Kalkulation versucht, zusätzlich folgende Fragen zu beantworten:
* Wie teuer sind ausgefallene Varianten, wenn die Komplexitätskosten berücksichtigt werden?
* Wie hoch sind die Vorlauf- und die Steuerungskosten bei einer Fertigung von 10 Stück im Vergleich zu einer Fertigung von 100 oder 1.000 Stück?
* Wie unterscheiden sich die Kosten verschiedener Prozessabläufe in verschiedenen Regionen, Stützpunkten, Filialen oder im internationalen Vergleich?

b) Kritikpunkte sind:
* Die Prozesskostenrechnung muss als Vollkostenrechnung durch ein Verfahren der Teilkostenrechnung ergänzt werden (als Instrument zur kurzfristigen Entscheidungsvorbereitung).

* Die Prozesskostenrechnung ist als Entscheidungsgrundlage für kurzfristige Dispositionen ungeeignet. Auch hier erfolgt eine Schlüsselung der Gemeinkosten und eine Proportionalisierung der fixen Kosten.
* Auch bei der Prozesskostenrechnung werden Fixkosten proportionalisiert (systemimmanenter Kritikpunkt der Vollkostenrechnung).

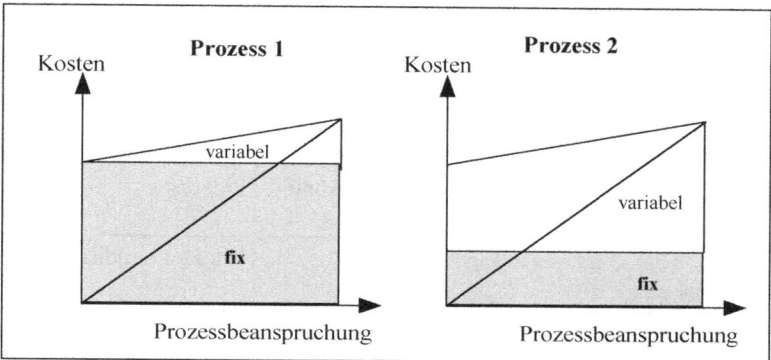

Die Abbildung macht deutlich, dass die fixen und variablen Kostenanteile verschiedener Prozesse sehr unterschiedlich sein können.
- Prozess 1 könnte z.B. der Prozess „Bestellungen durchführen" sein, da hier aufgrund der hohen Personal- und Anlagekosten der fixe Kostenanteil eindeutig dominiert. Die variablen Kosten beziehen sich hier lediglich auf die vergleichsweise geringen Telefon- und Portokosten.
- Bei Prozess 2 könnte es sich um einen, durch eine Fremdfirma, durchgeführten Transport handeln. Für diese Leistung muss nur im Bedarfsfall bezahlt werden, die fixen Bereitschaftskosten sind relativ gering.

Beim Wegfall bestimmter Prozessmengen bleiben die Fixkosten bestehen!

Controlling

Aufgabe 107

a) Kontrolle ist
  * der alleinige, vergangenheitsorientierte Prozess des Vergleichs von Soll-Ist-Größen

  Controlling umfasst
  * nicht nur den Soll-Ist-Vergleich, sondern zusätzlich die Analyse der Soll/Ist-Abweichung und daraus resultierende Vorschläge zu Korrekturmaßnahmen
  – Es ist ein zukunftorientiertes Steuerungsinstrument zur Erreichung von gestellten Zielen.

b) Das Controlling ist ein Planungs- und Kontrollinstrument, das sich vor allem auf die Geldziele bezieht, also Gewinne, Deckungsbeiträge, Kosten usw. plant und kontrolliert und bei Abweichungen für Gegensteuerung zu sorgen hat.

Dagegen ist die Interne Revision auf der Prüfung / Kontrolle von Ordnungsmäßigkeit und Zweckmäßigkeit von Systemen, Organisationsstrukturen und -abläufen hin ausgerichtet.

Aufgabe 108

Unterscheidungs-merkmal	Strategisches Controlling	Operatives Controlling
Planungsstufe	Strategische Planung	Taktische und operative Planung, Budgetierung
Orientierung am Führungsziel der Unternehmung	Langfristige Existenzsicherung der Unternehmung	Erfolgserzielung, Rentabilitätsstreben, Liquiditätssicherung, Produktivität
Controllingzielsetzung	Sicherstellung einer systematischen zielorientierten Schaffung und Erhaltung zukünftiger Erfolgspotenziale	Sicherstellung der Wirtschaftlichkeit betrieblicher Prozesse
Zentrale Führungsgrößen	Erfolgspotenziale	Erfolg, Liquidität
Ausrichtung auf ...	Umwelt und Unternehmung: Adaption (Aufbau neuer Umweltbeziehungen)	Unternehmung (unter Berücksichtigung bestehender Umweltbeziehungen)
Dimensionen	Chancen/Risiken Stärken/Schwächen	Aufwand/Ertrag Kosten/Leistungen Aus-/Einzahlungen Vermögen/Kapital
Informationsquellen	Primär Umwelt	Primär internes Rechnungswesen

Aufgabe 109

a) Das **Kosten- und Erlöscontrolling** ist der kurzfristigen, operativen Planung zuzuordnen. Der Planungszeitraum umfasst maximal ein Jahr und kann in weitere Planungsperioden wie Wochen, Monate oder Quartale unterteilt sein.

b) In der Kosten- und Leistungsrechnung ist der Monat als Kontrollperiode üblich. Die Kontrollergebnisse sollten kurzfristig (möglichst innerhalb weniger Tage nach Monatsende) vorliegen, damit Steuerungsmaßnahmen rechtzeitig eingeleitet werden können.

Aufgabe 110

a) Folgende Voraussetzungen müssen gegeben sein:
- Das Management muss sich bei seiner Führungsaufgabe an Kosten- und Leistungszielen (Erfolgszielen) orientieren. Geeignete „Management by" Konzepte dazu sind das Management by Objectives und das Management by Exception.
- Es muss ein Management-Informationssystem eingerichtet sein, das auf einer EDV-gestützten Kosten- und Leistungsrechnung basiert und ein führungsadäquates Berichtswesen verwendet.

b) Die Budgetierung ist ein Mittel zur Delegation von Kosten- und Leistungsverantwortung auf die einzelnen Abteilungen und Kostenstellen. Daher muss jeder Verantwortungsbereich eines Unternehmens über sein eigenes Budget verfügen.

Aufgabe 111

a) Eine Kennzahl ist eine Kombination von Zahlen, zwischen denen Beziehungen bestehen oder in der Weise hergestellt werden können, dass eine neue Größe gebildet wird, die im Vergleich zu den Ausgangsgrößen einen zusätzlichen Erkenntniswert besitzt.

Sachlich sind Kennzahlen in **absolute Zahlen** mit Kennzahlenbedeutung und **Relativzahlen** zu unterscheiden:

- Absolute Zahlen erhalten als:
    * Einzelzahlen,
    * Summen,
    * Differenzen oder
    * Mittelwerte

    ihre Kennzahlenbedeutung dadurch, dass sie für sich als Maßstab gelten und der quantitativen Charakterisierung eines betriebswirtschaftlichen Sachverhaltes dienen.

- **Relativzahlen** gibt es als:

    * **Gliederungszahlen**, die eine Teilgröße in Beziehung zu der Gesamtmasse, aus der sie entnommen wurden, setzen. Sie werden für gewöhnlich in Prozent ausgedrückt; wie z.B. die Eigenkapitalquote.

    * **Beziehungszahlen**, die aus zueinander in Beziehung gesetzten Zahlen, zwischen denen ein Sachzusammenhang existiert oder hergestellt werden kann, bestehen; z.B. Eigenkapitalrentabilität.

    * **Indexzahlen**, die sich ergeben, wenn zwei sachlich gleiche, aber räumlich oder zeitlich verschiedene Messzahlen zueinander ins Verhältnis gebracht werden. In der Regel werden alle Zahlen auf einen Basiswert (=100) bezogen; ein typisches Beispiel ist der Preisindex.

b) Kennzahlen lassen sich für vielfältige Zwecke nutzen:
- zur Quantifizierung von Unternehmenszielen,
- im Rahmen der betrieblichen Kontrolle (Soll-Ist-Vergleich),
- zur systematischen Analyse von Abweichungen und Aufdeckung von Schwachstellen,
- zur Analyse außerbetrieblicher Entwicklungen (Chancen und Risiken) sowie
- zur Analyse der betrieblichen Situation im zwischenbetrieblichen Vergleich.

Bei der Auswahl der zu betrachtenden Kennzahlen ist zu beachten, dass
- sie der Zielsetzung gerecht werden,
- ihre Bestimmung den Kriterien der Wirtschaftlichkeit genügt,
- das jeweilige Basismaterial aktuell ist und, dass
- ihre Auswertung im Umfang beschränkt bleibt.

Aufgabe 112

a) Die **Gemeinkostenwertanalyse** (GWA) ist ein praktischer Lösungsansatz, der die Mobilisierung des gesamten mittleren Managements eines Unternehmens für kurze Zeit und ohne Zuhilfenahme von Kostenrechnungsexperten ermöglicht. Mit dem Wissen und den Ideen dieser Führungskräfte kann dann in den Gemeinkostenbereichen ein so niedriges Aufwandsniveau wie gerade vertretbar erzeugt werden.

Die Gemeinkostenwertanalyse zielt durch ihre zeitlich begrenzte und systematische Kontrolle der Kosten-/Nutzenverhältnisse auf die Abschaffung unnötiger Leistungen, sowie auf die kostengünstigere Erstellung erhaltenswerter Leistungen, um eine nachhaltige Senkung der Gemeinkosten zu erreichen.

Es geht also ausdrücklich um eine Leistungsreduktion im Overhead-Bereich nach dem Grundsatz, nicht etwas Unnötiges wirtschaftlicher herzustellen, sondern etwas nicht absolut Unentbehrliches auch nicht mehr durchzuführen. Damit sind die Schranken der herkömmlichen Rationalisierung gesprengt, deren Ziel lediglich eine einfachere Herstellung der gleichen Produkte oder Dienstleistungen ist.

Die Phasen der **Gemeinkostenwertanalyse** sind:

- Vorbereitungsphase
- Analysephase
- Realisationsphase

b) Die Gemeinkostenwertanalyse ist ein typisches Beispiel für herkömmliche Rationalisierungsansätze. Im Vordergrund steht die Produktivitätssteigerung in den einzelnen Kostenstellen, die Untersuchung der unternehmensweiten Leistungsverkettungen wird vernachlässigt.

Hauptansatzpunkt der Gemeinkostenwertanalyse ist meist der Personalabbau. Die Alternative, Produktivität und Beschäftigung durch verbesserte oder neue Leistungen zu erhöhen, wird nicht in das Kalkül einbezogen. Jede Abteilung wird nach funktionalen Zielsetzungen für sich optimiert.

Der Trugschluss dieser Ansätze liegt in der Annahme, dass die Summe einzeln optimierter Abteilungen auch zu einem ganzheitlichen Optimum führt. Dies tritt in der Regel nicht ein, da unterschiedliche abteilungsbezogene Zielsetzungen zu suboptimalen Lösungen und zu Abstimmungsverlusten zwischen den Abteilungen führen.

Die Gemeinkostenwertanalyse besitzt kein Instrumentarium, um einen einmal erreichten Zustand kontinuierlich zu verbessern oder das Unternehmen an veränderte Umweltbedingungen anzupassen. Mittel- und langfristig vermindern sich die realisierten Rationalisierungswirkungen. Die relativen Kostenvorteile gehen verloren.

Aufgabe 113

Die wesentlichen Gemeinsamkeiten und Unterschiede der Gemeinkostenwertanalyse und dem Zero-Base-Budgeting kann in Bezug auf die Voraussetzungen, den Zeitaspekt und die Arbeitsmethoden herausgearbeitet und untersucht werden.

Voraussetzungen:

	Gemeinkostenwertanalyse	Zero-Base-Budgeting
Voruntersuchung	Überprüfung der Angemessenheit der GWA	Überprüfung der strategischen und operativen Unternehmensplanung
Analyseumfang festlegen	Partial- und Totalanalyse	
Projektorganisation	Verantwortliche auswählen, Vollmachten erteilen, Planung vornehmen	
Unterstützung durch die Unternehmensführung	Vorbehaltlose Unterstützung, Wille zur Durchführung und Realisierung, höchste Priorität für die Projekte	
Mitarbeiterqualifikation	Kreativität, Teamfähigkeit, Fachwissen, Erfahrung, bereichsübergreifendes Denken, Systemkenntnis u.a.	
Schulung	Schulung der Teammitglieder durch externe Berater	
Offene Informationspolitik	Notwendige Voraussetzung für konstruktive Mitarbeit aller Führungsebenen und des Betriebsrates	
Betriebsvereinbarungen	GWA- Standard	Abhängig vom Sparziel

Zeitaspekt:

	Gemeinkostenwertanalyse	Zero-Base-Budgeting
Vorbereitungszeit	6-8 Wochen	ca. 4 Wochen
Analysedauer + Dauer der Maßnahmeplanung	mehrere 4 Wochen Takte, deren Anzahl von Untersuchungsumfang u. Kapazitäten abhängig ist	ca. 21 Wochen 10 Wochen Analysedauer 11 Wochen Maßnahmeplanung
Realisierungsdauer der Lösungsvorschläge	1,5 - 2 Jahre evtl. bis 3 Jahre, Realisierung von 60-70 % der Einsparung innerhalb des ersten Jahres	1-2 Jahre Realisierungsprozentsätze ähnlich der GWA
Gesamtdauer der Projekte	ca. 2 Jahre, evtl. 4 Jahre	ca. 2,5 Jahre

Arbeitsmethoden:

	Gemeinkostenwertanalyse	Zero-Base-Budgeting
Teamwork-Elemente	GWA- bzw. ZBB-Team: Koordinations- und Steuerungsinstrument, Verschmelzung von externem Know-how u. internen Fachkenntnissen	
Integration der Leistungsnutzer	Abstimmung zwischen Leistungserstellern und Leistungsnutzern	
Analyseblickwinkel	Outputorientierung, keine personenbezogene Betrachtungsweise	
Grundlage der Kreativitätsverfahren	Heuristische Methoden	
Nutzung des internen Fachwissens	Einbeziehung des unteren und mittleren Managements	
Spezielle Vorschriften	Verfahrensvorschriften	Ausführungsbestimmungen

Aufgabe 114

Die **Szenario-Technik** ist eine Prognosetechnik, die aus Vergangenheitsdaten erwägbare Zukunftsentwicklungen zu bestimmen versucht. Ein Szenario ist die Beschreibung einer vorstellbaren zukünftigen Situation für ein Unternehmen. Diese Zukunftssituation wird durch einen Entwicklungsverlauf aufgezeigt. Man beginnt mit einer fundierten Analyse des Ist-Zustandes des Untersuchungsgegenstandes. Alle quantitativen und qualitativen Informationen werden berücksichtigt und verarbeitet. Für die Haupteinflussfaktoren werden Annahmen gemacht. Mögliche Störereignisse werden aufgezeigt. Dann können alternative Entwicklungen für die Zukunft entworfen werden.

Für die strategische Unternehmensplanung ist das Szenario eine wichtige Orientierungshilfe.

Die Ereignisse der Szenarien sollen dazu führen, unternehmerische Entscheidungen in Zukunft zu erleichtern und zu verbessern. Die Szenario-Technik könnte z.B. bei der Absatz-, Produktions- und Beschaffungsplanung eingesetzt werden, denn dort kommt es vermehrt zu Diskontinuitäten, die schwer vorhersehbar sind. Ursachen für Diskontinuitäten sind z.B. verändertes Nachfrageverhalten.

Ablauf des Szenarios:

* Definition des Untersuchungsgegenstandes
* Identifikation der Umfelder
* Beschreibung des Ist-Zustandes
* Annahmen über zukünftige Entwicklungen
* Ermittlung von Störereignissen
* Ausarbeitung von Szenarien
* Formulierung der Unternehmensstrategie

Aufgabe 115

Die **Erfahrungskurve** besagt, dass die Kosten für sich ständig wiederholende Aufgaben sinken, wenn die Erfahrungen der Mitarbeiter bei den Ausführungen dieser Arbeiten zunehmen. Nach systematischen Untersuchungen wurde festgestellt, dass mit jeder Verdoppelung der Produktionsmenge die Stückkosten eines Produktes um 20 bis 30% zurückgehen. Die Verdoppelung und damit der Kostenrückgang treten umso schneller ein, je höher die Wachstumskurve eines Produktes steigt.

Haupteinflussfaktoren sind: Lerneffekt, Spezialisierungseffekt, Investitionseffekt, Betriebsgrößeneffekt

In den einzelnen Unternehmen fällt die Wertschöpfung sehr unterschiedlich aus. Bei Industrie- und Dienstleistungsunternehmen ist sie wesentlich höher als bei Handelsbetrieben.

Die Effekte der Erfahrungskurve stellen sich nicht automatisch ein. Die Unternehmensleitung und die Führungskräfte müssen ständig daran arbeiten, dass mit steigender Ausbringungsmenge laufend Verbesserungen zur Kostensenkung in allen Bereichen des Unternehmens vorgenommen werden.

Aufgabe 116

a) Die 90%-Lernkurve entspricht einer Lernrate von 0,1.

Häufigkeit der Verdopplung	kumulierte Menge	Stückkosten
0	10	10,00
1	20	9,00
2	40	8,10
3	80	7,29
4	160	6,56
5	320	5,90
6	640	5,31
7	1.280	4,78
8	2.560	4,30
9	5.120	3,87
10	10.240	3,49

Wenn man von einer Anfangsmenge 10 Stück ausgeht, dann liegt ein 1000-facher Produktionsausstoß bei 10.000 Stück.

Da bei 10.000 Stück keine Verdopplung der kumulierten Stückkosten vorliegt, nähert sich der Preis 3,49 EUR an. Er liegt also zwischen 3,87 EUR und 3,49 EUR.

b) **Erfahrungskurveneffekte** machen es möglich, nicht nur strategische Problemsituationen besser zu erkennen und zu analysieren. Sie erlauben es außerdem, auf eine systematische Art und Weise fundierte strategische Alternativen zu erarbeiten. Ebenso lassen sich wichtige Wechselbeziehungen zwischen strategischen und operativen Planungsproblemen identifizieren, wie:

- Prognosen über langfristige Entwicklungen von Kosten und Preisen,
- das Abschätzen der potenziellen Kostensituation der Wettbewerber anhand ihrer Mengen und Marktanteile;

Je höher die kumulierten Mengen oder die Marktanteile werden, umso niedriger sind die potenziellen Kosten und umso höher die relativen Ertragspotenziale,

- die annäherungsweise Qualifizierung des Einflusses von Marktveränderungen auf Veränderungen dieser Kostenrelation und der Ertragspotenziale zwischen den Wettbewerbern,
- die eindeutige Beurteilung der strategischen Ausgangspunkte in Bezug auf die für Erfolg und Misserfolg maßgebenden Faktoren,
- die Ermittlung von differenzierten Rationalisierungsnotwendigkeiten in Abhängigkeit der Produktionswachstumsrate.

Aufgabe 117

Die **Konkurrenzanalyse** ist ein Werkzeug des strategischen Controlling. Mit Hilfe der Konkurrenzanalyse sollen die Stärken und Schwächen des eigenen Unternehmens im Vergleich mit den Marktführern erkannt werden, sowie die strategischen Ziele und Vorgehensweisen der führenden Konkurrenz analysiert werden. Aufgrund dieser gesammelten Informationen können dann die Schwachstellen beseitigt und Maßnahmen bezüglich der eigenen Unternehmensstrategie getroffen werden.

Kriterien für die Analyse können sein:
Strategische Ziele, Finanzkraft, Investitionsvorhaben, Organisationsstrukturen, Machtposition, Umsatz, Geschäftsfelder, Produktpalette, Qualität, Produktivität, Lieferzeiten, Forschung und Entwicklung, Materialpreise.

Die **Konkurrenzanalyse** beinhaltet folgende Schritte:
* Bestimmung der Kriterien
* Suche nach den führenden Wettbewerbern
* Sammeln von Informationen über die Marktführer
* Analyse der Informationen
* Infolge der Schlussfolgerungen aus der Analyse Maßnahmen festlegen und umsetzen

Das besondere am **Benchmarking** ist:
* Es ist eine Verbesserung der Konkurrenzanalyse
* Kriterien sind nicht nur Produkte, Produktivität usw. (Hard Facts), sondern auch Service am Kunden, Image des Unternehmens, Bekanntheitsgrad des Unternehmens usw. (Soft Facts)
* zur Informationssammlung tritt man in direkten Kontakt mit dem Mitwettbewerber, aber auch mit branchenfremden Unternehmen, und tauscht Informationen aus
* es werden auch Prozessabläufe innerhalb des Unternehmens betrachtet. Um die Stellung des Unternehmens auf dem Markt zu halten und zu verbessern, soll das Benchmarking dazu führen, dass das Unternehmen im ständigen Prozess seine Leistung steigert.

Aufgabe 118

Damit das Management und insbesondere der Controller seinen Aufgaben gerecht werden kann, braucht es eine Fülle an Informationen, die heutzutage so umfangreich geworden sind, dass es eines Hilfsmittels bedarf, um die Informationsflut zu bewältigen.

Ein solches Hilfsmittel ist das EDV-gestützte **MIS**. Aufgrund des Einsatzes der Computertechnik ist es dem Management möglich, schneller, gezielt und in übersichtlicher Form Informationen zu gewinnen, zu bearbeiten und weiterzuleiten. Somit können effektiver Entscheidungen getroffen werden und das Management hat ein wirksames Instrument zur Unterstützung der Führungsaufgaben (Planung, Steuerung, Kontrolle).

Vor der Einführung eines solchen MIS sollte genau geprüft werden, ob man eine auf dem Markt erhältliche Standardsoftware erwirbt (und dann welche) oder ob man selbst eine Software entwickelt, was aber oftmals mit Schwierigkeiten verbunden ist.

Oft wehrt sich auch das mittlere Management (Abt.-/Bereichsleiter) gegen die Einführung eines MIS, da es „eigene gehortete" Daten offen legen muss und somit den Verlust einer gewissen „Bereichsmacht" befürchtet.

Aufgabe 119

Ein **Früherkennungssystem** stellt ein zusätzliches Informationsangebot dar. Es versucht die Lücke zwischen den aus der Umwelt zufließenden Informationen und den Handlungsprogrammen der Unternehmung und die Lücke zwischen den vorhandenen Plänen und der Implementierung dieser Pläne durch die Unternehmensführung zu schließen. Ein Früherkennungssystem bietet für die Führungsebene die Möglichkeit, Marktchancen zu erkennen. Ein Problem bei diesen Systemen stellt die Informationserfassung und -verarbeitung von möglichen Chancen und Risiken für Planungen und Entscheidungen im strategischen Bereich dar. Dies muss möglichst frühzeitig erfolgen, damit noch Reaktionen der Unternehmung möglich sind. Das Ergebnis ist eine inhaltliche Beschreibung eines Problems mittels der Merkmale Risiko/Chance, Ausmaß, Dringlichkeit und Eintrittswahrscheinlichkeit.

Aufgabe 120

a) IFRS (International Financial Reporting Standards) sind internationale Rechnungslegungsvorschriften. Sie dienen zur vergleichenden Untersuchung von natürlichen Rechenlegungssystemen. Sie bemühen sich um eine internationale Vereinheitlichung der Rechnungslegungsnormen. Sie analysieren und beheben die spezifischen internationalen Rechnungslegungsprobleme. Des Weiteren sind sie ein Instrument für die Entscheidungsfindung international tätiger Unternehmen.

b) Probleme können insbesondere bei der Umsetzung der vereinheitlichenden Norm auftreten. Schwierigkeiten bestehen zum Beispiel bei der Festsetzung des Zeitwertes. Vor allem ist auch die Fair-Value-Bewertung in die Kritik geraten. Hierunter versteht man den Ausweis von Vermögensgegenständen in der Bilanz nach dem Zeitwert am Tage der Bilanzerstellung. Denn hierbei werden die Schwankungen vom Markt mit in die Bilanz übernommen, was zur Folge haben kann, dass unter Umständen die Ertragslage schlechter dargestellt wird, als sie realistisch ist.

Lösungen zu den Testfragen

1.	a, c, d, e	18.	c	35.	c, d	52.	b, d
2.	a	19.	d	36.	a, d, e	53.	c, d
3.	a, c	20.	d	37.	b, d	54.	d, f
4.	a, c	21.	a, c	38.	c	55.	b, c, d, g
5.	c, d	22.	a, c, d, e	39.	a, b, d	56.	d, e, f
6.	b, d, e	23.	a, b	40.	a, b, c, d	57.	a, b, d, e
7.	c, d	24.	a, d	41.	b	58.	b, c, d
8.	b	25.	b	42.	a, b, e	59.	a, c, e
9.	a, d	26.	a, c, e	43.	c, d	60.	a, b, d, e
10.	a, b, c	27.	b, c, e	44.	a	61.	c
11.	b, c, e	28.	b, d, e	45.	a, b, c	62.	a, c
12.	a, b	29.	b, c, e	46.	a, d	63.	a, c, d, f
13.	a, b, c	30.	a, b, d, e	47.	a, b	64.	b, c, e
14.	b, c	31.	a, c, d, e	48.	a, b, c, d, f	65.	a, c, d, e
15.	a, d	32.	b	49.	b		
16.	b	33.	a, c, d, e	50.	a, c, d		
17.	b, d	34.	a, b	51.	b		

Sachwortregister

A

Abandonrecht 62
ABC-Analyse .... 169 f.
    Beispiel 170
Abfallbehandlung 198
Abfallkategorien 197
Abfallwirtschaft 197
Ablauforganisation 137
Ablaufplanung 244
    Dilemma 246, 249
Absatzkanäle 311
Absatzplanung
    simultane 322
Abschlussprüfer 512
Abschreibung
    außerplanmäßige 503
    kalkulatorische 371, 522
    lineare 502
Akkordlohn 448
Akkordzuschlag 448
Aktie 61
Aktienanalyse 358
Aktienarten 356
Aktienbörse 358
Aktiengesellschaft 61
    Organe 62
Aktivierungswahlrecht 499
Akzeptkredit 362
Amortisationsrechnung
    Beispiel 375
Amtlicher Handel 358
Analytische Systeme 118

Änderungskündigung 423, 435
Angebotseinholung 193
Angebotvergleich 194
Angestellte
    leitende 418
Anhang 509
Annuitätenmethode
    Beispiel 382
Anpassung
    intensitätsmäßige .... 231 f.
    quantitative .... 231 f.
    zeitliche .... 231 f.
Anreiz-Beitrags-Gleichgewicht 445
Anschaffungskosten 500
Anspruchsanpassungstheorie 112
Anthropometrie 439
Äquivalenzziffernrechnung 526
Arbeit
    Flexibilisierung 457
    Individualisierung 457
Arbeitgeberverbände 68
Arbeitsbewertung
    analytische 446
    summarische 446
Arbeitsdirektor 63
Arbeitsgemeinschaft 68
Arbeitsplatzgestaltung
    physiologische 439
Arbeitsvertrag 430
Assessment-Center 429
Aufgabenanalyse 130
Außendienstmitarbeiter 316
Außenfinanzierung 354

B

Backward integration 67
Balanced Scorecard 494
Bandabstimmung 245
Bankkredit 367
Basel II 388
Bayes-Regel .... 113 f.
Bedarfsarten 186
Bedarfsermittlung 185
    verbrauchsorientierte 187
Bedürfnisarten 442
Bedürfnisse 14
Befragung 290
Beherrschungsvertrag 73
Benchmarking 542
Beobachtung 290
Berufsausbildung 431
Berufsbildungsgesetz 431
Beschaffung 167
Beschaffungskontrolle 194
Beschaffungskosten 190
Beschaffungsmarktforschung 178
Beschaffungspolitik
    Trends 198
Beschaffungspol.Instrumentarium 169
Beschäftigungsabweichung 530
Beschreibungsmodell 24
Besprechung 125
Bestandsarten 188
Bestellmenge
    optimale 190
Bestellpunktverfahren 189
Bestellrhythmusverfahren 189
Beteiligung
    wechselseitige 73
Beteiligungsfinanzierung 355

Betrieb 15
Betriebliches Vorschlagswesen 452
Betriebsabrechnungsbogen 524
Betriebsklima 126
Betriebsrat 419
Betriebstypologien 16
Betriebsvereinbarung 430
Betriebsverfassungsgesetz (1952) 62
Betriebswirtschaftslehre 27
    normativ-wertende 17
    praktisch-normative 17
Beurteilung
    Fehlerquellen 452
Bewegungsbilanz 516
Bewerbungsunterlagen
    Kriterien 424
Beziehungsmarketing 282
Bezugsrecht 361
Bezugsrechtsformel 362
Bilanz
    externe 498
Bilanzanalyse 512
    Kennzahlen 514
Bilanzart 497
Black-Box-Modell 296
Börsenweisheiten 390
Break-Even-Analyse 528
Buchführung 496
Buchungssatz
    Beispiele 518

C

Carry over Effekt 314
Cash Flow 514
Change Management 145
Chaosmanagement 141

CIM 254
Clusteranalyse 294
Controlling 535
    operatives 536
    strategisches 536
Corporate Blog 324
Cournot-Punkt 304

D

Database-Marketing 295
Deckungsbeitrag 528
Deckungsbeitragsrechnung 530
    mehrstufige 531
Deduktive Vorgehensweise 24
Deferred Compensation 456
Delegation 121
Derivate 387
Dienstleister 176
Dienstleistungsmarketing 282
Direktinvestition 54
Diskriminanzanalyse 294
Displays 318
Divisionskalkulation 525
Dominanzprinzip 114
Doppelbesteuerungsabkommen 54
Doppelgesellschaft 64
Durchlaufzeitsyndrom 252

E

Ecklohn 447
Effektivität 20
Effektivverzinsung 363
Effizienz 20
Eigenkapital 505
Eigenkapitalquote 513

Eigentümer-Unternehmen 109
Eingliederungsbeteiligung 70
Einheitskurs
    Ermittlung 360
Einkauf
    Verträge 184
Einliniensystem 131
Endwertfaktor 384
Entscheidungen 112
    konstitutive 50
EPR-Systeme 117
Erfahrungskurve 540
ERG-Theorie 443
Erkenntnisobjekt 17
Erklärungsmodell 24
Erwerbswirtschaftliches Prinzip 16
Europa AG 45
Ewige Rente 384
Experiment 292
Exponentielle Glättung 187

F

Factoring 368
Faktorkombination 227
Fehlzeitenstatistik 454
Fertigung
    Fließfertigung 244
    Organisation 244
    Werkstattfertigung 244
Fertigungslöhne 522
Fifo-Verfahren 504
Finanzielles Gleichgewicht 512
Finanzierungsarten 353
Finanzplan 354
Finanzplanung
    rollierende 353

Firmenarten ... 56
Firmengrundsätze ... 56
Firmenwert
　derivativer ... 501
Follow-the-Free-Pricing ... 324
Fortbildung ... 432
Forward integration ... 67
Freiverkehr ... 358
Fremdkapital ... 505
Fringe Benefits ... 451
Früherkennungssystem ... 543
Führungsentscheidungen ... 108
Führungskraft
　Anforderungen ... 145
Führungsstil ... 118
　aufgabenorientiert ... 118
　personenorientierter ... 118
Führungstechniken ... 122
Fusion ... 75
Futures ... 387

G

Ganzheitliches Denken ... 143
GAP-Analyse ... 111
Gegengeschäfte ... 180
Gemeinkostenwertanalyse ... 538
Genossenschaft ... 65
Genussschein ... 366
Gesamtkostenverfahren ... 509
Gewerbesteuer ... 53
Gewichtsverlustmaterialien ... 51
Gewinn- und Verlustrechnung ... 507, 510
Gewinnabführungsvertrag ... 73
Gewinnbeteiligung ... 451
Gewinnmaximierung ... 23

Gewinnvergleichsrechnung
　Beispiel ... 374
Gewinnverteilung
　KG ... 59 f.
　OHG ... 59
Global Sourcing ... 184
GmbH ... 61
GmbH & Co KG ... 64
Going Public ... 357
Goldene Bilanzregeln ... 513
Grundsatz der kaufmännischen Vorsicht ... 498
Gründungsvorschriften ... 58
Gruppen
　teilautonome ... 441
Güter ... 14

H

Handelsvertreter ... 311
Harzburger Modell ... 121
　allgemeine Führungsanweisung ... 121
Hedgefonds ... 387
Herstellungskosten ... 500
Herzberg ... 443
Holding ... 72
Humanisierung ... 440
Human-Relations-Bewegung ... 107
Hurwicz-Regel ... 115
Hygiene-Faktoren ... 443

I

Ich-Zustände ... 127
IFRS ... 543
Image ... 315
Imparitätsprinzip ... 498
Importquote ... 284

Incentives 318
Induktive Vorgehensweise 24
Industrieobligation 363
Informationsmanagement 117
Informationssystem
    unvollkommenes 112
    vollkommenes 112
Infotainment 324
Innenfinanzierung 368
innerbetriebl. Leistungsverrechnung 524
Institutionsökonomie 27
Instrumentalitätstheorie 444
Interessensausgleich 437
International Sourcing 183
Interviewgestaltung 291
Inventar .... 496 f.
Inventur 496
Investitionsbudget
    optimales 383
Investitionsentscheidungen
    Daten 371
Investitionsentscheidungsprozeß 370
Investitionsobjekt
    Kosten 371
Investitionsrechnung
    dynamische 377

J

Jahresabschluss 510
Job enlargement 440
Job enrichment 440
Job rotation 440
Joint Venture 48, 69
Just-in-time-Konzept 255

K

KAIZEN 139
Kalkulation
    prozessorientierte 534
Kalkulationsverfahren 526
Kalkulationszinssatz 378
Kalkulatorisches Wagnis 523
Kanban-Konzept 252
Kapitalbedarf 352
Kapitalerhaltung
    nominelle 501
    substantielle 501
Kapitalerhöhung
    Formen 359
Kapitalerweiterungseffekt 368
Kapitalgesellschaften 61
Kapitalwertmethode
    Beispiele 378
    Differenzinvestition 379
Kartellbildung 70
Kaufbereitschaftstest 292
Käufermarkt 284
Kaufverhalten 289
Kennzahl 537
Kernprozess 139
Kommissionär 311
Kommunikationspolitik 312
Kompetenz
    fachliche 431
    methodische 431
    soziale 431
Konflikte 127
Konkurrenzanalyse 542
Konsortien 68
Kontokorrentkredit 362
Kontraktpolitik 184

Kontrolle
  Feedforward- 117
  Verhaltensbeeinflussung 117
Konversion 366
Konzentration 66
Konzentrationsformen 67
Kooperation 66
Kooperationsform 68
Kooperationsformen 67
Kosten
  fixe 520
  variable 520
Kostenarten 521
Kostenplanung 239
Kostenrechnung 519
Kostenträgerstückrechnung 526
Kostenvergleichsrechnung
  Beispiel 372
  Ersatzproblem 372
Kostenzurechnung
  Prinzipien 519
Kritische Auslastung 372
Kundendienstleistung 301
Kündigung
  Änderungskündigung 435
  außerordentliche 435
  ordentliche 435
  personenbedingte 435
  Sonderformen 435
Kuppelprodukte 527
Kurszusätze 359
Kybernetische Systeme 27

L

Lagebericht 511
Lager 196
Lagerhaltung 196
Lagerplanung 196

Laplace-Regel 116
Laufzeit 388
Lean Management 139
Lean Production 243
Lean-Denkweisen 141
Leasing 367
Leasingvertrag 367
Lebenslauf 424
Lebenspositionen 128
Lebenszyklus
  Produkt- 298
Leerkosten 228
Leistung 229
Leistungsgrad 448
Leistungsverhalten 441
Leistungsvermögen 441
Leistungszulage 447
Leitende Angestellte 418
Leitungsspanne 130
Lernrate 541
Leverage-Effekt 370
Lieferantenbewertung 181
Lieferantenkredit .... 366 f.
Lieferantenpolitik 179
Lieferbereitschaft 189
Lifo-Verfahren 504
Limitationalität 237
Local Sourcing 183
Logistik 195
Lohmann-Ruchti-Effekt 368
Lohnabzüge 450
Lohnformen 447
Lohngerechtigkeit 445
Lohngruppe 447
Lohnspanne 447
Losgröße
  optimale 247

M

Magisches Viereck 18
Make-or-buy-Entscheidung
    Einflussfaktoren 174
Makler 311
Management by Exception 123
Management by Objectives 122
Management-buy-out 66
Managementsystem 122
Marginalanalyse 321
Markenpolitik 301
Marketing
    operatives 283
    Planungsprozess 285
    strategisches 283
    Umweltbewusstsein 323
Marketinginstrumente
    Beziehungen 320
Marketingmanagement
    Aufgaben 283
Marketing-Mix
    Kombinationsfindung 319
    Modelle 321
    optimaler 319
Marketingorganisation 287
Marketingplan 285
Marketingstrategie 285
Marketingziele 285
Marktanteil 284
Marktformenschema 284
Marktforschungsinstitute 291
Marktparzellierungsstrategie 286
Marktsättigung 285
Marktsegmentierung
    Kriterien 287
Marktstimulierung 286
Markttest 292

Maschinenstundensatzrechnung 527
Maßgeblichkeitsprinzip 497
Materialdisposition 185
Materialeinkauf
    Primärforschung 179
    Sekundärforschung 179
Materialindex 51
Materialstandardisierung 177
Materialwirtschaft
    Oberziel 168
    Organisationsform 169
    Zielkonflikte 168
Matrixorganisation 135
Maximax-Regel 115
Maximin-Regel 115
Mehrheitsbeteiligung 71
Mehrliniensystem 131
Merchandising 318
Mezzanine Kapital 389
Minderheitsbeteiligung 70
Ministerkartell 70
MIS 542
Mitarbeiterdarlehen 451
Mitarbeitergespräch 124
Mobilität 432
Modell .... 24 f.
    deterministisches 25
Moderation 125
Modular Sourcing 181
Monopolist 304
Motivation 442
Motivatoren 443
Motive
    extrinsische 442
    intrinsische 442
Motivtest 293

N

Nachschusspflicht 62
Netzplan .... 248 f.
Netzplantechnik
   Strukturanalyse 248
   Zeitanalyse 248
Netzwerke 69
Neuro-Marketing 324
Niederstwertprinzip 504
Nominalprinzip 501
Normalzeit 448
Normung 177
Nullkupon-Anleihe 365
Nummerung 177
Nutzenfunktion 112
Nutzwertanalyse 55, 380

O

Öffentlichkeitsarbeit 319
OPEC 69
Operations Research 25
operative Systeme 117
Opinionleader 314
Optionsanleihe 364
Optionsschein
   Call- 364
Organisation
   flache 141
Organisationsformen
   Beispiele 134
Organschaft 73
Outplacement 438
Outsourcing 175, 199
Overheadkosten 176

P

Panelverfahren 291
Personal 418
   Angestellte 418
   Arbeiter 418
   leitende Angestellte 418
Personalakte 453
Personalbedarfsplanung 421
Personalbemessung 421
Personalbeschaffung 422
Personalbestandsplanung 422
Personalbeurteilung 452
Personaleinsatzplanung 439
Personalentwicklung 430
   Erfolgskontrolle 434
Personalfragebogen 423
Personalfreisetzung 434
Personalkosten 456
Personalleasing 423
Personalstatistik 453
Personalwesen
   Organisationsformen 420
Personenunternehmen 58
Persönlichkeitstypologie 128
Pipelineeffekt 321
Planbeschäftigung 530
   Methoden 530
Planspiel 433
Planung 110
   operative 111
   progressive 111
Planungsarten 110
Podcasting 324
Portfolioanalyse 111
Portfolio-Analyse 299
Potentialfaktoren 226
PPS-Systeme 250

Präferenzstrategie 286
Prämienlohn 449
Preisbildung 303
Preisdifferenzierung 306
Preiselastizität 302
Preis-Mengen-Strategie 286
Preispolitik 301
Pretest 292
Primärmarktforschung 290
Private Equity 387
Product placement 312
Produktdiversifikation 240
Produktelimination 297
Produktgestaltung 242
Produktinnovation 297
Produktion 225
Produktionsfaktoren 15, 225
     dispositive 15
     elementare 15
     Volkswirtschaftslehre 16
Produktionsfunktion 228
     Typ A 228
     Typ B 229
     Typ C 232
Produktionsplanung 238
Produktionsprogrammplanung
     Beispiel 241
Produktionstheorie 227
Produktivität 18
Produktlebenszyklus 298
Produktvariation 297
Profit Center 135
Programmplanung 238
Projekt 136
Projektgruppe 137
Projektleiter 137
Projektorganisation 136
Projektvergütung 456

Prozesse 138
Prozesskostenrechnung 533
Prozessmanagement 138
Prozessorganisation 138
Prüfungsbericht 512
Public Relation 319
Pufferlager 245
Punkte-Bewertungsverfahren 55

Q, R

Qualitätsmanagement 142
Qualitätszirkel 452
Rabatte 310
Rating 387
Realisationsprinzip 498
Rechnungsabgrenzung
     aktive 498
     passive 498
Rechtsformen 57
Recycling 198
Reisender 311
Relaunch 299
Rentabilität 21
     statische 374
Rentabilitätskennziffern 21
Rentabilitätsrechnung
     Beispiel 375
Repetierfaktoren 232
Retail-Branding 324
Retention 282
Revision 116
Risikoeinstellung 113
Rohergebnis 514
Rollenspiele 433
Rücklagen 506
     gesetzliche 63
Rückstellungen 506

S

Sales promotion 315
Sampling-Aktionen 317
Savage-Niehans-Regel 116
Scheingewinn 507
Schuldscheindarlehen 365
Schulungskonzept 433
Scientific Management 107
Sekundärmarktforschung 290
Selbstorganisation 142
Shareholder Value 146
Simulationsmodell 26
Simultaneous Engineering 243
Single Sourcing 182
Skill-based-pay 456
Sollgemeinkosten 531
Sozialbilanz 454
Sozialleistungen 451
Sozialplan 437
Spartenorganisation 135
Sperrminorität 70
Spill over Effekt 314
Sponsoring 313
Stab 131
Stammaktien 356
Stammlieferant 182
Standort 50
   -Deutschland 54
Standortfaktoren 51
Standortsuche 52
Standortwahl 50
Stelle 129
Stellenausschreibung 423
Stellenbeschreibung 130
Stellenplan 130
Stichprobe 294
Stille Gesellschaft 60
Stille Reserven 508
Stillstandszeiten 245
Strategische Allianz 69
Strategische Vergütung 456
Stücklistenauflösung 186
S-O-R Modell 296
Subventionen 54
Supply Chain Management 199
Synergieeffekt 67
Systemlieferant 181
Szenario-Technik 540

T

Target Costing 534
Tariflohn 447
Teilautonome Gruppen 441
Teilkostenrechnung 520
Teilzeitarbeit 457
Telearbeit 455
Theorie X,Y 444
Tiefeninterview 291
Tilgungsplan 384
Trainee-Programm 433
Transaktionsanalyse 127
Transport 195
Typung 177

U

Umsatzkostenverfahren 509
Umschulung 432
Unternehmen
   Beispiele 63
   Gründung 57
   Kernbereiche 175
   Kernkompetenzen 175
   Mitbestimmung 63
   verbundene 74

Unternehmensführung
    ganzheitliche 143
Unternehmenskultur 108
Unternehmensleitbild 109
Unternehmensphilosophie 108
Unternehmenspolitik 108
Unternehmenswert
    Berechnung 384
Unternehmenszusammenschlüsse 66
Unternehmergesellschaft 45
Unternehmungen 15
Unterordnungskonzern 72

V

Variantenstückliste 187
Variator 530
Verbrauchsabweichung 530
Verbrauchsfaktoren 226
Vergabeverhandlungen 194
Vergütungsassessment 456
Verhaltensgitter-Modell 119
Verkäufermarkt 284
Verkaufsförderung 315
Vernetztes Denken 143
Versetzung 423
Vertragskonzern 72
Vision 142
Visionäres Management 142
Vorgesetztenbeurteilung 453
Vorratsvermögen-Auswertung
    Durchschnittsverfahren 505
    Fifo-Verfahren 505
    Hifo-Verfahren 505
    Lifo-Verfahren 505
Vorschlagswesen, betriebliches 452
Vorstellungsgespräch 426
Vorzugsaktien 356
VVaG 65

W

Wandelschuldverschreibung 363
Weisung 423
Werbebotschaft 312
Werbeerfolg 314
Werbemittel 313
Werbeträger 313
Wertanalyse 171, 239
    Lieferanten 172
Wertewandel 454
Wertschöpfungskette 27
Wirtschaftlichkeit 18
    mengenmäßige 14
    wertmäßige 14
Wirtschaftsfachverbände 68
Wirtschaftskammern 68
Wirtschaftssystem 7
Wirtschaftsverbände 68
Wissen
    Halbwertzeit 454
Wissenschaft 17
Wissenschaftstheorie 23

X, Y, Z

XYZ-Analyse 171
Zeitlohn 447
Zeitstudie 447
Zero Bonds 365
Zero-Base-Budgeting 538
Zertifikat
    Basiswert 388
    Bezugsverhältnis 388
    Emittent 388
    Quanto 388
    Spread 388
Zertifikate 388

Zeugnis
　einfaches 425
　qualifiziertes 426
Zielarten 109
Zielbeziehungen 22
Zielintegration 23
Zielkostenmanagement 534
Zielsystem 22

Zinsen
　kalkulatorische 371, 523
Zinsfußmethode
　interne .... 339 ff.
Zinssatz
　interner 378
Zuschlagskalkulation
　Beispiel 527

Made in the USA
Monee, IL
03 May 2026

49438505R00313